U0151092

旋转电机设计

（原书第2版）

[芬兰] 尤哈·皮罗内（Juha Pyrhönen）
[芬兰] 塔帕尼·约基宁（Tapani Jokinen） 著
[斯洛伐克] 瓦莱里雅·拉玻沃兹卡（Valéria Hrabovcová）
柴凤 裴宇龙 于艳君 陈磊 译

机 械 工 业 出 版 社

本书是一本重要的参考书籍，它对旋转电机设计的理论原理和技术进行了深入论述。本书是原书的第2版，它提供了电机设计最新理论和指南，同时还包括了永磁同步电机和同步磁阻电机的最新研究进展。

与原书第1版相比，新增了以下内容：

- 新材料对电机生态化的影响，包括旋转电机的生态化设计原则；
- 扩充了永磁同步电机设计这一节的内容，讲述了齿圈绕组和高转矩永磁同步电机的设计及其性能；
- 同步磁阻电机的新进展和新材料、气隙电感、永磁材料的损耗和电阻系数、永磁磁路的负载工作点、永磁电机设计以及电机损耗的最小化；
- 章末的例题、新的设计范例以及实际设计中用到的方法和方案。
- 增加了一个网站 https://www.wiley.com/en-sg/Design+of+Rotating+Electrical+Machines%2C+2nd+Edition-p-9781118701652，上面存储了两个利用MATHCAD编写的电机设计实例：表面磁钢转子的永磁电机和笼型感应电机的算例。也给出了感应电机优化设计的MATLAB®程序代码。

本书概述了电机设计的详细步骤，便于设计者进行旋转电机的设计。本书对所有已有的和新涌现出来的电机领域内的技术进行了详尽阐述，对于从事电机和驱动器诊断的专家来说是一本有用的参考书。本书对理论原理和技术进行了详细介绍，非常适合电气驱动技术和电磁能量转换相关的电气工程学科的高年级本科生、研究生、科研人员和大学教师阅读。

译　者　序

旋转电机是依靠电磁感应原理而运行的旋转电磁机械，用于实现机械能和电能的相互转换。目前几乎所有的电力生产活动都离不开旋转电机。当然，随着时代的发展，电机也在不断发展完善中。尤其是随着稀土钕铁硼永磁材料的问世，使得永磁电机成为新型电机的代表并应用得越来越广泛。市面上介绍电机设计的图书很少，尤其是缺乏新型电机设计的相关资料。因此出版一本专门介绍经典电机和新型电机设计的图书就显得十分必要。

本书由芬兰拉普兰塔理工大学 Juha Pyrhönen 教授、芬兰阿尔托大学 Tapani Jokinen 名誉教授、斯洛伐克日利纳大学 Valéria Hrabovcová 教授合作撰写。三位教授都是国际知名的电机专家，在电机领域有着非常丰富的理论和实践经验。

本书详细、由浅入深地论述了经典电机和新型电机的电磁设计、绝缘设计、热传递设计的理论和技术。本书详略得当，重点突出，插图精美，数据曲线均来自于知名公司电机产品；每章均附有相关参考文献，便于读者溯源；例题丰富，和实践结合紧密。

本书为原书第 2 版，提供了电机设计最新理论和指南，同时还包括了永磁同步电机和同步磁阻电机的最新研究进展。与原书第 1 版相比，新增了以下内容：新材料对电机生态化的影响，包括旋转电机的生态化设计原则；扩充了永磁同步电机设计这一节的内容，讲述了齿圈绕组和高转矩永磁同步电机设计及其性能；同步磁阻电机的新进展和新材料、气隙电感、永磁材料的损耗和电阻系数、永磁磁路的负载工作点、永磁电机设计以及电机损耗的最小化；章末的例题、新的设计范例以及实际设计中用到的方法和方案。

本书是国外电机届近年来颇具影响力的一本专著，出版以来深受国外学者的欢迎。译者在翻译过程中，一直感受到很大的挑战。尤其是在对电机的一些专有名词的翻译上，为给国内读者更好地呈现出作者对电机设计的精准阐释和独到见解，译者尽可能地忠实于原著。这可能会给国内读者带来一些阅读上的困扰，也请读者能够理解并体会到不同的定义下作者的另一种视角。

例如，本书中大量出现的一个专有名词是“电流链（Current Linkage）”。安培定律的准静态形式是电机设计中十分重要的公式，本书正是在此定律的阐述中引入的“电流链”概念。在实际的电机中，绕组中电流密度的面积分，即对应的电流和（也即绕组中流动的电流），定义为电流链。基于这个定义，永磁体在电机中的作用也可以用视在“电流链”表示。在电机设计中，“电流链”和电机磁路中的“磁动势（Magnetic Motive Force，MMF）”是等效的，作者为了体现麦克斯韦方程组对电机设计的深远影响，在书中表述源电流作用时沿用了“电流链”的叫法。在本书的第 2 章出现的“基绕组”等，译者也是尽量忠实于原著来阐述。

本书由哈尔滨工业大学柴凤教授、裴宇龙副教授、于艳君副教授和陈磊副教授负责翻译，柴凤教授负责统稿和审阅。博士研究生甘磊、于雁磊、毕云龙、李宗洋、梁培鑫、宋再新、耿丽娜和胡慧莹等同学在翻译过程中参与了整理和校对工作。

由于译者学识和能力有限，书中翻译内容难免会出现不能准确反映作者思想之处，敬请有关专家和读者给予批评指正。我们的联系方式：chaifeng@ hit. edu. cn。

译者

原书前言

电机几乎可以完全应用于电力生产中，并且基本上所有的电能产生过程都离不开旋转电机。在发电过程中，至少辅助电机是必需设备。在分布式能源系统中，新型电机扮演了一个举足轻重的角色：例如，现在已经进入了永磁电机时代。

电动机消耗了全球大约一半的电能，并且用于精确驱动控制电动机的份额在不断增加。电驱动使得广泛的加工流程实现最优控制成为可能。电动机转矩可以实现精确控制，电力电子和机电转换过程的效率可以提高。更重要的是电动机驱动的可控性可以节约大量的能源。在将来，电驱动亦将在汽车牵引和工作机运行中发挥重要作用。由于巨大的能量流动，电驱动也将对环境带来重要影响。如果驱动设计得不好或者效率很低，就会徒劳地增加环境负担。来自环境的威胁给了电气工程师一个好的机遇去设计新型高效的电驱动。

芬兰在电动机设计和驱动方面有着传统优势。拉普兰塔理工大学和阿尔托大学已经意识到必须发扬传承电机的教学科研优势。本书旨在给电气工程系的学生传授有关旋转电机方面的充分扎实的基础知识，深入了解这些电机的运行原理，同时开发电机设计基本技能。诚然，限于篇幅，在一本书中不可能包含电机设计所需的所有资料，但这本书仍不失为一本很好的电机设计手册，可供电机设计人员在其早期职业生涯中采用。本书每一章后附的参考文献作为相关知识参考来源，推荐给读者做背景阅读。Tapani Jokinen 教授，历经数十年建设芬兰的电机设计专业。通过他在本书中的重要贡献，芬兰的电机设计传统得以强化。斯洛伐克共和国有着传统的工业优势，来自该国的 Valéria Hrabovcová 教授，同样对本书做出了相同的贡献。

在第 2 版中，为使行文更具逻辑性，重新修订了第 1 版的部分章节，并且更正了许多印刷错误。特别是在永磁电机和同步磁阻电机章节中，引入了许多最新的研究成果使得内容更具深度。电机的生态设计原则和经济性考虑也给予了简要介绍。

Hanna Niemelä 博士在本书第 1 版中翻译了原始的芬兰语资料，作者对其工作深表感谢。

下列人员为本书的编写友情提供了资料：Antero Arkkio 教授（阿尔托大学）、Jorma Haataja 博士、Tanja Hedberg 博士（ITT Water and Wastewater AB）、Jari Jäppinen 先生（ABB）、HanneJussila 博士（LUT）、PanuKurronen 博士（The Switch Oy）、JanneNerg 博士（LUT）、Markku Niemelä 博士（ABB）、Asko Parviainen 博士（AXCO Motors）、SamiRuoho 博士（Teollisuuden Voima）、Marko Rilla 博士（Visedo）、Pia Salminen 博士（LUT）、Ville Sihvo 博士（MAN Turbo）、PavelPonomarev 先生、Juho Montonen 先生、Julia Alexandrova 女士、Henry Hämäläinen 博士和许多其他的同行，不一一细表，在此表达我们诚挚的谢意。需要特别感谢 Hanna Niemelä 博士为本书的第 1 版和原始手稿的出版发行所做出的贡献。

Juha Pyrhönen
Tapani Jokinen
Valéria Hrabovcová

作者简介

Juha Pyrhönen，芬兰拉普兰塔理工大学电气工程系教授。他从事电机及其驱动技术的研究和开发方面的工作。他尤其活跃在永磁同步电机及驱动技术和实心转子高速感应电机及驱动技术领域。他承担过许多研究和工业开发项目，并且在电气工程领域撰写了许多著作，获授权专利多项。

Tapani Jokinen，芬兰阿尔托大学电气工程学院名誉教授。他主要的研究方向为交流电机中创新性问题的解决方案和产品开发流程。他曾经在 Oy Strömberg Ab 公司担任电机设计工程师。他是多家公司的顾问，高速技术有限公司（High Speed Tech Ltd）董事会成员，最高行政法院专利局委员。他的研究项目包括船舶推进用超导电机和大型永磁电机的开发，高速电机和主动磁轴承的开发，以及用于求解电机问题的有限元分析工具的开发。

Valéria Hrabovcová，斯洛伐克共和国日利纳大学电力电子系电机方向教授。她的专业和研究方向涵盖了所有种类的电机，包括电子换向电机。她从事过大量的研究和开发项目，撰写了许多的电气工程领域的科学出版物。她的工作还包括各种教育学的活动，参与了许多国际教育项目的研究。

目　录

缩略语和符号

A	线电流密度（A/m）
$\boldsymbol{A}$	矢量磁位（Vs/m）
A	矢量磁位的标量值（Vs/m）
A	绝缘等级 105℃
AC	交流
AM	异步电机
A1 - A2	直流电机的电枢绕组
A_{1n}，A_{2n}，A_{3n}	定义永磁磁通密度的系数
a	无换向器时，电枢绕组的每相并联支路数；含换向器时，绕组每半个电枢绕组的并联支路数，即并联支路对数，扩散率
$\boldsymbol{B}$	磁通密度，矢量（Vs/m^2），（T）
B	磁通密度的标量值（Vs/m^2）
B_r	剩余磁通密度（T）
B_{sat}	饱和磁通密度（T）
B	绝缘等级 130℃
B1 - B2	直流电机的换向极绕组
b	宽度（m）
b_{0c}	导体宽度（m）
b_c	导体宽度（m）
b_d	齿宽（m）
b_{dr}	转子齿宽（m）
b_{ds}	定子齿宽（m）
b_r	转子槽宽（m）
b_s	定子槽宽（m）
b_0	槽口宽度（m）
b_v	通风道宽度（m）
C	电容（F），电机常数，积分常数，制造成本（欧元）
C	绝缘等级 >180℃
C1 - C2	直流电机的补偿绕组
C_f	摩擦系数
C_M	转矩系数
C_s	每年节能总额（欧元/年）
c	比热容（J/kgK），单位长度的电容，因数，约数，常数
C_{diff}	增加的购买成本（欧元）
c_e	能量价格（欧元/kWh）

c_p	恒压下的空气比热容
C_{pw}	电机寿命期间内每千瓦损耗金额（欧元/kW）
c_{th}	热容
CTI	相对漏电起痕指数
c_v	体积比热容（kJ/Km^3）
D	电位移矢量（C/m^2），直径（m）
DC	直流
DOL	直接在线
D_s	定子内径（m）
D_{se}	定子外径（m）
D_r	转子外径（m）
D_{ri}	转子内径（m）
D1 - D2	直流电机的串励绕组
d	厚度（m）
d_t	极靴边缘的厚度（m）
E	电动势（V），有效值，电场强度（V/m），标量值，弹性模量，杨氏模量（Pa），轴承负载
E_a	活化能（J）
$\boldsymbol{E}$	电场强度，矢量（V/m）
E	电场强度的标量值（V/m）
E	绝缘等级120℃
E	辐射密度（W/m^2）
E1 - E2	直流电机的并励绕组
e	电动势（V），瞬时值$e(t)$
e	纳皮尔常数
emf	电动势（V）
F	力（N），标量
$\boldsymbol{F}$	力（N），矢量
F	绝缘等级155℃
FEA	有限元分析
F_g	几何因数
F_m	磁动势$\oint \boldsymbol{H} \cdot \mathrm{d}\boldsymbol{l}$（A）（mmf）
F1 - F2	直流电机或者同步电机的他励绕组
f	频率（Hz），穆迪摩擦系数
f_{Br}	定义的永磁径向磁通密度系数
$f_{B\theta}$	定义的永磁切向磁通密度系数
g	系数，常量，单位长度热导率
G	电导
G_{th}	热导

$\boldsymbol{H}$	磁场强度，向量（A/m）
H	磁场强度的标量值（A/m）
H_c，H_{cB}	退磁曲线对应的磁通密度矫顽力（A/m）
H_{cJ}	内禀退磁曲线对应的内禀矫顽力（A/m）
H	绝缘等级 180℃
H_n	局部放电的次数
h	高度（m）
h_{0c}	导体高度（m）
h_c	导体高度（m）
h_d	齿高（m）
h_p	子导体高度（m）
h_{p2}	极身高度（m）
h_{ys}	定子轭高（m）
h_{yr}	转子轭高（m）
h_s	定子槽高（m）
I	电流（A），有效值，电刷电流，截面的二阶转动惯量（m^4）
IM	感应电机
I_{ns}	反向旋转电流（负序分量）（A）
I_o	上导条的电流（A）
I_u	下导条的电流，槽内电流，槽内电流总和（A）
I_s	导条电流
IC	电机等级
IEC	国际电工委员会
Im	虚部
i	电流（A），瞬时值 $i(t)$，电流的标幺值（pu），年利率
J	转动惯量（kgm^2），电流密度（A/m^2），磁化强度
J_{0PM}	永磁体表面的电流密度（A/m^2）
J_{PM}	涡（电）流密度（A/m^2）
$\boldsymbol{J}$	雅各比矩阵
J_{ext}	负载的转动惯量（kgm^2）
J_M	电机的转动惯量（kgm^2）
J_{sat}	极化饱和（Vs/m^2）
$\boldsymbol{J}_s$	表面电流，矢量（A/m）
J_s	表面电流矢量的标量值（A/m）
j	不同层的每极每相槽数之差
j	虚部单位
K	变比，常数，换向片数
K_L	电感比
k	耦合系数，修正系数，安全系数，层的序数，粗糙系数
k_E	电机常数

k_C	卡特系数
k_{Cu}，k_{Fe}	槽满率，铁心叠片系数
k_d	分布因数，修正系数，直轴的凸极因数
k_q	交轴的凸极因数
k_{dsat}	考虑饱和的直轴凸极系数
k_{qpar}	考虑交轴并行磁路的凸极因数
$k_{Fe,n}$	部分铁心损耗修正系数
k_k	短路比
k_L	电感集肤效应因数
k_p	节距因数
k_{pw}	等支付级数的现值因子
k_R	电阻的集肤系数
k_{sat}	饱和系数
k_{sq}	斜槽因数
k_{th}	换热系数（W/m^2K）
k_w	绕组系数
k_σ	安全系数
L	自感（H）
L	特征长度，表面特征长度，圆管长（m）
LC	电感-电容
L_d	齿顶漏感，直轴同步电感（H）
L_q	交轴同步电感（H）
L_d/L_q	电感比
L_k	短路电感（H）
L_m	励磁电感（H）
L_{md}	直轴励磁电感（H）
L_{mq}	交轴励磁电感（H）
L_{mn}	互感（H）
L_{mp}	单相绕组励磁电感（H）
L_{pd}	单相主电感（H）
L_{sq}	斜槽漏感（H）
L_u	槽漏感（H）
L_w	端部漏感（H）
L_δ	气隙漏感（H）
$L_{m\delta}$	隐极同步电机励磁电感（H）
L'	瞬态电感（H）
L''	超瞬态电感（H）
L1，L2，L3	电网相位
l	长度（m），闭合曲线，距离，相对电感（标幺值），电极间气隙间距
$\boldsymbol{l}$	与积分路径平行的单位矢量

l'	有效铁心长度（m）
l_{ew}	绕组端部平均导体长度（m）
l_p	管的湿周（m）
l_{pu}	电感标幺值
l_w	端部绕组平均长度（m）
l_{sub}	定子子叠片长度（m）
M	互感（H），磁化强度（A/m）
M_{sat}	磁饱和极化强度（A/m）
m	相数，质量（kg）
m_c	互耦合系数
m_0	常数
mmf	磁路中的磁动势（A）
N	绕组匝数，串联匝数
N_{fl}	单个磁极线圈串联数
Nu	努赛尔数
N_{ul}	槽内线圈导条数
N_p	每对极下绕组的匝数
N_k	补偿绕组的匝数
N_v	一个线圈边包含的导体匝数
N	非驱动端
N	整数集合
N_{even}	偶整数集合
N_{odd}	奇整数集合
$\boldsymbol{n}$	表面法向的单位矢量
n	转速（1/s），（子）谐波次数，临界转速的阶次，整数，指数，节能的年数（电机寿命的年数）
n_v	通风道数
n_U	磁通管截面的数量
n_{Φ}	磁通管的数量
P	功率，损耗（W）
P_{in}	输入功率（W）
PAM	极幅调制
PM	永磁体
PMSM	永磁同步电机
PWM	脉宽调制
P_1，P_{ad}，P_{LL}	附加损耗（W）
P_{ew}	端部绕组损耗（W）
Pr	普朗特数
P_{ρ}	摩擦损耗（W）
P_{diff}	降低采购成本（欧元）

P_{PM}	永磁体涡流损耗（W）
p	极对数，序号，单位长度铁心损耗，单位长度铁心的电阻损耗（W/m），压强（Pa）
p_{Al}	铝成分的含量
p^*	基绕组极对数
pd	局部放电
Q	电荷（C），槽数，无功功率（VA）
Q_{av}	线圈组平均槽数
Q_p	每极下的槽数
Q_o	空槽数
Q'	电压相量图的半径
Q^*	基绕组槽数
Q_{th}	热量
q	每极每相槽数，瞬时电荷量 $q(t)$（C）
q_k	每个相带内的槽数
q_m	质量流率（kg/s）
q_{th}	热流密度（W/m^2）
R	电阻，气体常数，8.314472（J/K·mol），热敏电阻，化学反应活性部位
R_{bar}	导条电阻（Ω）
RM	磁阻电机
RMS	方均根值
R_m	磁阻（A/Vs = 1/H）
R_{th}	热阻（K/W）
Re	实部
Re	雷诺数
Re_{crit}	临界雷诺数
RR	富树脂法
r	半径（m），单位长度热阻，电阻标幺值（pu），辐射率
$\boldsymbol{r}$	单位矢量半径
S1 - S8	工作制
S	视在功率（VA），截面面积
SM	同步电机
SR	开关磁阻
SyRM	同步磁阻电机
S_c	导体截面积（m^2）
S_p	极身横截面（m^2）
S_r	面向气隙的转子表面积（m^2）
$\boldsymbol{S}$	坡印廷矢量（W/m^2），横截面表面上的单位矢量
s	转差率，斜槽角对应的弧长

s_b	最大转矩下的转差率
s_{sp}	斜槽距离
T	转矩（Nm），绝对温度（K），周期，电机每年的工作时间（h/年）
Ta	泰勒数
Ta_m	改进的泰勒数
T_b	牵出转矩，峰值转矩（Nm）
t_c	换向期（s）
TEFC	全封闭自扇冷却
T_J	机械时间常数（s）
T_{mec}	机械转矩（Nm）
T_{pb}	投资回报期
T_s	平面的温度
T_u	最小起动转矩（Nm）
T_v	反向转矩（Nm）
T_l	堵转转矩（Nm）
TC	齿圈绕组
t	时间（s），单个半径所包含的相量个数，最大公约数，绝缘的寿命
$\boldsymbol{t}$	切向单位矢量
t_c	换向期（s）
t_r	脉冲电压的上升时间（s）
t^*	在电压相量图中基绕组层数
U	电压（V），方均根值
U	相的符号
$U_{contact}$	接触电压差（V）
U_m	磁压降（A）
U_r	电阻压降（V）
U_{sj}	脉冲电压的峰值（V）
U_v	线圈边电压（V）
U1	电机 U 相绕组始端
U2	电机 U 相绕组末端
u	电压，线圈电压瞬时值 $u(t)$(V)，每层线圈有效边数，电压标幺值（pu）
u_{b1}	氧化层的阻断电压（V）
u_c	换向电压（V）
u_m	管内流体的平均流速（m/s）
V	体积（m^3），电动势
V	相的符号
V_m	标量磁位（A）
VPI	真空压力浸渍
V1	电机 V 相绕组始端
V2	电机 V 相绕组末端

v	速度，流速（m/s）
$\boldsymbol{v}$	矢量
W	能量（J），线圈节距（宽度），线圈的平均跨距（m）
W	相的符号
W_{fc}	同步磁阻电机磁场储能
W_d	在开关磁阻驱动中通过二极管反馈到电压源的能量
W_{mt}	在开关磁阻驱动中晶体管导通时转换为机械功的能量
W_{md}	在开关磁阻电机驱动中某一相断电时转换为机械功的能量
W_R	在开关磁阻驱动中反馈到电源的能量
W'	磁共能（J）
W1	电机 W 相绕组始端
W2	电机 W 相绕组末端
W_{Φ}	磁场能量（J）
w	长度（m），单位体积能量
w_{PM}	永磁体宽度（m）
X	电抗（Ω）
x	坐标，长度，序数，线圈跨距减少量（m）
x_m	电抗标幺值
Y	导纳（S）
Y	耐热等级 90℃
y	坐标，长度，绕组跨距
y_m	交流换向器绕组的绕组跨距
y_n	以槽距表示的节距
y_Q	以槽距表示的整距绕组节距，以每极槽数表示的极距
y_v	以槽距表示的线圈跨距减少量
y_1	以槽距表示的节距，第一节距
y_2	以槽距表示的节距，第二节距
y_C	换向器节距，两个换向片之间所跨的距离
Z	阻抗（Ω），导条数，每相负向和正向相量总数
Z_M	电机的特征阻抗（Ω）
Z_s	表面阻抗（Ω）
Z_0	特征阻抗（Ω）
z	坐标，长度，整数，整个电枢绕组的导体总匝数
z_a	左右相邻方向导体数
z_b	电刷个数
z_c	线圈个数
z_{cs}	每半槽导体匝数
z_p	并联导体的数目
z_Q	每槽导体匝数
z_t	导体层数

α	角度(rad)/(°)，系数，温度系数，极靴的相对宽度，对流换热系数(W/K)，斜槽角度（rad）/（°）
$1/\alpha$	透入深度
α_{DC}	直流电机相对极宽
α_{i}	磁通密度的算术平均值与其峰值之比
α_{m}	传质系数[(mol/sm^2)/(mol/m^3) = m/s]
α_{PM}	相对磁极宽度
α_{SM}	同步电机相对极宽
α_{r}	辐射的传热系数
α_{str}	相绕组之间的角度
α_{th}	换热系数[W/(m^{2}K)]
α_{ph}	相绕组之间的角度
α_{u}	槽距角(rad)/(°)
α_{z}	相距角，相带角(rad)/(°)
α_{ρ}	相量的角度(rad)/(°)
β	角度(rad)/(°)
β	吸收率
Γ	能量比率，积分路径
Γ_{c}	铁心和气隙之间的接触面
γ	角度(rad)/(°)，系数
γ_{c}	换向角(rad)/(°)
γ_{D}	开关的导通角(rad)/(°)
δ	气隙（长度），透入深度（m），介质损失角(rad)/(°)，损耗角(rad)/(°)，负载角(rad)/(°)
δ_{c}	浓度边界层厚度（m）
$\delta_{d}\ (x)$	直轴气隙轮廓函数（m）
$\delta_{q}\ (x)$	交轴气隙轮廓函数（m）
δ_{e}	等效气隙（考虑开槽）（m）
δ_{ef}	有效气隙长度（计及铁心磁阻的影响）
δ_{PM}	永磁体中透入深度（m）
δ_{v}	速度边界层厚度（m）
δ_{T}	温度（热）边界层厚度（m）
δ'	负载角(rad)/(°)，气隙长度修正值（m）
δ_{0}	气隙最小长度（m）
δ_{0e}	由卡特系数修正的极中央的气隙（m）
δ_{de}	等效的直轴气隙（m）
δ_{qe}	等效的交轴气隙（m）
Δ_{2}	阻尼系数
ε	介电常数（F/m），电刷位置角(rad)/(°)，步进角(rad)/(°)，短距数
ε_{sp}	以槽距表示的短距数

ε_{th}	辐射率
ε_{thr}	相对辐射率
ε_0	真空介电常数 8.854×10^{-12} (F/m)
ζ	相位角(rad)/(°)，谐波系数，凸极比，转子阻抗的相角
ζ_d	谐波系数直轴分量
ζ_q	谐波系数交轴分量
η	效率，经验常数，实验测得的指数前的常数
η	反射率，导热系数
Θ	电流链（A)，温升（差异）(K)
Θ_k	补偿电流链（A）
Θ_Σ	总电流链（A）
θ	角度，位置(rad)/(°)
ϑ	角度(rad)/(°)
κ	角度(rad)/(°)，槽开口系数
κ	透射率
Λ	磁导(Vs/A)/(H)
Λ'	比磁导($Vs/A/m^2$)
Λ'_0	平均比磁导（$Vs/A/m^2$）
λ	导热系数（W/m·K)，磁导率，比例因子，电感系数，电感比例
μ	磁导率（Vs/Am，H/m)，每相同时工作的极对数，摩擦系数
μ_r	相对磁导率
μ	动力黏度[Pa·s，kg/(s·m)]
μ_0	真空磁导率，$4\pi\times10^{-7}$ (Vs/Am，H/m)
ν	谐波次数，泊松比，磁阻率（Am/Vs，m/H)，谐波的极对数，冷却剂的运动黏度
ν	脉冲的速度
ξ	导体的相对高度
ρ	电阻率（Ωm)，电荷密度（C/m^2)，密度，反射因子，单一相量的序数
ρ_A	绝对重叠率
ρ_E	有效重叠率
ρ_ν	感应电机阻抗、电阻、电感的变比
σ	电导率（S/m)，漏磁因数，漏磁通与主磁通之比
σ_δ	气隙漏磁因数
σ_F	应力（Pa）
σ_{Fn}	法向应力（Pa）
$\sigma_{F\tan}$	切向应力（Pa）
σ_{mec}	机械应力（Pa）
σ_{SB}	斯忒藩－玻尔兹曼常数，$5.670400\times10^{-8}\ W\cdot m^{-2}\cdot K^{-4}$
τ	相对时间，一个极距内叠片厚度的跨距
τ_p	极距（m）

τ_{q2}	极表面的极距（m）
τ_r	转子槽距（m）
τ_s	定子槽距（m）
τ_u	槽距（m）
τ_v	相带分布
τ'_d	直轴瞬态短路时间常数（s）
τ'_{d0}	直轴瞬态开路（定子端开路）时间常数（s）
τ''_d	直轴超瞬态短路时间常数（s）
τ''_{d0}	直轴超瞬态开路时间常数（s）
τ''_q	交轴超瞬态短路时间常数（s）
τ''_{q0}	交轴超瞬态开路时间常数（s）
ν	因数，运动黏度，μ/ρ[Pa·s/(kg/m^3)]
Φ	磁通量(Vs)/(Wb)
Φ_{th}	热流，热流量（W）
Φ_δ	气隙磁通(Vs)/(Wb)
ϕ	磁通量，磁通量瞬时值 $\phi(t)$(Vs)，电位(V)
φ	相移角(rad)/(°)
φ'	计算集肤效应用到的函数
Ψ	磁链（Vs）
Ψ	电通量（C）
Ψ_e	电通量（C）
Ψ_m	气隙磁链（Vs）
Ψ_{mp}	相绕组磁链（Vs）
Ψ	计算集肤效应用到的函数
χ	长径比，一对极下的偏移量
Ω	机械角速度（rad/s）
ω	电角速度（rad/s），角频率（rad/s）
Δ	差；降，损失
ΔT	温度上升(温差)(K)/(℃)
∇T	温度梯度(K/m)/(℃/m)
Δp	压力损失（Pa）

下标

0	部分
1	一次侧，基波分量，相首端，堵转转矩
2	二次侧，相末端
Al	铝
a	电枢，轴
ad	附加（损耗）
av	平均
B	电刷

b	基值，转矩峰值，高阻，阻尼条
bar	条
bearing	轴承（损耗）
C	电容
Cu	铜
Cuw	端部绕组导体
conv	对流
c	导体，换向
cf	离心
cp	换向极
contact	电刷接触
cr，crit	临界
DC	直流
D	直轴，阻尼
d	齿，直轴，齿顶漏磁
diff	差
E	电动势
e	等效
ef	有效
el	电
em	电磁
ew	端部绕组
ext	外部
F	力
Fe	铁
f	场
Ft	涡流
Hy	磁滞
i	内部，绝缘，序数
in	输入
k	补偿，短路，序数
lam	叠片
LL	附加负载损耗
M	电动机
max	最大值
m	相互，主要，励磁
mag	励磁，磁
mec	机械
min	最小值
mut	相互

mp	单相励磁
N	额定
n	额定，法向
ns	负序分量
o	起点，上层
opt	最优
out	输出
PM	永磁体
p	极，一次侧，子导体，极间漏磁
p1	极靴
p2	极身
ph	相量，相
ps	正序分量
pu	标幺
q	交轴，相带
r	转子，剩磁，相对，阻尼环短路
res	合成
S	曲面
s	定子
sj	脉冲波
sat	饱和
str	相位部分
sq	斜槽
syn	同步
tan	切向
test	测试
th	热
tot	总的，全部
u	槽，下层，底层，槽部漏磁，起动转矩
v	相带，线圈边在一个槽内进行平移，线圈
x	x 方向
y	y 方向，轭部
ya	电枢轭部
yr	转子轭
ys	定子轭
w	端部绕组
z	z 方向，电压相量图的相量
ρ	单一相量的序数
ρ	摩擦损耗
ρ_w	风摩损耗

δ	气隙
Φ	磁通
ν	谐波
σ	漏磁
γ	子导体数
μ	谐波序数

上标

$\hat{}$	峰值/最大值，幅值
$'$	假想的，视在的，简化的，虚拟的，折算到定子侧的
$*$	基绕组，复共轭

包含与单位矢量i、j和k平行分量的矢量用粗体符号表示

$\boldsymbol{A}$ 矢量磁位，$\boldsymbol{A} = \boldsymbol{i}A_x + \boldsymbol{j}A_k + \boldsymbol{k}A_z$

$\boldsymbol{B}$ 磁通密度，$\boldsymbol{B} = \boldsymbol{i}B_x + \boldsymbol{j}B_k + \boldsymbol{k}B_z$

$\underline{I}$ 电流的复相量

$\bar{I}$ 符号上的横杠表示平均值

第 1 章　电机设计的基本定律和方法

1.1　电磁原理

从根本上来讲，对电磁现象的全面理解依赖于麦克斯韦方程组。电磁现象的所有场方程均可以写成一组方程的形式，因此，与物理科学和技术的其他领域相比，描述电磁现象相对容易。这一现象涉及的基本物理量包括以下 5 个矢量和 1 个标量：

电场强度	$\boldsymbol{E}$	(V/m)
磁场强度	$\boldsymbol{H}$	(A/m)
电位移矢量	$\boldsymbol{D}$	(C/m^2)
磁通密度	$\boldsymbol{B}$	(Vs/m^2)，(T)
电流密度	$\boldsymbol{J}$	(A/m^2)
电荷密度，dQ/dV	ρ	(C/m^3)

电场和磁场的存在可以通过一个带电物体或一个载流导体在场中所施加的力进行分析。这种力可以通过洛伦兹力（见图 1.1），即一个无穷小电荷 dQ 以速度$\boldsymbol{v}$移动而产生的力来计算。该力可由矢量方程给出：

$$d\boldsymbol{F} = dQ(\boldsymbol{E}+\boldsymbol{v}\times\boldsymbol{B}) = dQ\boldsymbol{E}+\frac{dQ}{dt}d\boldsymbol{l}\times\boldsymbol{B} = dQ\boldsymbol{E}+i d\boldsymbol{l}\times\boldsymbol{B} \qquad (1.1)$$

本质上，该矢量方程是计算各类电机转矩的基本方程。尤其是方程中的后半部分，由长度为 $d\boldsymbol{l}$ 的载流导体单元构成，是电机转矩产生的根本。

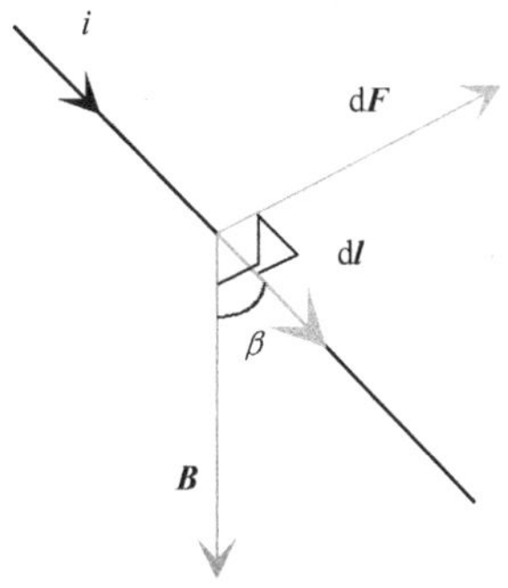

图 1.1　在磁场 $\boldsymbol{B}$ 中，作用在电流为 i、微元长度为 $d\boldsymbol{l}$ 的载流导体上的洛仑兹力 $d\boldsymbol{F}$。角度 β 是导体与磁通密度矢量 $\boldsymbol{B}$ 的夹角。矢量积 $id\boldsymbol{l}\times\boldsymbol{B}$ 可以写成如下形式：$id\boldsymbol{l}\times\boldsymbol{B} = idlB\sin\beta$

例 1.1：载流 10A、长度 0.1m 的导体置于磁通密度为 1T 的磁场中，载流导体与磁通密度之间的夹角为 80°，计算施加在该导体上的作用力大小。

解：由式（1.1），可以直接得出力的大小

$$F = |i\boldsymbol{l}\times\boldsymbol{B}| = 10A\times0.1m\times\sin80°\times1Vs/m^2 = 0.98VAs/m = 0.98N$$

在电气工程理论中，其他最初凭经验发现后来再整理成书面形式的定律，均可以由相应的麦克斯韦完备方程组中的基本定律导出。为了不受观测区域的形状或位置的制

约，这些定律均可以表示为微分方程的形式。

流出观察点的电流减小了该点的电荷量，电荷守恒定律用散度方程表示为

$$\nabla \cdot \boldsymbol{J} = -\frac{\partial \rho}{\partial t} \tag{1.2}$$

该式被称为电流的连续性方程。

实际的麦克斯韦方程组用微分形式表示为

$$\nabla \times \boldsymbol{E} = -\frac{\partial \boldsymbol{B}}{\partial t} \tag{1.3}$$

$$\nabla \times \boldsymbol{H} = \boldsymbol{J} + \frac{\partial \boldsymbol{D}}{\partial t} \tag{1.4}$$

$$\nabla \cdot \boldsymbol{D} = \rho \tag{1.5}$$

$$\nabla \cdot \boldsymbol{B} = 0 \tag{1.6}$$

电场的旋度关系式（1.3）即为法拉第电磁感应定律，它描述了变化的磁通是如何在其周围激发出电场的；磁场强度的旋度关系式（1.4）描述了变化的电通量和电流在空间激发磁场的情形，这就是安培定律。由于旋度的散度恒为0，则安培定律由式（1.4）的散度方程变为式（1.2）的电荷守恒定律。在一些教科书中，旋度运算也可能被表示为$\nabla \times \boldsymbol{E} = \mathrm{curl}\boldsymbol{E} = \mathrm{rot}\boldsymbol{E}$。

电通量总是从正电荷流向负电荷，这可以用电通量的散度方程（1.5）进行数学表示，这一定律也称为电场的高斯定律。然而，磁通总是循环的通量，没有起点和终点，这一特性可以由磁通密度的散度方程（1.6）进行描述，这就是磁场的高斯定律。散度运算，在一些教科书中，也可能表示为$\nabla \cdot \boldsymbol{D} = \mathrm{div}\boldsymbol{D}$。

积分形式的麦克斯韦方程组往往更实用。法拉第电磁感应定律的积分形式为

$$\oint_l \boldsymbol{E} \cdot \mathrm{d}\boldsymbol{l} = -\frac{\mathrm{d}}{\mathrm{d}t}\int_S \boldsymbol{B} \cdot \mathrm{d}\boldsymbol{S} = -\frac{\mathrm{d}\boldsymbol{\Phi}}{\mathrm{d}t} \tag{1.7}$$

该式表明：通过任意开曲面 S 的磁通量 $\boldsymbol{\Phi}$ 的变化率等于电场强度沿该曲面边界闭合曲线 l 线积分的负值。数学上，可以用垂直于曲面的微分算子 $\mathrm{d}S$ 表示曲面 S 的一个单元；用平行于曲线的微分矢量 $\mathrm{d}\boldsymbol{l}$ 表示曲面的轮廓线 l。

法拉第电磁感应定律和安培定律在电机设计中极为重要。最简单地，该方程可以用来确定电机绕组中感应出的电压；这些方程在诸如确定磁路中由涡流引起的损耗和铜条的集肤效应时也必不可少。图1.2举例说明了法拉第电磁感应定律，穿过闭合曲线 l 包围的曲面 S 的磁通为 $\boldsymbol{\Phi}$。

圆圈上的箭头表明了电场强度 $\boldsymbol{E}$ 的方向。该情况下，观测区的磁通密度 $\boldsymbol{B}$ 是增加的，如果环绕该磁通放置一条短路的金属线，我们可以在该金属线上获得积分形式的电压 $\oint_l \boldsymbol{E} \cdot \mathrm{d}\boldsymbol{l}$，也会产生一个电流。该电流也会产生自身的通量，该通量将抵抗穿过线圈的通量。

如果线圈匝数为 N（见图1.2），且磁通并未像理想情况与所有线圈匝链，而是小于1的比值，则可以用线圈的有效匝数 $k_w N(k_w < 1)$ 表示。式（1.7）可以推广到在多匝绕组中产生电动势 e 的公式。在电机中，系数 k_w 被称为绕组系数（见第2章），下式对

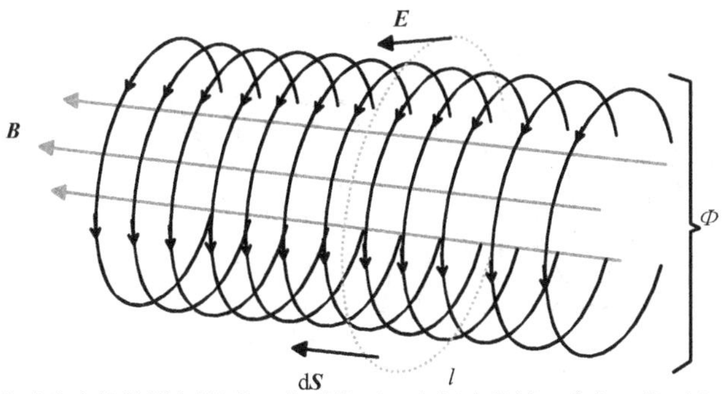

图 1.2　法拉第电磁感应定律的举例说明。典型曲面 S 由闭合曲线 l 确定，曲面上通过磁通密度 $\boldsymbol{B}$ 的磁通 $\boldsymbol{\Phi}$，磁通密度的变化激发出电场强度 $\boldsymbol{E}$，圆圈阐明了 $\boldsymbol{E}$ 的特征，$\mathrm{d}\boldsymbol{S}$ 是垂直于曲面 S 的矢量

电机至关重要：

$$e = -k_{\mathrm{w}}N\frac{\mathrm{d}}{\mathrm{d}t}\int_S \boldsymbol{B}\cdot\mathrm{d}\boldsymbol{S} = -k_{\mathrm{w}}N\frac{\mathrm{d}\boldsymbol{\Phi}}{\mathrm{d}t} = -\frac{\mathrm{d}\boldsymbol{\Psi}}{\mathrm{d}t} \tag{1.8}$$

这里引入了磁链 $\boldsymbol{\Psi}(t) = k_{\mathrm{w}}N\boldsymbol{\Phi}(t) = Li(t)$，磁链是电气工程中的核心概念。可以注意到：电感 L 描述了线圈产生磁链 $\boldsymbol{\Psi}$ 的能力。以后在计算电感时，需要知道磁路的有效匝数、磁导 Λ 或磁阻 R_{m}，$L = (k_{\mathrm{w}}N)^2\Lambda = (k_{\mathrm{w}}N)^2/R_{\mathrm{m}}$。

例 1.2：有一横截面面积为 $0.01\mathrm{m}^2$ 的线圈，匝数为 100 匝。与之耦合的交变磁场的磁通密度幅值为 1T，绕组系数 $k_{\mathrm{w}} = 0.9$。当磁通密度变化频率为 100Hz 时，计算线圈中感应出的电动势。

解：由式（1.8），并且 $\omega = 2\pi f$，可得

$$e = -\frac{\mathrm{d}\boldsymbol{\Psi}}{\mathrm{d}t} = -k_{\mathrm{w}}N\frac{\mathrm{d}\boldsymbol{\Phi}}{\mathrm{d}t} = -k_{\mathrm{w}}N\frac{\mathrm{d}}{\mathrm{d}t}\hat{B}S\sin\omega t$$

$$= -0.9\times 100\times\frac{\mathrm{d}}{\mathrm{d}t}\left(1\,\frac{\mathrm{Vs}}{\mathrm{m}^2}\times 0.01\mathrm{m}^2\sin\frac{100}{\mathrm{s}}\times 2\pi t\right)$$

$$e = -90\times 2\pi\mathrm{V}\cos\frac{200}{\mathrm{s}}\pi t = -565\mathrm{V}\cos\frac{200}{\mathrm{s}}\pi t$$

因此，线圈中感应出的电压幅值为 565V，有效值为 $565\mathrm{V}/\sqrt{2} = 400\mathrm{V}$。

安培定律中包括位移电流，位移电流可以表示为电通量 $\boldsymbol{\Psi}_{\mathrm{e}}$ 对时间的导数。安培定律为

$$\oint_l \boldsymbol{H}\cdot\mathrm{d}\boldsymbol{l} = \int_S \boldsymbol{J}\cdot\mathrm{d}\boldsymbol{S} + \frac{\mathrm{d}}{\mathrm{d}t}\int_S \boldsymbol{D}\cdot\mathrm{d}\boldsymbol{S} = i(t) + \frac{\mathrm{d}\boldsymbol{\Psi}_{\mathrm{e}}}{\mathrm{d}t} \tag{1.9}$$

该式表明：穿过曲面 S 的电流 $i(t)$ 和电通量的变化率之和等于磁场强度 $\boldsymbol{H}$ 沿包围曲面 S 的曲线 l 的线积分。图 1.3 表述了安培定律的应用。

式（1.9）中

$$\frac{\mathrm{d}}{\mathrm{d}t}\int_S \boldsymbol{D}\cdot\mathrm{d}\boldsymbol{S} = \frac{\mathrm{d}\boldsymbol{\Psi}_{\mathrm{e}}}{\mathrm{d}t}$$

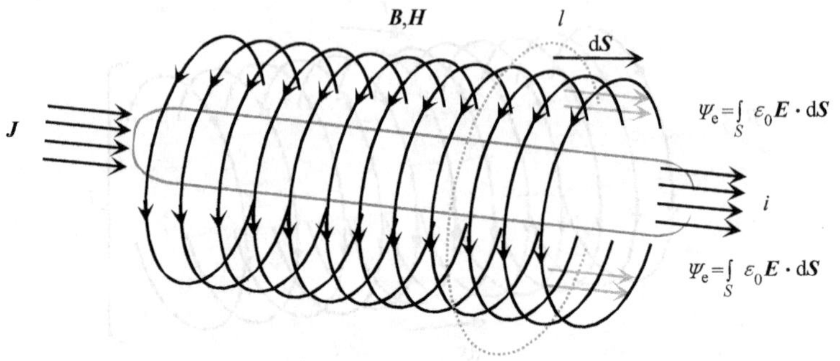

图1.3　安培定律在载流导体环境下的应用。曲线 l 定义了曲面 S，矢量 $d\boldsymbol{S}$ 垂直于曲面 S

被称为麦克斯韦位移电流，该电流将电磁现象最终联系在一起。位移电流是麦克斯韦对电磁理论的历史贡献。位移电流的发现帮助麦克斯韦解释了在没有带电粒子或电流情况下，电磁波在真空中的传播。式（1.9）经常以静态或准静态的形式出现，表示为

$$\oint_l \boldsymbol{H}\cdot d\boldsymbol{l} = \int_S \boldsymbol{J}\cdot d\boldsymbol{S} = \sum i(t) = \Theta(t) \tag{1.10}$$

“准静态”这一术语表示在研究该问题中，如果这一现象的频率 f 足够低，可以忽视麦克斯韦位移电流。在电机中产生这一现象时均能够很好地满足准静态的条件，这是因为在实际中，只有在无线电频率或为刻意产生位移电流的电容低频段情况下，才会出现相当大的位移电流。

安培定律的准静态形式是电机设计中十分重要的公式，可以用来确定电机的磁压降及所需的电流链。在式（1.10）中，电流和 $\Sigma i(t)$ 的瞬时值，即电流链 $\Theta(t)$ 的瞬时值，如果需要也可以假设为永磁体的视在电流链 $\Theta_{PM}(t)=H'_c h_{PM}$。因此，永磁体的视在电流链取决于材料的计算矫顽力 H'_c（见第3章）和永磁体厚度 h_{PM}。

在准静态状态下（忽略 dD/dt），式（1.10）的安培定律相对应的微分形式可以写成

$$\nabla\times\boldsymbol{H}=\boldsymbol{J} \tag{1.11}$$

在准静态状态下，电流密度的连续性方程（1.2）写成

$$\nabla\cdot\boldsymbol{J}=0 \tag{1.12}$$

电场的高斯定律的积分形式

$$\oint_S \boldsymbol{D}\cdot d\boldsymbol{S} = \int_V \rho_V dV \tag{1.13}$$

式（1.13）表明：闭合曲面 S（该曲面所包围的体积为 V）中的电荷产生通过该曲面的电位移 $\boldsymbol{D}$；其中 $\int_V \rho_V dV = q(t)$ 是闭合曲面 S 内的瞬时净电荷。可以看到：在电场中既有源极又有漏极。当考虑电机绝缘时，需要利用式（1.13）。然而，在电机中，介质中的电荷密度被证明为0的情况并不罕见，在这种情况下，电场的高斯定律可重写为

$$\oint_S \boldsymbol{D}\cdot d\boldsymbol{S} = 0 \quad 或 \quad \nabla\cdot\boldsymbol{D} = 0 \Rightarrow \nabla\cdot\boldsymbol{E} = 0 \tag{1.14}$$

在无电荷区域，电场中既无源极也无漏极。

磁场的高斯定律的积分形式

$$\oint_S \boldsymbol{B} \cdot \mathrm{d}\boldsymbol{S} = 0 \tag{1.15}$$

相应地表明：在闭合曲面 S 上穿过的磁通量之和为 0。换句话说，当磁通穿入一个物体，还必须穿出这一物体。这是说明磁通量无源的另一种表达方式。在电机中，这意味着主磁通围绕电机磁路，既没有起点也没有终点。类似地，电机中的其他磁通量回路也是闭合的。图 1.4 说明了在曲面 S 上麦克斯韦方程组的积分形式；图 1.5 给出了在闭合曲面 S 上高斯定律的应用。

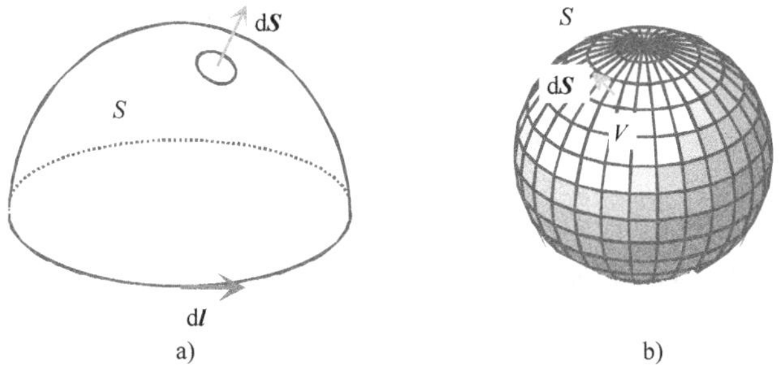

图 1.4　在电场和磁场中曲面方程的积分形式。a）开曲面 S 及其轮廓线 l；b）闭合曲面 S，包围的体积为 V，d$\boldsymbol{S}$ 是曲面任意处的微分矢量

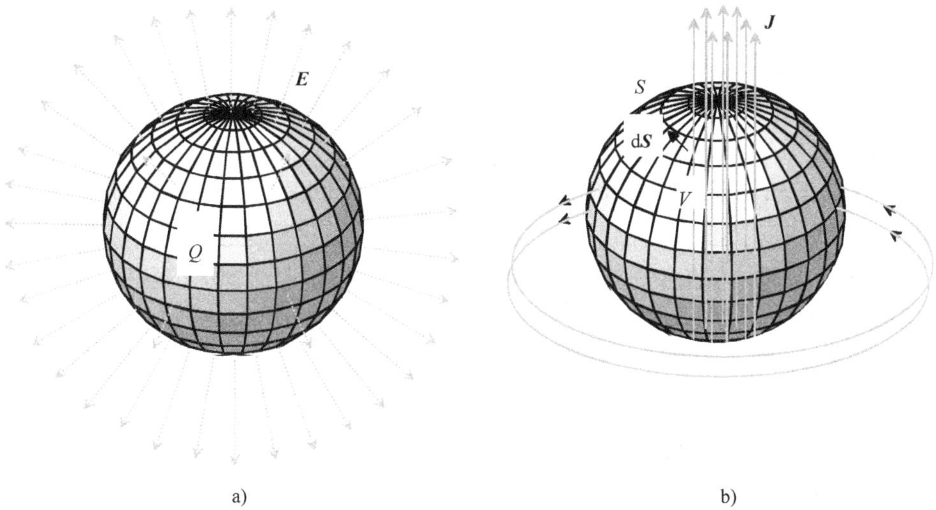

图 1.5　高斯定律的图解：a）电场；b）磁场。在一个封闭物体中，电荷 Q 为源，产生电场强度为 $\boldsymbol{E}$ 的电通量；相应地，在闭合曲面 S 外，由电流密度 $\boldsymbol{J}$ 产生的磁通量穿过该封闭曲面（穿入球体，然后再穿出球体），因此磁场是无源的（div$\boldsymbol{B}$ =0）

介质的介电常数 ε、磁导率 μ 和电导率 σ 确定了电场强度中电位移、磁通密度和电流密度的相互联系。在某些情况下，ε、μ、σ 可以被视为简单的常量，这时相应的两个量（$\boldsymbol{D}$ 与 $\boldsymbol{E}$、$\boldsymbol{B}$ 与 $\boldsymbol{H}$ 、$\boldsymbol{J}$ 与 $\boldsymbol{E}$）是对应的。这种性质的介质被称为各向同性，这意味着 ε、μ、σ 在不同方向上的值相同；否则，介质的 ε、μ、σ 在不同方向上的值不同，并

可能因此存在张量，这些介质被定义为各向异性。实际上，铁磁材料的磁导率与磁场强度 H 之间总是存在高度非线性的函数关系：$\mu=f(H)$。

在原则上，介质方程组的通用公式可以写成

$$\boldsymbol{D}=f(\boldsymbol{E}) \tag{1.16}$$

$$\boldsymbol{B}=f(\boldsymbol{H}) \tag{1.17}$$

$$\boldsymbol{J}=f(\boldsymbol{E}) \tag{1.18}$$

而方程的具体形式必须根据不同介质并由经验确定。应用介电常数 ε(F/m)、磁导率 μ[Vs/(Am)]和电导率 σ(S/m)，我们可以通过如下方程组对材料进行描述：

$$\boldsymbol{D}=\varepsilon\boldsymbol{E} \tag{1.19}$$

$$\boldsymbol{B}=\mu\boldsymbol{H} \tag{1.20}$$

$$\boldsymbol{J}=\sigma\boldsymbol{E} \tag{1.21}$$

描述介质的量并不总是简单的常量。例如，铁磁材料的磁导率具有很强的非线性特性。在各向异性的材料中，磁通密度的方向将偏离磁场强度，从而 ε 和 μ 可能为张量，在真空中 ε 和 μ 的值为

$$\varepsilon_0=8.854\cdot10^{-12}\text{F/m, As/Vm}$$

$$\mu_0=4\pi\cdot10^{-7}\text{H/m, Vs/Am}$$

例1.3：绕组的电势为400V，系统磁路接地。计算绕组穿过0.3mm厚的绝缘层所产生的电位移 D。绝缘材料的相对介电常数 $\varepsilon_r=3$。

解：穿过绝缘层的电场强度 $E=400\text{V}/0.3\text{mm}=1330\text{kV/m}$，由式（1.19）可得电位移

$$\boldsymbol{D}=\varepsilon\boldsymbol{E}=\varepsilon_r\varepsilon_0\boldsymbol{E}=3\times8.854\times10^{-12}\text{As/Vm}\times1330\text{kV/m}=35.4\mu\text{C/m}^2$$

例1.4：在前一实例中，当绝缘层面积为 0.001m^2 时，计算50Hz频率下穿过槽绝缘层的位移电流。

解：穿过绝缘层的电场 $\Psi_e=DS=0.0354\mu\text{As}$。

穿过绝缘层的时变电场为

$$\Psi_e(t)=\hat{\Psi}_e\sin\omega t=0.0354\mu\text{As}\sin(314t)$$

对时间微分得

$$\frac{\mathrm{d}\Psi_e(t)}{\mathrm{d}t}=\omega\hat{\Psi}_e\cos\omega t=11\mu\text{A}\cos(314t)$$

幅值为 $11\mu\text{A}$，因此穿过绝缘层的电流有效值为 $11/\sqrt{2}=7.86\mu\text{A}$。

从上例可以看出：从电机的基本方程角度来说，位移电流无关紧要。然而，当电机由变频器供电时，晶体管会产生高频，可能会有较大位移电流穿过绝缘。在这种情况下，可能会产生轴电流的问题。

1.2　数值法

电机的基本设计，即磁路和电路的尺寸，通常可以应用解析方程获得。然而，电机的准确性能通常需要采用不同的数值方法进行评价。利用这些数值方法，可以有效地研究单一参数对电机动态性能的影响。此外，甚至在试验环境下无法进行的一些测试，也可以通过数值法模拟实现。最广泛应用的数值法是有限元方法（Finite Element Method，FEM），该方法用于分析二维或三维电磁场问题，利用该方法可以获得静态、时谐或瞬态问题。在后两种情况中，描述电机供电电源的电路与实际场域的求解相结合。应用 FEM 对电机进行电磁分析时，必须特别注意电机结构部件中电磁材料数据以及有限元剖分网格的构造的适用性。

由于大部分的磁场能量存储在电机的气隙中，重要的转矩计算公式与气隙磁场解相关。因此，在这一区域网格必须足够致密。为了获得精确结果，经验法则是将气隙网格分为三层；在瞬态分析中，即计算时变解时，为了使结果中包含高次谐波的影响，选择时间步长的大小也十分重要。普遍的做法是将一个时间周期划分为 400 步，尤其是在分析高速电机中需要更细密的划分，这种分割方法甚至可以划分得比 400 步更细密。

在 FEM 场域求解中，计算转矩的常用方法有 5 种，分别为：①麦克斯韦应力张量法、②Arkkio 法、③磁共能微分法、④库仑虚功法、⑤励磁电流法。将在 1.4 节和 1.5 节简要讨论与这些方法相关的转矩数学公式。

电机磁场一般被视为二维情况，因此在进行数值求解时使用矢量磁位十分简单。然而在很多情况下，电机场明显是三维的，二维场的解决方法常常是近似值。下面首先应用完整的三维矢量方程。

矢量磁位 $\boldsymbol{A}$ 由下式给出：

$$\boldsymbol{B}=\nabla\times\boldsymbol{A} \tag{1.22}$$

由库仑条件，矢量磁位需要明确定义，可以写成

$$\nabla\cdot\boldsymbol{A}=0 \tag{1.23}$$

将矢量磁位的定义代入法拉第电磁感应定律（1.3）中，得到

$$\nabla\times\boldsymbol{E}=-\nabla\times\frac{\partial}{\partial t}\boldsymbol{A} \tag{1.24}$$

电场强度用矢量磁位 $\boldsymbol{A}$ 和标量电位 ϕ 表示为

$$\boldsymbol{E}=-\frac{\partial\boldsymbol{A}}{\partial t}-\nabla\phi \tag{1.25}$$

式中，ϕ 为简化的标量电位。因为$\nabla\times\nabla\phi=0$，所以在法拉第电磁感应定律中加入标量位不会引起任何问题。该式表明：电场强度矢量由两部分组成，即由与时间相关的磁场感应出的旋转部分以及由电荷和电介质材料极化产生的非旋转部分。

电流密度取决于电场强度

$$\boldsymbol{J}=\sigma\boldsymbol{E}=-\sigma\frac{\partial\boldsymbol{A}}{\partial t}-\sigma\nabla\phi \tag{1.26}$$

安培定律和矢量磁位的定义满足

$$\nabla \times \left(\frac{1}{\mu} \nabla \times \boldsymbol{A}\right) = \boldsymbol{J} \tag{1.27}$$

把式（1.26）代入式（1.27）得

$$\nabla \times \left(\frac{1}{\mu} \nabla \times \boldsymbol{A}\right) + \sigma \frac{\partial \boldsymbol{A}}{\partial t} + \sigma \nabla \phi = 0 \tag{1.28}$$

后者在可能感应出涡流的区域也是适用的；而前者在源电流 $\boldsymbol{J}=\boldsymbol{J}_s$，即诸如绕组电流的区域和电流密度 $\boldsymbol{J}=0$ 的区域是有效的。

在电机中，二维求解十分普遍。在这种情况下，数值解可以是基于矢量磁位 $\boldsymbol{A}$ 的单一分量。对（$\boldsymbol{B}$，$\boldsymbol{H}$）场的求解只需建立在 xy 平面上，而 $\boldsymbol{J}$、$\boldsymbol{A}$ 以及 $\boldsymbol{E}$ 只涉及 z 分量。既然 $\boldsymbol{J}$ 和 $\boldsymbol{A}$ 平行于 z 轴，因此梯度 $\nabla\phi$ 只有 z 分量，并且在式（1.26）中是有效的。简化的标量势在 x、y 分量上是彼此独立的。由于二维场的求解独立于 z 轴分量，因此 ϕ 为 z 轴分量的线性函数。在由于电荷或绝缘体极化引起电位差的情况下，二维场的假设是不成立的。对于包含涡流的二维场情况，简化的标量位必须设定为 $\phi=0$。

在二维场情况下，前述方程可以写为

$$-\nabla \cdot \left(\frac{1}{\mu}\nabla A_z\right) + \sigma \frac{\partial A_z}{\partial t} = 0 \tag{1.29}$$

在涡流区域外，有如下方程成立：

$$-\nabla \cdot \left(\frac{1}{\mu}\nabla A_z\right) = J_z \tag{1.30}$$

由磁通密度矢量的定义可得出如下分量形式：

$$B_x = \frac{\partial A_z}{\partial y},\ B_y = -\frac{\partial A_z}{\partial x} \tag{1.31}$$

故而矢量磁位在磁通密度的方向上保持不变，矢量位的等位线为磁力线。在二维场情况下，由矢量位的偏微分方程可以获得如下方程：

$$-\boldsymbol{k}\left[\frac{\partial}{\partial x}\left(\nu \frac{\partial A_z}{\partial x}\right) + \frac{\partial}{\partial y}\left(\nu \frac{\partial A_z}{\partial y}\right)\right] = \boldsymbol{k}\boldsymbol{J} \tag{1.32}$$

式中，ν 是材料的磁阻率。对于静电场，也可以得到类似的方程

$$\nabla \cdot (\nu \nabla \boldsymbol{A}) = -\boldsymbol{J} \tag{1.33}$$

此外，有两种类型的边界条件。狄利克莱（Dirichlet）边界条件表明：一个已知的磁矢量位，这里已知磁矢量位

$$\boldsymbol{A} = 常数 \tag{1.34}$$

在诸如电机的外表面上可以获得，磁场与外表面的轮廓线是平行的。类似于电机的外表面，在电机磁极的中心线处也形成一个对称平面。当磁场垂直于表面轮廓线时，由矢量磁位

$$\nu \frac{\partial \boldsymbol{A}}{\partial \boldsymbol{n}} = 0 \tag{1.35}$$

确定的诺伊曼（Neumann's）齐次边界条件可以获得。式中，$\boldsymbol{n}$ 为所在平面的法向单位

矢量。这类边界线可以是诸如具有无穷大磁导率铁磁材料的磁场边界或极间的中心线部分。

通过矢量磁位能够很容易地计算出穿过曲面的磁通。磁通的斯托克斯定理（Stoke's theorem）满足

$$\Phi = \int_S \boldsymbol{B} \cdot \mathrm{d}\boldsymbol{S} = \int_S (\nabla \times \boldsymbol{A}) \cdot \mathrm{d}\boldsymbol{S} = \oint_l \boldsymbol{A} \cdot \mathrm{d}\boldsymbol{l} \tag{1.36}$$

该积分为曲面 S 的边界线 l 的积分。这些现象可以通过图 1.6 加以说明。在图示的二维场情况中，积分的端面分量为 0，并且沿轴向的矢量位为常数。因此，对于长度为 l 的电机，可以得到磁通

$$\Phi_{12} = l(A_1 - A_2) \tag{1.37}$$

这意味着磁通量 Φ_{12} 为矢量等位线 A_1 和 A_2 之间的磁通量。

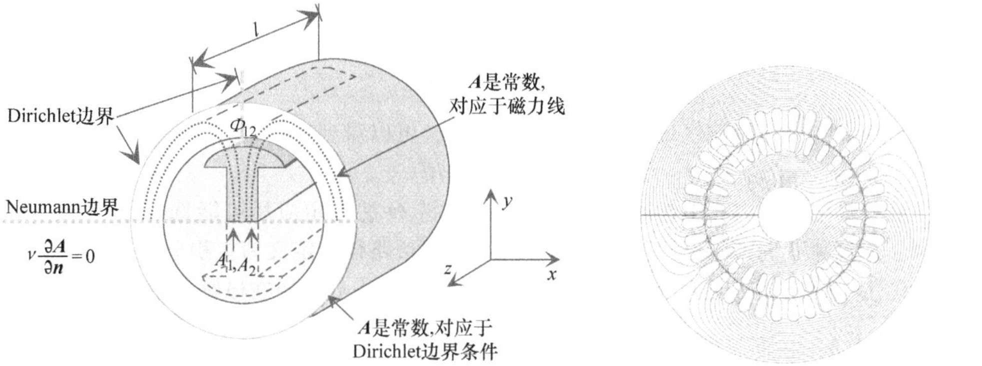

图 1.6　左图：凸极同步电机二维场及其边界条件的说明。其中，当满足 Dirichlet 边界条件时，矢量磁位 $\boldsymbol{A}$ 为常量（例如电机的外壳）；当满足 Neumann 边界条件时，矢量位在法向上的导数为 0。在标量磁位的情况下，则情况相反。由于对称，矢量磁位的法向导数的 0 值对应于恒定磁位 V_m，在这种情况下磁位为已知量，因此满足 Dirichlet 边界条件。右图：假设在二维场情况下，给出了基于矢量位的两极异步电机的磁场分布

1.3　解析计算的基本原则

电机设计包括确定电机磁通数值，通常情况下只需分析其单个磁极的情况。在磁路设计中，首先确定各个部件的精确尺寸，然后计算磁路所需的电流链和励磁电流，最后估算磁路中损耗的大小。

如果电机由永磁体励磁，必须选择永磁材料，并确定由这些材料制造的零部件的主要尺寸。计算旋转电机的励磁电流时，通常假设电机在空载情况下运行；也就是说，在励磁绕组中流过恒定的电流。稍后再分析负载电流的影响。

电机磁路设计基于安培定律（1.4）和（1.8）。计算得到的围绕电机磁路的线积分，也就是各磁压降之和 $\sum U_{m,i}$，必须等于磁路曲面 S 上的电流密度的面积分（这里的

曲面 S 表示主磁通穿过的表面)。在实际的电机中，电流通常在绕组中流动，电流密度的面积分，即对应的电流和（即绕组中流动的电流），为电流链 Θ。因此，安培定律可以写成

$$U_{\mathrm{m,tot}} = \sum U_{\mathrm{m},i} = \oint_l \boldsymbol{H} \cdot \mathrm{d}\boldsymbol{l} = \int_S \boldsymbol{J} \cdot \mathrm{d}\boldsymbol{S} = \Theta = \sum i \tag{1.38}$$

沿整个磁路的磁压降之和等于回路中的各励磁电流之和，即电流链 Θ。在简单应用中，电流和可以写成 $\sum i = k_{\mathrm{w}}Ni$。其中，$k_{\mathrm{w}}N$ 为绕组的有效匝数；i 为流过绕组的电流。除了绕组，电流链还可能包括永磁体的影响。实际在计算磁压降时，将电机分成若干区域。磁路中合理选择的 a、b 两点之间的磁压降 U_{m} 由下式决定：

$$U_{\mathrm{m},ab} = \int_a^b \boldsymbol{H} \cdot \mathrm{d}\boldsymbol{l} \tag{1.39}$$

在电机中，磁场强度往往与所分析区域的路径一致，因而式（1.39）可以被写为

$$U_{\mathrm{m},ab} = \int_a^b \boldsymbol{H}\mathrm{d}\boldsymbol{l} \tag{1.40}$$

进而，如果在观测区域的磁场强度为恒值，可以得到

$$U_{\mathrm{m},ab} = Hl \tag{1.41}$$

在计算磁压降时，电机励磁绕组所需电流链 Θ 的确定应尽可能选择最简单的积分路径。这意味着选择的路径要包围励磁绕组，这条路径被定义为主积分路径，也被称为电机的主磁通路径（见第3章）。在凸极电机中，主积分路径在极靴的中间穿过气隙。

例1.5：一个气隙为1mm的C形铁心电感，气隙磁通密度为1T，铁磁体回路长0.2m，在1T时铁心材料的相对磁导率 $\mu_{\mathrm{r}} = 3500$。计算气隙中以及铁心中的磁场强度。当绕线中流过的电流为10A直流电时，需要多少匝绕线才能在扼流圈中磁化出1T的磁通密度？计算时忽略气隙边缘的影响并且假设绕组系数 $k_{\mathrm{w}} = 1$。

解：由式（1.20），气隙中的磁场强度

$$H_\delta = B_\delta/\mu_0 = 1\,\mathrm{Vs/m^2}(4\pi \times 10^{-7}\,\mathrm{Vs/Am}) = 795\,\mathrm{kA/m}$$

铁心中对应的磁场强度

$$H_{\mathrm{Fe}} = B_{\mathrm{Fe}}/(\mu_{\mathrm{r}}\mu_0) = 1\,\mathrm{Vs/m^2}/(3500 \times 4\pi \times 10^{-7}\,\mathrm{Vs/Am}) = 227\,\mathrm{A/m}$$

气隙（忽略边缘效应）中的磁压降为

$$U_{\mathrm{m},\delta} = H_\delta \delta = 795\,\mathrm{kA/m} \times 0.001\,\mathrm{m} = 795\,\mathrm{A}$$

铁心中的磁压降为

$$U_{\mathrm{m,Fe}} = H_{\mathrm{Fe}} l_{\mathrm{Fe}} = 227\,\mathrm{A/m} \times 0.2\,\mathrm{m} = 45\,\mathrm{A}$$

磁路中的磁动势（Magneto Motive Force，MMF）F_{m} 为

$$F_{\mathrm{m}} = \oint_l \boldsymbol{H} \cdot \mathrm{d}\boldsymbol{l} = U_{\mathrm{m,tot}} = \sum U_{\mathrm{m},i} = U_{\mathrm{m},\delta} + U_{\mathrm{m,Fe}} = 795\,\mathrm{A} + 45\,\mathrm{A} = 840\,\mathrm{A}$$

扼流圈中的电流链 Θ 必须等于磁压降 $U_{\mathrm{m,tot}}$：

$$\Theta = \sum i = k_{w}Ni = U_{m,tot}$$

进而可以得到

$$N = \frac{U_{m,tot}}{k_{w}i} = \frac{840\mathrm{A}}{1 \times 10\mathrm{A}} = 84 \text{ 匝}$$

在电机设计中，不仅要考虑主磁通，也必须要考虑电机中所有的漏磁。

在确定电机空载特性曲线时，必须根据不同的磁通密度来计算磁路的磁压降。实际中，为了精确确定该磁化曲线，必须根据编写计算程序来求解电机的不同磁化状态。

根据电机磁路的不同，可以把电机分为两大类：在凸极电机中，磁场绕组为集中绕组；在隐极电机中，励磁绕组为分布绕组。凸极电机的主积分路径由以下部件组成：转子轭（yr）、极身（p2）、极靴（p1）、气隙（δ）、齿（d）和定子轭（ys）。对于这类凸极电机或直流电机，主积分路径的总磁压降由以下部分构成：

$$U_{m,tot} = U_{m,yr} + 2U_{m,p2} + 2U_{m,p1} + 2U_{m,\delta} + U_{m,d} + U_{m,ys} \tag{1.42}$$

对于隐极同步电机或感应电机，励磁绕组置于槽中，因此定子（s）和转子（r）都含有齿区域（d）：

$$U_{m,tot} = U_{m,yr} + 2U_{m,dr} + 2U_{m,\delta} + U_{m,ds} + U_{m,ys} \tag{1.43}$$

在式（1.42）和式（1.43）中，必须记住：主磁通两次通过齿区域（或极弧和极靴）和气隙。

对于开关磁阻（Switched Reluctance，SR）电机，定子和转子均具有凸极性（双凸极），因此有如下方程成立：

$$U_{m,tot} = U_{m,yr} + 2U_{m,rp2} + 2U_{m,rp1}(\alpha) + 2U_{m,\delta}(\alpha) + 2U_{m,sp1}(\alpha) + 2U_{m,sp2} + U_{m,ys} \tag{1.44}$$

该式已经被证明很难在实际中应用。其原因在于：对于 SR 电机，当电机旋转时，气隙的形状不断变化；因此转子和定子极靴的磁压降取决于转子位置 α。

最常见旋转电机的磁压降可以通过类似于式(1.42)～式(1.44)的方程给出。

对于由铁磁材料组成的电机，仅仅气隙可以被认为是线性磁化的。所有的铁磁材料都是非线性的，并且常常具有各向异性。实际中，取向铁心硅钢片的磁导率在不同方向上是变化的，在轧制方向上其值最高、在垂直方向上其值最低。这将导致材料的磁导率在严格意义上来讲是一个张量。

磁通是磁通密度的面积分。通常情况下，电机设计时，假定磁通密度垂直于表面，并基于此情况进行分析。既然垂直表面 **S** 的面积为 S，可以得出简化方程

$$\Phi = \int B\mathrm{d}S \tag{1.45}$$

进一步，如果磁通密度 B 也为常量，可以得到

$$\Phi = BS \tag{1.46}$$

利用上述方程，可以构建电机各个部件（a、b 两点之间的部分）的磁化曲线

$$\Phi_{ab} = f(U_{m,ab}), \quad B = f(U_{m,ab}) \tag{1.47}$$

气隙中的磁导率为常量 $\mu = \mu_0$，因此，可以利用磁导率，即磁导 Λ，得到如下方程：

$$\boldsymbol{\Phi}_{ab}=\Lambda_{ab}U_{m,ab} \tag{1.48}$$

如果气隙场为均匀的，可以得到

$$\boldsymbol{\Phi}_{ab}=\Lambda_{ab}U_{m,ab}=\frac{\mu_0 S}{\delta}U_{m,ab} \tag{1.49}$$

式（1.38）、式(1.42)~式(1.44)确定电机的磁化曲线

$$\boldsymbol{\Phi}_{\delta}=f(\Theta),\quad B_{\delta}=f(\Theta) \tag{1.50}$$

式中，$\boldsymbol{\Phi}_{\delta}$是气隙磁通。如果忽略开槽，在极靴中间位置气隙处磁通密度 B_{δ}的绝对值最大。电机的磁化曲线由如下顺序确定：$\boldsymbol{\Phi}_{\delta}$、$B_{\delta}\to B\to H\to U_m\to\Theta$。通过不断选择不同的气隙磁通 $\boldsymbol{\Phi}_{\delta}$ 或气隙磁通密度值，并通过电机的磁压降之和所需的电流链 Θ 来进行计算。根据电流链 Θ，可以确定绕组中的电流 I。相应地，根据气隙磁通和绕组电流，可以确定绕组中感应出的电动势 E。这样我们最终可以画出电机的实际空载曲线，如图1.7所示。

$$E=f(I) \tag{1.51}$$

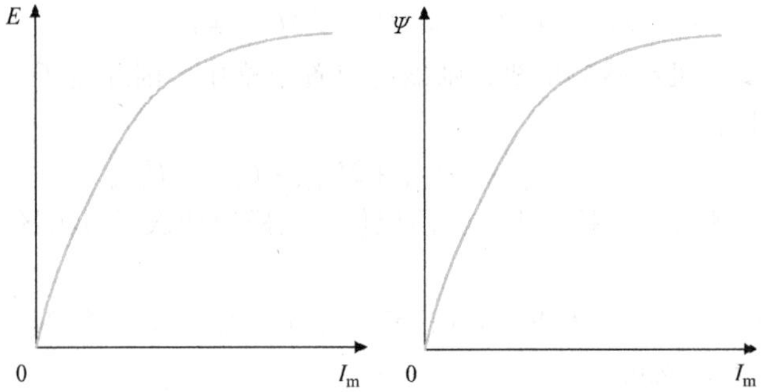

图1.7　由电动势 E 或磁链 Ψ 与励磁电流 I_m关系方程表示的典型的电机空载曲线。$E-I_m$关系曲线是在电机恒速空载运行情况下测定的。实际上，该曲线类似于电机中铁磁材料的 BH 曲线；空载特性曲线的斜率取决于材料的 BH 曲线、（几何）尺寸，尤其是气隙长度

1.3.1　磁力线图

考虑无电流区域，假设空间磁通在磁通管中流过。将磁通管作为一个二阶截面 $\Delta\boldsymbol{S}$ 的管进行分析。磁通不流经磁通管的管壁，因此对于管壁 $\boldsymbol{B}\cdot\mathrm{d}\boldsymbol{S}=0$ 是成立的。如图1.8所示，可以看到磁通管在转角处形成的磁力线。

计算围绕磁通管表面闭合曲面的面积分时，高斯定律（1.15）遵从

$$\oint \boldsymbol{B}\cdot\mathrm{d}\boldsymbol{S}=0 \tag{1.52}$$

既然图1.8中磁通管的管壁上没有磁通流过，式（1.52）可以进一步写为

$$\oint \boldsymbol{B}_1\cdot\mathrm{d}\Delta\boldsymbol{S}_1=\oint \boldsymbol{B}_2\cdot\mathrm{d}\Delta\boldsymbol{S}_2=\oint \boldsymbol{B}_3\cdot\mathrm{d}\Delta\boldsymbol{S}_3 \tag{1.53}$$

该式表明流过磁通管的磁通为常量

$$\Delta\boldsymbol{\Phi}_1=\Delta\boldsymbol{\Phi}_2=\Delta\boldsymbol{\Phi}_3=\Delta\boldsymbol{\Phi} \tag{1.54}$$

磁场的等位面是一个具有一定磁标量位 V_m的表面。沿该表面上任意两点 a 和 b 之

间路径，必然得到

$$\int_a^b \boldsymbol{H}\cdot \mathrm{d}\boldsymbol{l} = U_{\mathrm{m},ab} = V_{\mathrm{m}a} - V_{\mathrm{m}b} = 0 \tag{1.55}$$

当对不同路径进行观测时，只有在 $\boldsymbol{H}\cdot \mathrm{d}\boldsymbol{l}=0$ 时，上述等式才成立；对于各向同性材料，当 $\boldsymbol{B}\cdot \mathrm{d}\boldsymbol{l}=0$ 时，可以描述出同样的结果。换句话说，等位面垂直于磁力线。

如果选择曲面 S 上足够小的面 ΔS，就可以计算出磁通 $\Delta\Phi$ 为

$$\Delta\Phi = B\Delta S \tag{1.56}$$

两个彼此足够接近的等位面（沿积分路径 l 的 H 是常数）之间的磁压降可写成

$$\Delta U_{\mathrm{m}} = Hl \tag{1.57}$$

上述方程给出了磁通管横截面的磁导 Λ 为

$$\Lambda = \frac{\Delta\Phi}{\Delta U_{\mathrm{m}}} = \frac{B\cdot \mathrm{d}S}{Hl} = \mu\frac{\mathrm{d}S}{l} \tag{1.58}$$

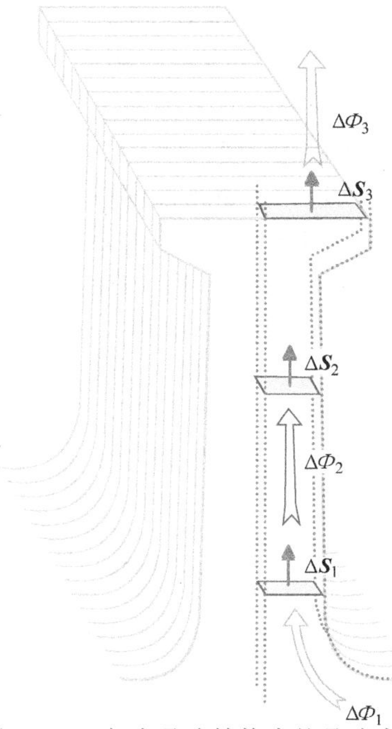

图 1.8　运行在叠片结构中的叠片齿及磁通管。磁通管截面的表面矢量为 $\Delta\boldsymbol{S}_{\mathrm{i}}$，磁通管中流过的磁通为 $\Delta\Phi$，磁通管跟随电机磁路中的磁力线，磁通管的大部分用于形成主磁路，但也有一部分用于形成漏磁路径。如果假设这是二维场问题，可用如图 1.6 所示的二维磁通图替代磁通管的方法

图 1.9 所示的磁力线图包含选定的磁力线和磁位线。选定的磁力线被约束在磁通管中，所有的磁通管具有等磁通量 $\Delta\Phi$。选定的磁位线之间的磁压降总是相同的，为 ΔU_{m}。因此，磁通管的每个截面上的磁导率总是相同的，磁力线在 x 方向上的位移与磁位线在 y 方向上的位移也总是相同的。如果设

$$\frac{x}{y} = 1 \tag{1.59}$$

根据图 1.9，这时的场图构成了四边形网格。

在均匀场中，磁场强度 H 在磁场中的每个点均为恒值。根据式（1.57）和式（1.59），所有磁位线和磁力线的距离均相等。在这种情况下，磁通图由大小相同的方块构成。

当构建二维正交场图时，诸如对于电机气隙，某些边界条件必须已知才能够画出图解，这些边界条件通常能够基于对称性来求解，或者也可以是图 1.8 中磁通管的特定磁位面的磁位为已知的情况。例如，如果电机的定子和转子的长度为 l，在无明显误差情况下，磁通管的面积可以写成 $\mathrm{d}S = l\mathrm{d}x$。根据图 1.10a 可以分析铁心和气隙的接触面，得到

$$\mathrm{d}\Phi_y = B_{y\delta} l \mathrm{d}x - B_{y\mathrm{Fe}} l \mathrm{d}x = 0 \Rightarrow B_{y\delta} = B_{y\mathrm{Fe}} \tag{1.60}$$

式中，$B_{y\delta}$、$B_{y\mathrm{Fe}}$ 分别是 y 方向上空气和铁心的磁通密度。

在图 1.10a 中，磁场强度在铁心 - 气隙接触面的 x 方向上必须连续。如果考虑 x 方向上的接触面，假设该接触面的一段 dx 上没有电流，根据安培定律，可以得到

$$H_{x\delta} \mathrm{d}x - H_{x\mathrm{Fe}} \mathrm{d}x = 0 \tag{1.61}$$

因此

$$H_{x\delta} = H_{x\mathrm{Fe}} = \frac{B_{x\mathrm{Fe}}}{\mu_{\mathrm{Fe}}} \tag{1.62}$$

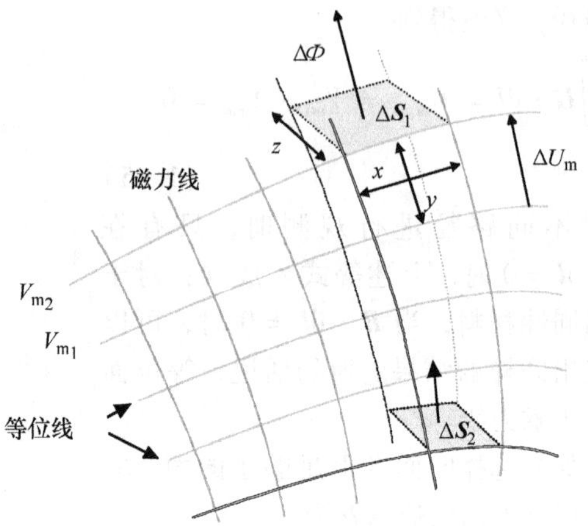

图 1.9　三维区域内的磁力线和等位线。磁通流过该区域 z 维上的尺寸为常量。因此原则上来讲，这一图解是二维图，这样的场图被称为正交场图

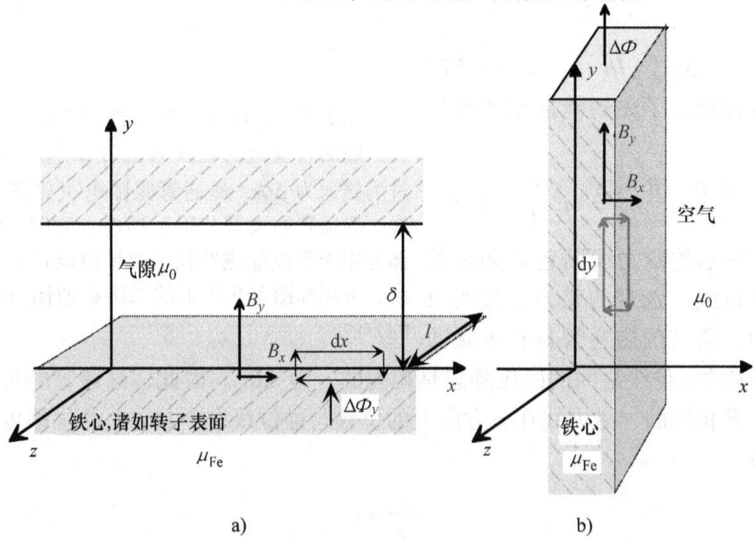

图 1.10　a）气隙 δ 和铁心 Fe 的接触面。x 轴与转子表面正切。b）铁心表面的磁通路径

假设铁心的磁导率无穷大，$\mu_{\mathrm{Fe}} \to \infty$，可以得到 $H_{x\mathrm{Fe}} = H_{x\delta} = 0$，进而也可以得到 $B_{x\delta} = \mu_0 H_{x\delta} = 0$。

因此，如果设 $\mu_{\mathrm{Fe}} \to \infty$，铁磁材料的磁力线垂直地进入气隙；同时，在铁心和气隙的接触面形成一个等势面。如果铁心未饱和，其磁导率极高，可以假设磁力线几乎垂直于无电流区域离开铁心。在饱和区域，严格地讲铁心和气隙的接触面不能被认为是一个等势面，磁通量和电通量均会在该界面上发生折射。

图 1.10b 中，磁通沿接触面的方向流入铁心。如果铁心未饱和（$\mu_{\mathrm{Fe}} \to \infty$），可以设 $B_x \approx 0$，这时没有磁通从铁心进入气隙；当铁心饱和时（$\mu_{\mathrm{Fe}} \to 1$），在铁心中会产生较大

的磁压降，这时临近铁心的气隙会成为磁通的流通路径，部分磁通流入气隙。例如在电机齿部饱和的情况下，即使电机槽部材料的磁导率实际上等于真空的磁导率，但磁通的一部分也会流经电机的槽部。

在磁通图中对称的线是等位线或场线。当绘制磁通图时，必须要知道对称线是磁力线还是等位线。图 1.11 是正交场图的一个示例。其中，对称的线形成等位线，这种情况可以用来描述直流电机磁极的轮廓线与转子之间气隙的情况。

绘制正交场图的图解法最好从场尽可能均匀的几何部分开始。以图 1.11 的情况为例，场图从气隙最窄的点开始绘制。如果认为磁极表面和转子表面是光滑的表面，与极间对称面一起，这些表面形成了等位线。首先，在等距离上绘制等位线；接下来，垂直于等位线绘制磁力线，使得在观察区域形成二次元的网格。电机的长度为 l，这种方式下形成的每个磁通管携带 $\Delta\Phi$ 的磁通。

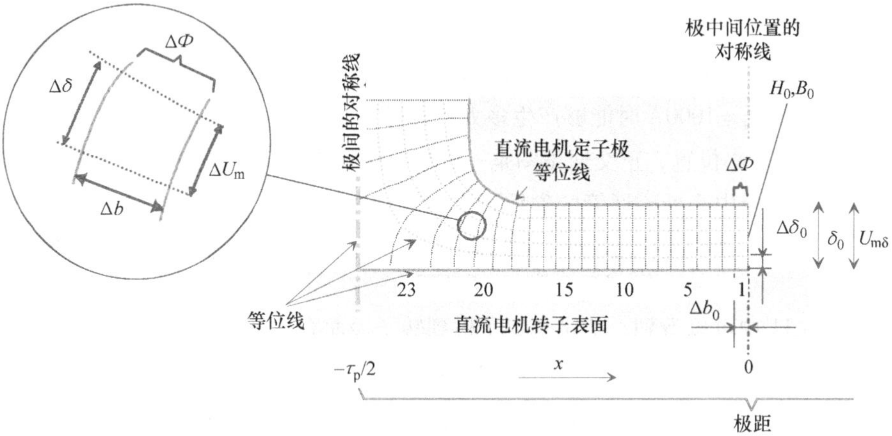

图 1.11　直流电机极靴边缘区域空气隙的正交场图。这里，通过绘图法可以求解磁标量势的微分方程。在极靴和转子表面以及极靴间的对称面建立磁标量势的 Dirichlet 边界条件。极靴的中心线被设定为坐标系的原点。在原点处，单元尺寸标定为 $\Delta\delta_0$、Δb_0。在图中的不同部分，$\Delta\delta$ 和 Δb 的尺寸不同，但在所有的磁通管中，$\Delta\Phi$ 保持相同。极距为 τ_p，图中，从极表面到转子表面大约有 23.5 个磁通管

根据场图，可以解析出观测区域的各种磁参数。如果 n_Φ 为携带 $\Delta\Phi$ 磁通的相邻磁通管的数量（不一定是整数），ΔU_m 为磁通管截面之间的磁压降（依次有 n_U 个截面）。假设 $\Delta\delta=\Delta b$，整个气隙的磁导可以写为

$$\Lambda_\delta=\frac{\Phi}{U_{m\delta}}=\frac{n_\Phi\Delta\Phi}{n_U\Delta U_m}=\frac{n_\Phi\Delta bl\mu_0\dfrac{\Delta U_m}{\Delta\delta}}{n_U\Delta U_m}=\frac{n_\Phi}{n_U}\mu_0 l \tag{1.63}$$

图 1.11 放大单元的磁场强度为

$$H=\frac{\Delta U_m}{\Delta\delta} \tag{1.64}$$

相应的磁通密度为

$$B=\mu_0\frac{\Delta U_{\mathrm{m}}}{\Delta\delta}=\frac{\Delta\Phi}{\Delta bl} \tag{1.65}$$

由式（1.56），还可以在等位线上确定每个点的磁通密度分布，换句话说，也可以确定电枢或磁化极表面的磁通密度。由图1.11的符号标注，可以得到

$$\Delta\Phi_0=B_0\Delta b_0 l=\Delta\Phi(x)=B(x)\Delta b(x)l \tag{1.66}$$

在极中间处，气隙磁通是均匀的，磁通密度为

$$B_0=\mu_0 H_0=\mu_0\frac{\Delta U_{\mathrm{m}}}{\Delta\delta_0}=\mu_0\frac{U_{\mathrm{m}\delta}}{\delta_0} \tag{1.67}$$

因此，以x坐标为函数的磁通密度的幅值为

$$B(x)=\frac{\Delta b_0}{\Delta b(x)}B_0=\frac{\Delta b_0}{\Delta b(x)}\mu_0\frac{U_{\mathrm{m}\delta}}{\delta_0} \tag{1.68}$$

例1.6：图1.11中，当气隙$\delta=0.01\mathrm{m}$、定子叠片长度$l=0.1\mathrm{m}$时，主磁通的磁导是多少？当$\Theta_{\mathrm{f}}=1000\mathrm{A}$时能够产生多大的磁通？

解：在极中心位置，正交通量图是一致的。可以看出$\Delta\delta_0$、Δb_0大小相同，$\Delta\delta_0=\Delta b_0=2\mathrm{mm}$。在极中心处磁通管的磁导为

$$\Lambda_0=\mu_0\frac{\Delta b_0 l}{\Delta\delta_0}=\mu_0\frac{0.002\mathrm{m}\times0.1\mathrm{m}}{0.002\mathrm{m}}=4\pi\times10^{-8}\frac{\mathrm{Vs}}{\mathrm{A}}$$

由图1.11中可以看到，从半个定子极到转子表面有23.5个磁通管。每个磁通管传输的磁通量相同，因此，整个极下主磁通的磁导为

$$\Lambda=2\times23.5\times\Lambda_0=47\Lambda_0=47\times4\pi\times10^{-8}\frac{\mathrm{Vs}}{\mathrm{A}}=5.9\frac{\mu\mathrm{Vs}}{\mathrm{A}}$$

如果有$\Theta_{\mathrm{f}}=1000\mathrm{A}$的电流链磁化气隙，可以得到磁通量

$$\Phi=\Lambda\Theta_{\mathrm{f}}=5.9\frac{\mu\mathrm{Vs}}{\mathrm{A}}\times1000\mathrm{A}=5.9\mathrm{mVs}$$

1.3.2 载流区的磁通图

首先考虑在整个观测区域内，用等效线电流密度A(A/m)表示电机电流的情况。原则上，线性电流密度对应于由观测区表面外的交变磁场强度$\boldsymbol{H}_0$在导电介质中感应出的面电流$\boldsymbol{J}_{\mathrm{s}}=\boldsymbol{n}\times\boldsymbol{H}_0$。该表面的法向单位矢量用$\boldsymbol{n}$表示。

在带有绕组的电机中，“虚拟的面电流”，即线电流密度的局部值，也就是可以由流入1个槽的电流总和除以槽距来计算得到。因为流入电机绕组中的电流通常位于靠近气隙的位置，而且由电流产生的电流链主要用于励磁气隙，所以在近似时可以使用等效线电流密度。故而，可以在等效线性电流密度的观测区域设定$\mu=\mu_0$。利用等效线性电流密度可以使理想化等势面电机的手动计算得到简化，而且对线性电流密度区域外的区域场图也不会产生重要影响。图1.12阐述了等效线性电流密度。

等效线电流密度A的值用观测方向上每单位长度上的电流表示。线电流密度A对应

于切向磁场强度 $\boldsymbol{H}_{y\delta}$。假设铁心的磁导率无限大，对于图 1.12a 中的 dy，安培定律遵从

$$\oint \boldsymbol{H} \cdot \mathrm{d}\boldsymbol{l} = \mathrm{d}\Theta = H_{\mathrm{yair}}\mathrm{d}y - H_{y\mathrm{Fe}}\mathrm{d}y = A\mathrm{d}y \tag{1.69}$$

进一步给出

$$H_{\mathrm{yair}} = A \quad 和 \quad B_{\mathrm{yair}} = \mu_0 A \tag{1.70}$$

式（1.70）表明：在图 1.12 的情况中，在极身表面有一个切向的磁通密度。切向磁通密度倾向于使磁力线经过极身表面；而不像无流区域一样，垂直于极身。

如果假设观察到的现象在定子的内表面或转子的外表面，x 分量可以被视为切向分量、y 分量为法向分量。在气隙 δ 中，由线性电流密度 A 产生沿着 x 分量方向的切向磁场强度 $\boldsymbol{H}_{x\delta}$ 及相应的磁通密度 $\boldsymbol{B}_{x\delta}$。当考虑力密度时，切向应力 $\sigma_{F\tan}$ 至关重要，切向应力产生转矩（稍后将讨论麦克斯韦应力）。在具有线电流密度的铁心表面，磁力线不再垂直地从铁心穿过气隙，如图 1.12 描述的直流电机磁极的场图也说明了这一情况。极身励磁绕组的影响可以用线电流密度加以说明。由于励磁绕组均匀地分布在极身所在的长度上（线电流密度不变），在极高方向的线电流密度区域磁位是线性变化的。作为这方面的例证，从图 1.12 中可以看到：等位线等距离地从气隙进入线电流密度区域。

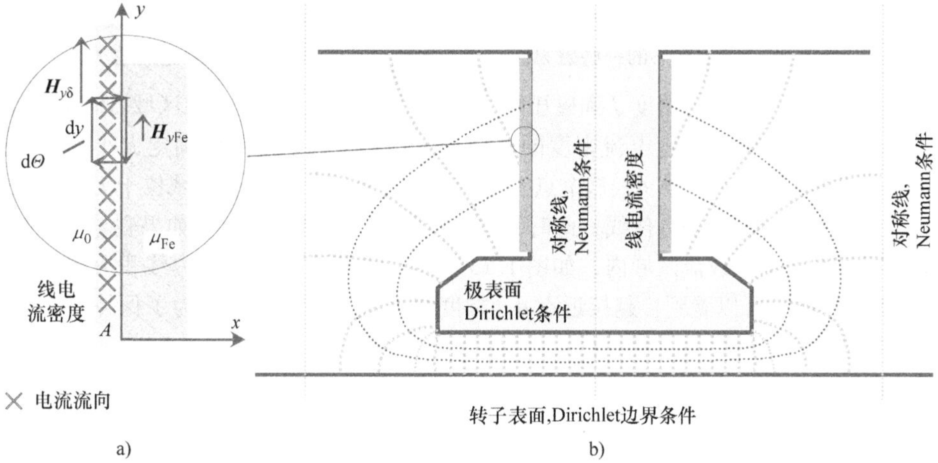

图 1.12　a）线电流密度 A(A/m)的通用表示；b）线电流密度在直流电机磁化极场图中的应用。特别需要注意的是：在极身区域，等位线从气隙穿过到达铁心。Dirichlet 边界条件表明该情况下有一个已知的等势面

在电流密度为 $\boldsymbol{J}$ 的区域，等位线变为梯度线，这可以在图 1.13 中的 a、b、c 点看出。假设该图说明的是隐极同步电机励磁绕组导条携带直流电流密度的例子。V_{m4}、V_{m0} 之间的磁压降等于槽电流。

梯度线与槽部漏磁力线正交，这意味着沿梯度线 $\int \boldsymbol{H} \cdot \mathrm{d}\boldsymbol{l} = 0$。在图中，可以计算曲面 S 上围绕区域 ΔS 的闭合线积分

$$\oint \boldsymbol{H} \cdot \mathrm{d}\boldsymbol{l} = V_{\mathrm{m3}} - V_{\mathrm{m2}} = \int_{\Delta S} \boldsymbol{J} \cdot \mathrm{d}\boldsymbol{S} \tag{1.71}$$

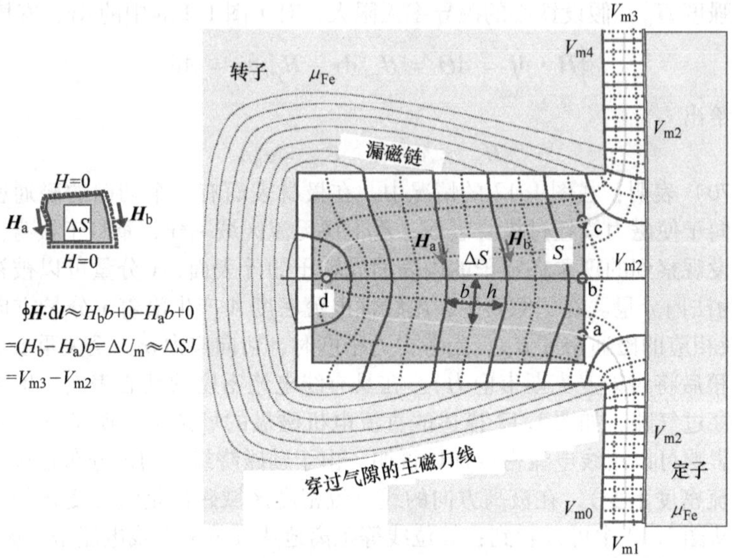

图 1.13　槽中载流导体及其场图。左侧图演示了曲面 ΔS 周围闭合的线积分；图中也绘制了铁心的一些磁力线。注意：穿过槽的磁力线表示的是漏磁

从上式可以看出：当电流密度 $\boldsymbol{J}$ 和磁压降 ΔU_m 为恒值时，曲面 S 上的区域 ΔS 也必为恒值。换句话说，在具有恒定电流密度的曲面 S 上，选定的梯度线将确定大小相同的区域。梯度线的汇合点为一点 d，这个点被称为无位差点。如果载流区域位于无穷大磁导率的区域，那么边界线是等位线，此时无位差点位于这条边界线上；如果磁导率不是无穷大，则 d 点将位于载流区域内，如图 1.13 所示。如果在载流区域内线积分被定义为围绕 ΔS 的情况，可以看到：越接近点 d，梯度线之间的距离越小。为了保持在被观测区域内电流和不变，必须改变区域 ΔS 的高度。

在载流区域外，如下关系式成立：

$$\Delta\boldsymbol{\Phi} = \Lambda\Delta U_m = \mu_0 l \frac{h}{b}\int_S \boldsymbol{J}\cdot d\boldsymbol{S} \tag{1.72}$$

在观测区域内，根据式（1.71），仅对区域 ΔS（$<S$）进行闭合的线积分，则在载流区域磁通管的磁通变为

$$\Delta\boldsymbol{\Phi}' = \mu_0 l\left(\frac{h}{b}\right)'\int_{\Delta S} \boldsymbol{J}\cdot d\boldsymbol{S} \tag{1.73}$$

因此，在这种情况下，如果$(h/b)'=(h/b)$，实际上 $\Delta\boldsymbol{\Phi}'<\Delta\boldsymbol{\Phi}$。如果在载流区域内电流密度 $\boldsymbol{J}$ 是恒值，则 $\Delta\boldsymbol{\Phi}'=\Delta\boldsymbol{\Phi}\Delta S/S$ 成立。由于穿过载流槽和无电流铁心之间的边界时，磁通管中的磁通不能发生改变。因此，磁力线网格的尺寸必须改变。当 $\boldsymbol{J}$ 是恒值并且 $\Delta\boldsymbol{\Phi}'=\Delta\boldsymbol{\Phi}$ 时，式（1.72）、式（1.73）在载流区域内的尺寸遵从

$$\left(\frac{h}{b}\right)' = \frac{Sh}{\Delta Sb} \tag{1.74}$$

这意味着在无势差点 d 附近（h/b）的比值增加。可以在载流区域内画出由修正后的等

效线电流密度迭代表示的正交场图。对于载流区域，梯度线从等位线延伸到无势差点。此时记住：梯度线必须将载流区域划分为大小相等的部分，接下来绘制正交磁力线的同时注意改变尺寸。该图反复迭代修改直至满足式（1.74）所需的精度为止。

1.4　虚功原理在力和力矩计算中的应用

研究电气设备运行期间磁路的变化形式时，估算力和转矩最简单的方法是应用虚功原理。这类设备诸如双凸极磁阻电机、各种继电器等。

法拉第电磁感应定律给出了在绕组中感应出电压，进而产生抵抗磁通变化的电流。绕组电压方程写成

$$u = Ri + \frac{\mathrm{d}\Psi}{\mathrm{d}t} = Ri + \frac{\mathrm{d}}{\mathrm{d}t}Li \tag{1.75}$$

式中，u 为绕组的端电压；R 为绕组电阻；Ψ 为绕组磁链；L 为绕组自感，由绕组励磁电感和漏感组成：$L = \Psi/i = N\Phi/i = N^2\Lambda = N^2/R_m$（也可见 1.6 节）。如果绕组匝数是 N、磁通为 Φ，式（1.75）可改写成

$$u = Ri + N\frac{\mathrm{d}\Phi}{\mathrm{d}t} \tag{1.76}$$

在绕组中所需的功率相应地可写成

$$ui = Ri^2 + Ni\frac{\mathrm{d}\Phi}{\mathrm{d}t} \tag{1.77}$$

能量为

$$\mathrm{d}W = P\mathrm{d}t = Ri^2\mathrm{d}t + Ni\mathrm{d}\Phi \tag{1.78}$$

后一项能量分量 $Ni\mathrm{d}\Phi$ 是可逆的，而 $Ri^2\mathrm{d}t$ 转换为热。能量既不能被创造也不能消失，只可能在不同形式之间转换。在一个隔离系统中，可以明确定义能量平衡的限定，以简化能量分析；净能量输入等于在系统中存储的能量。热力学第一定律的这个结果应用于机电系统时，电能主要存储在磁场中。在这些系统中，能量传递可以用方程表示为

$$\mathrm{d}W_{el} = \mathrm{d}W_{mec} + \mathrm{d}W_{\Phi} + \mathrm{d}W_{R} \tag{1.79}$$

式中，$\mathrm{d}W_{el}$是输入的差分电能；$\mathrm{d}W_{mec}$是输出的差分机械能；$\mathrm{d}W_{\Phi}$是磁储能的差分变化；$\mathrm{d}W_{R}$是差分能耗。

从电源输入的能量等于机械能、磁场储能和热耗之和。在电动状态下，电能和机械能均为正值，而在发电状态下为负值。在无损耗的磁系统中，输入的电能变化等于系统做功变化和磁场储能变化之和。

$$\mathrm{d}W_{el} = \mathrm{d}W_{mec} + \mathrm{d}W_{\Phi} \tag{1.80}$$

$$\mathrm{d}W_{el} = ei\mathrm{d}t \tag{1.81}$$

上述方程中，e 为磁路中由能量变化产生的感应电压的瞬时值。由于该电动势的存在，外部电路利用磁场将电功率转化为机械功率，这种能量转换定律结合机电系统的相互作用，即联立式（1.80）、式（1.81）得出

$$\mathrm{d}W_{\mathrm{el}} = ei\mathrm{d}t = \frac{\mathrm{d}\Psi}{\mathrm{d}t}i\mathrm{d}t = i\mathrm{d}\Psi = \mathrm{d}W_{\mathrm{mec}} + \mathrm{d}W_{\Phi} \tag{1.82}$$

式（1.82）为能量转换原理奠定了基础。接下来，将讨论如何利用其分析电磁能量转换器。

众所周知，磁路（见图1.14）可以用由绕组匝数确定的电感L、磁路的几何形状以及磁性材料的磁导率描述。在电磁能量转换器中，气隙使运动的磁路部分彼此分离。在大多数情况下，因为铁心部分的磁导率高，磁路的磁阻R_{m}主要由气隙的磁阻组成，所以大部分的能量存储在气隙中。气隙越宽，存储的能量越多。例如，在感应电机中，气隙越宽，需要的励磁电流越大。

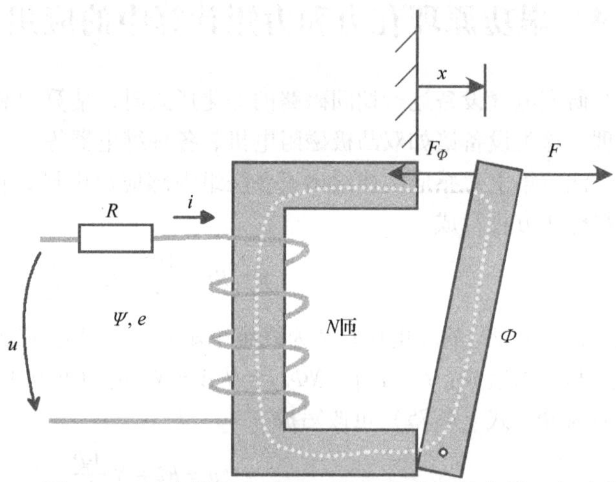

图1.14　连接外部电压源u的电磁感应继电器。忽略移动的轭部质量，绕组电阻被认为集中在外部电阻R上，绕组匝数为N，磁路中流过的磁通为Φ，在绕组中产生的磁链$\Psi \approx N\Phi$，磁链对时间求导取反为电动势e，由机械源产生的力F把轭部拉开，磁场力F_{Φ}试图减小这一气隙

根据法拉第电磁感应定律，式（1.82）遵从

$$\mathrm{d}W_{\mathrm{el}} = i\mathrm{d}\Psi \tag{1.83}$$

为了计算简化，诸如磁场非线性和铁损等因素忽略不计。在示例中，设备的电感现在只取决于几何形状。在本例中，取决于在磁路中产生的气隙位移x。因此磁链为变化的电感和电流的乘积：

$$\Psi = L(x)i \tag{1.84}$$

磁力F_{Φ}决定于

$$\mathrm{d}W_{\mathrm{mec}} = F_{\Phi}\mathrm{d}x \tag{1.85}$$

由式（1.83）、式（1.85），可以把式（1.80）重写成

$$\mathrm{d}W_{\Phi} = i\mathrm{d}\Psi - F_{\Phi}\mathrm{d}x \tag{1.86}$$

由于假设在磁能存储时无损耗，$\mathrm{d}W_{\Phi}$只取决于Ψ和x的值。$\mathrm{d}W_{\Phi}$与积分路径A或B无关，能量方程可以写成

$$W_{\Phi}(\Psi_0, x_0) = \int_{\text{路径A}} \mathrm{d}W_{\Phi} + \int_{\text{路径B}} \mathrm{d}W_{\Phi} \tag{1.87}$$

在零位移情况下（$\mathrm{d}x=0$），式（1.86）、式（1.87）遵从

$$W_{\Phi}(\Psi, x_0) = \int_0^{\Psi} i(\Psi, x_0)\mathrm{d}\Psi \tag{1.88}$$

在线性系统中，Ψ与电流i成正比，由式（1.84）和式（1.88），可以得到

$$W_{\Phi}(\Psi,x_0) = \int_0^{\Psi} i(\Psi,x_0)\mathrm{d}\Psi = \int_0^{\Psi} \frac{\Psi}{L(x_0)}\mathrm{d}\Psi = \frac{1}{2}\frac{\Psi^2}{L(x_0)} = \frac{1}{2}L(x_0)i^2 \tag{1.89}$$

磁场能量也可以由能量密度 $w_{\Phi} = W_{\Phi}/V = BH/2(\mathrm{J/m^3})$ 代替，在磁场体积 V 内进行体积分可得

$$W_{\Phi} = \int_V \frac{1}{2}(HB)\mathrm{d}V \tag{1.90}$$

假设磁性介质的磁导率为恒值，将 $B=\mu H$ 代入式（1.90）得

$$W_{\Phi} = \int_V \frac{1}{2}\frac{B^2}{\mu}\mathrm{d}V \tag{1.91}$$

这一方程遵从无损磁能存储系统中磁路储能和机电能量之间的关系。差分磁能方程由偏微分形式表达为

$$\mathrm{d}W_{\Phi}(\Psi,x) = \frac{\partial W_{\Phi}}{\partial \Psi}\mathrm{d}\Psi + \frac{\partial W_{\Phi}}{\partial x}\mathrm{d}x \tag{1.92}$$

由于 Ψ 和 x 是独立的变量，式（1.86）、式（1.92）必须在所有 $\mathrm{d}\Psi$ 和 $\mathrm{d}x$ 值时都相等，这将遵从

$$i = \frac{\partial W_{\Phi}(\Psi,x)}{\partial \Psi} \tag{1.93}$$

式中的偏微分是在保持 x 为恒值时计算得到的。在某一磁链数值 Ψ 上，由电磁铁产生的力可以通过磁能计算：

$$F_{\Phi} = -\frac{\partial W_{\Phi}(\Psi,x)}{\partial x} \tag{1.94a}$$

负号取决于如图 1.14 所示的坐标系。保持磁链 Ψ 为恒值时，转矩为角位移 θ 的函数，相应的方程为

$$T_{\Phi} = -\frac{\partial W_{\Phi}(\Psi,\theta)}{\partial \theta} \tag{1.94b}$$

或者，利用共能（见图 1.15a），力可以直接作为电流的函数。共能作为电流 i 和 x 的函数表示为

$$W'_{\Phi}(i,x) = i\Psi - W_{\Phi}(\Psi,x) \tag{1.95}$$

在变换时，可以应用 $i\Psi$ 的微分

$$\mathrm{d}(i\Psi) = i\mathrm{d}\Psi + \Psi\mathrm{d}i \tag{1.96}$$

这时式（1.95）遵从

$$\mathrm{d}W'_{\Phi}(i,x) = \mathrm{d}(i\Psi) - \mathrm{d}W_{\Phi}(\Psi,x) \tag{1.97}$$

将式（1.86）、式（1.96）带入式（1.97）得

$$\mathrm{d}W'_{\Phi}(i,x) = \Psi\mathrm{d}i + F_{\Phi}\mathrm{d}x \tag{1.98}$$

共能 W'_{Φ} 是两个独立变量 i 和 x 的函数。可由偏微分形式重新表示为

$$\mathrm{d}W'_{\Phi}(i,x) = \frac{\partial W'_{\Phi}}{\partial i}\mathrm{d}i + \frac{\partial W'_{\Phi}}{\partial x}\mathrm{d}x \tag{1.99}$$

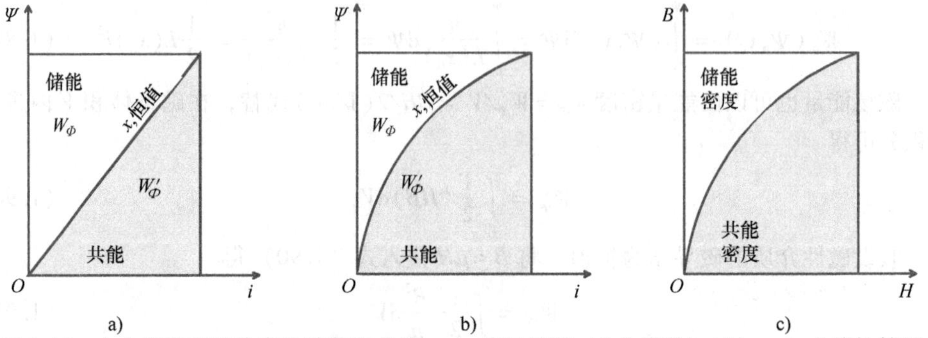

图 1.15 由电流和磁链决定的储能和共能。a）线性情况（L 为常数）；b）、c）非线性情况（L 作为电流的函数会产生饱和）。如果该图用于说明图 1.14 中继电器的工作过程，则位移 x 保持恒定

式（1.98）、式（1.99）必须在所有 di 和 dx 值时都相等，可以得到

$$\Psi = \frac{\partial W'_{\Phi}(i,\ x)}{\partial i} \tag{1.100}$$

$$F_{\Phi} = \frac{\partial W'_{\Phi}(i,\ x)}{\partial x} \tag{1.101a}$$

对应地，当电流 i 保持常值时，转矩为

$$T_{\Phi} = \frac{\partial W'_{\Phi}(i,\theta)}{\partial \theta} \tag{1.101b}$$

式（1.101）给出了由电流 i 和位移 x 或角位移 θ 直接得到的机械力和转矩。共能可由 i 和 x 计算：

$$W'_{\Phi}(i_0,x_0) = \int_0^i \Psi(i,\ x_0)\,\mathrm{d}i \tag{1.102}$$

在线性系统中，Ψ 与电流 i 成正比，磁链可由与位移有关的电感替代。在式（1.84）中，共能为

$$W'_{\Phi}(i,x) = \int_0^i L(x)i\mathrm{d}i = \frac{1}{2}L(x)i^2 \tag{1.103}$$

利用式（1.91），磁场能量也可以表示成如下形式：

$$W_{\Phi} = \int_V \frac{1}{2}\mu H^2 \mathrm{d}V \tag{1.104}$$

在线性系统中，储能和共能在数值上相等，例如 $0.5Li^2 = 0.5\Psi^2/L$ 或 $(\mu/2)H^2 = (1/2\mu)B^2$。在非线性系统中，Ψ 与 i 或 B 与 H 呈非正比关系。在图解表示法中，储能和共能表现出以图 1.15 所示的非线性形式。

对 $i\mathrm{d}\Psi$ 进行积分可获得曲线与磁链轴的面积，其代表在磁路中的储能 W_{Φ}；对 $\Psi\mathrm{d}i$ 的积分可获得曲线与电流轴的面积，其代表共能 W'_{Φ}。根据定义，这些能量的和为

$$W_{\Phi} + W'_{\Phi} = i\Psi \tag{1.105}$$

在图 1.14 的装置中，在 x 和 i（或 Ψ）为定值时，场强并不依赖于计算方法。也就是说，场强无论从储能或共能都能计算得到——给出的图解法说明了这种情况。假设移

动的轭部位移为 x，因此装置工作在 a 点，如图 1.16a 所示。式（1.92）中的偏微分可以理解为 $\Delta W_{\Phi}/\Delta x$，磁链为常值，且 $\Delta x \to 0$。如果允许 Δx 由位置 a 变化到位置 b（气隙变小），储能变化 ΔW_{Φ} 为图 1.16a 所示的阴影面积，在这种情况下储能变小。因此，当 $\Delta x \to 0$ 时，力 F_{Φ} 可由阴影面积除以 Δx 得到。既然能量的变化为负，那么力将作用在 x 轴的负方向上。相反地，偏微分可以理解为 $\Delta W'_{\Phi}/\Delta x$，此时 $\Delta x \to 0$，且 i 为常值。

图 1.16a 和 b 中，由彼此不同的小三角形 abc（三角形的两个边是 Δi 和 $\Delta \Psi$）面积的总和得到阴影面积。在计算极限时，Δx 允许趋近于 0，从而阴影部分的面积也彼此接近。

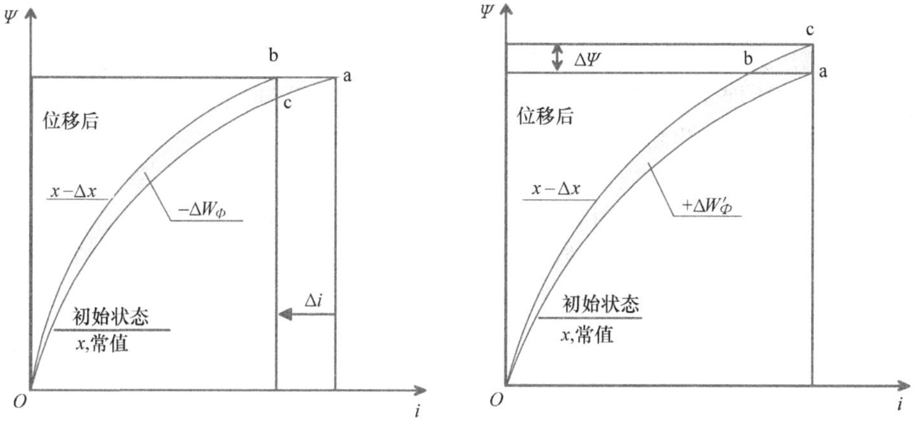

图 1.16　Δx 变化对储能和共能的影响：a）当 Ψ 恒定时储能的变化；b）当 i 恒定时共能的变化

式（1.94）、式（1.101）给出了电动情况下由储能函数 $W_{\Phi}(\Psi, x)$ 和共能函数 $W'_{\Phi}(x, i)$ 的偏微分表示的机械力或转矩。

物理上，力取决于气隙中的磁场强度 $\boldsymbol{H}$，这将在下一节进行研究。根据以上研究，磁场的影响可以用磁链 Ψ 和电流 i 进行描述。在所有情况中，由磁场强度产生的力或转矩，总是在磁链恒定时使得磁场储能驱向于减小；而在电流恒定时，使得磁共能趋于增加。而且，磁场力趋于增加电感和驱动移动部件以使磁路的磁阻达到最小值。

利用有限元，转矩可以由磁共能 W' 对运动的微分来计算，同时维持电流不变：

$$T = l\frac{\mathrm{d}W'}{\mathrm{d}\alpha} = \frac{\mathrm{d}}{\mathrm{d}\alpha}\int_V\int_0^H (\boldsymbol{B}\cdot \mathrm{d}\boldsymbol{H})\mathrm{d}V \tag{1.106}$$

在数值模拟中，微分可以用依次得到的两个计算值之差来近似：

$$T = \frac{l(W'(\alpha+\Delta\alpha) - W'(\alpha))}{\Delta\alpha} \tag{1.107}$$

式中，l 为电机长度；$\Delta\alpha$ 为依次计算的场方程解之间的位移。这种计算方法的不利影响是它需要依次的两次场域计算。

有限元法中的库仑虚功法也是基于虚功原理。下式给出了转矩的表达式：

$$T = \int_{\Omega} l\left[(-\boldsymbol{B}^{\mathrm{t}}\boldsymbol{J}^{-1})\frac{\mathrm{d}\boldsymbol{J}}{\mathrm{d}\varphi}\boldsymbol{H} + \int_0^H \boldsymbol{B}\mathrm{d}\boldsymbol{H}\,|\boldsymbol{J}|^{-1}\frac{\mathrm{d}\,|\boldsymbol{J}|}{\mathrm{d}\varphi}\right]\mathrm{d}\Omega \tag{1.108}$$

式中，积分是在位于固定和移动部件之间的有限元上进行积分，并经历了一个虚位移。

在式（1.108）中，l 是长度；$\boldsymbol{J}$ 表示雅可比矩阵（Jacobian matrix）；$\mathrm{d}\boldsymbol{J}/\mathrm{d}\varphi$ 是其差分形式，表示其在位移 $\mathrm{d}\varphi$ 期间单元的形变；$|\boldsymbol{J}|$ 是 $\boldsymbol{J}$ 的行列式；$\mathrm{d}|\boldsymbol{J}|\mathrm{d}\varphi$ 是行列式的微分，表示在位移 $\mathrm{d}\varphi$ 期间单元体积的变化。库仑虚功法被认为是计算转矩最可靠的方法之一，受到许多重要的有限元程序商业供应商的青睐。与以前的虚功法相比，其好处在于需要计算的转矩只需要求解一次。

1.5 麦克斯韦应力张量；径向和切向应力

麦克斯韦应力张量可能是产生磁应力、力和转矩最常用的观点。前面我们讨论了金属表面的线电流密度 A 在金属表面上产生的切向磁场强度分量。这种切向磁场强度分量是在旋转磁场电机中产生切向应力和转矩所必不可少的。

在数值法中，麦克斯韦应力张量经常用于计算力和转矩。该思想是基于法拉第关于在磁力线中产生应力的论述。图1.17描述了感应电机在重载情况运行时气隙中的磁通解。选择重载条件是为了说明清楚磁力线中的切向路径。当图1.16和图1.17比较时，可以看到在气隙附近磁力线的显著差异。

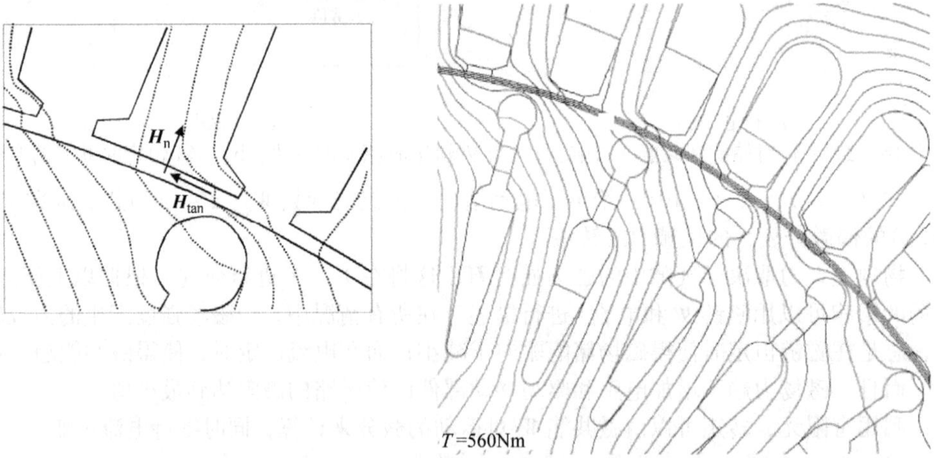

图1.17　1台负载为30kW、4极、50Hz、沿逆时针方向旋转的感应电机的磁通解。图中表述的是重载情况。该条件下切线磁场强度很大，能够产生高转矩。放大图在原理上显示了磁场强度的切向分量和法向分量，经 Janne Nerg 授权转载

图中，磁力线稍微切向地穿过气隙，如果假设磁力线具有弹性可变，则其会引起显著的转矩使得电机转子逆时针旋转。根据麦克斯韦应力理论，在真空中物体之间的磁场强度在物体表面产生的应力 σ_F 可由下式给出：

$$\sigma_F = \frac{1}{2}\mu_0 \boldsymbol{H}^2 \tag{1.109}$$

应力发生在磁力线的方向上，并且在垂直于磁力线的方向上生成一个相等的压力。对于所讨论的对象，应力分为法向和切向分量，可以得到

$$\sigma_{F\text{n}} = \frac{1}{2}\mu_0(\boldsymbol{H}_\text{n}^2 - \boldsymbol{H}_\text{tan}^2) \tag{1.110}$$

$$\sigma_{F\text{tan}} = \mu_0 \boldsymbol{H}_\text{n} \boldsymbol{H}_\text{tan} \tag{1.111}$$

考虑转矩生成问题，最感兴趣的是切向分量 $\sigma_{F\text{tan}}$。施加在转子上的总转矩可以通过应力张量在诸如限制转子的柱面 Γ 上的积分获得。该柱面的尺寸正好包围转子，转矩可以通过该结果与转子半径相乘获得。注意，积分面内不包含电工钢片。可以通过以下关系计算转矩：

$$T = \frac{l}{\mu_0}\int_\Gamma \boldsymbol{r} \times \left((\boldsymbol{B} \cdot \boldsymbol{n})\boldsymbol{B}\mathrm{d}S - \frac{B^2\boldsymbol{n}}{2} \right)\mathrm{d}\Gamma \tag{1.112}$$

式中，l 为电机长度；$\boldsymbol{B}$ 为磁通密度矢量；$\boldsymbol{n}$ 为单元内的法向单位矢量；$\boldsymbol{r}$ 为力臂，换句话说，力臂是连接转子原点到该段 $\mathrm{d}\Gamma$ 中点的矢量。方程前一项包含产生转矩的切向力；由于 $\boldsymbol{n}$ 和 $\boldsymbol{r}$ 是平行的，因此后一项只代表法向应力而对产生转矩没有贡献。

麦克斯韦应力张量很好地说明了转矩生成的基本原则。但不幸的是，由于数值误差，利用该原理在诸如有限元法得到转矩时必须十分谨慎。因此，对于有限元法分析，转矩经常用其他方法得到，诸如 Arkkio 法。该方法是麦克斯韦应力张量的一种变形，是基于转矩在整个气隙体积的积分获得，构成该气隙层的半径为 r_s 和 r_r。在 1987 年 Arkkio 提出了用该方法计算转矩，其表达式如下：

$$T = \frac{l}{\mu_0(r_\text{s} - r_\text{r})}\int_S r\boldsymbol{B}_\text{n}\boldsymbol{B}_\text{tan}\mathrm{d}S \tag{1.113}$$

式中，l 为电机长度；$\boldsymbol{B}_\text{n}$、$\boldsymbol{B}_\text{tan}$ 分别表示在曲面 S 单元上的径向和切向磁通密度矢量，该曲面是在半径 r_s、r_r 之间形成的；$\mathrm{d}S$ 是曲面上的一个单元。

励磁电流法是用有限元法求解麦克斯韦应力法的另一种变形。该方法是基于励磁电流及构成边界（铁心或永磁体与气隙之间交界面）单元边缘上的磁通密度来进行计算的。这时转矩由下述表达式确定：

$$T = \frac{1}{\mu_0}\int_{\Gamma_\text{c}} \{\boldsymbol{r} \times [(\boldsymbol{B}_{\text{tan,Fe}}^2 - \boldsymbol{B}_{\text{tan,air}}^2)\boldsymbol{n} - (\boldsymbol{B}_{\text{tan,Fe}}\boldsymbol{B}_{\text{tan,air}} - \boldsymbol{B}_{\text{n,air}}^2)\boldsymbol{t}]\}\mathrm{d}\Gamma_\text{c} \tag{1.114}$$

式中，l 为电机长度；Γ_c 表示铁心或永磁体与气隙之间的接触面；$\mathrm{d}\Gamma_\text{c}$ 为位于边界的单元边缘长度；矢量 $\boldsymbol{r}$ 为力臂，换句话说，力臂是连接转子原点到该段 $\mathrm{d}\Gamma_\text{c}$ 中点的矢量；$\boldsymbol{B}_\text{tan}$、$\boldsymbol{B}_\text{n}$ 分别表示对应于 $\mathrm{d}\Gamma_\text{c}$ 的切向和法向磁通密度；下标 Fe 表示铁心或永磁体；$\boldsymbol{n}$ 为法向单位矢量；$\boldsymbol{t}$ 为切向单位矢量。

式（1.70）表明线性电流密度 A 能够在电机中生成切向磁场强度：$\boldsymbol{H}_{\text{tan},\delta} = A$，$\boldsymbol{B}_{\text{tan},\delta} = \mu_0 A$。根据式（1.111），可以给出气隙中的切向压力

$$\sigma_{F\text{tan}} = \mu_0\boldsymbol{H}_\text{n}\boldsymbol{H}_\text{tan} = \mu_0\boldsymbol{H}_\text{n}A = \boldsymbol{B}_\text{n}A \tag{1.115}$$

在已知法向磁通密度 $\boldsymbol{B}_\text{n}$ 和线电流密度 A 局部瞬时值的情况下，该式给出了切向应力的局部瞬时值。由气隙磁通密度和线性电流密度决定了电机中产生的切向应力。如果需要关注应力与位置和时间的关系，表达式可以写为如下形式：

$$\sigma_{F\text{tan}}(x,t) = \mu_0\boldsymbol{H}_\text{n}(x,t)\boldsymbol{H}_\text{tan}(x,t) = \mu_0\boldsymbol{H}_\text{n}(x,t)A(x,t) = \boldsymbol{B}_\text{n}(x,t)A(x,t) \tag{1.116}$$

该表达式是确定电机几何尺寸至关重要的起始点。当转子确定后，可由该式直接确定电机转矩。

例 1.7：假设气隙磁通密度呈正弦分布，其最大值为 0.9T；在气隙中，正弦线性电流密度的最大值为 40kA/m。为了简化，进一步假设电流重叠分布，即没有相移。在同步电机的定子表面上可能存在这种条件；而对于感应电机的情况，由于定子也带有励磁电流，在稳态时不可能存在该条件。在该例中，转子的直径和长度都为 200mm。如果转速是 $1450\mathrm{min}^{-1}$，计算输出功率是多少？

解：因为 $\sigma_{F\tan}(x)=\hat{B}_{\mathrm{n}}\sin(x)\hat{A}\sin(x)$，所以切向应力的平均值为 $\overline{\sigma}_{F\tan}(x)=0.5\hat{B}_{\mathrm{n}}\hat{A}=18\mathrm{kPa}$。转子的有效表面积为 $\pi Dl=0.126\ \mathrm{m}^2$。

平均切向压力乘以转子表面积得 2270N。从轴中心到径向 0.1m 距离处处都产生切向力，因此转矩为 227Nm。角速度为 151rad/s，因此可以产生大约 34kW 的功率。这些值非常接近一个真实电机的输出功率值，即 30kW 全封闭式感应电机。

在电机中，切向压力在 10～60kPa 之间典型变化，这取决于电机结构、工作原理、特别是冷却方式。例如，对于全封闭永磁同步电机，其典型值在 20～30kPa 之间变化；对于异步电机，该值略低一些，在开式冷却感应电机，该值大约为 50kPa；最有效的通风道风冷式永磁电机其值可达 60kPa；而利用直接冷却方式，可能明显得到高的切向应力。

尽管由于磁场强度的作用，在气隙中会产生一些应力，但气隙（非磁性材料 $\mu_{\mathrm{r}}=1$）上无磁场力，只有由铁心磁路的磁化率引起的气隙磁通的一部分产生一个力。应用应力张量，对于法向力可写为

$$F_{F\mathrm{n}}=\frac{\boldsymbol{B}_{\delta}^{2}S_{\delta}}{2\mu_0}\left(1-\frac{1}{\mu_{\mathrm{r}}}\right) \tag{1.117}$$

对于铁心，$1/\mu_{\mathrm{r}}\ll 1$。因此，应用时，除非铁心严重饱和，否则式（1.117）的后一项可以忽略。

例 1.8：当 2 个铁心体之间的气隙为 $10\mathrm{cm}^2$、磁通密度为 1.5T 时，计算 2 个铁心体之间的力？铁心的相对磁导率为 700，并且假设磁场强度的切向分量为 0。

解：

$$\sigma_{F\mathrm{n}}=\frac{1}{2}\mu_0(\boldsymbol{H}_{\mathrm{n}}^2)=\frac{1}{2}\mu_0\left(\frac{\boldsymbol{B}_{\mathrm{n}}}{\mu_0}\right)^2=8.95\times10^5\ \frac{\mathrm{Vs}}{\mathrm{Am}}\left(\frac{\mathrm{A}}{\mathrm{m}}\right)^2$$

$$=8.95\times10^5\ \frac{\mathrm{VAs}}{\mathrm{m}^3}=8.95\times10^5\ \frac{\mathrm{N}}{\mathrm{m}^2}$$

这是在气隙中的应力。作用在铁心上的力约等于应力与气隙面积的乘积。严格地说，应该探讨铁心和空气磁导率的差异，因此，作用在铁心上的力为

$$F_{F\mathrm{n}}=S\sigma_{F\mathrm{n}}\left(1-\frac{1}{\mu_{\mathrm{rFe}}}\right)=\left(1-\frac{1}{700}\right)0.001\mathrm{m}^2\times8.95\times10^5\ \frac{\mathrm{N}}{\mathrm{m}^2}=894\mathrm{N}$$

从这个例子可以得出这样的结论：法向应力通常明显高于切向应力。在这些例子中，法向应力是 894000Pa、切向应力是 18000Pa。试图在旋转电机中应用法向应力的一

些案例已有报道。

1.6　自感和互感

自感和互感是电机的核心参数，磁导一般由下式确定：

$$\Lambda = \frac{\Phi}{\Theta} = \frac{\Phi}{Ni} \tag{1.118}$$

进一步由下式可得电感：

$$L = N\frac{\Phi}{i} = \frac{\Psi}{i} = N^2\Lambda \tag{1.119}$$

电感描述了线圈产生磁链的能力。因此，电感的单位 H 也等于 Vs/A。相应地，互感 L_{12}由绕组 2 中的电流 i_2在绕组 1 中产生的磁链 Ψ_{12}确定。

$$L_{12} = \frac{\Psi_{12}}{i_2} \tag{1.120}$$

在特殊情况下，由绕组 2 的电流产生的磁通 Φ_{12}全部通过绕组 1 和绕组 2，绕组间的互磁导可以写成

$$\Lambda_{12} = \frac{\Phi_{12}}{N_2 i_2} \tag{1.121}$$

进一步导出互感

$$L_{12} = N_1 N_2 \Lambda_{12} \tag{1.122}$$

式中，N_1 为感应出电压的绕组的匝数；N_2为产生磁链的绕组的匝数。

磁路的能量方程可以用磁链表示为

$$W_\Phi = \int_0^t iL\frac{\mathrm{d}i}{\mathrm{d}t}\mathrm{d}t = \int_0^t i\frac{\mathrm{d}\Psi}{\mathrm{d}t}\mathrm{d}t = \int_0^\Psi i\mathrm{d}\Psi \tag{1.123}$$

如果进行积分计算，观测区的体积可分在磁通管中。在这样的磁通管中产生的磁通流受绕组匝数 N 的影响。考虑到磁场强度 $\boldsymbol{H}$ 是由电流 i 根据方程 $\oint \boldsymbol{H}\cdot \mathrm{d}l = k_\mathrm{w}N_i$ 产生，在被观测体积内，全部磁通管的能量和的方程，即前述由电流和磁链给出的磁路总能量，可以写成

$$W_\Phi = \int_0^\Psi i\mathrm{d}\Psi = \int_0^\Phi k_\mathrm{w}Ni\mathrm{d}\Phi = \int_0^B\oint \boldsymbol{H}\cdot \mathrm{d}\boldsymbol{l}S\mathrm{d}B = \int_0^B\int_V H\mathrm{d}V\mathrm{d}B = \int_V\int_0^B H\mathrm{d}B\mathrm{d}V \tag{1.124}$$

考虑对通过体积为 V 的磁通进行体积分。因此单位体积内的能量可写为如下的熟悉形式：

$$\frac{\mathrm{d}W_\Phi}{\mathrm{d}V} = \int_0^B H\mathrm{d}B \tag{1.125}$$

储存在整个磁路中的能量

$$W_\Phi = \int_V\int_0^B H\mathrm{d}B\mathrm{d}V \tag{1.126}$$

由于磁链与电流 i 成正比，$\Psi = Li$，能量也可以被写为

$$W_{\Phi} = L\int_0^i i\mathrm{d}i = 1/2Li^2 \tag{1.127}$$

式（1.126）遵从

$$\frac{\mathrm{d}W_{\Phi}}{\mathrm{d}V} = \frac{1}{2}HB \tag{1.128}$$

$$W_{\Phi} = \frac{1}{2}\int_V HB\mathrm{d}V = \frac{1}{2}\int_V \mu H^2\mathrm{d}V \tag{1.129}$$

由式（1.119）、式（1.127）以及式（1.129），可以计算体积为 V 的磁路在理想情况下的整个磁导

$$\Lambda = \frac{1}{N^2 i^2}\int_V HB\mathrm{d}V = \frac{1}{N^2 i^2}\int_V \mu H^2\mathrm{d}V \tag{1.130}$$

现在研究两个电路共同产生一个磁能的情况：

$$W_{\Phi} = \int_0^{\Psi_1} i_1\mathrm{d}\Psi_1 + \int_0^{\Psi_2} i_2\mathrm{d}\Psi_2 \tag{1.131}$$

也是在这种情况下，由式（1.125）、式（1.126），可以计算出磁能。可以看到流过磁通管 n 的共用磁通量

$$\Phi_{\mathrm{n}} = \frac{\Psi_{\mathrm{n1}}}{N_1} = \frac{\Psi_{\mathrm{n2}}}{N_2} = BS_{\mathrm{n}} \tag{1.132}$$

磁通管由2个绕组 N_1 和 N_2 的电流链之和磁化：

$$\oint \boldsymbol{H}\cdot\mathrm{d}\boldsymbol{l} = i_1N_1 + i_2N_2 \tag{1.133}$$

在线性系统里，磁通与励磁电流链之和 $i_1N_1 + i_2N_2$ 直接成正比，因此可以获得能量

$$W_{\Phi} = \frac{1}{2}(i_1\Psi_1) + \frac{1}{2}(i_2\Psi_2) \tag{1.134}$$

因为磁链是有2个绕组共同产生的，所以可以被分解为

$$\Psi_1 = \Psi_{11} + \Psi_{12} \quad 和 \quad \Psi_2 = \Psi_{22} + \Psi_{21} \tag{1.135}$$

这样，磁链与电感可以联系起来：

$$\Psi_{11} = L_{11}i_1,\quad \Psi_{12} = L_{12}i_2,\quad \Psi_{22} = L_{22}i_2,\quad \Psi_{21} = L_{21}i_1 \tag{1.136}$$

在式（1.136）中，L_{11}、L_{22} 为自感，L_{12}、L_{21} 为互感。这样磁能可以写为

$$\begin{aligned} W_{\Phi} &= \frac{1}{2}(L_{11}i_1^2 + L_{12}i_1i_2 + L_{22}i_2^2 + L_{21}i_2i_1) \\ &= W_{11} + W_{12} + W_{22} + W_{21} \end{aligned} \tag{1.137}$$

由两个电流电路产生的磁场磁能，可以分为4个部分：2个部分代表自感的能量；另2个部分代表互感的能量。相应地，根据式（1.128），一定体积内的磁能密度，代入

$$H = H_1 + H_2 \quad 和 \quad B = B_1 + B_2 \tag{1.138}$$

可得如下形式：

$$\frac{\mathrm{d}W_{\Phi}}{\mathrm{d}V} = \frac{1}{2}(H_1B_1 + H_1B_2 + H_2B_2 + H_2B_1) \tag{1.139}$$

因为有 $H_1B_2 = H_2B_1$ 成立，磁能和电感必须遵循 $W_{12} = W_{21}$、$L_{12} = L_{21}$，所以有

$$W_{\Phi} = W_{11} + 2W_{12} + W_{22} = \frac{1}{2}L_{11}i_1^2 + L_{12}i_1i_2 + \frac{1}{2}L_{22}i_2^2 \tag{1.140}$$

由式（1.137）、式（1.139）得出

$$W_{12} = \frac{1}{2}L_{12}i_1i_2 = \frac{1}{2}\int_V H_1B_2\mathrm{d}V \tag{1.141}$$

现在，通过比较式（1.122），可以得到绕组间对应于互感的磁导 $\Lambda_{12} = \Lambda_{21}$：

$$\Lambda_{12} = \frac{1}{N_1i_1N_2i_2}\int_V \mu H_1H_2\mathrm{d}V \tag{1.142}$$

如果磁场强度是由相位差为 γ 的正弦电流产生：

$$i_1 = \hat{i}_1\sin\omega t \quad 和 \quad i_2 = \hat{i}_2\sin(\omega t + \gamma) \tag{1.143}$$

这些电流产生的平均互能可由下式得到：

$$W_{12\mathrm{av}} = \frac{1}{2}L_{12}\frac{1}{2\pi}\int_0^{2\pi}\hat{i}_1\,\hat{i}_2\mathrm{d}\omega t = \frac{1}{2}L_{12}\,\hat{i}_1\,\hat{i}_2\cos\gamma \tag{1.144}$$

相应地，绕组间的互磁导为

$$\Lambda_{12} = \frac{2}{N_1\,\hat{i}_1N_2\,\hat{i}_2}\int_V \mu H_1H_2\cos\gamma\mathrm{d}V \tag{1.145}$$

在这些方程里，γ 是 2 个绕组电流之间或由这些电流产生的部分磁场强度之间的时变相角。

下面研究图 1.18a 中的单相变压器，由式（1.135）、式（1.136），可以写出一次和二次绕组的磁链

$$\Psi_1 = L_{11}i_1 + L_{12}i_2 \tag{1.146}$$

$$\Psi_2 = L_{22}i_2 + L_{12}i_1 \tag{1.147}$$

通过在式（1.146）中加上和减去 $L_{12}i_1$、相应地在式（1.147）中加上和减去 $L_{12}i_2$，可以得到

$$\Psi_1 = (L_{11} - L_{12})i_1 + L_{12}(i_1 + i_2) \tag{1.148}$$

$$\Psi_2 = (L_{22} - L_{12})i_2 + L_{12}(i_1 + i_2) \tag{1.149}$$

图 1.18b 的等效电路遵从式（1.148）、式（1.149）。如果在一次和二次电压彼此相差很多的情况下，该等效电路并不适用。为了得到更方便的等效电路，必须对式（1.146）和式（1.147）进行整理，根据式（1.119）、式（1.122），自感 L_{11}、L_{22} 以及互感 L_{12} 可以写成

$$L_{11} = N_1^2(\Lambda_{12} + \Lambda_{1\sigma}) \tag{1.150}$$

$$L_{22} = N_2^2(\Lambda_{12} + \Lambda_{2\sigma}) \tag{1.151}$$

$$L_{12} = N_1N_2\Lambda_{12} \tag{1.152}$$

式中，N_1、N_2 分别是一次绕组和二次绕组的匝数；Λ_{12} 为主磁路的磁导；$\Lambda_{1\sigma}$、$\Lambda_{2\sigma}$ 为漏磁路的磁导。在式（1.146）、式（1.147）中替代 L_{11}、L_{22} 和 L_{12}，并乘以变压器的变比 N_1/N_2 可得

$$\begin{aligned}\Psi_1 &= N_1^2(\Lambda_{12} + \Lambda_{1\sigma})i_1 + \frac{N_1}{N_2}N_1N_2\Lambda_{12}\frac{N_2}{N_1}i_2 = N_1^2\Lambda_{1\sigma}i_1 + N_1^2\Lambda_{12}i_1 + N_1^2\Lambda_{12}\frac{N_2}{N_1}i_2 \\ &= L_{1\sigma}i_1 + L_{\mathrm{m}}(i_1 + i_2')\end{aligned} \tag{1.153}$$

$$\frac{N_1}{N_2}\Psi_2=\left(\frac{N_1}{N_2}\right)^2N_2^2(\Lambda_{12}+\Lambda_{2\sigma})\frac{N_2}{N_1}i_2+\frac{N_1}{N_2}N_1N_2\Lambda_{12}i_1=\left(\frac{N_1}{N_2}\right)^2N_2^2\Lambda_{2\sigma}\frac{N_2}{N_1}i_2$$
$$+\left(\frac{N_1}{N_2}\right)^2N_2^2\Lambda_{12}\frac{N_2}{N_1}i_2+N_1^2\Lambda_{12}i_1=\Psi'_2=L'_{2\sigma}i'_2+L_{\rm m}(i_1+i'_2) \quad (1.154)$$

式中，$L_{1\sigma}=N_1^2\Lambda_{1\sigma}$为一次绕组的漏感；$L'_{2\sigma}=\left(\frac{N_1}{N_2}\right)^2N_2^2\Lambda_{2\sigma}=N_1^2\Lambda_{2\sigma}=\left(\frac{N_1}{N_2}\right)^2L_{2\sigma}$为折算到一次侧的二次绕组漏感；$L_{\rm m}=N_1^2\Lambda_{12}$为励磁电感；$i'_2=\frac{N_2}{N_1}i_2$为折算到一次侧的二次电流；$\Psi'_2=\frac{N_1}{N_2}\Psi_2$为折算到一次侧的二次磁链。

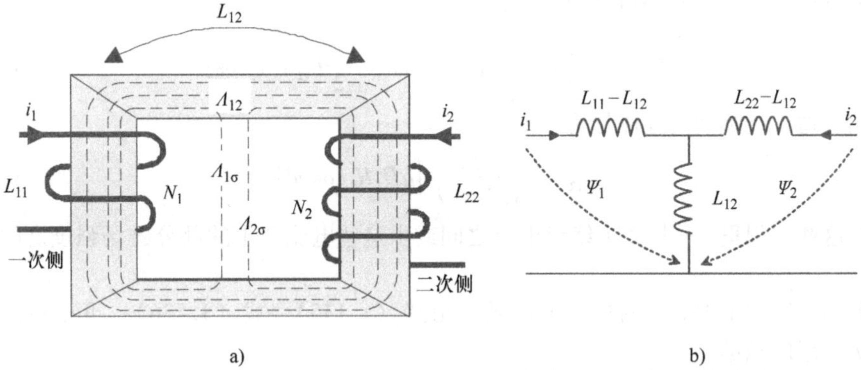

图1.18　a）单相变压器；b）单相变压器的等效电路。图b中带箭头的虚线表明了相应磁通Ψ的构建路径，L_{11}、L_{22}分别为一次和二次自感，L_{12}为互感

进而可以画出新的、更通用的单相变压器的等效电路。图1.19所示电路满足式（1.153）、式（1.154）。

互感在旋转电机中十分重要。对磁路特性和电感，诸如励磁电感$L_{\rm m}$的进一步探讨将在第3章和第4章给出。

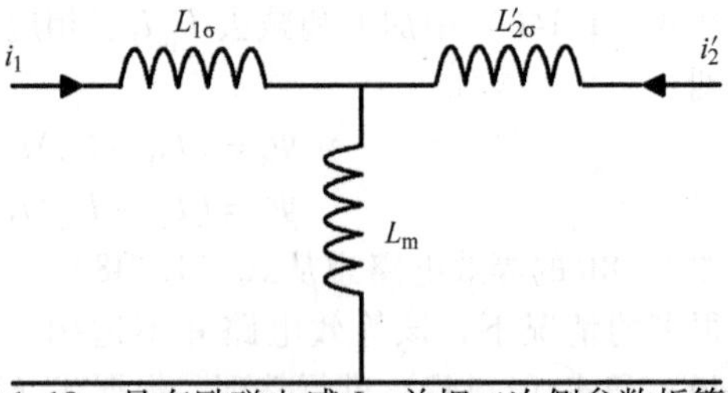

图1.19　具有励磁电感$L_{\rm m}$并把二次侧参数折算到一次侧的单相变压器的通用等效电路

例1.9：变压器如图1.18a所示，计算图1.18b和图1.19所示等效电路的各元件参数。匝数$N_1=50$、$N_2=100$。铁心横截面积$S=0.01\text{m}^2$。在铁心拐角连接处的狭窄气隙和主磁路的饱和用$\delta_{\rm ef}=1.05\text{mm}$的有效气隙替代；漏磁路的磁导是主磁路磁导的5%。

解：

$$\Lambda_{12}=\frac{\mu_0S}{\delta_{\rm ef}}=\frac{4\pi\times10^{-7}\times0.01}{0.00105}\frac{\text{Vs}}{\text{A}}=0.01197\frac{\text{mVs}}{\text{A}}$$

$\Lambda_{1\sigma}=\Lambda_{2\sigma}=0.05\times\Lambda_{12}=0.000598\,\dfrac{\text{mVs}}{\text{A}}$

$L_{11}=N_1^2(\Lambda_{12}+\Lambda_{1\sigma})=50^2(0.01197+0.000598)\times10^{-3}\text{H}=31.4\text{mH}$

$L_{22}=N_2^2(\Lambda_{12}+\Lambda_{2\sigma})=100^2(0.01197+0.000598)\times10^{-3}\text{H}=125.7\text{mH}$

$L_{12}=N_1N_2\Lambda_{12}=50\times100\times0.01197\times10^{-3}\text{H}=59.9\text{mH}$

图 1.18b 中等效电路的元件为

$L_{11}-L_{12}=-28\text{mH}$（由于 $L_{11}<L_{12}$，该值为负值）

$L_{22}-L_{12}=66\text{mH}$

$L_{12}=60\text{mH}$

图 1.19 中等效电路的元件为

$L_{1\sigma}=N_1^2\Lambda_{1\sigma}=50^2\times0.000598\text{mH}=1.50\text{mH}$

$L'_{2\sigma}=N_1^2\Lambda_{2\sigma}=50^2\times0.000598\text{mH}=1.50\text{mH}$

$L_{\text{m}}=N_1^2\Lambda_{12}=50^2\times0.01197\text{mH}=29.9\text{mH}$

例 1.10：利用图 1.18b 所示的等效电路，当一次电压为 U_1时，计算空载时例 1.9 中变压器的二次电压。

解：用 I_0表示空载电流。对应于图 1.18b 的二次电压 U_2为

$$\underline{U}_2=\underline{I}_0\text{j}\omega L_{12}=\frac{\underline{U}_1}{\text{j}\omega(L_{11}-L_{12}+L_{12})}\text{j}\omega L_{12}=\frac{L_{12}}{L_{11}}\underline{U}_1$$

$$=\frac{N_1N_2\Lambda_{12}}{N_1^2(\Lambda_{12}+\Lambda_{1\sigma})}\underline{U}_1=\frac{N_2}{N_1}\frac{1}{(1+\Lambda_{1\sigma}/\Lambda_{12})}\underline{U}_1$$

对于理想变压器

$\Lambda_{1\sigma}=0$，并且 $U_2=\dfrac{N_2}{N_1}\underline{U}_1$

1.7　标幺值

分析电机特别是电驱动系统时，经常采用标幺值。由于标幺值直接反映特定参数的相对大小，这给系统的分析带来了一定的优势。例如：如果一台感应电机励磁电感的标幺值 $l_{\text{m}}=3$，则其值过高；反之，如果其数值 $l_{\text{m}}=1$，则其值又过低。此时就可能对不同额定值的电机进行比较。

标幺值可以通过除以带量纲的基值获得。在电机和电驱动系统中，相应的基值选择为：

- 额定定子相电流的幅值$\hat{i}_{\text{N}}$［当然，也可以选择定子电流的方均根值（RMS）作

为基值。在这种情况下，电压基值也必须进行相应的选择]。

- 额定定子相电压的幅值$\hat{u}_N$。
- 额定角频率$\omega_N = 2\pi f_{sN}$。
- 额定磁链Ψ_N，对应的额定角速度ω_N。
- 额定阻抗Z_N。
- 额定角频率下1rad电角度所经历的时间$t_N = 1\text{rad}/\omega_N$。因此可以用角度测量相对时间$\tau = \omega_N t$。
- 对应于额定电流和电压的视在功率S_N。
- 对应于额定功率和频率的额定转矩T_N。

当以正弦方式工作，电机的额定电流为I_N、线电压为U_N时：

电流基值
$$I_b = \hat{i}_N = \sqrt{2} I_N \tag{1.155}$$

电压基值
$$U_b = \hat{u}_N = \sqrt{2}\frac{U_N}{\sqrt{3}} \tag{1.156}$$

角频率
$$\omega_N = 2\pi f_{sN} \tag{1.157}$$

磁链基值
$$\Psi_b = \Psi_N = \frac{\hat{u}_N}{\omega_N} \tag{1.158}$$

阻抗基值
$$Z_b = Z_N = \frac{\hat{u}_N}{\hat{i}_N} \tag{1.159}$$

电感基值
$$L_b = L_N = \frac{\hat{u}_N}{\omega_N \hat{i}_N} \tag{1.160}$$

电容基值
$$C_b = C_N = \frac{\hat{i}_N}{\omega_N \hat{u}_N} \tag{1.161}$$

视在功率基值
$$S_b = S_N = \frac{3}{2}\hat{i}_N \hat{u}_N = \sqrt{3} U_N I_N \tag{1.162}$$

转矩基值
$$T_b = T_N = \frac{3}{2\omega_N}\hat{i}_N \hat{u}_N \cos\varphi_N = \frac{\sqrt{3} U_N I_N}{\omega_N}\cos\varphi_N \tag{1.163}$$

所用到的标幺值为

$$u_{s,pu} = \frac{u_s}{\hat{u}_N} \tag{1.164}$$

$$u_{s,pu} = \frac{i_s}{\hat{i}_N} \tag{1.165}$$

$$r_{s,pu} = \frac{R_s \hat{i}_N}{\hat{u}_N} \tag{1.166}$$

$$\Psi_{s,pu} = \frac{\omega_N \Psi_s}{\hat{u}_N} \tag{1.167}$$

$$\omega_{pu} = \frac{\omega}{\omega_N} = \frac{n}{f_N} = n_{pu} \tag{1.168}$$

式中，n 为以 s^{-1} 为单位的旋转速度，并且

$$\tau = \omega_{N} t \tag{1.169}$$

电感的标幺值和电抗的标幺值相同，因此，可以得到

$$l_{m,pu} = \frac{L_m}{L_b} = \frac{L_m}{\dfrac{\hat{u}_N}{\omega_N \hat{i}_N}} = \frac{\hat{i}_N}{\hat{u}_N} X_m = x_{m,pu} \tag{1.170}$$

式中，X_m 为励磁电抗。

也可以得到机械时间常数

$$T_J = \omega_N \left(\frac{\omega_N}{p}\right)^2 \frac{2J}{3\hat{u}_N \hat{i}_N \cos\varphi_N} \tag{1.171}$$

式中，J 为转动惯量。由式（1.171），机械时间常数是在同步转速下转子旋转的动能和电机功率之比。

例 1.11：1 台 50Hz、星形联结、400V 的感应电机的铭牌值如下：$P_N = 200\text{kW}$、$\eta_N = 0.95$、$\cos\varphi_N = 0.89$、$I_N = 343\text{A}$、$I_S/I_N = 6.9$、$T_{max}/T_N = 3$、额定转速为 1485min^{-1}。电机的空载电流为 121A，给出电机电感参数标幺值的表达式。

解：

角频率基值　$\omega_N = 2\pi f_{sN} = 3141/\text{s}$

磁链基值　$\Psi_b = \hat{\Psi}_N = \dfrac{\hat{u}_N}{\omega_N} = \dfrac{\sqrt{2} \times 230\text{V}}{314/\text{s}} = 1.036\text{V s}$

电感基值　$L_b = L_N = \dfrac{\hat{\Psi}_N}{\hat{i}_N} = \dfrac{1.036\text{V s}}{\sqrt{2} \times 343\text{A}} = 2.14\text{mH}$

电机空载电流为 121A，因此电机定子电感 $L_s = 230\text{V}/(121\text{A} \cdot 314/\text{s}) = 6.06\text{mH}$，假设这一数值的 97% 属于励磁电感，$L_m = 0.97 \times 6.06\text{mH} = 5.88\text{mH}$。

进而可以得到励磁电感的标幺值 $L_m/L_b = 5.88/2.14 = 2.74 = l_{m,pu}$，定子漏感及标幺值为 $l_{s\sigma} = 0.03 \times 6.06\text{mH} = 0.18\text{mH}$，$l_{s\sigma,pu} = 0.18/2.14 = 0.084$。

根据起动电流比，可以粗略地规定电机短路电感的标幺值 $l_k \approx 1/(I_S/I_N) = 0.145$。把短路电感按 50:50 分配给定子和转子上的标幺值：$l_{s\sigma,pu} = l_{r\sigma,pu} = 0.0725$。该值虽然与上面计算的数值 $l_{s\sigma,pu} = 0.18/2.14 = 0.084$ 有些差别，然而定子电感 $l_{s,pu} = l_{s\sigma,pu} + l_{m,pu}$ 的 97% 的假设似乎是足够正确的。

电机转差率的标幺值为 $s = (n_{syn} - n) n_{syn} = (1500 - 1485)/1500 = 0.00673$。在转差率很低时，电机转差率的标幺值直接正比于转子电阻的标幺值。因此，可以假设转

子电阻的标幺值与转差率的标幺值为同一数量级，$r_{r,pu} \approx 0.0067$。

电机的额定效率为95%，在系统中有5%标幺值的损耗。如果假设定子电阻为1% $r_{s,pu} \approx 0.01$，附加损耗为0.5%，在电机中有2.8%（5 − 1 − 0.5 − 0.67 = 2.8 %）标幺值的铁损。因此，电机的损耗大致与定子和转子电阻的标幺值呈正比。对于其进一步的分析，读者可以参阅第7章。

1.8　相量图

研究电机运行问题时，正弦交变电流、电压和磁链通常用相量图进行说明。这些图基于发电机逻辑或电动机逻辑；发电机逻辑的原则是诸如同步电机转子励磁产生的磁链在电机的电枢绕组中感应出电动势。这时，应用如下形式的法拉第电磁感应定律：

$$e = -\frac{\mathrm{d}\Psi}{\mathrm{d}t} \tag{1.172}$$

在电机旋转磁场中的磁链可以表示为

$$\Psi(t) = \hat{\Psi}\mathrm{e}^{\mathrm{j}\omega t} \tag{1.173}$$

磁链对时间求微分：

$$e = -\frac{\mathrm{d}\Psi}{\mathrm{d}t} = -\mathrm{j}\omega\hat{\Psi}\mathrm{e}^{\mathrm{j}\omega t} = \mathrm{e}^{-\mathrm{j}\frac{\pi}{2}}\omega\hat{\Psi}\mathrm{e}^{\mathrm{j}\omega t} = \omega\hat{\Psi}\mathrm{e}^{\mathrm{j}\left(\omega t - \frac{\pi}{2}\right)} \tag{1.174}$$

电动势的幅值为 $\omega\hat{\Psi}$，相角滞后于磁链相角90°电角度。图1.20说明了基于发电机和电动机逻辑的基本相量图。

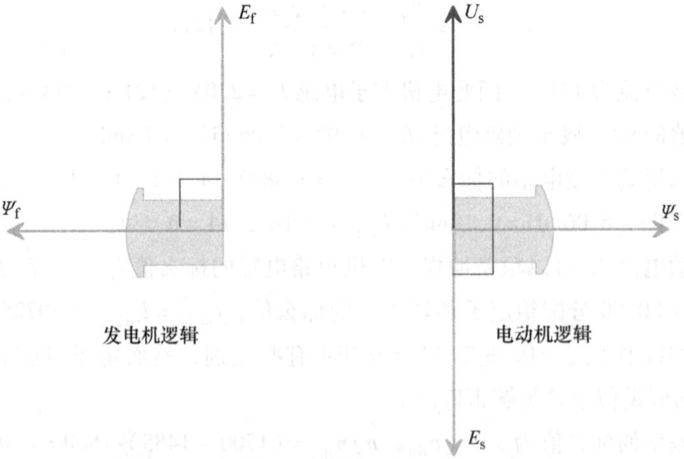

图1.20　发电机和电动机逻辑的基本相量图

如图1.20阐述的发电机逻辑，当电机旋转时，由同步电机转子生产的磁链 Ψ_m 在电机电枢绕组中感应出电压 E_m。从感应电压中减去与电枢反应成比例的电压及电阻压降就可以得到电机定子的电压。如果电机空载运行，感应电压 E_m 等于定子电压 U_s。

电动机逻辑表示相反的情况。根据法拉第电磁感应定律，磁链可以理解为对电压的积分。

$$\boldsymbol{\Psi}_{\mathrm{s}} \approx \int u_{\mathrm{s}} \mathrm{d}t = \int \hat{u}_{\mathrm{s}} \mathrm{e}^{\mathrm{j}\omega t} \mathrm{d}t = \frac{1}{\mathrm{j}\omega} \hat{u}_{\mathrm{s}} \mathrm{e}^{\mathrm{j}\omega t} = \frac{1}{\omega} \hat{u}_{\mathrm{s}} \mathrm{e}^{\mathrm{j}(\omega t - \frac{\pi}{2})} \tag{1.175}$$

磁链相量滞后于电压相量 90°电角度。同样，磁链对时间的微分产生电动势。在图 1.20 所示的情况中，磁链由电压积分得到，进一步产生反电动势并克服源电压。众所周知，感性元件均是如此。对于线圈的情况，源电压的主要部分被用于克服线圈自感产生的反电动势，仅在绕组电阻中产生一个无关紧要的压降。因此在上述讨论中电阻损耗可以忽略不计。

例 1.12：1 台 50Hz 同步发电机励磁绕组电流链空载时产生的定子绕组磁链 $\hat{\boldsymbol{\Psi}}_{\mathrm{s}} = 15.6\mathrm{Vs}$。电机内部感应出的相电压（也就是定子电压）是多少？

解：感应电压计算如下：

$$e_{\mathrm{f}} = -\frac{\mathrm{d}\boldsymbol{\Psi}_{\mathrm{s}}}{\mathrm{d}t} = -\mathrm{j}\omega\, \hat{\boldsymbol{\Psi}}_{\mathrm{s}} \mathrm{e}^{\mathrm{j}\omega t} = -\mathrm{j}314/\mathrm{s} \times 15.6\mathrm{V\ s} \times \mathrm{e}^{\mathrm{j}\omega t} = 4900\mathrm{V} \times \mathrm{e}^{\mathrm{j}\omega t}$$

因此定子相电压的幅值是 4900V，由此给出线电压的有效值为

$$U_{11} = \frac{4900\mathrm{V}}{\sqrt{2}}\sqrt{3} = 6000\mathrm{V}$$

因此，在空载时有 1 台 6kV 的电机可以同步到电网。

例 1.13：旋转磁场电机由变频器供电，在 25Hz 时线电压基波有效值为 200V，电机最初是 1 台 400V 星形联结的电机。变频器提供的定子磁链是多少？

解：定子磁链可由作用在定子上的相电压的积分得到：

$$\boldsymbol{\Psi}_{\mathrm{s}} \approx \int u_{\mathrm{s}} \mathrm{d}t = \int \hat{u}_{\mathrm{s}} \mathrm{e}^{\mathrm{j}\omega t} \mathrm{d}t = \frac{1}{\mathrm{j}25 \times 2\pi} \frac{\sqrt{2} \times 200\mathrm{V}}{\sqrt{3}} \mathrm{e}^{\mathrm{j}\omega t} = 1.04\mathrm{V\ s} \times \mathrm{e}^{\mathrm{j}(\omega t - \frac{\pi}{2})}$$

因此，磁链的幅值是 1.04V s，其滞后于产生磁链的电压 90°相位角。

参考文献

Arkkio, A. (1987) *Analysis of Induction Motors Based on the Numerical Solution of the Magnetic Field and Circuit Equations*, Dissertation, Electrical Engineering Series No. 59. Acta Polytechnica Scandinavica, Helsinki University of Technology. Available at http://lib.tkk.fi/Diss/198X/isbn951226076X/.

Carpenter, C.J. (1959) *Surface integral methods of calculating forces on magnetised iron parts, IEE Monographs*, 342, 19–28.

Johnk, C.T.A. (1975) *Engineering Electromagnetic Fields and Waves*, John Wiley & Sons, Inc., New York.

Sadowski, N., Lefevre, Y., Lajoie-Mazenc, M. and Cros, J. (1992) Finite element torque calculation in electrical machines while considering the movement. *IEEE Transactions on Magnetics*, **28** (2), 1410–13.

Sihvola, A. and Lindell, I. (2004) *Electromagnetic Field Theory 2: Dynamic Fields (Sähkömagneettinen kenttäteoria. 2. dynaamiset kentät)*, Otatieto, Helsinki.

Silvester, P. and Ferrari, R.L. (1988) *Finite Elements for Electrical Engineers*, 2nd edn, Cambridge University Press, Cambridge.

Ulaby, F.T. (2001) *Fundamentals of Applied Electromagnetics*, Prentice Hall, Upper Saddle River, NJ.

Vogt, K. (1996) *Design of Electrical Machines (Berechnung elektrischer Maschinen)*, Wiley-VCH Verlag GmbH, Weinheim.

第 2 章　电 机 绕 组

电机的运行原理基于磁场与电机绕组中电流的相互作用。绕组的排布、联结和施加在绕组中的电流、电压决定了电机的运行模式和类型。根据绕组类型不同，电机绕组可以分为以下几种：

- 电枢绕组；
- 其他旋转磁场绕组（例如：感应电机定子或转子绕组）；
- 励磁绕组；
- 阻尼绕组；
- 换向绕组；
- 补偿绕组。

电枢绕组是旋转磁场绕组，其上感应出能量转换所需的旋转磁场感应电动势。根据国际标准 IEC 60050 - 411，电枢绕组是一种应用在同步电机、直流电机或单相换向器电机中的绕组，在运行时能够接收或发送有功功率给外部电气系统。若将“有功功率”一词换成“无功功率”，这一定义同样适用于同步补偿机。由电枢电流链产生的这部分气隙磁通密度称为电枢反应。

电枢绕组的存在决定了电网和机械系统之间可以传递功率，而励磁绕组则是用来产生能量转换所需的磁场。所有的电机不包括单独的励磁绕组，例如，在异步电机中，定子绕组既可以励磁，又可以产生工作电压。尽管异步电机的定子绕组和同步电机的电枢绕组相似，但在 IEC 标准中并不将其定义为电枢绕组。事实上，在该标准中，异步电机定子绕组被称为旋转磁场定子绕组，而不是电枢绕组。在异步电机转子中也存在感应电动势和感应电流，其中感应电流是产生转矩的重要因素。然而，转子本身仅从电机气隙功率中带走了转差功率（I^2R）部分，这部分功率与转差率成正比；因此，该类电机由定子馈电，并且根据转子类型不同，分为笼型转子和绕线转子两种类型。在直流电机中，转子电枢绕组的功能是进行实际的功率传输，因此该类电机由转子馈电。励磁绕组通常不参与能量转换，双凸极磁阻电机可能是个例外：原则上，该类电机只有励磁绕组，但是绕组也执行电枢的功能。在直流电机中，换向绕组和补偿绕组的作用是产生辅助磁场分量来补偿电枢反应，从而提高电机的性能。类似于先前提到的励磁绕组，这些绕组不参与电机中的能量转换。但同步电机的阻尼绕组是这类绕组的特殊情况，它们的主要作用是抑制不良现象，如振荡和与主磁场反向磁场的问题。阻尼绕组在控制同步驱动的过渡过程中是重要的，在这个过程中，阻尼绕组使气隙磁链保持瞬时稳定。在同步电机的异步驱动方式中，阻尼绕组的作用与异步电机笼型绕组相同。根据几何特征和内部联结形式，绕组可分类如下：

- 相绕组；

- 凸极绕组；
- 换向器绕组。

交流电枢绕组由多个嵌入槽内的独立线圈形成的单相或多相绕组构成。同样的，类似的结构也用在隐极式同步电机的励磁绕组上。在换向器绕组中，槽内的独立线圈形成单个或几个闭合的回路，它们通过换向器连接，换向绕组只被直流或交流换相电机用作电枢绕组。凸极绕组通常为集中励磁绕组，但在分数槽永磁电机和双凸极磁阻电机中也可能被用作电枢绕组。集中非重叠绕组在小罩极电机中也作为电枢绕组。

下面根据槽绕组和凸极绕组两种主要类型，对电机中的绕组进行分类。如表 2.1 所示，这两种类型的绕组对直流和交流的情况都适用。

表 2.1　常见的电机类型中的不同绕组类型或用来代替励磁绕组的永磁体

	定子绕组	转子绕组	补偿绕组	换向绕组	阻尼绕组
凸极同步电机	多相分布旋转磁场槽绕组	凸极绕组	—	—	短路笼型绕组
隐极同步电机	多相分布旋转磁场槽绕组	槽绕组	—	—	实心转子铁心或短路笼型绕组
同步磁阻电机	多相分布旋转磁场槽绕组	—	—	—	可能是短路笼型绕组
PMSM，$q>0.5$	多相分布旋转磁场槽绕组	永磁体	—	—	实心转子或者短路笼型绕组或其他（如转子表面的铝板）
PMSM，$q\leqslant 0.5$	多相集中凸极绕组	永磁体	—	—	阻尼绕组会带来过大的损耗
双凸极磁阻电机	多相集中凸极绕组	—	—	—	—
感应电机	多相分布旋转磁场槽绕组	铸造或焊接成笼型绕组	—	—	—
实心转子感应电机	多相分布旋转磁场槽绕组	钢制的实心转子，可能配备笼条或铜涂层	—	—	—
集电环异步电机	多相分布旋转磁场槽绕组	多相分布旋转磁场槽绕组	—	—	—
直流电机	凸极绕组	旋转磁场换向槽绕组	槽绕组	凸极绕组	—

2.1　基本原理

2.1.1　凸极绕组

图 2.1 给出了凸极转子同步电机的结构示意图。直流电流从电刷和集电环流入位于凸极上的绕组，从而给电机励磁。直流电流产生的主磁通从极靴流向定子，同时来回穿过定子的多相绕组。图中的虚线描述了主磁通路径，这样一个磁通的闭合路径形成了电机的磁路。

线圈的一匝是单匝导体，磁路的主磁通从中穿过。单个线圈是绕组的一部分，绕组是由各个线圈的两个相邻端子串联而成。图 2.1a 是每极一匝线圈的同步电机，图 2.1b 中给出了 d 轴和 q 轴的位置。

每个磁极上的一组线圈都给相同的磁路励磁。在图 2.1a 中，不同磁极的线圈（N 和 S 交替）形成了成对的一组线圈，每极励磁绕组匝数的数量是 N_f。

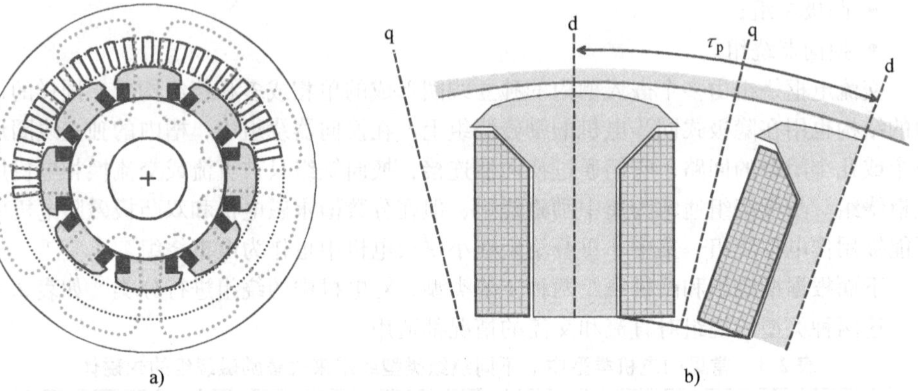

图 2.1 a）凸极同步电机（$p=4$），两个极身之间的黑色区域构成凸极绕组；b）一个极上绕制的绕组：d—直轴；q—交轴；在凸极电机中，这两个磁性不同，由转子几何形状定义的轴线对电机的特性有重要影响（这一问题将在以后讨论）

位于定子或者转子上的凸极绕组多用于电机的直流励磁，因此该绕组被称为励磁绕组。因为通的是直流电，所以产生了一个时间恒定的电流链 Θ。这部分电流链消耗在气隙中，形成气隙的磁势差 $U_{m,\delta}$，简单起见在交轴轴线间可将它看作一个常数，并且在过交轴时，它的符号会改变，如图 2.2 所示。

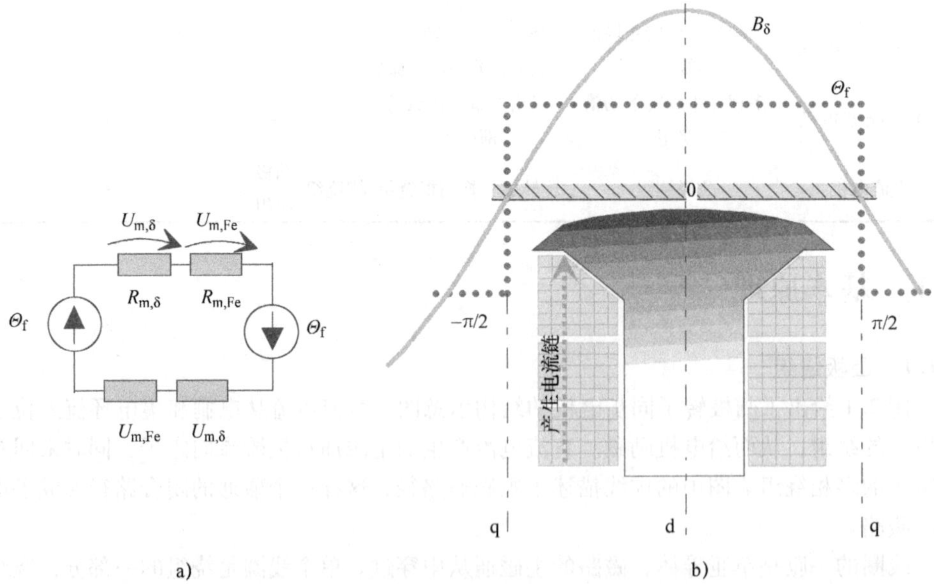

图 2.2 a）等效磁路；由两个相邻凸极绕组产生的电流链 Θ_f；一部分的 $U_{m,\delta}$ 消耗在气隙中。b）气隙磁通密度 B_δ 的特征；由于极靴的恰当设计，即使气隙磁通密度是由气隙间的恒定磁压降 $U_{m,\delta}$ 产生的，气隙磁通密度仍呈余弦变化，气隙磁通密度 B_δ 在 d 轴达到峰值，在 q 轴为 0。每极产生的电流链是该磁极上线圈安匝的叠加

凸极绕组的一个重要应用是在双凸极磁阻电机上。但在这类电机中，实心凸极结构并不适用。这是因为直流脉冲激励通过功率开关供给电机的凸极绕组，由于直流电在气隙中产生磁通，试图使转子转向整个磁路磁阻最小的位置，电机的转矩具有脉动趋势。当电机高速运转时磁通变化非常迅速，为达到平稳的转矩，凸极绕组的电流需要是可控的，这样转子转动时才不会有振动。

凸极绕组同样适用于直流电机的励磁绕组，所有的串励、并励和混合励磁绕组均缠绕在凸极上，换向绕组与凸极绕组为相同类型。

例 2.1：计算下述同步电机的励磁绕组电流：励磁绕组每极匝数为 95，保证气隙最大磁通密度为 0.82T。假设电机的气隙磁通密度沿极靴正弦分布，并且铁的磁导率相对于真空磁导率（$\mu_0 = 4\pi \times 10^{-7}$ H/m）无限大（$\mu_{Fe} = \infty$）。最小气隙长度为 3.5mm。

解：由于 $\mu_{Fe} = \infty$，故铁心部分的磁阻和铁心磁压降都是 0。因此，整个电流链 $\Theta_f = N_f I_f$ 都用于在气隙中产生所需的磁通密度：

$$\theta_f = N_f I_f = U_{m,\delta} = H_\delta \delta = \frac{B_\delta}{\mu_0}\delta = \frac{0.82}{4\pi \times 10^{-7}} 3.5 \times 10^{-3} \text{A}$$

如果匝数 $N_f = 95$，那么励磁电流为

$$I_f = \frac{\Theta_f}{N_f} = \frac{0.82}{4\pi \times 10^{-7}} 3.5 \times 10^{-3} \frac{1}{95} \text{A} = 24\text{A}$$

应该指出的是，这种计算适用于对所需电流的初步估算。事实上，电机 60% ~ 90% 的磁动势是降落在气隙上，其他部分降落在铁心中。所以，在电机的详细设计中，必须考虑所有铁心材料的材料特性。除了在直流电机中极下气隙通常为恒定值之外，相似的计算方法也用于直流电机。

2.1.2　槽绕组

本章将集中研究对称的三相交流分布槽绕组，即旋转磁场绕组。继而，再讨论隐极电机转子励磁绕组，最后再讨论换向绕组、补偿绕组、阻尼绕组。不同于凸极电机，隐极电机的气隙长度为恒定值，故交流励磁绕组产生的余弦分布的电流链可产生余弦分布的气隙磁通密度，如图 2.3 所示。其中气隙磁通波形为余弦分布而不是正弦分布，是为了使直轴磁通密度达到最大值时 $\alpha = 0$。

在图 2.3 中，磁通密度的函数近似跟随电流链分布曲线 $\Theta(\alpha)$ 变化。在电机设计中，引入等效气隙 δ_e，目的是构建一个呈余弦变化的气隙磁通密度函数。

$$B(\alpha) = \frac{\mu_0}{\delta_e}\Theta(\alpha) \tag{2.1}$$

等效气隙的概念会在之后讨论。

槽距和槽距角是槽绕组的核心参数。槽距计量单位为米，槽距角的计量单位为电角度。假设槽数为 Q，气隙的直径为 D，则可得到

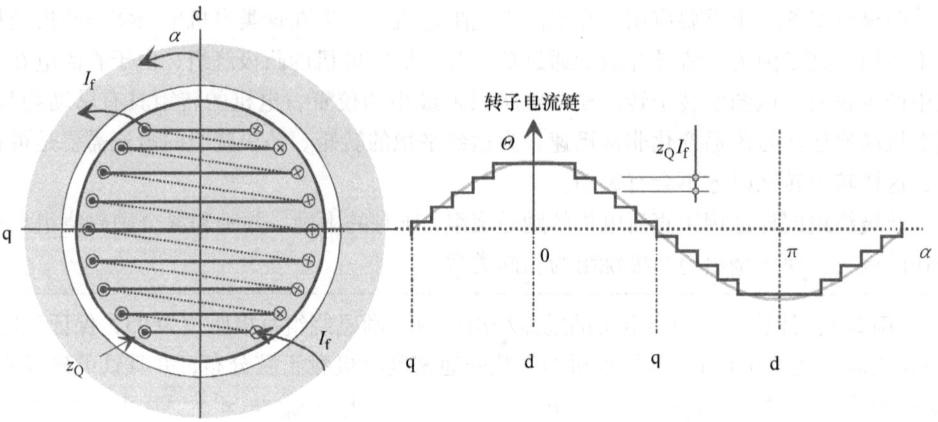

图2.3　两极隐极绕组产生的电流链分布以及电流链的基波。
每槽导体数是z_Q，励磁电流是I_f，每单阶电流链的高度是$z_Q I_f$

$$\tau_u = \frac{\pi D}{Q};\ \alpha_u = p\frac{2\pi}{Q} \tag{2.2}$$

由于在隐极绕组中槽距通常为常值，故一个槽中的电流总和（$z_Q I_f$）在不同的槽中有不同的幅值（以正弦或余弦方式产生沿气隙表面做正弦或余弦变化的电流链）。通常，由于流经槽内所有匝线圈的电流有相同的幅值，因此槽内导体数z_Q必须是变化的。在图2.3中，所有槽内的匝数是相同的，流经槽内导体的电流幅值也是相同的。从中可以看到，在不同槽内选择数量稍有不同的导体数，可以改善阶梯波形使之更加接近余弦形式，这一需求取决于定子绕组中的反电动势谐波含量。尽管气隙磁通密度的分布不可能是理想的正弦曲线，但电压却可能是理想的正弦波。这取决于对于不同谐波时的定子绕组因数。在同步电机中，通常气隙相对较大，因此，相比于图2.3的阶梯电流链波形，气隙磁通密度波形在定子表面变化更加平缓（忽略槽的影响）。因此，这里给出一个众所周知的结论：如果转子表面有2/3开槽，剩下的1/3未开槽，那么在气隙磁通密度中，3次谐波和3的倍数次谐波都将被消除，而且低阶奇数次谐波（5、7次）也将被抑制。

2.1.3　端部绕组

图2.4描述了线圈端部的排布对于绕组物理特性的影响。图中的a和b绕组所产生的主磁通相等，但是由于绕组端部不同，漏磁通稍有差异。从图2.4a可以发现绕组端部在电机端面形成两个分离的平面，因此这种绕组被称为二平面绕组，其绕组端部如图2.4e所示。在图2.4b的绕组中，线圈端部是交叠的，因此这种类型的绕组被称为菱形绕组（叠绕组），其绕组端部如图2.45所示。图2.4c和图2.4d为主磁通完全相同的两种绕组，但是图2.4c中的线圈组是不分离的，而图2.4d中的线圈组是分离的。在图2.4c中，可以画出任意的射线r穿过线圈端部。由此表明，在任意位置，射线r仅可切割两相线圈，因此绕组将被构建为二平面绕组。相应地由分布线圈构建的绕组必须为三

平面排布，因为射线 r 可能切割所有全部三相绕组的线圈端部。

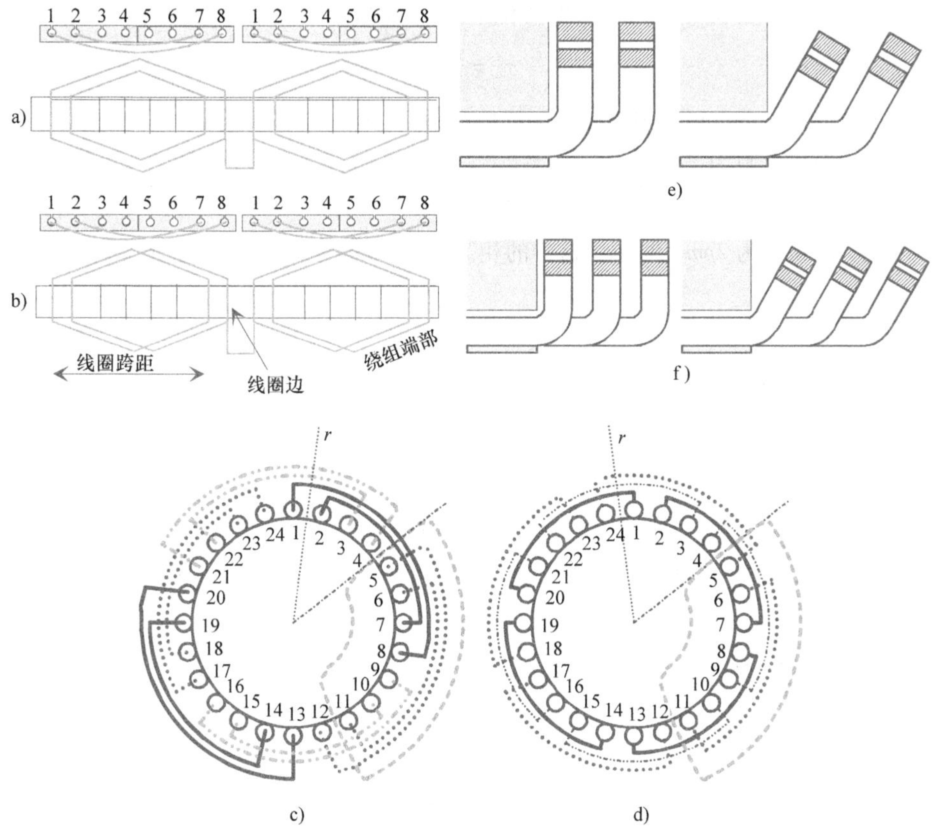

图 2.4　a）同心绕组。b）菱形绕组。在两平面绕组中，线圈相互间的跨距不同。在菱形绕组中，所有线圈宽度相同。c）两平面、三相、四极的绕组，各组线圈未分离。d）三平面、三相、四极的绕组，各组线圈分离。图 c 和图 d 也说明了一个单一的主磁通路径。e）两平面端部绕组的侧面。f）三平面端部绕组的侧面。图中的射线 r 说明没有分离各组线圈的绕组中，任意射线可以只相交两相，而各组线圈分离的绕组则可以与所有三相相交。这对两平面和三平面的绕组都适用

位于每个槽内的线圈部分称为一个线圈边，槽外部的线圈部分称为线圈端部。线圈端部一起构成了绕组的端部绕组部分。

2.2　相绕组

本节接下来研究产生旋转磁场的多相交流电机槽绕组。原则上，相数 m 可以自由选择，但三相电源供电网络的广泛应用导致绝大多数电机都采用三相结构。除此之外，最为常见的类型是运行在单相供电网络中由电容起动的两相电机。原理上说，对称两相绕组是用来产生旋转磁场的最简单的交流绕组结构。

一个对称的多相绕组结构可以按如下设计：气隙沿圆周按极数均匀分布，由此可以确定电机的极弧，它覆盖了180°电角度和相应的极距，单位是米：

$$\tau_p = \frac{\pi D}{2p} \tag{2.3}$$

图2.5描述了沿电机圆周划分的正负相带数。在图中，极对数 $p=2$，相数 $m=3$。

相带分布可以写为

$$\tau_v = \frac{\tau_p}{m} \tag{2.4}$$

因此，相带数为 $2pm$，每一个这样的相带所对应的槽数可以用 q 表示，每极每相的槽数为

$$q = \frac{Q}{2pm} \tag{2.5}$$

式中，Q 是定子或转子槽数；在整数槽绕组中，q 是整数，此外 q 也能是分数，此时称为分数槽绕组。

相带对称地分配给不同的相绕组，因此相带上的U、V、W之间的电角度是一样的。在图2.5中可以看到，三相系统中，相间电角度等于120°，由此可以标出每一个相带。例如，先标出一个U的正向相带，则第一个正相相带V将离U有120°电角度，随后可以画出W，U、V、W，U，V、W，等等。在图2.5中，有两对极，因此每一个U、V、W都需要两个正相带。现在在每个槽中标记的相带，只是指被标记的那一相的线圈，这些线圈中电流方向是一致的。如果将被标记的相带电流方向标正，那没被标记的相带电流方向则是负，负相带与正相带之间差一个极距，U与－U、V与－V、W与－W都相差180°电角度。

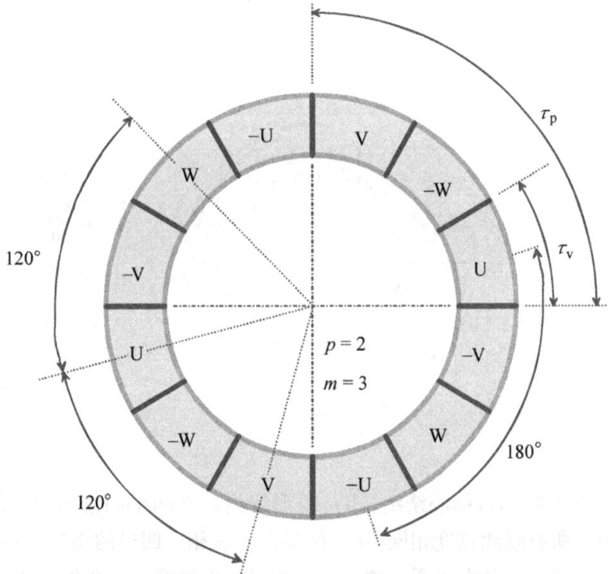

图2.5　三相四极电机正负相带的划分。极距是 τ_p，相带分布距离是 τ_v。当绕组位于相带范围内时，瞬时电流正负相带方向是相反的

2.3　三相整数槽定子绕组

三相电机的电枢绕组通常排布在定子上，且在空间上分布在定子槽内使定子电流产生的电流链尽可能接近正弦。最简单的可产生旋转磁场的定子绕组包括三个线圈，线圈边分别放置在6个槽内，如果 $m=3$，$p=1$，$q=1$，那么 $Q=2pmq=6$，如图2.6和图

2.7 所示。

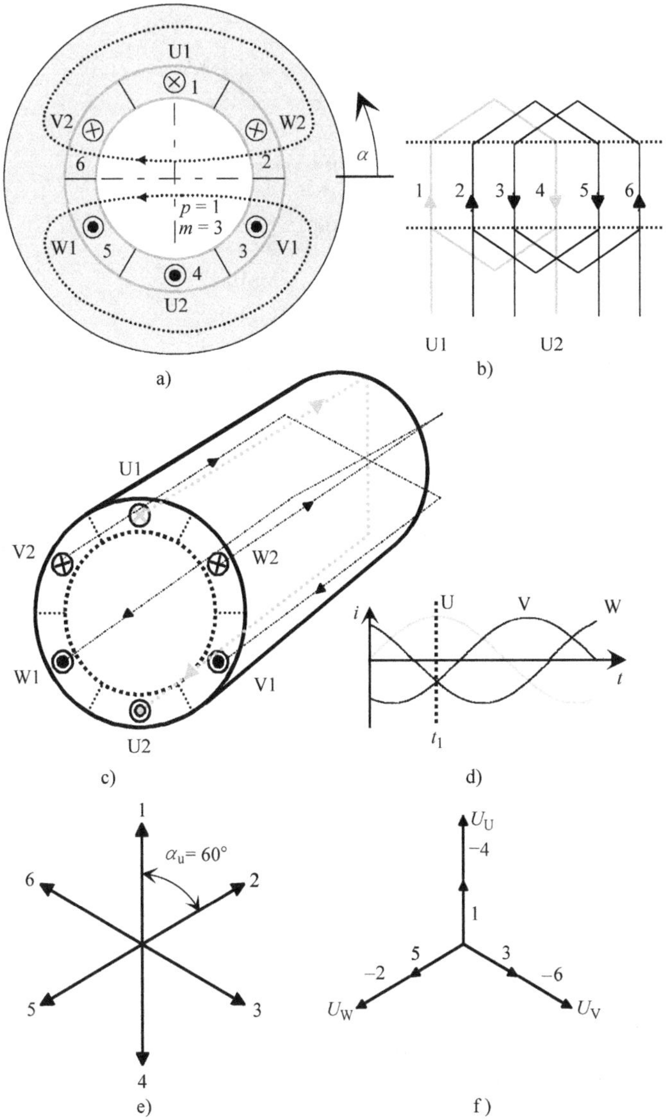

图 2.6　最简单的产生旋转磁场的三相绕组。a）电机的一个截面和在 t_1 时刻的主磁通路径示意图。b）绕组展开图。c）绕组的三维图，图中描述了绕组如何在电机中排布。图中没有标示出实际的线圈端部，电机的后方的线圈端部直接从一个槽到另一个槽且并不经过定子末端的表面，线圈端部 U、V、W 相电压为 U1 – U2、V1 – V2 和 W1 – W2。d）t_1 时刻的三相电流，$i_W = i_V = -\frac{1}{2}i_U$，意味着 $i_W + i_V + i_U = 0$。e）给定三相系统的电压矢量图。f）每一相的总电压。U 相电压由槽 1 和槽 4 电压和产生，因此，槽 4 中的电压相量相反记为 –4。把上述相量旋转 120°，就可以得到各槽电压以及 V 和 W 相的电压

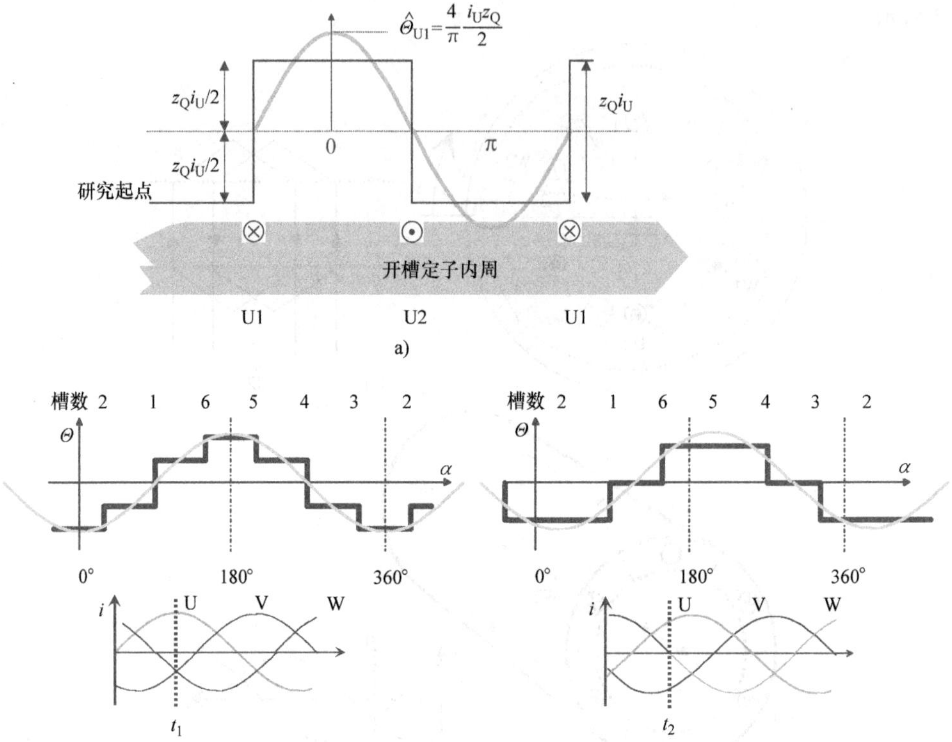

图 2.7　由 $q=1$ 的简单三相绕组产生的电流链 Θ。图 a 为只有 U 相通电时的电流链波形。此时电流链波形是矩形波，其基波波形也在图中给出，这可用来解释下面的阶梯形状的电流链波形。如果三相都通电流，那么 t_1 和 t_2 时刻的电流波形如图 b 和图 c 所示。图中也给出了各个阶梯电流链波形的基波。这些阶梯波形是通过对电机齿附近的载流区域应用安培定律得到的。值得注意的是从 t_1 时刻到 t_2 时刻，因三相电流发生变化从而它们的基波分量的位置也发生改变。这体现了绕组的旋转特性。通过前面的图中提到的 α 角与槽数，可以看到在槽数等于 5 或 6 时气隙磁通密度最大，同时电流链也达到最大值，如图 2.6 所示。这在没有转子电流时是成立的

例 2.2：设计一个三相两极定子绕组，$q=1$。将各相分配到槽中，并且说明电流链是如何基于瞬时的正弦相电流产生的，画出槽电压与各相电压的矢量图，画出 t_1 和 t_2 时刻气隙中的电流链波形，t_1 为 U 相电压达到最大值时对应的时间，t_2 为转过 30°角的时刻。

解：如果 $m=3$，$p=1$，$q=1$，则 $Q=2pmq=6$，这是三相绕组最简单的情况。各相的分配将在图 2.6 说明。从槽 1 开始，假设这里是 U 相的正相，构成 U1 相带，极距由每极槽数表示，或者说节距由槽距 y_Q 表示：

$$y_Q=\frac{Q}{2p}=\frac{6}{2}=3$$

那么，相带U2将离U1一个极距，放在槽4，因为$1+y_Q=4$。相带V1距离U1有120°，放在槽3，V2放在槽6(3+3=6)。相W1距V1又转动120°，放在槽5，尾部W2放在槽2，如图2.6a所示。此时瞬时电流的极性对应当槽1内的U相电流达到正向最大值时的时刻，以U1圆圈内的叉号说明这个方向（电流流入纸面），槽4内U2的方向标记为点，同一时刻V1和W1的方向也为点，因为V相和W相的电流为负（见图2.6d），因此V2和W2为正，用叉号标记。按照这个办法，如果$q=1$，槽内各相的顺序为U1、W2、V1、U2、W1、V2。

图2.6a中定子绕组的截面展现了虚拟线圈在图示电流方向所产生的磁场，用磁力线和箭头表示。

图2.6e的相量图包括6个相量。为了确定它们的数量，需要知道Q、p的最大公约数，记为t。在这个例子中，$Q=6$，$p=1$，$t=1$，因此相量数为$Q/t=6$，相邻槽之间的电压相量的相位差为

$$\alpha_u=\frac{360°p}{Q}=\frac{360°\times 1}{6}=60°$$

这决定了槽里面电压的相量数量，如图2.6e所示。现在求出每一相的电压相量之和。U相电压由槽1内的正向电压和槽4内的负相电压产生，槽4内的电压相量方向为负，记为-4。U相每槽内的电压和以及旋转120°后V相和W相的相电压如图2.6f所示。

t_1、t_2时刻的电流链波形分别如图2.7b、图2.7c所示，两者之间相差30°。绘制其波形的步骤是如下：

从α角为0时开始观察，并假设每个槽中的导体数z_Q是一样的常数。

图2.7b中，左侧的电流链值在槽2处发生了阶跃，而W相恰好位于槽2并且电流方向为流入纸面，这可以画成电流链Θ沿正向阶跃一个固定值[$\Theta(t_1)=i_{uW}(t_1)z_Q$]。接下来，电流链波形在到达槽2之前保持恒定，槽1中的电流为U向正向电流。槽1内的瞬时电流为U相电流的峰值。电流和的方向依然是流入纸面。此处阶跃的高度是槽2处的一倍，因为槽1内的电流为峰值，是槽2内电流的一倍。接下来，在槽6中，又会有一个由于V相产生的沿正向的阶跃，阶跃的高度为槽2处的一半。在槽5中，电流和的方向为流出纸面，这意味着一个负向的Θ阶跃值。以上规律在所有槽中重复，当沿圆周走完一圈闭合时，就得到了图2.7b中的电流链波形，在一个电流周期内重复这个过程，就得到了电流链的行波波形。图2.7c给出了滞后30°的电流链波形。这里可以看到，如果一个槽内的电流瞬时值为0，电流链就不会发生改变，如槽2和槽5。也可以看到图2.7b和图2.7c中Θ的轮廓不太一样，而且形态的变化取决于所处的那一时刻的电流值。

图2.7所示的电流链波形是由一个简单三相绕组产生的，其与正弦波有较大偏差。因此，在电机中，每极每相需要采用更多的线圈边。

例2.3：设计一个整数槽绕组，$p=1$，$q=2$，$m=3$。将每相绕组分配到各槽中，对各槽内的绕组做出说明，画出相量图和每一相的相电压，画出绕组电流链的波形，并与图2.7中的电流链波形进行比较。

解：这个绕组需要槽数是 $Q=2pmq=2\times3\times2=12$。12槽定子横截面及嵌入槽内的每一相的导体都在图2.8a中体现。每一相中槽的分配顺序与例2.2中的一样，只是此处每极每相有2个槽，因此槽的相序是U1、U1、W2、W2、V1、V1、U2、U2、W1、W1、V2、V2。每个槽中电流的方向确定方法与例2.2一样，每一相的绕组展开图如图2.8b所示，用槽距表示的极距为

$$y_Q=\frac{Q}{2p}=\frac{12}{2}=6$$

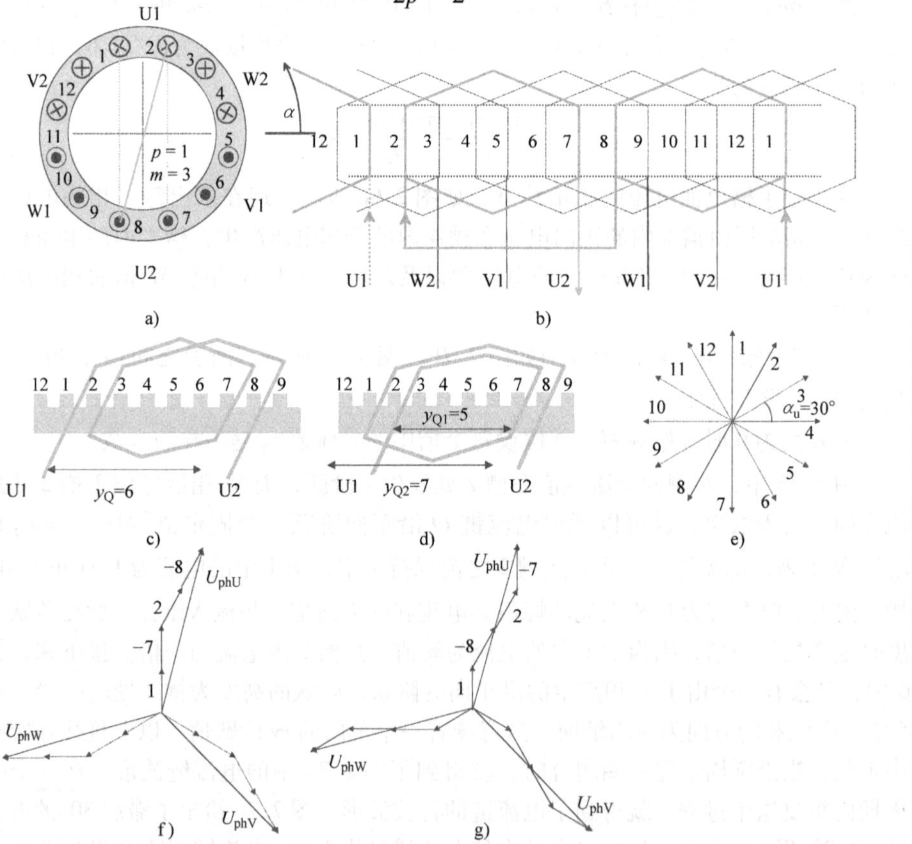

图2.8　三相两极12槽绕组：a）12槽定子，每极每相的槽数为2；b）绕组展开图；c）U相的整距线圈；d）U相的平均整距线圈；e）具有12个相量的相量图，每个相量代表一个槽；f）对应图c的各相电压的总和；g）对应图d的各相电压的总和

图2.8c阐明了U相绕组是如何始终保持整距为6个槽的。在图2.8d中，平均节距是6，但节距分别是5和7，不过最终产生的电压与6个槽的是一样的。

相量图含有12个相量，因为 $t=1$，所以相邻两个槽相量的夹角是

$$\alpha_u = \frac{360° p}{Q} = \frac{360° \times 1}{12} = 30°$$

各个相量按圆周方向编号。通过这个相量图，每一相的相电压都能求得。图2.8f与图2.8g电压相同，说明它们与线圈的联结方式无关。相比于前面的例子，电压的几何总和要比电压的代数总和小。线圈边间的电压相位差是由于绕组分布超过一个槽所致，图中，每一极有两个槽。这种减少用绕组分布因数来表达，这将在后面介绍。

绕组的电流链波形如图2.9所示，可以看出相比前面 $q=1$ 的例子，电流链波形更加接近正弦波。

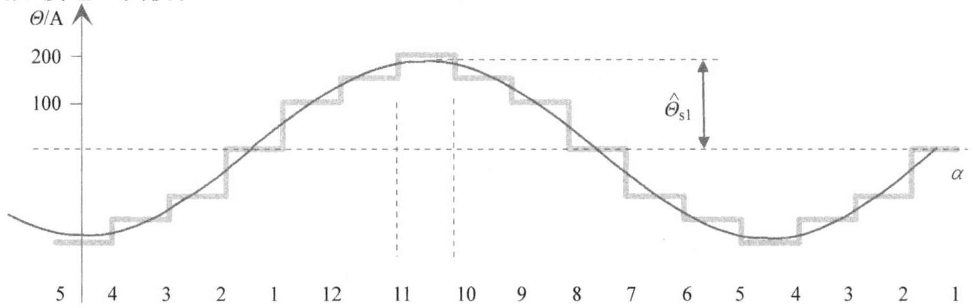

图2.9　在 $i_W = i_V = -\frac{1}{2} i_U$ 时刻，图2.8中定子铁心内的绕组产生的电流链 $\Theta_s = f(\alpha)$；Θ_s 的基波 Θ_{s1} 为正弦波曲线，槽号已在图中标出

在无阻尼的永磁同步电机中，也可以用这样的绕组，即每极每相的槽数小于1，比如 $q=0.4$。在这种情况，从一个设计好的电机的端子观察，它看起来像是一台旋转磁场电机，但是定子绕组产生的电流链与其基波偏差很大，而且由于转子谐波损耗过大，不能采用一般类型的转子。

比较图2.9（$q=2$）与图2.7（$q=1$），显然 q（每极每相槽数）越大，定子绕组产生的电流链波形越接近正弦波。

在图2.7a中可以看到，一个整距线圈的基波电流链幅值为

$$\hat{\Theta}_{1U} = \frac{4}{\pi} \frac{z_Q \hat{i}_U}{2} \tag{2.6}$$

如果把线圈绕组分布到更多槽内，而且 $q>1$，$N = pqz_Q/a$，这时必须要考虑绕组因数：

$$\hat{\Theta}_{1U} = \frac{4}{\pi} \frac{N k_{w1} \hat{i}_U}{2} \tag{2.7}$$

在极数为 $2p$ 的电机中（$2p>2$），每一极的电流链为

$$\hat{\Theta}_{1U} = \frac{4}{\pi} \frac{N k_{w1} \hat{i}_U}{2p} = \frac{4}{\pi} q z_Q \frac{k_{w1} \hat{i}_U}{2} \tag{2.8}$$

式（2.8）可以利用每槽导体数进行改写，一相有 $2N$ 个导体，放在属于一相的 $Q/$

m 个槽中，因此，每一个槽的导体数为

$$z_{\mathrm{Q}}=\frac{2N}{Q/m}=\frac{2mN}{2pqm}=\frac{N}{pq} \tag{2.9}$$

以及

$$\frac{N}{p}=qz_{\mathrm{Q}} \tag{2.10}$$

式（2.8）中的 N/p 在下式可以用 qz_{Q} 代替：

$$\hat{\Theta}_{1\mathrm{U}}=\frac{4}{\pi}\frac{Nk_{\mathrm{w1}}\hat{i}_{\mathrm{U}}}{2p}=\frac{4}{\pi}qz_{\mathrm{Q}}\frac{k_{\mathrm{w1}}\hat{i}_{\mathrm{U}}}{2} \tag{2.11}$$

如果相电流是对称的，则式（2.8）还可以用正弦电流的有效值来表示：

$$\hat{\Theta}_{1\mathrm{U}}=\frac{4}{\pi}\frac{Nk_{\mathrm{w1}}}{2p}\sqrt{2}I \tag{2.12}$$

对于 m 相旋转磁场的定子或转子绕组，电流链的幅值是原来的 $m/2$ 倍：

$$\hat{\Theta}_{1}=\frac{m}{2}\frac{4}{\pi}\frac{Nk_{\mathrm{w1}}}{2p}\sqrt{2}I \tag{2.13}$$

而对于三相定子或转子绕组，电流链基波幅值为

$$\hat{\Theta}_{1}=\frac{3}{2}\frac{4}{\pi}\frac{Nk_{\mathrm{w1}}}{2p}\sqrt{2}I=\frac{3}{\pi}\frac{Nk_{\mathrm{w1}}}{p}\sqrt{2}I \tag{2.14}$$

当定子电流有效值是 I_{s} 时，多相（$m>1$）旋转磁场定子绕组（或转子绕组）的定子电流链的 ν 次谐波分量幅值为

$$\hat{\Theta}_{\mathrm{s}\nu}=\frac{m}{2}\frac{4}{\pi}\frac{k_{\mathrm{w}\nu}N_{\mathrm{s}}}{p\nu}\frac{1}{2}\sqrt{2}I_{\mathrm{s}}=\frac{mk_{\mathrm{w}\nu}N_{\mathrm{s}}}{\pi p\nu}\hat{i}_{\mathrm{s}} \tag{2.15}$$

例 2.4：计算定子电流链的基波幅值：$N_{\mathrm{s}}=200$，$k_{\mathrm{w1}}=0.96$，$m=3$，$p=1$，$i_{\mathrm{sU}}(t)=\hat{i}=1\mathrm{A}$ 且正弦电流的有效值 $I_{\mathrm{s}}=0.707\mathrm{A}$。

解：对于基波，有

$$\hat{\Theta}_{1}=\frac{3}{2}\frac{4}{\pi}\frac{Nk_{\mathrm{w1}}}{2p}\sqrt{2}I_{\mathrm{s}}=\frac{3}{\pi}\frac{Nk_{\mathrm{w1}}}{p}\sqrt{2}I_{\mathrm{s}}=\frac{3}{\pi}\cdot\frac{200\times0.96}{1}\sqrt{2}\times0.707\mathrm{A}=183\mathrm{A}$$

2.4 电压相量图和绕组因数

因为绕组在空间上分布在定子内表面的槽内，所以穿过某一线圈的磁通（与电流链 Θ 成正比）不会同时与其他所有线圈完全匝链，而是会存在一定的相角差。因此，绕组的电动势（emf）不能由线圈匝数 N_{s} 直接求得，还需考虑与谐波相关的绕组因数 $k_{\mathrm{w}\nu}$。每匝线圈中的基波感应电动势可根据磁链 Ψ 与法拉第电磁感应定律 $e=-Nk_{\mathrm{w1}}\mathrm{d}\Phi/\mathrm{d}t=-\mathrm{d}\Psi/\mathrm{d}t$ 求得［详见式（1.3）、式（1.7）和式（1.8）］。可以看到，绕组因数反映了绕组产生谐波的特点，因此，当计算绕组电流［式（2.15）］时，必须考虑绕组因

数。由全部绕组产生的全部电流链会在电机气隙中共同产生磁通密度分布，当其相对于绕组移动时，会在绕组中形成感应电压。在不同线圈边中的感应电动势相位差通常用电压相量图来描述，其中电压相位差用电角度表示。例如，一台四极电机，即 $p=2$，在定子内圆中，电压相量则被分布为两整圈。图 2.10a 为图 2.8 中二极绕组的电压相量图。

图 2.10a 中，在所研究的这一相中，相量 1 和 2 为正，相量 7 和 8 为负。因此，相量 7 和 8 被旋转 180°形成了一组相量。谐波 ν（不包括和基波有着相同绕组因数的齿谐波）线圈边相量的方向比图示中的变化复杂得多，因为槽距角 α_u 被 $\nu\alpha_u$ 替换。

根据图 2.10b，当计算某一相绕组电压相量和时，必须找到这一组相量的对称线，此处负向相量被画成了正向。相量相对于对称线的电角度 α_ρ 可被用于计算相量的总和。每一相量都占总和的 $\cos\alpha_\rho$。

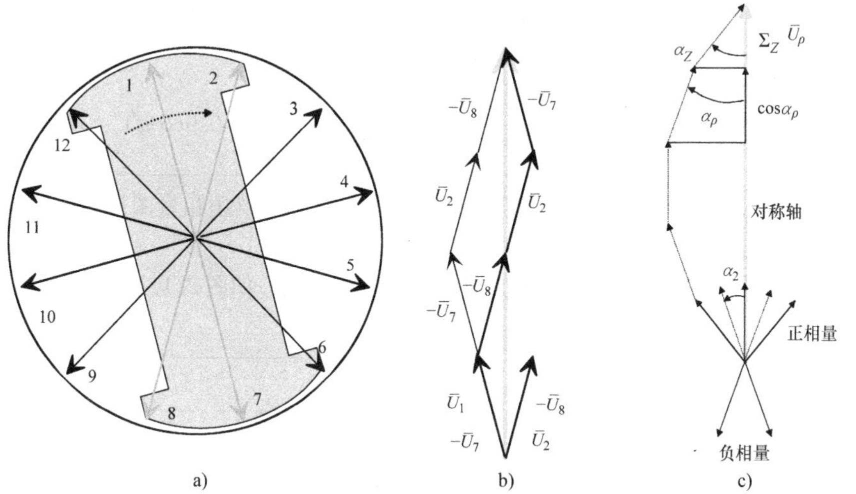

图 2.10　a)、b) 图 2.8 所示绕组基波电压相量图，绕组的 $Q_s=12$，$p=1$，$q_s=2$。当转子顺时针转动时，槽 1 和 7 处于图中所示时刻，在导体中产生的电压达到最大。图中也阐明了如何利用电压相量图的半径计算单个线圈电压。c) 电压相量图在计算绕组因数时的通用方法（分数槽绕组的相量数是不均匀的）。负向线圈边的相量需旋转 180°，合成相量的和将根据式 (2.16) 计算。对称轴位于一组相量的中间，每一相量都与对称轴形成一个角度 α_ρ。全部相量的相量和将指向对称轴

于是，利用电压相量图，可以得出 ν 次谐波的绕组因数通用表达式

$$k_{w\nu}=\frac{\sin\frac{\nu\pi}{2}}{Z}\sum_{\rho=1}^{Z}\cos\alpha_\rho \tag{2.16}$$

式中，Z 是图中每相负向和正向相量总数；ρ 是单一相量的序数；ν 是观察点处谐波次数。系数 $\nu\pi/2$ 仅仅影响绕组因数的正负。任意相量的角度 α_ρ 可以在其特定谐波的电压相量图中找到，α_ρ 即为相量与该谐波对称线之间的角度（见图 2.10b）。电压相量图分析法普遍适用于各类情况，但有时不必求出式 (2.16) 的数值解，电压相量图也不是所用情况都必须用到。在简单情况下，我们往往会使用稍后介绍的公式。无论如何，电

压相量图构成了这类计算的基础，因此在分析不同类型绕组时，会进一步讨论它的运用。

如果图 2.10a 中讨论的是没有电流的同步电机定子，那么当转子在定子内空载旋转时，在极靴中央的线圈边 1 和 7 会产生最大电压（最大电压与磁通密度峰值相对应，但此时穿过线圈的磁通为零），此处即流经线圈的磁通的导数达到峰值，从而感应电压同时达到最大值。如果转子顺时针旋转，随后，电压最大值将会在线圈边 2 和 8 中产生，以此类推。那么，电压相量图可以描述不同槽产生的电压幅值及它们的瞬时相位。

例如 U 相线圈槽 1 与槽 8 串联（线圈 1），槽 2 与槽 7 串联（线圈 2）。因此相量$\underline{U}_1$和$\underline{U}_8$的电压差值由线圈 1 的边决定。整相电压值应为

$$\underline{U}_{\mathrm{U}} = \underline{U}_1 - \underline{U}_8 + \underline{U}_2 - \underline{U}_7 \tag{2.17}$$

式（2.17）表示按照顺序 1－7 和 2－8 连接同样可行，此法得到的数值虽相同，线圈端部却不同。基于基波绕组的分布，绕组因数 k_{w1} 被看作相量和与绝对值和的比，如下所示：

$$k_{\mathrm{w1}} = \frac{相量和}{绝对值和} = \frac{\underline{U}_1 - \underline{U}_8 + \underline{U}_2 - \underline{U}_7}{|\underline{U}_1| + |\underline{U}_8| + |\underline{U}_2| + |\underline{U}_7|} = 0.966 \leqslant 1 \tag{2.18}$$

例 2.5：式（2.16）表明谐波绕组因数同样可以利用电压相量图计算。请推导图 2.8 中 7 次谐波的绕组因数。

解：基于图 2.10，可以画出 7 次谐波的电压相量图，如图 2.11 所示。

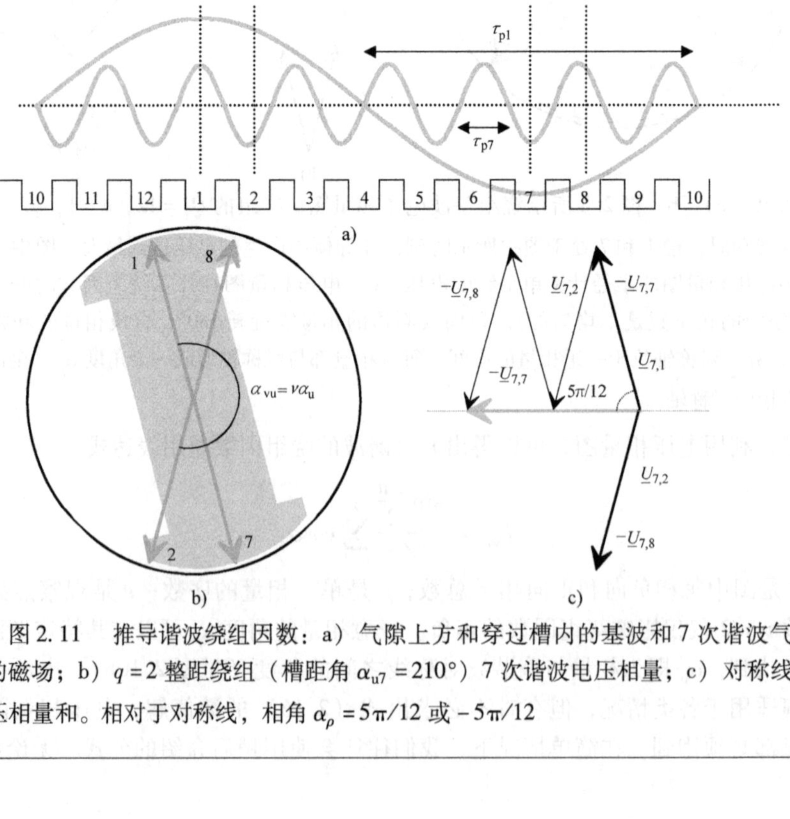

图 2.11　推导谐波绕组因数：a）气隙上方和穿过槽内的基波和 7 次谐波气隙中的磁场；b）$q=2$ 整距绕组（槽距角 $\alpha_{u7}=210°$）7 次谐波电压相量；c）对称线与电压相量和。相对于对称线，相角 $\alpha_\rho = 5\pi/12$ 或 $-5\pi/12$

由基波判断，槽 1 和槽 2 属于 U 相的正相带，而槽 7 和槽 8 属于负相带。在图 2.11 中，可以看出 7 次谐波的极距是基波极距的 1/7。从槽 1 对应的电压相量开始推导 7 次谐波的相量和。该相量保持原有位置。槽 2 在物理上应该位于槽 1 顺时针方向 30°的位置，但是现在研究的是 7 次谐波，槽距角应被计算为 7×30° = 210°，这一点可以在图中看出。因此，槽 2 相量实际位于槽 1 顺时针 210°处。槽 7 位于槽 1 顺时针 7×180° = 1260°处，因为 1260° = 3×360° + 180°，相量 7 实际上与相量 1 相对。相量 8 位于相量 7 顺时针 210°处，不难发现，它的位置在相量 1 顺时针 30°处。把负相带旋转一个 π 角度，利用式（2.17）可得到

$$k_{w7} = \frac{\sin\frac{7\pi}{2}}{4}\sum_{\rho=1}^{4}\cos\alpha_\rho = \frac{\sin\frac{7\pi}{2}}{4}\left(\cos\frac{-5\pi}{12} + \cos\frac{+5\pi}{12} + \cos\frac{-5\pi}{12} + \cos\frac{+5\pi}{12} = -0.2588\right)$$

应用电压相量图不是必要的，利用简单的公式推导也可以直接计算绕组因数。原理上有三种绕组因数：分布因数、节距因数和斜槽因数。由分布绕组中带相位差的电压相量推导出的绕组因数被称为分布因数，用下标 d 表示，该因数 $k_{d1} \leqslant 1$。$q=1$ 且相量和与绝对值和相等时，$k_{d1}=1$ 可以实现，如图 2.6f 所示。当 $q \neq 1$ 时，$k_{d1}<1$。实际上，这意味着总的相电压被该因数降低了，详见例 2.6。

如果每一线圈都按照整距绕组绕制，那么线圈节距原则上应与极距相同。然而，绕组分布因数 k_d 的存在，导致整距绕组的相电压被削减。如果线圈节距比极距短，并且绕组并非整距绕组，那么该绕组被称为短距绕组，抑或弦绕组（详见图 2.15 和图 2.16）。注意，图 2.8d 中的绕组并非一个短距绕组，纵使线圈实现了从槽 1 绕到槽 8（比极距长），并非从槽 1 绕到槽 7（等于节距）。很显然，真正的短距必须应用于双层绕组中。短距是绕组电压被减少的一个原因，这样的削减因数被称为节距因数 k_p。总绕组因数可表示为

$$k_w = k_d \cdot k_p \tag{2.19}$$

由于图 2.10 和图 2.11 中公式都是基于电压相量的相量和得到的，于是分布因数 k_d 的计算公式也可由此给出，如图 2.12 所示。

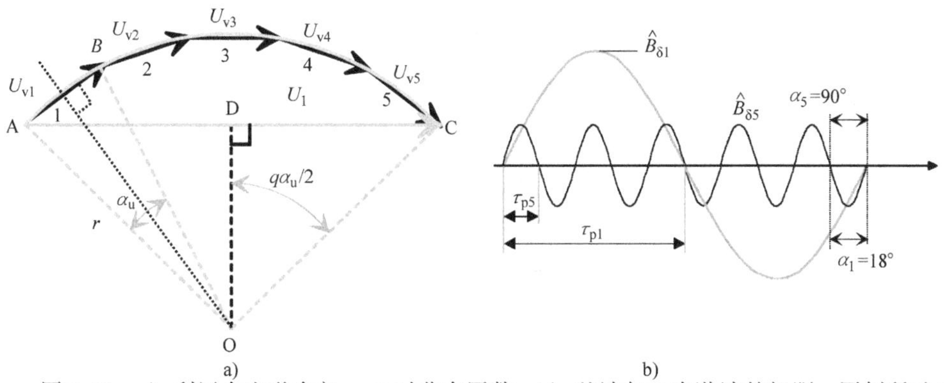

图 2.12　a）利用多边形确定 $q=5$ 时分布因数；b）基波与 5 次谐波的极距，图例所示 5 次谐波和基波具有相同的物理角度。电压 $U_{v1}-U_{v5}$ 表示对应线圈边电压

基波分量的分布因数公式如下：

$$k_{\mathrm{d1}}=\frac{\text{相量和}}{\text{绝对值和}}=\frac{U_1}{qU_{\mathrm{coil1}}} \tag{2.20}$$

根据图 2.12，可以由△*ODC* 得

$$\sin\frac{q\alpha_{\mathrm{u}}}{2}=\frac{\dfrac{U_1}{2}}{r}\Rightarrow U_1=2r\sin\frac{q\alpha_{\mathrm{u}}}{2} \tag{2.21}$$

根据△*OAB* 可得

$$\sin\frac{\alpha_{\mathrm{u}}}{2}=\frac{\dfrac{U_{\mathrm{v1}}}{2}}{r}\Rightarrow U_{\mathrm{v1}}=2r\sin\frac{\alpha_{\mathrm{u}}}{2} \tag{2.22}$$

现在可以得出关于分布因数的表达式

$$k_{\mathrm{d1}}=\frac{U_1}{qU_{\mathrm{v1}}}=\frac{2r\sin\dfrac{q\alpha_{\mathrm{u}}}{2}}{q2r\sin\dfrac{\alpha_{\mathrm{u}}}{2}}=\frac{\sin\dfrac{q\alpha_{\mathrm{u}}}{2}}{q\sin\dfrac{\alpha_{\mathrm{u}}}{2}} \tag{2.23}$$

这是计算基波分布因数最基本的闭合表达式。由于气隙磁通密度存在谐波分量，对于 ν 次谐波分布因数的计算，必须引入角度 $\nu\alpha_{\mathrm{u}}$，如图 2.11b 和图 2.12b 所示：

$$k_{\mathrm{d}\nu}=\frac{\sin\nu\dfrac{q\alpha_{\mathrm{u}}}{2}}{q\sin\nu\dfrac{\alpha_{\mathrm{u}}}{2}} \tag{2.24}$$

例 2.6：利用式（2.24）另解例 2.5。

解：当 $\nu=7$ 时，有

$$k_{\mathrm{d}\nu}=\frac{\sin\nu\dfrac{q\alpha_{\mathrm{u}}}{2}}{q\sin\nu\dfrac{\alpha_{\mathrm{u}}}{2}}=\frac{\sin7\dfrac{2\dfrac{\pi}{6}}{2}}{2\sin7\dfrac{\pi}{6\times2}}=\frac{\sin\dfrac{7\pi}{6}}{2\sin\dfrac{7\pi}{12}}=-0.2588$$

结果一致。

基波的表达式也可以重新整理为

$$k_{\mathrm{d1}}=\frac{\sin\left(\dfrac{Q}{2pm}\dfrac{2\pi p}{2Q}\right)}{q\sin\left(\dfrac{2\pi p}{2\times2pmq}\right)}=\frac{\sin\left(\dfrac{\pi}{2m}\right)}{q\sin\left(\dfrac{\pi}{2mq}\right)} \tag{2.25}$$

对于三相电机，$m=3$，表达式如下：

$$k_{\mathrm{d1}}=\frac{\sin(\pi/6)}{q\sin\left(\dfrac{\pi/6}{q}\right)}=\frac{1}{2q\sin\dfrac{\pi/6}{q}} \tag{2.26}$$

在实际应用中，简化后的基波分布因数表达式最常用。

例 2.7：计算三相四极同步电机的相电压，该电机定子内径为 0.30m，长度为 0.5m，转速为 1500min^{-1}。由励磁产生的气隙基波磁通密度 $\hat{B}_{\delta1}=0.8\text{T}$。单层绕组共有 36 个槽，每个槽中嵌入三根导体。

解：根据洛伦兹定理，感应磁场瞬时值在导体中产生的电场强度 $\boldsymbol{E}=\boldsymbol{v}\times\boldsymbol{B}_0$，在一个嵌入交流电机槽内的导体中，我们可以通过积分得到感应电压 $e_{1c}=B_\delta l'v$，其中 B_δ 为旋转磁场内部的气隙磁通密度，l' 为定子铁心有效长度，v 为导体在磁场中的运动速度，如图 2.13 所示。

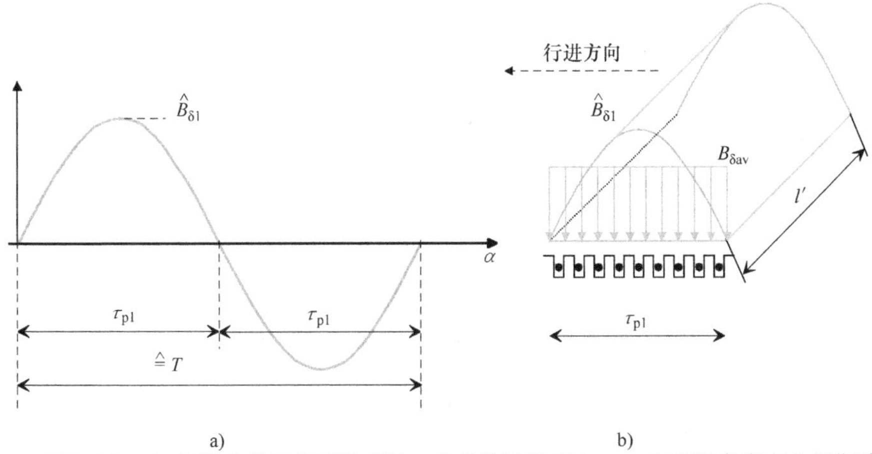

图 2.13　a）气隙中磁通密度的变化。在单位时间 T 内，一个磁通密度变化周期跨过了两个极距。b）一个磁极下的磁通密度和槽内导体分布

在一个周期 T 内，磁通密度波形跨过了两个极距，如图 2.13 所示。气隙中磁场移动速度为

$$v=\frac{2\tau_p}{T}=2\tau_p f$$

一个导体内感应电压有效值为

$$E_{1c}=\frac{\hat{B}_\delta}{\sqrt{2}}l'2\tau_p f$$

变压器中穿过所有绕组线圈的磁通密度大体相同，而电机与之相反，如图 2.13 所示，在交流旋转磁场电机中，导体的磁通密度波形都呈正弦波分布，并且每个导体都有不同的磁通密度值。因此，常用磁通密度的平均值来统一所有导体的磁通密度。磁通密度平均值与穿过整距绕组的磁通最大值相同：

$$\hat{\Phi}=B_{\delta av}l'\tau_p$$

B_δ 覆盖在极距 τ_p 之上，于是可以得到平均值

$$B_{\delta av}=\frac{2}{\pi}\hat{B}_{\delta}\Rightarrow\hat{B}_{\delta}=\frac{\pi}{2}B_{\delta av}$$

这里，导体中感应电压有效值通过磁通密度平均值得出：

$$E_{1c}=\frac{\pi}{2\sqrt{2}}B_{\delta av}l'2\tau_{p}f=\frac{\pi}{\sqrt{2}}\hat{\Phi}f$$

频率 f 可由转速 n 得到：

$$f=\frac{pn}{60}=\frac{2\times1500}{60}=50\mathrm{Hz}$$

假设每个槽内嵌有三根导体，计算线圈的串联匝数。每相有 $2N$ 根导体，它们嵌在属于同一相的 Q/m 个槽中。因此，同一个槽内导体数量可算得

$$z_{Q}=\frac{2N}{Q/m}=\frac{2Nm}{2pqm}=\frac{N}{pq}$$

每相串联匝数 $N=3pq=3\times2\times3=18$，其中 $q=Q/2pm=36/(4\times3)=3$。一个槽内产生的感应电压有效值为 $(N/pq)E_{c}$。这样的槽共有 $2pq$ 个。属于同一相的全部导体电压线性叠加后一定会被绕组因数削减，从而得到相电压

$$E_{ph}=\frac{N}{pq}E_{1c}q2pk_{w}$$

最终，交流旋转电机感应电压有效值表达式为

$$E_{ph}=E_{1c}\frac{N}{pq}q2pk_{w1}=\frac{\pi}{\sqrt{2}}\hat{\Phi}f\frac{N}{pq}q2pk_{w1}=\sqrt{2}\pi f\hat{\Phi}Nk_{w1}$$

在这个例子中，绕组为整距单层绕组，因此 $k_{p}=1$，并且只需要计算 k_{d}［见式(2.26)］：

$$k_{w1}=k_{d1}=\frac{1}{2q\sin\dfrac{30°}{q}}=\frac{1}{2\times3\sin\dfrac{30°}{3}}=0.960$$

磁通最大值为

$$\hat{\Phi}=\frac{2}{\pi}\hat{B}_{\delta}\tau_{p}l'=\frac{2}{\pi}0.8\times0.236\times0.5=0.060\mathrm{Wb}$$

式中，极距 τ_{p} 为

$$\tau_{p}=\frac{\pi D_{s}}{2p}=\frac{\pi\times0.3}{4}=0.236\mathrm{m}$$

一相感应电压有效值为

$$E_{ph}=\sqrt{2}\pi f\hat{\Phi}Nk_{d}=\sqrt{2}\pi\times50\times0.060\times18\times0.960=230\mathrm{V}$$

例 2.8：一台三相四极 36 槽的感应电机，通入 50Hz、230V 交流电。定子内圆的尺寸为 $D_{s}=15\mathrm{cm}$，长度为 $l'=20\mathrm{cm}$。槽内嵌入双层绕组。除此之外，一个单层整距测量线圈嵌入两个槽中。测试线圈的匝数为 4。在空载情况下，端部电压测量值为 11.3V。试计算气隙磁通密度，忽略测量线圈阻抗上的压降。

解：为了能够研究气隙磁通密度，测量线圈的数据可以被使用。测量线圈被嵌入两个电角度反相的槽中，因此分布因数 $k_d=1$；由于它是整距线圈，节距因数 $k_p=1$，所以 $k_w=1$。

于是，磁通最大值为

$$\hat{\Phi}=\frac{U_c}{\sqrt{2}\pi f N_c k_{wc}}=\frac{11.3}{\sqrt{2}\pi\times 50\times 4\times 1.0}\text{Wb}=0.0127\text{Wb}$$

气隙磁通密度的幅值为

$$\hat{B}_\delta=\frac{\pi}{2}B_{av}=\frac{\pi}{2}\frac{\hat{\Phi}}{\frac{\pi D_s}{2p}l'}=\frac{\pi}{2}\frac{0.0127}{\frac{\pi\times 0.15}{4}0.2}\text{T}=0.847\text{T}$$

2.5 绕组分析

绕组分析从单层定子绕组的分析开始，即线圈的数量为 $Q_s/2$。在电机设计时，如下设置是可取的：所有极的定子内圆（直径为 D_s）的气隙均匀分布，即气隙等分为 $2p$ 个部分，极距为 τ_p。图 2.14 举例说明了两极槽绕组（$p=1$）的结构。

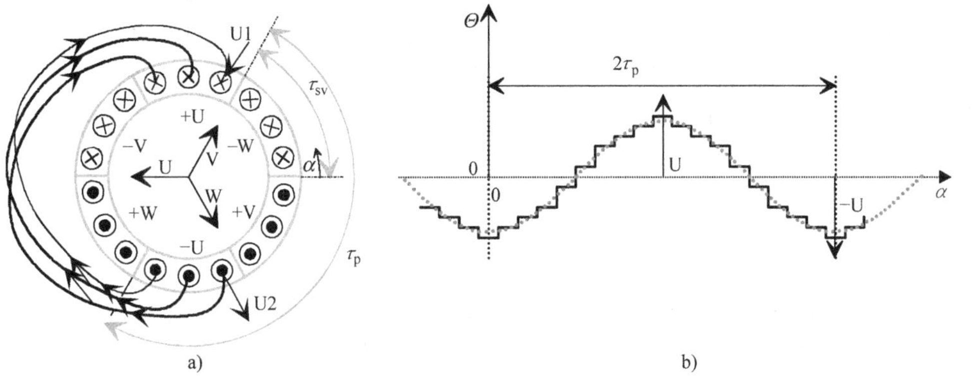

图 2.14 a）三相定子菱形绕组，$p=1$，$q_s=3$，$Q_s=18$。在 U 相绕组中只有观察侧的线圈的端部可见。图中也说明了 U、V、W 三相绕组磁轴的正方向。当电流从正极端流入绕组时，电流链会产生沿磁轴方向的磁通，例如 U1。图示电流方向同时反映了 V 和 W 相绕组电流只是 U 相绕组电流负数的一半。b）在 U 相磁极方向达到最大值时产生的电流链分布。图 a 中绕组端部的小箭头表示电流的方向和在线圈之间的流经顺序。图 2.23 中研究的也是同样的绕组

极距可按照定子相绕组均匀分成 m_s 段。现在，我们得到了一个相带分布 τ_{sv}。在图 2.14 中，定子相数为 $m_s=3$，因此，相带数为 $2pm_s=6$。在一个相带内的定子槽数为 q_s，即定子每极每相槽数。利用式（2.5）中定子的值，可以得出

$$q_s=\frac{Q_s}{2pm_s} \tag{2.27}$$

如果 q_s 是整数，这样的绕组可以称为整数槽绕组；如果 q_s 是分数，那么称其为分

数槽绕组。

相带按照相绕组均匀划分，并且电流方向也是确定的，于是我们每隔 $360°/m_s$ 便得到一个磁轴，共有 m_s 个磁轴。相带按照2.2节中的方式标注。图2.14举例说明了U相的正相带，即为U相电流背离观察者方向的区域。U相的负相带距离U相正相带180°电角度，换言之，就是电气上的反相。各相带内的导体相互连接，以便于电流按照要求流动。图2.14描述了上述情形，在图中，假定每个相带包含三个槽，即 $q_s=3$。图中表明U相绕组的磁轴位于图示中间所画的箭头的方向。由于这是一个三相电机，V相和W相的电流方向必定是均沿着各自磁轴的方向，即从U相磁轴开始依次旋转120°的电角度对应的位置。这一点可以通过图2.14设置V相和W相的相带及电流方向来实现。

不同相带导体之间的联结方式会产生不同的绕组机械结构，但是无论机械结构如何，气隙（磁场）仍保持相似。然而，联结方式会对端部绕组的空间需求、用铜量及绕组生产成本产生显著影响。联结方式也会对某些电气性能产生影响，例如绕组端部的漏磁。

在旋转磁场电机的定子多相绕组中通对称多相电流时，会产生一个磁通波。例如，图2.14中的电流链开始沿 α 轴正向传播，并且多相绕组电流随着时间以正弦形式变化时，会产生一个磁通波。值得注意的是，绕组产生的谐波的传播速度与基波不同（$n_{s\nu}=\pm n_{s1}/\nu$），因此，电流链波形也会以时间函数发生变化。然而，基波在气隙中的传播速度是由基波电流及极对数决定的。此外，基波通常是最主要的（当 $q\geqslant1$ 时），因此，可以根据基波来分析电机的运行特性。例如，在一个三相绕组中，相位差为120°的时变正弦电流在绕组中产生一个随着时间和位置交替变化的磁通，该磁通呈120°电角度位移均匀分布，以波的形式在定子表面传播。（见图7.8，图示6极和2极电机 $\nu=1$ 时的基波。）

2.6　短距

在菱形双层绕组中，槽被分为上层和下层，在每半个槽中就有一个线圈边。槽底的线圈边居于该槽的下层，而靠近气隙的线圈边居于该槽的上层。线圈的数量与槽数 Q_s 相同，如图2.15b所示。

菱形双层绕组的构造与单层绕组相似。如图2.15所示，绕组共有两层相带环，外层环代表底层，内层环代表上层，如图2.15a所示。上层和底层的相带分布不必完全相同，相带分布可以按照槽距的整数倍展开。在图2.15a中，一个相带移动距离等于一个槽距。图2.15b所示为U相的一个线圈，通过比较线圈宽度和图2.14中线圈的跨距，可以看到线圈窄了一个槽距，这样的线圈被称为短距线圈。由于短距的出现，线圈端部变短了，因此用铜量也减少了。另一方面，由于短距，线圈中匝链的磁通也会略微减少，因此，要得到相同的电压，短距绕组线圈的匝数要大于整距绕组匝数。在材料消耗上，因为短距下线圈端部的减小比线圈匝数的增加作用更加明显，使得线圈材料用量降低。

短距也会影响气隙磁通密度中的谐波含量。一个适当的短距绕组所产生的电流链波

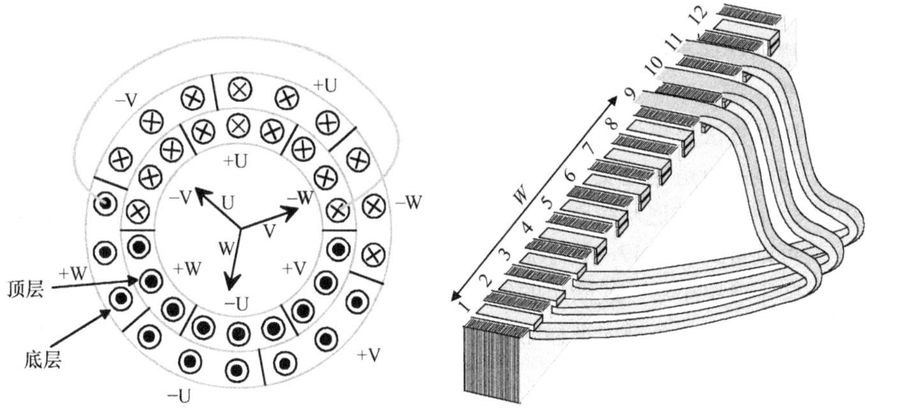

a)　　　　　　　　b)

图2.15　a）三相双层菱形绕组，$Q_s=18$，$q_s=3$，$p=1$。利用一个线圈的端部来说明节距。该绕组是把之前的绕组划分了槽的上层和下层，并将底层顺时针移动一个槽距后得到的。图中也给出了新的短距绕组的磁轴。b）由成形的铜条制成的双层绕组的端部线圈，线圈节距为 W，或者用槽距 y 表示。线圈端部从槽底层的左侧连接到槽顶层的右侧

形相比整距绕组更接近正弦。在凸极式同步发电机中磁通密度分布基本由极靴的形状决定，短距绕组产生的每极电压波形比整距绕组的电压波形更接近正弦波。

图2.16阐述了短距绕组与整距绕组的基本区别。

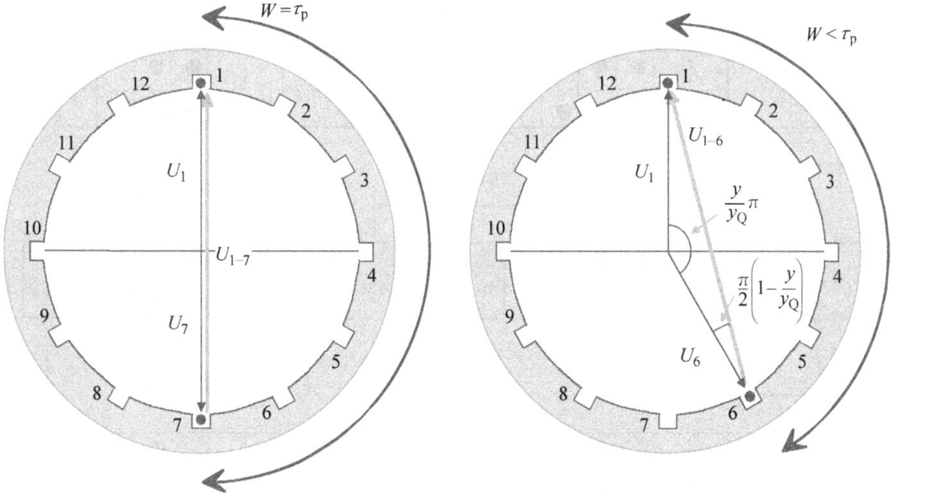

a)　　　　　　　　b)

图2.16　两个12槽电机的横截面。基本差别：图a为一个两极整距绕组，而图b为两极短距绕组。在短距绕组中，单个线圈 W 的跨距比极距 τ_p 小；从槽数上看，短距 y 比整距 y_Q 小。线圈电压 U_{1-6} 比 U_{1-7} 低。短距线圈位于圆周的弦上，因此这类绕组也被称为弦绕组。无短距的线圈则位于电机的直径上

短距结构现如今被研究得更加细致。短距的基本方法有分步缩短绕组跨距（见图2.17b），同槽平移线圈边（见图2.17c）以及异相平移线圈边（见图2.17d）。在图2.17中，相带图阐述了整距绕组和上述方法构成的短距绕组结构。这些方法中，分步缩短绕组跨距的方法是将整距绕组向左平移一定数量的上层边的槽距。

同槽平移线圈边是通过交换短距绕组中某些槽的上下层而实现的。例如，如果图2.17b中槽8和槽20的底层线圈边被移到上层，并且槽12和槽24中的上层线圈边被移到下层，就可以得到图2.17c中的绕组。现在，一个线圈的宽度仍然是 $W=\tau_p$，但是因为气隙磁压降不取决于单一线圈边的位置，所以绕组的磁化特性保持不变。分步缩短跨距的绕组和线圈边在一个槽内平移的绕组在这方面都一致。线圈边在一个槽内平移的绕组每极每相槽数的平均值为

$$q_s = \frac{Q_s}{2pm} = \frac{q_1 + q_2}{2};\ q_1 = q + j, q_2 = q - j \tag{2.28}$$

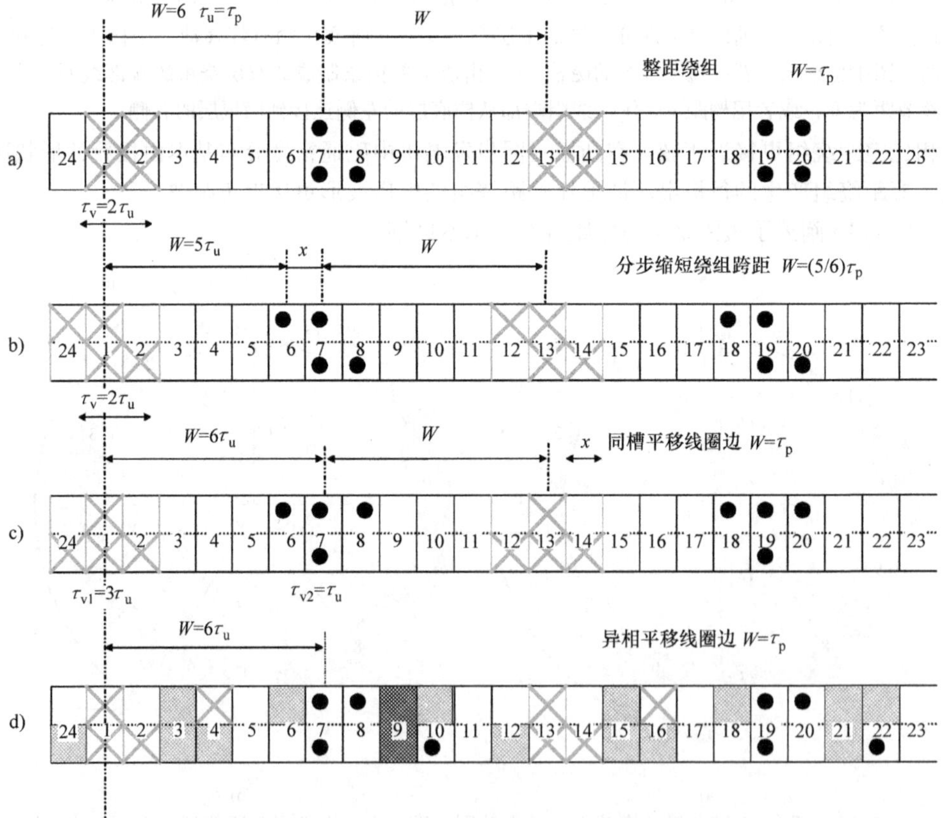

图2.17　双层绕组短距的不同方法：a）整距绕组；b）分步缩短绕组跨距；c）同槽平移线圈边；d）异相平移线圈边。τ_v 为相带；τ_u 为槽距；W 为线圈跨距；x 为线圈跨距减少量。在图中，叉号表示U相一个线圈端部，圆点表示U相另一个线圈的端部。图中对于一个线圈边移至另一相带的方法，网格表示含有W相绕组的部分槽

式中，j 是 q（每极每相槽数）在不同层的差。在图2.17中，$j=1$。

异相平移线圈边方法（见图2.17d）可看作是图2.17a中的整距绕组将槽2和槽14的上层边移动至W相的相带。该方法没有通用的移动规则可循，但是实用性与使用目的决定了选择方案。该方法为消除绕组电流链产生的某一特定次谐波提供了可能。

上述方法也可同时采用。例如，若将线圈上层边按图2.17d左移一个槽距，则就是将分步缩短绕组跨距方法和线圈边平移方法结合起来。这种绕组为双短距，可以减少两种谐波。这种短距方法经常被用在运行时改变极数而使绕组重新排列的电机中。

比较各种方法时要谨记，当考虑到连接时，一般情况下分步缩短绕组跨距方法都最容易实现，并且用铜量也是最低的。分步缩短绕组跨距是很可取的方式，其下限 $W=0.8\tau_p$ 以保证用铜量不增加。轴向长度较短的两极电机的端部绕组相对较长，因此为了使端部绕组区域缩短，甚至要用到更短的极距。节距短至 $W=0.7\tau_p$ 会被用在预制线圈的两极电机中。但是关于短距最重要的一点是怎样完全消除谐波，而这个问题最好利用绕组因数来研究。

绕组因数 $k_{w\nu}$ 已通过图2.10和式（2.16）确定。当采用短距绕组时，线圈端部彼此不再相差180°电角度，我们可以很容易理解短距减少了基波绕组因数，将其用短距因数 $k_{p\nu}$ 表示。如果每极每相槽数大于1，除了考虑节距因数 $k_{p\nu}$ 之外，还需考虑上述讨论的分布因数 $k_{d\nu}$。因此，可以认为绕组因数由节距因数 $k_{p\nu}$ 和分布因数 $k_{d\nu}$ 组成，有时还需包括斜槽因数［见式（2.35）］。

整节距用弧度表示为 π，用极距表示为 τ_p，或用一个极距下的槽距 y_Q 表示。现在用槽数来表示节距 y，相对缩短量为 y/y_Q。因此，短距角度为（y/y_Q）π。根据三角形的内角和为 π，则有

$$\left(\pi-\frac{y}{y_Q}\pi\right)=\pi\left(1-\frac{y}{y_Q}\right)$$

该值通常被等分为两个角度，如图2.16b所示。该角度为

$$\frac{\pi}{2}\left(1-\frac{y}{y_Q}\right)$$

节距因数也被定义为电压相量和与绝对值和的比值，如图2.16b所示。节距因数为

$$k_p=\frac{U_{total}}{2U_{slot}} \tag{2.29}$$

把

$$\cos\left(\frac{\pi}{2}\left(1-\frac{y}{y_Q}\right)\right)$$

带入三角形中分析，将会发现它等于节距因数，定义如下：

$$\cos\left(\frac{\pi}{2}\left(1-\frac{y}{y_Q}\right)\right)=\frac{U_{total}/2}{U_{slot}}=\frac{U_{total}}{2U_{slot}}=k_p \tag{2.30}$$

重新整理节距因数的最终表达式，可以得到

$$k_p=\sin\left(\frac{y}{y_Q}\frac{\pi}{2}\right)=\sin\left(\frac{W}{\tau_p}\frac{\pi}{2}\right) \tag{2.31}$$

在整距绕组中，极距等于节距，$y = y_Q$，$W = \tau_p$，节距因数 $k_p = 1$。如果节距小于 y_Q，则有 $k_p < 1$。

一般情况下，分布因数 k_d 和节距因数 k_p 对于定子谐波也有效。对于 ν 次谐波，节距因数记为 $k_{p\nu}$，分布因数记为 $k_{d\nu}$。

$$k_{p\nu} = \sin\left(\nu \frac{W}{\tau_p} \frac{\pi}{2}\right) = \sin\left(\nu \frac{y}{y_Q} \frac{\pi}{2}\right) \tag{2.32}$$

$$k_{d\nu} = \frac{\sin(\nu q \alpha_u / 2)}{q \sin(\nu \alpha_u / 2)} = \frac{2\sin\left(\nu \frac{\pi}{2m}\right)}{\frac{Q}{mp}\sin\left(\nu \frac{\pi p}{Q}\right)} = \frac{\sin\left(\nu \frac{\pi}{2m}\right)}{q\sin\left(\nu \frac{\pi}{2mq}\right)} \tag{2.33}$$

式中，α_u 为槽距角，$\alpha_u = p2\pi/Q$。

斜槽因数将在第4章中推导，在这里给出它的表达式：

$$k_{sq\nu} = \frac{\sin\left(\nu \frac{s}{\tau_p} \frac{\pi}{2}\right)}{\nu \frac{s}{\tau_p} \frac{\pi}{2}} = \frac{\sin\left(\nu \frac{\pi}{2} \frac{s_{sp}}{mq}\right)}{\nu \frac{\pi}{2} \frac{s_{sp}}{mq}} \tag{2.34}$$

式中，斜槽的偏斜量由 s/τ_p 描述（见图4.10）。s_{sp} 为用槽距数表示的偏移量。当绕组相对绕组产生磁场的方向产生了偏斜，此时计算绕组感应电压需要用到斜槽因数。我们可以始终选择定子槽作为转子槽方向的参考，不受定子、转子或者两者都沿着电机轴线偏斜的限制。所以，斜槽因数也应用在笼型电动机的斜槽转子中，而不再属于定子绕组因数的范畴。因此，绕组因数是节距因数和分布因数的乘积，有时转子绕组因数也包括斜槽因数：

$$k_{w\nu} = k_{p\nu} k_{d\nu} [k_{sq\nu}] = \sin\left(\nu \frac{W}{\tau_p} \frac{\pi}{2}\right) \frac{\sin\left(\nu \frac{\pi}{2m}\right)}{q\sin\left(\nu \frac{\pi}{2mq}\right)} \left[\frac{\sin\left(\nu \frac{s}{\tau_p} \frac{\pi}{2}\right)}{\nu \frac{s}{\tau_p} \frac{\pi}{2}}\right] \tag{2.35}$$

例2.9：计算绕组因数，该电机为双层绕组，$Q = 24$，$2p = 4$，$m = 3$，$y = 5$（见图2.17b）。

解：每极每相槽数为

$$q = \frac{Q}{2pm} = \frac{24}{4 \times 3} = 2$$

三相绕组的分布因数为

$$k_{d1} = \frac{\sin\left(\frac{\pi}{2m}\right)}{q\sin\left(\frac{\pi}{2mq}\right)} = \frac{\sin\left(\frac{\pi}{6}\right)}{2\sin\left(\frac{\pi}{12}\right)} = 0.966$$

每极槽数，也就是用槽数表示极距

$$y_Q = \frac{Q}{2p} = \frac{24}{4} = 6$$

如果极距是5个槽，则意味着它是短距，且必须计算节距因数

$$k_{p1}=\sin\left(\frac{y}{y_Q}\frac{\pi}{2}\right)=\sin\left(\frac{5}{6}\frac{\pi}{2}\right)=0.966$$

绕组因数为

$$k_{w1}=k_{p1}k_{d1}=0.966\times0.966=0.933$$

例2.10：一台两极交流发电机，定子采用72槽三相双层绕组，每个槽内2根导体，短距值为29/36。定子内圆直径 $D_s=0.85\text{m}$，叠片有效长度为 $l'=1.75\text{m}$。若气隙磁通密度基波幅值 $\hat{B}_{1\delta}=0.92\text{T}$，转速为 3000min^{-1}，计算定子绕组单相感应电压基波分量。

解：感应电压有效值可由表达式 $E_{1ph}=\sqrt{2}\pi f\hat{\Phi}_1N_sk_{1w}$ 计算，此时频率 $f=pn/60=(1\times3000/60)\text{ Hz}=50\text{Hz}$。极距 $\tau_p=\pi D_s/2p=\pi\times0.85\text{m}/2=1.335\text{m}$。磁通最大值为 $\hat{\Phi}_1=(2/\pi)\hat{B}_{1\delta}\tau_pl'=(2/\pi)\times0.92\text{T}\times1.335\text{m}\times1.75\text{m}=1.368\text{Wb}$。每极每相槽数为 $q_s=Q_s/2pm=72/2\times3=12$。串联匝数 N_s 将由槽内导体数决定，$z_Q=N/pq=2\Rightarrow N=2pq=2\times1\times12=24$。绕组为双层分布短距绕组，因此，分布因数和节距因数可计算得［见式（2.26）］

$$k_{d1}=\frac{1}{2q_s\sin\dfrac{\pi/6}{q_s}}=\frac{1}{2\times12\sin\dfrac{\pi/6}{12}}=0.955$$

$$k_{p1}=\sin\left(\frac{y}{y_Q}\frac{\pi}{2}\right)=\sin\left(\frac{29}{36}\frac{\pi}{2}\right)=0.954$$

因为整距绕组 $y_Q=Q/2p=72/2=36$。总的绕组因数 $k_{w1}=k_{d1}k_{p1}=0.955\times9.954=0.91$ 并且定子感应相电压为 $E_{ph}=\sqrt{2}\pi f\hat{\Phi}_1N_sk_w=\sqrt{2}\pi\times50\dfrac{1}{\text{s}}\times1.368\text{Vs}\times24\times0.91=6637\text{V}$。

另一方面，前面提到，由图2.17c中同槽平移线圈边方法所构造的绕组已被证明和图2.17b中分步缩短绕组跨距方法得到的绕组有着相同的电流链，因此绕组因数也会相同。尽管没有缩短实际绕组跨度，绕组分布因数 $k_{d\nu}$ 可由每极每相槽数平均值 $q=2$ 计算得出，节距因数 $k_{p\nu}$ 也与上述一致。对于同槽平移线圈边方法，式（2.32）对于节距因数的计算无效[因为 $\sin(\nu\pi/2)=1$]。

当从磁场角度比较图2.17中分步缩短绕组跨距方法和同槽平移线圈边方法的等效绕组时，可以得到线圈边在槽内平移的绕组节距的等效减少量 x 为

$$x=\tau_p-W=\frac{1}{2}(q_1-q_2)\tau_u \tag{2.36}$$

把节距 $\tau_u=2p\tau_p/Q$ 带入式（2.36）得到

$$\frac{W}{\tau_p}=1-\frac{p}{Q}(q_1-q_2) \tag{2.37}$$

换言之，如果线圈边平移后的不同层每极每相槽数分别为 q_1 和 q_2，绕组相当于以 W/τ_p 比例缩短跨距。将式（2.37）带入式（2.32）中，得到同槽平移线圈边的节距因数 $k_{pw\nu}$ 为

$$k_{pw\nu}=\sin\left\{\nu\left[1-\frac{p}{Q}(q_1-q_2)\right]\frac{\pi}{2}\right\} \tag{2.38}$$

图 2.17c 中的情况，$q_1=3$，$q_2=1$。整体上说，可以假定绕组结构为四极（$p=2$，$Q_s=24$）。图中基本的绕组由前 12 个槽的导体构成（完整的绕组是由串联的若干套 12 槽绕组构成的），于是可以得到基波绕组因数为

$$k_{pw1}=\sin\left\{\left[1-\frac{2}{24}(3-1)\right]\frac{\pi}{2}\right\}=\sin\left(\frac{5}{6}\frac{\pi}{2}\right)=0.966$$

该值与图 2.17b 中分步缩减绕组跨距方法的式（2.32）的数值相同。

有时我们会在同一绕组中采用分步缩减绕组跨距和同槽平移线圈边两种方法，所以绕组因数为

$$k_{w\nu}=k_{d\nu}k_{pw\nu}k_{p\nu} \tag{2.39}$$

如之前所述，这种双层短距绕组可以消除两种谐波。例如，为了消除多余的 5 次和 7 次谐波，意味着我们需要选择一个 $k_{pw5}=0$ 和 $k_{p7}=0$ 的双层短距绕组。然而，基波绕组因数也将变得更小。分布因数 $k_{d\nu}$ 由每极每相槽数的平均值计算而来，$q=(q_1+q_2)/2$。

分析复杂的短距排布时，为绕组因数找到一个普遍适用的公式非常困难。在这种情况下，会运用之前在图 2.10 处讨论过的电压相量图。接下来，讨论图 2.17 中异相平移线圈边的情况。

图 2.18a 描绘了在图 2.17 中异相平移线圈边后绕组的基波电压相量图，假定 $Q=24$ 个

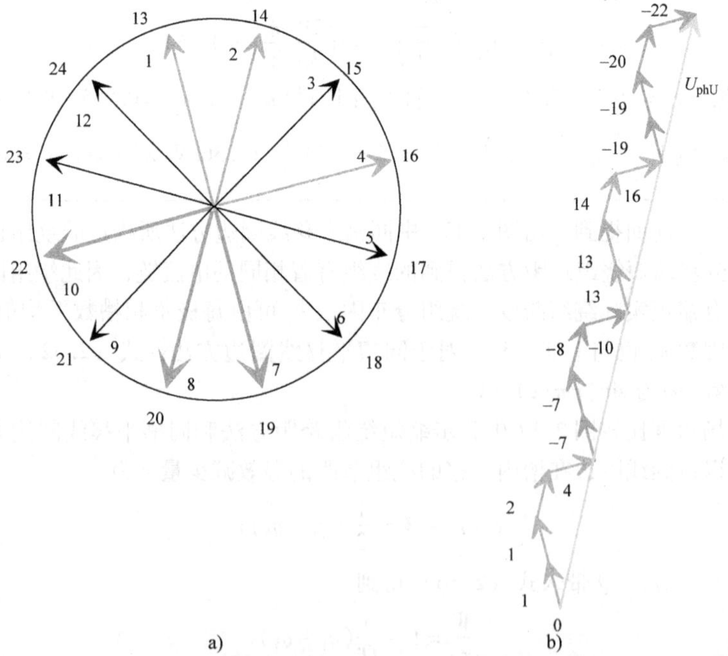

图 2.18　a）由一个四极绕组单边线圈转换（图 2.17d）的电压相量图；b）一相槽电压相量总和。注意四极电机（$p=2$）的电压相量图是双层的，因为是通过电角度所绘制，图中的两部分具有不同的比例值。在电压相量图中，原则上是两层线圈（一个在下层，一个在上层），但此处只呈现其中一层。由此产生的两个相量，例如 2 号与 14 号相量，当将它们相继放置时，就处于电压相量图中的同一处半径。绕组因数的定义就是在电压相量图中，电压相量的矢量和与绝对值和的比值

槽，$2p=4$ 极。槽距角 $\alpha_u=30°$ 电角度，因此电动势相位差为 30°。图 2.18b 根据图 2.17d 在一个多边形中绘制了 U 相的相量。合成电压 U_{phU} 与相量绝对值和的比值为基波绕组因数。通过原点绘出 V 和 W 两相绕组合成电压，可以证明三相电机的对称性。其他谐波（阶数 ν）同等处理，但是相量的相位角变为 $\nu\alpha_u$。

2.7　槽绕组的电流链

槽绕组的电流链是指绕组中的电流在电机的等效气隙中产生的电流链关于角度的函数 $\Theta=f(\alpha)$。图 2.9 描述的是当 $i_W=i_V=-i_U/2$ 时，图 2.8 中的绕组在气隙中的电流链波形，该时刻记为 $t=0$。每相电流的相量以角速度 ω 旋转，在经过 $2\pi/(3\omega)=1/(3f)$ 时间后，V 相的电流达到正向最大值，电流链波形向右移动三个槽距。以此类推，在经过 $2/(3f)$ 段时间后，移动 6 个槽节距。函数曲线沿着 $+\alpha$ 方向连续移动。确切地说，当 $t=c/(3f)$（参数 c 取值为 $c=0, 1, 2, 3\cdots$），曲线波形均为图中所呈现的形式，随时间推移时波形连续向前行进。并且，通过对不同时刻的波形进行傅里叶分解，其谐波是保持恒定的。

图 2.19 描述的是由单个线圈产生的电流链 $\Theta(\alpha)$。磁通以角度 γ 穿过气隙，以角度 $\beta=2\pi-\gamma$ 返回。在非整距绕组中，电流链的分布与所通过路径的磁导比值有关。由此我们可得到一组方程

$$z_Q i=\Theta_\gamma+\Theta_\beta;\ \frac{\Theta_\gamma}{\Theta_\beta}=\frac{\beta}{\gamma} \tag{2.40}$$

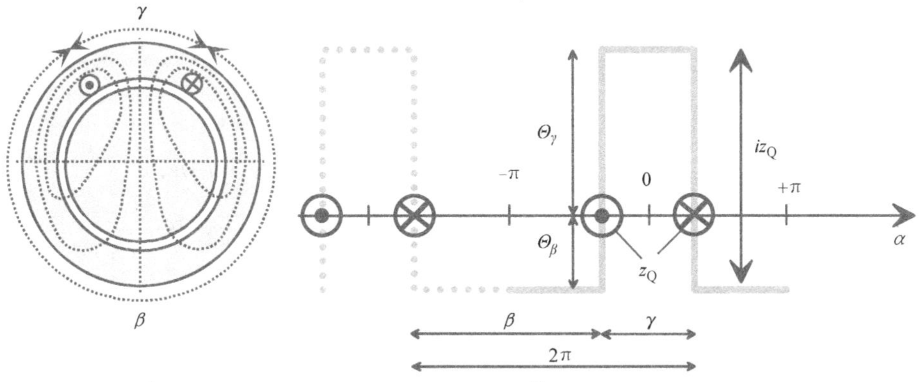

图 2.19　a）两极系统中单个短距线圈的电流及磁力线示意图；
b）由单个窄线圈产生的电流链的两个波长

从中可以得到电流链波形 $\Theta(\alpha)$ 的两个恒定量

$$\Theta_\gamma=\frac{\beta}{\pi}Z_Q i;\quad \Theta_\beta=\frac{\gamma}{\pi}Z_Q i \tag{2.41}$$

单线圈的电流链函数 $\Theta(\alpha)$ 的傅里叶级数可表示成

$$\Theta(\alpha)=\hat{\Theta}_1\cos\alpha+\hat{\Theta}_3\cos3\alpha+\hat{\Theta}_5\cos5\alpha+\cdots+\hat{\Theta}_\nu\cos\nu\alpha+\cdots \tag{2.42}$$

级数中的 ν 次谐波振幅可通过将单个线圈电流链波形的函数带入方程得到。

$$\Theta_\nu=\frac{2}{\pi}\int_0^\pi\Theta(\alpha)\cos(\nu\alpha)\mathrm{d}\alpha=\frac{2}{\nu\pi}z_Q i\sin\left(\frac{\nu\gamma}{2}\right) \tag{2.43}$$

由于 $\gamma/W=2\pi/2\tau_p$，故可得 $\gamma/2=(W/\tau_p)\cdot(\pi/2)$，式（2.43）最后一项

$$\sin\left(\frac{\nu\gamma}{2}\right)=\sin\left(\nu\frac{W}{\tau_p}\frac{\pi}{2}\right)=k_{p\nu} \tag{2.44}$$

就是所观察线圈的 ν 次谐波的节距因数。对于基波 $\nu=1$，可以得到 k_{p1}。由此我们可以知道基波只是 ν 次谐波的特殊情况。当基波电角度为 α 时，ν 次谐波所对应的电角度总为 $\nu\alpha$。如果现在 $\nu\gamma/2$ 是 2π 的倍数，则节距因数 $k_{p\nu}=0$，这样的话，绕组不会产生此类谐波，在这种可能的磁场分量影响下也不会产生相应谐波的绕组感应电压。然而，在线圈的单个边中谐波电压仍然存在，整个线圈中的这些电压可以相互补偿。因此，采用合适的短距就有可能消除有害谐波。

在图2.20中，在一个极下一个槽绕组内含有1…q 个线圈，每个线圈产生的电流链为 $Z_Q i$。对于 ν 次谐波，最窄线圈跨过的电角度为 $\nu\gamma$，次窄线圈为 $\nu(\gamma+2\alpha_u)$，最宽线圈为 $\nu(\gamma+2(q-1)\alpha_u)$。对于任意一个线圈 g，由式（2.43）得电流链为

$$\Theta_{\nu g}=\frac{2}{\nu\pi}z_Q i\sin\left[\nu\left(\frac{\gamma}{2}+(q-1)\alpha_u\right)\right] \tag{2.45}$$

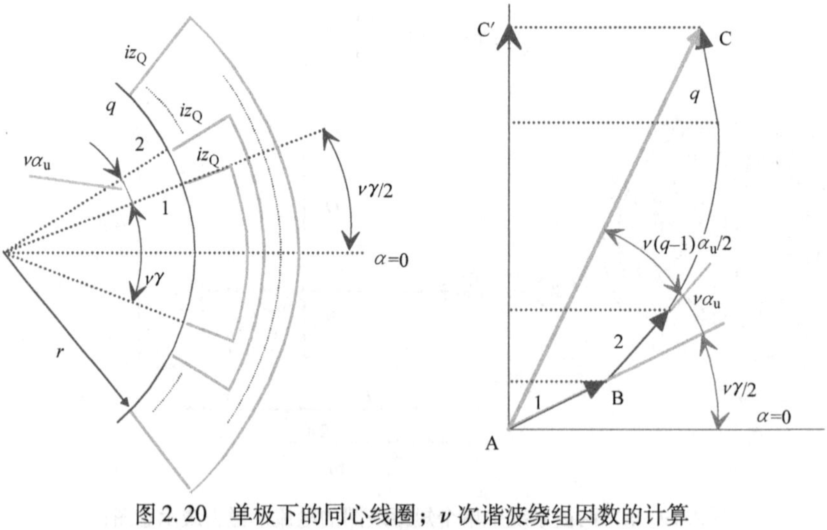

图2.20　单极下的同心线圈；ν 次谐波绕组因数的计算

当一相所有线圈产生相同次数的谐波相加时，得到每极下

$$\begin{aligned}\Theta_{\nu\mathrm{tot}}&=\sum_{g=1}^{q}\Theta_{\nu g}=\frac{2}{\nu\pi}qz_Q i\sum_{g=1}^{q}k_{w\nu}\\&=\frac{2}{\nu\pi}z_Q i\left\{\sin\frac{\nu\gamma_1}{2}+\sin\nu\left(\frac{\gamma_1}{2}+\alpha_u\right)+\cdots+\sin\nu\left[\frac{\gamma_1}{2}+(q-1)\alpha_u\right]\right\}\end{aligned} \tag{2.46}$$

括号内 $k_{w\nu}$ 之和可以以图 2.20 和图 2.12 的几何图形为例通过计算获得。$\overline{AC}$ 段可表示为

$$\overline{AC} = 2r\sin\frac{\nu q\alpha_u}{2} \tag{2.47}$$

单位线段的代数和为

$$q\,\overline{AB} = q2r\sin\frac{\nu\alpha_u}{2} \tag{2.48}$$

可得 v 次谐波

$$k_{d\nu} = \frac{\overline{AC}}{q\,\overline{AB}} = \frac{\sin\frac{\nu q\alpha_u}{2}}{q\sin\frac{\nu\alpha_u}{2}} \tag{2.49}$$

$k_{d\nu}$ 等于式（2.33）中的分布因数。现在可得线段 $\overline{AC} = qk_{d\nu\overline{AB}}$。再次回到图 2.12a 中，$\angle BAC$ 是 $\angle OAB$ 和 $\angle OAC$ 之差。$\angle BAC$ 等于 $\nu(q-1)\alpha_u/2$。投影到 $\overline{AC'}$ 得

$$\overline{AC'} = \overline{AC}\sin\frac{\nu(\gamma+(q-1)\alpha_u)}{2} = \overline{AC}k_{d\nu} \tag{2.50}$$

由于在图 2.20 中 $\nu[\gamma + (q-1)\alpha_u]$ 是线圈跨过的平均电角度，可得到 ν 次谐波的节距因数。式（2.46）可简化为

$$\Theta_{\nu tot} = \frac{2}{\pi}\frac{k_{w\nu}}{\nu}qz_Q i \tag{2.51}$$

式中

$$k_{w\nu} = k_{p\nu}k_{d\nu} \tag{2.52}$$

这就是 ν 次谐波的绕组因数，这是一个重要的结论。绕组因数最初是为了计算感应电压，现在我们理解相同的分布和节距因数也影响电流链谐波的产生。将式（2.42）中的谐波电流链 Θ_ν 用电流链 $\Theta_{\nu tot}$ 代替，就可以得到由 q 个线圈电流链产生的 ν 次谐波

$$\Theta_\nu = \Theta_{\nu tot}\cos\nu a \tag{2.53}$$

这仅对单相线圈有效。由多项绕组产生的谐波 v 可以通过将不同相产生的所有谐波相加而得。由其性质得，如果 $\nu\alpha_u = \pm c2\pi$[因为 $\sin(\nu q\alpha_u/2) = \sin(\pm c\pi q) = 0$]（此处 $c = 0, 1, 2, 3, 4\cdots$）（即线圈各边有相同的磁位差），则分布因数为 0，因此仅允许存在的谐波为

$$\nu \neq c\frac{2\pi}{\alpha_u} \tag{2.54}$$

槽距角与相数相关

$$q\alpha_u = \frac{\pi}{m} \tag{2.55}$$

如果 $\nu = \pm c2m$，则分布因数为零。因此绕组产生的谐波次数为

$$\nu = +1 \pm c2m \tag{2.56}$$

例 2.11：计算在三相绕组中产生的谐波序数。

解：一个对称三相绕组所产生的谐波可通过将 $m=3$ 代入式（2.56）中计算得出。结果如表 2.2 所示。

表 2.2　三相绕组（$m=3$）所产生的谐波次数

c	0	1	2	3	4	5	6	7	…	
ν	+1	+7	+13	+19	+25	+31	+37	+43	…	正序
	—	−5	−11	−17	−23	−29	−35	−41	…	负序

我们可以发现，$\nu=-1$，所有偶数次的谐波以及所有 3 的倍数次的谐波都没有产生。换言之，一个对称的多相绕组不会在基波频率下产生一个传播方向相反的谐波。相反，$m=1$ 的单相绕组会产生一个 $\nu=-1$ 的谐波。这是一个非常有害的谐波，它会阻碍单相电机的运转。例如单相感应电机，因为存在反向旋转的磁场，且正序和负序磁场强度相同，所以没有辅助设备电机便无法起动。

例 2.12：计算 1、5、7 次谐波的节距和分布因数，其中交流电机定子弦绕组在每极下有 18 个槽，第一个线圈在 1 槽和 16 槽中，计算相应的谐波电流链。

解：全节距为 $y_Q=18$，而整距线圈应放在 1 槽和 19 槽内。如果线圈放在 1 槽和 16 槽中，线圈跨距缩短至 $y=15$。因此基波节距因数为

$$k_{p1}=\sin\frac{W}{\tau_p}\frac{\pi}{2}=\sin\frac{y}{y_Q}\frac{\pi}{2}=\sin\frac{15}{18}\frac{\pi}{2}=0.966$$

相应 5 次与 7 次谐波为

$$k_{p5}=\sin\left(\nu\frac{y}{y_Q}\frac{\pi}{2}\right)=\sin\left(-5\frac{15}{18}\frac{\pi}{2}\right)=-0.259$$

$$k_{p7}=\sin\left(\nu\frac{y}{y_Q}\frac{\pi}{2}\right)=\sin\left(7\frac{15}{18}\frac{\pi}{2}\right)=0.259$$

注意：在绕组因数公式中谐波的次序和脚标要替换。在电流链公式（2.15）中也同样如此（Jokinen 1972）。

每极每相槽数为 $q=18/3=6$，槽距角为 $\alpha_u=\pi/18$。可得分布因数为

$$k_{d\nu}=\frac{\sin\frac{\nu q\alpha_u}{2}}{q\sin\frac{\nu\alpha_u}{2}},\quad k_{d1}=\frac{\sin\frac{1\times6\pi/18}{2}}{6\sin\frac{1\pi/18}{2}}=0.956,\quad k_{d-5}=\frac{\sin\frac{-5\times6\pi/18}{2}}{6\sin\frac{-5\pi/18}{2}}=0.197$$

$$k_{d7}=\frac{\sin\frac{7\times6\pi/18}{2}}{6\sin\frac{7\pi/18}{2}}=-0.145$$

$k_{w1}=k_{d1}k_{p1}=0.956\times0.966=0.923$，$k_{w-5}=k_{d-5}k_{p-5}=0.197\times(-0.259)=-0.051$，$k_{w7}=k_{d7}k_{p7}=-0.145\times0.259=-0.038$。

绕组（单相绕组）产生的电流链为

$$\Theta_{\nu\text{tot}} = \frac{2}{\pi}\frac{k_{w\nu}}{\nu}qz_Q i$$

计算 1、-5、7 次谐波的 $k_{w\nu}/\nu$ 为

$$\frac{k_{w1}}{1} = 0.923,\ \frac{k_{w-5}}{-5} = \frac{-0.051}{-5} = 0.01,\ \frac{k_{w7}}{7} = \frac{-0.038}{7} = -0.0054$$

由此可知，由于绕组为短距绕组，5 次和 7 次谐波的电流链分别减小到基波的 1.1% 和 0.54%，同时基波也减小到槽电压绝对值全部之和的 92.3%。

例 2.13：由三相 50Hz、600min^{-1}交流发电机产生的旋转磁场，其磁通密度的空间分布为

$$B = \hat{B}_1\cos\vartheta + \hat{B}_3\cos3\vartheta + \hat{B}_5\cos5\vartheta = 0.9\cos\vartheta + 0.25\cos3\vartheta + 0.18\cos5\vartheta[\text{T}]$$

该发电机 180 槽，绕组双层分布，线圈匝数为 3，跨距为 15 槽。电枢直径为 135cm，铁心有效长度为 0.50m。列出一相绕组的感应电压瞬时值表达式并计算相电压和线电压的有效值。

解：由极对数、转速和频率的关系得

$$f = \frac{pn}{60} \Rightarrow p = \frac{60f}{n} = \frac{60 \times 50}{600} = 5$$

可知极数为 10。每极面积为

$$\tau_p l' = \frac{\pi D}{2p}l' = \frac{\pi 1.35}{10}0.50 = 0.212\text{m}^2$$

由磁通密度瞬时值表达式，可得$\hat{B}_1 = 0.9\text{T}$，$\hat{B}_3 = 0.25\text{T}$ 和$\hat{B}_5 = 0.18\text{T}$。每极范围内的磁通基波为$\hat{\Phi}_1 = (2/\pi)\hat{B}_1\tau_p l' = (2/\pi) \times 0.9\text{T} \times 0.212\text{m}^2 = 0.1214\text{Vs}$。为计算感应电压，有必要先计算一些参数：

每极每相槽数 $q = Q/2pm = 180/10 \times 3 = 6$。

相邻两槽电压间的电角度 $\alpha_u = p\,2\pi/Q = \pi/18$。

每次谐波的分布和节距因数如下：

$$k_{d1} = \frac{\sin\left(q\frac{\alpha_u}{2}\right)}{q\sin\left(\frac{\alpha_u}{2}\right)} = \frac{\sin\left(6 \times \frac{\pi}{36}\right)}{6\sin\left(\frac{\pi}{36}\right)} = 0.9561,\ k_{d3} = \frac{\sin\left(3 \times 6 \times \frac{\pi}{36}\right)}{6\sin\left(3 \times \frac{\pi}{36}\right)} = 0.644,$$

$$k_{d5} = \frac{\sin\left(-5 \times 6 \times \frac{\pi}{36}\right)}{6\sin\left(-5 \times \frac{\pi}{36}\right)} = 0.197$$

每极下槽数为 $Q_p = 180/10 = 18$，为全节距。此题线圈跨距为 15 槽，意味着短节距为 $y = 15$，节距因数为

$$k_{p1}=\sin\left(\frac{y}{y_Q}\frac{\pi}{2}\right)=\sin\left(\frac{15}{18}\frac{\pi}{2}\right)=0.9659,$$

$$k_{p3}=\sin\left(3\frac{y}{y_Q}\frac{\pi}{2}\right)=\sin\left(3\times\frac{15}{18}\frac{\pi}{2}\right)=-0.707,$$

$$k_{p5}=\sin\left(-5\frac{y}{y_Q}\frac{\pi}{2}\right)=\sin\left(-5\times\frac{15}{18}\frac{\pi}{2}\right)=-0.259$$

可得绕组因数如下：

$k_{w1}=k_{d1}\cdot k_{p1}=0.9561\times0.9659=0.9236$，$k_{w3}=0.644\times(-0.707)=-0.455$，$k_{w5}=0.197\times(-0.259)=-0.0510$。

现在可以计算谐波感应电压有效值。每相匝数由下列因素决定：双层绕组、180槽电机的线圈总数为180匝，意味着每相线圈数为180/3=60，每个线圈有3匝，因此$N=60\times3=180$：

$$E_1=\sqrt{2}\pi f\hat{\Phi}_1Nk_{w1}=\sqrt{2}\pi\times50\frac{1}{\mathrm{s}}\times0.1214\mathrm{Vs}\times180\times0.9234=4482\mathrm{V}$$

谐波感应电动势也可相应写出

$$E_\nu=\sqrt{2}\pi f_\nu\hat{\Phi}_\nu N k_{w\nu}=\sqrt{2}\pi f_\nu\frac{2}{\pi}\hat{B}_\nu\tau_{p\nu}N k_{w\nu}=\sqrt{2}\pi\ |\nu|f_1\frac{2}{\pi}\hat{B}_\nu\frac{\tau_{p1}}{\nu}N k_{w\nu}$$

$$=\sqrt{2}\pi f_1\frac{2}{\pi}\hat{B}_\nu\frac{\tau_{p1}}{\mathrm{sign}(\nu)}N k_{w\nu}$$

注意：减小ν时在感应电压等式中它的正负号不变。ν次谐波与基波的比为

$$\frac{E_\nu}{E_1}=\frac{\sqrt{2}\pi f_1\frac{2}{\pi}\hat{B}_\nu\frac{\tau_{p1}}{\mathrm{sign}(\nu)}Nk_{w\nu}}{\sqrt{2}\pi f_1\frac{2}{\pi}\hat{B}_1\tau_{p1}Nk_{w1}}=\frac{\hat{B}_\nu\frac{k_{w\nu}}{\mathrm{sign}(\nu)}}{\hat{B}_1k_{w1}}$$

E_ν为

$$E_3=\frac{\hat{B}_3k_{w3}}{\hat{B}_1k_{w1}}E_1=\frac{0.25\times(-0.455)}{0.9\times0.9236}4482\mathrm{V}=-613\mathrm{V}$$

$$E_5=\frac{\hat{B}_5k_{w5}}{\hat{B}_1k_{w1}}E_1=\frac{0.18\times(-0.0510)/(-1)}{0.9\times0.9236}4482\mathrm{V}=49.5\mathrm{V}$$

最后，感应电压的瞬时值表达式为

$$e(t)=\hat{E}_1\sin\omega t+\hat{E}_3\sin3\omega t+\hat{E}_5\sin5\omega t$$
$$=\sqrt{2}E_1\sin\omega t+\sqrt{2}E_3\sin3\omega t+\sqrt{2}E_5\sin5\omega t$$

$$e(t)=\sqrt{2}\times4482\sin\omega t-\sqrt{2}\times613\sin3\omega t+\sqrt{2}\times49.5\sin5\omega t$$
$$=6339\sin\omega t-867\sin3\omega t+70\sin5\omega t$$

相电压总有效值为

$$E_{ph} = \sqrt{E_1^2 + E_3^2 + E_5^2} = \sqrt{4482^2 + 613^2 + 49.5^2}\text{V} = 4524\text{V}$$

线电压为

$$E = \sqrt{3}\sqrt{E_1^2 + E_5^2} = \sqrt{3}\sqrt{4482^2 + 49.5^2}\text{V} = 7764\text{V}$$

3 次谐波成分没有出现在线电压中，其原因将在后面章节阐述。

例 2.14：计算当 $Q=24$，$m=3$，$q=2$，$W/\tau_p = y/y_Q = 5/6$ 绕组及 $\nu = 1$、3、-5 时的绕组因数和电流链的单位幅值。

解：绕组因数用于求出单位电流链的幅值。在图 2.21 中，我们得到 U 相短距绕组的电流链分布（$Q=24$，$m=3$，$q=2$，$2p=4$，$W/\tau_p = y/y_Q = 5/6$），以及 $t=0$ 且 $i_U = \hat{i}$ 时的基波和 3 次谐波。一个极对下电流链最大幅值是 $qz_Q\hat{i}$。单边磁路（包含单个气隙）受一半电流链影响。基波和低次谐波的绕组因数以及电流链振幅可由式（2.51）、式（2.52）及例 2.13 得到：

$\nu=1$	$k_{w1} = k_{p1}k_{d1} = 0.966 \times 0.966 = 0.933$	$\hat{\Theta}_1 = 1.188\Theta_{max}$
$\nu=3$	$k_{w3} = k_{p3}k_{d3} = -0.707 \times 0.707 = -0.5$	$\hat{\Theta}_3 = -0.212\Theta_{max}$
$\nu=-5$	$k_{w-5} = k_{p-5}k_{d-5} = -0.259 \times 0.259 = -0.067$	$\hat{\Theta}_{-5} = 0.017\Theta_{max}$

3 次谐波部分的负号表示，如果在相同相位启动，当基波处于正的峰值时，3 次谐波会有一个负的峰值，如图 2.21 和图 2.22 所示，而 5 次谐波与基波同时到达正向最大值。

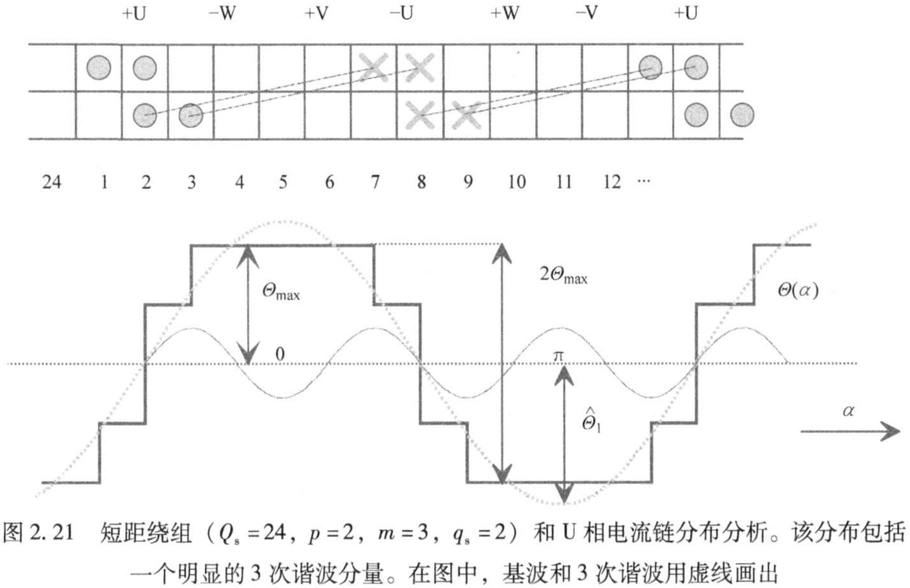

图 2.21　短距绕组（$Q_s=24$，$p=2$，$m=3$，$q_s=2$）和 U 相电流链分布分析。该分布包括一个明显的 3 次谐波分量。在图中，基波和 3 次谐波用虚线画出

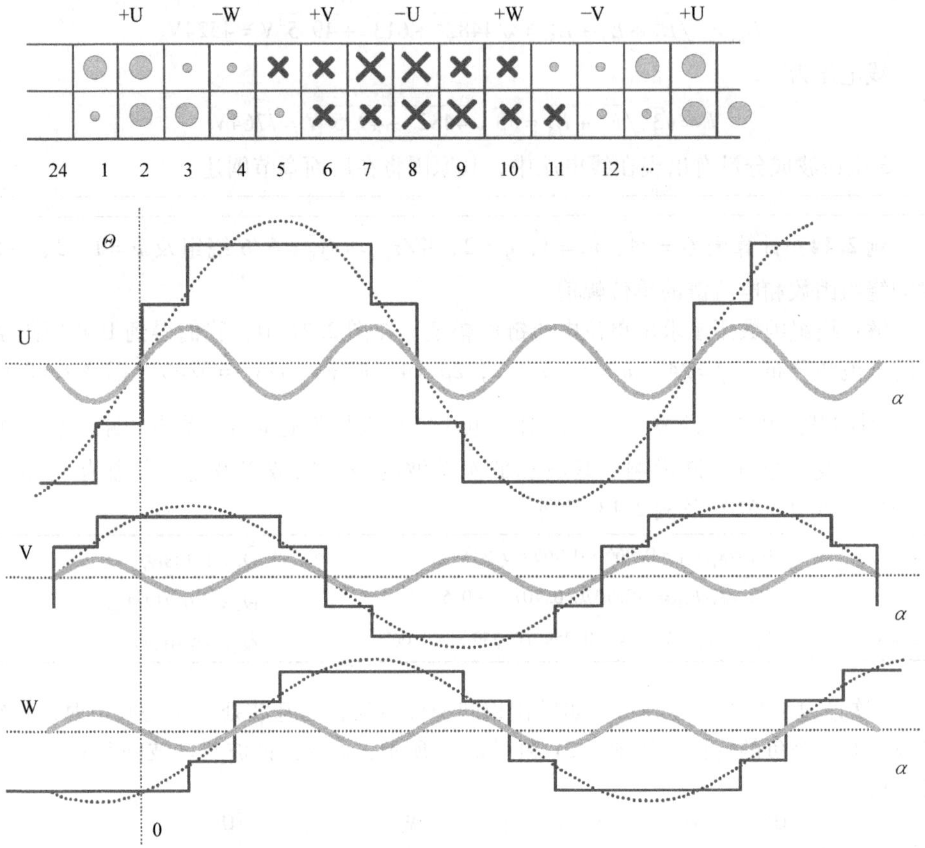

图 2.22　三相绕组中的 3 次谐波补偿。设绕组中电流 $i_U = -2i_V = -2i_W$，可以看出当 V 与 W 相中 3 次谐波与 U 相相加时，它们可以互相抵消

谐波振幅可由式（2.51）计算得到，也可参见式（2.15）。例如，对于基波振幅，可得

$$\hat{\Theta}_1 = \frac{2}{\pi}\frac{k_{w\nu}}{\nu}qz_Q i = \frac{2}{\pi}\frac{0.931}{1}2z_Q i = 1.188z_Q i = 1.188\Theta_{max}$$

只有基波和 3 次谐波在图 2.21 中有图解说明。

谐波振幅通常被表达成基波的百分比形式。在此例中，3 次谐波振幅所占基波振幅百分比为 17.8%（0.212/1.85）。然而这在三相电机中并不是必定有害的，因为在绕组共同产生的电流链谐波中 3 次谐波被抵消了。这种情况在图 2.22 中已阐明，可知图 2.21 中三相绕组电流 $i_U = 1$ 和 $i_V = i_W = -1/2$。然而，在凸极电机中，若绕组采用三角形联结，3 次谐波可能导致环流，因此电枢绕组推荐采用星形联结。

单相或两相电机的槽数优先选择高于三相电机的槽数，因为在这些线圈中，会有某一瞬间，只有一相的线圈单独产生整个绕组的电流链。在这种情况下，绕组自身会尽量产生一个正弦的电流链。在单相或两相绕组中，有时很有必要在槽中配置不同的导体数以使阶梯曲线 Θ（α）接近正弦形式。

多相绕组产生的谐波次数可由式（2.56）计算。当定子供电角频率为 ω_s，ν 次谐波的角速度相对于定子为

$$\omega_{\nu s}=\frac{\omega_s}{\nu} \tag{2.57}$$

该情形已经在图 2.23 中描述，表明电流链谐波的波形随谐波在气隙中推进而变化。谐波的变形表明了谐波振幅以不同的速度和方向推进的事实。由式（2.57）可知谐波将在定子绕组中感应出基波频率的电压。谐波的次数表明在基波中一个极对下即 $2\tau_p$ 的距离内所包含的谐波波长数。由此可得出谐波的极对数和极距

$$p_\nu=\nu p \tag{2.58}$$

$$\tau_{p\nu}=\frac{\tau_p}{\nu} \tag{2.59}$$

ν 次谐波的振幅取决于电流链基波的振幅与次数之比，并与绕组因数相关：

$$\hat{\Theta}_\nu=\hat{\Theta}_1\frac{k_{w\nu}}{\nu k_{w1}} \tag{2.60}$$

ν 次谐波的绕组因数可由式（2.32）和式（2.33），通过节距因数 $k_{p\nu}$ 与分布因数 $k_{d\nu}$ 相乘得出：

$$k_{w\nu}=k_{p\nu}k_{d\nu}=\frac{\sin\left(\nu\frac{W}{\tau_p}\frac{\pi}{2}\right)\sin\left(\nu\frac{\pi}{2m}\right)}{q\sin\left(\nu\frac{\pi}{2mq}\right)} \tag{2.61}$$

与基波分量的角速度 ω_{1s} 相比，谐波电流链波形在气隙中以分数角速度 ω_{1s}/ν 推进。ν 次谐波的同步转速同样以 ω_{1s}/ν 角速度旋转。如果电机以同步转速旋转，则转子以比谐波波形更快的速度旋转。如果有一个转差率为 $s=(\omega_s-p\Omega_r)/\omega_s$（$\omega_s$ 是定子角频率，Ω_r 是转子机械旋转角频率）的异步旋转电机，转子相对于定子 ν 次谐波转差率为

$$s_\nu=1-\nu(1-s) \tag{2.62}$$

转子中 ν 次谐波的角频率为

$$\omega_{\nu r}=\omega_s(1-\nu(1-s)) \tag{2.63}$$

如果一个同步电机以转差率 $s=0$ 的速度旋转，我们可以从式（2.62）与式（2.63）中得到在转子坐标系中，由定子绕组产生的气隙磁通密度的基波分量角频率为 0。然而，谐波电流链波形以不同速度通过转子，如果极靴的形状使转子产生磁通密度谐波，其旋转速度与转子转速相同，当定子谐波以不同速度旋转时，将由此产生脉动转矩，这在低速永磁同步电机中是一个特殊的问题。在该类电机中，转子磁化形成的磁通密度波形往往是二次函数，并且当电机中槽数很少时，例如 $q=1$ 甚至更低，定子谐波的振幅变得尤其高。

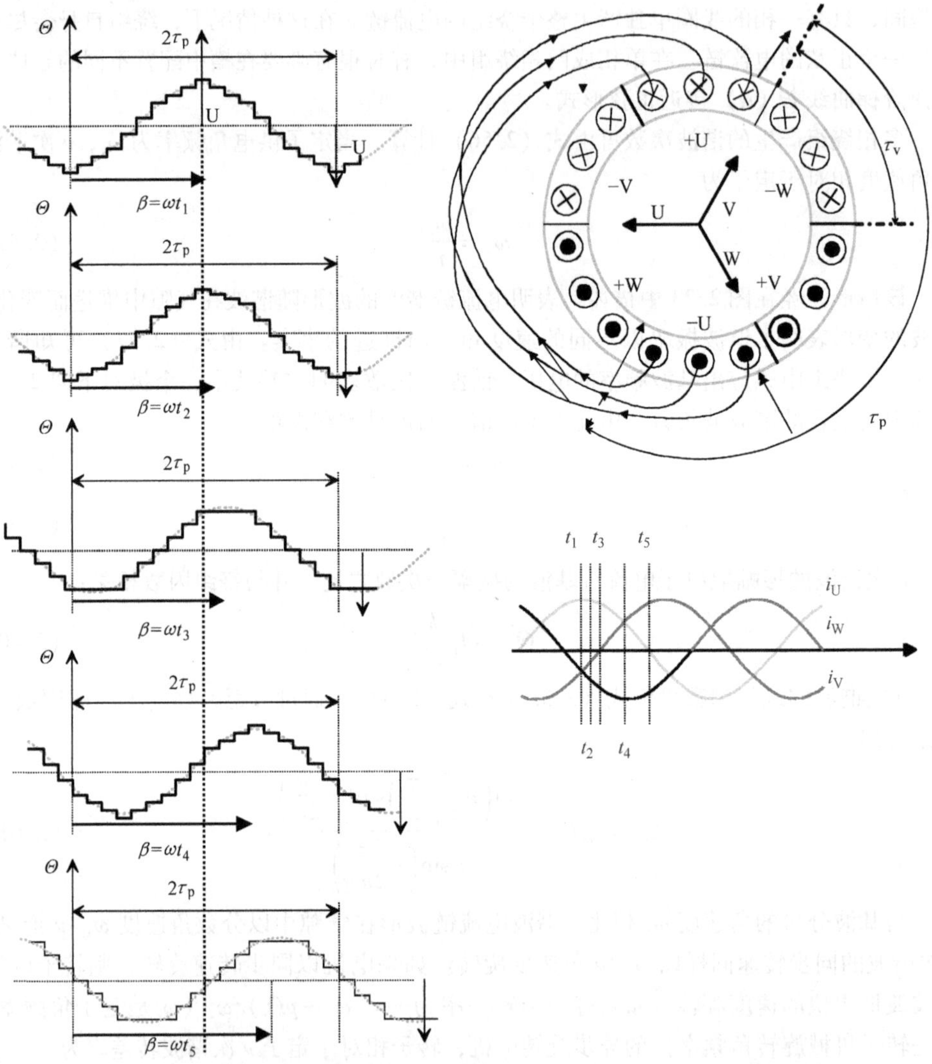

图 2.23　谐波电流链推移和由谐波引起的畸变。如果只有定子绕组中存在电流，则能够确定 β 处气隙磁通密度的幅值。磁通波形在推进但是绕组 U 的磁轴不变

2.8　多相分数槽绕组

如果一个绕组的每极每相槽数 q 为分数，则该绕组就称为分数槽绕组。这种形式的绕组通常采用同心绕组或者单层或双层的菱形绕组。与整数槽绕组相比，分数槽绕组有如下优点：

- 有更大的槽数选择自由度；
- 对给定的尺寸参数，更容易达到合适的磁通密度；

- 短距有多个备选方案；
- 如果槽数是预先给定的，分数槽绕组相对于整数槽绕组可以适应更宽的极数范围；
- 通过采用分数槽绕组，大型电机的分段结构可以得到更好控制；
- 可以通过去除特定谐波改善发电机电压波形。

分数槽绕组的最大缺点是次谐波，当 q（每极每相槽数）的分母 $n \neq 2$ 时

$$q = \frac{Q}{2pm} = \frac{z}{n} \tag{2.64}$$

现在将 q 分子分母约分为最小可能整数，即分子为 z，分母为 n。如果分母 n 是奇数，绕组就被称为一阶绕组；当 n 为偶数时，绕组为二阶绕组。最可靠的分数槽绕组是选择 $n = 2$ 构建。该类型一个值得特殊关注的绕组形式是采用 $q = 1/2$ 设计并应用于分数槽永磁电机中。该分数槽绕组变成一个集中线圈的非重叠绕组。这种绕组可以简称为齿圈绕组。

在整数槽绕组中，基绕组长度为两个极距（基波波长的距离），然而在分数槽绕组中，电压相量图中的相量在波形的完全相同处重合时，通常要经过几个基波波长的距离。整数槽与分数槽绕组的区别如图 2.24 所示。

在分数槽绕组中，同相的一个线圈边再次准确地遇到磁通密度最大值时，必须要行进 p' 对极的距离。因此我们需要电压相量图中一些指向不同方向的 Q'_s 个相量。能够得出

$$Q'_s = p'\frac{Q_s}{p}, \quad Q'_s < Q_s, \quad p > p' \tag{2.65}$$

电压相量 $Q'_s + 1$、$2Q'_s + 1$、$3Q'_s + 1$ 和 $(t - 1)Q'_s + 1$ 在电压相量图中与槽 1 的电压相量具有相同的位置。在这个位置，电压相量图的循环通常是重新开始。无论是一个新圆周开始绘制或是更多的槽数被添加到初始图的相量中。在电压相量图的编号中，图中的每层必须循环 p' 次。这样在电压相量图中才产生 t 层。换句话说，在每个电机中都有 t 个电气上相等的槽序列，其中槽数为 $Q'_s = Q_s/t$，极对数为 $p' = p/t$。为了确定 t，必须找到最小整数 Q'_s 和 p'。这样 t 就是 Q_s 和 p 的最大公约数。如果 $Q_s/(2pm) \in \boldsymbol{N}$（$\boldsymbol{N}$ 是整数集合，$\boldsymbol{N}_{even}$ 是偶整数集合，$\boldsymbol{N}_{odd}$ 是奇整数集合），就可以得到一个整数槽绕组，其中 $t = p$，$Q'_s = Q_s/p$ 且 $p' = p/p = 1$。表 2.3 给出电压相量图的一些参数。为了不失一般性，下脚标 s 在后面将省略。

如果在电压相量图中的半径个数为 $Q' = Q/t$，相邻两半径的角度即相距角 α_z 可写为

$$\alpha_z = \frac{2\pi}{Q}t \tag{2.66}$$

槽距角 α_u 是相应相距角 α_z 的倍数：

$$\alpha_u = \frac{p}{t}\alpha_z = p'\alpha_z \tag{2.67}$$

当 $p = t$ 时，可以得到 $\alpha_u = \alpha_z$，且电压相量图连续编号。如果 $p > t$，$\alpha_u > \alpha_z$，$(p/t) - 1$ 个相量在槽编号中将被跳过。在这种情况下，当对槽进行编号时，单层电压相

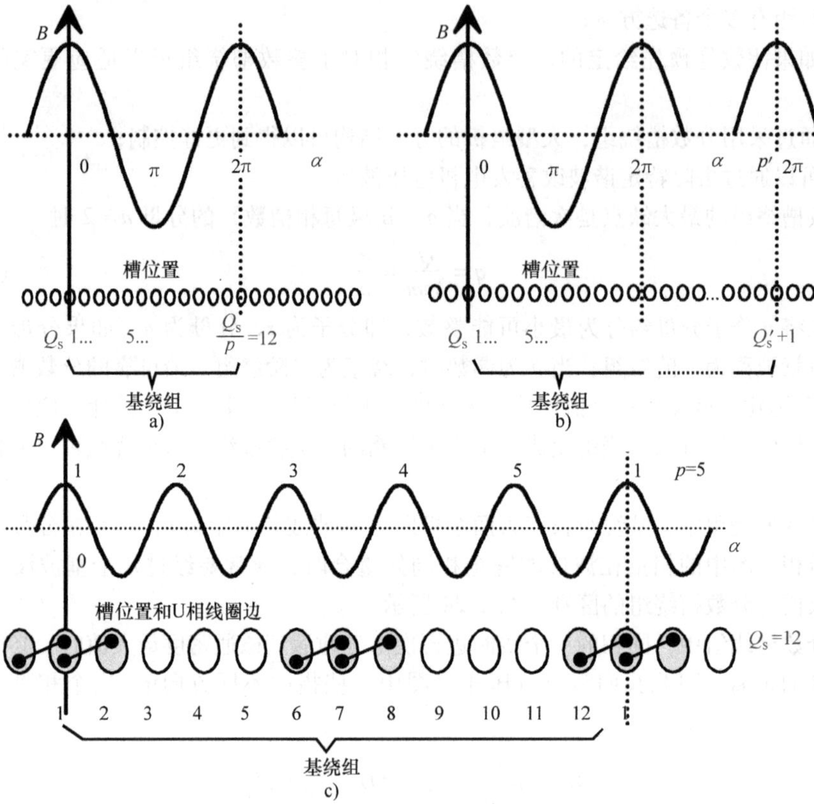

图2.24　图a中的一个整数槽绕组与图b中的一个分数槽绕组基本区别。定子槽数为Q_s。在整数槽绕组中基绕组的长度为Q_s/p槽（图a：12槽，$q_s=2$），而在分数槽绕组中分割是不均等的（图b：$q_s<2$）。在本例所示的整数槽绕组中，基绕组长度为$Q_s=12$，此后槽的磁场环境与前面重复一致，如槽1和槽13。在分数槽绕组中，基绕组明显变长且包括Q'_s个槽。图c给出了一个$Q_s=12$且$p=5$的分数槽非重叠（齿圈）绕组的例子。这样的绕组可以用于$q=0.4$的齿圈绕组永磁电机中。在一个双层系统中，每个定子相有四个线圈。线圈边分别位于槽12-1、槽1-2、槽6-7和槽7-8间。气隙磁通密度主要是由转子磁极产生

表2.3　电压相量图的参数

t	Q与p的最大公约数，单个半径所包含的相量个数，电压相量图的层数
$Q'=Q/t$	半径数目，亦或电压相量图中单匝相量数（基绕组所含的槽数）
$p'=p/t$	电压相量图编号时的单层周期数
$(p/t)-1$	在电压相量图编号中跳过的相量个数

量图不得不循环（p/t）次。当考虑ν次谐波的电压相量图时，ν次谐波的槽距角为$\nu\alpha_u$。相距角也是$\nu\alpha_z$。ν次谐波的电压相量图与基波的电压相量图在角度上是不同的，角度相差ν倍。

例 2.15：绘制两个不同分数槽绕组的电压相量图：（a）$Q=27$，$p=3$；（b）$Q=30$，$p=4$。

解：（a）$Q=27$，$p=3$，$Q/p=9\in\mathbf{N}$，$q_s=1.5$，$t=p=3$，$Q'=9$，$p'=1$，$\alpha_u=\alpha_z=40°$。

因此在电压相量图中有 9 个半径，每个半径对应 3 个相量。由于 $\alpha_u=\alpha_z$，故没有相量在编号时被跳过，如图 2.25a 所示。

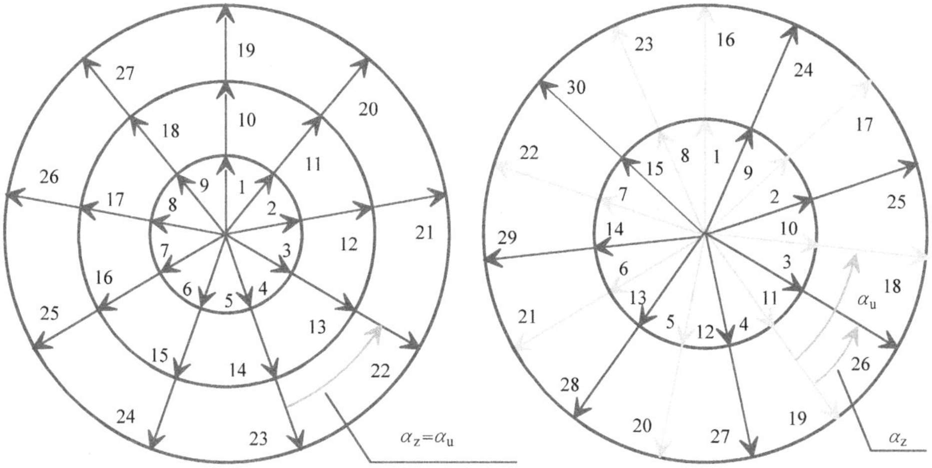

a)　　　　b)

图 2.25　两不同分数槽绕组的电压相量图。左图中序号连续，右图中特定的相量被跳过。a）$Q=27$，$p=3$，$t=3$，$Q'=9$，$p'=1$，$\alpha_u=\alpha_z=40°$；b）$Q=30$，$p=4$，$t=2$，$Q'=15$，$p'=2$，$\alpha_u=2\alpha_z=48°$；α_u是相邻两槽电压间的电角度，α_z是两相邻相量间的电角度

（b）$Q=30$，$p=4$，$Q/p=7.5\notin\mathbf{N}$，$q_s=1.25$，$t=2\neq p$，$p'=2$，$Q'=Q/t=30/2=15$，$\alpha_z=360°/15=24°$，$\alpha_u=2\alpha_z=2\times24°=48°$，$(p/t)-1=1$。

这种情况下，电压相量图中有 15 个相量半径，每个半径对应两个相量。由于 $\alpha_u=2\alpha_z$，跳过的相量数为$(p/t)-1=1$。为了给所有相量编号，电压相量图中的每层都要循环两次，如图 2.25b 所示。

2.9　相系统和绕组相带

2.9.1　相系统

通常来说，绕组有单相和多相之分，最常见情况是三相绕组，我们已经讨论到。此外，还有各种各样其他形式的绕组结构，如表 2.4 所示。

表2.4　电机绕组的相系统（第四列介绍径向对称绕组备选方案）

相数 m	具有独立正、负磁轴的未简化绕组系统	简化系统：负载星点需要中性线，径向对称除外（如 $m=6$）	标准系统：空载星点，无中性线，$m=1$ 除外
1	 $m'=2$	—	
2	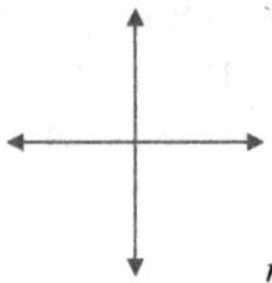 $m'=4$	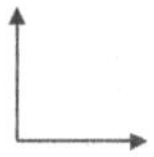	—
3	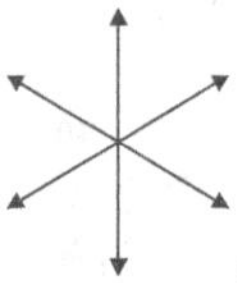 $m'=6$	—	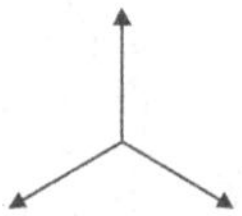
4	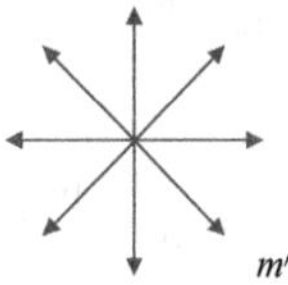 $m'=8$	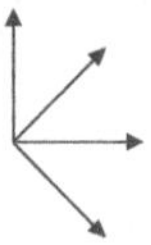	—
5	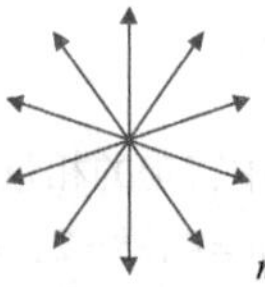 $m'=10$	—	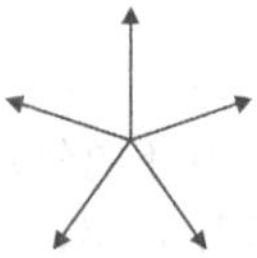
6	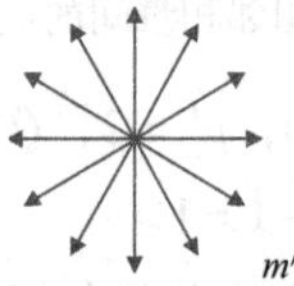 $m'=12$	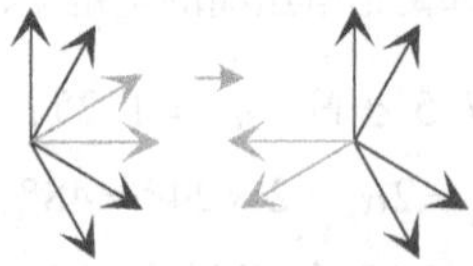	—
12	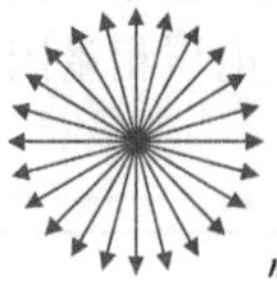 $m'=24$	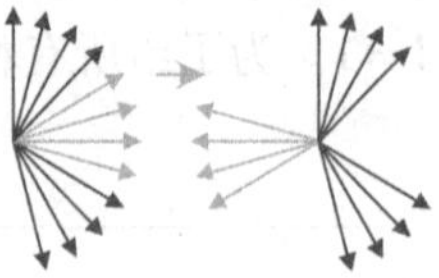	—

表2.4
阅读说明

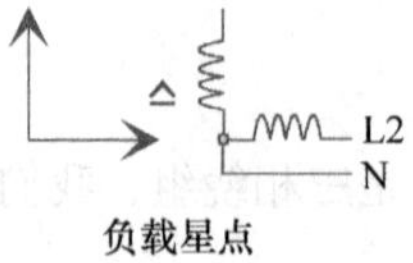

负载星点

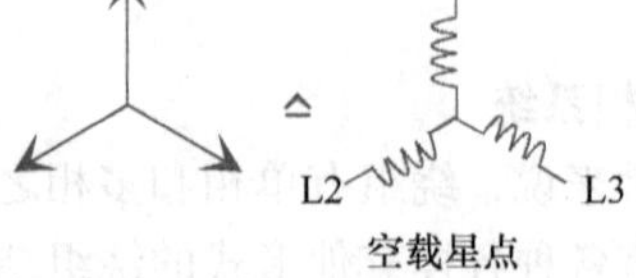

空载星点

在电机的一个磁轴上，只能有一个单相绕组的轴线存在。如果同一个磁轴上还有其他相绕组存在，就不会有真正的多相系统产生，因为两相绕组会产生平行磁场。因此，每一个有偶数相的相系统都可以简化成最初的相数 m' 的一半，如表2.4所示。如果这个简化产生了一个奇数相的系统，那么我们就得到了一个径向对称的多相系统，也就是一个标准系统。

如果简化后产生了一个偶数相的系统，称之为简化系统。从这点来看，一个普通的四相系统可以简化为一个二相系统，如表2.4所示。对于一个 m 相的标准系统，相角可以表示为

$$\alpha_{ph}=2\pi/m \tag{2.68}$$

相应地，对于一个简化系统，相角就表示为

$$\alpha_{ph}=\pi/m \tag{2.69}$$

例如，一个三相系统的相角是 $\alpha_{ph3}=2\pi/3$，一个二相系统的相角是 $\alpha_{ph2}=\pi/2$。

如果在简化系统中存在一个简单的奇数作为相数的被乘数，那么通过把适当的相调整180°电角度也可以再次构建一个径向对称的绕组，如表2.4中六相系统（$6=2\times3$）所示。在一个这样的系统中，像标准系统中一样的空载星点能被精确构建。在一个简化系统中，星点通常是带载的，因此，举例来说，一个简化的两相电机的星点本身需要一个连接导线，这在一个标准系统中是不需要的。如果没有中性线，一个简化的两相系统就变成了一个单相系统，因为绕组无法独立工作，这两相绕组中总是流过同一电流，并产生电流链，它们只形成一个单独的磁轴。在一个普通的三相系统中，如果某一相电源由于某种原因停止工作，那么它也会变成一个单相系统。

在表2.4的绕组系统中，一个标准的三相系统在工业应用中占主要地位。为了提高低压系统的输出功率，五相和七相系统也已经被建议在变频器中采用。六相电机被用于大型同步电机驱动上。在一些大型高速应用场合上，六相绕组也有使用。在实际应用中，所有相数可被3整除的系统都可以采用逆变器供电。每个的三相分系统都由自己的三相变频器供电，该变频器有一个 $2\pi/m'$ 的时间相移，一个十二相系统的相移为 $\pi/12$。例如，一个十二相系统是由4个有 $\pi/12$ 时间相移的三相变频器供电。

单相绕组可以用于单相同步发电机和小型感应电机中。然而，对于一个单相供电的感应电机，它的起动需要一定的辅助设备，常用一个有 $\pi/2$ 相移的辅助绕组来实现。在这种情况下，绕组排布类似于一个简化的两相绕组系统。但是，由于绕组通常并不相似，所以电机并不是一个纯粹的两相电机。

2.9.2 绕组相带

在双层绕组中，每一层都有着它各自的相带：上层相带和下层相带，如图2.26所示。与单层绕组相比，双倍的相带也意味着双倍的线圈组。在双层绕组中，线圈边总是一端在绕组上层，另一端在绕组下层。在短距双层绕组中，上层绕组相对下层绕组有相移，如图2.15和图2.17所示。上层和下层的相带宽度能够改变（相带变化），如图2.17所示。有了双层绕组，就可以容易地将双倍相带宽度应用于系统，这种情况通常只发生在驱动过程中需要重新排列绕组来产生另一种极数的电机中。在分数槽绕组中，

存在变跨距相带的可能。这种相带变化称为自然相带变化。

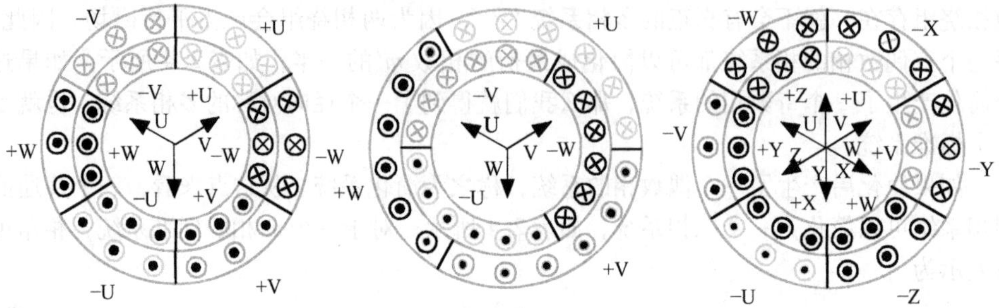

图2.26　双层绕组相带构成，$m=3$，$p=1$。a）一个标准相带宽度；b）一个双倍相带宽度；c）一个六相径向对称双倍相带宽度的绕组的相带划分。图中箭头方向对应绕组中电流 $I_U=-2I_V=-2I_W$ 时的情况。图a中绕组与单层绕组一致，可通过移除两层间的绝缘层得到

在一个单层绕组中，每个线圈需要两个槽。对于每个槽，只有半个线圈。在双层绕组中，每个槽有两个线圈边。因此，理论上说，每个槽中都有一个线圈。因此总的线圈数 z_c 为

$$\text{对于单层绕组：} z_c = Q/2 \tag{2.70}$$

$$\text{对于双层绕组：} z_c = Q \tag{2.71}$$

单层绕组和具有双倍相带宽度的双层绕组在每对极下形成 m 个线圈组。具有标准相带宽度的双层绕组每对极形成 $2m$ 个线圈组。因此，总的线圈组数分别是 pm 和 $2pm$。表2.5列出了相绕组的一些核心参数。

表2.5　相绕组参数

绕组	线圈数 z_c	线圈组数	平均相带跨距	平均相带角 α_{zav}
单层	$Q/2$	pm	τ_p/m	π/m
双层，标准相带宽度	Q	$2pm$	τ_p/m	π/m
双层，双倍相带宽度	Q	pm	$2\tau_p/m$	$2\pi/m$

2.10 对称条件

只有当绕组由一个对称电源供电，且产生一个旋转磁场，它才能被称之为对称的。下面两种对称条件都必须得到满足：

（a）第一个对称条件：正常情况下，每一相绕组的线圈数都必须是整数：

$$\text{对于单层绕组：} Q/2m = pq \in \mathbf{N} \tag{2.72}$$

$$\text{对于双层绕组：} Q/m = 2pq \in \mathbf{N} \tag{2.73}$$

因为双层绕组的结构有着更大的选择范围，所以双层绕组比单层绕组更容易实现。

（b）第二个对称条件：在多相电机中，相绕组之间的角度 α_{ph} 必须是 α_z 的整数倍。

因此，对于标准系统，可以得到如下公式：

$$\alpha_{\mathrm{ph}}/\alpha_{\mathrm{z}}=2\pi Q/(m2\pi t)=Q/(mt)\in\mathbf{N} \tag{2.74}$$

对于简化系统

$$\alpha_{\mathrm{ph}}/\alpha_{\mathrm{z}}=\pi Q/(m2\pi t)=Q/(2mt)\in\mathbf{N} \tag{2.75}$$

现在让我们考虑一下整数槽绕组如何满足对称条件。因为 p 和 q 都是整数，所以第一个条件总是能满足。在整数槽绕组中 $Q=2pqm$，现在 p 和 Q 最大的公约数 t 总是 p。当把 $p=t$ 代入第二个对称条件中，可以看到它永远成立，因为

$$Q/(mt)=Q/(mp)=2q\in\mathbf{N} \tag{2.76}$$

所以整数槽绕组是对称的。因为 $t=p$，$\alpha_{\mathrm{u}}=\alpha_{\mathrm{z}}$，所以整数槽绕组的电压矢量图的编号总是连续的，如图 2.10 和图 2.18 中的例子所示。

2.10.1　对称分数槽绕组

分数槽绕组不一定是对称的。满足对称需求要从正确选择绕组初始参数开始。首先，要选择 q（每极每相槽数），以使代表每极每相槽数的分数

$$q=z/n \tag{2.77}$$

不能约分。这里的分母 n 是分数槽绕组的一个典型变量。

（a）第一个对称条件：对单层绕组［式（2.72）］，要求

$$Q/(2m)=pq=pz/n,p/n\in\mathbf{N} \tag{2.78}$$

这里 z 和 n 组成一个不可约分的分数，因此 p 和 n 是必须可以整除的。我们知道，在设计一个绕组时，极对数 p 通常是一个初始条件，所以只能选择一些特定的整数 n 的值。相应地，对于双层绕组［式（2.73）］，第一对称条件要求

$$Q/m=2pq=2pz/n,\ 2p/n\in\mathbf{N} \tag{2.79}$$

比较式（2.78）和式（2.79），我们发现通过使用双层绕组而非单层绕组可以得到一个范围更大的分数槽绕组的解决方案。例如，对于两极电机 $p=1$，只有 $n=1$ 时才能构建一个单层绕组，这就成为一个整数槽绕组。另一方面，对 $n=2$、$p=1$ 的情况，就可以构建一个分数槽双层绕组。

（b）第二个对称条件：为了满足第二个对称条件［式（2.74）］，必须先定义 Q 和 p 的最大公约数 t，t 可由下式决定：

$$Q=2pqm=2mz\frac{p}{n}\text{和}\ p=n\frac{p}{n}$$

根据式（2.78），$p/n\in\mathbf{N}$。这个比值是 p 和 Q 的约数。由于 z 不可被 n 整除，Q 和 p 的其他约数只能包含于 $2m$ 和 n 中。这些约数可用 c 表示，因此

$$t=cp/n \tag{2.80}$$

现在，可以重新写出与式（2.74）形式相符的标准多相绕组的第二个对称条件

$$\frac{Q}{mt}=\frac{2mz\dfrac{p}{n}}{mc\dfrac{p}{n}}=\frac{2z}{c}\in\mathbf{N} \tag{2.81}$$

n 的约数 c 不能是 z 的约数。c 的唯一可能值是 $c=1$ 或 $c=2$。

对于标准的多相系统，m 是一个奇数。对于一个简化的多相系统，根据式(2.75)，有

$$Q-2mt=\frac{2mz\dfrac{p}{n}}{2mc\dfrac{p}{n}}=\frac{z}{c}\in\mathbf{N} \tag{2.82}$$

在这里 c 只能为1。

如表2.4所示，对于标准多相绕组而言，相数 m 只能为一个奇数。$2m$ 和 n 的约数 $c=2$ 不能是 m 的约数。对于一个简化的多相系统，相数 m 是一个偶数。因此，唯一可能的情况是 $c=1$。第二个对称条件可以简写成：n 和 m 不能有公约数，$n/m\notin\mathbf{N}$。如果 $m=3$，n 就不能被3整除，第二个对称条件可以理解为

$$n/3\notin\mathbf{N} \tag{2.83}$$

条件［式(2.78)和式(2.83)］自动决定了如果 p 的因子只有3（$p=3$，9，27 …），单层分数槽绕组绝无可能被构建。

表2.6列出了分数槽绕组的对称条件。

表2.6　分数槽绕组的对称条件

每极每相槽数 $q=z/n$，式中 z 和 n 不能互相约分	
绕组类型，相数	对称条件
单层绕组	$p/n\in\mathbf{N}$
双层绕组	$2p/n\in\mathbf{N}$
两相 $m=2$	$n/m\notin\mathbf{N}\rightarrow n/2\notin\mathbf{N}$
三相 $m=3$	$n/m\notin\mathbf{N}\rightarrow n/3\notin\mathbf{N}$

它表明，给定一个特定的极对数并不总能构建一个对称的分数槽绕组，然而，如果一部分槽不放置绕组，一个分数槽绕组也能做到对称。实际上，只有三相绕组采用了空槽。

为了使相绕组对称，空槽 Q_o 必须分布在电机外周上。因此空槽的数目必须被3整除，相对应的空槽的夹角也必须是120°。于是第一个对称条件可以写成

$$(Q-Q_o)/6\in\mathbf{N} \tag{2.84}$$

第二个对称条件是

$$Q/(3t)\in\mathbf{N} \tag{2.85}$$

此外，也需要满足

$$Q_o/3\in\mathbf{N}_{odd} \tag{2.86}$$

通常，空槽数选为3，因为这样既可以构建一个绕组，也不会造成电机体积的大量浪费。对于带空槽的标准相带宽度绕组，一个线圈组的平均槽数可由下式得到：

$$Q_{av}=\frac{Q-Q_o}{2pm}=\frac{Q}{2pm}-\frac{Q_o}{2pm}=q-\frac{Q_o}{2pm} \tag{2.87}$$

2.11 基绕组

在分数槽绕组中，前面提到过，如果 Q 和 p 的最大公约数 t 大于1，则每相绕组的特定的线圈边所处的气隙磁场的位置总是与 $p'=p/t$ 极对数之后的位置相同。在这种情况下，在电枢绕组中存在 t 个电气上相同的包含 Q'个槽的序列，每个序列构成单层的电压相量图。现在值得考虑是否可以连接一个由 t 个相同槽序列组成的系统，该系统包含的绕组可看作 t 个相同的独立绕组部分。所有 t 个电气相同槽组的槽序列中的所有槽 Q' 满足第一个对称条件是可能的，第二个对称条件不必满足。

如果 Q'/m 是偶数，则单层和双层绕组都可以用 Q'个槽构造；如果 Q'/m 是奇数，则 Q'个槽只能构造双层绕组。当构造单层绕组时，q 必须是整数。因此，2 倍 t 的槽距 $2Q'$个槽构成了最小的、独立的、对称的单层绕组。绕组的最小独立对称部分称为基绕组。当绕组由若干基绕组构成时，其电流和电压由于几何原因总是具有相同的相位和幅值，可以将这些基绕组串联和并联连接以形成完整的绕组。根据 Q'/m 的数目，即它是偶数还是奇数，绕组被定义为一阶或者二阶绕组。

表2.7列出了基绕组的一些参数。

表2.7　分数槽基绕组的参数

	一阶基绕组	二阶基绕组	
参数 q	$q=z/n$		
分母 n	$n\in\mathbf{N}_{\text{odd}}$	$n\in\mathbf{N}_{\text{even}}$	
参数 Q'/m	$\frac{Q'}{m}\in\mathbf{N}_{\text{even}}$	$\frac{Q'}{m}\in\mathbf{N}_{\text{odd}}$	
参数 Q/tm	$\frac{Q}{tm}\in\mathbf{N}_{\text{even}}$	$\frac{Q}{tm}\in\mathbf{N}_{\text{odd}}$	
约数 t、Q 和 p 的最大公约数	$t=\frac{p}{n}$	$t=\frac{2p}{n}$	
用电压相位角 α_z 表示的槽距角 α_u	$\alpha_u=n\alpha_z=n\frac{2\pi}{Q}t$	$\alpha_u=\frac{n}{2}\alpha_z=n\frac{\pi}{Q}t$	
绕组类型	单层绕组 双层绕组	单层绕组	双层绕组
基绕组的槽数 Q^*	$Q^*=\frac{Q}{t}$	$Q^*=2\frac{Q}{t}$	$Q^*=\frac{Q}{t}$
基绕组的极对数 p^*	$p^*=\frac{p}{t}=n$	$p^*=2\frac{p}{t}=n$	$p^*=\frac{p}{t}=\frac{n}{2}$
在电压相量图中基绕组层数 t^*	$t^*=1$	$t^*=2$	$t^*=1$

注：* 表示基绕组的数值。

2.11.1 一阶分数槽基绕组

在一阶基绕组中，有

$$\frac{Q'}{m}=\frac{Q}{mt}\in\mathbf{N}_{\text{even}} \tag{2.88}$$

在一阶基绕组中有 Q^* 个槽，且有以下的绕组参数式成立：

$$Q^*=\frac{Q}{t},\ p^*=\frac{p}{t}=n,\ t^*=1 \tag{2.89}$$

在这些条件下，对称条件［式（2.72）~式(2.75)］也得到满足。

2.11.2 二阶分数槽基绕组

二阶分数槽基绕组的前提条件是

$$\frac{Q'}{m}=\frac{Q}{mt}\in \mathbf{N}_{\text{odd}} \tag{2.90}$$

根据式（2.81）和式（2.82），式（2.90）适用于 $c=2$、n 只为偶数时的标准多相绕组。因此，我们可以得到 $t=2p/n$ 和 $\alpha_u=n\alpha_z/2$。仅当 $Q^*=2Q'$时，二阶基绕组满足第一个对称条件。可得

$$\frac{Q^*}{2m}=\frac{Q'}{m}=\frac{Q}{mt}\in \mathbf{N} \tag{2.91}$$

因此，二阶单层基绕组包含全部绕组中两组连续的 t 序列。参数可写成

$$Q^*=2\frac{Q}{t},\ p^*=2\frac{p}{t}=n,\ t^*=2 \tag{2.92}$$

具备上述条件，第二个对称条件也能够满足，因为

$$\frac{Q^*}{mt^*}=\frac{2Q'}{2m}=\frac{Q}{mt}\in \mathbf{N} \tag{2.93}$$

当槽数 $Q^*=Q'$时，二阶双层基绕组立即满足第一个对称条件。所以有

$$\frac{Q^*}{m}=\frac{Q'}{m}=\frac{Q}{mt}\in \mathbf{N} \tag{2.94}$$

此时参数为

$$Q^*=\frac{Q}{t},\ p^*=\frac{p}{t}=\frac{n}{2},\ t^*=1 \tag{2.95}$$

第二个对称条件也得到满足。

2.11.3 整数槽基绕组

对于整数槽绕组：$t=p$。因此，对标准多相系统可得

$$\frac{Q}{mt}=\frac{Q}{mp}=2q\in \mathbf{N}_{\text{even}} \tag{2.96}$$

对于一阶基绕组，可以写为

$$Q^*=\frac{Q}{p},\ p^*=\frac{p}{p}=1,\ t^*=1 \tag{2.97}$$

由于简化多相系统的整数槽绕组也构成了一阶基绕组，故可知所有的整数槽绕组都是一阶绕组，整数槽基绕组仅由一个简单极对构成。因此，整数槽绕组的设计相当容易。如图2.17所示，绕组的构成在一对极之后，总是重复排布没有变化。因此，为了构造完整的整数槽绕组，只需在一对极上串接或者并联足够数量的基绕组。

例 2.16：建立单层整数槽绕组的电压相量图，其中 $Q=36$，$p=2$，$m=3$。
解：每极每相槽数为

$$q=\frac{Q}{2mp}=3$$

绕组的相带分布图如图 2.27 所示，电压相量图如图 2.28 所示。

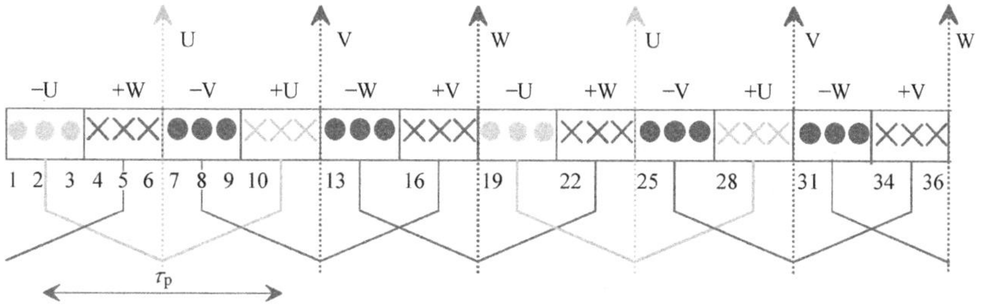

图 2.27　单层绕组的相带分布，$Q=36$，$p=2$，$m=3$，$q=3$

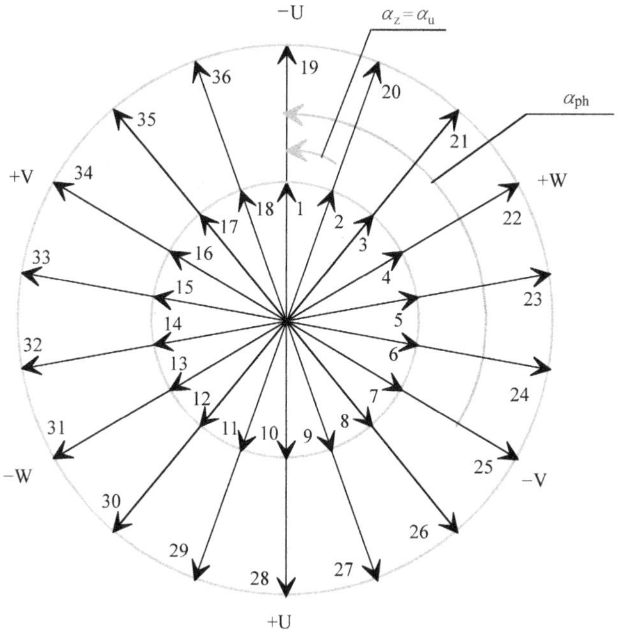

图 2.28　单层绕组的完整电压相量图，$p=2$，$m=3$，$Q=36$，$q=3$，$t=2$，$Q'=18$，$\alpha_z=\alpha_u=20°$。由于第二层电压相量图与第一层电压相量图重复，故省略。基绕组长度是 18 槽

双层整数槽绕组可以通过选取图 2.28 中的电压相量图中的不同相量来构建，例如，上层相量。通过这种方式，可以立即计算得到不同短距的影响。图 2.28 电压相量图可以用于图 2.15 短距线圈绕组因数的定义。仅仅是图中标记的相带位置有所改变。图 2.28 可直接适用于图 2.14 的整距绕组。

2.12　分数槽绕组

2.12.1　单层分数槽绕组

在无刷直流电机和永磁同步电机（PMSM）中经常使用分数槽绕组，并且每极每相槽数为较小的分数。由正弦电压和正弦电流供电的电机视为同步电机，尽管其气隙磁通密度波形可能是矩形波。图2.29给出了 $q=1/2$ 的4极永磁电机的单层和双层分数槽集中非重叠绕组示意图。

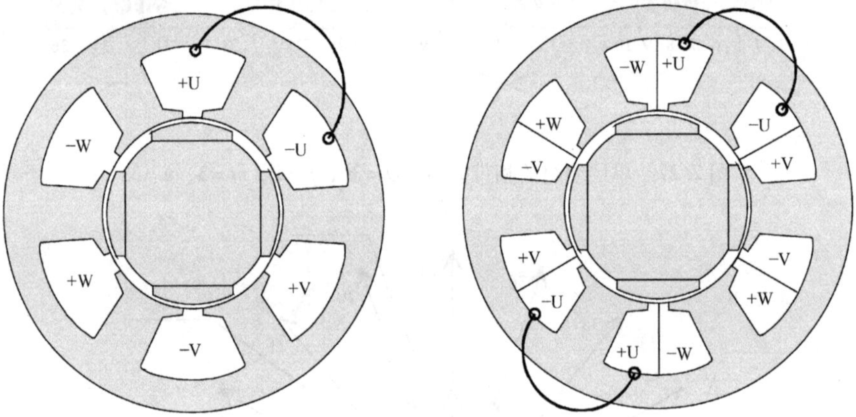

图2.29　单层、双层分数槽集中非重叠绕组（齿圈绕组）的比较。

$Q_s=6$，$m=3$，$p=2$，$q=1/2$

当分数槽电机的每极每相槽数 q 大于1时，绕组的线圈组必须具有假想的平均槽数 q。原则上，单层数分数槽绕组的相带是根据电压相量图或相带图来划分的。使用电压相量图来划分相带，通常会导致线圈组的利用率较低，而使用相带图进行相带划分则是比较恰当的方法。分数槽绕组的每极每相槽数 q 是一个分数，它描述了每极每相槽数的平均值 q_{av}。当然这个平均槽数仅能通过改变不同相带内的槽数来达到。把每个相带内的槽数记为 q_k，则

$$q_k \neq q_{av} = q \notin \mathbf{N} \tag{2.98}$$

q_{av}是所有不同 q_k 的平均值。这样我们可以写成

$$q = g + \frac{z'}{n} \tag{2.99}$$

式中，g 是整数，且第二项的分式不可再约分，即 $z'<n$。当 n 个线圈组中的 z' 个相带宽度为 $g+1$，其他 $n-z'$ 个相带宽度为 g 时，这样每极每相的平均槽数 $q=q_{av}$：

$$q_{av} = \frac{1}{n}\sum_{k=1}^{n} q_k = \frac{z'(g+1)+(n-z')g}{n} = g + \frac{z'}{n} = q \tag{2.100}$$

当后续的线圈组中尽可能少的出现相同的每极每相槽数时，对称绕组产生的偏差是最小的。当一个相带到另一个相带的每极每相槽数不断变化时，可以找到最佳分数槽绕组 $n=2$。为了满足式（2.100），需要至少 n 个线圈组，这样我们就得到所需要的线

圈数

$$q_{av} nm = qp^{*} m = \frac{Q^{*}}{2} \tag{2.101}$$

该数值与单层基绕组的尺寸相对应。这也再次表明了基绕组是单层绕组的最小独立单元。当考虑分数槽绕组第二个对称条件时，只要保证了假想的平均槽数 q_{av}（例如 1+2+1+1+2 得到平均值 7/5），则绕组在槽中如何排布（n 个相带，每个绕组 q_k 条线圈边）并不重要。基绕组的 nm 个线圈组必须分布在 m 个相绕组中，使得每相都拥有 n 个 q_k 值（局部槽数），且在每个相绕组中这些值的顺序是相同的。后续线圈组的线圈数按照这些 q_k 值重复 n 次，一共有 m 个周期。这样就产生了一个线圈组循环周期。

表 2.8 的第一列给出了线圈组循环次数；第二列按照循环次数依次给出 nm 个线圈组序号；第三列按照循环次数给出 n 个 q_k 值，重复 m 次。因为后面的线圈组将属于后面不同的相，所以可以在第四列标注相应的相循环次数。在一个循环周期中，第五列标注 m 个相的序号 U，V，W，…，m。第六列仍然是线圈组序号。

表 2.8　对称单层分数槽绕组的线圈组序

线圈组循环次数 1…m	线圈组序号。这一列从 1 到 n（分数 $q=z/n$ 的分母）一共循环 m 次	局部每极每相槽数（等于局部每极每相槽数 q_k）	相循环次数（每相只出现一次）	相序号从 1 到 m（对于三相系统，只有 U、V、W）	线圈组序号
1	1	Q_1	1	U	1
1	2	Q_2	1	V	2
1	3	Q_3	1	W	3
1	⋮	⋮	1	⋮	⋮
1	K	q_k	1	m	m
1	⋮	⋮	2	U	$m+1$
1	⋮	⋮	2	V	$m+2$
1	⋮	⋮	2	W	$m+3$
1	N	q_n	2	⋮	⋮
2	$n+1$	Q_1	2	⋮	⋮
2	$n+2$	⋮	2	⋮	⋮
2	⋮	⋮		⋮	⋮
2	$n+k$	q_k		⋮	⋮
……	dn	q_n		⋮	⋮
$d+1$	$dn+1$	Q_1	c	⋮	⋮
……	⋮	⋮	c	⋮	⋮
……	⋮	⋮	C	m	Cm
……	$dn+k$	q_k	$c+1$	U	$cm+1$
……	⋮	⋮	……	V	……
……	⋮	⋮	……	W	……
m	$(m-1)n+k$	q_k	……	……	……
m	⋮	⋮	……	……	……
m	⋮	⋮	……	……	……
m	⋮	⋮	……	……	……
m	⋮	⋮	……	……	……
m	mn	q_n	N	m	Nm

例 2.17：比较两个单层绕组，一个整数槽绕组，一个分数槽绕组，且具有相同的极数。整数槽绕组的参数为 $Q=36$，$p=2$，$m=3$，$q=3$，单层分数槽绕组的参数为 $Q=30$，$p=2$，$m=3$，$q=5/2$。

解：对于分数槽绕组，有

$$q_{\mathrm{av}}=\frac{1}{n}\sum_{k=1}^{n}q_k=\frac{z'(g+1)+(n-z')g}{n}=g+\frac{z'}{n}=q$$

在本例中，$g=2$，$z'=1$，$n=2$。这样得到一组 $z'=1$ 的线圈，有 $q_1=g+1=3$ 个线圈，另外 $n-z'=1$ 组中有 $q_2=g=2$ 个线圈。由于 $p=p^*=n=2$，我们得到了一个以线圈数 q_1 和 q_2 循环的三周期基绕组（$m=3$），也就是三相 $n=2$ 组线圈数循环。

表 2.9　表 2.8 应用到图 2.30 中的例子（对分数槽绕组 $q=z/n=5/2$）

线圈组循环	线圈组序号	线圈序号 q_k	相循环	相	线圈组序号
1	1	$3=q_1$	1	U	1
1	$2(=n)$	$2=q_2$	1	V	2
2	$2+1=3$	3	1	W	3
2	$2+2=4$	2	2	U	4
$3(=m)$	$(2+2)+1=5$	3	2	V	5
$3(=m)$	$(2+2)+2=6=nm=6$	2	2	W	$6=nm$

在表 2.9 中，表 2.8 被应用到图 2.30 中。上述表 2.9 中的信息可以简化为

q_k	3	2	3	2	3	2
相	U	V	W	U	V	W

每一相由两个线圈组成的线圈组和三个线圈组成的线圈组构成。图 2.30 比较了上述整数槽绕组和分数槽绕组。

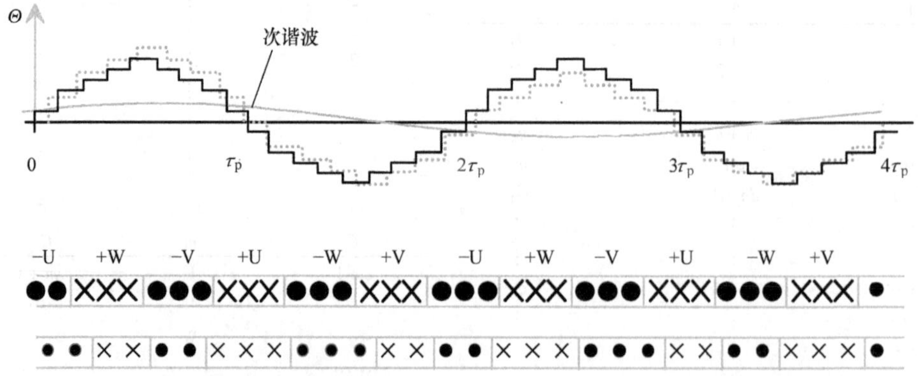

图 2.30　两种绕组的相带分布和磁动势分布（$q=3$，$q=5/2$）。整数槽绕组完全对称，但是分数槽绕组的磁动势分布（虚线）和整数槽（实线）稍有不同，分数槽绕组明显包含次谐波，且所跨槽距是基波的 2 倍

分数槽绕组比整数槽绕组产生更多的谐波。用分数槽绕组谐波次数 ν 除以极对数 p^*，得到

$$\nu' = \frac{\nu}{p^*} \tag{2.102}$$

在整数槽绕组中，相对谐波次数为奇数：$\nu'=1$，3，5，7，9…对于分数槽绕组，当 $\nu=1$，2，3，4，5…时，相对谐波次数变为 $\nu'=1/p^*$，$\nu'=2/p^*$，$\nu'=3/p^*$…换句话说，这些值中 $\nu'<1$，$\nu'\notin\mathbf{N}$ 或者 $\nu'\in\mathbf{N}_{\text{even}}$。整数槽绕组产生的最低次谐波是基波（$\nu'=1$），但是分数槽绕组可以产生次谐波（$\nu'<1$）。其他次数谐波也随之产生，可以是分数次或偶数次。这些谐波会产生附加力、额外的转矩和损耗。相带变化越大，附加谐波作用越强；也就是分数槽绕组电流链分布与对应的整数槽绕组的差异。在多相绕组中，并不是所有的整数次谐波均会出现。例如，在三相电机的谐波谱中，因为 $\alpha_{\text{ph},\nu}=\alpha_{\text{ph},1}=\nu 360°/m=\nu 120°$，不存在3的倍数次谐波，即因为相间角度相差 $\alpha_{\text{ph}}=120°$，所以在相间不产生电压。

例2.18：设计一种一阶单层分数槽绕组，$Q=168$，$p=20$，$m=3$。基波绕组因数是多少?

解：每极每相槽数为

$$q=\frac{168}{2\times20\times3}=1\frac{2}{5}$$

该分数槽绕组中除数 $n=5$，满足对称条件（表2.6）$p/n=20/5=4\in\mathbf{N}$ 且 $n/3=5/3\notin\mathbf{N}$。根据表2.7，当 n 为奇数时，$n=5\in\mathbf{N}_{\text{odd}}$，此时产生一阶分数槽绕组。当 $t=p/n=4$，其参数为

$$Q^*=Q/t=168/4=42,\ p^*=n=5,\ t^*=1$$

根据式（2.101），$q_{\text{av}}nm=qp^*m=Q^*/2$，表中的线圈组包含 $p^*m=nm=5\times3=15$ 组线圈。线圈组和相序按照表2.8选择。

q_k	2	1	2	1	1	2	1	2	1	1	2	1	2	1	1
相	U	V	W	U	V	W	U	V	W	U	V	W	U	V	W

$n=5$ 组线圈数 q_k 循环了 $m=3$ 个周期产生对称分布的一相绕组。

q_k	q_1	q_2	q_3	q_4	q_5	q_1	q_2	q_3	q_4	q_5	q_1	q_2	q_3	q_4	q_5
U相	2			1			1			1			2		
V相		1			1			2			2			1	
W相			2			2			1			1			1

每一相均有一组线圈 q_n。根据式（2.100），线圈组每极每相槽数按照U相 q_k 值的顺序给出：

$$\frac{1}{5}\sum_{k=1}^{5}q_k=\frac{1}{5}(2+1+1+1+2)=1\frac{2}{5}=q$$

由图2.31和图2.32，我们分别得到了线圈组的排布图和绕组相量图。

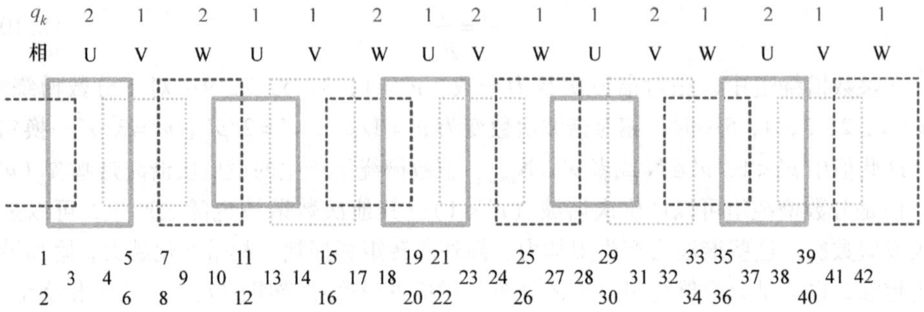

图2.31　单层分数槽绕组的线圈组排布图。$Q^* = Q/t = 168/4 = 42$，$p^* = n = 5$，$t^* = 1$

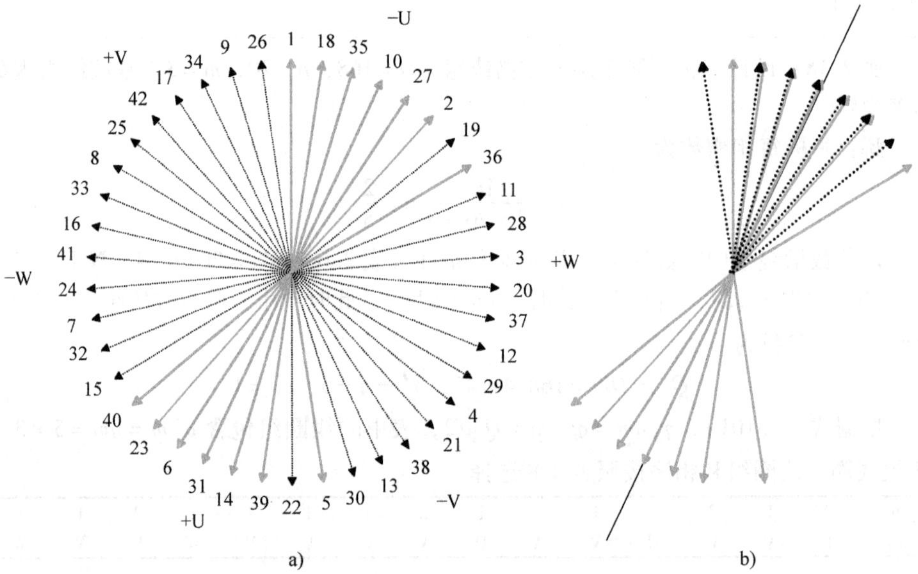

图2.32　a）一阶单层基绕组电压相量图，$p^* = 5$，$m = 3$，$Q' = Q^* = 42$，$q = 1\dfrac{2}{5}$，$t^* = 1$，

$\alpha_u = 5\alpha_z = 42\,{}^6\!/_7°$，$\alpha_z = 8\,{}^4\!/_7°$。U相的相量由实线表示。

b）U相的相量单独表示，以计算绕组因数和对称轴线

当计算绕组因数时，由电压相量图可得到如下参数：

电压相量图的层数	$t^* = 1$
矢量数	$Q' = Q^*/t^* = 42$
槽距角	$\alpha_u = 360° p^*/Q^* = 360° \times 5/42 = 42\,{}^6\!/_7°$

相角	$\alpha_z = 360°t^*/Q^* = 360° \times 1/42 = 8\tfrac{4}{7}°$
编号时跳过的相量的个数	$p^*/t^* - 1 = 5 - 1 = 4$
一相中的相量数	$Z = Q'/m = 42/3 = 14$

电压相量图如图 2.32 所示。

绕组因数的计算可用式（2.16）：

$$k_{w\nu} = \frac{\sin\frac{\nu\pi}{2}}{Z}\sum_{\rho=1}^{Z}\cos\alpha_\rho$$

一相中的相量数 $Z = 14$；相邻两相量间夹角为 $\alpha_z = 8\tfrac{4}{7}°$。每个相量与对称轴线的夹角 α_ρ 确定后，可以计算出基波绕组因数，即

$$k_{w1} = \frac{[\cos(4\times 8\tfrac{4}{7}°) + \cos(3\times 8\tfrac{4}{7}°) + 2\cos(2\times 8\tfrac{4}{7}°) + 2\cos(3\times 8\tfrac{4}{7}°) + 1]\times 2}{14}$$

$$= 0.945$$

按照以上的相带划分而设计的绕组，某些线圈边在电压相量图中被转移到相邻的相带。分别把相量 19 和 36、5 和 22、8 和 33 交换之后，得到的绕组也能够正常运行，但是该绕组中相似的线圈比交换前的绕组更少。这种绕组在技术上是一种较差的方案，因为未分开的与分开的线圈组将会并列放置。当线圈排布的差异最小时，得到的绕组设计方案才是最好的，这样端部绕组的形状也是最理想的。

例 2.19：判断是否能按照以下参数设计绕组？（a）$Q = 72$，$p = 5$，$m = 3$；（b）$Q = 36$，$p = 7$，$m = 3$；（c）$Q = 42$，$p = 3$，$m = 3$。

解：（a）应用表 2.6，可以检查是否满足分数槽绕组的对称条件。每极每相槽数是 $q = z/n = 72/(2\times 5\times 3) = 2\dfrac{2}{5}$，$z = 12$，$n = 5$，不能再约分了。$p/n = 5/5 = 1 \in \mathbf{N}$，应采用单层绕组；$n/m = 5/3 \notin \mathbf{N}$，满足对称条件。由于 $n \in \mathbf{N}_{odd}$，考虑采用如下的一阶基绕组：

$$Q^* = 72,\ p^* = 5,\ m = 3,\ q = 2\frac{2}{5}$$

即 $q_{av} = \dfrac{1}{5}(3 + 2 + 2 + 2 + 3) = 2\dfrac{2}{5} = q$，这种绕组方案是可行的。

q_k	3	2	2	2	3	3	2	2	2	3	3	2	2	2	3
相	U	V	W	U	V	W	U	V	W	U	V	W	U	V	W

（b）每极每相槽数 $q = z/n = 36/(2\times 7\times 3) = 6/7$，$z = 6$，$n = 7$，不能再约分了。$p/n = 7/7 = 1 \in \mathbf{N}$，应采用单层绕组，由于 $n/m = 7/3 \notin \mathbf{N}$，满足对称条件。由于 $n \in \mathbf{N}_{odd}$，考虑采用如下一阶基绕组：

$$Q^*=36,\ p^*=7,\ m=3,\ q=\frac{6}{7}$$

q_k	1	1	1	0	1	1	1	1	1	1	0	1	1	1	1	1	1	0	1	1	1
相	U	V	W	U	V	W	U	V	W	U	V	W	U	V	W	U	V	W	U	V	W

$$q_{av}=\frac{1}{7}(1+1+1+0+1+1+1)=\frac{6}{7}$$

每极每相槽数也可以小于1，即 $q<1$。在本例中，有些线圈组中没有线圈。这些不存在的线圈组当然也均匀分布在所有的相中。

（c）每极每相槽数 $q=z/n=42/(2\times3\times3)=2\frac{1}{3}$，$z=7$，$n=3$，不能再约分了，$n/3\notin\mathbf{N}$ 这一条件不满足，即绕组不是对称的。尽管绕组非对称，我们仍考虑一阶基绕组，得到的结果如下：

$$Q^*=42,\ p^*=3,\ m=3,\ q=2\frac{1}{3}$$

q_k	2	2	3	2	2	3	2	2	3
相	U	V	W	U	V	W	U	V	W

可以看出，所有带3个线圈的线圈组均属于W相，这样的绕组是不能运行的。

例2.20：设计一套绕组满足：$Q=60$，$p=8$，$m=3$。

解：每极每相槽数 $q=60/(2\times8\times3)=1\frac{1}{4}$，$z=5$，$n=4$。槽数 Q 和极对数 p 的最大公约数为 $t=2p/n=16/4=4$。t 也表示了电压相量图的层数，每层中电压相量数为 $Q'=Q/t=60/4=15$，且 $Q'/m=15/3=5\in\mathbf{N}_{odd}$。对称条件 $p/n=8/4=2\in\mathbf{N}$ 且 $n/3=4/3\notin\mathbf{N}$ 满足。因为 $n=4\in\mathbf{N}_{even}$，所以根据表2.7可得二阶单层分数槽绕组的基绕组参数如下：

$$Q^*=2Q/t=2\times60/4=30,\ p^*=n=4,\ t^*=2$$

二阶单层分数槽绕组与一阶绕组的设计类似，但电压相量图层数加倍。基绕组的线圈组有 $p^*\times m=n\times m=4\times3=12$ 组。线圈组排布如下：

q_k	2	1	1	1	2	1	1	1	2	1	1	1
相	U	V	W	U	V	W	U	V	W	U	V	W

本例中的基绕组线圈组排布图如图2.33所示。

基绕组的电压相量图如图2.34所示。

电压相量图的层数	$t^*=2$（二阶绕组）
矢量数	$Q'=Q^*/t^*=30/2=15$
槽距角	$\alpha_u=360°p^*/Q^*=360°\times4/30=48°$
相角	$\alpha_z=360°t^*/Q^*=360°\times2/30=24°$
编号时跳过的相量的个数	$(p^*/t^*)-1=4/2-1=1$

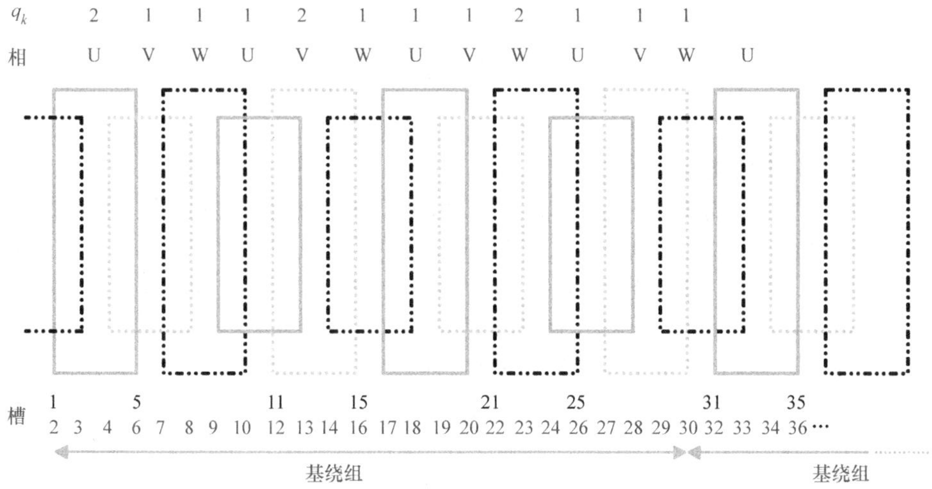

图2.33 单层分数槽基绕组的线圈组排布图（$p=8$，$m=3$，$Q=60$，$q=1\frac{1}{4}$）

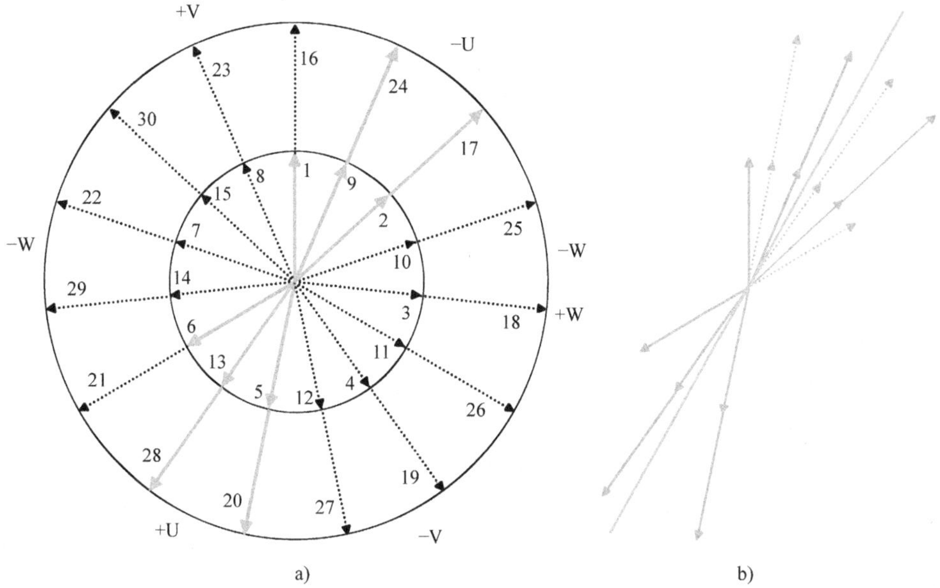

图2.34 a）单层分数槽绕组（$p=8$，$m=3$，$Q=60$，$q=1\frac{1}{4}$）的基绕组（$p^*=4$，$Q^*=30$，$t^*=2$，$Q'=15$，$\alpha_u=2\alpha_z=48°$）电压相量图，U相的相量由实线表示；b）U相的相量单独表示，以计算绕组因数并描绘对称的相量束

一相的相量数为 $Z=30/3=10$，相邻相量间的夹角为 $\alpha_z=24°$。得到与对称轴线

的夹角 $\alpha_p=24°$之后，可以用式（2.16）计算基波绕组因数。

$$k_{w1}=\frac{[2\cos(6°)+2\cos(6°+12°)+\cos(6°+24°)]\times 2}{10}=0.951$$

2.12.2　双层分数槽绕组

在双层绕组中，线圈的一条线圈边在槽的上层，另一条线圈边在下层，线圈的跨距是相同的。因此，当左边线圈边的位置确定后，右边线圈边的位置也随之确定。双层分数槽绕组不同于单层分数槽绕组。假设左边线圈边在上层。对于上层的线圈边，双层绕组的电压相量图是适用的。与图2.34不同的是，双层分数槽绕组的电压相量图仅有一层。因此，有了基绕组的电压相量图，设计对称双层分数槽绕组就非常简单明了。对称分布的封闭相量束是由一相的相量组成的。与整数槽绕组电流链分布对比来看，这种相量排布产生的偏差最小。

首先研究一阶双层分数槽绕组。可以将这些相量划分为数量相同的几组，即等宽相带。

例2.21：将之前的 $Q=168$，$p=20$，$m=3$，$q=1\frac{2}{5}$单层绕组重新排布，变为双层绕组。

解：这里分数槽绕组中的 $n=5$。对称条件（表2.6）为 $p/n=20/5=4\in\mathbf{N}$ 且 $n/3=5/3\notin\mathbf{N}$ 是满足的。根据表2.7，如果 $n=5\in\mathbf{N}_{odd}$，可以采用一阶分数槽绕组。绕组的电压相量图参数如下：

电压相量图的层数	$t^*=1$
基绕组极对数	$p^*=5$
矢量数	$Q'=Q^*/t^*=42$
槽距角	$\alpha_u=360°p^*/Q^*=360°\times5/42=42\frac{6}{7}°$
相角	$\alpha_z=360°\times1/42=8\frac{4}{7}°$
编号时跳过的相量的个数	$p^*/t^*-1=5-1=4$

因为 $t^*=1$，矢量数 Q'和相量数 Q^* 相同，所以可以求出每相的相量个数 $Q^*/m=42/3=14$，可分为负相 Z^- 和正相 Z^+。一阶基绕组一相的相量数 $Q^*/m=Q/mt\in\mathbf{N}_{even}$。通常情况下，不同相带是没有差别的，相量都可均分为正负相。本例中，正负相的相量数为 $Z^-=Z^+=7$。采用正常的相带排序 −U、+W、−V、+U、−W、+V，可将电压相量图划分为6个相带，每个相带含有7个相量，如图2.35所示。

电压相量图画好之后，上层线圈边随之确定。选择适当的线圈跨距后，底层线圈边的位置也可以确定。分数槽绕组的 $q\notin\mathbf{N}$，采用整距绕组是不可行的。对本例中的绕组而言，整距绕组中的跨距 y_Q 将会变为槽节距 y：

$$y = y_Q = mq = 3 \times 1\frac{2}{5} = 4\frac{1}{5} \notin \mathbf{N}$$

这种情况是无法实现的，因为实际中的槽节距必须是整数。

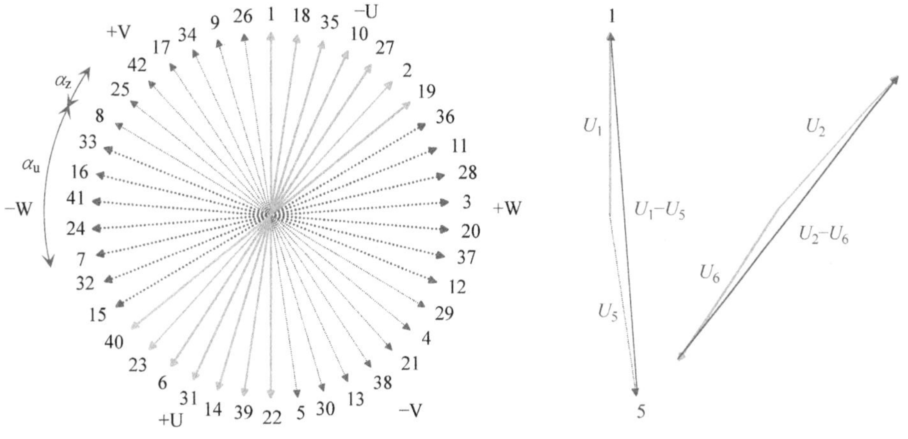

图 2.35　a）一阶双层基绕组的电压相量图 $p^* = 5$，$m = 3$，$Q' = Q^* = 42$，$q^* = 1\frac{2}{5}$，$t^* = 1$，$\alpha_u = 5\alpha_z = 42\frac{6}{7}°$，$\alpha_z = 8\frac{4}{7}°$；b）U 相线圈电压相量中的两组

将线圈节距减少 $y_\nu = 1/5$，就可以变为整数来构建绕组。

$$y = mq - y_\nu = 3 \times 1\frac{2}{5} - \frac{1}{5} = 4 \in \mathbf{N}$$

这样来看，双层分数槽绕组是短距绕组。构建双层分数槽绕组时，每个槽中有两个线圈边，因此绕组线圈数与槽数相等。在本例中，首先将 U 相下层线圈边放置在 1 号槽中。由节距 $y = 4$ 可知，另一条线圈边跨 4 个槽的距离放置在 5 号槽中。同样，下一个线圈从 2 号槽跨到 6 号槽，以此类推。形成的线圈依次为 1 - 5、18 - 22、35 - 39、10 - 14、27 - 31、2 - 6 和 19 - 23。如果从 + U 相开始，可以得到线圈 22 - 26、39 - 1、14 - 18、31 - 35、6 - 10、23 - 27 和 40 - 2。这样每一相中就包含各有一个线圈的 6 个线圈组，以及各有两个线圈的 4 个线圈组，平均槽数

$$q = \frac{1}{10}(6 \times 1 + 4 \times 2) = \frac{14}{10} = 1\frac{2}{5}$$

这样构建的基绕组的一部分如图 2.36 所示。

接下来研究二阶双层分数槽绕组的排布。因为 $Q'/m = Q^*/m = Q/mt \in \mathbf{N}_{\text{odd}}$，所以正负相带 Z^+ 和 Z^- 无法进行相等划分。也就是说，电压相量图中的各相带宽度不相等。不过，只要相邻两相带的相量不落在这两个相带内部，电压相量图还是可以构建出来的。

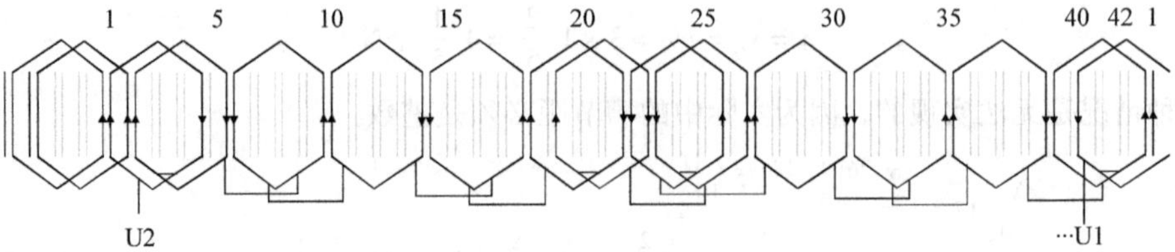

图2.36 分数槽绕组的基绕组；$p=20$，$m=3$，$Q=168$，$q=1\frac{2}{5}$。

U1相的最后一条边放置在40号槽中

例2.22：构造一个二阶分数槽绕组，参数为 $Q=30$，$p=2$，$m=3$。

解：每极每相槽数为

$$q=\frac{30}{2\times2\times3}=2\frac{1}{2}$$

由于 $n=2\in\mathbf{N}_{\text{even}}$，故可以构造二阶双层分数槽绕组。$t=2p/n=2$，绕组参数为

$$Q^*=Q/t=30/2=15,$$
$$p^*=n/2=2/2=1,$$
$$t^*=1$$

这表明二阶双层分数槽基绕组只能跨过一对极的距离。电压相量图的参数为：

电压相量图的层数	$t^*=1=p^*$
矢量数	$Q'=Q^*/t^*=15$
槽距角	$\alpha_u=360°p^*/Q^*=360°/15=24°$
相角	$\alpha_z=360°t^*/Q^*=360°/15=24°$
编号时跳过的相量的个数	$p^*/t^*-1=0$

一相中有 $Q'/m=Q^*/m=15/3=5$ 个相量，这种情况下正负相中的相量数不相等。若按正常的相带顺序排布，必须使 $Z^+=Z^-+1$ 或 $Z^-=Z^++1$。在这个例子中，可以得到 $Z^-=3$、$Z^+=2$。我们可以根据原有的相带分布，在电压相量图中划分出相带，其中的相量数为：$-$U相中有 $Z^-=3$ 个，$+$W相中有 $Z^+=2$ 个，$-$V相中有 $Z^-=3$ 个，以此类推，如图2.37所示。

当线圈节距减少 $y_\nu=1/2$ 时，节距变为整数：

$$y=mq-y_\nu=7\frac{1}{2}-\frac{1}{2}=7$$

图2.38的绕组示意图表明所有正相均包含3个线圈，所有的负相均包含两个线圈，平均值为 $q=2\frac{1}{2}$。因为所有的正相线圈和负相线圈均分别包含相同的线圈数，所以可按照波绕组排布，形成的波浪在一个方向穿过绕组3次，在反方向穿过绕组2

次。所有的波串联在一起形成完整的相绕组。

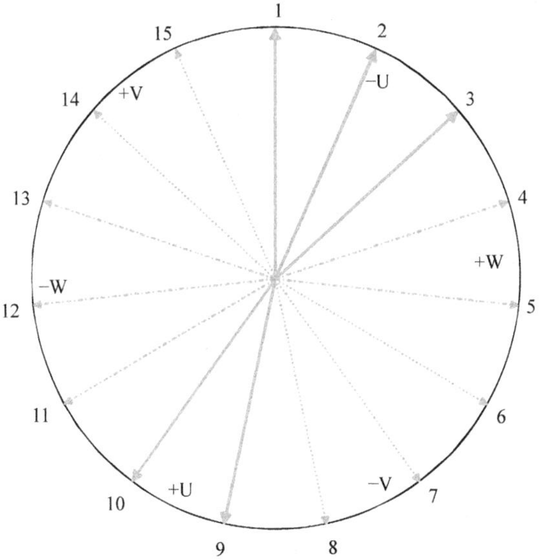

图 2.37 二阶双层分数槽绕组电压相量图，$p^*=1$，$m=3$，$q=2\frac{1}{2}$，$Q'=Q^*/t^*=15$，$\alpha_u=360°p^*/Q^*=360°/15=24°$，$\alpha_z=360°t^*/Q^*=360°/15=24°$，$(p^*/t^*)-1=0$

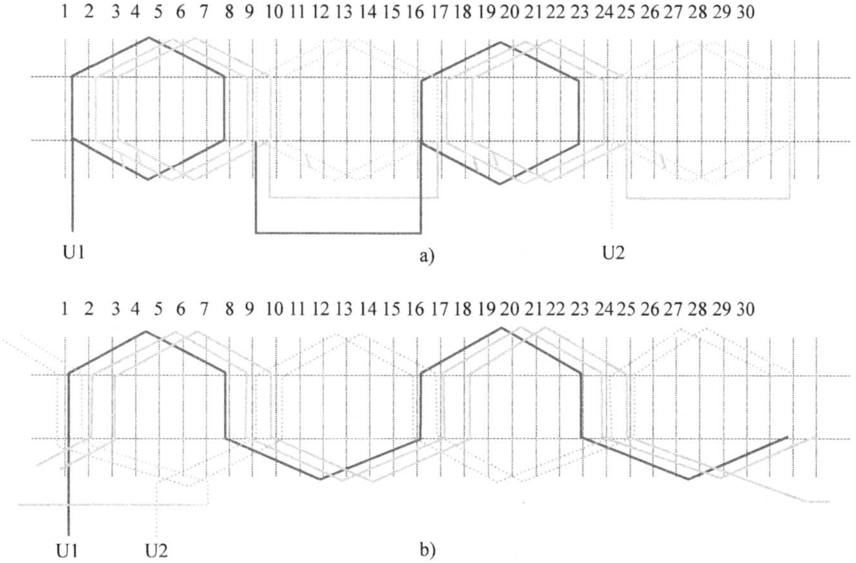

图 2.38 双层分数槽绕组绕组排布图，$p=2$，$m=3$，$Q=30$，$q=2\frac{1}{2}$。

a）叠绕组；b）波绕组。为方便观察，这里只画出一相绕组

例2.23：构造三相电机的分数槽非重叠绕组（齿圈绕组），电机定子槽数为12，转子极数为10，如图2.39所示。

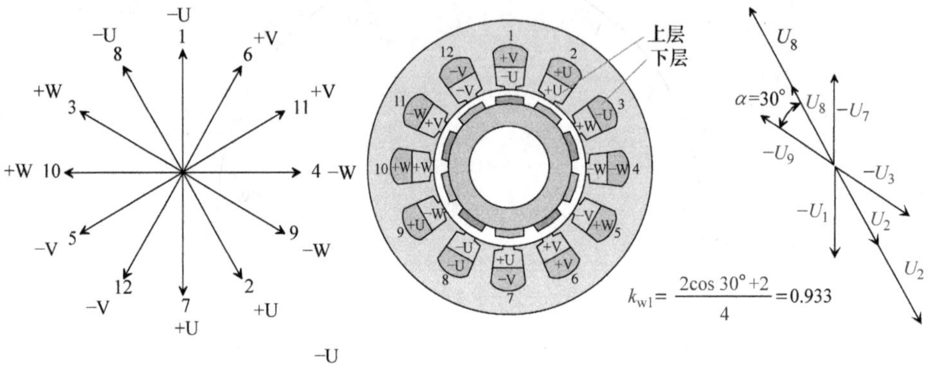

图2.39 a）12槽10极电机相量图；b）12槽10极电机双层绕组；c）U相的相量图，以计算绕组因数

解：每极每相槽数为 $q=12/(3\times10)=2/5=z/n=0.4$，$n=5$。应采用一阶基绕组。根据表2.6，$p/n\in\mathbf{N}$。本例中，$5/5\in\mathbf{N}$。三相电机的 $n/m\notin\mathbf{N}\rightarrow n/3\notin\mathbf{N}$，即 $5/3\notin\mathbf{N}$，满足对称条件。接下来考虑表2.7中参数，Q 和 p 的最大公因数是 $t=p/n=5/5=1$，$Q/(tm)=12/(1\times3)=4$ 是偶数。电压相量图中的槽距角为

$$\alpha_u=n\alpha_z=n\frac{2\pi}{Q}t=5\frac{2\pi}{12}1=\frac{5\pi}{6}$$

基绕组的槽数为 $Q^*=Q/t=12$，极对数为 $p/t=n=5$。该绕组用单层或双层均可实现，在本例中采用双层绕组。在画电压相量图时，编号时跳过的相量数为 $(p^*/t^*)-1=[(p/t)/t^*]-1=[(5/1)/1]-1=4$。

首先，12个相量已经在图中画出（数量为 Q'，当 $Q'=Q^*/t^*$ 时）。相量1定位在竖直向上的位置，下一个相量，相量2位于与相量1相差 $360°\times p/Q$ 电角度的位置，本例中为 $360°\times5/12=150°$。相量3与相量2同样差150°电角度，以此类推。第一个线圈1－2（－U，＋U）放置在1号槽的顶层和2号槽的底层。其他线圈（－U，＋U）按U、－V、W、－U、V、－W的顺序放置。本例中一相绕组的相带包括4个槽，包括两个正的和两个负的槽。

根据图2.39a的电压相量图和图2.39b的绕组排布图，可以求得电机的基波绕组因数，如图2.39c所示。图2.39b中U相相量的极性已在图中标出。在1号、2号和3号槽中，U相总共有4条线圈边，因此相量数为4。计算出相邻两个相量间的夹角和它们的余弦值，可得到绕组因数为0.933。

例 2.24：构造三相电机齿圈绕组，电机槽数为 21，极数为 22，如图 2.40 所示。

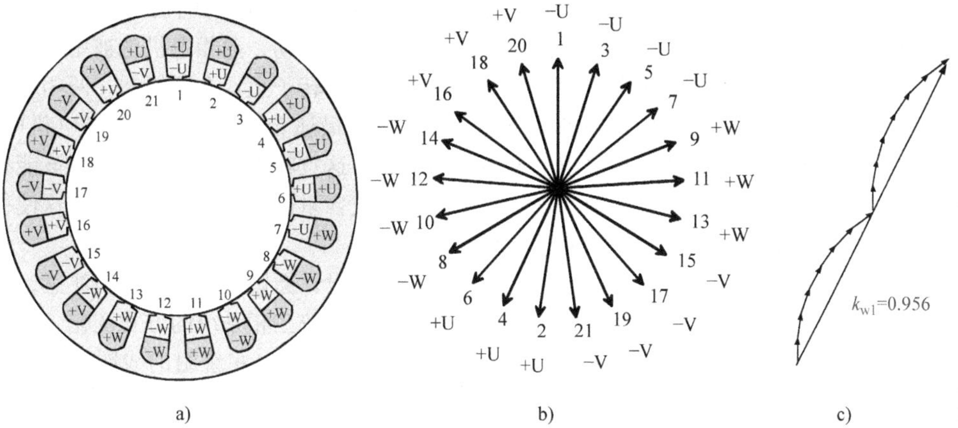

图 2.40　a）21 槽 22 极电机绕组；b）21 槽 22 极电机相量图；
c）U 相的电压相量，以计算绕组因数

解：每极每相槽数为 $q = 21/66 = z/n = 7/22 = 0.318$。因为 $n \in \mathbf{N}_{\text{even}}$，所以可以采用二阶分数槽绕组。尽管绕组满足对称条件，但这种排布并不是真正的对称，因为绕组中一相的所有线圈均位于电机的同一侧，采用这种绕组的电机会产生不平衡磁拉力。

图 2.40b 中已经画出 21 个相量（数量为 Q'，当 $Q' = Q^*/t^*$ 时）。相量 1 放置在上层且下一个相量在距离它 $360° \times p/Q$ 电角度的位置，本例中为 $360° \times 11/12 = 188.6°$；即相量 2 放置在距相量 1 为 188.6°的位置。相量 3 和相量 4 等按照上述过程类推……相序为 -W、U、-V、W、-U、V。一相中包含 7 个槽，划分的正负相带所含相量数一定不相等，有 3 个槽属于正相、4 个槽属于负相。需要注意的是，我们现在只排布了上层线圈边，当槽下层也排布好绕组之后，正负相中的线圈数就相等了。

在图 2.40a 中，按照图 2.40b 相量图，将下层的线圈边放入槽中。图 2.40b 中的相量 1 属于 -U 相且被放置在 1 号槽的上层，相量 2 是 +U 相，嵌放在 2 号槽的下层。电机下层线圈排布顺序与上层线圈一致。如果把上层线圈边向前移动一个槽的距离，并且把极性改变时，就可得到下层线圈的排布。U 相的第一个线圈将位于 21 槽的下层和 1 槽的上层，以此类推。

2.13　单、双相绕组

上述的三相绕组是最常见的应用于多相电机的旋转磁场绕组。在电机设计中，单相和双相绕组，变极绕组以及换向器绕组也很常见。带换向器的交流电机中，目前只有单相串接换向器电机出现，如电动工具用电机。随着电力电子技术发展，不同类型电机的转速控制会容易实现，多相交流换向器电机将会最终消失。

由于没有两相供电网络，两相绕组主要作为由单相电源馈电的电机的辅助和主绕组。在某些特殊场合，例如小型辅助汽车驱动设备如风扇驱动，两相电机也被用作电力电子电源。两相绕组也可以用在小功率集电环异步电机的转子上。众所周知，两相绕组系统是最简单可行的能产生旋转磁场的绕组，因此，它最适合应用于旋转磁场电机中。然而在两相电源中，存在任一相绕组电流为零的时刻。这意味着每一个绕组都应该能独立地产生一个正弦电源来尽可能地实现气隙中低的谐波含量以及低的转子损耗。这使得高效率两相电机的设计比三相电机要求更高。

两相绕组的设计是基于之前已经讨论过的三相绕组设计原则。然而，必须注意，在一个简化多相系统中，当进行相带分配时，相带符号不是按三相系统的方式变化，但相带分布依然是 -U、-V、+U、+V。在一个单相异步电机中，主绕组的线圈数通常比辅助绕组的线圈数要多。

例2.25：设计一个小型电机的5/6短距，双层两相绕组，$Q=12$，$p=1$，$m=2$，$q=3$。

解：符合上述规则的绕组展开图如图2.41所示。

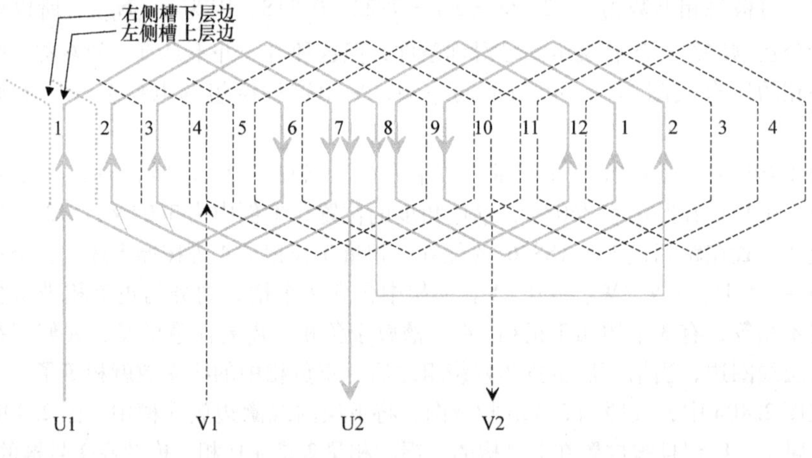

图2.41　对称5/6双层短距两相绕组，$Q=12$，$p=1$，$m=2$，$q=3$

当考虑单相绕组时，我们必须意识到，作为一个静止的绕组，它所能产生的并不是一个旋转磁场，而是一个脉振磁场。一个脉振磁场可以看作是两个以相反方向旋转的旋转磁场的叠加。因此，单相电机的电枢反应有一个与转子转动方向相反的磁场分量。在同步电机中，这个磁场分量会被转子的阻尼绕组抑制。然而，阻尼绕组的铜损会显著增大。在单相笼型感应电机中，转子在抵消负序磁场时也会产生额外损耗。

如本章开头例子所述，隐极电机的转子励磁绕组也属于单相绕组的一种。如果单相绕组安装在电机的旋转部分上，显然，它就会在电机的气隙中产生一个旋转磁场，而不是单相定子绕组产生的脉振磁场。

表 2.10　三相双层分数槽集中绕组（$q \leqslant 0.5$）基波绕组因数 k_{w1} 和每极每相槽数，黑体字是每列最大值，此表由 Pia Salminen 授权后复制

Q_s	极数	2p									
		4	6	8	10	12	14	16	20	22	24	26
6	k_{w1}	**0.866**	—①	**0.866**	0.5	—①	0.5	0.866	0.866	0.5	—①	0.5
	q	0.5		0.25	0.2		0.143	0.125	0.1	0.091		0.077
9	k_{w1}		**0.866**	—②	—②	**0.866**	0.617	0.328	0.328	0.617	**0.866**	0.945
	q		0.5	0.375	0.3	0.25	0.214	0.188	0.15	0.136	0.125	0.115
12	k_{w1}			**0.866**	**0.933**	—①	**0.933**	0.866	0.5	0.25	—①	0.25
	q			0.5	0.4		0.286	0.25	0.2	0.182		0.154
15	k_{w1}				0.866	—①	—②	—②	0.866	0.711	—①	0.39
	q				0.5		0.357	0.313	0.25	0.227		0.192
18	k_{w1}						0.902	**0.945**	**0.945**	0.902	**0.866**	0.74
	q				—	**0.866**	0.429	0.375	0.3	0.273	0.25	0.231
21	k_{w1}					0.5	0.866	0.89	—②	—②	—①	0.89
	q						0.5	0.438	0.35	0.318		0.269
24	k_{w1}							0.866	0.933	**0.949**	—①	**0.949**
	q							0.5	0.4	0.364		0.308

① 不推荐，因为分母 n（$q=Z/n$）是相数 m 的整数倍。

② 不推荐用作单相基绕组，因为其存在不平衡磁拉力。

大型单相电机很罕见，但也有例子，单相同步电机仍被用于给 $16\frac{2}{3}$Hz 电气机车的旧电力网络供电。因为电机里只有一相，所以每对极只有两个相带，整数槽绕组的结构通常相对简单。在这些电机中，阻尼绕组不得不抵消负序磁场。然而所引起的最突出的问题是阻尼绕组产生了大量的损耗。

设计单相绕组中的核心原则是让电流链尽可能地呈正弦分布。这一点对于单相绕组比三相绕组更重要，从根本上讲，三相电机中电流链分布更接近于理想值。单相绕组中的电流链分布可看作在某一位置某一瞬间，三相绕组中某一相电流为零时，三相绕组中的电流链分布。在该时刻，电机中有 1/3 的槽原则上没有电流。这时，当留下 1/3 槽不嵌入导体并且每个槽中插入的线圈匝数也不同，单相电机中电流链分布最有可能接近于正弦波。图 2.3 中的隐极电机的励磁绕组就是这样一个例子。

例 2.26：设计单相绕组的不同相带分配，使其接近于正弦电流链分布，其中 $m=1$，$p=1$，$Q=24$，$q=12$。

解：图 2.42 给出了单相绕组几种产生电流链波形的方法。

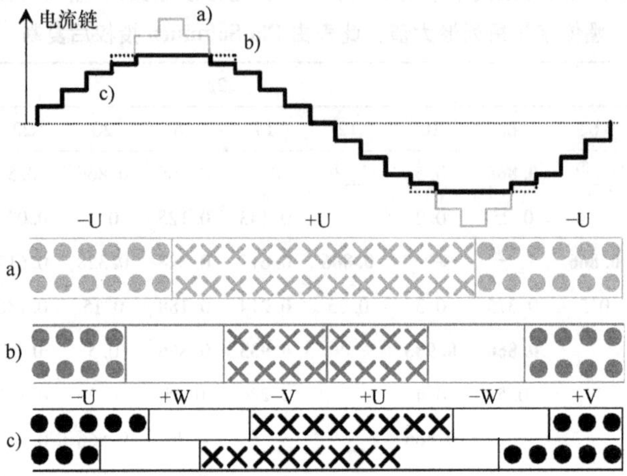

图 2.42　$p=1$、$Q=24$、$q=12$ 的单相绕组的相带分布以及由其不同分布产生的电流链波形。a）覆盖所有槽的单相绕组。b）一个三分之二绕组与对应的三相绕组相带。三相绕组 +W 和 -W 相带没有导体。电流链分布要好于图 a。c）三分之二短距绕组，能产生更接近于理想状态的电流链分布（黑色的阶梯实线）

2.14　变极绕组

这里的变极绕组指的是可以通过改变接线端子连接来改变极数的单相或多相绕组。在异步电机中，当转速要求按一定比例变化时，通常采用该类型绕组。最常见的例子就是双速电机。这种排布最常见的连接是 Lindström - Dahlander 连接，它能实现三相电机的极数以 1∶2 的方式切换。图 2.43 给出了一个 24 槽电机的一相绕组排布图。它可以排布成一个双层的菱形绕组，这种绕组是典型的 Dahlander 绕组。现在，较小的极对数记为 p'，较大的记为 p''，其中 $p''=2p'$。绕组被分为 U1 - U2 和 U3 - U4 两个部分，在较高极数的绕组中，两者都包含了两个线圈组。

Dahlander 绕组通常是用一个双层、双相带宽度绕组来获得高极对数。每相的线圈组数等于 p''，p''总是一个偶数。构造一个双层整数槽整距 Dahlander 绕组（绝无可能是短距或分数槽 Dahlander 绕组）要从创建一个 mp''的双宽度的负相带开始着手，所有的负相带 -U、-V、-W 位于槽的上层，所有的正相带位于下层。

U 相绕组超前 V 相绕组 120°。对于极对数 $p''=4$，V 相绕组和 U 相绕组相距

$$\frac{Q}{3p''}\tau_{\mathrm{u}}=\frac{24}{3\times4}\tau_{\mathrm{u}}=2\tau_{\mathrm{u}}$$

因此，U 相绕组从槽 1 开始，V 相绕组则以相同的方式从槽 3 开始，W 相绕组从槽 5 开始。当极对数 $p''=2$，V 相绕组和 U 相绕组相距

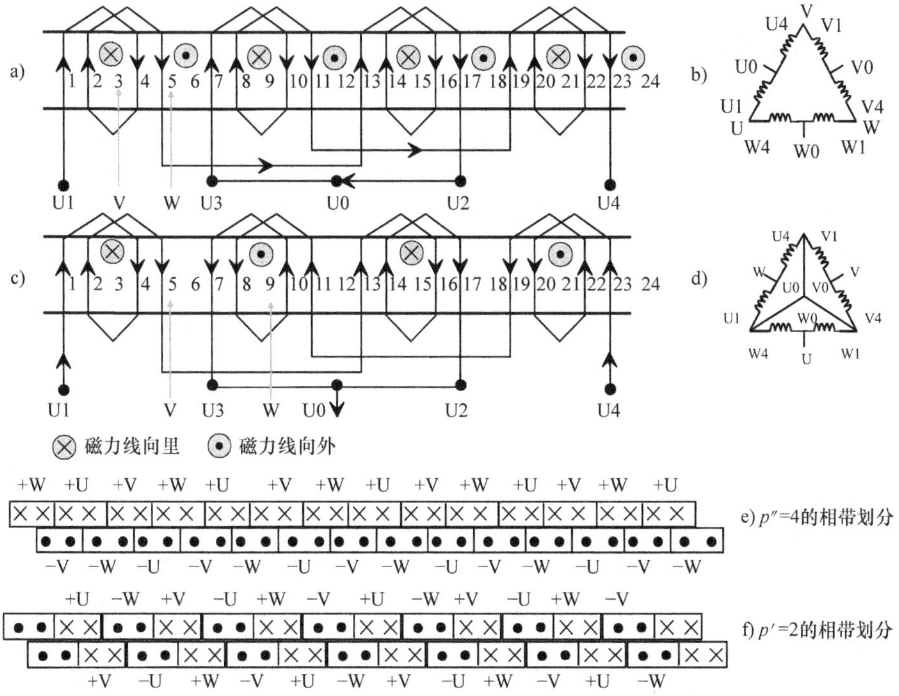

图2.43　Dahlander绕组的构成原理。上面的连接方式（图a）产生8极，下面的连接方式（图c）产生4极。极数用磁力线箭头的首尾方向来表示。图b和图d为等效连接。当每相的线圈匝数随速度成反比例变化，在双速运行时，绕组可以用相同的电压供电，电路连接采用U、V和W端子。图中只绘出了一相里的一套绕组。U1和U4中间是W连接，W4和W1中间是U连接以及V1和V4中间是V连接以保持相同的旋转方向。图e和图f是$p''=4$和$p'=2$的相带划分

$$\frac{Q}{3p'}\tau_{u}=\frac{24}{3\times2}\tau_{u}=4\tau_{u}$$

因此，V相绕组从槽5开始，W相绕组从槽9开始。必须有外部连接来满足这些要求。简言之，上述的产生极对数变化的绕组间的切换可以用右边的电路图实现。为了使电机旋转方向不变，U、V和W相都必须按照图中的方式连接。

还有另外一种方法来构造两种不同极数的绕组：极幅调制（PAM）方法。它的调节倍率除了1:2均可以，PAM基于下面的三角公式：

$$\sin p_{b}\alpha\ \sin p_{m}\alpha=\frac{1}{2}[\cos(p_{b}-p_{m})\alpha-\cos(p_{b}+p_{m})\alpha]\tag{2.103}$$

电流链是角度α和气隙外径的函数。一相绕组可以通过一个基本的极对数p_{b}和一个调制极对数p_{m}实现。实际上，这意味着如果以$p_{b}=4$、$p_{m}=1$为例，那么PAM方法可以产生4+1或者4−1极对数。绕组必须设计成可以使得一个谐波被削弱，另一个被增强。

2.15 换向器绕组

理论上讲，多相绕组的特点是各相绕组之间是电气分离的。各相绕组之间通过端子连接成星形或多边形。换向器电机电枢绕组的首端和尾端都不是连接端。绕组由多匝焊接在一起的导体组成，这些导体绕制成线圈放置在转子槽内，因此绕组的感应电压和始终为零。如果总的槽电压为零，上述的情况是可能发生的。在这种绕组中，可以把每个线圈的有效边串联在一起，这样线圈内不会有由内电压引起的环流。把各个线圈端子的引线和换向片连接起来，形成外部电路。绕组带动着换向器，其电流是通过电刷流入的。电机转动时，换向器使线圈轮流接触电刷，从而起到一个机械逆变器或整流器的作用，这个过程称为换向。设计绕组时，建立可靠的换向装置是重要的一步。

换向器绕组通常是双层绕组。每个线圈总是一条边在上层，另一条边在下层，两条线圈边之间的距离近似为一对磁极之间的距离。由于存在换向问题，两个换向片之间的电压不能过高，所以换向片和线圈的数量必须足够多。另外，最小齿宽又限制了槽的数量。因此，每个槽内一般放置两个以上的有效边。在图2.44a中每个槽放有两个线圈边，在图2.44b中每个槽放有四个线圈边。通常把线圈的每条边都进行编号，这样一来下层边是偶数，上层边是奇数。设线圈数为z_c，则$2z_c$条线圈边被放置在Q个槽中，这样每个槽就有$2u=2z_c/Q$条线圈边；u表示一层中的线圈边数；设每一条有效边有N_v匝导线，则电枢绕组总匝数z是

$$z = Qz_Q = 2u\,N_v\,Q = 2z_c\,N_v \tag{2.104}$$

式中，Q是槽数；z_Q是每槽内的导体匝数；u是每层线圈有效边数；z_c是线圈数；N_v是一个线圈边包含的导体匝数，则有$2uN_v=z_Q$，原因是$z_Q=z/Q=2uN_v\,Q/Q=2uN_v$，参见式（2.104）。

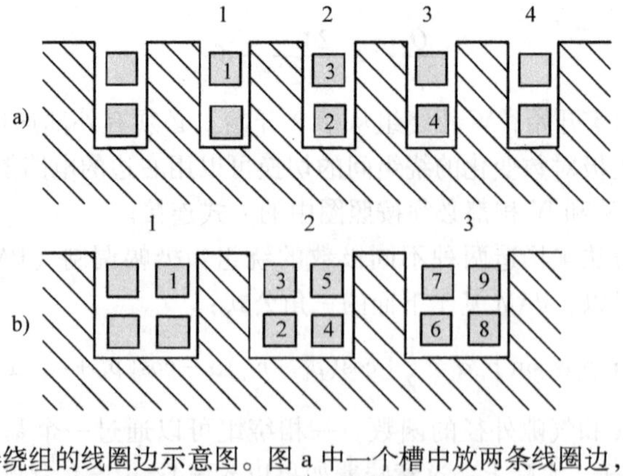

图2.44　槽中换向器绕组的线圈边示意图。图a中一个槽中放两条线圈边，一层放一条线圈边，$u=1$；图b中一个槽中放四条线圈边，一层放两条线圈边，$u=2$。偶数号的线圈边位于底槽。为保证两换向片间的电压小一些，绕组中需要有足够多的线圈和换向片

换向器绕组可以用在交流电机和直流电机中，但是多相交流换向器电机越来越少

了。相比之下，尽管直流驱动器正逐步被交流电力电子驱动器所取代，但在当今的行业中直流电机仍然被投入制造和使用。尽管如此，还是有必要简单了解一下直流绕组。

交流和直流换向器绕组在原则上是等同的。简单起见，我们通过直流电机电压相量图来分析绕组的结构。因为多极电机的绕组对于每一对极来说都是相同的，所以这里只需要讨论两极电机的情况。图 2. 45 中的转子，$Q=16$，$u=1$，设转子以角速度 Ω 在 N 极和 S 极之间形成的恒定磁场中顺时针旋转。

磁场相对槽内导体沿顺时针方向旋转。现在可以构建绕组线圈电压相量图，在图中已经标出了有效边的不同电压值。从图 2. 44 编号方式可以看出，1 号槽放有 1 号和 32 号边，9 号槽放有 16 号和 17 号边。通过这种方式，线圈电压相量图可以用图 2. 45b 表示。

从图 2. 45 可以看出，如果反电动势与电枢电流的方向相同，那么所产生的转矩与旋转方向相反（图 2. 45 中是逆时针方向），电机必须输入机械功率，此时电机处于发电机状态。如果电枢电流是由外部电压源或电流源提供，并且电流方向与反电动势的方向相反，则产生的转矩与旋转方向相同，此时电机处在电动机状态。

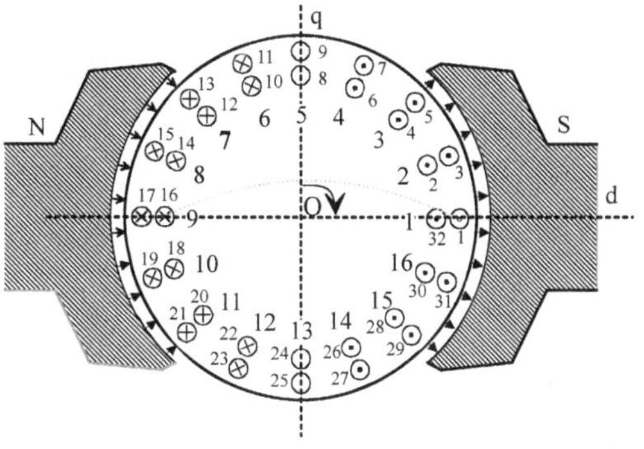

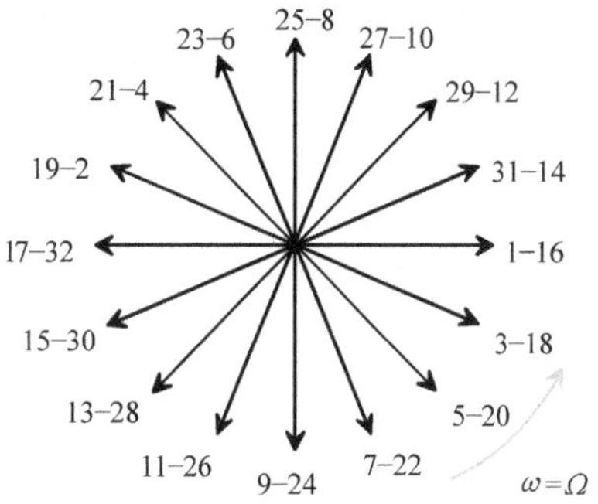

图 2. 45 a）两极双层换向器电枢的原理图。电枢以角速度 Ω 顺时针旋转，在槽内导体中产生电动势。图中标出了由电动势确定的电流方向。b）线圈电压相量图。图中所示为整距绕组，在换向器绕组中通常不会出现。但这里用整距绕组举例更清晰。$Q=16$，$u=1$（每层放置一个有效边）

绕组中有 $z_c=Qu=16\times 1=16$ 个线圈，这些线圈的出线端应当接到换向器上。根据不同的连接方式，可以生产不同种类的绕组。线圈的每个出线端都需要连接到换向器上。换向器绕组主要有两种类型：叠绕组和波绕组。叠绕组的线圈呈环形，线圈的两个出线端连接到相邻的换向片上。波绕组的线圈呈平面波浪形。

因为每个线圈的进线端和出线端都在换向片上，所以换向片的个数可以由下式给出：

$$K=uQ \tag{2.105}$$

由此可见，换向片的个数取决于槽内导体的排布，即一层放置的线圈边数。还有一些换向器绕组的重要参数：

y_Q— 每个磁极下线圈两条有效边所跨的距离［见式（2. 111）］。

y_1— 第一节距，即同一个线圈的两条有效边在电枢表面所跨的距离。对于绕组线圈来说，上层边标号为奇数，下层边标号为偶数，如下式给出：

$$y_1 = 2uy_Q \mp 1 \tag{2.106}$$

如果要表示图2.44中所示的线圈，则上式取负号。若 $u=1$ 时，1号槽放1、2边，2号槽放3、4边，以此类推；$u=2$ 时，1号槽顶层放1、3边，底层放2、4边，以此类推；这种情况下，上式取正号。

y_2—第二节距，即一个线圈的右侧有效边和相串联的线圈的左侧有效边所跨的距离。

y—合成节距，即相串联的两个线圈的对应有效边在电枢表面所跨的距离。

y_c—换向器节距，同一个线圈的两个出线端所连接的两个换向片之间所跨的距离。

在绕组设计中，有关换向器节距的方程属于基本方程，换向器节距必须为整数：

$$y_c = \frac{nK \pm a}{p} \tag{2.107}$$

式中，a 是换向器绕组的并联支路对数，即整个电枢有 $2a$ 条并联支路。

根据 n 的取值不同，通常采用的绕组的特性如下：

1）$n=0$ 为叠绕组。换向器节距为 $y_c = \pm a/p$，这意味着，a 必须是 p 的整数倍才能使换向器节距为整数。对于叠绕组来说 $2a=2p$，也就是 $a=p$，即 $y_c = \pm 1$，可称为并联绕组。从左向右行进的绕组取正号，从右向左行进的绕组取负号。如果 a 是极对数的 k 倍，即 $a=kp$，则称作 k 重并联绕组。例如，若 $a=2p$，换向器节距 $y_c = \pm 2$，则该绕组称为二重并联绕组。

2）$n=1$ 为波绕组。换向器节距为

$$y_c = \frac{K \pm a}{p} = \frac{uQ \pm a}{p} \tag{2.108}$$

换向器节距必须是整数。右行绕组取正号，左行绕组取负号。波绕组的并联支路数始终为2，即波绕组只有一对并联支路，与极对数无关：$2a=2$，$a=1$。

参数 K、a、p 的取值不是任意的，否则得到的换向器节距不是整数，设计者需要合理地选择槽数、线圈边数、极数、绕组类型，以此来保证换向器节距是整数。

如果线圈数等于换向器片数，并且编号为奇数的线圈边放在上层，编号为偶数的线圈边放在下层，可以得出

$$y = y_1 + y_2 = 2y_c \tag{2.109}$$

因此，给定换向器节距，合成节距可表示为

$$y = 2y_c \tag{2.110}$$

通过每极下的槽数 y_Q 和一层的线圈有效边数 u 确定了 y_1 以后：

$$y_Q \approx \frac{Q}{2p} \tag{2.111}$$

$$y_1 = 2u\, y_Q \mp 1 \tag{2.112}$$

第二节距也可以得出

$$y_2 = y - y_1 \tag{2.113}$$

2.15.1 叠绕组的工作原理

下面举例说明叠绕组的工作原理。

例 2.27：画出一个两极 16 槽直流电机叠绕组的展开图，每层放置一个有效边。

解：已知 $Q=16$，$2p=2$，$u=1$，换向片的数量 $K=uQ=1\times16=16$，并且叠绕组有 $2a=2p=2$。换向器节距 $y_c=\pm a/p=\pm1$。选取右行绕组，$y_c=+1$（绕组从左向右排布），合成节距 $y=2y_c=2$。线圈跨过的槽数 y_Q 可以通过每极下的槽数得到：

$$y_Q=\frac{Q}{2p}=\frac{16}{2}=8$$

用有效边数表示该节距 $y_1=2u\ y_Q-1=2\times1\times8-1=15$。第二节距 $y_2=y-y_1=2-15=-13$，如图 2.46 所示。按照各个线圈放入转子槽中的顺序，可以把它们串联连接。相邻的线圈连接在一起，1－16 接 3－18 再接 5－20 等。由此便得到了图 2.46 所示的绕组展开图。

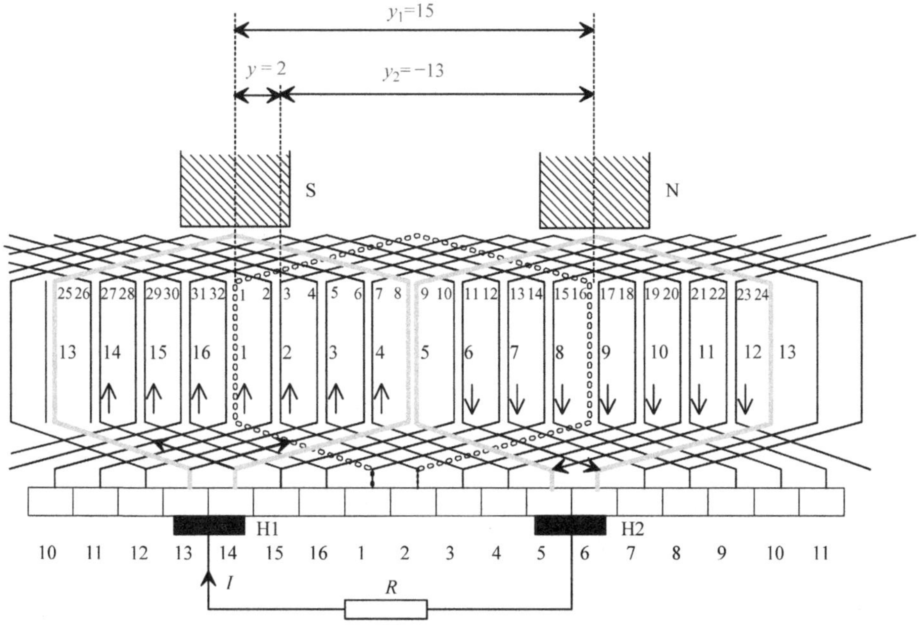

图 2.46　整距绕组展开图。图中绕组通过电刷连到一个外接电阻 R 上，磁极在绕组上方。实际上，磁极一般位于绕组线圈边的上方。图中粗线表示的叠绕组是在换向过程中通过电刷短接的。在换向的过程中，电流的方向是变化的。槽的编号（1－16）和有效边的编号（1－32）都已经给出，例如：1 号和 32 号线圈边位于 1 号槽，8 号和 9 号线圈边位于 5 号槽。换向片的编号（1－16）与槽相同。通常，从磁场角度讲，电刷是位于交轴上的。实际上，电刷位于直轴附近，如图所示

从1号线圈边开始分析绕组的绕制过程，可以看出线圈跨过 $y_1=15$ 个线圈边。在1号槽和9号槽内放入匝数足够多的线圈。绕制完成后，线圈最后一匝又绕回来接到上层3号边，跨过 $y_2=2-15=-13$ 个线圈边。以这种方式绕制，直到所有线圈都放置完毕，14号边和上层1号边通过换向片1连接起来。于是，该绕组已成为一个闭合的整体了。绕组从左至右重叠放置，因而得名叠绕组。

换向器绕组的节距是通过线圈边的个数计算出来的，而并不是通过槽数。原因是一层中放置的线圈边数可能超过2，比如：槽中一层放四条边（$u=1, 2, 3, 4\cdots$）。

图2.46所示的叠绕组中，所有线圈电压都是串联关系。这些串联的电压可以用一个多边形表示，如图2.47所示。此图表示在时间 $t=0$ 时图2.45的线圈电压相量图。当转子以角速度 Ω 旋转时，两极电机的线圈电压相量图也以角速度 $\omega=\Omega$ 旋转。同样，多边形也以相同的角速度绕着它的中心旋转。每个线圈电压的瞬时值可以通过相量在实轴上的投影得到。如图所示，所有线圈总电压为零，因此线圈中没有环流。

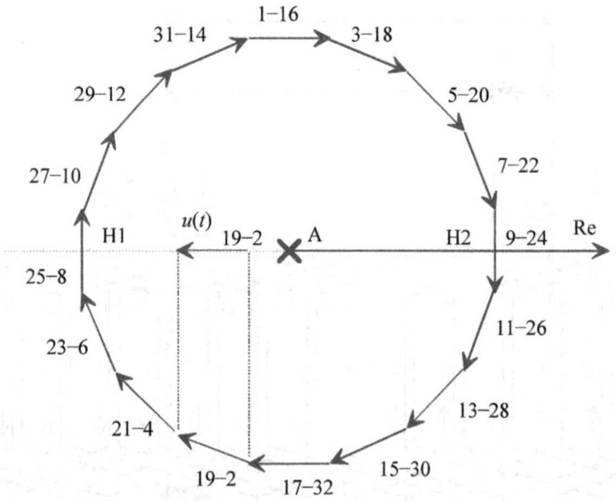

图2.47　图2.46所示绕组的线圈电压多边形。总电压为零，因此线圈可以是串联。线圈电压的瞬时值 $u(t)$ 是图中相量在实轴上的投影，例如：$u(t)_{19-2}$

线圈电压瞬时值之和的最大值，相当于平行实轴的直径H1－H2。在多边形旋转时，该数值是基本不变的，因此相量H1－H2表现为无明显波动的直流电压。当线圈的数量趋向于无穷大时，电压趋近一个定值。直流电压可以通过电刷与连接电刷的换向片引出到外部电路。如图，在 $t=0$ 时，电刷将换向片5－6和13－14短接，与之相连的绕组分别为9－24和25－8。根据图2.46，S极位于1号槽，N极位于9号槽，S极的磁通方向是朝向观察者，反之为N极的磁通方向。当绕组向左移动时，S极下的导体感应出正向电动势，N极下的导体感应出负向电动势，也就是箭头所指示的方向。

从换向片14出发，连接线圈27－10，最后连接到换向片15，然后依次经过换向片

16、1、2、3、4，最后线圈 7－22 连接到换向片 5，由电刷 H2 引出。这些线圈是通过换向片串联起来的，形成了一条并联支路。感应电动势在外电路产生电流，从电刷 H2 流向 H1。因此在发电机系统中，就给定的旋转方向来说，H2 是正极电刷。外部电流 I 一半流经上述的支路，另一半经过线圈 23－6、…、11－26，经换向片 12、11、…、7，到达电刷 H2 流向外电路。换句话说，绕组中有 2 条并联支路。为了避免使用横截面积较大的导体而增加成本，大型电机的绕组可以有多对并联支路。因为两对并联支路的出线端连接在相邻的换向片上，没有其他的电气连接，所以电刷要做得宽一些，以保证每对并联支路都可靠地连接到外电路上。

图 2.45 所示的线圈电压相量图中，如果线圈 1－16、5－20、9－24、…、29－12 都串联在第一对并联支路上，那么 12 号边的最后一匝和 1－16 的第一匝连接之后（12→1，从线圈边 12 到线圈边 1），绕组闭合。绕组中其他未连接的线圈则按照 3－18、7－22、…、31－14 的顺序连接，在 14→3 处闭合。这样，有 $2a=2$ 条支路的双闭合绕组就产生了。在相量图中，电压多边形有两圈，其直径，即电刷间输出的电压，正好是图 2.47 所示多边形的一半。虽然电压变成一半，但是电流却要加倍，因此该系统的输出功率保持不变。一般情况下，如果有 a 对并联支路，那么在线圈电压相量图中，两个串联的线圈对应的相量之间就存在 $a-1$ 个相量。这些相量可能是相同的。因为 u 表示每层线圈有效边的数量，所以相量图中的每个相量代表了 u 个线圈电压。这样就有可能出现完全重合的相量。例如 $u=2$ 时就是这种情况。

图 2.46 所示的绕组是顺时针绕线的，因为电压相量是从 1－16 开始顺时针连接的。假如线圈 1－16 通过换向片 16 与线圈 31－14 连接起来，那么绕组就是逆时针绕线的。

叠绕组的电刷数总是等于磁极数。同一对磁极下的电刷连接在一起。如图 2.46 所示，电刷总是使有效边位于定子的交轴上（在两个定子磁极的几何中心）的线圈短路，交轴的磁通密度为零。这种情况也可以这样来描述，电刷是位于定子的交轴上，与电刷的真实物理位置无关。

2.15.2 波绕组的工作原理

图 2.46 所示的绕组可以变成波绕组，只需把线圈出线端按照图 2.48 的方式接到换向器上，这也就是例 2.28（见图 2.49）。

例 2.28：画出一个两极 16 槽直流电机波绕组展开图，每层放置一个线圈边。

解：已知 $Q=16$，$2p=2$，$u=1$，换向片的数量 $K=uQ=1\times16=16$，并且波绕组有 $2a=2$。换向器节距为

$$y_c=\frac{K\pm a}{p}=\frac{16\pm1}{1}=17 \text{ 或 } 15$$

选取 $y_c=+15$（左行绕组），合成节距 $y=2y_c=30$。线圈跨过的槽数 y_Q 可以通过每极下的槽数确定：$y_Q=Q/2p=16/2=8$。用线圈边数表示第一节距 $y_1=2u\,y_Q-1=2\times1\times8-1=15$。第二节距 $y_2=y-y_1=30-15=15$，如图 2.48 所示。

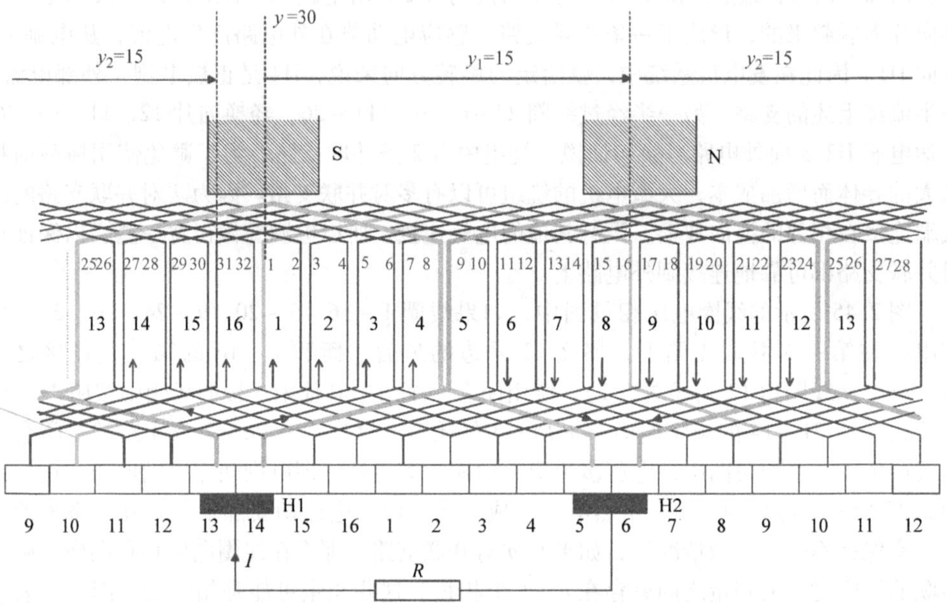

图2.48 图2.46变成波绕组后的整距绕组展开图。图中粗线表示的波绕组，其电流正处于换向状态。换向器节距 $y_c=15$，近似等于极距。例如，线圈在换向片14进线，由于 $14+y_c=14+15=29$，一共有16个换向片，因此 $29-16=13$，线圈在换向片13出线

在上述波绕组中，上层线圈边1连接到换向片10，而不是叠绕组中的换向片1。绕组从换向片10又连接到的下层线圈边18。由此，绕组形成了波浪形。图中的绕组是左行的，并且线圈电压相量图是逆时针方向的。假设绕组是右行的，那么换向器节距将变成 $y_c=17$，$y=34$，$y_1=15$，$y_2=19$。下层线圈边16将连到换向片10，由于 $16+y_2=16+19=35$，但只有32个有效边，故线圈将连接到 $35-32=3$ 号边。这种情况下，换向器终端会变得更长，这是没有意义的。

波绕组的合成节距满足下式：

$$y=y_1+y_2 \tag{2.114}$$

波绕组电刷位置的确定与叠绕组类似。对比叠绕组和波绕组，可以看出在这两种情况下，电刷短路的是相同的线圈。两种绕组之间的仅是结构上的差异，而绕组类型的选择也是基于结构特点。如上所述，普通换向器绕组的合成节距等于换向器节距，记为

$$y_c=\frac{nK\pm a}{p}=\frac{nuQ\pm a}{p} \tag{2.115}$$

式中，正号用于右行绕组（从左向右，即顺时针），负号用于左行绕组（从右向左，即逆时针）；n 为零或正整数。$n=0$ 是叠绕组情况，$n=1$ 是波绕组情况。换向器节距 y_c 必须是整数，否则绕组是制作不出来的。参数 K、p、a 不是的任意取值组合得到的换向器节距都是整数，所以要求设计者解决这个复杂的问题。

2.15.3　换向器绕组实例，平衡连接器

如今，主流的电机通常是把导体放置在电枢表面的槽内，这样的绕组称为鼓形电枢绕组。实际应用中，鼓型电枢绕组通常是双层绕组，即每个槽有两条线圈边。鼓形电枢绕组可以是叠绕组或波绕组。如前文所说，“叠绕组”指的是在电枢圆周上叠放排列的绕组，线圈的出线端连接在相邻的换向片上，如图2.49a所示。

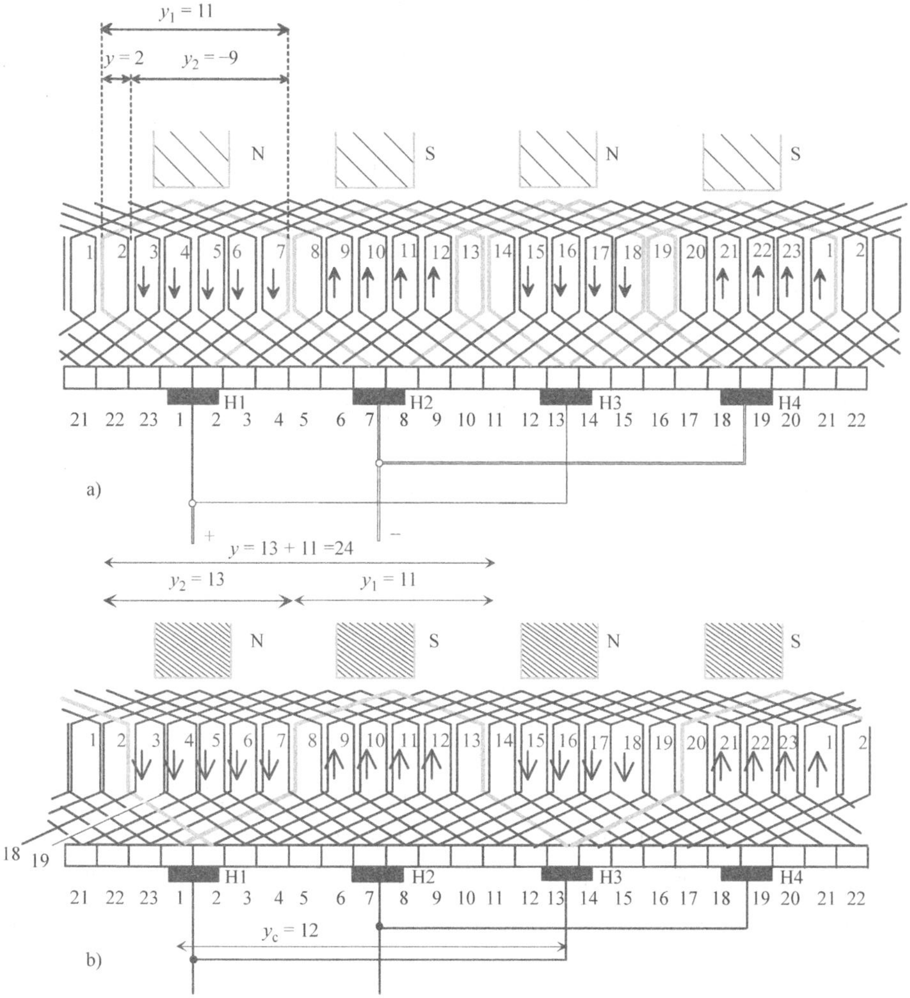

图2.49　a）四极、双层叠绕组的平面展开图。绕组是右行的，并且处于发电机状态。换向器所连接的线圈用粗线表示。与之前不同，这个绕组并不是整距绕组，但比整距绕组更容易换向。b）将上述绕组变成波绕组的展开图。换向器所连接的线圈用粗线表示。为了看得清晰，这里省略了线圈边的编号，但原则和图2.46是相同的

例2.29：画出一个四极23槽直流电机叠绕组的展开图，每层放置一个线圈边。

解：已知 $Q=23$，$2p=4$，$u=1$，换向片的数量 $K=uQ=1\times23=23$，并且叠绕组有 $2a=2p=4$。换向器节距 $y_c=\pm a/p=2/2=\pm1$。选取右行绕组，$y_c=+1$（绕组从左向右排布），合成节距 $y=2y_c=2$。线圈跨过的槽数 y_Q 可以通过每极下的槽数确定：$y_Q=Q/2p=23/4=5.75\Rightarrow6$（槽）。用有效边数表示该节距 $y_1=2u\,y_Q-1=2\times1\times6-1=11$。根据图2.44a中的绕组结构可知上式取负号。

第二节距 $y_2=y-y_1=2-11=-9$，如图2.49a所示。

图2.49a所示的绕组有23个线圈（46条线圈边，每个槽中有2条边），每个绕组有一匝，4个电刷，23个换向片。需要4个电刷也就意味着并联支路有4条。我们从第一个电刷进线，经过整个绕组的1/4，到下一个极性相反的电刷出线。

换向片1左侧连接的线圈边，是1号槽上层的1号边（见图2.44a）；右侧连接的是7号槽下层的 $1+y_1=1+11=12$ 号边，从这里连接到 $1+y_c=1+1=2$ 号换向片；换向片2又连接到2号槽上层的 $12-9=3$ 号边；接着是8号槽下层的 $3+11=14$ 号边，连接换向片3，绕至3号槽的5号线圈边，9号槽的16号线圈边，换向片4，等等。

图中的电刷比换向片要宽一些，粗线表示的是被电刷短路的线圈。在直流电机中，要保证精准的换向需要使电刷跨过多个换向片。被短路的线圈边近似位于磁极几何中心线上，此处磁通密度很小。这些线圈里的感应电动势很小，随之产生的短路电流可以忽略。

例2.30：画出一个四极23槽直流电机波绕组的展开图，每层放置一个有效边。

解：已知 $Q=23$，$2p=4$，$u=1$，换向片的数量 $K=uQ=1\times23=23$，并且波绕组有 $2a=2$。换向器节距为 $y_c=\dfrac{K\pm a}{p}=\dfrac{23\pm1}{2}=12$ 或11。

选取 $y_c=+12$，合成节距 $y=2y_c=24$。线圈跨过的槽数 y_Q 可以通过每极下的槽数确定：$y_Q=Q/2p=23/4=5.75\Rightarrow6$（槽）。用线圈边数表示该节距 $y_1=2u\,y_Q-1=2\times1\times6-1=11$。根据图2.44a中的绕组结构可知上式取负号。

第二节距 $y_2=y-y_1=24-11=13$，如图2.49b所示。图2.49b是图2.49a变成波绕组的情况。无论磁极数是多少，波绕组只有两条并联支路：$2a=2$。叠绕组和波绕组也可以并称为蛙腿绕组。

如图2.49b所示，换向片1左侧连接7号槽上层的13号边；右侧连接的是13号槽下层的 $13+y_1=13+11=24$ 号边，又连接到 $1+y_c=1+12=13$ 号换向片；换向片13连接到19号槽上层的 $24+y_2=24+13=37$ 号边；接着是2号槽下层的 $37+y_1=37+11=48$ 号边；由于23个槽只有46条边，所以改正后这里应该是 $48-(2\times23)=48-46=2$ 号边。以此类推，换向片 $13+y_c=13+12=25$，改正后即换向片 $25-23=2$，等等。

波绕组的一对极性相反的电刷之间，连接有一半线圈、一半换向片。无论极数是多少，电流只有 2 条支路。事实上在波绕组中只需要一对电刷，对小型电机而言就足够用了。但通常情况下电刷的数量与极数相同。需要多个电刷是为了使电刷覆盖的面积最大，而使换向器最短。波绕组的一个线圈两端连接的换向器的距离约为 2 倍极距。

在小于 50kW 的电机中，波绕组比叠绕组更常见，原因是波绕组的成本比叠绕组低。除了两极电机以外，在给定转速、极数和主磁通都相同的情况下，波绕组所用的导体匝数比叠绕组少。相应地，波绕组中导体的横截面积却要比叠绕组大。因此，在输出功率一定的电机中，绕组的类型不同，其耗铜量是相同的。

前面列举的不同结构的换向器绕组的例子是比较简单的。特别是当采用多条并联支路时，必须确保在各支路的电压是相等的，否则电刷间将产生补偿电流。补偿电流会产生电火花，并且损坏电刷和换向器。所以，换向器绕组必须是对称结构以避免额外的损耗。

若并联支路对数是 a，则电压多边形就有 a 圈。如果这些圈都与电压多边形重合，那么绕组就是对称的。除了这个条件以外，直径 H1 - H2 必须时刻将多边形分割为两个全等的图形。只有当槽数 Q 和极数 $2p$ 都能被并联支路数 $2a$ 整除时，以上这些条件才满足。图 2.50 是一个四极电机的绕组展开图。槽数 $Q=16$，并联支路数 $2a=4$。因此，该绕组满足上述对称条件。图 2.51 所示为线圈电压相量图和电压多边形。由于 $a=2$，电压多边形中首尾相连的两个相量之间，就存在 $a-1=1$ 个相量。在电压多边形中，相量 1 - 8 的下一个相量是 3 - 10，在两者之间的是相量 17 - 24，它与前一个相量是同相位，以此类推。电压多边形的第一圈的末端是相量 15 - 22，即电压多边形结束于换向片 9。但是绕组在这里并没有闭合，而是又开始了相同的第二圈：相量 17 - 24、…、31 - 6。绕组是完全对称的，且被电刷短路的线圈位于交轴上。

若想研究绕组中不同位置的电势，必须先选取一个零电势参考点，如换向片 1。在电压多边形中对应的 A 点表示零电势。在 $t=0$ 时刻电压多边形描绘的瞬间，换向片 2 的电势等于相量 1 - 8 的幅值，即相量 1 - 8 在直线 H1 - H2 上的投影。任意时刻，电压多边形中其他各点的电势，都需要以换向片 1 为参照，即该时刻 A 点到所求点的相量在直线 H1 - H2 上的投影。举例说明，因为相量 3 - 10 和 19 - 26 在电压多边形中有一个共同点，所以换向片 3 和 11 始终是等电势，即每一时刻它们之间的电势差总为零。因此，这两个换向片可以连接在一起。图中所有这样的共同点都可以相互连接。图 2.50 还画出了其他三个的平衡连接器。这些补偿装置的目的是消除由于绕组结构不对称而产生的电流，如转子偏心。如果没有平衡连接器，由于多种原因而产生的补偿电流，将流过电刷，阻碍换向。补偿器中流过的交变电流产生磁通，会补偿由于转子偏心引起的不对称磁通。由此可以得出这样的结论，两刷电机不需要补偿器。

补偿器的最大个数取决于等势点的个数。在图 2.50 和图 2.51 的绕组中，共有 8 个点可以补偿；然而为了提高电机的性能，往往只有几个是有必要的。如图所示，这里有 4 个点安装了补偿器：A、B、C、D。对于不易换向的电机，可能有必要将所有的等势点都连接补偿器。在中小型机器中，补偿器放在换向器后面。在大型电机中，转子的一侧放置集电环，而另一侧放置换向器。

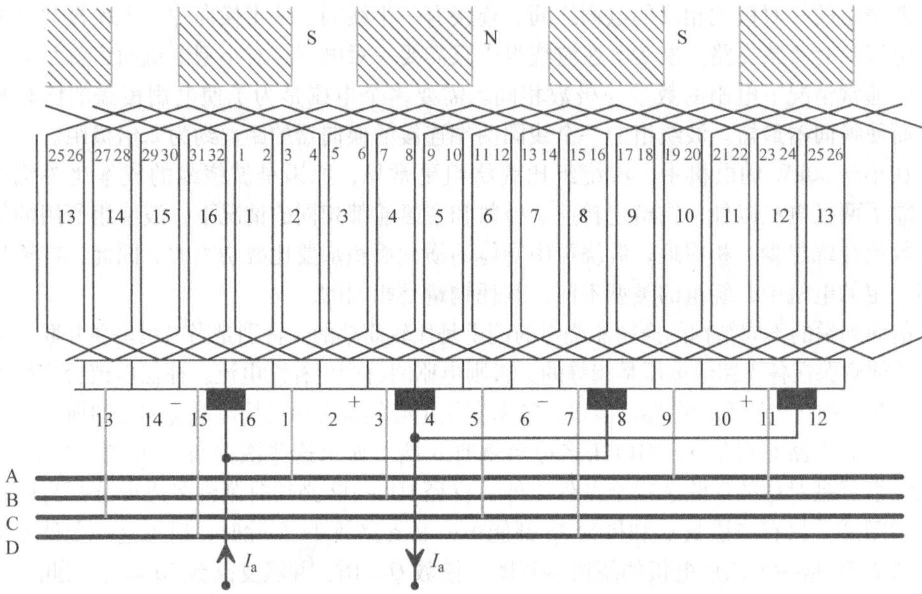

图 2.50　叠绕组的平衡连接器或补偿器（A、B、C、D）。例如，如果电机是对称的，那么 29 和 13 号边就位于相同的磁位置。因此，换向片 15 和 7 可以用平衡连接器连接在一起

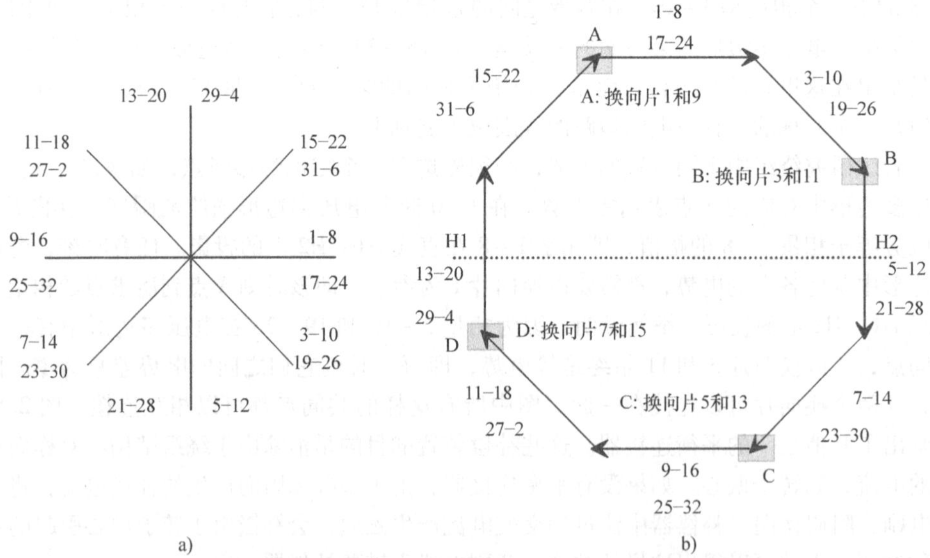

图 2.51　a）图 2.50 所示绕组的线圈电压相量图。b）图 2.50 所示绕组的线圈电压多边形图以及平衡连接器的连接点 A、B、C、D。在电压多边形中有 2 圈重叠的多边形。相量 1－8 是第一个相量，量 3－10 是第二个相量。相量 17－24 与相量 1－8 相等，原因是两者在相量图中的位置相同。但相量 17－24 不在第一圈多边形上。第一圈多边形是以相量 15－22 的末端结束的。接下来采用相量 17－24、…、31－6 开始相同的第二圈多边形。绕组的结构是完全对称的，并且被电刷短路的线圈位于交轴上。相量 3－10 和 19－26 有共同的末端 B 点，对应换向片 3 和 11，如图 2.50 和图 2.51b 所示，B 点可以通过平衡连接器连接。另外三个平衡连接点是 A 点、C 点和 D 点

2.15.4　交流换向器绕组

图 2.51 中绕组的等电势点 A、B、C、D 用导条连接后，如图 2.50 所示。在 $t=0$ 时刻，各导条之间的电压在电压多边形中已经标出。当电机运行时，电压多边形是旋转的；因此，导条之间的电压就形成了一个对称的四相系统。电压的频率取决于电机的转速。该系统中每相绕组有两条并联支路，连接成一个正方形。根据相同的原理推而广之，也可以创建一个连接在多边形上的多相系统，如图 2.52 所示。

如果一个闭合的换向器绕组有 z_c 个线圈，a 对并联支路，那么该系统可视为一个连接成多边形的 m 相交流系统，其接头间的距离为

$$y_m = \frac{z_c}{ma} \tag{2.116}$$

在一个对称的多相系统中，y_m 和 z_c/a 都是整数。这类绕组需要连接换向器和集电环，现已被应用在旋转变换器中，将直流电转换为交流电，或将交流电转换为直流电。闭合的换向器绕组不能接成星形联结绕组，只能接成多边形联结绕组。

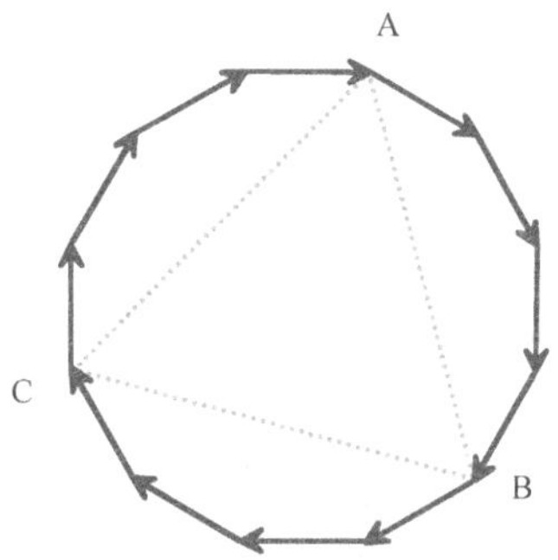

图 2.52　12 个线圈的换向器绕组，其电压多边形中的等电势点 A、B、C 构成一个三角形，形成了多相系统。各点的电压通过电刷和集电环连接到电机的接线端

2.15.5　换向器绕组的电流链与电枢反应

换向器绕组电流链的曲线，可以用图 2.9 中的三相绕组的计算方法来求解。定义槽电流为 I_u，短路线圈的电流为零。线圈为短距时，槽内的不同线圈边流过的电流方向可能相反。电刷个数为 z_b，则电刷电流 $I=I_a/(z_b/2)$。流过电刷的电流又分成两个支路电流 $I_s=I/2=I_a/2a$，其中 a 表示并联支路对数。设一个槽中有 Z_Q 匝导体，那么一个槽内的总电流为

$$I_u = Z_Q I_s = \frac{zI_a}{Q2a} \tag{2.117}$$

式中，z 为绕组导体数。因为每对极下的电枢结构是相似的，所以只需研究两极电机的绕组，如图 2.46 所示。这样，电流链的变化曲线如图 2.53 所示。

换向器电机的电刷个数通常等于磁极数，电刷之间跨过的槽数为

$$q = \frac{Q}{2p} \tag{2.118}$$

这个数与交流绕组中的每极每相槽数是一致的。而每极每相的有效槽数是偏低的，因为任意时刻总是有一些线圈被短路。电枢绕组的分布系数 k_{da} 可以由式（2.33）得到。对于基波，$m=1$，表达式如下：

$$k_{da1} = \frac{2p}{Q\sin\dfrac{p\pi}{Q}} \tag{2.119}$$

电枢绕组通常为短距，其节距因数 k_{pa} 得到可以由式（2.32）得出。从而可以得出

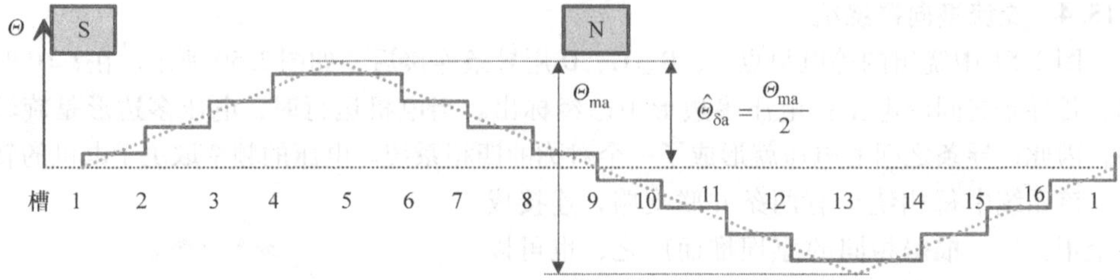

图2.53　图2.46中5号和13号槽导体换向时的电流链曲线

换向器绕组的基波绕组因数

$$k_{w1}=k_{d1}k_{p1}\approx\frac{2}{\pi} \tag{2.120}$$

当每极槽数增加时，k_{d1}接近极限值$2/\pi$。这个比值恰好等于电压圆（多边形）的直径与半周长比值。在常规电机中，短距比值$W/\tau_p>0.8$，故$k_{p1}>0.95$。因此，基波绕组因数的近似值$k_{w1}=2/\pi$是手工计算初期经常采用的值。至于精确计算，就必须依靠电流链函数曲线来分析。这样，就需要在电刷处于不同位置时研究绕组。如图2.45所示，在交轴所在的右侧，槽电流的方向是指向观察者；左边槽电流的方向是远离观察者。换言之，转子可以看成一个底部是N极、顶部是S极的电磁铁。转子每对磁极的电流链为

$$\Theta_{ma}=qI_u=\frac{Q}{2p}\frac{z}{Q}\frac{I_a}{2a}=\frac{z}{4ap}I_a=N_aI_a \tag{2.121}$$

式中

$$N_a=\frac{z}{4ap} \tag{2.122}$$

表示换向器绕组一条并联支路中，每对极下线圈的串联匝数，因为$z/2$是电枢绕组的总匝数；$z/2(2a)$是一条并联支路中的导体串联匝数，因此$z/2(2a)p$是一条支路中每对极下的导体匝数。根据式（2.121）计算出的电流链比实际值略高，这是因为每极每相槽数也包括被短路的线圈边。在计算时，可以采用线电流密度

$$A_a=\frac{QI_u}{\pi D}=\frac{2p}{\pi D}N_aI_a=\frac{N_aI_a}{\tau_p} \tag{2.123}$$

线电流密度的电流链可分成多段气隙磁压降，其峰值为

$$\hat{\Theta}_{\delta a}=\int_0^{\frac{\tau_p}{2}}A_a\mathrm{d}x=\frac{1}{2}A_a\tau_p=\frac{1}{2}\frac{z}{2p}\frac{I_a}{2a}=\frac{N_aI_a}{2}=\frac{\Theta_{ma}}{2} \tag{2.124}$$

在图2.53中，峰值$\hat{\Theta}_{\delta a}$位于电刷处（在磁极的几何中心线上），两个电刷之间的磁压降是线性变化的，如图2.53中的虚线所示。$\hat{\Theta}_{\delta a}$是作用于极靴端部的交轴电枢反应，这个电流链是要被补偿的。此外，电流链对换向也有影响，这意味着电刷必须偏离交轴一个角度ε，到一个新的位置，如图2.54所示。

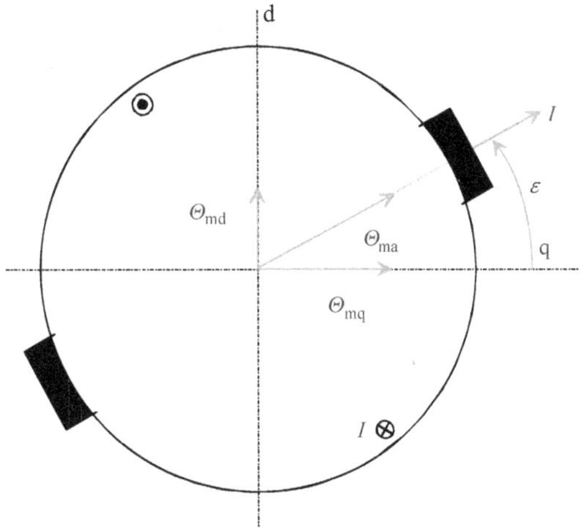

图 2.54　换向器电枢绕组电流链及其分量。为了更好地换向，电刷并没有放在交轴上

图 2.54 中还标出了电流 I 的正方向以及相应的电流链。电流链可以分解成两个方向上的分量

$$\boldsymbol{\Theta}_{md}=\frac{\boldsymbol{\Theta}_{ma}}{2}\sin\boldsymbol{\varepsilon}=\boldsymbol{\Theta}_{\delta a}\sin\boldsymbol{\varepsilon} \tag{2.125}$$

$$\boldsymbol{\Theta}_{mq}=\frac{\boldsymbol{\Theta}_{ma}}{2}\cos\boldsymbol{\varepsilon}=\boldsymbol{\Theta}_{\delta a}\cos\boldsymbol{\varepsilon} \tag{2.126}$$

前者称为直轴分量，后者称为交轴分量。直流分量对电机主磁场有增磁或去磁作用。如果电机处于发电状态，电刷沿旋转方向偏离几何中心线，那么直流分量具有去磁作用，反向偏离具有增磁作用；如果电机处于电动状态，电刷沿旋转方向偏离几何中心线，则直流分量具有增磁作用，反向偏离具有去磁作用。交轴分量会使主磁场的分布发生形变，但没有增磁或去磁的效果。电枢反应不仅仅是发生在换向器电机中的现象，所有旋转的电机都存在电枢反应。

2.16　补偿绕组和换向极

如上所述，电枢的电流链（也称为电枢反应）对直流电机的运行有一定的负面影响。电枢反应可能会产生换向问题，因此必须进行补偿。电枢反应的补偿方法有多种：①使电刷偏离几何中心线，到达一个新的磁极中性位置；②增加励磁电流以补偿电枢反应对主磁通产生的去磁作用；③增加换向极；④增加补偿绕组。

直流电机的补偿绕组是为了补偿由电枢绕组产生的对电机有害的磁通分量。因为这个磁通分量产生了一个对电机不利的气隙磁通分布，所以是有害的。补偿绕组的尺寸是根据需要补偿的电流链的程度来选择的。因此，补偿绕组的导体需要放置在电枢表面上，并且其中流过的电流应与电枢电流方向相反。在直流电机中，补偿绕组被放置在极靴的槽中。产生补偿效应的区域应该为极距的α_i倍，即$\alpha_i\tau_p$，如图2.55所示。如果z表示整个电枢绕组的导体总匝数，其中流过的电流为I_s，就可以得到电枢电流密度

$$A_a=\frac{zI_s}{D\pi} \tag{2.127}$$

在积分路径上，电枢反应和补偿绕组产生的总电流链Θ_Σ应为零。求出相应的电枢磁动势，就可以由此计算出所需补偿的电流链Θ_k。在补偿绕组的下面，距离为$\alpha_i\tau_p/2$的电枢电流链Θ_a如图2.55所示，其计算公式

$$\Theta_a=zI_s\frac{\alpha_i\tau_p}{2D\pi}=\frac{\alpha_i\tau_pA_a}{2} \tag{2.128}$$

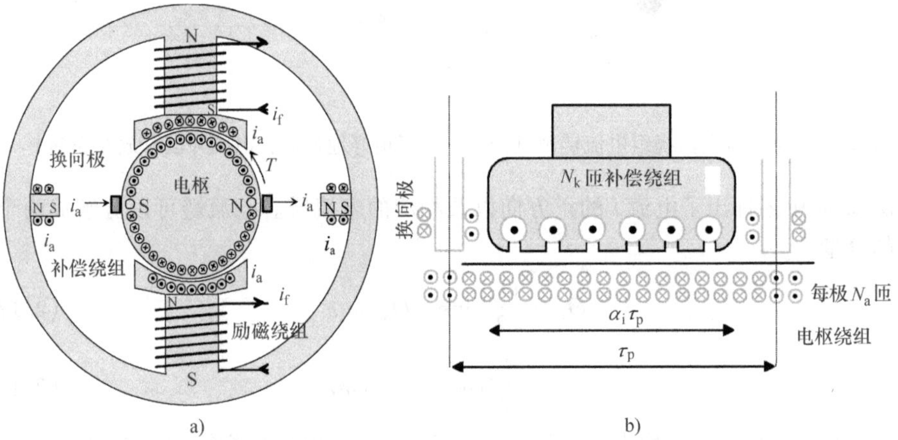

图2.55　a）补偿绕组和换向极的位置；b）补偿绕组电流链的定义

因为补偿绕组中流过电枢电流I_a，所以可以得到补偿绕组的磁动势

$$\Theta_k=-N_kI_a \tag{2.129}$$

式中，N_k是补偿绕组的匝数。由于在积分路径上电枢绕组的电流链需要补偿，总磁动势可以表示为

$$\Theta_\Sigma=\Theta_k+\Theta_a=-N_kI_a+\frac{\alpha_i\tau_pA_a}{2}=0 \tag{2.130}$$

式中

$$\Theta_a=\frac{1}{2}\alpha_iA_a\tau_p=\frac{1}{2}\alpha_i\frac{z}{2p}\frac{I_a}{2a}=\frac{1}{2}N_aI_a \tag{2.131}$$

通过放置在极靴中的补偿绕组在交轴上产生的去磁磁通来补偿电枢反应磁通的影响。现在，可以得出补偿绕组的匝数

$$N_k=\frac{\alpha_i\tau_pA_a}{2I_a} \tag{2.132}$$

因为N_k必须为整数，所以用式（2.132）计算是近似可行的。为了避免幅度较大的脉振磁通分量和噪声，补偿绕组的槽距应与电枢绕组的槽距错开10%～15%。

因为补偿绕组不能完全覆盖电枢表面，所以换向极也用于补偿电枢反应，尽管其功能仅仅是改善换向。这些换向极位于电机主磁极之间，其中流过的是电枢电流，可以通过换向极匝数的选择在一定程度上加强补偿绕组的补偿作用。在小型电机中，仅使用换向极补偿电枢反应。如果增加补偿绕组和换向极后，换向问题仍然出现，那么可以调整直流电机电刷架的位置，使电刷放置在电机的物理中性线上。

理论上，换向极绕组的尺寸是很容易确定的。由于补偿绕组覆盖一个极距下$\alpha_i\tau_p$的距离，匝数为N_k，流过电枢电流I_a，换向极绕组需要补偿其余电枢部分$(1-\alpha_i)\tau_p$的电流链。于是，换向极绕组匝数N_{cp}应为

$$N_{cp}=\frac{1-\alpha_i}{\alpha_i}N_k \tag{2.133}$$

当补偿绕组和换向极中流过相同的电枢电流时，电枢反应将得到完全补偿。

如果没有补偿绕组，换向极绕组的尺寸及电刷位置需进行设计，以使换流电枢绕组中磁通最大且线圈中没有感应电动势。

2.17 异步电机的转子绕组

最简单的感应电机转子是一个经过车、铣的实心铁体。通常，实心转子适用于高速电机，并且在个别场合下也可用于正常速度的驱动。然而，实心转子的电磁特性计算是一项高要求的任务，在此不进行讨论。实心转子具有高电阻和高漏感的特点。一个波形穿过一个线性材料产生的视在功率的相角为45°，但铁心饱和将使相角减小。根据饱和度的不同，实心转子相角的典型值在30°~45°之间。Peesel（1958）、Pyrhönen（1991）、Huppunen（2004）和Aho（2007）已讨论过实心转子电机的特性。实心转子的工作特性可以通过在转子表面开槽来改善，如图2.56所示，或者在转子表面覆盖铜涂层(Lähteenmäki 2002)。使用轴向槽控制涡流的方向来增加转矩输出，径向槽则增大了某些高频现象引起的涡流的回路长度。这样，可以在削弱涡流的同时提高电机效率。转子结构对转矩的输出有重要意义，如图2.57所示。通常笼型转子的优点是它产生最大转矩时的转差率较小，而实心转子则有良好的起动转矩。

在小型电机中，也经常使用罩极式转子。它是由表面覆铜的叠片铁心叠压而成，表面的铜涂层为感生的涡流提供适合的路径。因为铜涂层使得气隙的导电率显著增加，但铜涂层占据一定的气隙空间且铜的相对磁导率为$\mu_r=0.9999926$作为抗磁性材料，铜在某种程度上提供的磁通路径比空气还弱。

根据前文所述的原理，感应电机的转子可等效成普通的槽绕组。绕线转子的极对数必须与定子极对数相同，因此，它并不适合变极电机。转子的相数可以与定子的相数不同，例如，两相的转子可以用于定子为三相的集电环电机中，转子绕组通过集电环与外部电路连接。

最常见的短路绕组是笼型绕组，如图2.58所示。转子由电工钢片制成，开槽并嵌入非绝缘导条，端部通过焊接与端环连接，即与短路环连接。短路环通常附有肋片，当

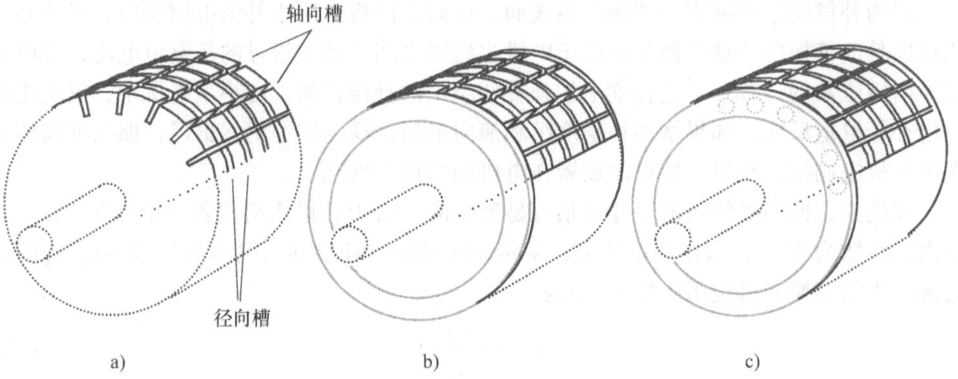

图2.56　不同的实心转子。a）具有轴向槽和径向槽的转子（在此模型中，实心转子的短路环是必需的），它们可以通过两种方式加工，一种是留下转子超出定子的部分不加以开槽，另一种是在转子中安装铝制或铜制的端环。b）除开槽外，装有短路环的转子。c）开槽的笼型绕线转子，也可以采用一个完全光滑的转子

转子旋转时，作为风扇使用。小型电机的笼型绕组使用纯铝制成，同时压铸出短路环、冷却肋片和转子导条。

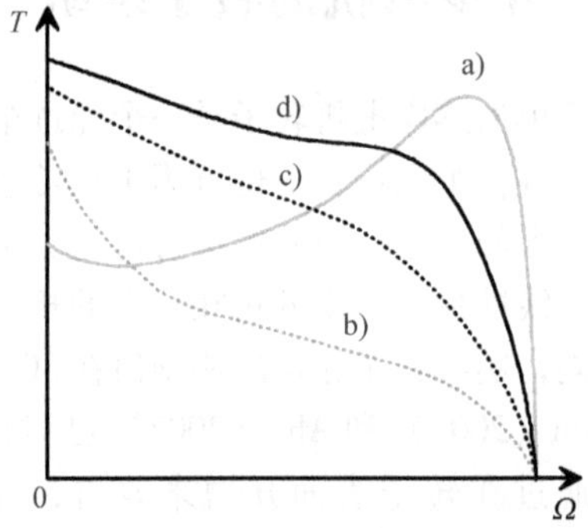

图2.57　不同感应电机的转矩与机械角速度的关系曲线：a）双笼绕组；b）无短路环的光滑实心转子；c）装有短路铜环的光滑实心转子；d）装有短路铜环且轴向和径向开槽的实心转子

图2.59给出了从转子端部观察得到的两极电机整距绕组分布。由于转子槽数 $Q_r=6$，转子的每个线圈也构成了一个完整的相绕组。根据对称性，星点0形成一个中性点。如果每个线圈只有一匝，线圈就可连至中性点。转子形成的磁动势只取决于槽内电流，与绕组是否在星点连接无关。然而，转子绕组端部的连接将其变成了一个由导条构成的六相星形联结，每相一根导条，即半匝线圈。因此，六相绕组在另一端同样短接，因为电机的轴向占据部分空间，所以星点制成如图2.58所示的短路环。现在我们可以看出，图2.59是一个星形短接的多相绕组。在两极的情况下，每相线圈的数量与转子导条数相等：$m_r=Q_r$。

在电机设计中，通常假定基波 $\nu=1$ 单独作用时所得结果为电机特性的准确描述。然而，仅在笼型绕组有一定数量的导条时成立。笼型绕组在不同的谐波 ν 下运行状态不同。因此笼型绕组必须对其高次谐波 ν 进行分析。不同类型的电机将在第7章分别详细讨论。

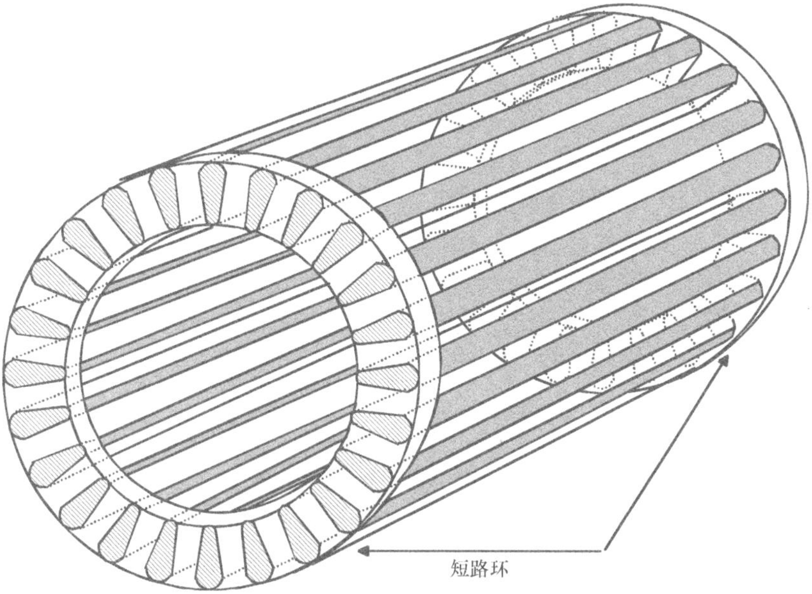

图 2.58 简单的笼型绕组。未绘出冷却风扇。$Q_r=24$

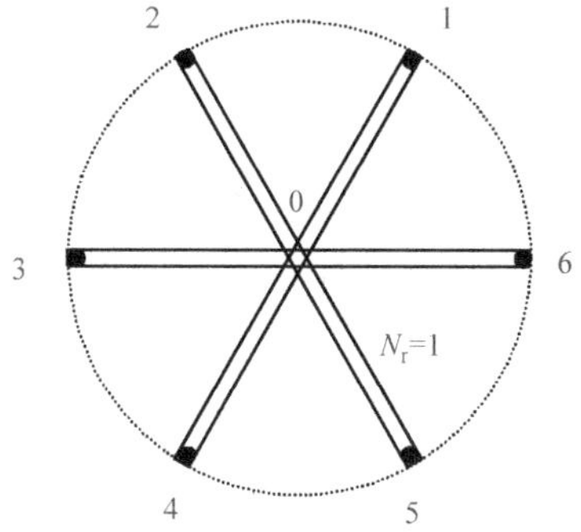

图 2.59 两极转子的三相绕组。相线圈匝数 $N_r=1$。如果绕组在星点 0 点连接且另一端短接，则变为星形联结的六相短路绕组，其匝数 $N_r=1/2$，$k_{wr}=1$

2.18 阻尼绕组

同步电机阻尼绕组通常是短路绕组，在隐极电机中，它与励磁绕组布置于相同的槽内。而在凸极电机中，它被放置于极靴表面的槽中。凸极电机 q 轴的阻尼绕组中没有导条，仅通过短路环使电机旋转。因此阻尼绕组在 d 轴和 q 轴方向的电阻和电感有很大区别。在由铸铁（脱氧钢）制成的凸极电机中，转子铁心材料可直接充当阻尼绕组。在那种情况下，异步运行可等效成实心转子感应电机的运行。图 2.60 给出了凸极同步电机的阻尼绕组。

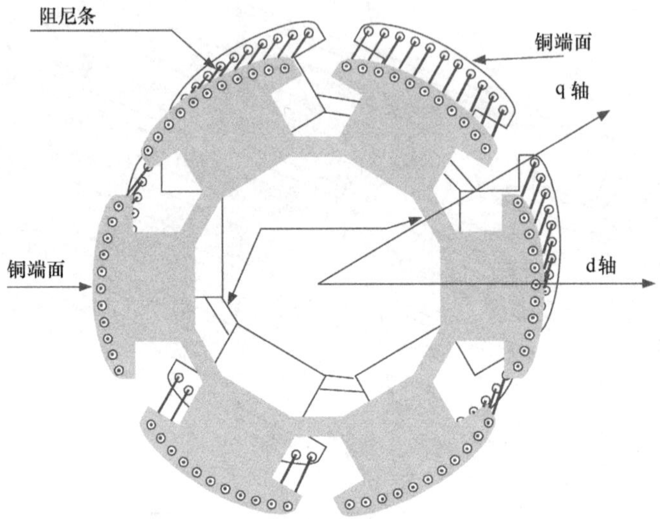

图2.60 六极凸极同步电机的阻尼绕组结构。将铜端面连接到铜连接器形成阻尼电流环。有时也采用实际的环连接阻尼条

阻尼绕组改善了暂态时的同步电机的运行特性。由于阻尼绕组的存在，理论上同步电机可以直接在线起动，与异步电机相同。当然，选择特定的异步电机辅助起动在一些情况下同样可行。特别地，在单相同步电机和在三相电机负载不平衡的情况下，阻尼绕组的功能是削弱气隙磁场中的负序旋转磁场，否则该磁场将引起极大的损耗。尤其对具有脉动转矩的旋转负载，阻尼绕组的功能是削弱同步电机转速的波动，如活塞式压缩机。

阻尼绕组的有效机制相对复杂和多样化，因此其在数学上的精确设计较困难。这就是通常根据经验设计阻尼绕组的原因。然而，可以使用常规方法计算所选择绕组的电阻和电感，进而确定绕组的时间常数。

当凸极电机的阻尼绕组放置在槽中时，其槽距与定子槽距之间必须有10%～15%的偏移来避免脉振磁通和噪声。如采用斜槽（通常倾斜一个定子槽距的大小），则定子和转子可选择相同的槽距。只有阻尼绕组导条与短路环连接后，阻尼绕组才会发挥作用。如果极靴为实心，与隐极电机的实心转子相似，只要极靴的端部与坚固的短路环连接，其作用与阻尼绕组相同。在隐极电机中，很少使用单独的阻尼绕组；然而，槽楔下可安装导体，或者将槽楔用作阻尼绕组导条。

在同步发电机中，阻尼绕组有削弱逆旋转磁场的功能。为使损耗最小化，需保持阻尼绕组的电阻最小化。阻尼导条的横截面积选为电枢绕组导体横截面积的20%～30%，并由铜制成。在单相发电机中，阻尼导条的横截面积比定子绕组横截面积大30%。逆旋转磁场在阻尼条中感应出的电压频率是电网频率的2倍。因此，需考虑对阻尼导条的集肤效应采取一定措施［如使用换位线棒（编织导线）来避免集肤效应］。短路环的横截面积选为每极下阻尼导条横截面积的30% ~50%。

阻尼导条一定要削弱由脉冲负载转矩所引起的转速的波动。同时需保证电机作为异步电机起动时有良好的起动转矩。因此，使用黄铜导条或者小直径的铜条制造阻尼导条，以增大转子阻抗。典型的铜条横截面积仅为电枢绕组横截面积的10%。

在永磁同步电机，尤其是轴向磁通电机中，可在转子表面磁极上放置铜或铝制的圆盘形成阻尼绕组。然而，因为圆盘的厚度很容易增加得太多而限制了气隙磁通密度，所以要达到定子导体总面积的20% ~30%较困难。

参考文献

Aho, T. (2007) *Electromagnetic Design of a Solid Steel Rotor Motor for Demanding Operational Environments*, Dissertation. Acta Universitatis Lappeenrantaensis 292, Lappeenranta University of Technology. (https://oa.doria.fi/)

Heikkilä, T. (2002) *Permanent Magnet Synchronous Motor for Industrial Inverter Applications – Analysis and Design*, Dissertation. Acta Universitatis Lappeenrantaensis 134, Lappeenranta University of Technology. (https://oa.doria.fi/)

Hindmarsh, J. (1988) *Electrical Machines and Drives. Worked Examples*, 2nd edn, Pergamon Press, Oxford.

Huppunen, J. (2004) *High-Speed Solid-Rotor Induction Machine – Electromagnetic Calculation and Design*, Dissertation. Acta Universitatis Lappeenrantaensis 197, Lappeenranta University of Technology. (https://oa.doria.fi/)

Lähteenmäki, J. (2002) *Design and Voltage Supply of High-Speed Induction Machines,* Acta Polytechnica Scandinavica, Electrical Engineering Series 108, Dissertation Helsinki University of Technology. Available at http://lib.tkk.fi/Diss/2002/isbn951226224X.

IEC 60050-411 (1996) *International Electrotechnical Vocabulary (IEC). Rotating Machines.* International Electrotechnical Commission, Geneva.

Jokinen, T. (1972) *Utilization of harmonics for self-excitation of a synchronous generator by placing an auxiliary winding in the rotor*, Acta Polytechnica Scandinavica, Electrical Engineering Series 32, Dissertation Helsinki University of Technology. Available at http://lib.tkk.fi/Diss/197X/isbn9512260778/.

Peesel, H. (1958) *Behaviour of asynchronous motor with different solid steel rotors (Über das Verhalten eines Asynchronmotors bei verschiedenen Läufern aus massive Stahl).* Dissertation Technische Universität Braunschweig (Braunschweig Institute of Technology).

Pyrhönen, J. (1991) *The High-Speed Induction Motor: Calculating the Effects of Solid-Rotor Material on Machine Characteristics*, Dissertation, Acta Polytechnica Scandinavica, Electrical Engineering Series 68, (http://urn.fi/URN:ISBN:978-952-214-538-3)

Richter, R. (1954) *Electrical Machines: Induction Machines (Elektrische Maschinen: Die Induktionsmaschinen)*, Vol. **IV**, 2nd edn, Birkhäuser Verlag, Basle and Stuttgart.

Richter, R. (1963) *Electrical Machines: Synchronous Machines and Rotary Converters (Elektrische Maschinen: Synchronmaschinen und Einankerumformer)*, Vol. **II**, 3rd edn, Birkhäuser Verlag, Basle and Stuttgart.

Richter, R. (1967) *Electrical Machines: General Calculation Elements. DC Machines (Elektrische Maschinen: Allgemeine Berechnungselemente. Die Gleichstrommaschinen)*, Vol. **I**, 3rd edn, Birkhäuser Verlag, Basle and Stuttgart.

Salminen, P. (2004) *Fractional Slot Permanent Magnet Synchronous Motors for Low Speed Applications*, Dissertation. Acta Universitatis Lappeenrantaensis 198, Lappeenranta University of Technology (http://urn.fi/URN:ISBN:951-764-983-5).

Vogt, K. (1996) *Design of Electrical Machines (Berechnung elektrischer Maschinen)*, Wiley-VCH Verlag GmbH, Weinheim.

第3章 磁路设计

电机的磁路通常由铁磁材料和气隙组成。在电机中，全部的绕组和可能存在的永磁体均参与建立电机磁场。这里还需要注意在多极系统中有多个磁回路。通常情况下，电机的磁回路数等于电机的极数。在两极系统中，磁路被分为两个对称的回路。磁路几何形状可能引起的磁场各向异性也会影响电机的磁状态。在文献中，在设计完整磁路时，通常只需对属于一个磁极的磁路进行分析，本章也采用这种方法对磁路进行分析。换句话说，根据式（2.15），电流链基波成分幅值 $\hat{\Theta}_{s1}$ 只作用在1/2磁回路上，而完整的磁回路需要2倍的电流链幅值，如图2.9所示。

磁路设计是对电机不同部分的磁通密度 $\boldsymbol{B}$ 和磁场强度 $\boldsymbol{H}$ 进行分析。磁路设计以安培定律为基础。首先，为电机选择合适的气隙磁通密度 B_δ，然后计算电机不同部分相应的磁场强度值 H，磁路的磁动势 F_m 等于磁路的电流链 Θ：

$$F_m = \oint \boldsymbol{H} \cdot d\boldsymbol{l} = \sum i = \Theta \tag{3.1}$$

在运行的电机中，总电流链由所有电流和可能存在的永磁材料产生。在基本的磁路设计中，只把用于电机励磁作为主要任务的绕组才被认为是励磁电流链源；即电机空载运行时所观测到的电流链。在直流电机和同步电机中，电机由励磁（场绕组）绕组或永磁体励磁，电枢绕组保持无电流状态。在同步电机中，如果电机空载运行时转子励磁产生的气隙磁通感应出的定子电动势不是恰好等于定子电压，则电枢绕组也可能参与电机磁场的建立。当计算电机性能特性时，电枢绕组的影响即电枢反应也将在稍后的设计中进行研究。在感应电机中，励磁绕组和电枢绕组并未分开，因此电机的励磁由定子绕组完成。然而，根据国际电工技术委员会（International Electrotechnical Commission, IEC）的规定，尽管感应电机的定子类似于同步电机的电枢，但不能把感应电机的定子视为电枢。

我们现在的目标是求解磁路不同部分的磁压降及对应于磁压降之和 $\sum U_{m,i}$ 所需的电流链 Θ：

$$U_{m,i} = \int \boldsymbol{H}_i \cdot d\boldsymbol{l}_i \tag{3.2}$$

对于传统电机，原则上在电机设计的前期就对磁路的主要参数进行了设置，并且对励磁电流的要求不需要随磁路尺寸而改变，因此，完成这步设计的任务相当简单。

然而，在具有永磁体的磁路中，情况会变得稍微复杂一些，尤其是在永磁体嵌入铁心情况下的电机中。在这种情况下，永磁体的漏磁通很高，漏磁通使磁桥（磁桥为铁心内部包围磁性材料的部分）饱和。通过解析难以将永磁体产生的磁通分为主磁通和漏磁通；实际中磁场问题必须使用有限元程序进行数值求解以确定磁场。为了提高永磁电机的气隙磁通密度，可以通过嵌入V形永磁体和使永磁体比电机极距宽的方法来实现。通过这一方式，可能使永磁电机的气隙磁通密度甚至比永磁材料的剩余磁通密度还高。

在电机中，术语“磁路”是指主磁通在电机中流经的电机各个部分。在定子和转子轭部，主磁通分成两个路径，实际上电机包括的磁回路数与电机磁极数相等即 $2p$ 个。图3.1分别给出了一台6极感应电机和一台4极同步磁阻电机的横截面，并在截面图上阐述了由曲线1－2－3－4－1定义的一个磁回路，而且在图中也描述了磁路的d轴和q轴。对于旋转磁场电机，由多相定子绕组产生的磁通密度波形沿定子内表面旋转，所描述的d轴和q轴固定在磁通幅值的位置上一同旋转。

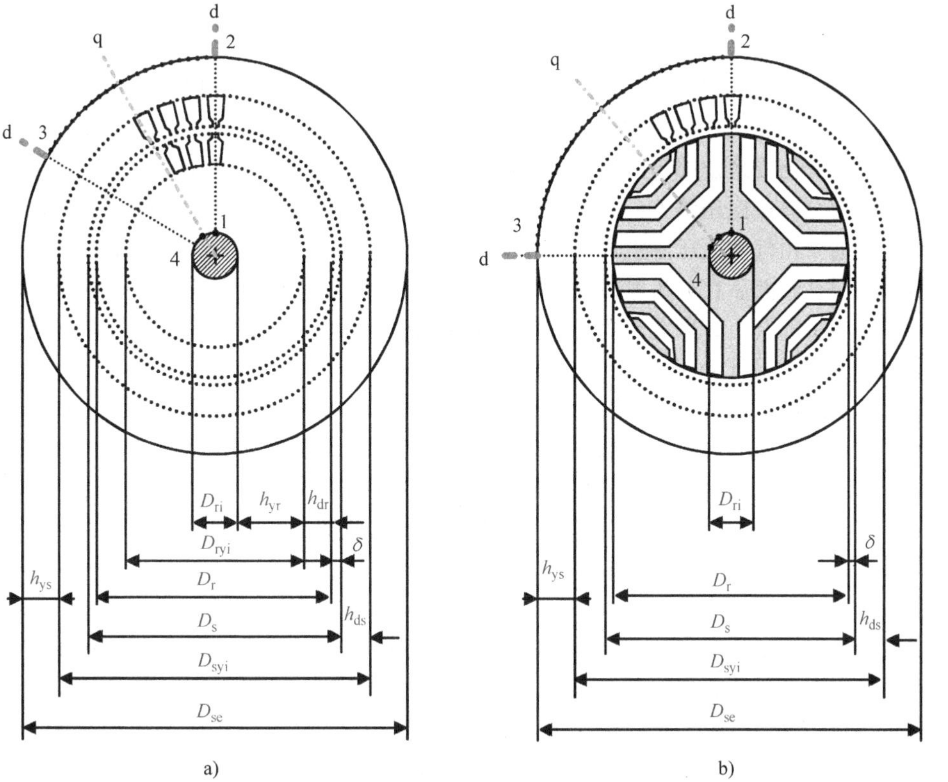

图3.1 电机横截面的主要尺寸及磁轴的瞬时位置和磁路：a）6极多相感应电机；b）4极同步磁阻电机。磁路随电机定子磁通旋转。在同步电机中，转子的d轴在任意时刻均保持静止；而在感应电机中，d轴只是虚拟的并相对于转子以转差速度转动

转子的凸极性使电机横截面上（与轴垂直的方向）的磁路各向异性。磁阻不同，相应地定子励磁电感也不同，其值取决于转子相对于定子的位置。在传统电机中，d轴通常置于磁通与转子重合的位置，此时整个磁系统具有最小磁阻；相反，q轴通常置于整个磁系统具有最大磁阻的位置。在这类电机中，定子d轴电感大于定子q轴电感，

$L_d > L_q$。在同步电机中，励磁绕组位于转子d轴上；而在永磁电机中，永磁体本身隶属于d轴磁路，使得d轴的磁阻很高。在永磁电机中，取决于电机的转子结构，电机具有“反凸极”特性，即d轴磁阻高于q轴磁阻，相应地$L_d < L_q$；在永磁电机中，很少存在正常凸极时$L_d > L_q$的情况。

在一些情况下，诸如以控制为目的，也可以为磁场各向同性的感应电机定义d轴和q轴。但从电机设计的角度考虑，为磁场各向同性电机划分d轴和q轴并不像磁场各向异性电机一样重要。

在隐极同步电机中，由于磁阻值相等、电感值也相等，因此可以很自然地划分d轴和q轴。而转子的各向异性是由于励磁绕组缠绕在转子d轴而引起的。

如果假设电机主磁通沿d轴流通，图3.1中的磁路只包含主磁通的一半。该主磁通是由该区域的电流流过磁路生成的。当电机负载运行时，感应电机的励磁电流为定子和转子电流之和。所以当计算该值时，定子绕组和转子绕组上穿过区域$\boldsymbol{S}$（该区域为定子和转子的槽）的每一个导体都必须加以考虑。在定子和转子上，该区域流过的电流是可测的，因此由安培定律可以得到合成的励磁电流链Θ，该电流链用于产生磁通并在磁路的不同部分分成磁压降$U_{m,i}$。正常情况下，磁压降之和的大部分，即60%～95%的磁压降之和通常由气隙磁压降组成。磁路设计时，对励磁绕组而言，先从单个绕组励磁的电机开始设计；然后在分析电机性能特性时，再考虑其他绕组的影响。由于在同步磁阻电机的转子上无绕组，因此转矩的产生仅基于其凸极效应。上述电机的凸极性是通过在转子上削去合适的部分而产生的。

图3.2给出了一台6极直流电机和一台8极凸极同步电机磁路和主要尺寸的相应图例。同步电机运行时可以由在励磁绕组上通直流或由永磁体来励磁，亦或完全无直流励磁而作为同步磁阻电机运行。而在磁阻电机的转子磁路中，需要特别注意的是：最大化q、d轴磁阻的比例以获得最大转矩。因此其转矩完全取决于d轴和q轴之间电感差，当电感比L_d/L_q为7～10时，在同步磁阻电机中可以应用与感应电机基本一样的电机常数。

双凸极磁阻电机［开关磁阻（SR）电机］尽管在结构上和性能特性上均有别于传统电机，但也有一些相似之处。图3.3所示为2台极数比分别是8/6、6/4的双凸极磁阻电机。在这类电机中，定子和转子均具有凸极性。与传统电机相比，其显著区别在于定子和转子磁极的个数不同。在无电力电子装置或其他开关的情况下，这类电机无法运行，因此，必须同时依据相应的电子设备对其进行设计。

在磁路设计中，电流链的确定对得到期望的磁通密度和励磁电流至关重要。应用式（1.10），通过计算沿合适积分路径磁场强度$\boldsymbol{H}$的线积分计算出每极所需的电流链。以图3.2所示的路径1－2－3－4－1为例：

$$F_m = \hat{U}_{m,tot} = \oint_l \boldsymbol{H}\cdot d\boldsymbol{l} = \int_S \boldsymbol{J}\cdot d\boldsymbol{S} = \sum_S I = \hat{\Theta}_{tot} \tag{3.3}$$

在旋转磁场电机中，磁压降$\hat{U}_{m,tot}$的幅值通常由沿着气隙磁通密度幅值时的磁力线所走的路径计算。$\boldsymbol{l}$是与积分路径平行的单位矢量；$\boldsymbol{S}$是电机横截面（在实际中，即如

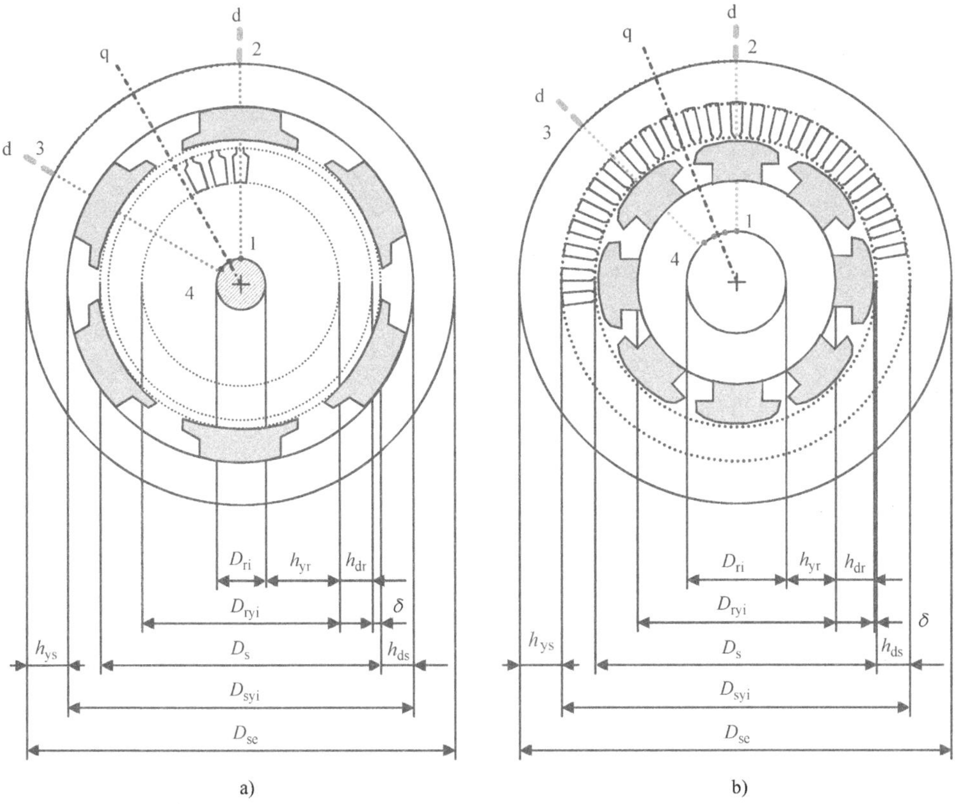

图3.2　6极直流电机（或外极式同步电机）和8极凸极同步电机的主要尺寸、横截面、磁轴瞬时位置及磁路。在直流电机或同步电机中，磁轴d或q由转子位置定义，因此这类电机比感应电机容易确定磁轴位置。直流电机通常构造成外极式（内凸极式），定子极确定了电机的磁极位置。这两类电机的励磁绕组均安置在d轴上

感应电机的齿面积或同步电机定子齿面积和转子极身面积）表面上的单位矢量；$\boldsymbol{J}$是穿过磁路的电流密度。该问题可简化为计算流过磁路的所有电流I之和，电流和称为电流链，表示为$\hat{\Theta}_{\mathrm{tot}}$。式（3.3）表述了电机的电流链必须等于电机的磁动势（MMF）$\oint_L \boldsymbol{H}\cdot \mathrm{d}\boldsymbol{l}$。

当计算电机单个磁路磁压降幅值$\hat{U}_{\mathrm{m,tot}}$时，其任务可以分解成在磁通密度幅值时对磁路的各个部分进行分析。此时，在一个完整极对下的总磁压降可以写为

$$\hat{U}_{\mathrm{m,tot}} = \sum_i \int \boldsymbol{H}_i \cdot \mathrm{d}\boldsymbol{l}_i = \sum_i \hat{U}_{\mathrm{m},i} \tag{3.4}$$

为了计算磁路铁心部分所需的电流链，必须要知道材料的磁化曲线。磁化曲线表明了材料的磁通密度与磁场强度之间的函数关系。首先，根据所选择的气隙磁通密度，计算电机磁路各个部分的磁通密度B_i，然后，从材料的BH曲线中查出相应的磁场强度

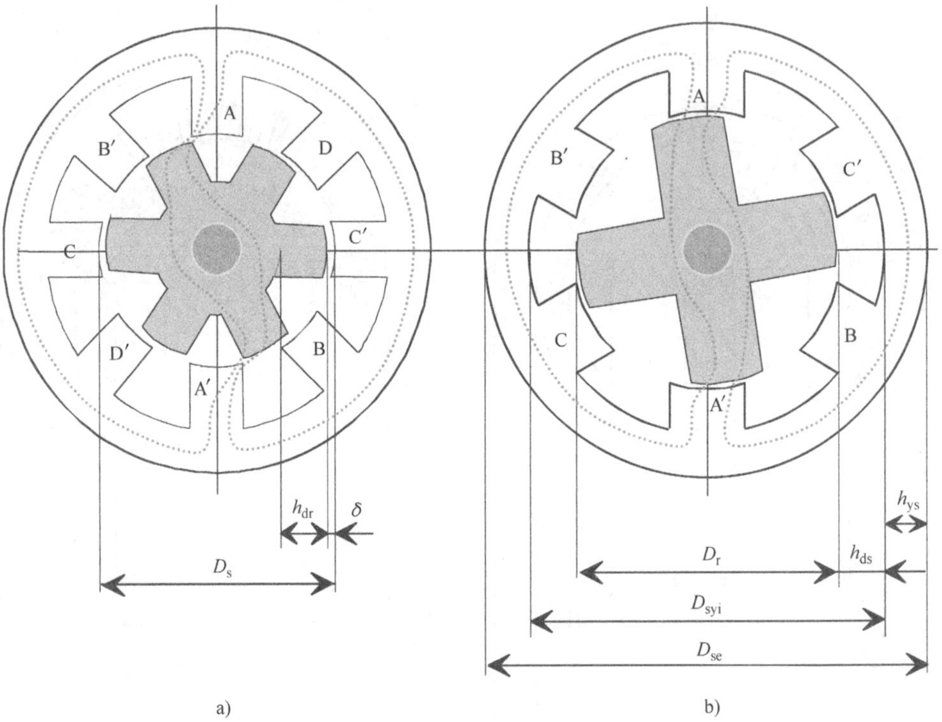

图3.3　开关磁阻电机的基本类型。a）8/6电机，定子有8个极、转子有6个极；b）6/4电机，定子有6个极、转子有4个极。定子和转子的极数总是彼此不等。当极AA′被磁化时，2台电机的转子均沿顺时针方向旋转。8极电机的图例描述了AA′磁化时的主磁通路径

H_i；最后，在比较简单的情况下，其结果乘以与各部分平行的磁路长度 l_i，即可得到各部分的磁压降 $\hat{U}_{m,i}=l_iH_i$。在附录中，给出了测得的一些典型电工钢板的直流磁化 BH 曲线。

式（2.15）给出了旋转磁场绕组电流链波形的振幅幅值，该幅值能够为1/2个磁路提供励磁，因此在计算磁压降时，通常仅探讨一个磁路的1/2。例如，感应电机的定子产生的基波电流链幅值为 $\hat{\Theta}_{s1}$；相应地，在隐极同步电机的转子极上，必然有一个电流产生类似的电流链

$$\hat{\Theta}_{s1}=\hat{U}_{m,\delta e}+\hat{U}_{m,sd}+\hat{U}_{m,rd}+(1/2)\hat{U}_{m,sy}+(1/2)\hat{U}_{m,ry} \tag{3.5a}$$

式中，$\hat{U}_{m,\delta e}$ 为单个气隙的磁压降；$\hat{U}_{m,d}$ 为齿上的磁压降；$\hat{U}_{m,sy}+\hat{U}_{m,ry}$ 为定子轭和转子轭的磁压降。下标s和r分别表示定子和转子。式（3.5a）仅表述了磁路的一个极，作用在整个磁回路的为2个电流链的幅值 $\hat{U}_{m,tot}=2\hat{\Theta}_{s1}$。

对于内凸极电机（如普通同步电机），磁压降和单个极电流链的关联为

$$\hat{\Theta}_{rp}=\hat{U}_{m,\delta e}+\hat{U}_{m,sd}+\hat{U}_{m,rp}+(1/2)\hat{U}_{m,sy}+(1/2)\hat{U}_{m,ry} \tag{3.5b}$$

式中，$\hat{U}_{m,rp}$为转子的凸极磁压降。对于外凸极电机（如普通直流电机或外极式同步电机），相应的单极电流链可以写为

$$\hat{\Theta}_{sp}=\hat{U}_{m,\delta e}+\hat{U}_{m,sp}+\hat{U}_{m,rd}+(1/2)\hat{U}_{m,sy}+(1/2)\hat{U}_{m,ry} \tag{3.5c}$$

双凸极磁阻电机（SR电机）的磁化取决于不断变化的磁路形状。基于虚功原理可以实现SR电机的转矩计算。该类电机总是遵循磁路电感最大的原理工作，此时转子极刚好转到定子磁极的位置。

3.1　气隙及气隙磁压降

电机的气隙对磁路的磁动势（MMF）具有重要影响。隐极电机和凸极电机具有不同类型的气隙，不同类型的气隙会对电机性能产生显著影响。

3.1.1　气隙和卡特系数

为了能够手动计算气隙磁压降，需要对气隙的几何结构进行简化。在电机中，通常定子表面和转子表面是开槽的。在槽开口处的磁通密度总是减小（见图3.4），因此很难确定定子和转子之间槽距上的磁通密度平均值。

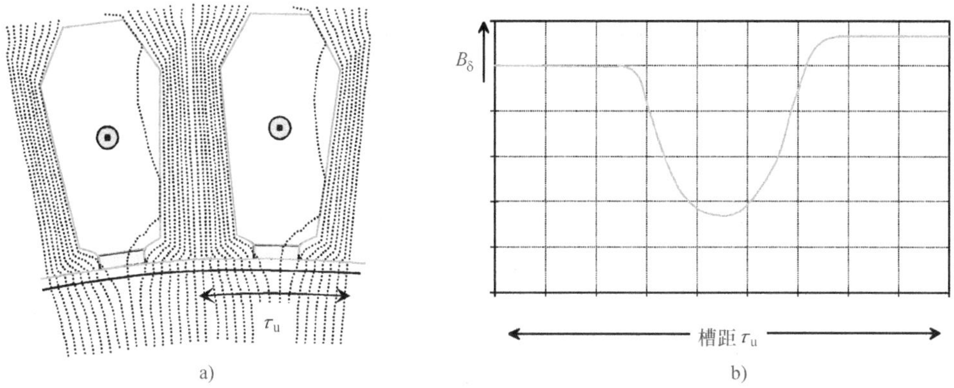

图3.4　a）沿一个槽距下定子槽的磁通图；b）一个槽距下气隙磁通密度B_δ的分布特性。因为槽中有指向观测者的小电流流过，所以在槽口处的磁通密度存在局部最小，且右侧槽的磁通密度比左侧槽的略高

1901年，F. W. Carter提出了一种手工计算该问题的解决方法（Carter 1901）。通常情况下，根据卡特原理，气隙长度似乎比气隙的物理测量值大。物理测量的气隙长度δ随卡特系数k_C而增加。需要对气隙长度进行修正，在假设转子平滑的情况下对其值进行第一次修正，可以得到

$$\delta_{es}=k_{Cs}\delta \tag{3.6}$$

基于图3.5所示的外形尺寸可以得到卡特系数k_{Cs}。当确定卡特系数时，用矩形函数替代实际的磁通密度曲线，以便使磁通在齿下保持恒定、在槽口处为0；换句话说，

图3.5所示阴影部分面积 $S_1 + S_1$ 等于 S_2，等效槽口 b_e 处的磁通密度为0，b_e 为

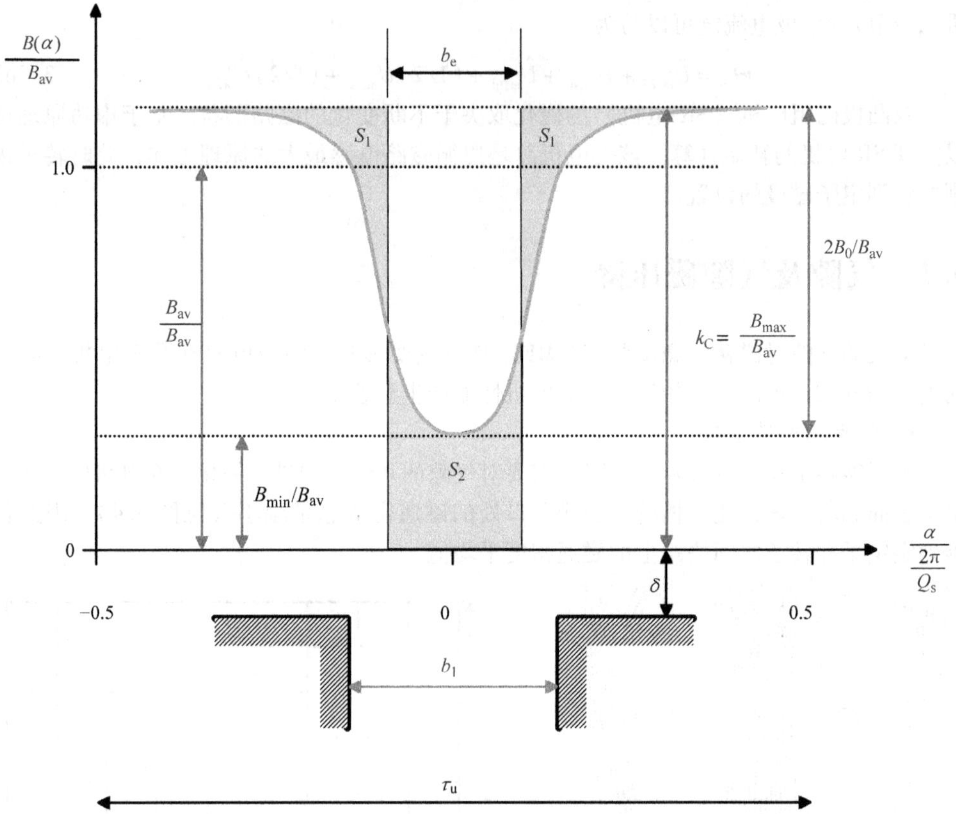

图3.5　在一个槽距 τ_u 内气隙磁通密度 $B_\delta(\alpha)$ 的分布。α 是沿电机边缘旋转的角度；b_e 是等效槽口宽度

$$b_e = \kappa b_1 \tag{3.7a}$$

式中

$$\kappa = \frac{2}{\pi}\left[\arctan\frac{b_1}{2\delta} - \frac{2\delta}{b_1}\ln\sqrt{1+\left(\frac{b_1}{2\delta}\right)^2}\right] \approx \frac{\frac{b_1}{\delta}}{5+\frac{b_1}{\delta}} \tag{3.7b}$$

卡特系数为

$$k_C = \frac{\tau_u}{\tau_u - b_e} = \frac{\tau_u}{\tau_u - \kappa b_1} \tag{3.8}$$

卡特系数也为最大磁通密度 B_{max} 与平均磁通密度 B_{av} 之比

$$k_C = \frac{B_{max}}{B_{av}} \tag{3.9}$$

假设无涡流阻碍磁通变化，则磁通密度的变化为

$$\beta=\frac{B_0}{B_{\max}}=\frac{(B_{\max}-B_{\min})}{2B_{\max}}=\frac{1+u^2-2u}{2(1+u^2)} \tag{3.10a}$$

$$\frac{B_{\min}}{B_{\max}}=\frac{2u}{1+u^2} \tag{3.10b}$$

$$u=\frac{b_1}{2\delta}+\sqrt{1+\left(\frac{b_1}{2\delta}\right)^2} \tag{3.10c}$$

当定子和转子表面均有槽时，首先假设转子表面光滑，计算 k_{Cs}；然后假设定子表面光滑，应用计算得到的气隙 δ_{es}和转子槽距 τ_r重新计算获得 k_{Cr}；最后，完整的系数为

$$k_{C,tot}\approx k_{Cs}\cdot k_{Cr} \tag{3.11}$$

进而得出等效气隙 δ_e为

$$\delta_e\approx k_{C,tot}\delta\approx k_{Cr}\delta_{es} \tag{3.12}$$

考虑开槽对气隙平均磁导的影响时，可以用较长的等效气隙 δ_e替代实际气隙。虽然应用上述方程得到的计算结果并不精确，但是通常能够满足实际应用中的精度要求。最精确的结果可利用有限元法、由气隙场图的求解得到。在这种方法中，需要应用密集的单元网格，图3.4所示为精确场解的一个示例。如果转子表面存在涡流，利用卡特系数修正之后的值可以抑制由槽口引起的磁通密度下降。在这种情况下，涡流可能在转子表面产生较大的损耗。

例3.1：感应电机的气隙 $\delta=0.8$mm。定子槽口 $b_1=3$mm，转子槽闭合，定子槽距为10mm。转子磁路由涡流损耗低的高性能硅钢片制成。计算由卡特系数修正的电机气隙长度。如果转子涡流对磁通密度的下降无影响（注意：电机尽可能设计成笼型结构，使得齿谐波不至于产生大的反向涡流），则在槽口处磁通密度的下降多深？为了使气隙产生0.9T的基波磁通密度幅值，需要多大的三相定子电流？定子串联匝数 $N_s=100$、极对数 $p=2$、每极槽数和相数 $q=3$、绕组为整距绕组。

解：

$$\kappa\approx\frac{b_1/\delta}{5+b_1/\delta}=\frac{3/0.8}{5+3/0.8}=0.429$$

$$b_e=\kappa b_1=0.429\times3=1.29$$

$$k_{Cs}=\frac{\tau_u}{\tau_u-b_e}=\frac{10}{10-1.29}=1.148$$

$$u=\frac{b_1}{2\delta}+\sqrt{1+\left(\frac{b_1}{2\delta}\right)^2}=\frac{3}{2\times0.8}+\sqrt{1+\left(\frac{3}{2\times0.8}\right)^2}=3.984$$

$$\beta=\frac{1+u^2-2u}{2(1+u^2)}=0.179$$

在转子表面磁通密度下降的深度为 $2B_0$：

$$2B_0=2\beta B_{\max}=2\beta k_C B_{av}=2\times0.179\times1.148B_{av}=0.41B_{av}$$

等效气隙 δ_e 为

$$\delta_e \approx k_{Cs}\delta = 1.148 \times 0.8\text{mm} = 0.918\text{mm}$$

磁通密度幅值为0.9T时，气隙磁场强度为

$$\hat{H}_\delta = \frac{0.9\text{T}}{4\pi 10^{-7}\text{Vs/Am}} = 716\text{kA/m}$$

气隙磁压降为

$$\hat{U}_{m,\delta e} = \hat{H}_\delta \delta_e = 716\text{kA/m} \times 0.000918\text{m} = 657\text{A}$$

由式（2.15），定子电流链的幅值为

$$\hat{\Theta}_{s1} = \frac{m}{2}\frac{4}{\pi}\frac{k_{ws1}N_s}{2p}\sqrt{2}I_{sm} = \frac{mk_{ws1}N_s}{\pi p}\sqrt{2}I_{sm}$$

为了计算该幅值，需要获知 $q=3$ 时的电机基波绕组系数。对于 $q=3$ 的整距绕组，其槽间的电角度为

$$a_u = \frac{360°}{2mq} = \frac{360°}{2 \times 3 \times 3} = 20°$$

每对极下有6个电压相量：3个正相量和3个负相量。当负线圈侧的相量翻转180°时，其中2个相量的夹角为 $-20°$，2个相量的夹角为0°，2个相量的夹角为 $+20°$。因此可以得到基波绕组因数为

$$k_{ws1} = \frac{2\cos(-20°) + 2\cos(0°) + 2\cos(+20°)}{6} = 0.960$$

由于是整距绕组，由式（2.23）通过计算分布因数也可以得到同样的结果：

$$k_{ds1} = k_{ws1} = \frac{\sin q_s \dfrac{a_{us}}{2}}{q_s \sin\dfrac{a_{us}}{2}} = \frac{\sin 3\dfrac{20}{2}}{3\sin\dfrac{20}{2}} = 0.960$$

进而可以计算得到磁化气隙所需的定子电流

$$I_{sm} = \frac{\hat{\Theta}_{s1}\pi p}{mk_{ws1}N_s\sqrt{2}} = \frac{657 \times \pi \times 2}{3 \times 0.960 \times 100\sqrt{2}}\text{A} = 10.1\text{A}$$

如果需要用解析方程描述仅在一侧开槽时气隙的磁通分布，可以应用Heller和Hamata在1977年提出的等效近似法。该方程给出了光滑转子情况下一个槽距下的磁通密度分布。如果把定子槽中心位置设置为原点，对于定子，Heller和Hamata方程可写为（见图3.5）

当 $0 < \alpha < 0.8\alpha_0$ 时，$B(\alpha) = \left(1 - \beta - \beta\cos\dfrac{\pi}{0.8\alpha_0}\alpha\right)B_{max}$

当 $0.8\alpha_0 < \alpha < \alpha_d$ 时，$B(\alpha) = B_{max}$　　　　(3.13)

式中，$\alpha_0 = 2b_1/D$；$\alpha_d = 2\pi/Q_s = 2\tau_u/D$。

定子槽引起的磁通密度的下降会在转子表面产生损耗。相应地，转子槽在定子表面

也会产生同样的效应。为了减小这些损耗，可以采用诸如部分或全闭口槽结构、改变槽边缘形状以减小磁通密度的下降或采用图 3.6 所示的半磁槽楔等方式。

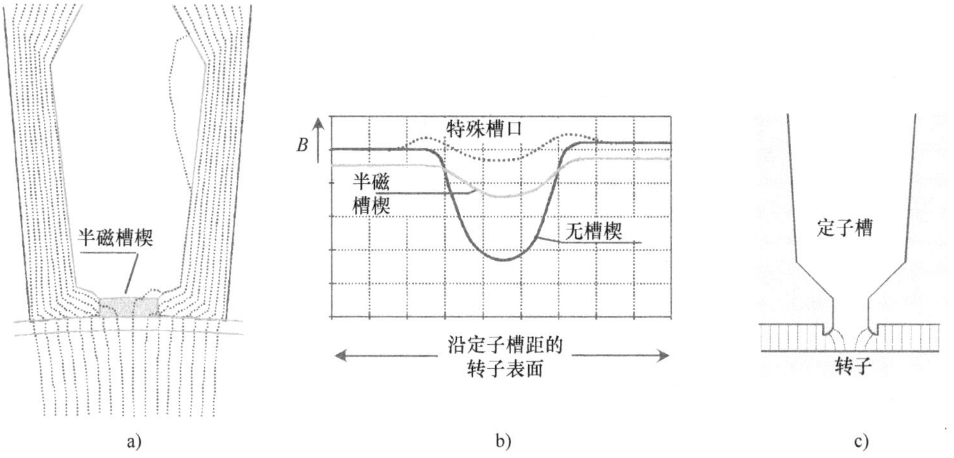

图 3.6 a）图 3.4 所示的半开口定子槽的槽口，槽口由 $\mu_r = 5$ 的半导磁材料填充。b）当电机空载小电流工作时，由开槽引起的转子表面的磁通降明显减小；同时，转子表面损耗减小、效率提高。定子槽边缘也可设计成图 c 所示形状，该情况下磁通密度分布最好，如图 b 最上端的曲线所示

3.1.2 凸极电机的气隙

接下来研究凸极电机的 3 种不同气隙。这些气隙的重要性在于：第 1 种气隙用于当电机由转子励磁绕组磁化时的计算；第 2 种气隙为计算直轴电枢反应和直轴电感；第 3 种气隙用于计算交轴电枢反应和交轴电感。转子励磁绕组磁化得到的气隙由极靴确定形状，以在电机的气隙中尽可能获得正弦分布的磁通密度。

凸极电机转子励磁绕组励磁产生的气隙磁通密度可利用正交场图进行研究。正交场图必须在精确形状的气隙中构造。图 3.7 描述了凸极电机的气隙，其中，缠绕在凸极极身的励磁绕组产生磁通，利用磁标量势得到磁通的路径，磁场在铁心表面发生折射。而在手动计算同步电机气隙中的磁场时，假设铁心的磁导率足够大，这样磁力线将垂直地穿出等位的铁心表面。

如果转子电流链 Θ_f 中作用在气隙上的比例为 Θ_δ，如图 3.7 所示，气隙中每个网格通道的通量

$$\Delta\Phi_\delta = \mu_0 \Theta_\delta l \frac{\Delta x}{n\Delta\delta} \tag{3.14}$$

式中，l 为极靴的轴向长度；n 为径向上正方形单元的个数。如果坐标系的原点固定在极靴的中央，式（3.14）可以写出余弦形式

$$\frac{\Delta\Phi_\delta}{l\Delta x} = \frac{\mu_0 \Theta_\delta}{n\Delta\delta} = \hat{B}_\delta \cos\theta \tag{3.15}$$

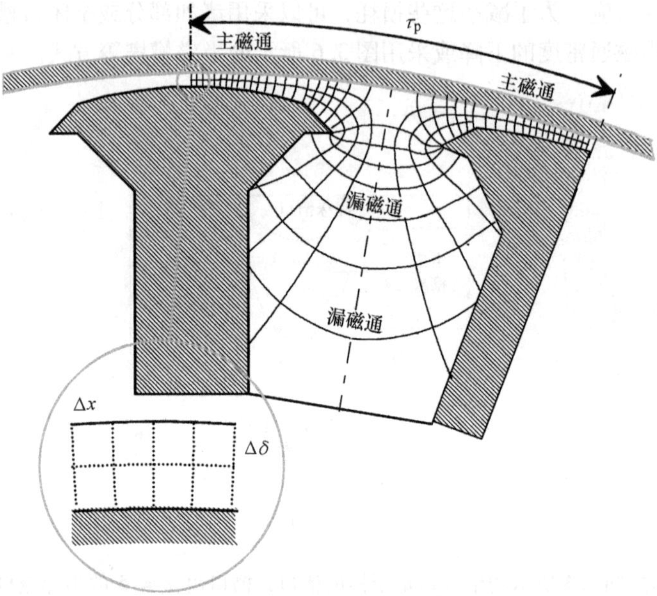

图3.7　在1/2极距τ_p区域内，直流励磁内凸极式同步电机的转子磁极场图。图中也表明该情况下漏磁通约为15%，这一数值为极间漏磁通的典型值。通常，设计者在设计励磁绕组时应预设约20%的漏磁通

场图由很小的正方形组成，正方形的边等于平均宽度Δx。定子表面的磁通密度可由与该表面接触的正方形的平均宽度计算得到；另一方面，$n\Delta\delta$为从极靴表面到定子表面的磁力线长：

$$n\Delta\delta=\frac{\mu_0\Theta_\delta}{\hat{B}_\delta\cos\theta}=\frac{\delta_{0e}}{\cos\theta} \tag{3.16}$$

式中，δ_{0e}为由卡特系数修正的极中央的气隙。这里极靴必须设计成合适的形状以满足场图中磁通密度线的长度与电角度θ的余弦成反比的关系。气隙长度遵循$\delta(\theta)=\delta_{0e}/\cos\theta$。当然，在$\theta=\pi/2$处的气隙不可能无限大，但极间的漏磁通使得由转子励磁的磁通密度在$\theta=\pi/2$处为0。由这种方式成形的极靴在气隙中生成余弦形式的磁通密度，其幅值为$\hat{B}_\delta$。虽然这里磁通不涉及幅值的问题，但是把穿过整距绕组线圈的磁通最大值称为磁通幅值。磁通幅值可通过极距与电机长度的面积分计算得到，实际中是计算单个磁极的磁通。幅值用$\hat{\Phi}_m$表示：

$$\hat{\Phi}_m=\int_0^{l'}\int_{-\frac{\tau_p}{2}}^{\frac{\tau_p}{2}}\hat{B}_\delta\cos\left(\frac{x}{\tau_p}\pi\right)\mathrm{d}x\mathrm{d}l' \tag{3.17}$$

式中，l'为电机中无通风道（见3.2节）时的等效铁心长度，$l'\approx l+2\delta$；τ_p为极距，$\tau_p=\pi D/(2p)$；x为坐标，其原点位于极中央的位置；$\theta=x\pi/\tau_p$。

当磁通密度呈余弦分布时，通过积分可得气隙磁通

$$\hat{\Phi}_{\mathrm{m}}=\frac{2}{\pi}\hat{B}_{\delta}\tau_{\mathrm{p}}l' \tag{3.18}$$

对方程进行整理可得

$$\hat{\Phi}_{\mathrm{m}}=\frac{Dl'}{p}\hat{B}_{\delta}=\mu_0\frac{Dl'}{p\delta_{0\mathrm{e}}}\hat{\Theta}_{\delta} \tag{3.19}$$

接下来研究定子绕组电流链作用时气隙磁场的变化过程。定子绕组的构造使其在定子表面产生的电流链基本呈余弦分布。定子电流链在励磁电感中产生电枢反应，由于电枢反应的结果，余弦分布的电流链会在气隙中生成其自身的磁通。因为气隙形状是特定设计，所以使由转子极产生的磁通密度呈余弦形式，很明显由定子产生的磁通密度作用于气隙时将不再是余弦形式，如图 3.8 所示。当定子基波电流链的幅值位于 d 轴时，可以写为

$$\Theta_{\mathrm{s1}}(\theta)=\hat{\Theta}'_{\mathrm{d}}\cos\theta \tag{3.20}$$

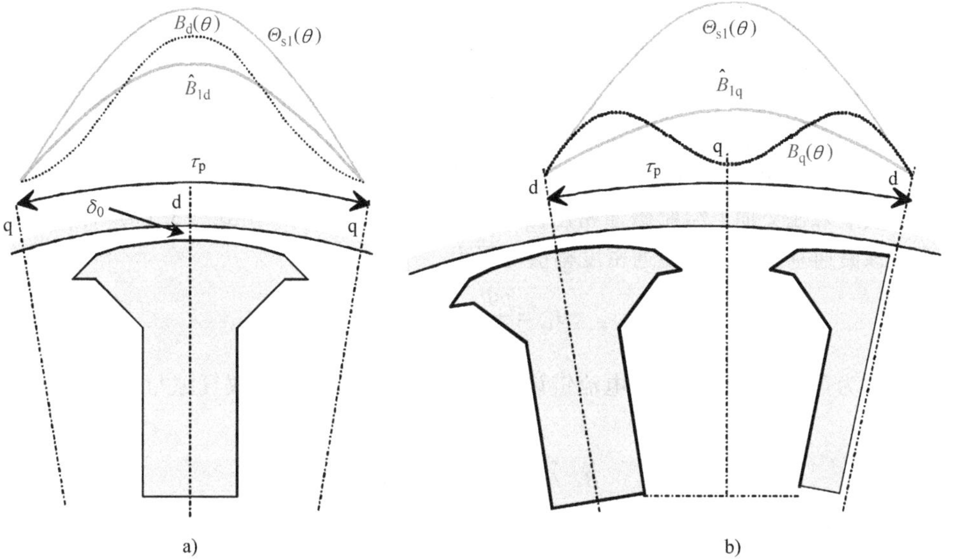

图 3.8 a）在特定形状的气隙中，由余弦形式的定子电流链在定子 d 轴生成的余弦平方形式的磁通密度 $B_{\mathrm{d}}(\theta)$，$B_{\mathrm{d}}(\theta)$ 的基波分量的幅值为 $\hat{B}_{1\mathrm{d}}$；b）在 q 轴上余弦形式分布的电流链生成的磁通密度曲线 $B_{\mathrm{q}}(\theta)$，$B_{\mathrm{q}}(\theta)$ 的基波分量的幅值为 $\hat{B}_{1\mathrm{q}}$

由式（2.15）可以计算出电流链的峰值。在位置 θ 处，网格通道的磁导 $\mathrm{d}\Lambda$ 为

$$\mathrm{d}\Lambda=\mu_0\frac{\mathrm{d}S}{n\Delta\delta}=\mu_0\frac{Dl\mathrm{d}\theta}{2p}\frac{\cos\theta}{\delta_{0\mathrm{e}}} \tag{3.21}$$

在位置 θ 处，磁通密度为

$$B_{\mathrm{d}}(\theta)=\frac{\mathrm{d}\Phi}{\mathrm{d}S}=\frac{\mu_0}{\delta_{0\mathrm{e}}}\hat{\Theta}'_{\mathrm{d}}\cos^2\theta \tag{3.22}$$

当定子电流链位于d轴时，由定子电流生成的气隙磁通密度分布与余弦的平方成正比。为了能够计算基波电感，磁通密度函数必须由等磁通的余弦函数替代。因此需要计算傅里叶级数的基波因数。保持磁通不变的条件为

$$\frac{\mu_0}{\delta_{0e}}\hat{\Theta}'_{d}\int_{-\pi/2}^{+\pi/2}\cos^2\theta\mathrm{d}\theta = B_{1d}\int_{-\pi/2}^{+\pi/2}\cos\theta\mathrm{d}\theta \tag{3.23}$$

因此，相应的余弦函数的幅值为

$$\hat{B}_{1d}=\frac{\pi\mu_0}{4\delta_{0e}}\hat{\Theta}'_{d}=\frac{\mu_0}{\delta_{de}}\hat{\Theta}'_{d} \tag{3.24}$$

式（3.24）的后一项表达式中，气隙 δ_{de} 为由定子电流链激励的等效d轴气隙，其理论值为

$$\delta_{de}=\frac{4\delta_{0e}}{\pi} \tag{3.25}$$

图3.8a描述了这种情况。实际上，由于从定子到转子极边缘的距离不能无限延长，因此，就其本身而言无法实现式（3.25）的理论值（其值仅是一个近似值）。而且由于余弦分布的电流链幅值位于直轴上，电流链在接近交轴时非常小，因此式（3.25）只是在边缘处存在误差。式（3.25）给出了一个引人关注的结果：如果期望定子或转子励磁得到的磁通密度基波分量的幅值相同，那么定子电流链必定大于转子电流链。

图3.8b举例说明了如何确定交轴气隙。假设定子电流链分布的幅值位于电机的交轴上。接下来在交轴上绘制磁通密度曲线，同样地，磁通 Φ_q 由式（3.19）计算得到。对应于该磁通基波分量的磁通密度幅值可写为

$$\hat{B}_{1q}=\frac{p\Phi_q}{Dl}=\frac{\mu_0}{\delta_{qe}}\hat{\Theta}'_{q} \tag{3.26}$$

式中，δ_{qe} 为等效的q轴气隙；电流链设置为 $\hat{\Theta}_f=\hat{\Theta}'_d=\hat{\Theta}'_q$；等效气隙与磁通密度幅值成反比：

$$\hat{B}_{\delta}:\hat{B}_{1d}:\hat{B}_{1q}=\frac{1}{\delta_{0e}}:\frac{1}{\delta_{de}}:\frac{1}{\delta_{qe}} \tag{3.27}$$

根据这种反比关系可以计算得到直轴和交轴的等效气隙。直轴气隙近似为 $4\delta_{0e}/\pi$；而对于交轴气隙，除非采用数值法进行计算，否则其值比较难以确定，但该值在（1.5～2～3）$\times\delta_{de}$ 之间典型变化。1950年Schuisky指出：在凸极同步电机中，与凸极电机的直轴气隙相比，交轴气隙的典型值是直轴气隙值的2.4倍。

如果电机按产生理论上的气隙进行设计，在空载时生成正弦形式的气隙磁通密度，2002年Heikkilä指出：q轴气隙的理论值 $\delta_{qe}\approx 3\pi\delta_e/\left[4\sin^2\left(\frac{\alpha\pi}{2}\right)\right]$。这里 α 为极距区域的标幺值，该极距区域假设 $\delta_0/\cos\theta$ 的形式是有效的。方程假设q轴处的气隙无穷大，但在实际中这种情况并不存在；$\alpha=0.9$ 的实际值表示 $\delta_{qe}=1.77\delta_{de}$。

设磁极中心线处的物理气隙为 δ_0。与完全光滑的定子相比，定子槽使得生成的气隙明显变长，这可由卡特系数估算。在转子极的d轴上，相对磁极磁化时的等效气隙长度

为 δ_{0e}。在单个气隙中，磁极磁化将产生磁通密度 $\hat{B}_\delta$。则单个极所需的电流链为

$$\hat{\Theta}_f = \frac{\delta_{0e}\hat{B}_\delta}{\mu_0} \tag{3.28}$$

当转子极上的直流励磁绕组电流为 I_f、线圈匝数为 N_f 时，单个转子极上的电流链为 $\Theta_f = N_f I_f$，此时很容易计算出转子的磁链和电感。根据前面的原理，使极靴具有特定形状，当转子以电角速度 ω 旋转时，空载时相绕组磁通随时间为正弦变化的函数 $\Phi_m(t) = \hat{\Phi}_m \sin\omega t$。应用式（1.8）所示的法拉第感应定律，可以计算出感应电压。考虑电机几何结构的影响，应用法拉第电磁感应定律可以写成用磁链 Ψ 表达的形式

$$e_1(t) = -\frac{\mathrm{d}\Psi(t)}{\mathrm{d}t} = -k_{w1}N\frac{\mathrm{d}\Phi_m(t)}{\mathrm{d}t} \tag{3.29}$$

在定子单个极对下感应电压的基波分量为

$$e_{1p}(t) = -N_p k_{w1}\omega\hat{\Phi}_m\cos\omega t \tag{3.30}$$

式中，N_p为相绕组每对极下的匝数；基波分量的绕组因数 k_{w1} 计及了绕组空间分布的影响。绕组因数表明：主磁通 $\hat{\Phi}_m$ 的幅值不能同时穿过全部线圈，因此每对极的主磁链为 $\hat{\Psi}_m = N_p k_{w1}\hat{\Phi}_m$。应用式（3.18），可以得到每对极下的电压

$$e_{1p}(t) = -N_p k_{w1}\omega\frac{2}{\pi}\hat{B}_\delta\tau_p l'\cos\omega t \tag{3.31}$$

电压的有效值为

$$E_{1p} = \frac{1}{\sqrt{2}}\omega N_p k_{w1}\frac{2}{\pi}\hat{B}_\delta\tau_p l' = \frac{1}{\sqrt{2}}\omega\hat{\Psi}_{mp} \tag{3.32}$$

在主磁通与相绕组最大匝链的时刻，可以得到每对极下气隙磁链的最大值 $\hat{\Psi}_{mp}$。换句话说，此刻绕组磁轴与气隙主磁通平行。

根据绕组结构，通过适当的各对极电压的串并联可获得定子绕组电压。

前面，为了计算直轴和交轴定子电感，确定了气隙 δ_{de} 和 δ_{qe}。为了计算电感，也定义了铁心所需的电流链。通过相应地增加气隙长度 $\delta_{def} = [\hat{U}_{m,\delta de}/(\hat{U}_{m,\delta de} + \hat{U}_{m,Fe})]\delta_{de}$，可以很容易地计及铁心的影响，进而可以获得有效气隙 δ_{def} 和 δ_{qef}。根据这些气隙，可以计算直轴和交轴上的定子主电感

$$L_{pd} = \frac{2}{\pi}\mu_0\frac{D_\delta l'}{p\delta_{def}}(k_{w1}N_p)^2, L_{pq} = \frac{2}{\pi}\mu_0\frac{D_\delta l'}{p\delta_{qef}}(k_{w1}N_p)^2 \tag{3.33}$$

式中，N_p为每对极下的匝数（N_s/p）；主电感是定子单相电感。为了获得单相等效电路的励磁电感，以三相电机为例，为保证所有三相绕组都考虑在内，主电感必须乘以3/2。当推导这些方程时，需要利用定子电流链方程（2.15），定子单对极的磁链方程也可写为

$$\Psi_{mp} = -k_{w1}N_p\frac{2}{\pi}\hat{B}_\delta\tau_p l'$$

该式已经在前面的电压方程中推导过。由等效气隙和定子电流链计算可得气隙磁通密度的幅值，进而可得到式（3.33）；电感问题将在稍后的4.1节和第7章具体讨论。

3.1.3 隐极电机的气隙

与凸极电机不同，隐极电机气隙磁通密度的形状不能通过改变气隙形状来进行调节。隐极电机的转子为表面开槽的圆柱钢筒，励磁绕组嵌在这些槽中。这类电机的气隙原则上在所有位置都相同，因此，为了生成呈正弦分布的磁通密度，必须改变作用在气隙不同位置的电流链大小。为了得到期望的结果，励磁绕组导体相应地在转子槽之间分散排布，如图3.9所示。

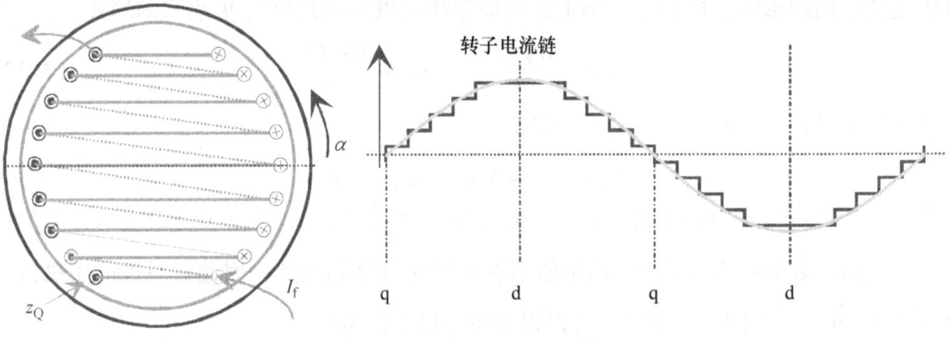

图3.9 a）隐极转子的励磁绕组；b）当导条数等于槽数时，转子表面电流链的分布。电流链的形式可以通过选择槽中绕组匝数或槽位置得到改善

隐极电机的气隙在各个方向均相等。与转子电流链一样，定子电流链有同一气隙。利用式（3.27）的符号，可得

$$\delta_{0e} \approx \delta_{de} \approx \delta_{qe} \tag{3.34}$$

由于定子和转子均开槽，需要应用两次卡特系数。根据有效气隙 δ_{ef}，隐极电机的主电感由式（3.33）计算得到。该有效气隙也考虑了铁心的影响，随铁心正比增加 δ_{0e}。隐极电机由于各处气隙均相同，因此仅有一个主电感。在实际中，这类电机由于转子槽的存在使得交轴电感略小于直轴电感。

感应电机通常具有各向同性，因此与隐极电机类似，对这类电机仅需定义一个等效气隙长度。主电感可由式（3.33）计算得到。通常情况下，直流电机是外极式凸极电机，因此该类电机的气隙可以用类似于前述凸极电机提出的解决方法确定。上述凸极电机气隙的解决方案也适用于同步凸极式磁阻（SR）电机。对于SR电机，由于电机的整个运行机理是基于磁路的变形，因此需要重新定义气隙。当电机旋转时，气隙总是在变化。直、交轴电感的不同表征了电机产生的平均转矩。

通常根据最小气隙和磁通密度的幅值来计算气隙磁压降。如果在极中央处的等效气隙为 δ_e，可得

$$\hat{U}_{m,\delta e} = \frac{\hat{B}_\delta}{\mu_0}\delta_e \tag{3.35}$$

3.2　等效铁心长度

在电机端部可能存在径向通风道，由此可能产生的场边缘效应必须加以考虑。这种边缘场的影响可通过对通风道和电机端部的场图进行研究。图3.10阐明了电机等效长度为l'时，电机边缘场的影响。

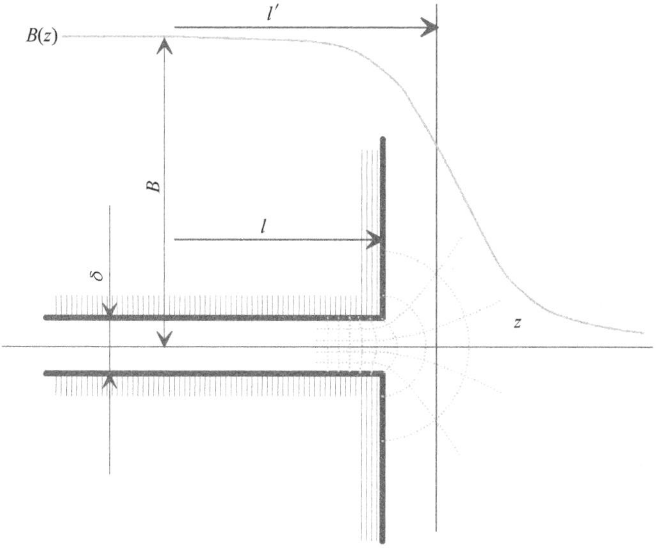

图3.10　确定电机端部边缘场的正交场图

电机磁通密度在轴向的变化可表示为z轴的函数$B = B(z)$。在距离铁心叠片一定距离时，磁通密度仍保持近似恒定；然后由于边缘场的影响，沿电机轴向逐渐减小到0。边缘场包括在电机主磁通中，因此也参与产生转矩。在手动计算时，由于边缘场造成电机延长，其长度近似由如下方程给出：

$$l' \approx l + 2\delta \tag{3.36}$$

当计算时期望的实际长度l足够精确时，这种修正实际上不太重要。然而在大电机中，通风道减小了电机的等效长度，如图3.11所示。

这里，再次应用卡特系数估算电机长度。应用式（3.7a）、式（3.7b），用通风道宽度b_v替代槽口宽b可得

$$b_{ve} = \kappa b_v \tag{3.37}$$

在电机中，通风道数为n_v（图3.11中，$n_v = 3$），可得电机的等效长度近似为

$$l' \approx l - n_v b_{ve} + 2\delta \tag{3.38}$$

如果在转子和定子上都存在径向通风道，如图3.12所示，原则上也可应用上述计算方法。在这种情况下，必须对磁通密度曲线求平方，如前面所述，将等效通风道宽b_{ve}、式（3.7a）带入式（3.38）。在图3.12a的情况中，转子通风道数等于定子通风道

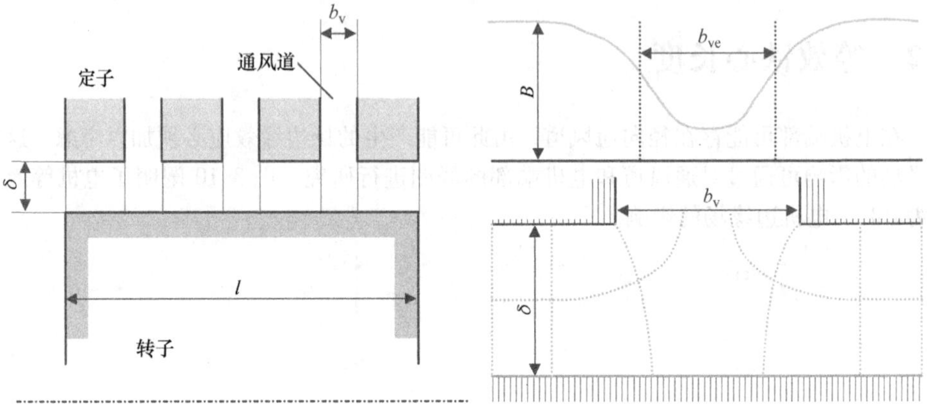

图3.11　径向通风道对电机等效长度的影响及通风道附近的磁通密度

数；在式（3.7b）中，由定子和转子通风道的宽度之和替代 b。在图3.12b的情况中，管道数 n_v 为整个管道的个数。

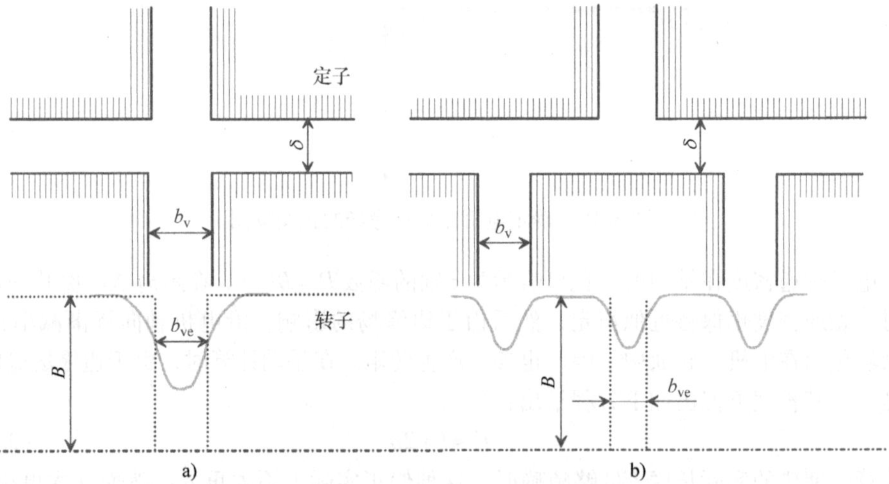

图3.12　a）在定子和转子中，通风道在轴向上处于同一位置；b）在定子和转子中，通风道在不同位置

例3.2：同步电机定子铁心长990mm。由25个叠加在一起的叠片堆构成，每个叠片厚30mm，每个叠片后有10mm宽的冷却通道（24个冷却通道在一起）。气隙长度为3mm。计算：（a）转子表面光滑；（b）在定子管道对面的转子上有24个冷却管道；（c）在定子叠片结构对面的转子上有25个冷却管道这3种情况下电机的等效定子铁心长度。

解：

（a）

$$\kappa = \frac{\dfrac{b_v}{\delta}}{5 + \dfrac{b_v}{\delta}} = \frac{\dfrac{10}{3}}{5 + \dfrac{10}{3}} = 0.40, b_{ve} = \kappa b_v = 0.40 \times 10\text{mm} = 4.0\text{mm}$$

$$l' \approx l - n_v b_{ve} + 2\delta = (990 - 24 \times 4.0 + 2 \times 3)\text{mm} = 900\text{mm}$$

（b）

$$\kappa = \frac{\dfrac{b_{vs} + b_{vr}}{\delta}}{5 + \dfrac{b_{vs} + b_{vr}}{\delta}} = \frac{\dfrac{10 + 10}{3}}{5 + \dfrac{10 + 10}{3}} = 0.571, b_{ve} = \kappa b_v = 0.571 \times 10\text{mm} = 5.71\text{mm}$$

$$l' \approx l - n_v b_{ve} + 2\delta = (990 - 24 \times 5.71 + 2 \times 3)\text{mm} = 859\text{mm}$$

（c）如（a）种情况，对于定子和转子通道，$\kappa = 0.40$、$b_{ve} = 4.0\text{mm}$：

$$l' \approx l - n_{vs} b_{ves} - n_{vr} b_{ver} + 2\delta = (990 - 24 \times 4.0 - 25 \times 4.0 + 2 \times 3)\text{mm} = 800\text{mm}$$

3.3 齿部和凸极磁压降

3.3.1 齿部磁压降

当定子槽数为 Q_s时，气隙周长除以槽数可得定子槽距

$$\tau_u = \frac{\pi D}{Q_s} \tag{3.39}$$

图 3.13a 给出了在电机其他表面光滑情况下，气隙中磁通密度的分布。图 1.13b 给出了一个齿和槽距的图例。

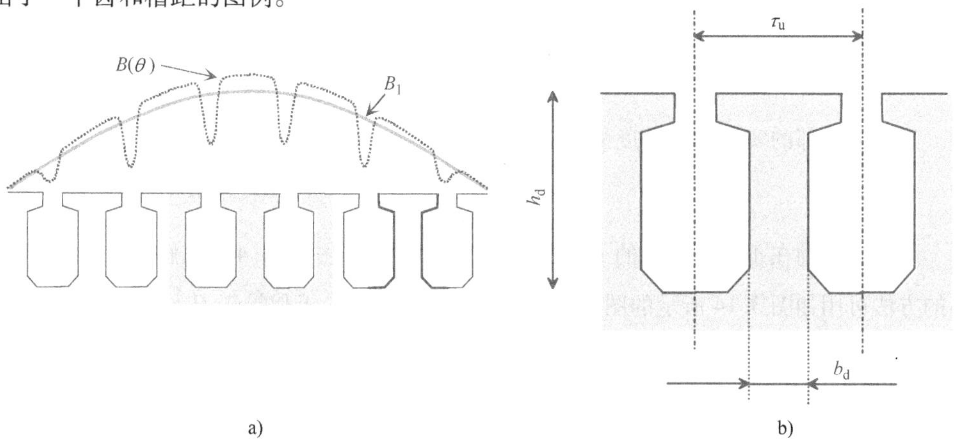

图 3.13 a）半开口槽及气隙磁通密度；b）齿和槽的尺寸。齿和槽的高为 h_d，齿距为 τ_u，齿宽为 b_d

在气隙基波磁通密度幅值时可以计算齿部磁压降。当齿部位于气隙磁通密度幅值位置时，经过槽距的视在齿磁通

$$\hat{\Phi}'_{d}=l'\tau_{u}\hat{B}_{\delta} \tag{3.40}$$

如果电机齿部未饱和，在槽距上几乎所有的磁通均通过齿，在槽上和槽隙绝缘处无磁通流过。忽略槽口影响、考虑铁心的空间系数 k_{Fe}；对于管径均匀的齿，可获得其横截面积 S_d为

$$S_{d}=k_{Fe}(l-n_{v}b_{v})b_{d} \tag{3.41}$$

式中，n_v、b_v分别为通风道数及管道宽度（见图3.12）；l为整个电机叠片的长度。冲孔会影响铁心的晶体结构，造成齿部切削刃上的磁导率很低。因此在进行齿部磁通密度计算时，要从齿宽中减去0.1mm，即在式（3.41）和下面方程中，$b_d=b_{real}-0.1\text{mm}$。在运行期间，电机会出现松弛现象，磁性逐年恢复。铁心的空间系数k_{Fe}取决于电工钢板绝缘的相对厚度和作用在叠片上的压力配合。绝缘体相对较薄，其典型的厚度大约为0.002mm，因此在实际中铁心的空间系数可以高达98%，典型的叠片系数在0.9～0.97之间变化。假设全部磁通在齿部流过，可以得到视在磁通密度

$$\hat{B}'_{d}=\frac{\hat{\Phi}'_{d}}{S_{d}}=\frac{l'\tau_{u}}{k_{Fe}(l-n_{v}b_{v})b_{d}}\hat{B}_{\delta} \tag{3.42}$$

实际中，磁通的一部分总是沿区域S_u流过槽部，用$\hat{\Phi}_u$表示这部分磁通，则齿部铁心的磁通可写为

$$\hat{\Phi}_{d}=\hat{\Phi}'_{d}-\hat{\Phi}_{u}=\hat{\Phi}'_{d}-S_{u}\hat{B}_{u} \tag{3.43}$$

该结果除以齿部铁心的面积S_d，可以得到齿部铁心实际的磁通密度

$$\hat{B}_{d}=\hat{B}'_{d}-\frac{S_{u}}{S_{d}}\hat{B}_{u},\text{其中}\frac{S_{u}}{S_{d}}=\frac{l'\tau_{u}}{k_{Fe}(l-n_{v}b_{v})b_{d}}-1 \tag{3.44}$$

当已知气隙磁通密度基波幅值$\hat{B}_{\delta}$时，可以计算出齿部铁心的视在磁通密度$\hat{B}'_{d}$。而为了计算槽部的磁通密度，需要知道齿部的磁场强度。由于磁场强度的切向分量在铁心和空气接触面上是连续的，即$H_d=H_u$，因此槽部的磁通密度为

$$\hat{B}_{u}=\mu_{0}\hat{H}_{d} \tag{3.45}$$

进而，齿部的实际磁通密度为

$$\hat{B}_{d}=\hat{B}'_{d}-\frac{S_{u}}{S_{d}}\mu_{0}\hat{H}_{d} \tag{3.46}$$

此时，问题在于从硅钢片的BH曲线中查找点以满足式（3.46），解决该问题最容易的方法可用如图3.14所示的图形表示。齿部磁压降$\hat{U}_{m,d}$近似等于$\hat{H}_{d}h_{d}$。

当槽宽和齿宽不等宽时，磁通密度不为恒值。此时，齿部磁压降需要通过积分或分段计算得到：

$$\hat{U}_{m,d}=\int_{0}^{h_{d}}\boldsymbol{H}_{d}\cdot d\boldsymbol{l}$$

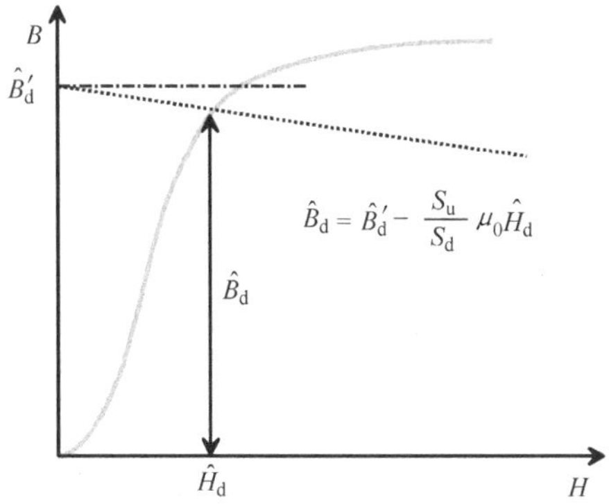

图 3.14　利用硅钢片 *BH* 曲线及齿部尺寸对齿部确定磁通密度 $\hat{B}_d$

例 3.3：同步电机定子齿高为 70mm、宽为 14mm，并且槽距 $\tau_u=30\text{mm}$、定子铁心长 $l=1\text{m}$，电机中无通风道。铁心的空间系数 $k_{Fe}=0.98$，铁心材料为 Surahammars Bruk 公司生产的硅钢片 M400－65A（见图 3.15），气隙 $\delta=2\text{mm}$，气隙的基波磁通密度 $\hat{B}_d=0.85\text{T}$。计算整个定子齿部的磁压降。

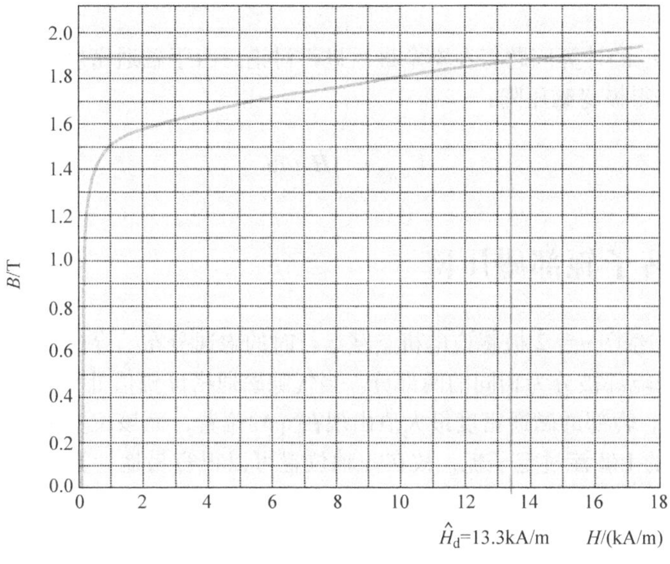

图 3.15　用于例 3.3 的磁性材料的 *BH* 曲线及其解

解：铁心有效长度 $l'=(1000+2\times2)\text{mm}=1004\text{mm}$，由式（3.42），齿部的视在磁通密度为

$$\hat{B}'_d=\frac{1004\times30}{0.98\times1000\times14}0.85\text{T}=1.88\text{T}$$

硅钢片 M400－65A 的 BH 曲线与式（3.46）所述直线的交点为

$$\hat{B}_{\mathrm{d}}=1.88-\left(\frac{1004\times 30}{0.98\times 1000\times(14-0.1)}-1\right)4\times\pi\times 10^{-7}\hat{H}_{\mathrm{d}}$$

图 3.15 给出了齿部的磁场强度 $\hat{H}_{\mathrm{d}}=13.3\mathrm{kA/m}$，其磁压降为

$$\hat{U}_{\mathrm{m,d}}=\int_0^{h_{\mathrm{d}}}\boldsymbol{H}_{\mathrm{d}}\cdot\mathrm{d}\boldsymbol{l}=13300\times 0.07\mathrm{A}=931\mathrm{A}$$

3.3.2 凸极磁压降

凸极磁压降的计算原则上与齿部磁压降的推导过程十分类似。只是需要注意一些特殊之处：诸如，极靴的磁通密度通常非常小以至于在极靴处所需的磁压降可以忽略不计。在这种情况下，只需确定极身所需的磁压降。在确定极身磁压降时，需要特别关注的是极身的漏磁通。图 3.7 表明极身磁通的很大一部分为漏磁通，漏磁通占主磁通的 10%～30%。由于漏磁通的存在，故在横截面为 S_{p} 的均匀极身尾部的磁通密度 $\hat{B}_{\mathrm{p}}$ 用主磁通 $\hat{\Phi}_{\mathrm{m}}$ 表示可写为

$$\hat{B}_{\mathrm{p}}=(1.1\cdots 1.3)\frac{\hat{\Phi}_{\mathrm{m}}}{S_{\mathrm{p}}}\tag{3.47}$$

磁通幅值 $\hat{\Phi}_{\mathrm{m}}$ 的计算问题将在本章最后进行讨论。由于磁通密度的变化，故必须进行积分计算以获得极身磁压降：

$$\hat{U}_{\mathrm{m,p}}=\int_0^{h_{\mathrm{dr}}}\boldsymbol{H}\cdot\mathrm{d}\boldsymbol{l}$$

3.4 定、转子轭部磁压降

图 3.16a 描述了一台 2 极感应电机空载运行时的磁通分布。穿过气隙和齿截面的磁通在定子和转子轭部被分为相同的两部分。当气隙磁通密度幅值处于 d 轴位置时，轭部的磁通密度为 0；轭部的磁通密度最大值出现在 q 轴位置，而该位置的气隙磁通密度为 0。由于主磁通的 1/2 流过定子轭，故在 q 轴位置可以很容易地计算出定子轭部磁通密度的最大值为

$$\hat{B}_{\mathrm{ys}}=\frac{\hat{\Phi}_{\mathrm{m}}}{2S_{\mathrm{ys}}}=\frac{\hat{\Phi}_{\mathrm{m}}}{2k_{\mathrm{Fe}}(l-n_{\mathrm{v}}b_{\mathrm{v}})h_{\mathrm{ys}}}\tag{3.48}$$

式中，S_{ys} 为定子轭部横截面面积；k_{Fe} 为铁心空间系数；h_{ys} 为轭部高度，如图 3.16b 所示。相应地，在转子轭部的最大磁通密度为

$$\hat{B}_{\mathrm{yr}}=\frac{\hat{\Phi}_{\mathrm{m}}}{2S_{\mathrm{yr}}}=\frac{\hat{\Phi}_{\mathrm{m}}}{2k_{\mathrm{Fe}}(l-n_{\mathrm{v}}b_{\mathrm{v}})h_{\mathrm{yr}}}\tag{3.49}$$

由于轭部磁通密度在整个极距范围内总是不断变化的，并且磁场强度存在高度的非

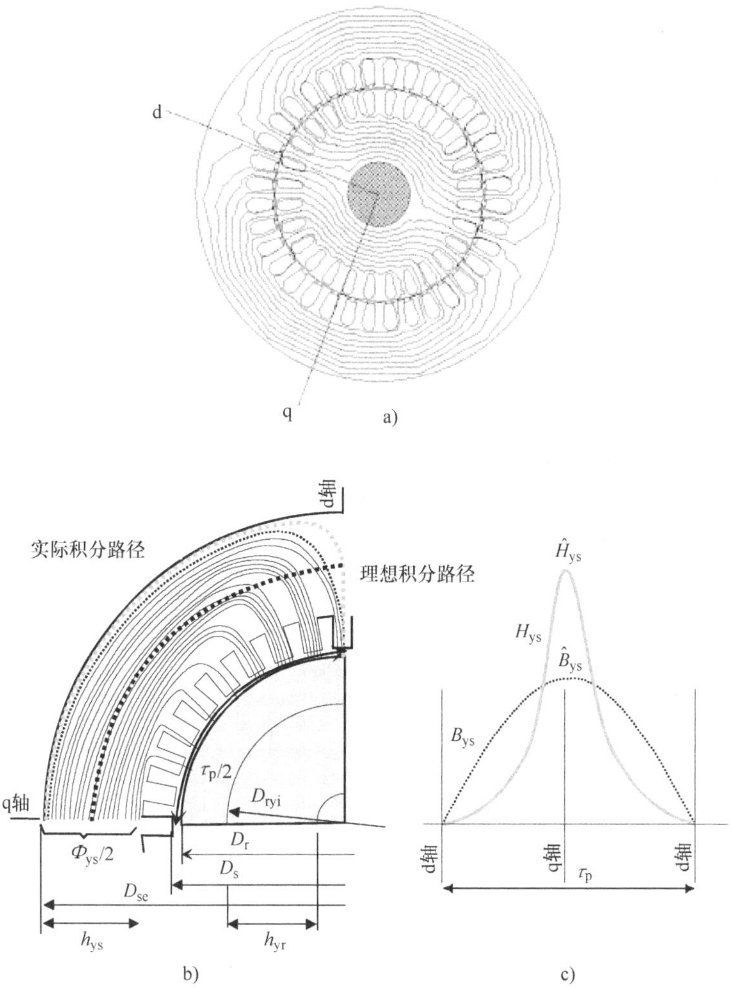

图 3.16 a）2 极感应电机空载运行时的磁通图。电机轴的磁阻远大于转子叠片的磁阻，因此，在绘制磁力线时，转轴上几乎无磁通穿过。此外，转轴在转子上通常为锯齿状，从而在实际中在转子铁心和轴之间存在空气间隙。b）电机中定子轭部的磁通及磁压降的积分路径。c）定子轭部磁通密度的行为，磁场强度 H_{ys} 存在严重的非线性，这可以用于解释确定轭部磁压降困难的原因。理想的积分路径由黑色的粗虚线表示；实际的积分路径为任意磁力线，如灰色的粗虚线

线性，如图 3.16c 所示，因此轭部磁压降的计算比较复杂。

对轭部积分路径两极间的磁场强度进行线积分，可以计算确定整个轭部的磁压降

$$\hat{U}_{m,ys} = \int_{d}^{q} \boldsymbol{H} \cdot d\boldsymbol{l} \tag{3.50}$$

为了能够计算积分，需要知晓电机的场图。精确的计算结果只能用数值计算法获得；在手动计算中，定子和转子轭部的磁压降可由下述方程计算得到：

$$\hat{U}_{m,ys}=c\hat{H}_{ys}\tau_{ys} \tag{3.51}$$

$$\hat{U}_{m,yr}=c\hat{H}_{yr}\tau_{yr} \tag{3.52}$$

式中，$\hat{H}_{ys}$、$\hat{H}_{yr}$分别为对应于最大磁通密度时的磁场强度；τ_{ys}、τ_{yr}分别为在轭部中间位置的极距长度（见图3.1和图3.16）：

$$\tau_{ys}=\frac{\pi(D_{se}-h_{ys})}{2p} \tag{3.53a}$$

$$\tau_{yr}=\frac{\pi(D_{ryi}-h_{yr})}{2p} \tag{3.53b}$$

系数c考虑了轭部磁场强度严重非线性的影响。该非线性越严重，q轴位置的轭部越饱和。在大多数位置，轭部的磁场强度明显低于$\hat{H}_{ys}$或$\hat{H}_{yr}$，如图3.16所示。

系数c可由气隙磁通密度曲线的形状、电机的饱和以及电机的结构尺寸进行定义。而其决定性的因素为电机轭部的最大磁通密度。如果电机中有槽绕组，轭部的磁压降可由图3.17所示的曲线进行估算。

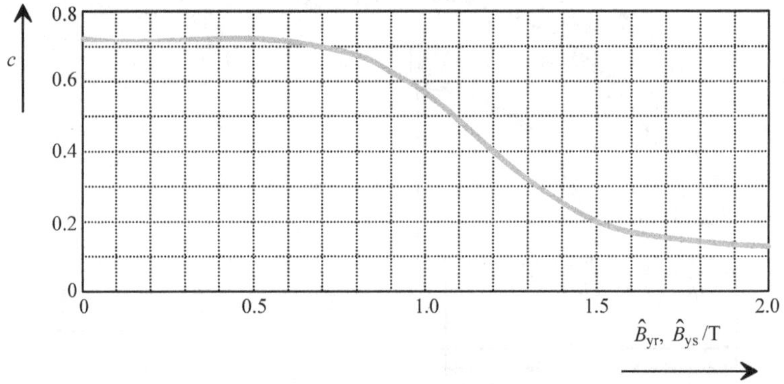

图3.17　定义的系数c对定子或转子轭部最大磁通密度的影响，可用于确定磁压降

图3.16清楚地表明：随着q轴磁通密度幅值接近铁心的饱和磁通密度，轭部的磁场强度H达到非常高的幅值。由于H的幅值仅可能出现在q轴，故H的平均值减小，相应的系数c也减小。

在定子或转子凸极情况下，对于电机凸极侧的轭部而言，可以应用$c=1$的系数值。

例3.4：在一台4极电机中，外径$D_{se}=0.5\text{m}$，定子气隙直径$D_s=0.3\text{m}$，电机定子铁心长为0.3m，气隙长为1mm，基波磁通密度的幅值为0.9T，定子轭高$h_{ys}=0.05\text{m}$。计算当材料为M400－50A时定子轭部的磁压降。

解：假设气隙中的磁通密度呈正弦分布，由式（3.18），可得气隙磁通密度的幅值为

$$\hat{\Phi}_{\mathrm{m}}=\frac{2}{\pi}\hat{B}_{\delta}\tau_{\mathrm{p}}l'=\frac{2}{\pi}\times0.9\mathrm{T}\times\frac{\pi0.3\mathrm{m}}{2\times2}\times(0.3\mathrm{m}+0.002\mathrm{m})=0.0408\mathrm{Vs}$$

磁通在定子轭部分为2等分。因此轭部的磁通密度为

$$\hat{B}_{\mathrm{ys}}=\frac{\hat{\Phi}_{\mathrm{m}}}{2S_{\mathrm{ys}}}=\frac{\hat{\Phi}_{\mathrm{m}}}{2k_{\mathrm{Fe}}(l-n_{\mathrm{v}}b_{\mathrm{v}})h_{\mathrm{ys}}}=\frac{0.0408\mathrm{Vs}}{2\times0.98\times0.3\mathrm{m}\times0.05\mathrm{m}}=1.39\mathrm{T}$$

在该磁通密度下，轭部的最大磁场强度约为400A/m，见附录A。定子轭的长度为

$$\tau_{\mathrm{ys}}=\frac{\pi(D_{\mathrm{se}}-h_{\mathrm{ys}})}{2p}=\frac{\pi(0.5\mathrm{m}-0.05\mathrm{m})}{2\times2}=0.353\mathrm{m}$$

由图3.17，系数 $c=0.26$，因此可以得到定子轭部的磁压降为

$$\hat{U}_{\mathrm{m,ys}}=c\hat{H}_{\mathrm{ys}}\tau_{\mathrm{ys}}=0.26\times400\mathrm{A/m}\times0.353\mathrm{m}=37\mathrm{A}$$

3.5 电机空载曲线、等效气隙和励磁电流

在确定磁路所需的电流链时，要依次计算对应于电机各个部件在气隙磁通密度为特定幅值 $\hat{B}_{\delta}$ 时的磁压降。选择不同的 $\hat{B}_{\delta}$ 值并重复以上的计算，可以绘制出电机不同部件所需的磁压降曲线，通过对这些磁压降求和，可以得到整个电机磁路所需的电流链

$$\Theta_{\mathrm{m}}=U_{\mathrm{m}\delta}+U_{\mathrm{m,sd}}+U_{\mathrm{m,rd}}+\frac{U_{\mathrm{m,sy}}}{2}+\frac{U_{\mathrm{m,ry}}}{2}\tag{3.54}$$

可以看出：方程由一个气隙磁压降、一个定子齿部磁压降、一个转子齿部磁压降、1/2个定子轭部磁压降以及1/2个转子轭部磁压降之和构成，如图3.18所示。该曲线对应于电机空载条件下测试确定的空载曲线。其中，磁通密度用磁压降替代，电流链用励磁电流替代。

由图3.18，在完整的磁路中，1/2铁心所需的磁压降为

$$\frac{\hat{U}_{\mathrm{m,Fe}}}{2}=\hat{\Theta}_{\mathrm{m}}-\hat{U}_{\mathrm{m},\delta\mathrm{e}}\tag{3.55}$$

如果磁路被线性化（见图3.18中的虚线），并计及铁心磁阻影响，用有效气隙长度 δ_{ef} 替代由卡特系数修正的气隙长度，则可以用如下比例关系确定气隙：

$$\frac{\hat{\Theta}_{\mathrm{m}}}{\hat{U}_{\mathrm{m},\delta\mathrm{e}}}=\frac{\delta_{\mathrm{ef}}}{\delta_{\mathrm{e}}}\tag{3.56}$$

当对应电机工作点的电流链幅值 $\hat{\Theta}_{\mathrm{m}}$ 确定时，就可以计算电机所需的励磁电流。到目前为止，还没有对电机是用旋转磁场绕组（参照感应电机）的交流电进行励磁还是用励磁绕组（参照同步电机）的直流电进行励磁加以区别。在凸极电机（同步电机或直流电机）中，每极所需励磁绕组的直流电流 I_{fDC} 为

$$I_{\mathrm{fDC}}=\frac{\hat{\Theta}_{\mathrm{m}}}{N_{\mathrm{f}}} \tag{3.57}$$

式中，N_{f}为电机励磁绕组的总匝数。绕组可以依次以适当的串联或并联方式连接，以达到所期望的电压等级和电流值。

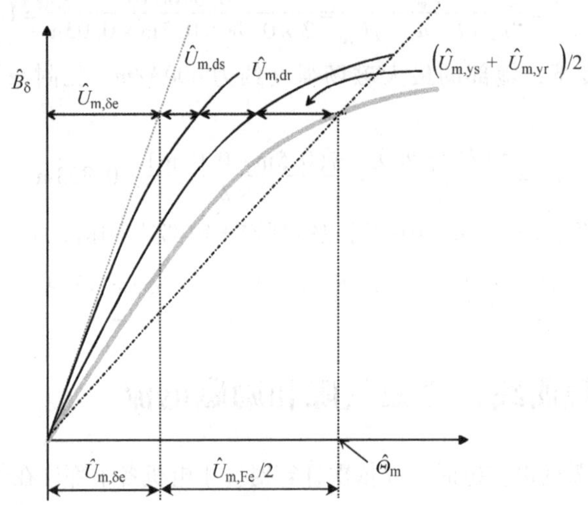

图3.18　电机的空载曲线（粗线）及定子齿ds、气隙δ_{e}、转子齿、1/2定子轭ys和1/2转子轭yr对其分别产生的影响。在一些情况下，整个磁路可用等效气隙替代；对应地，磁化曲线可由工作点确定的直线（虚线）替代。注意：图中铁心磁压降的比例被特意放大了，在设计非常好的电机中，铁心所需的电流链仅是气隙所需电流链的一小部分。1/2磁路所需的整个电流链用$\hat{\Theta}_{\mathrm{m}}$表示，整个磁路所需的电流链为$2\hat{\Theta}_{\mathrm{m}}$

与凸极电机一样，隐极同步电机转子每极下的线圈匝数必须相同，即其数值为N_{f}。这些线圈可以用与凸极电机一样的方式分配给各极。图3.9所示为绕组嵌入槽内的情况。

在所有的旋转磁场电机（感应电机、各类同步电机）中，定子绕组电流均对电机的磁状态具有重要影响。但只有感应电机和同步磁阻电机仅由定子电流的励磁电流分量提供励磁。在他励电机和永磁电机中，可通过研究定子磁化来估算电枢反应的大小。对于旋转磁场电机，所需交流电流的有效值I_{sm}可由式（2.15）计算获得。为了方便，将式（2.15）的基波分量重述如下：

$$\hat{\Theta}_{\mathrm{s1}}=\frac{m}{2}\frac{4}{\pi}\frac{k_{\mathrm{ws1}}N_{\mathrm{s}}}{2p}\sqrt{2}I_{\mathrm{sm}}=\frac{mk_{\mathrm{ws1}}N_{\mathrm{s}}}{\pi p}\sqrt{2}I_{\mathrm{sm}} \tag{3.58}$$

式中，$\hat{\Theta}_{\mathrm{s1}}$为定子绕组电流链基波成分的幅值；$k_{\mathrm{ws1}}$为电机基波绕组因数；$N_{\mathrm{s}}/2p$为每极匝数，$N_{\mathrm{s}}$为定子绕组的串联匝数（并联支路忽略不计）；$m$为相数。该幅值的电流链可以磁化1/2磁路，如果在1/2磁路上定义的磁压降如图3.18所示，则只包括一个气隙和1/2铁心回路，利用该式可计算出整个一对极下的励磁电流。

依赖于电机的绕组，旋转磁场电机的极对也可以以串联和并联形式进行连接。在整数槽绕组中，基本绕组为一个极对的长度。以4极电机为例，定子极对可以以串联或并联方式连接以生成所需功能的绕组结构。分数槽绕组中，基绕组的长度可能需要跨过几个极对的长度。这些基绕组可以根据需要进行串联和并联。因此电机磁极上励磁电流的测量依赖于极对的连接形式，单对极的励磁电流有效值$I_{sm,p}$为

$$I_{sm,p}=\frac{\hat{\Theta}_{mp}}{\sqrt{2}\frac{m}{2}\frac{4}{\pi}\frac{k_{w1}N_s}{2p}} \tag{3.59}$$

$$I_{sm,p}=\frac{\hat{\Theta}_{mp}\pi p}{\sqrt{2}mk_{w1}N_s} \tag{3.60}$$

在一个完整的磁路中，需要2倍的电流幅值。但是，同一电流即产生电流链的正向幅值也产生负向幅值，因此，$2\hat{\Theta}_{s1}$共同磁化整个磁路。在一个完整极对下，励磁电流$I_{sm,p}$产生的电流链为

$$2\hat{\Theta}_{s1}=2\frac{mk_{ws1}N_s}{\pi p}\sqrt{2}I_{sm,p}\Leftrightarrow I_{sm,p}=\frac{2\hat{\Theta}_{s1}}{2\frac{mk_{ws1}N_s}{\pi p}\sqrt{2}}=\frac{\hat{\Theta}_{s1}\pi p}{\sqrt{2}mk_{ws1}N_s}$$

可以看出：实际上，当知道$2\hat{\Theta}_{s1}$必须等于$2\hat{\Theta}_{mp}$时，可以得到同样的结果。

例3.5：4极感应电机中，1/2磁路的磁压降之和为1500A，每个定子绕组的串联匝数为100，基波绕组因数$k_{w1}=0.925$。计算空载运行时的定子电流。

解：由式（2.15），定子绕组产生的电流链幅值为

$$\hat{\Theta}_{s1}=\frac{m}{2}\frac{4}{\pi}\frac{k_{ws1}N_s}{2p}\sqrt{2}I_{sm}=\frac{mk_{ws1}N_s}{\pi p}\sqrt{2}I_{sm}$$

整理后可以得到定子励磁电流的有效值

$$I_{sm}=\frac{\hat{\Theta}_{s1}\pi p}{mk_{ws1}N_s\sqrt{2}}=\frac{1500\mathrm{A}\times\pi\times 2}{3\times 0.925\times 100\sqrt{2}}=24\mathrm{A}$$

3.6 旋转电机的磁性材料

铁磁材料和永磁材料是用于电机制造中的最重要的磁性材料。在这些材料中，单元磁体被称为外斯（Weiss）磁畴。这些磁畴被布洛赫（Bloch）畴壁彼此分开，Bloch畴壁是磁畴之间界限的过渡区域。Bloch畴壁的宽度在几百到一千原子间距之间变化，如图3.19所示。

在外部磁场强度影响下，磁体磁动量的增加是两个独立过程共同作用的结果。第一，在较弱的外部磁场中，如图3.20所示，那些已经在磁场方向上定位的Weiss磁畴

增加，而与外部磁场相反方向的磁畴减小；第二，在较强的磁场中，磁畴开始由法向旋转到外加磁场的方向。

使单元磁畴旋转需要相对较高的磁场强度。在软磁材料中，在 Weiss 磁畴开始向外加磁场方向旋转之前，Bloch 畴壁位移过程几乎就已完成。

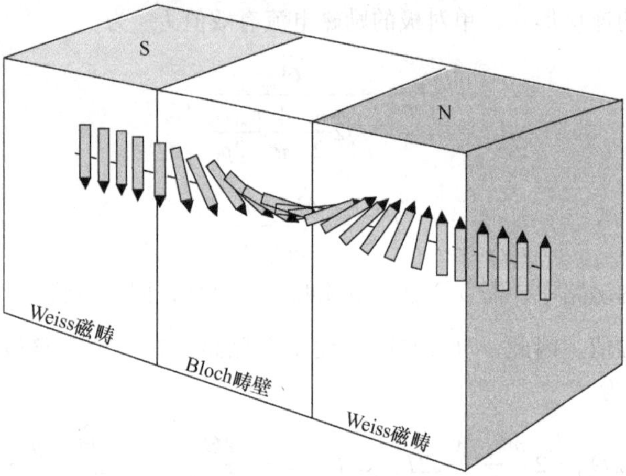

图 3.19　Bloch 畴壁分开 Weiss 磁畴。例如，过渡区（Bloch 畴壁）的宽度为 300 个网格常数（约为 0.1mm）

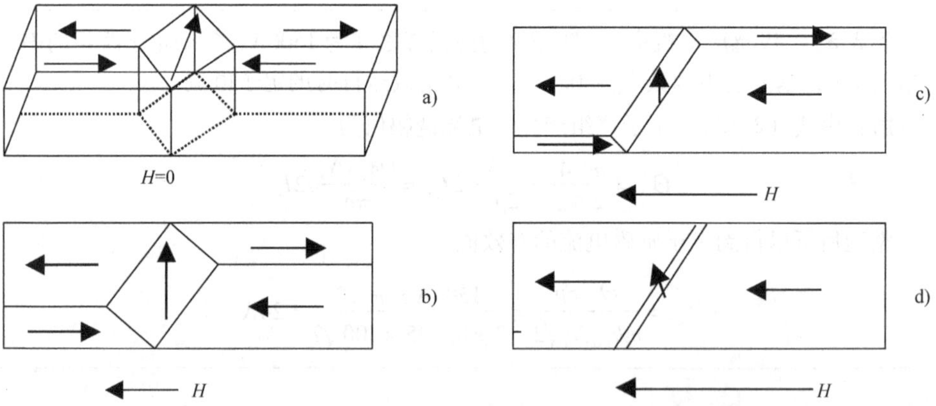

图 3.20　在较弱的外部磁场中，Weiss 磁畴壁的运动是可逆的运动，以使得整个单元的磁动量增加。a）外部磁场强度为 0；b）、c）随着磁场强度的增加，那些初始方向与外部磁场方向相反的 Weiss 磁畴尺寸减少；d）初始方向在法向的磁畴开始向外部磁场方向旋转

没有外部磁场强度时，Bloch 畴壁静止。在实际中，畴壁通常被定位为是材料的杂质和晶体缺陷。如果仅在较弱的外部磁场强度下，Bloch 畴壁从静止仅有轻微的位移；如果移走外部磁场强度，Bloch 畴壁将恢复到原始位置，甚至可以通过高精密的显微镜观察到这一过程。

如果突然增加磁场强度，Bloch 畴壁将偏离其静止位置；即使移走磁场强度，Bloch

畴壁也不能恢复到其初始位置。这种情况下畴壁的位移称为巴克豪森（Barkhausen）跳变，这些位移是由磁滞和 Barkhausen 噪声引起的。经过单个 Barkhausen 跳变，Weiss 磁畴就可能接收其邻近的一个磁畴，尤其是在材料含有几个大的晶体缺陷的情况下。

如果有足够大的磁场强度开始作用在 Bloch 畴壁上，畴壁从初始位置向下一个局部能量最大的位置移动。如果磁场强度较低，畴壁无法跨越第 1 个能量幅值，当力的作用停止时，畴壁回到原始位置；然而，如果磁场强度比上述磁场强度强，除非在畴壁上作用一个反向的磁场强度，否则畴壁通过第一个局部最大能量区域后将不能回到原始位置。

在不同的材料中，Bloch 畴壁位移所需的磁场强度跨度很宽。在铁磁材料中，有些畴壁可以在很低的磁场强度下发生位移，而有些畴壁则需要很高的磁场强度才能发生位移。最大的 Barkhausen 跳变在中等磁场强度作用下发生。在有些情况下，所有的畴壁跳变均在相同的磁场强度下发生，因此会立刻产生磁饱和。通常，在 3 个独立的阶段发生磁化。

图 3.21 阐明了铁磁材料在这 3 个阶段的磁化曲线。在第 1 阶段，该变化是可逆的；在第 2 阶段，发生 Barkhausen 跳变；在第 3 阶段，发生 Weiss 磁畴转向，所有磁畴的方向由外部磁场强度决定。接下来，达到磁饱和和相应的饱和极化 J_s。

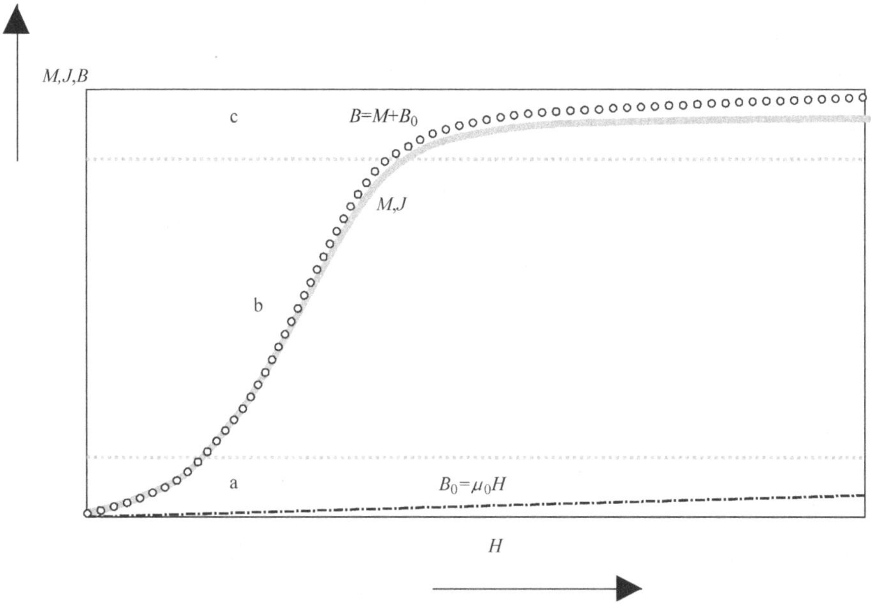

图 3.21 铁磁材料的磁化曲线。区域 a 中，仅发生可逆的 Bloch 畴壁位移；区域 b 中，发生不可逆的 Barkhausen 跳变；区域 c 中，当所有的 Weiss 磁畴被定向为平行位置时，材料发生饱和。材料的极化曲线（JH）和磁化曲线相同。BH 曲线与这些曲线的不同是由于真空磁导率引起的附加值造成的。众所周知，实际上 BH 曲线在区域 c 并不是沿着水平面上饱和，而是随着磁场强度的增加以斜率 μ_0 上升

图 3.22 有助于理解 Weiss 磁畴的形成。图中各部分演示了被划分在不同 Weiss 磁畴区域的铁磁晶体。

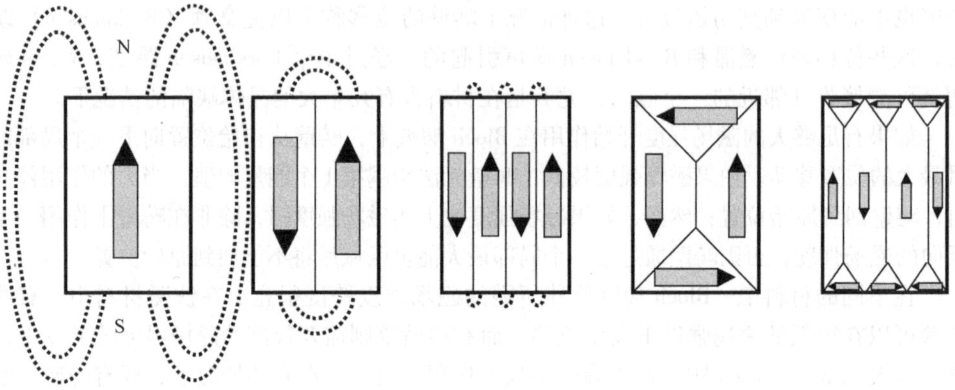

a) b) c) d) e)

图3.22 铁磁晶体的Weiss磁畴划分，在这种方式下，可实现能量最小

图3.22a中，晶体只含单个Weiss磁畴，类似于永磁体的N极和S极。在这类系统中，磁能$\frac{1}{2}\int BH\mathrm{d}V$很高。对应于图3.22a情况下的能量密度为铁心的最大能量密度$\mu_0 M_s^2 = 23\mathrm{kJ/m^3}$。

图3.22b中，晶体被分为2个Weiss磁畴，磁能减少一半。图3.22c中，假设磁畴的个数为N，相应地磁能减小至图3.22a的情况时的$1/N$。

如果磁畴被设定为图3.22d和e的情况，在无外部磁场时，晶体结构的磁能为0。这里的三角形区域与四边形区域的夹角为45°角。在图3.22a、b、c中无外部磁场时，磁力线被封闭在晶体内部。事实上，Weiss磁畴远比图例中给出的复杂。然而，由于磁畴是在铁磁晶体内部产生的，因此，总是寻求铁磁晶体的磁能最小。

在机电装置的设计中，一些关于材料磁化最有价值的信息是由材料的BH曲线获得的。图3.23描述了铁磁材料的工艺磁化曲线。给出的曲线是磁通密度B与磁场强度H的函数关系曲线。

3.6.1 铁磁材料的特性

纯铁磁金属的电阻率通常是几个μΩ·cm（$10^{-8}\Omega\cdot\mathrm{m}$），如表3.1所示。

为了防止涡流的不良影响，铁磁材料主要采用叠片结构，因此尽可能选择最大电阻率的钢板是明智的。不同的合金元素对铁的电磁特性具有不同的影响。在合金中，与纯元素相比，其电阻率ρ趋于增加。如果希望减小磁性材料中的涡流，必须考虑这一需要关注的特性。图3.24阐明了当少量的其他元素与铁铸成合金时，铁的电阻率增加。铜、钴和镍仅仅少量地增大了铁的电阻率，而铝和硅使得其电阻率显著增大。

相应地，适用于电工钢板的材料是硅铁合金和铝铁合金。含硅量较多的合金材料较脆，因此在实际中，硅在合金中的成分一般减小为百分之几，已经研制出含6%硅成分的电工钢板。含铝量较多的合金材料很硬（对于每单位重量含16%铝成分的材料而言，其维氏硬度HV大约为250），这可能会影响材料的实用性；然而，该材料的电阻率非常

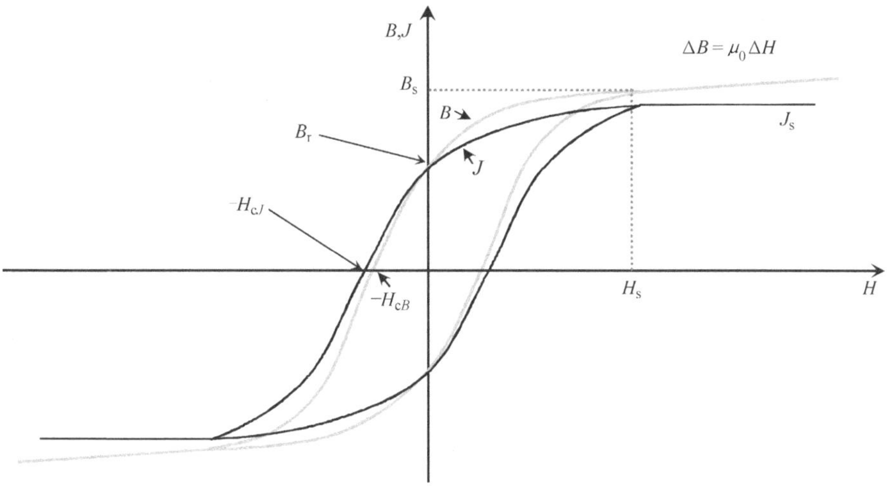

图 3.23 铁磁材料的工艺磁化曲线及相应的极化曲线，即磁滞回线。将磁通密度 B 从 B_r 恢复到 0 所需的磁场强度为矫顽力 $-H_{cB}$。外部磁场强度从很高的值恢复到 0 时对应的剩余磁通密度为 B_r。饱和磁通密度 B_s 对应于饱和极化强度 J_s（$B_s = J_s + \mu_0 H_s$）

表 3.1 特定铁磁材料的物理特性（在室温下纯铁磁材料为铁、镍和钴）

材料	成分	密度/(kg/m³)	电阻率/(μΩ·cm)	熔点/℃
铁	100%铁	—	9.6	—
	99.0%铁	7874	9.71	1539
	99.8%铁	7880	9.9	1539
硅铁合金	4%硅	7650	60	1450
铝铁合金	16%铝，其余为铁	6500	145	—
铝硅铁合金	9.5%硅、5.5%铝，其余为铁	8800	81	—
镍	99.6%镍	8890	8.7	—
钴	99%钴	8840	9	1495
	99.95%钴	8850	6.3	—

来源：摘自 Heck（1974）。

高，因此，在一些特殊场合应用时，选择该材料是值得关注的。在文献中（Heck 1974），推导了以铝成分 p_{Al}（重量的百分比）为函数的铝铁合金的电阻率 ρ 为

$$\rho = (9.9 + 11p_{Al})\,\mu\Omega\mathrm{cm} \tag{3.61}$$

该式在温度为 +20℃、每单位重量铝成分≤4% 时是成立的。铝成分增加时，电阻率的温度系数显著减小，当合金中每单位重量铝成分为 10% 时，电阻率的温度系数为 350×10^{-6}/K。在合适的范围内合金，比如铝含量为 12% ~14%，可能使其形成 Fe_3Al 合金。该材料的电阻率取决于冷却方法，如图 3.25 所示。可以看出：从 700℃迅速冷却时材料

的电阻率显著高于材料缓慢冷却（30K/h）时的电阻率。

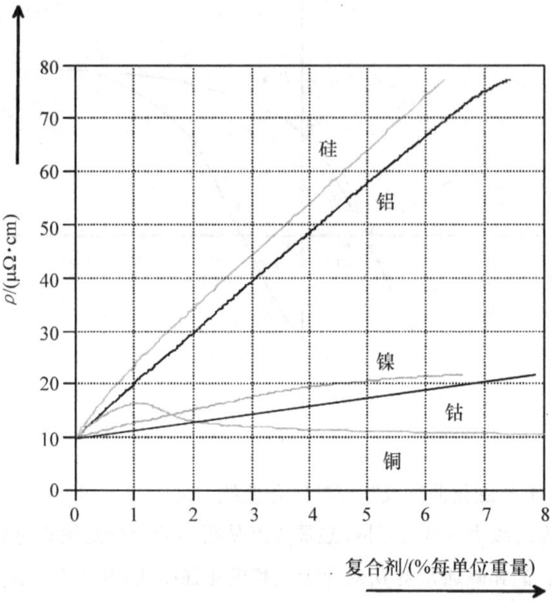

图 3.24 硅、铝、镍、钴以及铜合金对铁电阻率的影响，摘自 Heck（1974）

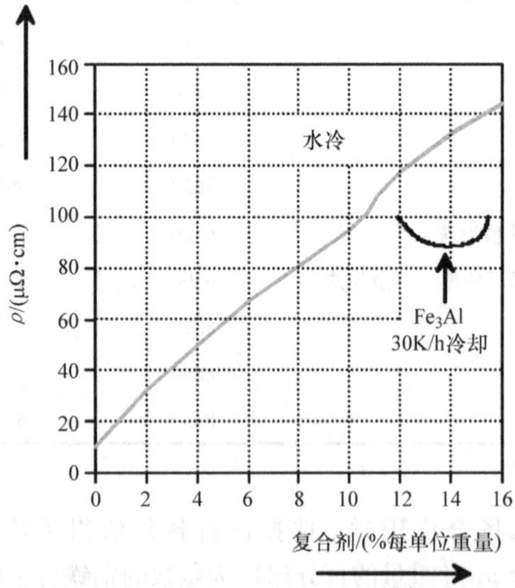

图 3.25 以混合材料比例为函数的铝铁合金的电阻率。电阻率在一定程度上也依赖于材料的冷却速度。当缓慢冷却（大约 30K/h）时，可生产 Fe_3Al 复合物。摘自 Heck（1974）

当单位重量铝成分的比例为 17% 时，材料的电阻率可达到 167μΩ · cm。在含量超过这一数值时，合金材料变为顺磁性的。从 20 世纪初发现在铁中加入铝成分与加入硅成分效果十分相似时，人们即开始了对铝铁合金的研究。在铝成分很少时，铝铁合金的矫顽力、磁滞损耗和饱和磁通密度与对应成分的硅铁合金几乎没有明显的区别。而随着铝成分的增多、电阻率增大，同时矫顽力、磁滞损耗和饱和磁通密度减小。

Heck（1974）给出了以铝成分 p_{Al}（重量的百分比:%）为函数的铝铁合金的饱和磁通密度方程

$$B_s = (2.164 - 0.057p_{Al})\mathrm{Vs/m^2} \tag{3.62}$$

根据 Heck（1974），铝的密度 ρ 可写为

$$\rho = (7.865 - 0.117p_{Al})\mathrm{kg/m^3} \tag{3.63}$$

图 3.26 所示为铝铁合金磁滞回线的一半。图中，铝的比例为 16 个原子百分比。图中显示：由式（3.62）给出的饱和磁通密度 $B_s = 1.685\mathrm{T}$ 数值十分精确。

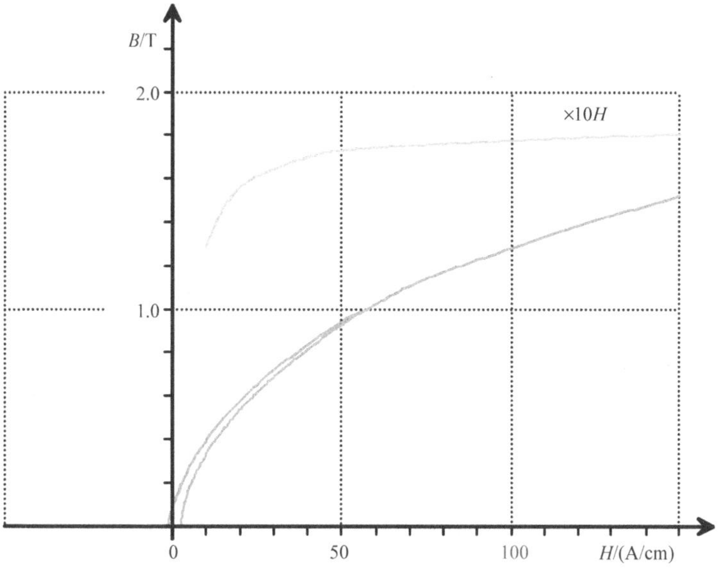

图 3.26 铝铁合金磁滞回线的一半，铝的比例为 16 个原子百分比（重量百分比为 8.4%）。+20℃时材料的电阻率约为 84μΩ · cm，电阻率的温度系数非常低，其数量级为 350ppm（ppm，百万分之）。曲线中，磁场强度值被放大了 10 倍

为了减小在实心部件中涡流的不良影响，可以应用铁铝合金作为钢板。但由于其硬度的原因，该类合金一般应用在诸如磁带录音机磁头上。铝也和硅一起用于铁合金中，但商用的电工钢板通常为硅合金。尽管铝合金和硅合金都减小了铁的饱和磁通密度，但与含量为 0.5% 的碳合金相比，这种减小并不迅速，因此碳合金在磁路并不适用。

材料的磁特性依赖于材料晶体的定向。晶体可能随机定向，因此材料宏观磁化曲线的各向异性并不明显。然而，晶体也可以被定向，这样在宏观范围内具有明显的各向异性。在这种情况下，磁化曲线因磁化方向而不同，这种材料是各向异性的，即具有磁织构。

最受欢迎的晶体定向选择基于几个因素。例如，在磁场中，材料在轧制或热处理时

的内应力、晶体缺陷和杂质可能减轻材料的取向。最后，所有受青睐的晶体取向基本为平行方向。在这种情况下，材料具有晶体结构。

这种晶体结构因为其本身可以视为单个晶体，所以其工艺十分重要。在2种显著的情况下，可以使晶体取向的大规模生产成为可能：一种情况是高斯织构，该结构通常存在于硅铁合金中；另一种是立方织构，该结构通常存在于50%的镍铁合金中。也有可能产生具有立方晶体结构的硅铁合金。图3.27描述了沿轧制方向上这些晶体的取向。

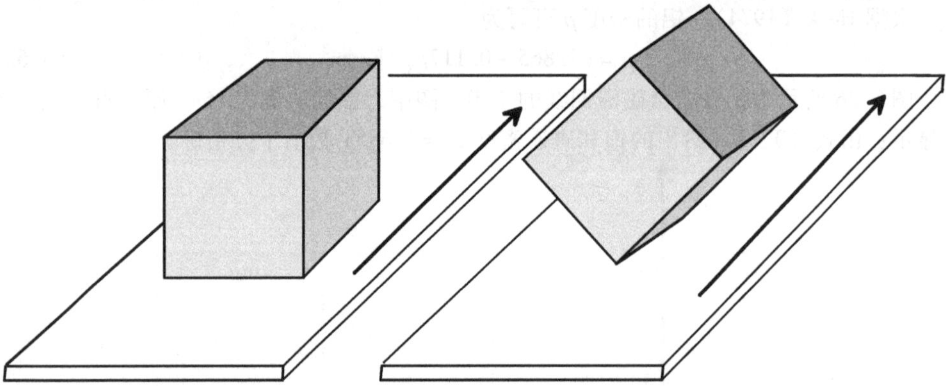

a)　　b)

图3.27　a）立方织构；b）高斯织构。箭头表明钢板的轧制方向。立方织构生产无取向材料，高斯结构生产取向材料。取向材料在不同的方向具有不同的磁特性

在高斯织构的晶格中，只有立方体的一个拐角平行于轧制方向，在工艺应用中该方向也是主要的磁化方向。在立方织构的晶格中，立方体的所有边都平行于轧制方向，因此，这也有利于在法向方向上产生晶体定向。对于这两种晶体结构，因为在没有Weiss磁畴旋转时就达到了饱和磁通密度，所以其典型的磁化曲线为矩形磁化曲线。此外，由于这两种晶体中存在晶体的自磁化，在外磁场作用下定向容易，故具有典型的相对较高的矫顽力。

在电机构造中，取向和非取向硅铁合金的电工钢板都是非常重要的材料。取向钢板具有完全的各向异性，使得其在垂直轧制方向的磁导率明显比水平方向的磁导率低。取向钢板主要应用在变压器中，在这种设备中磁通的方向始终不变。在大型电机中也可以采用取向电工钢片。这是由于电机尺寸大，钢板可以按磁通方向保持不变的单位尺寸加工，而不需要考虑磁通的旋转。

在电机制造中，只要确保钢板可以随意组装以使得电机磁导在不同方向上保持不变，在小型电机中也可以应用取向钢板。然而，在偏离轧制方向的45°~90°方向上，取向钢板的磁特性十分差，以致于在旋转电机中应用该钢板并不有利。图3.28说明了轧制方向对铁心损耗和材料磁导率方面的影响。

电机构造的主要原则是：需要工作在旋转磁场的电机部件，由无取向钢板生产，并且这些材料的特性恒定，不受轧制方向的影响。图3.29描述了两种非取向电工钢板的直流磁化曲线（经Surahammars Bruk AB授权转载）。

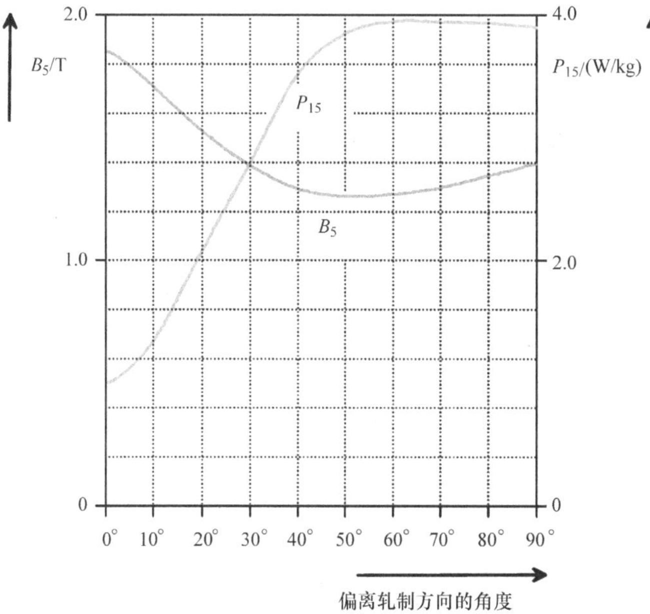

图 3.28 变压器钢板 M6 在磁通密度为 1.5T、频率为 50Hz 时的铁心损耗为 P_{15}，以及当磁场强度的有效值为 5A/m 时，磁通密度随交流电变化的曲线 B_5，经 Surahammars Bruk AB 授权转载

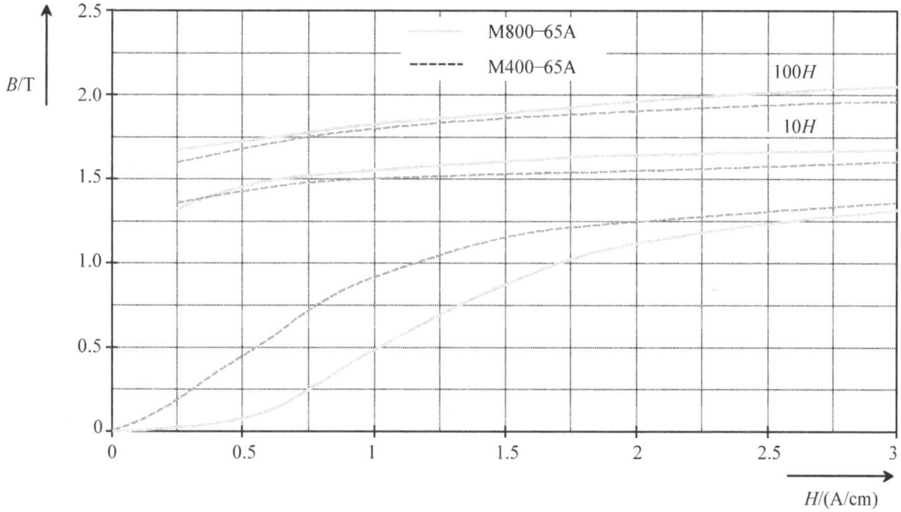

图 3.29 无取向电工钢板的直流磁化曲线（经 Surahammars Bruk AB 授权转载）。M400 - 65A 的硅含量为 2.7%、M800 - 65A 的硅含量约为 1%；M400 - 65A 的电阻率为 46μΩ · cm、M800 - 65A 的电阻率为 25μΩ · cm。由欧洲标准 EN 10106 的定义，材料的标准等级由磁通密度最大值为 1.5T、频率为 50Hz 的铁心损耗以及材料的厚度来表达。因此，M800 - 65A 的含义为损耗功率为 8W/kg、钢板厚为 0.65mm，经 Surahammars Bruk AB 授权转载

3.6.2 铁心磁路的损耗

在旋转电机中，电机部件受不同方式的交变磁通影响。例如在感应电机中，电机的

所有部件都流过交变磁通。定子频率为电网或逆变器供给的频率f_s，转子频率f_r取决于转差率s，为

$$f_r = s \cdot f_s \tag{3.64}$$

开槽引起的高次谐波会流过转子外表面和定子内表面；槽中绕组的离散分布会在定子和转子上产生不同频率的磁通成分。可以通过特定的措施使主磁通缓慢变化来抑制感应电机转子表面的磁通变化。在这种情况下，可以采用实心钢生产某些转子。

在同步电机（同步磁阻电机、他励电机、永磁电机）中，电枢铁心（通常是定子）的基频f_s是电网频率（在欧洲为50Hz）或变频器的供电频率；转子频率在电机静止时为0。然而，由于定子槽部引起的磁导变化而产生的高频交变磁通成分会流过转子表面；在瞬态过程中，同步电机的转子也会受交变磁通的影响。在正常情况下，谐波频率只发生在转子表面，因此可以用实心钢生产同步电机的转子。较大气隙会使得这些频率的振幅很低，尤其在隐极电机中这种情况十分常见。

在直流电机中，如果忽略极靴表面磁导谐波引起的高频磁通变化，定子的频率为0，仅在瞬态过程中磁通是变化的。可用铸钢或1～2mm厚的钢板生产直流磁化电机的部件。而流经电枢铁心的频率取决于旋转速度和电机的极对数。在直流串联电机和交流换向器电机的改造中，电机的所有部件均受交变磁通的影响，因此电机的整个铁心磁路必须由薄的电工钢板制成。在双凸极磁阻电机中，电机的所有部件流过不同频率的脉动磁通成分，因此在这种情况下部件也必须由薄的电工钢板制成。

电工钢板最常用的厚度为0.2mm、0.35mm、0.5mm、0.65mm和1mm。为了适于在高频场合应用，还有特别薄的钢板。常见的可用无取向电工钢板的厚度最低可达0.1mm。非晶合金带材的厚度为0.05mm，具有不同的宽度。

铁心磁路的损耗有两类，分别为磁滞损耗和涡流损耗。图3.30中的曲线给出了磁性材料磁滞回线的一半。在交变磁场中材料的磁滞造成损耗。首先，将研究铁心中由磁滞引起的功率损耗，如图3.30所示。当H从1点的0值增加到2点的H_{max}时，每单位体积吸收的能量w为

$$w_1 = \int_{-B_r}^{B_{max}} H\mathrm{d}B \tag{3.65}$$

相应地，当$H \to 0$时，消耗的能量为

$$w_2 = \int_{B_{max}}^{B_r} H\mathrm{d}B \tag{3.66}$$

由线积分计算可获得总的磁滞能量，当物体的体积为V时

$$W_{Hy} = V\oint H\mathrm{d}B \tag{3.67}$$

沿着磁滞回线的路径可获得式（3.67）的磁滞能量。在交变电流下，回线是周期性变化的，因此磁滞损耗P_{Hy}与频率f有关。当曲线区域描述的每单位体积磁滞能量为w_{hy}时，可以获得在体积V时的磁滞损耗功率

$$P_{Hy} = fVw_{Hy} \tag{3.68}$$

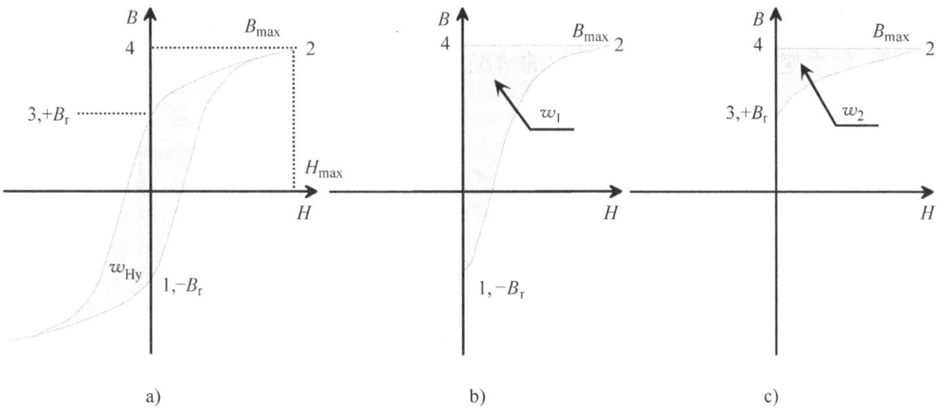

图3.30 磁滞损耗的确定：a）整个磁滞回线；b）w_1，从1移动到2时，每单位体积上存储的磁能（1－2－4－1包围的面积）；c）w_2，从2移动到3时，每单位体积上所需的恢复磁能（2－3－4－2包围的面积）

磁滞损耗近似值的经验方程为

$$P_{Hy}=\eta Vf\,B_{max}^{k} \tag{3.69}$$

式中，指数k在［1.5，2.5］之间典型变化；η为经验常数。

在铁心中流过交变磁通的情况下，磁通的交变在导电材料中感应出电压，因此在铁心中产生涡流。这些电流试图阻碍磁通的变化。在固体物体中，涡流很大、很大程度上限制了磁通穿过铁心材料。采用叠片结构或具有高电阻率的复合材料替代固体铁磁材料铁心时，可以抑制涡流的影响。图3.31描述了采用叠片结构时的两种不同电工钢片（由Surahammars Bruk AB生产）的磁滞回线。

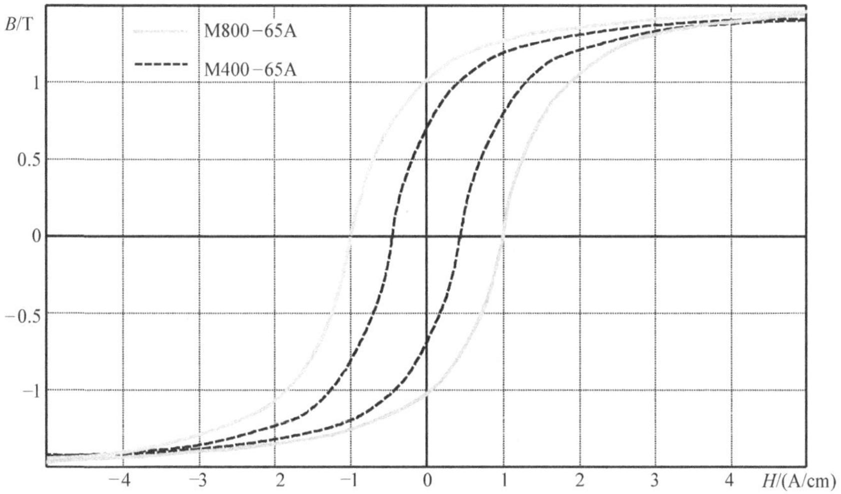

图3.31 电工钢片的近似磁滞回线。M400－65A中含硅量比M800－65A多，是小型电机中的常用材料。经Surahammars Bruk AB授权转载

尽管磁心是由钢片制成的，当磁通交变时，薄的钢片上仍会产生涡流。下面研究图3.32所示的交变磁通穿过磁心叠片中的情况。

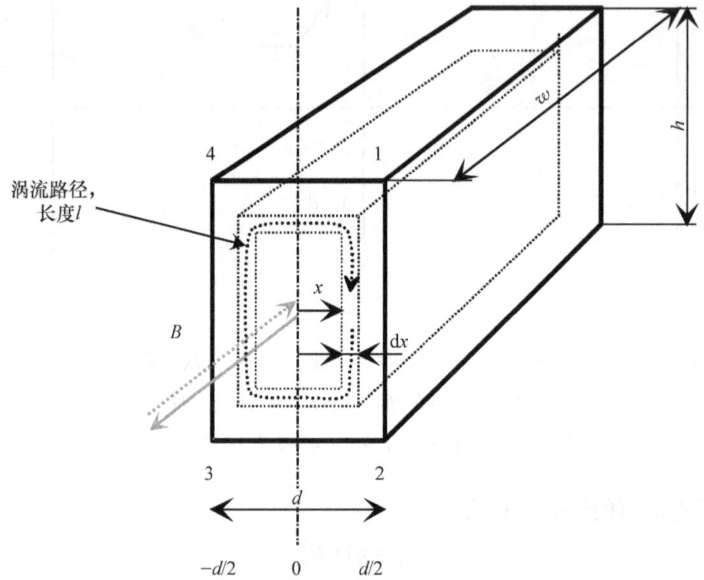

图3.32　钢片中的涡流。磁通密度B沿给出的箭头方向变化，相应的涡流围绕磁通量。由楞次定律，涡流试图阻止磁通穿过叠片。虚线表示M400－65A型钢片，实线表示M800－65A型钢片，由Surahammars Bruk AB生产

如果最大磁通密度$\hat{B}_m$通过区域12341，采用图3.32所示的符号，可获得平行四边形（虚线）内的磁通幅值

$$\hat{\Phi}=2hx\hat{B}_m \tag{3.70}$$

因为$d \ll h$，所以根据法拉第电磁感应定律，可得在该路径中感应出的电压有效值为

$$E=\frac{\omega\hat{B}_m}{\sqrt{2}}2hx \tag{3.71}$$

该路径上的电阻取决于电阻率ρ、路径长度l和截面积S。叠片相对于其他尺寸很薄，因此，路径l的电阻可以简化为

$$R=\frac{\rho l}{S}\approx\frac{2h\rho}{w\mathrm{d}x} \tag{3.72}$$

叠片中磁通密度产生磁通$\Phi=xhB$。在区域内可观测交变磁通产生的感应电压$-\mathrm{d}\Phi/\mathrm{d}t$。感应电压产生电流

$$\mathrm{d}I=\frac{E}{R}=\frac{\dfrac{2\pi f\cdot\hat{B}_m}{\sqrt{2}}2xh}{\dfrac{2h\rho}{w\mathrm{d}x}}=\frac{2\pi f\cdot\hat{B}_m wx\mathrm{d}x}{\sqrt{2}\cdot\rho} \tag{3.73}$$

相应地，功率损耗的微分形式为

$$\mathrm{d}P_{\mathrm{Fe,Ft}}=E\mathrm{d}I=\frac{(2\pi f\cdot\hat{B}_{\mathrm{m}})^2 whx^2\mathrm{d}x}{\rho} \tag{3.74}$$

因此，整个钢片的涡流损耗为

$$P_{\mathrm{Fe,Ft}}=\int_0^{d/2}\mathrm{d}P_{\mathrm{Fe,Ft}}=\frac{(2\pi f\hat{B}_{\mathrm{m}})^2 wh}{\rho}\cdot\int_0^{d/2}x^2\mathrm{d}x \tag{3.75}$$

注意：由于在式（3.72）中涡流路径的电阻 R 包含整个涡流路径（$2h$），积分界限设定为 0 和 $d/2$。从而基于对称可将叠片的另一半考虑进去。由于叠片的体积为 $whd=V$，故涡流损耗为

$$P_{\mathrm{Fe,Ft}}=\frac{wh\pi^2 f^2 d^3\hat{B}_{\mathrm{m}}^2}{6\rho}=\frac{V\cdot\pi^2 f^2 d^2\hat{B}_{\mathrm{m}}^2}{6\rho} \tag{3.76}$$

这里可以看出钢片厚度 d（$P_{\mathrm{Fe}}\approx d^3$）、磁通密度幅值 $\hat{B}_{\mathrm{m}}$ 以及频率 f 对涡流损耗的基本影响。并且，电阻率 ρ 也是一个重要的影响因素。对硅钢的测试表明涡流损耗的实际值比式（3.76）给出的结果高大约 50%。

造成这种差异的原因是由于硅钢中的晶体大。通常情况下，随着晶体大小的增加，同样地，材料中的涡流损耗也增加。但在估计给定工作点附近的涡流损耗时，仍然可以用式（3.76）作为指导。制造商通常给出一定磁通密度幅值和频率下每单位质量的材料损耗。例如 $P_{15}=4\mathrm{W/kg}$，1.5T、50Hz，或 $P_{10}=1.75\mathrm{W/kg}$，1.0T、50Hz。

由于通常不能分离出磁滞损耗和涡流损耗，故推算不同频率下的损耗比较复杂。在 50Hz 时，通常磁滞损耗大约占铁心损耗的 75%。磁滞损耗直接与频率成正比，而涡流损耗与频率的平方成正比。然而如果工作频率与标准频率为 50Hz 或 60Hz 相差较大，建议联系厂家以获取不同频率下叠片材料的损耗。

图 3.33 说明了相同厚度、不同电阻率的 2 种电工钢片的铁心损耗。这 2 种钢片是从前述例子中给出的 2 种材料中生产的。钢片的厚度为 0.65mm。制造商通常会给出综合的铁心损耗；换句话说，在损耗中并未分离出涡流损耗和磁滞损耗。

在手动计算中，通过将电机的磁路分为 n 部分，假定每一部分的磁通密度大致为恒值，以此来计算铁心损耗。一旦计算出不同区域 n 的质量 $m_{\mathrm{Fe},n}$，可通过下式近似获得电机各个部分的损耗 $P_{\mathrm{Fe},n}$：

$$P_{\mathrm{Fe},n}=P_{10}\left(\frac{\hat{B}_n}{1\mathrm{T}}\right)^2 m_{\mathrm{Fe},n}\text{或}\ P_{\mathrm{Fe},n}=P_{15}\left(\frac{\hat{B}_n}{1.5\mathrm{T}}\right)^2 m_{\mathrm{Fe},n} \tag{3.77}$$

各个部分 n 的损耗相加计算得到总损耗。在旋转电机损耗计算时会产生一个问题：P_{15} 和 P_{10} 的损耗值只是在正弦变化的磁通密度下是有效的。然而在旋转电机中，电机的任意部分都不可能有纯正弦的磁通分布，与交变磁场的损耗相比，旋转磁场总是或多或少地产生不同的损耗。而且，由于磁场谐波的存在，实际的损耗要高于上面的计算结果。此外，钢片的冲孔产生的应力和毛边也增加了损耗指数。在手动计算中，通过经验对这些现象进行考虑，铁心损耗可以用定义的各部分经验修正系数 $k_{\mathrm{Fe},n}$（见表 3.2）来

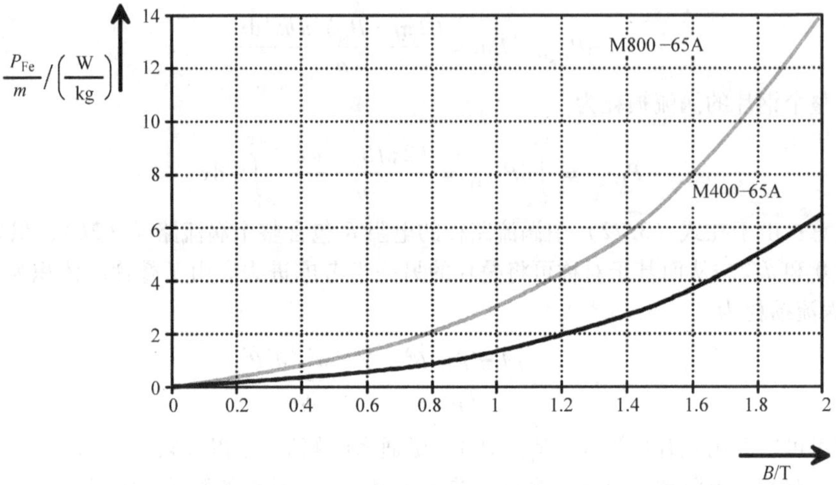

图3.33　在50Hz交变磁通下，以磁通密度最大值为函数的2种不同电工钢片的铁心损耗曲线。曲线中包含了磁滞损耗和涡流损耗

进行修正给予解决：

$$P_{Fe} = \sum_n k_{Fe,n} P_{10} \left(\frac{\hat{B}_n}{1T}\right)^2 m_{Fe,n} \text{ 或 } P_{Fe} = \sum_n k_{Fe,n} P_{15} \left(\frac{\hat{B}_n}{1.5T}\right)^2 m_{Fe,n} \tag{3.78}$$

表3.2　考虑上述各种情况时，不同类型电机的各部分铁心损耗的修正系数 $k_{Fe,n}$

（该系数对于具有半闭口槽和正弦供电的交流电机以及直流电机是有效的）

电机类型	齿部	轭部
同步电机	2.0	1.5~1.7
感应电机	1.8	1.5~1.7
直流电机	2.5	1.6~2.0

上述讨论的铁心损耗，计算的仅是主磁通基波分量所需的时变磁通密度的损耗。除了这些损耗外，在旋转电机中还存在其他类型的损耗源。这些损耗源中最显著的损耗如下：

- 端部损耗：当电机末端的漏磁通穿过电机的实体结构，诸如端盖末端，就会形成涡流而产生这类损耗。这类损耗的计算十分困难。在手动计算时，可以应用式(3.78)中的经验修正系数考虑这类损失的影响。
- 磁导谐波引起的齿部附加损耗：当定子和转子齿部彼此迅速经过时会产生这类损耗。为了计算这类损耗，必须解决通过一个齿部的谐波频率和幅值问题。与前面的损耗计算类似，这类损耗也可以包含在修正系数 $k_{Fe,n}$ 之中。
- 在电机的实体部分，诸如极靴的表面，由开槽产生的谐波（见图3.5和图3.6）

产生涡流，引起表面损耗，如图3.34所示。Richter（1967）介绍了计算这类损耗的经验方程。对于该现象的精确分析极其困难，需要对实心材料的场方程进行求解。

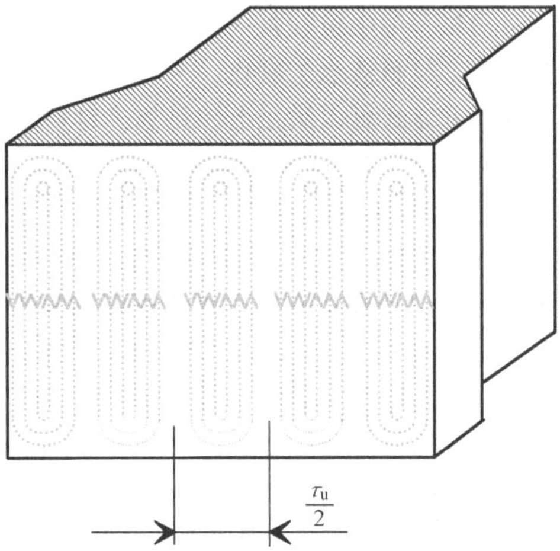

图3.34 在实心极靴中的涡流路径。该模式每隔1/2槽距重复1次

通常情况下，损耗计算是在假设仅在基波磁通变化的情况下进行的。表3.2粗略地考虑了电机不同部分的谐波特性，通过对基波计算值进行简单的乘法来获得损耗。在损耗计算中，也可以进行更详细的分析，诸如定子轭部的涡流损耗可以通过计算不同频率时切向和径向磁通密度分量来确定。厚度为d、质量为m_{Fe}、电导率为σ_{Fe}、密度为ρ_{Fe}的叠片的涡流损耗可由下式计算：

$$P_{Fe,Ft}=\frac{\pi^2}{6}\frac{\sigma_{Fe}}{\rho_{Fe}}f^2d^2m_{Fe}\sum_{n=1}^{\infty}n^2(B_{tan,n}^2+B_{norm,n}^2)=\frac{\pi^2}{6}\frac{\sigma_{Fe}}{\sigma_{Fe}}f^2d^2m_{Fe}(B_{tan,1}^2+B_{norm,1}^2)k_d \tag{3.79}$$

$$k_d=1+\sum_{n=2}^{\infty}\frac{(B_{tan,n}^2+B_{norm,n}^2)}{(B_{tan,1}^2+B_{norm,1}^2)} \tag{3.80}$$

这些方程需要精确的磁通密度解，可以将其分成不同的谐波分量成分。

对于磁滞损耗，类似的方法：

$$P_{Fe,Hy}=c_{Hy}\frac{f}{100}m_{Fe}\sum_{n=1}^{\infty}n^2(B_{tan,n}^2+B_{norm,n}^2)=c_{Hy}\frac{f}{100}m_{Fe}(B_{tan,1}^2+B_{norm,1}^2)k_d \tag{3.81}$$

对于硅含量为4%的各向异性叠片，其磁滞系数$c_{Hy}=1.2\sim2$（$Am^4/V\ s\ kg$）；对于硅含量为2%的各向同性叠片，其磁滞系数$c_{Hy}=4.4\sim4.8$（$A\ m^4/V\ s\ kg$）。

实际上，式（3.79）~式（3.81）计算的铁损均低于实际值，必须采用合适的损耗系数考虑附加的铁心损耗，例如，可使用表3.2的值进行修正。

电机也面临着脉宽调制（PWM）的供电问题。在PWM供电时，在许多方面会增加电机的损耗。也会使铁心损耗增加，尤其是在转子表面。受PWM开关频率影响，PWM供电情况下电机的总效率一般比正弦供电情况下低1%~2%。

3.7 旋转电机的永磁材料

下面讨论永磁材料及其特性。应用软磁材料的目的是易于实现诸如Bloch畴壁位移和Weiss磁畴定向等磁化过程，如图3.19所示。对于永磁材料要求恰恰相反。使永磁材料从初始状态产生位移是很困难的。在外加高磁场强度作用下，当 Weiss 磁畴排列成平行方向后，材料被永久磁化。

通过以下方式可以满足上述目标。材料的不均匀性和极精细结构阻止了 Bloch 畴壁的位移。完全阻止 Bloch 畴壁位移的最好方法是：选择好一个结构，使材料的每个粒子中仅包括一个 Weiss 磁畴以产生最低能量。

此外，必须阻碍 Weiss 磁畴的定向。现在利用各向异性，材料的高度晶体各向异性和晶体形状（选择杆状晶体）的高度各向异性显著阻碍了 Weiss 磁场的定向，导致了磁体硬度和矫顽力 H_{cJ}的增大。对于稀土永磁材料，由于采用稀土金属作为基本材质，可以达到高度的晶体各向异性；对于永磁铁氧体，主要通过在磁场中压力作用下对粒子进行定向达到晶体各向异性。

3.7.1　永磁材料的历史与发展

除了天然磁铁 Fe_3O_4，随着碳、钴和钨钢的生产，永磁材料的开发和制造始于20世纪初。并且这类永磁材料作为唯一的永磁材料延续了几十年，但其磁特性相当差。在20世纪30年代，随着铝镍合金（AlNi）、特别是铝镍钴合金（AlNiCo）材料的发现，使得该领域得到显著进步。在20世纪60年代，对这些材料的利用达到了鼎盛。现今在300℃或更高温环境下仍应用这些材料。AlNiCo 永磁材料需要通过铸造或烧结生产，其典型的成分为50% Fe、25% Co、14% Ni、8% Al 和3% Cu/Nd/Si。并且必须避免含C、Cr、Mn 及 P 杂质。铸造件的磁性性能优于烧结件25%。AlNiCo 永磁材料耐高温、不易腐蚀，其磁能积的典型值为 10～80kJ/m^3。

在20世纪50年代，首次推出了铁氧体。该类材料因为价格低廉使其在市场上仍占据主导地位。有2种铁氧体的商用替代品，分别为由18%锶或21%钡的碳酸盐加工成的钡铁氧体，并利用粉末冶金方法产生材料的各向同性和各向异性特性。铁氧体永磁材料的高电阻率是其明显的一个优势。

在20世纪60年代，接下来的重要发展始于稀土金属和钴化合物的发现，最重要的材料是 $SmCo_5$ 和 Sm_2Co_{17}。之后发现了这2种材料的更好、更复杂的变体，如 Sm_2（Co，Cu，Fe，Zr）$_{17}$。SmCo（1∶5）永磁材料（在1969年发明）的磁能积最大可达175kJ/m^3；SmCo（2∶17）永磁材料（在20世纪80年代发明）的磁能积典型值为200kJ/m^3、最大可达255kJ/m^3。这些材料发现后，下一个重大的发明是1983年钕铁硼（NdFeB）永磁材料的出现，钕铁硼永磁材料是现今磁能积最高的产品。该材料由 Sumimoto 开发的粉末冶金过程或由通用汽车公司开发的“熔体快淬”过程制造而成。NdFeB 永磁材料的一个优势是用更常见的钕、铁材料取代了稀少的钐、钴材料。NdFeB 材料的基本类型是 $Nd_{15}Fe_{77}B_8$。

目前，最快速发展的领域是聚合物粘结永磁材料。所有的永磁材料的基本类型均可作为聚合物粘结类型进行生产；并且材料的各向同性和各向异性特性在商用上也是可行的。在这些产品中，稀土、铁氧体永磁材料以及相匹配的树脂以最佳性能相结合，其中树脂作为永磁粉末的粘结材料。因为磁铁粒子之间存在树脂膜，使得塑性粘结磁性材料的电导率极低，涡流损失只出现在粒子内部，所以损耗在很多情况下微不足道。塑性粘结磁性材料的问题在于其磁性明显弱于烧结材料，塑性粘结材料的剩余磁通密度大约为烧结材料的 1/2。聚合物粘结永磁材料易于加工，可用于复杂结构中；其耐热性能取决于粘合剂，一般在 100～150℃之间变化。这些材料常用于小型步进直流电机、转速表、软盘驱动器电机、玩具、石英手表和手机中。而且，在一些工业电机应用中，现在还在使用铁氧体磁性材料。

图 3.35 说明了从 20 世纪开始，永磁材料磁能积的发展（Vacuumschmelze 2003）。

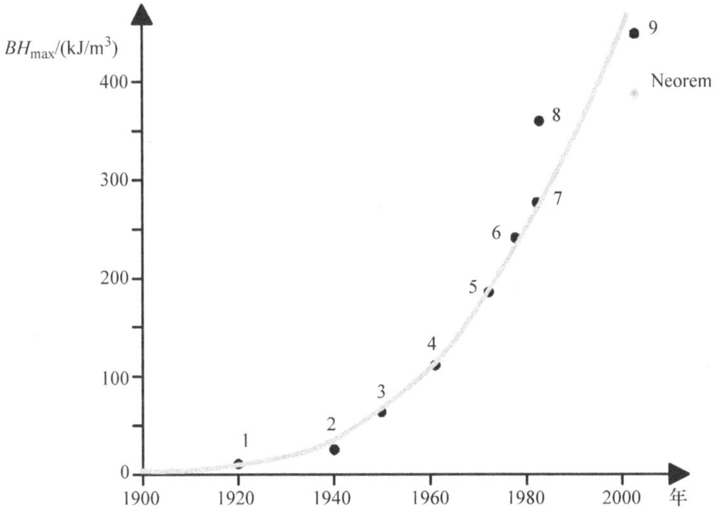

图 3.35　20 世纪永磁材料磁能积的发展。1—钴钢；2—FeCoV；3—AlNiCo；4—AlNiCo；5—$SmCo_5$；6—Sm_2（Co，Cu，Fe，Zr）$_{17}$；7—NdFeB；8—NdFeB；9—NdFeB；Neorem 参考商用材料 NEOREM 503 i（由 Neorem Magnets 生产），其磁能积大约为 $370kJ/m^3$。摘自 Vacuumschmelze（2003），http：//www.vacuumschmelze.de/dynamic/docroot/medialib/documents/broschueren/dmbrosch/PD002e.pdf

以前永磁材料一个严重的问题是容易退磁，现在最好的永磁材料对外部磁场强度和气隙影响不敏感。只有在高温电机中，短路电流可能造成稀土永磁材料在一定结构上的退磁风险。铁氧体磁性材料的极化可逆性低，类似于稀土磁性材料，其极化特性可写成以温度为变量的函数；然而，随着温度的上升，极化电阻对抑制退磁更为有利。因此，冷铁氧体磁性材料比热铁氧体磁性材料更容易退磁。

在商用制造中，最重要的永磁材料如下：

- AlNiCo 磁性材料是铁和其他金属的金属化合物。最重要的合金是铝、镍和钴。
- 铁氧体永磁材料由烧结氧化物、钡和锶钡铁氧体构成。
- 稀土钴（Rare－earth Cobalt，RECo）磁性材料由粉末冶金技术制造而成，由稀土金属（主要是钐）和钴按比例 1:5 或 2:17 制成；后者也包含铁、锆和铜。
- 钕磁铁是钕铁硼磁性材料，由粉末冶金技术制造而成。

3.7.2　永磁材料的特性

永磁材料的特性主要用以下变量描述：

- 剩磁 B_r；
- 矫顽力 H_{cJ}（或 H_{cB}）；
- 第二象限的磁滞回线；
- 磁能积 $(BH)_{PMmax}$；
- B_r 和 B_{cJ} 的温度系数，分为可逆和不可逆部分；
- 电阻率 ρ；
- 机械特性；
- 化学特性。

在一般情况下，如果永磁材料具有饱和极化强度高、居里温度高、作为材料属性具有高度晶体各向异性或塑造明显各向异性的可能性很高，即可断定该磁性材料具有良好的性能。和软磁材料一样，磁滞回线是永磁材料的一个非常重要的特性曲线，通常只需给出第二象限的磁滞回线。

在含有永磁材料的磁路结构中，磁路的几何形状可以按使每个永磁材料达到典型的最大磁能积的方式进行选择，如图3.36所示。

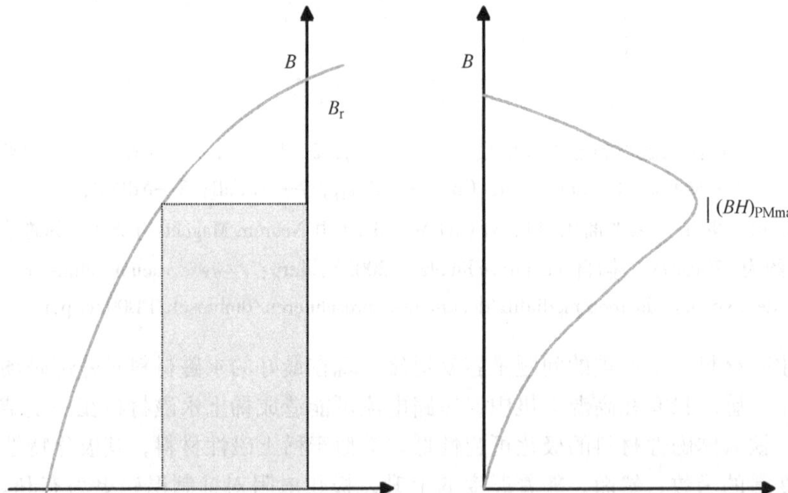

图3.36　通用永磁材料在第二象限的磁滞曲线及相应磁能积 $(BH)_{PM}$ 曲线

B、J 曲线的依附关系可写为 $J=B-\mu_0 H$。因此，可以单独应用任意1条曲线来描述永磁材料的特性。在剩磁点 B_r，由于 $H=0$，故该点为曲线的重合点。对于磁通密度曲线和极化曲线，其与 H 轴上的交点不同，相应的矫顽力分别用 H_{cB}、H_{cJ} 表示。J_s 表示材料的饱和极化强度。图3.37阐明了与磁化有关的数值，其描述的是钕磁铁材料的磁通密度和极化的典型磁滞曲线。

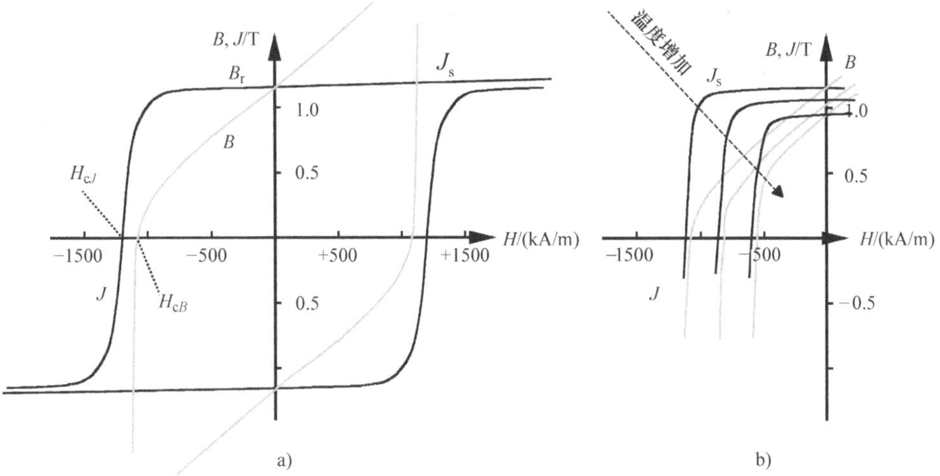

图 3.37　a）用磁通密度 B、极化强度 J 表示的钕磁铁的典型磁滞曲线；b）在温度 T 增加时极化和退磁曲线的特性。通常，温度每增加 100K，钕磁铁的极化减少约 10%

3.7.2.1　钐钴永磁材料

一般来说的 $SmCo_5$ 的剩余磁通密度最大为 1.05T、磁能积为 $210kJ/m^3$。钕铁硼的最大值分别为 1.5T 和 $450kJ/m^3$。实际中，电机级其他材料的磁能积一般仍低于 $400kJ/m^3$。

与钕磁铁相比，SmCo 磁性材料具有优良的耐热性能，其可以在高达 250℃ 的温度下使用；此外，SmCo 磁性材料的耐蚀性优于钕磁铁，但其比钕磁铁更脆。SmCo 磁性材料在要求重量轻和耐热性占决定性因素，而不考虑价格的场合应用普遍。典型应用如小型步进电机、阴极射线管（CRT）定位系统、机电制动器、扬声器等。

作为单相合金，$SmCo_5$ 极易饱和，如图 3.38 所示。由于 Bloch 畴壁在晶体中容易移动，故大约 200 kA/m 的磁场强度足以使 $SmCo_5$ 饱和；在这种情况下的矫顽力也很小（$H_{cJ} \approx 150kA/m$）。仅当外加磁场强度 H_{mag} 增加到足够高，以至于相对于材料的内部漏磁场，所有的粒子均被磁化时，矫顽力才发生变化。完全饱和时，在晶体中不再存在 Bloch 畴壁。图 3.38 说明了材料中用于磁化的磁场强度增加时，$SmCo_5$ 矫顽力的变化情况。

第二种基本材料 Sm_2Co_{17} 在磁化过程中的行为则完全不同，如图 3.39 所示。在磁场强度较低（$< H_{cJ}$）时，即使在接近饱和的情况下材料也未被磁化；但与达到高剩磁所需的矫顽力相比，需要 2 倍或 3 倍的磁场强度。这是因为 Bloch 畴壁沿晶体边界定向，这时对 Bloch 畴壁进行定向和位移十分困难。

3.7.2.2　钕铁硼永磁材料

烧结 NdFeB 磁性材料含有 30% ~32%（重量百分比:%）稀土金属、1% 硼、0% ~3% 钴、其他为铁。不同的合金（钕和镝含量）和不同冲压方法（方向）可以设计出不同的属性。如果镝含量增加，剩磁将下降，但内禀矫顽力将明显上升（见图 3.40，Ruoho 2011）；

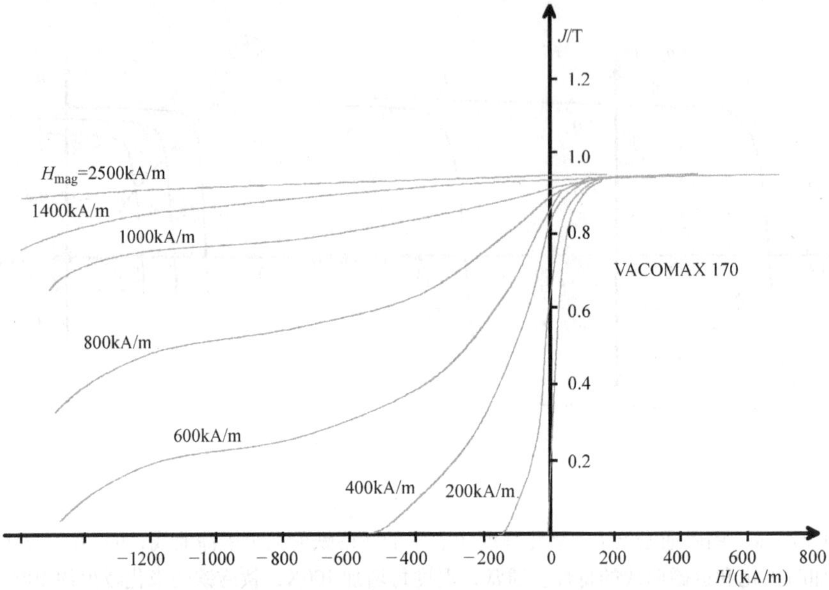

图3.38　$SmCo_5$类型材料 VACOMAX 170 矫顽力的增加。这种增加由外部磁化强度 H_{mag}增加引起。钕磁铁的磁化与$SmCo_5$的特性类似。摘自 Vacuumschmelze（2003），http：//www. vacuumschmelze. de/dynamic/docroot/ medialib/documents/broschueren/dmbrosch/PD002e. pdf

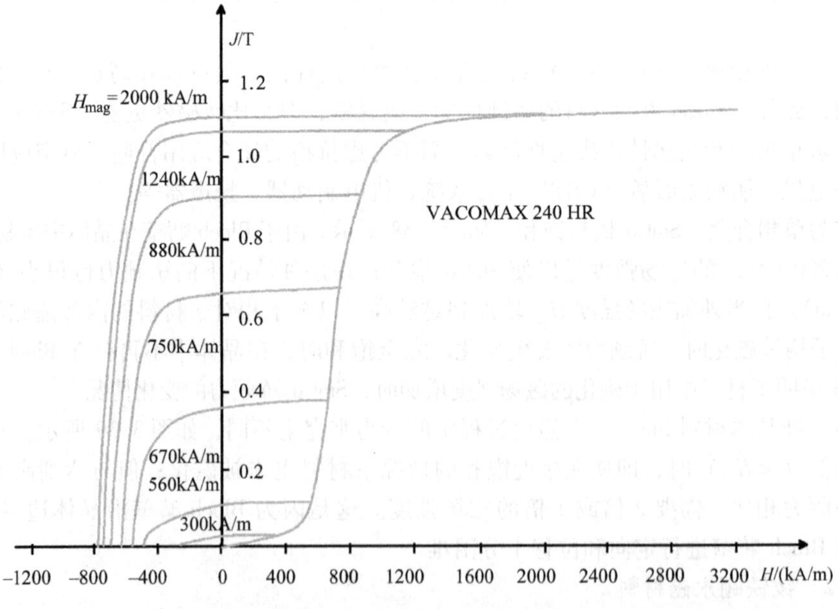

图3.39　外部磁化强度 H_{mag}增加造成的 Sm_2Co_{17}类型材料 VACOMAX 240 HR 矫顽力的增加。不同的特性可能需要特别高的磁化强度，例如可高达4000kA/m。摘自 Vacuumschmelze（2003），http：//www. vacuumschmelze. de/dynamic/docroot/ medialib/documents/broschueren/dmbrosch/PD002e. pdf

钴增加了磁性材料的耐腐蚀性和居里温度。镝比钕昂贵，因此内禀矫顽力高的磁性材料比剩磁高的磁性材料昂贵；钴比铁昂贵，因此居里温度高、耐腐蚀性好的磁性材料更昂贵。

钕磁铁的电阻率取决于温度和测量方向（见图3.41，Ruoho 2011）。取向方向（图3.41中标注为轴向）的电阻率大于横向方向。IEC标准60404-8-1给出了磁性材料在轴向上的电阻率。气隙磁场谐波在磁性材料中产生的涡流在横向方向传播，所以在涡流计算时必须使用横向方向上的电阻率。比较理想的钕磁铁电阻率数值为1.35μΩ·m（Ruoho 2011）。

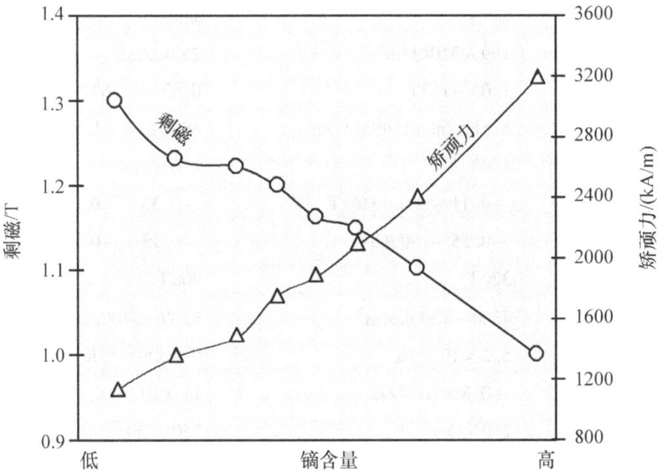

图3.40 镝（Dy）含量对钕磁铁剩磁和矫顽力的影响。经Sami Ruoho授权转载

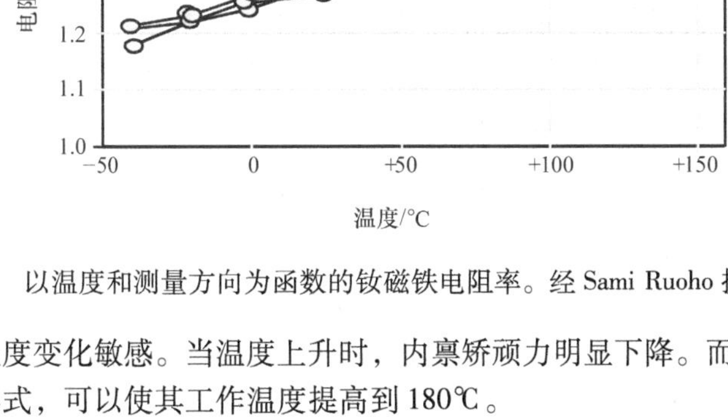

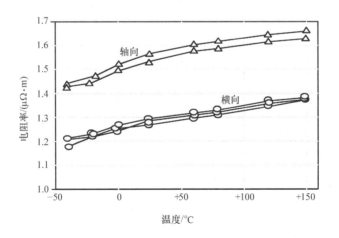

图3.41 以温度和测量方向为函数的钕磁铁电阻率。经Sami Ruoho授权转载

钕磁铁对温度变化敏感。当温度上升时，内禀矫顽力明显下降。而通过钕和其他稀土金属合金的形式，可以使其工作温度提高到180℃。

纯粹的钕磁铁的化学性质比较弱。通过不同的镀膜加工，可以增强钕磁铁相对耐潮性；而未被涂层的钕磁铁易受氧气和水分腐蚀，使材料转化为浅色粉末。

磁性材料的机械性能比较弱。烧结磁体虽然耐压强，但是其抗拉强度很低。因此，永磁体不能被用作承受张应力的机械结构部件。表3.3给出了钕磁铁和钐钴磁铁特性的比较。

表3.3　钕磁铁和钐钴磁铁特性的比较［摘自TDK（2005）www.tdk.co.jp/tefe02/e331.pdf］

	钕磁性材料	SmCo磁性材料
成分	Nd、Fe、B等	Sm、Co、Fe、Cu等
制造	烧结	烧结
磁能积	199～310kJ/m^3	255kJ/m^3
剩磁	1.03～1.3T	0.82～1.16T
内禀矫顽力 H_{cJ}	875kA/m～1.99MA/m	493kA/m～1.59MA/m
相对磁导率	1.05	1.05
剩磁的可逆温度系数	−0.11～−0.13%/K	−0.33～−0.04%/K
矫顽力 H_{cJ} 的可逆温度系数	−0.55～−0.65%/K	−0.15～−0.30%/K
居里温度	320℃	800℃
密度	7300～7500kg/m^3	8200～8400kg/m^3
磁化方向上的热膨胀系数	5.2×10^{-6}/K	5.2×10^{-6}/K
磁化方向法线上的热膨胀系数	−0.8×10^{-6}/K	11×10^{-6}/K
弯曲强度	250N/mm^2	150N/mm^2
抗压强度	1100N/mm^2	800N/mm^2
抗拉强度	75N/mm^2	35N/mm^2
维氏硬度	550～650	500～550
电阻率	110～170×10^{-8}Ω m	86×10^{-8}Ω m
电导率	590000～900000S/m	1160000S/m

3.7.3　永磁材料磁路的工作点

考虑如图3.42所示的永磁环。首先，假设图3.42的永磁环是完整的，“封闭”和磁化直至饱和，使永磁材料达到饱和和极化，然后移除磁化装置。尽管移除了外部磁场强度，但在永磁环上仍存在剩余磁通密度 B_r。接下来，在永磁环上切除一部分，使得永磁环以气隙 δ 的距离被“打开”。在创建的气隙中，可以测量磁场强度 H_δ。由于没有电流流过（$\sum i=0$），故由安培定律可得

$$\oint \boldsymbol{H}\cdot \mathrm{d}\boldsymbol{l}=H_{PM}h_{PM}+H_\delta\delta=0 \tag{3.82}$$

进而可以得到永磁体的磁场强度

$$H_{PM}=-\frac{\delta}{h_{PM}}H_\delta \tag{3.83}$$

式中，h_{PM} 为永磁体的“高度”。

由此定义了环形材料的原子磁体引起的磁场强度 H_{PM}。式（3.83）表明：相对于未开口的永磁环磁化的情况，气隙的影响产生一个相反方向的磁场强度 H_{PM}。在该环材料的特性曲线上（见图 3.43），工作点由 B_r 移至 A 点（被称为基点），A 点的磁场强度 $H_A = H_{PM}$，见式(3.83)。

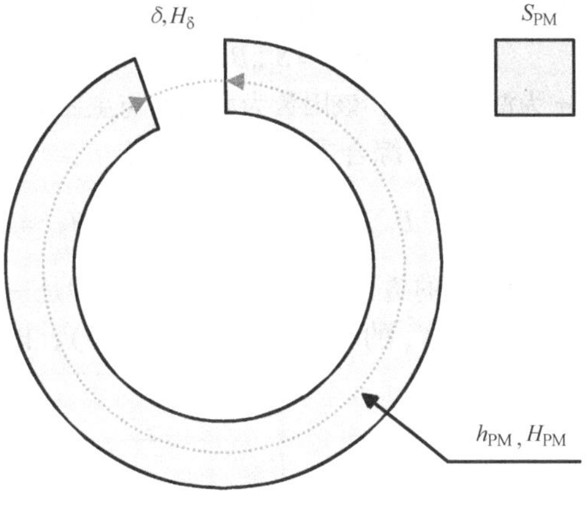

图 3.42 开口永磁环磁场强度的定义

如果现在使气隙变小，工作点沿可逆磁化线 AB'_A 移动，称为一个工作段。可逆磁化线虽然不完全是一条直线，但是却非常接近直线，因此在计算时用直线而非曲线进行计算。如果再次使磁环闭合，永磁环新的剩余磁通密度将为 B'_A，该值比打开环之前的原始剩余磁通密度 B_r 要低。可用诸如相同永磁材料或理想铁心情况使得磁铁闭合，而不需要磁场强度去产生磁通密度 B'_A。

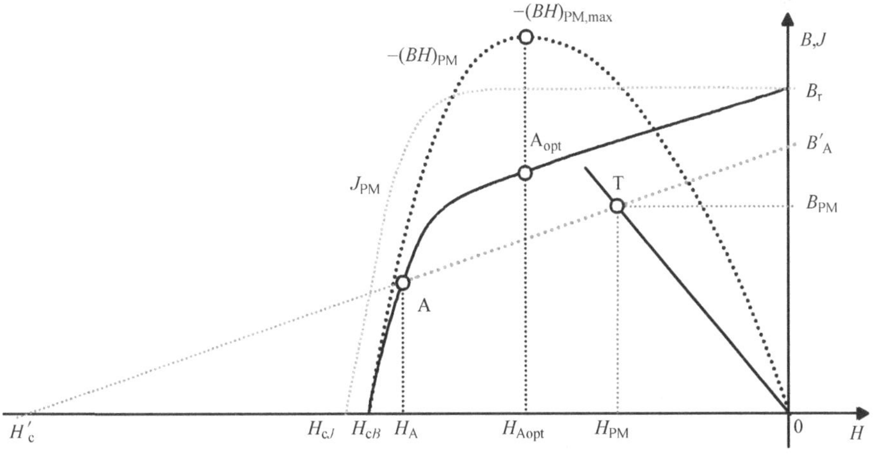

图 3.43 典型的退磁曲线（H_{cB} – A – B_r）、工作段（A – B'_A）、工作点（T）、永磁系统的最佳工作点（A_{opt}）。材料的磁能积为 $-(BH)_{PM}$。极化曲线 J_{PM} 表明：随着退磁磁场强度增大，永磁材料将失去极化能力。该永磁体在达到 A 点时，具有很高的退磁磁场强度。失去了部分极化强度 J。新的剩磁为 B'_A，为了更好地利用永磁材料，退磁磁场强度应该不大于 H_{Aopt}

永磁材料通常难于加工且价格昂贵，因此可以与软磁材料共同使用作为电机磁路的一部分，如图 3.44 所示。假设图 3.44 中永磁材料的特性如图 3.43 所示，工作段为 AB'_A。如果永磁体的高度为 h_{PM}、截面积为 S_{PM}，则其磁通为

$$\Phi_{PM} = S_{PM}B_{PM} = (1+\sigma)S_\delta B_\delta = (1+\sigma)S_\delta\mu_0 H_\delta \tag{3.84}$$

式中，σ 为漏磁因数，该因数为漏磁通与主磁通之比，$\sigma = \Phi_\sigma/\Phi_\delta$；$S_\delta$ 为气隙的截面面积。由式（3.84）、综合式（3.83）可得

$$B_{PM} = -(1+\sigma)\mu_0 \frac{S_\delta}{\delta}\frac{h_{PM}}{S_{PM}}H_{PM} = -(1+\sigma)\Lambda_\delta \frac{h_{PM}}{S_{PM}}H_{PM} \tag{3.85}$$

式中，Λ_δ 为气隙的磁导。式（3.85）表述的是一条通过原点的直线，称为工作线。工作线与曲线 $H'_cAB'_A$ 的交点为 T（见图 3.43），该点为该磁系统的工作点。

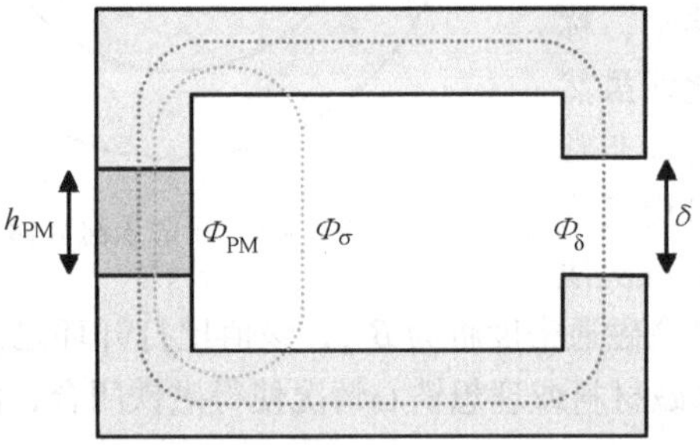

图 3.44　永磁体作为由铁心和气隙构成的磁路一部分。永磁体产生磁通 Φ_{PM}，该磁通分为气隙磁通 Φ_δ 和漏磁通 Φ_σ

式（3.83）、式（3.84）相乘可得

$$H_\delta = \frac{1}{\delta}\sqrt{\frac{|-(HB)_{PM}|\cdot V_{PM}}{(1+\sigma)\cdot\Lambda_\delta}} \tag{3.86}$$

式中，$V_{PM}=S_{PM}\,h_{PM}$ 为永磁体的体积。对于某一大小的永磁体，气隙中磁场强度越高，永磁材料的磁能积 $B_{PM}H_{PM}$ 越高。图 3.36 和图 3.43 对磁能积进行了举例说明，表明磁能积具有最大值。当工作点越可能接近点 A_{opt} 时，永磁材料的利用率越优，磁能积在该点达到最大。如果希望获得比最佳点 A_{opt} 更高的磁通密度，必须使用更多的永磁材料并使工作点朝剩余磁通密度 B'_A 的方向移动。然而，实际上剩余磁通密度不可能超过永磁体本身的剩余磁通密度，除非利用外加电流链才可能实现这种情况，总之这在实际中是不可行的。

如果永磁体开口的磁路没有超过基点 A 允许的范围，一旦选择了永磁体，该永磁体就会保持在其工作段工作。如果永磁体开口超过点 A，永磁体进一步退磁，矫顽力计算结果的绝对值将减小。如果保持各自的极化和剩余磁通密度 B'_A 不变，在高于磁场强度 H_A 的情况下，永磁体也可能不会退磁。实际中，由于钐钴和钕磁铁的相对磁导率低（$\mu_r=1.05$），这些磁铁本身也形成一个气隙［见式（3.83）］，故物理上的开放磁路对于永磁体工作点没有任何重大影响。在第二象限钐钴和钕磁铁的特性曲线实际上为直线，工作段与特性曲线结合在一起。在这种情况下，当永磁体的磁通密度为 $B_r/2$ 时，

永磁体的利用率最高。

AlNiCo与钴钢材料的情况不同，AlNiCo具有很高的相对磁导率，因此开口对永磁体的工作点影响显著。钕和钐钴磁铁耐退磁能力强，除非在极高的退磁磁场强度作用下永磁体极化消失，否则永磁体的工作线可以保持不变。为产生气隙而使材料开口不足以使永磁体退磁，但在高温情况下的负向电枢反应可能导致钐钴和钕磁铁的极化损失，这种情况在诸如定子短路产生很大的退磁电流链时会发生。

耐反向磁场强度能力是永磁材料在电机应用中非常重要的一个属性。前期的永磁材料只允许磁路中有较小的开口，并且禁止发生退磁电枢反应。而稀土磁性材料可以容许永磁体气隙的开口和退磁电枢反应。在永磁电机中，意味着在转子参考轴系中可能存在负向d轴定子电流，这使得在永磁电机中弱磁成为可能。

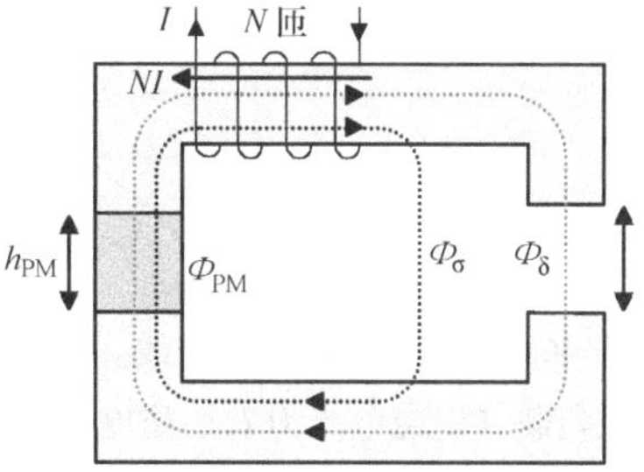

图3.45 具有退磁电流链的永磁磁路

下面分析负向电枢反应对磁性材料工作线的影响。图3.45中，退磁线圈及其电流链NI代表负向电枢反应。

式（3.84）对图3.45所示电路也一样有效，替代式（3.82），安培定律可写成如下的形式：

$$\oint \boldsymbol{H}\mathrm{d}l = H_{PM}h_{PM} + H_\delta \delta = -NI \tag{3.87}$$

从中可以解出气隙中的磁场强度

$$H_\delta = -\frac{h_{PM}}{\delta}H_{PM} - \frac{NI}{\delta} \tag{3.88}$$

将H_δ带入式（3.84）可得

$$B_{PM} = -(1+\sigma)\mu_0 \frac{h_{PM}S_\delta}{\delta S_{PM}}\left(H_{PM} + \frac{NI}{h_{PM}}\right) \tag{3.89}$$

式（3.89）表明：磁性材料的工作线在没有退磁电流链时通过原点，现在偏移了NI/h_{PM}的数值，如图3.46所示。图中，给出了3种不同温度时稀土磁体典型的退磁曲线，并阐明了工作线的偏移情况。

在磁网络模型中，永磁体可以用电流链和磁阻来表示（见图3.47）。永磁体的电流链Θ_{PM}和磁阻R_{PM}为

$$\Theta_{PM} = -H'_c h_{PM} = \frac{B_r}{\mu_{PM}}h_{PM} = \frac{B_r}{\mu_{rPM}\mu_0}h_{PM} \tag{3.90}$$

$$R_{PM} = \frac{h_{PM}}{\mu_{PM}S_{PM}} \tag{3.91}$$

式中，H'_c为计算的矫顽力（图3.46或图3.43中，工作段延长线与磁场强度轴线的交点）；B_r为剩余磁通密度；μ_{PM}为永磁材料的磁导率；μ_{rPM}为永磁材料的相对磁导率；h_{PM}

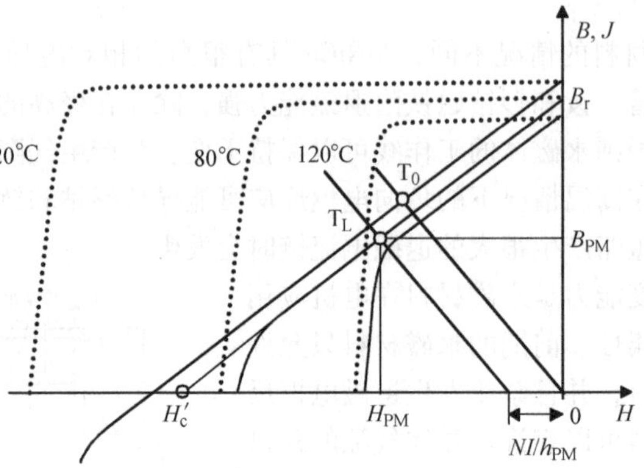

图 3.46　稀土磁体的退磁曲线。在空载（退磁电流为0）、温度为20℃时，其工作点为 T_0。在负载（退磁电流为 I）、温度增加到80℃时，其工作线的偏移为 NI/h_{PM}，工作点为 T_L

为永磁体的高度；S_{PM} 为永磁体的截面面积。

永磁磁路的磁通量方程可写为

$$\Phi = \Lambda_{tot} H'_c h_{PM} = \Lambda_{tot} \frac{B'_A}{\mu_0 \mu_r} h_{PM} \tag{3.92}$$

式中，包含永磁体本身的整个磁路的磁导

$$\Lambda_{tot} = \frac{\Lambda_{PM} \Lambda_{ext}}{\Lambda_{PM} + \Lambda_{ext}} \tag{3.93}$$

式中，Λ_{ext} 为永磁体磁路的外部部件（铁心、气隙和漏磁通）的磁导；Λ_{PM} 为永磁体的磁导。

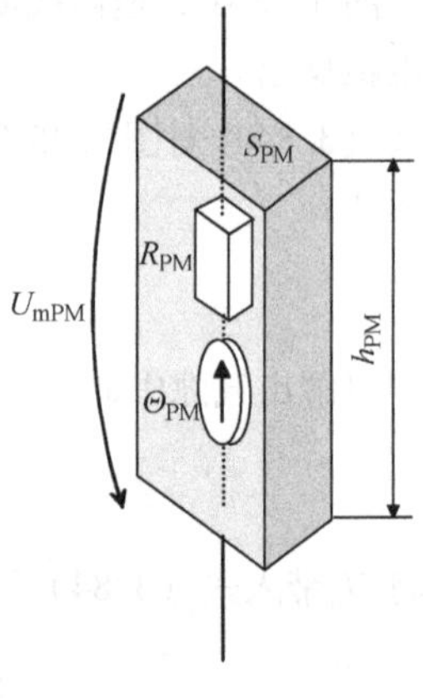

图 3.47　永磁体的磁网络模型

通过上述的研究需要注意的是：实际中，永磁材料正常工作的磁通密度比材料的剩余磁通密度低，$B_{PM} < B_r$。如果使用某种稀土磁性材料，其工作线与材料的退磁曲线重合。这样永磁体可以在无穷小的气隙中生成与其剩余磁通密度相同的磁通密度。而实际情况中，气隙是有限长的，并且铁心磁路会产生磁压降，因此，如果电枢反应在与永磁体同方向上对磁路无影响，但这种情况并不常见，则 $B_{PM} < B_r$。

如果寻求高气隙磁通密度，使永磁材料工作点超过最优工作点（图 3.43 的点 A_{opt}），则永磁材料得不到有效利用，使得需要的永磁体数量增多；然而，如果可能安装比气隙宽的永磁体，则可能产生比永磁体剩余磁通密度高的气隙磁通密度，如图 3.48 所示。

永磁体的电阻率是电机设计中的重要因素。永磁体通常受电机的磁导和时域谐波影响，如果永磁体的电阻率低，也会生成涡流和损耗。烧结钕磁铁的电阻率为 110 ~ 170 × 10^{-8} Ω · m. 仅是钢的 5 ~ 10 倍，因此这些永磁体显然会在交流磁场中导电并产生损耗。

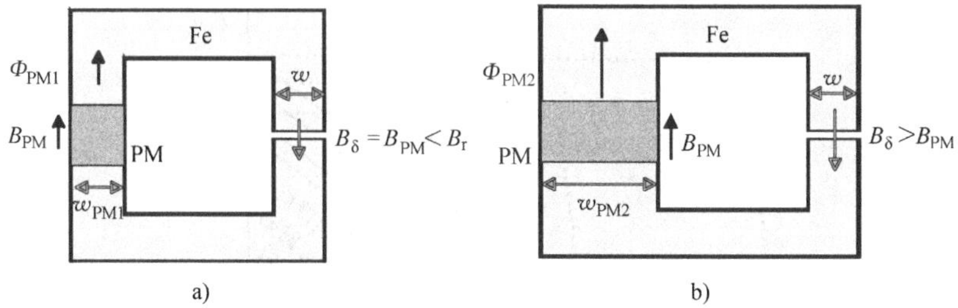

图 3.48　分别使用 a）窄永磁体、b）宽永磁体时，气隙磁通密度 B_δ 与永磁体剩余磁通密度 B_r 的比较。w_{PM} 为永磁体宽度；w 为气隙宽带。$\Phi_{PM2}>\Phi_{PM1}$，使气隙磁通密度 B_δ 甚至大于永磁材料的剩余磁通密度 B_r 成为可能

由于烧结 NdFeB 永磁体的电阻率仅比钢大几倍，故在电机设计中，这类永磁体中的涡流损耗不可以忽略不计。在转子表面装有永磁体的电机中，尤其需要考虑槽部谐波和变频器的开关谐波。仅有在超低转速电机中才可以忽略槽部谐波。然而，精确计算永磁体损耗十分困难，这将在第 7 章永磁同步电机中进行详尽的讨论。

不过这里有一个明确的原则：永磁体损耗几乎完全是涡流损耗，尽管有些已发表的文章声称应该也存在大量的永磁体磁滞损耗，但这些损耗仅在特殊条件下才会存在，并不存在于通用的旋转电机中。

如要产生磁滞损耗，软磁材料的极化强度 J 必须是交替变化的，可以通过开槽引起谐波来产生。然而，永磁材料的主要宗旨是：极化强度 J 在安全工作区保持恒定。因此，在理想的永磁材料中不存在任何磁滞。实际中，在永磁体中可能发现一些缓变状态。作为这一现象的例子，NdFeB 永磁体的相对磁导率 $\mu_r=1.04\sim1.05$，其值比 1 大 4% ~5% 表明：当外加磁场强度变化时，在材料中有一些微小的极化改变，极化强度 J 的这种变化在实际中也易于产生磁滞。最新的测量表明：实际中旋转电机永磁体的磁滞损耗可被忽略而仅需要计及永磁体中涡流产生的损耗。

3.7.4　永磁材料的退磁

如果永磁体的工作点落在磁化曲线的非线性部分（见图 3.43 的点 A），则永磁体会部分退磁。在永磁体温度或电枢反应过高时可能会发生这种情况。存在退磁风险的情况如下：

- 由于电机过载或冷却失效或冷却通道脏污等原因造成稀土永磁体的温度过高；
- 接入电网的永磁电机短路；
- 在线直接起动。

由温度增加引起的退磁如图 3.49 所示。假设冷却失败造成永磁体的温度从 80℃ 增至 120℃，并且电机负载不变。工作点 $B(H)$ 特性的膝点 T_{L1} 下移到 T_{L2}，永磁体被退磁。在 120℃ 时的剩磁降至 B_{r2} 值，新的工作段（也称为回复线）为 $T_{L2}-B_{r2}$。在不同温度下所有的 $B(H)$ 和 $J(H)$ 特性均与 B_{r2} 到 B_{r1} 成比例下降。

如果退磁低于 10%，新的工作段的斜率近似为线性的。发生更高的退磁时，工作

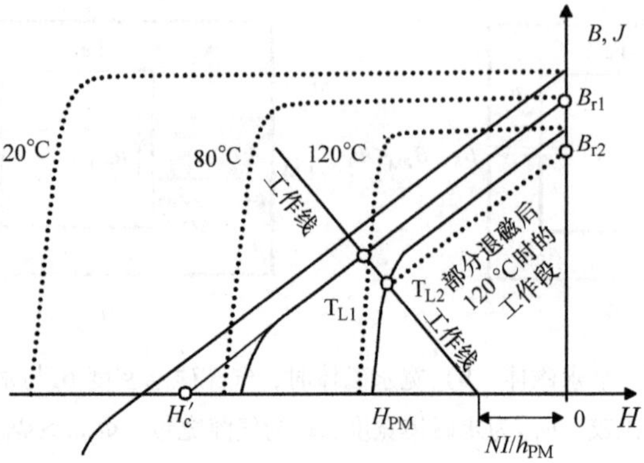

图 3.49　由冷却失败等原因引起温度增加造成的不可逆退磁。额定工作点为 T_{L1}，温度为 80℃。冷却失败造成温度增至 120℃，新的工作点为 T_{L2}。电机负载恒定，因此工作线未改变。退磁后，工作段为 $T_{L2}-B_{r2}$

线略微向上弯曲，如图 3.50 所示（Ruoho 2011）。该段非线性非常小，可以当作直线处理。

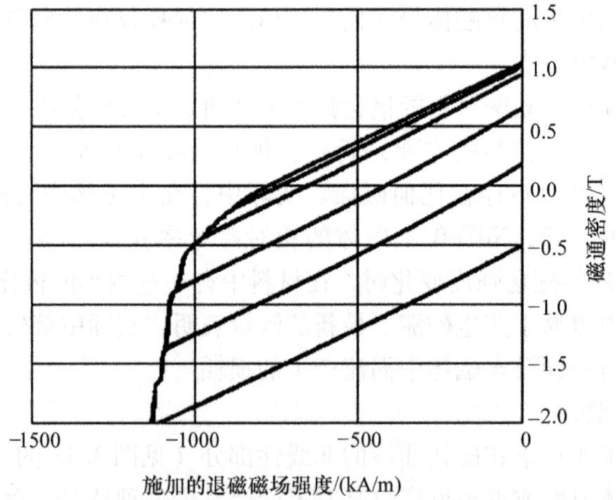

图 3.50　钕磁铁样品的回复特性。回复曲线在垂直轴 B 轴附近略有弯曲。经 Sami Ruoho 授权转载

图 3.51 呈现了过大的电流（过高的电枢反应）引起退磁的 2 种情况。第 1 种情况：电机过载，永磁体的温度从 80℃增至 120℃，工作点从 T_{L1} 移至 T_{L2}，永磁体发生不可逆退磁，新的工作段为 $T_{L2}-B_{r2}$；第 2 种情况：电机供电变频器发生短路，这一现象很短暂，类似于熔断器迅速反应。永磁体的温度未发生变化但短时的高电枢反应使得工作点从 T_{L1} 移至 T_{L3}，新的工作段为 $T_{L3}-B_{r3}$。

在旋转电机中，永磁体退磁并不均匀。例如，对于表贴式永磁体，如果由于电枢反

应过高造成退磁，则发电机永磁体的后沿和电动机永磁体的前沿将首先退磁。利用 FEM，可以检验在最恶劣工作情况下是否有永磁体单元下降到 $B(H)$ 特性的膝点以下。

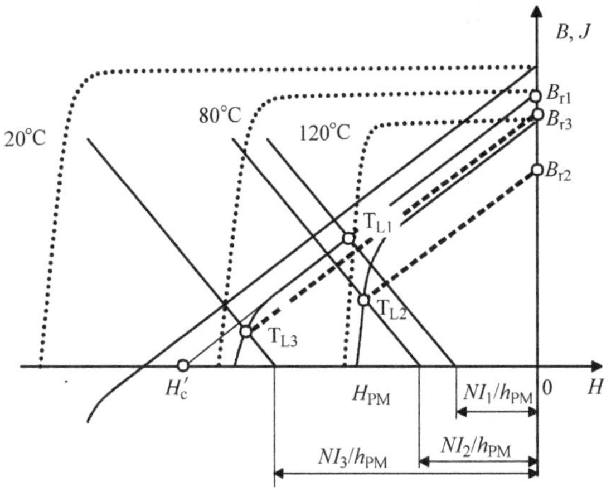

图 3.51　图中给出了 2 种退磁情况。第 1 种情况：由于电机过载造成工作点从 T_{L1} 移至 T_{L2}，退磁后的工作段为 $T_{L2}-B_{r2}$；第 2 种情况：由于电机供电变频器短路造成工作点从 T_{L1} 移至 T_{L3}，新的工作段为 $T_{L3}-B_{r3}$

3.7.5　永磁材料在电机中的应用

永磁材料在各种类型的小型电机中广泛应用，如用于直流电机、同步电机和混合步进电机的励磁。永磁材料也越来越广泛地应用在大型电机中，如已经应用在直驱式风力发电机用兆瓦级永磁同步电机中。永磁材料在一些情况下可用作磁轴承，这种情况是利用 2 个永磁体之间的排斥反应。在具有永磁材料的磁路设计中，要比普通电机的磁路设计重复次数多。由于永磁材料的磁导率大致等于真空的磁导率，造成永磁材料对磁路磁阻具有显著影响，故也会对旋转场电机电枢绕组的电感产生显著影响。

例 3.6：研究具有小气隙的简单磁路（见图 3.52）。其中一个磁路由绕组 N_2 励磁。该设备可以是具有 2 个线圈的电抗器或变压器，但这种排列也可以很容易地用于说明具有单个励磁绕组励磁的旋转电机。另一个绕组对应于电枢绕组。其中一个磁路由永磁材料磁化，永磁材料的矫顽力为 800kA/m，相对磁导率为 1.05。计算磁系统的性能。

解：首先简单假设磁路的铁心部分获得磁化气隙所需电流链的 5%。进一步，假设不发生漏磁通，整个磁通均在磁路 l 中流动。现在的目标是使气隙中的磁通密度为 1T。首先研究由绕组 N_2 磁化的磁路。假设计及铁心磁压降影响的有效气隙 $\delta_{ef}=1.05\text{mm}$。

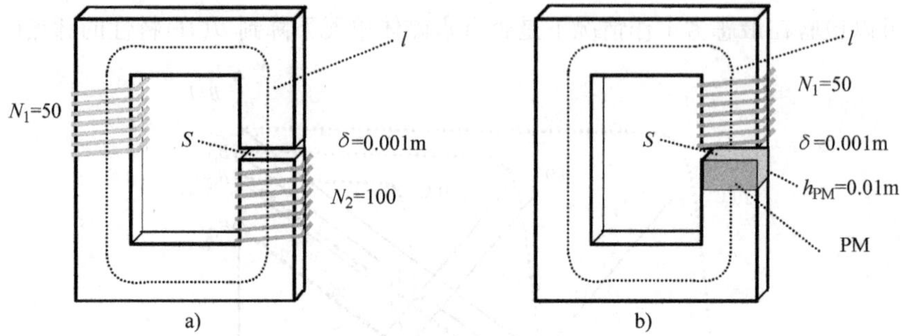

图3.52 具有单个主磁通路径的简单磁路。磁路的长为 $l=0.35\text{m}$，2个磁路的气隙 δ 均为1mm，磁路的截面面积 $S=0.01\text{m}^2$。左侧磁路（图a）由绕组 N_2 励磁；右侧磁路（图b）由NdFeB永磁体励磁。两个铁心上均缠绕有线圈 N_1，线圈电感是确定的

为使气隙磁通密度为1T，所需的磁场强度为

$$H_\delta = B_\delta/\mu_0 = 1/(4\pi\times10^{-7})\text{A/m} = 796\text{kA/m}$$

因为整个磁路可由单个气隙 $\delta_{ef}=1.05\text{mm}$ 替代，所以可获得所需的电流链为

$$\Theta = H_\delta\delta_{ef} = 796\times1.05\text{A} = 836\text{A}$$

根据铁心所占比例，可得铁心的电流链 $0.05\times836\text{A}=42\text{A}$。绕组匝数为100，因此磁路的电流为 $I_2=8.36\text{A}$。

磁路的磁通大小为

$$\Phi = SB_\delta = 0.01\times1\text{Vs} = 0.01\text{Vs}$$

绕组 N_2 的磁链为

$$\Psi_2 = \Phi N_2 = 0.01\times100\text{Vs} = 1\text{Vs}$$

由于在线圈中流过的电流 $I_2=8.36$ A，产生的磁链为1 Vs，故线圈的自感大约为

$$L_{22} = \Psi_2/I_2 = 1/8.36\text{H} = 120\text{mH}$$

线圈 N_1 的磁链为

$$\Psi_{12} = \Phi N_1 = 0.01\times50\text{Vs} = 0.5\text{Vs}$$

由于磁通 Φ 是由线圈 N_2 单独产生，故在绕组 N_1 无电流流过。相应地，可以计算出线圈 N_1 的自感。在计算中，需要应用磁路的磁阻，因此

$$R_{\text{mFe}+\delta} = \delta_{ef}/\mu S = 0.00105/(4\pi\times10^{-7}\times0.01)\text{A/Vs} = 83.6\text{kA/Vs}$$

进而自感为

$$L_{11} = N_1^2/R_{\text{m Fe}+\delta} = 50^2/83.6\text{mH} = 30\text{mH}$$

相应地，对于理想磁通连接情况，绕组间的互感可以写为

$$L_{12} = L_{21} = N_1N_2/R_{\text{mFe}+\delta} = 50\times100/83.6\text{mH} = 60\text{mH}$$

接下来，研究带有永磁体的磁路特性。永磁体会产生一个很强的电流链

$$\Theta_{PM}=h_{PM}H_c=8000\text{A}$$

与前一磁路中绕组 N_2产生的电流链相比，永磁体产生的电流链非常高；然而，永磁体电流链的绝大部分会消耗在其自身产生的磁阻上。永磁体的磁阻为

$$R_{PM}=h_{PM}/\mu_0 S=0.01/(1.05\times4\pi\times10^{-7}\times0.01)\text{A/Vs}=757.9\text{kA/Vs}$$

气隙和铁心的磁阻与前述情况一样，$R_{mFe+\delta}=83.6\text{kA/(Vs)}$。整个磁路的磁阻大致为 $R_{m,tot}=R_{PM}+R_{mFe+\delta}=841.5\text{kA/(Vs)}$，在该磁阻下，由永磁体产生的磁链为

$$\Theta_{PM}=\Theta_{PM}/R_{m,tot}=8000/(841.5\times10^3)\text{Vs}=0.0095\text{Vs}$$

永磁体的磁通密度为

$$B_{PM}=\Phi_{PM}/S=0.0095/0.01\text{Vs/m}^2=0.95\text{T}$$

从而可以得到，尽管永磁体能够生成很强的电流链，但其磁通密度依然低于前一种情况。从给出的永磁材料可以看到：在无大量永磁体的情况下，很难在气隙中生成 1T 的磁通密度；除非永磁体在磁路中并联，仅靠增加永磁体的厚度不足以产生 1T 的磁通密度。可通过在诸如 V 形转子结构中每极嵌入两块永磁体的方式实现。

绕组的电感为

$$L_{11}=N_1^2/R_{m,tot}=50^2/841.5\text{mH}=2.97\text{mH}$$

铁心磁路中的永磁体显著地增加了磁路的磁阻、减小了磁路的电感。这些现象也是带有永磁体的旋转电机的普遍现象。还需要研究的是铁心所需的电流链，假设铁心由 M400 - 65A 钢片制成，在该材料产生 1T 磁通密度所需的磁场强度大约为 1.1A/cm。磁路的长度为 35cm，因此所需的电流为 $1.1\times35\text{A}=38.5\text{A}$，这与初始的假设值基本相同。

下面进一步研究图 3.52 所示的磁路。左侧磁路是由带有气隙的变压器构成，变压器的变比 $K=N_1/N_2=1:2$，这类磁路的等效电路如图 3.53 所示。尽管在前面的讨论中未考虑漏感，但在其等效电路中一次侧和二次侧均包含了漏感。现在假设在两个绕组中，有 95% 的磁通与另一个绕组匝链，耦合系数 $k=0.95$。因此，自感的一部分是漏感

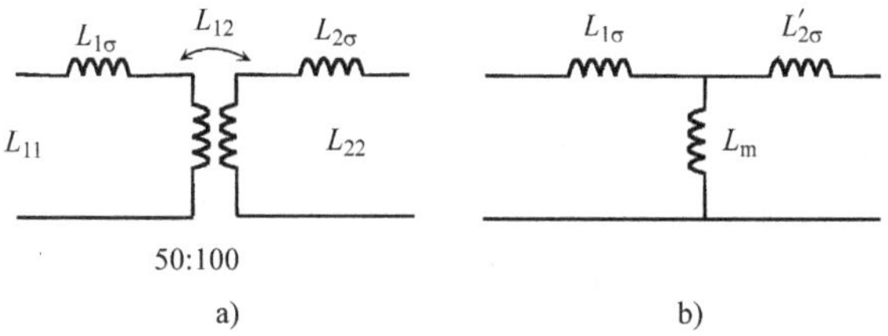

图 3.53 a) 图 3.52 所示的两绕组变压器的等效电路；b) 折算到一次绕组电压等级上的等效电路。$L_{1\sigma}$、$L_{2\sigma}$分别为一次和二次漏感。在折算时，需要变压器变比 K 的平方，$L'_{2\sigma}=K^2L_{2\sigma}$。励磁电感与一次、二次绕组之间的互感成正比，$L_m=KL_{12}$

$$L_{1\sigma}=(1-k)L_{11},L_{2\sigma}=(1-k)L_{22}$$

由于互感取决于励磁绕组产生的电流链耦合到其他绕组的程度，故互感在一定程度上会减小。互感L_{12}取决于绕组N_2上的电流I_2在绕组N_1上产生的磁链Ψ_{12}：

$$L_{12}=\Psi_{12}/I_2$$

如果磁链Ψ_{12}仅为理论最大值的95%，可以看出互感也相应地减小。在前述的实例中，$I_2=8.36$ A 的电流在绕组中生成$100\times0.01\text{Vs}=1.0\text{Vs}$的磁链。在绕组$N_1$中的磁链为

$$\Psi_{12}=0.95\Phi N_1=0.95\times0.01\times50\text{Vs}=0.475\text{Vs}$$

进而可计算出互感为

$$L_{12}=L_{21}=\Psi_{12}/I_2=0.475\text{Vs}/8.36\text{A}=56.8\text{mH}$$

如果绕组间为全耦合，可以得到

$$L_{12}=\sqrt{L_{11}L_{22}}$$

由于现在绕组1中的磁通仅有95%穿过绕组2，故可以得到耦合系数

$$k=L_{12}/\sqrt{L_{11}L_{22}}=0.95$$

在实际中耦合系数总是小于1。图3.53中的励磁电感变为

$$L_{\text{m}}=L_{12}K=56.8\times0.5\text{mH}=28.4\text{mH}$$

因此，一次漏感$L_{1\sigma}=L_{11}-L_{\text{m}}=(30-28.4)\text{ mH}=1.6\text{mH}$。对应地，二次侧折算到一次侧上的漏感为

$$L'_{2\sigma}=L_{22}K^2-L_{\text{m}}=(120\times0.5^2-28.4)\text{mH}=1.6\text{mH}$$

下面阐述折算到一次侧上的等效电路。在这个实例中，由直流电进行励磁，故绕组的直流电流或者永磁体的虚拟直流电流为

$$I'_{\text{PM}}=\Psi_{\text{PM}}/L_{\text{m}}=0.475\text{Vs}/2.97\text{mH}=160\text{A}$$

式中，Ψ_{PM}是与一次绕组耦合的永磁体磁链，$\Psi_{\text{PM}}=\Phi_{\text{PM}}N_1=0.0095\times50\text{Vs}=0.475\text{ Vs}$。由于在一次绕组中无电流生产$\Psi_{\text{PM}}$，故该磁链不产生漏磁通，$L_{\text{m}}$可用于计算虚拟的永磁体电流。尽管讨论直流励磁的变压器是不常见的，但该情况可以假设为将这类“变压器”应用在直流电抗器的实例，这种电抗器可以模拟同步电机在转子参考轴系下的特性。由于图3.54所示等效电路在原则上可以相当于电机的等效电路，故该简化为分析旋转电机磁路打下了良好基础。当前讨论的装置及其参考轴系决定了等效电路是以直流电还是交流电工作。通常也在静止状态下、等效电路中流入直流电的参考轴系中构建旋转电机的等效电路；电机磁路与上述实例的不同仅在于其几何形状更复杂。自然地，在旋转磁场电机中，至少需要两相绕组产生旋转的磁通，但这在图3.52～图3.54所示的简单连接中没有呈现。在特定的先决条件下，图3.53的等效电路可用于交流供电的变压器和感应电机中。由于图3.54的二次绕组上为直流电，故在补充一定条件的情况下，该等效电路可用于对同步电机的分析。

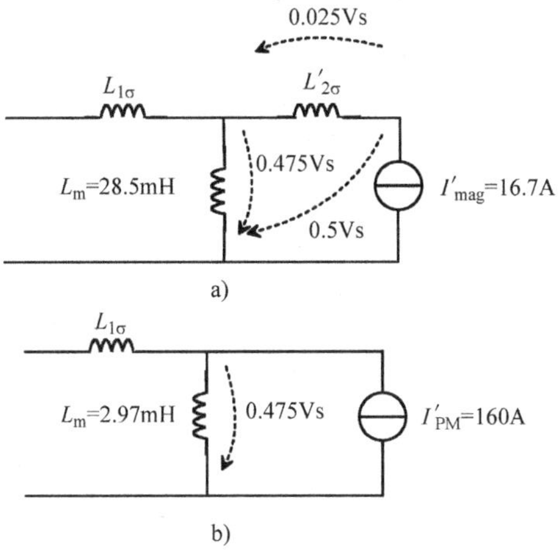

图 3.54　图 3.52 所示磁路中励磁绕组上的直流电流。a）两绕组电抗器的等效电路；b）永磁体励磁电抗器的等效电路

下面研究折算到一次侧上的电流。永磁体的虚拟直流电流可用励磁绕组的磁链（0.475Vs）除以励磁电感 $L_m = 2.97\text{mH}$（见前述含 $I'_{PM} = 160\text{A}$ 的方程）获得。由于该磁路的磁阻相对于由绕组 N_2 励磁的磁路也较高，故永磁体的虚拟直流电流较大。绕组 N_2 的直流电流生成的总磁链为 0.5Vs，该磁路分为气隙磁链和漏磁链。在永磁体励磁的实例中，这里未讨论永磁体的漏磁链。实际上，仅有一部分永磁体的电流链磁化气隙。少量的电流链直接变为永磁体的漏磁通。由于不存在“永磁体绕组”（见图 3.54），故无法用绕组来阐述永磁体的漏磁链：

$$I'_{mag} = I_2/K = 8.36\text{A} \times 2/1 = 16.7\text{A}$$

由于最好的永磁材料的磁导率近似为 1，故这种材料对其所在磁路的有效气隙 δ_{ef} 影响显著。钕磁铁的相对磁导率 $\mu_{rPM} = 1.05$，因此永磁体本身会产生一个 $\delta_{PM} = h_{PM}/1.05$ 的视在气隙，该值几乎和永磁体本身的厚度相同。因此，带有永磁体的电机的磁气隙极大，尤其是永磁体安装在转子表面的情况。永磁体本身形成的磁路磁阻最大，因此其自身需要很大的磁压降。

当考虑电枢反应时，可以看到：转子表贴式永磁同步电机的同步电感很小。在一些情况下，由于小电感造成了电流变化速度快，从而限制了电压源逆变器作为这些电机供电电源的应用。但在电力电子开关速度很快的情况下，也可以应用电压源逆变器给永磁转子电机供电。

由于旋转场电机励磁电感与极对数 p 的平方成反比（$L_m - p^{-2}$，见 4.1 节），故永磁体在低速电机中尤为有用。多极旋转磁场电机具有的励磁电感小，因此，对于感应电机，通常情况下，构造一个高极对数的低速电机并无益处。并且这类电机具有相对较低的功率因数。

反之，对于永磁电机，由于源自永磁体磁路的电流链可充分利用，低励磁电感效应不无害处。在永磁电机中，等效气隙δ_e极其依赖于永磁材料的位置和厚度。实际中永磁体的厚度直接增加了等效气隙，因此转子表面上安装的永磁体总是生成最小的电感。由于在同步电机中最大转矩与同步电感成反比，故小励磁电感增加了同步电机产生转矩的能力。

当在电机中使用稀土永磁体时，钕和钐钴永磁体的相对电导率大是其中的一个问题。当电机转速增加时，气隙谐波在永磁体中产生的损耗显著。由于钕磁铁对温度尤为敏感，故在电机设计中必须保证永磁体能够充分有效地冷却。实际中，铁氧体永磁体的最高剩余磁通密度范围为0.4T，因此具有很差的磁能积。但铁氧体价格低廉、电导率极低（电阻率的典型值$\rho > 10^9\ \Omega\text{m}$），相对于钕、钐钴永磁体，铁氧体的涡流损耗低。由于铁氧体具有这些特性，故其至今仍用于工业应用中。然而，铁氧体的热性能与钕铁硼永磁体不同，在寒冷情况下，较大的退磁磁场强度会使铁氧体有退磁的风险。这明显与钕铁硼永磁体不同，当钕铁硼永磁体被严重退磁时，高温情况下会遭受极化损失。

3.8　铁心叠片的装配

电机磁路各部分的装配对电机最后的质量影响至关重要。在板材上已经实现了单次冲压（如小电机），或事先用板材制造相配的圆盘，然后让圆盘在分度头上旋转，在盘上一个接一个的冲孔（如大电机）。生产质量均匀的叠片需要高精度。定子和转子的制备钢片都必须能在各个方向旋转，以避免钢片各向异性引起的事实上的凸极性。同时，钢片的物理厚度通常变化很大，在装配时需要旋转钢片，这种方式有利于加工出均匀的叠长。

钢片叠片的装配中，为了在期望的位置获得槽部，必须在叠片中使用合适的工具保证装配平直。槽口或槽底部可以使用导向工装；然后，利用合适的方法夹紧，将叠片压成最终的长度。为了避免损失，最好的办法是利用诸如塞格尔（Seger）环作为钳夹直接将叠片安装于定子机座。

在批量生产时，焊接定子叠片的外表面变得越来越普遍。在这种方法中，在每个钢片的外表面上加工小的切口，当叠片装配时，这些切口在叠片中构成连续的槽。叠片在这些槽上焊接，焊道覆盖叠片的整个长度。在焊接过程中，虽然会破坏钢片之间的绝缘，但是这种破坏可被严格地控制在极小的范围内。作为结果，焊接叠片的铁心损耗比键装配叠片高几个百分点。

键装配是装配的常用方法。当定子冲孔时，在定子外表面制造燕尾槽；当叠片被压制成型时，把键置于燕尾槽中。定位键比叠片的最终长度稍长，把键的末端弯成90°，用以夹紧叠片。这种方法的优点是损耗最小；而另一方面，定位键阻碍了电机定子机座的热传递，这是键装配法的缺点。

铆接时有时会在叠片的外边缘切割小孔。实际中，这种方法简单且在机械加工上可行。但会引起电机额外的铁心损耗。在导条和定子机座之间存在定子轭的窄桥，这个桥为在铆钉上感应电压的磁通提供了路径。由于铆钉与机座是通电连接的，故由铆钉和机座形成的回路中会有电流流过，这个电流在电机中形成损耗。实际上，铆钉应该与叠片隔离，但这种隔离并不容易实现。

通常在定子叠片上配备直槽以易于自动下线；有时，在定子上也要求斜槽。因此，在自动化生产中，首先在定子上进行绝缘和绕线，然后在叠片夹紧和对绕组树脂浸胶之前进行斜槽。

对于感应电机，转子叠片一般是大批量生产。如果在电机中采用铸铝笼型绕组，可以用该绕组固定住整个叠片。叠片采用压铸机以生产出期望的斜槽。压铸机以高压方式将铸铝压进槽内，同时在转子的末端生成短路环，在几秒钟内就可以将铸铝压入并连系住整个叠片。

如果转子是带有圆导线或某种成形导条的绕线型转子，叠片要在绕线前形成一体。这样铆钉可以在转子轭部很容易地穿过叠片。

在绕组树脂填充后，绕有圆形导线或成型铜绕组的叠片将最终固定成型；尤其真空压力浸渍（Vacuum Pressure Impregnation，VPI）将所有钢片紧紧地粘接在一起。

如果叠片出于冷却考虑必须分为几部分时，需要在叠片部分之间采用合适的关键材料，必须谨慎选择材料以避免不必要的损耗，可选择不导磁的不锈钢作为这种材料。如果机械强度足够大，还可以采用合适的绝缘材料。

参考文献

Carter, F.W. (1901) Air-gap induction. *Electrical World and Engineering*, **XXXVIII** (22), 884–8.

European Standard EN 10106 (1996) *Cold Rolled Non-Oriented Electrical Steel Sheet and Strip Delivered in the Fully Processed State*, CENELEC, Brussels.

Gieras, J.F., Wang, R.J. and Kamper, M.J. (2008) *Axial Flux Permanent Magnet Brushless Machines*, 2nd edn, Kluwer Academic, Dordrecht.

Heck, C. (1974) *Magnetic Materials and their Applications*, Butterworth, London.

Heikkilä, T. (2002) *Permanent Magnet Synchronous Motor for Industrial Inverter Applications – Analysis and Design*, Dissertation LUT. Available at: http://urn.fi/URN:ISBN:952-214-271-9.

Heller, B. and Hamata, V. (1977) *Harmonic Field Effects in Induction Machines*, Elsevier Scientific, Amsterdam.

IEC 60404-8-1 (2004) *Magnetic Materials – Part 8-1: Specifications for Individual Materials – Magnetically Hard Materials*. International Electrotechnical Commission, Geneva.

Jokinen, T. (1979) *Design of a rotating electrical machine (Pyörivän sähkökoneen suunnitteleminen)*, Lecture notes. Helsinki University of Technology, Laboratory of Electromechanics.

Miller, T.J.E. (1993) *Switched Reluctance Motors and Their Controls*, Magna Physics Publishing and Clarendon Press, Hillsboro, OH and Oxford.

Nerg, J., Pyrhönen, J., Partanen, J. and Ritchie, A.E. (2004) Induction motor magnetizing inductance modeling as a function of torque, in *Proceedings ICEM 2004, XVI International Conference on Electrical Machines, 5–8 September 2004*, Cracow, Poland. Paper 200.

Richter, R. (1967) *Electrical Machines: General Calculation Elements. DC Machines (Elektrische Maschinen: Allgemeine Berechnungselemente. Die Gleichstrommaschinen)*, Vol. **I**, 3rd edn, Birkhäuser Verlag, Basle and Stuttgart.

Ruoho, S. (2011) *Modeling Demagnetization of Sintered NdFeB Magnet Material in Time-Discretized Finite Element Analysis*. Aalto University publication series doctoral dissertations 1/2011. Available at: http://lib.tkk.fi/Diss/2011/isbn9789526040011.

TDK (2005) *Neodymium-Iron-Boron Magnets NEOREC Series*. [online]. Available from http://www.tdk.co.jp/tefe02/e331.pdf (accessed 31 August 2007).

Vacuumschmelze (2003) *Rare-Earth Permanent Magnets VACODYM · VACOMAX PD 002*. 2003 Edition. [online]. Available from http://www.vacuumschmelze.de/dynamic/docroot/medialib/documents/broschueren/dmbrosch/PD002e.pdf (accessed 1 December 2006).

Vogt, K. (1996) *Design of Electrical Machines (Berechnung elektrischer Maschinen)*, Wiley-VCH Verlag GmbH, Weinheim.

第4章　电　　感

在旋转电机中，总磁通包含主磁通 Φ_m 和漏磁通 Φ_σ 两部分。主磁通（气隙磁通）使机电能量转换成为可能，但是作为总磁通一部分的漏磁通并没有参与能量转换。例如，从物理的观点来看，一个电机只有总定子磁通或者相应的等于供电电压积分的定子磁链 $[\boldsymbol{\Psi}_s = \int(\boldsymbol{u}_s - R_s\boldsymbol{i}_s)\,\mathrm{d}t]$。假设总磁通由有限元分析计算得到，那么磁通的各部分分量则需要额外的工作来进行分离。在电机设计中如何分别计算各磁通分量有着一定的惯例。

主磁通必须穿过旋转电机的气隙，主磁通的一个重要作用是从电磁上连接定子和转子。从这个意义上来说，绕组中的气隙磁通 Φ_m 产生气隙磁链 Ψ_m，因此连接了电机的不同部分。定转子的漏磁通一般不穿过气隙，它们构成了总磁链中的漏磁链 Ψ_σ 部分。定转子绕组中均存在漏磁通，相应的定子漏磁链为 $\Psi_{s\sigma}$，转子漏磁链为 $\Psi_{r\sigma}$，漏磁同样也会存在于永磁电机中。由于漏磁的存在，相比于忽略漏磁的纯理论计算，电机需要更多的磁性材料或者相对应的励磁电流。

气隙磁链 Ψ_m 对应励磁电感 L_m，漏磁链对应漏电感 L_σ。对于感应电机，定子电感 $L_s = L_m + L_{s\sigma}$，即励磁电感和定子漏感的总和。对于同步电机，这个电感被称为同步电感。接下来将从最重要的电感——励磁电感 L_m 开始讨论电机的电感。

4.1　励磁电感

绕组、磁路长度和选取的磁路材料决定了电机最重要的电感，即励磁电感。接下来讨论如何计算多相绕组的励磁电感，根据转子表面极距 τ_p 和电机轴向长度 l' 范围内的磁通密度分布（见图4.1）可以积分得到电机的磁通。

电机气隙磁通的峰值是磁通密度 $\boldsymbol{B}$ 在一个极表面 $\boldsymbol{S}$ 下的面积分：

$$\hat{\Phi}_m = \int_S \boldsymbol{B} \cdot \mathrm{d}\boldsymbol{S} = \alpha_i \tau_p l' \hat{B}_m \tag{4.1}$$

式中，α_i 是磁通密度的算术平均值 B_{av} 与磁通密度幅值 $\hat{B}_m$ 的比值

$$\alpha_i = \frac{B_{av}}{\hat{B}_m} \tag{4.2}$$

对于磁通密度按正弦分布的，α_i 取值为 $2/\pi$。

“气隙磁通峰值”的表达式描述了穿过一个线圈的最大磁通 $\hat{\Phi}_m$，并因此产生一相绕组的最大磁链 $\hat{\Psi}_{mp}$（下标 m 后加 p 代表单相绕组）。

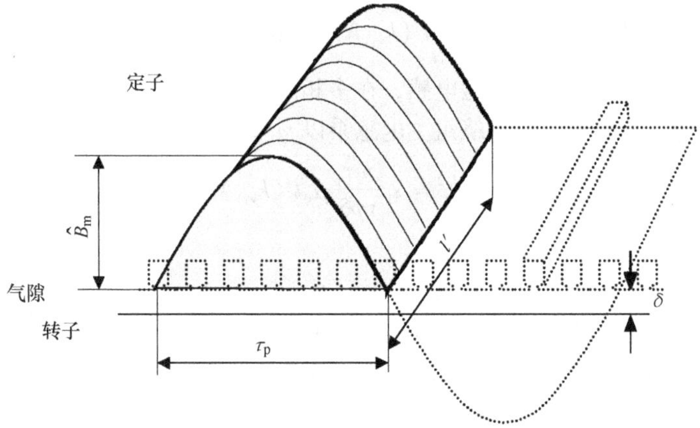

图 4.1　电机长度范围内一个极距下的基波磁通密度分布，电机的磁通密度通过该分布计算。实际中气隙磁通会由于开槽和电流链谐波而畸变，但是基波值是任何情况都需要确定的

气隙磁通峰值的表达式在这里可能会令人产生误解，但是，在这里使用它是因为可以用它来表示一些重要的函数，例如对于多相绕组磁链关于时间的函数 $\varPsi_m(t)=\hat{\varPsi}_m\sin\omega t$。单相绕组磁链是由气隙磁通最大值 $\hat{\varPhi}_m$ 乘以有效绕组匝数来确定的：

$$\hat{\varPsi}_{mp}=k_{ws1}N_s\hat{\varPhi}_m=k_{ws1}N_s\alpha_i\tau_p l'\hat{B}_m \tag{4.3}$$

另一方面，气隙磁通密度可以用相电流链来决定，换句话说，定子电流链 $\hat{\varTheta}_s$ 会在直轴气隙中产生磁通

$$\hat{B}_m=\frac{\mu_0\cdot\hat{\varTheta}_s}{\delta_{ef}} \tag{4.4}$$

式中，δ_{ef}是定子电流链经过的有效气隙长度，这里气隙的影响已经与直轴方向铁心的影响一起考虑［见式（3.25）］。将式（4.4）带入式（4.3）可得单相绕组磁链

$$\hat{\varPsi}_{mp}=k_{ws1}N_s\alpha_i\frac{\mu_0\cdot\hat{\varTheta}_s}{\delta_{ef}}\tau_p l' \tag{4.5}$$

单相绕组的电流链为

$$\hat{\varTheta}_s=\frac{4}{\pi}\frac{k_{ws1}N_s}{2p}\sqrt{2}I_s \tag{4.6}$$

带入单相绕组磁链表达式得

$$\hat{\varPsi}_{mp}=k_{ws1}N_s\alpha_i\frac{\mu_0}{\delta_{ef}}\frac{4}{\pi}\frac{k_{ws1}N_s}{2p}\tau_p l'\sqrt{2}I_s \tag{4.7}$$

$$\hat{\varPsi}_{mp}=\alpha_i\mu_0\frac{1}{2p}\frac{4}{\pi}\frac{\tau_p}{\delta_{ef}}l'(k_{ws1}N_s)^2\sqrt{2}I_s \tag{4.8}$$

把上述结果除以峰值电流（此时也是励磁电流），可以得到单相绕组励磁电感（主电感）L_{mp}为

$$L_{mp} = \alpha_i \mu_0 \frac{1}{2p} \frac{4}{\pi} \frac{\tau_p}{\delta_{ef}} l'(k_{ws1} N_s)^2 = \alpha_i \frac{2\mu_0 \tau_p}{\pi p \delta_{ef}} l'(k_{ws1} N_s)^2 \tag{4.9}$$

上述主电感是单相绕组的励磁电感，在多相绕组中，磁通由多相绕组共同产生，m 相电机的励磁电感可以通过单相绕组主电感乘以 $m/2$ 来得到：

$$L_{mp} = \frac{m}{2}\alpha_i \mu_0 \frac{1}{2p} \frac{4}{\pi} \frac{\tau_p}{\delta_{ef}} l'(k_{ws1} N_s)^2 = \alpha_i \frac{m\tau_p}{\pi p \delta_{ef}} \mu_0 l'(k_{ws1} N_s)^2 = \alpha_i \frac{mD_\delta}{2p^2 \delta_{ef}} \mu_0 l'(k_{ws1} N_s)^2 \tag{4.10}$$

多相绕组励磁（气隙）磁链为 $\boldsymbol{\Psi}_m = L_m I_m$，$I_m$为等效磁路的励磁电流。根据式（4.10），励磁电感 L_m取决于磁路的饱和程度，即由 α_i、有效气隙 δ_{ef}、相数 m、绕组有效匝数 $k_{w1}N_s$、电机轴向长度 l'和极对数 p 决定。对于三相电机（$m = 3$），因数 $m/2$ 可以用以下简单的方式解释：考虑 $i_U = +1$、$i_V = i_W = -1/2$ 这一时刻，根据图 4.2，在这一时刻三相电流链之和为 $3/2 = m/2$。

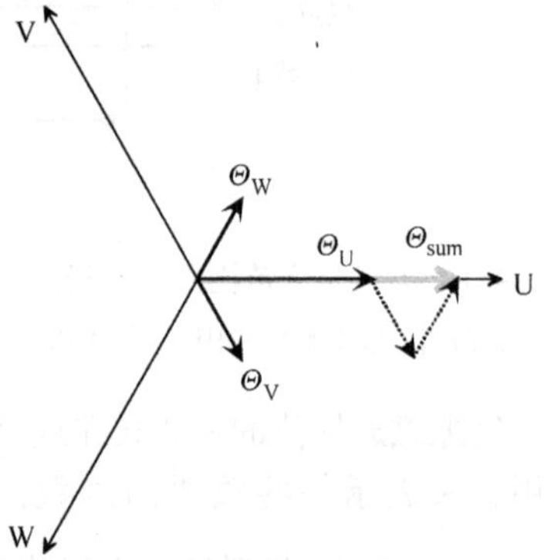

图 4.2　$i_U = +1$、$i_V = i_W = -1/2$ 时刻的三相绕组电流链

有效气隙 δ_{ef}包含了由卡特系数增加的那部分气隙和铁心效应增加的那部分气隙。铁心的影响可从百分之几甚至达到百分之几十，这种情况下铁心磁路将严重饱和。图 3.18 展示了铁心磁路磁压降超过气隙磁压降的情况，这种情况主要发生在紧凑型感应电机中。另一方面，在永磁同步电机中等效气隙包含永磁体直轴长度，铁心部分所占的比重非常小。

励磁电感不是常量，而是随电压和转矩变化。随电压变化的原因为：提高电压可以提高磁通密度，使铁心部分饱和。随转矩变化的原因可以用法拉第电磁感应定律来解释，当转矩提高时，磁力线张力增加，磁力线经过更多饱和路径，因此电机需要更多励磁电流。图 4.3 给出了 30kW 全封闭 4 极感应电机饱和励磁电感和转矩的关系。

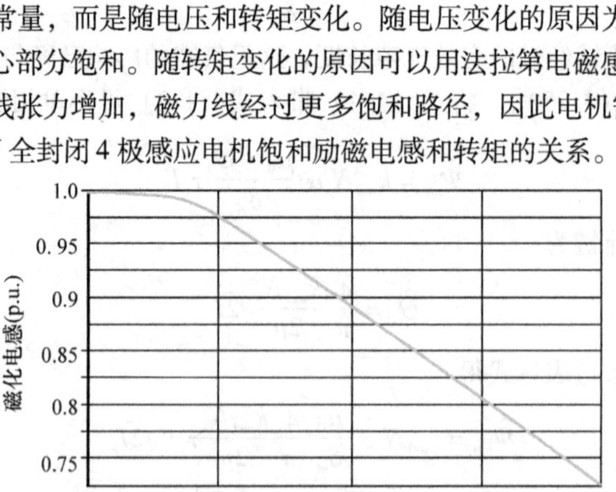

图 4.3　感应电机（30kW、4 极、400V）饱和励磁电感与转矩的关系。电感在额定转矩时已经有一些减小，当过载时电感的减小十分明显

图4.4描述了轻载和过载时的磁通路径，图中清晰地表明磁通在不同情况下如何选择不同的路线，也比较容易理解为什么线积分的值 $\oint \boldsymbol{H} \cdot \mathrm{d}\boldsymbol{l}$ 在后一种情况时更大，也说明后一种情况电机需要更大的励磁电流和电感较小的原因。

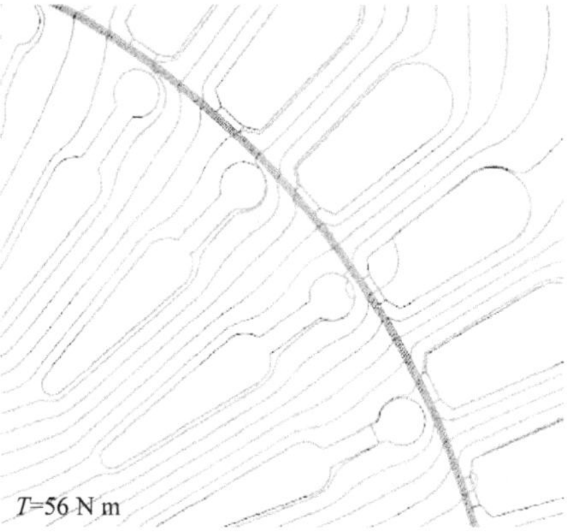

图4.4　不同转矩时（$0.3T_n$，$2.9T_n$）感应电机的磁通示意图（Janne Nerg 允许转载）

4.2　漏电感

我们通常只考虑漏磁的负面影响，然而在有些情况下漏磁也能起到积极的作用。例如，异步电机的瞬时电感 $L'_s = L_{s\sigma} + L_{r\sigma}L_m/(L_{r\sigma} + L_m)$ 主要包含了定转子漏感之和 $L'_s \approx L_{s\sigma} + L_{r\sigma}$。再例如，如果目标是对脉宽调制（PWM）交流逆变器驱动的电机电流滤波，可以有意地提高电机的定子漏磁。没有漏磁，PWM就不能被应用到感应电机中，此时漏磁就起到了一个积极的作用。通常假定漏磁会产生损耗，然而漏磁和损耗并不呈线性关系。漏磁会引起一些额外的损耗，比如在电机机壳中，此外槽漏感增加了槽中导体的集肤效应从而引起了更多的铜损。即便这样始终把漏磁和损耗直接联系起来是不正确的。

在传统的旋转磁场电机中，电机中至少会有一个主要部件上设计有分布绕组，目的是只与气隙磁通的基波成分参与能量转换，气隙磁通的谐波成分被认为是有害的。从这个层面上来说，尽管气隙磁通的谐波成分也穿过气隙，但是它们归属于漏磁。气隙磁通基波成分被称为主磁通并在绕组中产生主磁链。由于绕组的下线方式，部分绕组可能不与主磁通匝链，从而产生了类似漏磁的磁通，这部分磁通穿过气隙。

漏磁通由以下成分组成：

- 所有不穿过气隙的磁通成分；
- 所有穿过气隙但是不参与形成主磁链的成分，即不参与机电能量转换。

根据 $\Psi = LI$，绕组或绕组区域的电感通过计算电流引起的磁链 $\Psi = k_w N\Phi$ 而求得。电感又可以表示为 $L = N^2\Lambda$。进一步可以与阻抗压降公式 $\Delta U = XI$ 相类比。有时也可以

利用磁场能量来求得电感或电抗。根据式（1.90）和式（1.91），磁路存储的能量为

$$W_{\Phi} = \frac{1}{2}\int_V HB\mathrm{d}V = \frac{1}{2\mu}\int_V B^2\mathrm{d}V \tag{4.11}$$

无论磁通密度以哪种方式产生，能量方程都是成立的。磁通密度可以由一个或多个线圈中的电流产生。举一个简单的例子，两个电流 I_1 和 I_2 在线性磁路中产生磁通密度 $B = B_1 + B_2$，能量方程可以写为

$$W_{\Phi} = \frac{1}{2\mu}\int_V (B_1 + B_2)^2\mathrm{d}V = \frac{1}{2\mu}\int_V (B_1^2 + 2B_1B_2 + B_2^2)\mathrm{d}V \tag{4.12}$$

在机电装置中两套绕组若存在互感 M，那么磁场能量也会存储在互感中，因此能量方程可用自感 L_1、L_2 和互感 M 来改写：

$$W_{\Phi} = \frac{1}{2}L_1I_1^2 + \frac{1}{2}MI_1I_2 + \frac{1}{2}L_2I_2^2 \tag{4.13}$$

当式（4.12）和式（4.13）相等时，等式两侧对应项相等，等式可以被分成三个独立的部分，等式两侧的部分具有相同的形式。绕组的自感可以表示为

$$L = \frac{1}{\mu I^2}\int_V B^2\mathrm{d}V \tag{4.14}$$

由于式（4.12）和式（4.13）中间部分相等，可以得到互感为

$$M = \frac{2}{\mu I_1 I_2}\int_V B_1B_2\mathrm{d}V \tag{4.15}$$

当使用以上公式时，可以把区域分为几个部分，这样就可以分别计算各部分电感。例如，当计算自感时，可以将区域 V 分成主磁通和漏磁通部分，分别计算各自的电感值。接下来将分析如何计算漏磁通和漏磁链。

4.2.1 漏磁通的分类

单从电机的结构上来分析计算电机的漏感是一项非常困难的任务。一部分漏感是由实际的漏磁通产生的，一部分虚拟的漏感是为了修正由于简化计算公式带来的误差而引用的。对于虚拟的漏感通常也会给出物理上的解释。接下来，将漏磁通分为穿过气隙和不穿过气隙的漏磁通。

4.2.1.1 不穿过气隙的漏磁通

很明显的，不穿过气隙的磁通属于漏磁通，主要由以下几部分组成：

- 槽漏磁（u）；
- 齿顶漏磁（d）；
- 端部漏磁（w）；
- 极间漏磁（p）。

图4.5～图4.7说明了以上漏磁通的主要路径。

为了确定漏磁通的大小，首先要明确漏磁路径的磁场强度，或者说电流链和磁路磁导的大小。基于漏磁电流链 Θ_{σ} 产生的漏磁通，将漏磁通写成

$$\boldsymbol{\Phi}_{\sigma} = \Lambda_{\sigma}V_{\sigma} \tag{4.16}$$

由于几何结构的复杂致使漏磁通的解析计算变得困难。在漏磁通的计算过程中端部

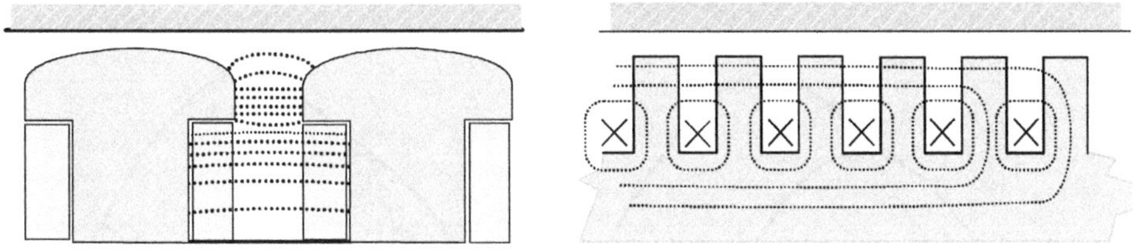

图 4.5　a）凸极电机的极间漏磁通路径；b）隐极电机的极间和槽漏磁通路径，也可以见图 4.20

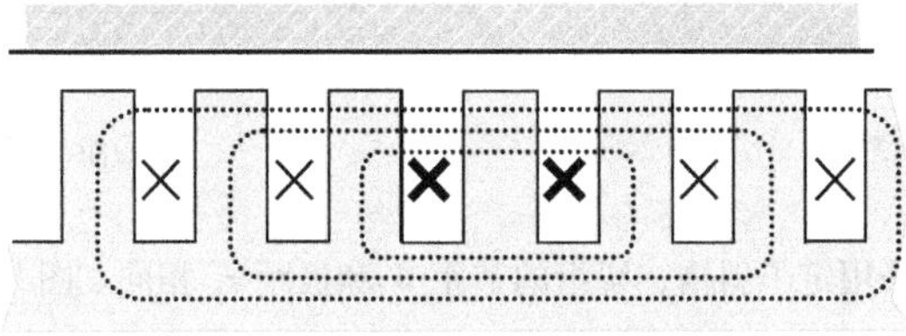

图 4.6　槽内绕组的漏磁通路径

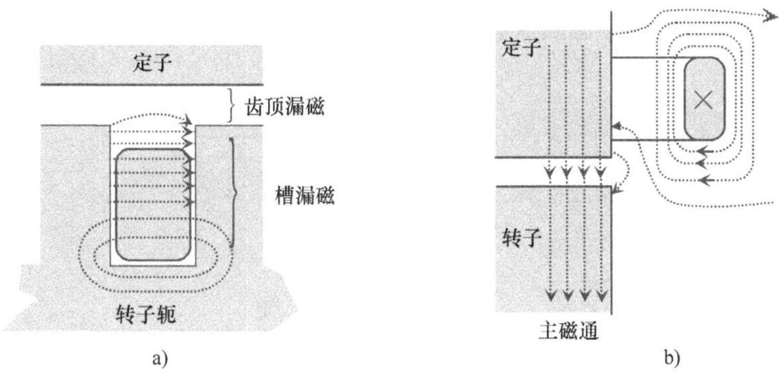

图 4.7　仅含一个线圈的绕组的槽漏磁和端部漏磁：a）一个槽的轴向剖视图；b）端部绕组的侧部剖视图

绕组的三维结构尤其难处理，因此，在计算中经常利用一些经验方法辅助计算。

4.2.1.2　穿过气隙的漏磁通

穿过气隙的漏磁通包含在气隙磁通中。气隙中的磁通并不都与电机的绕组匝链，不完全匝链的原因有短距、斜槽、绕组的空间分布等，其导致气隙磁场中存在不参与机电能量转换的谐波。图 4.8 为由于斜槽和短距原因导致的定转子匝链磁通的减少，通常不将其当作漏磁处理，引入节距因数 k_p 和斜槽因数 k_{sq}（4.3.1 节）来等效。由于绕组的空间分布导致的气隙（或谐波）漏磁通穿过气隙，其包含在气隙磁通 Φ_m 中，这部分磁通不单独影响主磁通路径的磁位差（磁压降 U_m）。

为了分析谐波漏磁，对图 4.9 中的例子进行了研究。首先，假设绕组整距不斜槽，

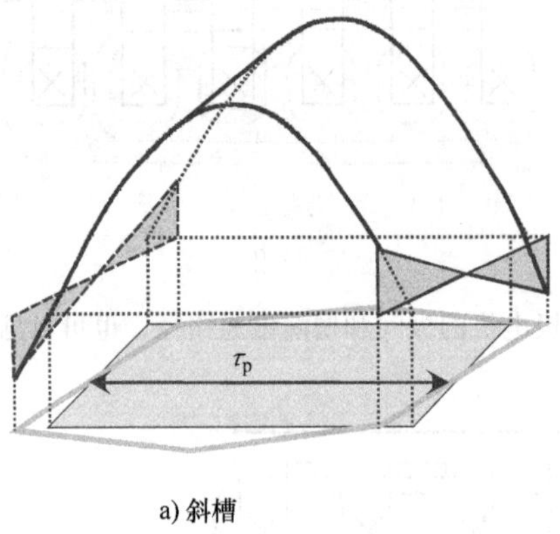

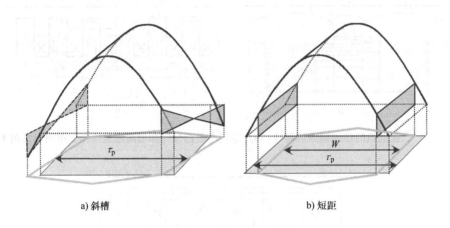

图4.8　在图a中采用定子斜槽，绕组的节距W和极距τ_p相同。图b中定子绕组短距，节距W小于极距τ_p。在上述两种情况下，气隙磁通中仍存在一部分磁通不与一个极距内的部分绕组匝链。短距不被当作漏磁，而是通过绕组因数将其考虑在内。短距对谐波也有影响，进而影响气隙漏感的大小

此外，假设不存在槽漏磁、齿顶漏磁或者端部漏磁。

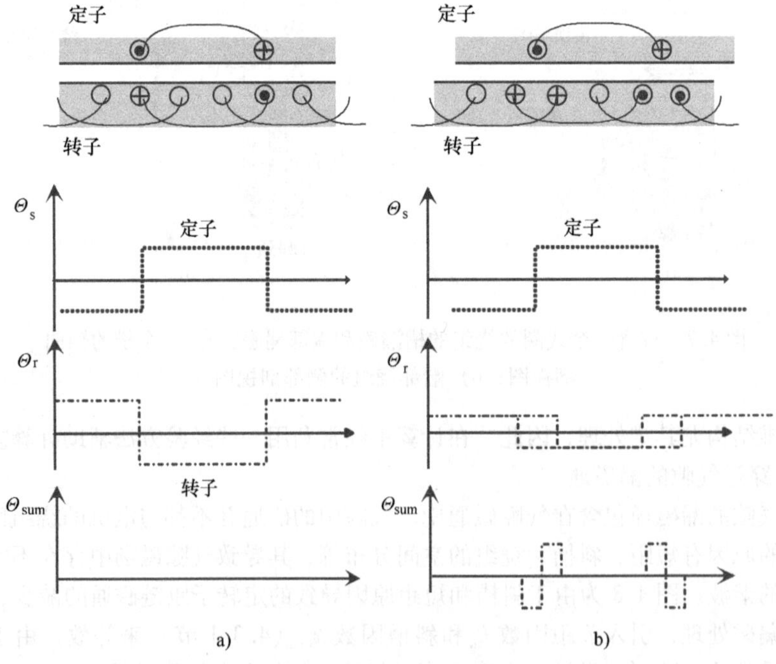

图4.9　在不同位置（图a）和（图b），由于定、转子绕组空间分布产生的气隙漏磁，当绕组的载流部分与转子导条对齐时，由此产生的电流链总和为零，否则不为零

如图 4.9a 所示的位置，由于与定子绕组相对齐的位置存在与其相一致的转子电流，导致由定子电流产生的磁链被完全抵消。在后面的部分（见图 4.9b），由于转子的旋转运动，转子移动到了一个新的位置，最初的转子电流变成两个导条共同提供，此种情况下，定子电流链并没有被完全抵消，而是有一小部分的漏磁通穿过气隙。当转子进一步旋转，就会到达另一个定子电流链被完全抵消的位置。实际上，无论转子转到什么位置，总有一部分气隙漏磁通出现。在相对小的气隙的电机中，气隙漏磁通十分重要，尤其是在感应电机和气隙磁通密度分布严重畸变的电机中。特别地，对于 $q \leqslant 0.5$ 的齿圈绕组永磁电机，通常其气隙漏磁通会很大。气隙漏感占齿圈绕组电机同步电感的主要部分，这是永磁电机的一个重要特点，这部分内容会在第 7 章与永磁同步电机一起被进一步研究。

在进行电机初始设计时，通常只考虑主磁通的基波分量。所有的谐波成分都包含在谐波磁链内。由于定子绕组的空间分布引起谐波磁场，进而产生谐波漏磁通，而不是平均气隙漏磁通，通常采用“气隙漏磁通”一词来表示，相应气隙漏感 L_δ 被引入。值得注意的是，谐波磁场会在产生它的绕组中感应基波频率的电压。

4.3 漏磁的计算

基于以上的讨论，电机的漏感 L_σ 可以通过分别计算不同部分漏感的和来求得。如今由于电机的供电电压很少采用正弦电压，为了计算的精确，应该采用漏感而不是漏抗，根据电机的设计惯例，电机的漏感可以分成以下几个部分：

- 斜槽漏感 L_{sq}；
- 气隙漏感 L_δ；
- 槽漏感 L_u；
- 齿顶漏感 L_d；
- 端部漏感 L_w。

电机的漏感是以上各部分漏感的总和：

$$L_\sigma = L_{sq} + L_\delta + L_u + L_d + L_w \tag{4.17}$$

4.3.1 斜槽因数和斜槽漏感

在旋转电机中，尤其是在笼型感应电机中，为了减少由定子开槽引起的齿谐波的影响，定转子槽通常设计的相对倾斜。通常情况下定子采用直槽，转子采用斜槽，如图 4.10 所示，当然也可以反之采用定子斜槽来代替。如果转子或定子或者定子和转子一起朝着电机轴线偏移，我们总是将定子槽作为参考位置，转子槽的方向作为变量。在图 4.10 中，转子槽的方向由外周角 α 决定（角度 α 表明了转子导条两端部的位置的差异）。角度 α 通常选择定子一个槽距的角度。类似地，对于同步电机，转子极靴同样偏斜一定角度。由此，安装在转子表面的阻尼条也会随着笼型绕组一起偏斜。在每极每相槽数较少的低速永磁电机中，采用定子斜槽或转子永磁体斜极。

定转子采用斜槽的目的是为了减少定子产生的气隙谐波在转子导条中感应出相应次

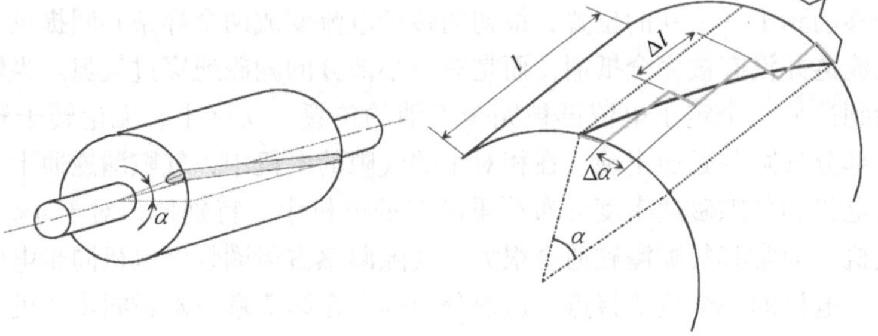

图 4.10　转子斜槽示意图

数的电压。相应地，斜的转子导条对定子磁场的感应效应要比采用直的导条小。以上影响可以总结如下：计算直槽的电动势和在转子上感应出的电动势均乘以转子的斜槽因数，并且转子电流在气隙中产生的主磁通也减少了，可以用相同的因数 $k_{\mathrm{sq}\nu}$ 表征，因此在计算中可以把斜槽因数考虑为绕组因数。斜槽因数的值由式（2.24）中的分布因数 $k_{\mathrm{d}\nu}$ 导出：

$$k_{\mathrm{d}\nu}=\frac{\sin(\nu q\alpha_{\mathrm{u}}/2)}{q\sin(\nu\alpha_{\mathrm{u}}/2)} \tag{4.18}$$

一个倾斜的导条可以认为是由大量的短的直导条构成，这些导条的数量是

$$z_1=\frac{l}{\Delta l}=\frac{\alpha}{\Delta\alpha} \tag{4.19}$$

以上相邻两导条的夹角为 $\Delta\alpha$，它也是各导条间电动势的相位差。斜槽导条的电动势与一个线圈被分成 q 个槽的计算方法一样，式（4.18）中 q 值用 $\alpha/\Delta\alpha$ 来代替，$\Delta\alpha$ 趋近于零时，求出一个极限的值。可得到 ν 次谐波的斜槽因数

$$k_{\mathrm{sq}\nu}=\lim_{\Delta\alpha\to 0}\frac{\sin\left(\dfrac{\alpha}{\Delta\alpha}\nu\dfrac{\Delta\alpha}{2}\right)}{\dfrac{\alpha}{\Delta\alpha}\sin\left(\nu\dfrac{\Delta\alpha}{2}\right)}=\frac{\sin(\nu\alpha/2)}{\dfrac{\alpha}{\Delta\alpha}\nu\dfrac{\Delta\alpha}{2}}=\frac{\sin(\nu\alpha/2)}{\nu\alpha/2} \tag{4.20}$$

$$k_{\mathrm{sq}\nu}=\frac{\sin\left(\nu\dfrac{s}{\tau_{\mathrm{p}}}\dfrac{\pi}{2}\right)}{\nu\dfrac{s}{\tau_{\mathrm{p}}}\dfrac{\pi}{2}}=\frac{\sin\left(\nu\dfrac{\pi}{2}\dfrac{s_{\mathrm{sp}}}{mq}\right)}{\nu\dfrac{s}{\tau_{\mathrm{p}}}\dfrac{s_{\mathrm{sp}}}{mq}} \tag{4.21}$$

此处 s（见图 4.10）为斜槽角对应的弧长，即 $\alpha=s\pi/\tau_{\mathrm{p}}$，当 s_{sp} 为槽距时，上式变为 $\alpha=s_{\mathrm{sp}}\pi/(mq)$（极距 τ_{p} 用槽距表示为 mq）。同样地，斜槽因数类似绕组因数来使用。例如把转子量折算到定子侧时，转子绕组的匝数必须乘以转子的绕组因数和斜槽因数。

为了消除齿谐波，因数 $k_{\mathrm{sq}\nu}$ 应该为 0。齿谐波的谐波次数为 $\pm 2mqc+1$，c 为 1，2，3，…。式（4.21）的分子应该为 0：

$$\sin\frac{\nu s\pi}{2\tau_{\mathrm{p}}}=\sin\frac{(\pm2mqc+1)s\pi}{2\tau_{\mathrm{p}}}=0 \tag{4.22}$$

如果正弦函数的自变量取 $k\pi$，则式（4.22）为 0，即

$$\frac{(\pm2mqc+1)\ s\pi}{2\tau_{\mathrm{p}}}=k\pi \tag{4.23}$$

$$\frac{(\pm2mqc+1)\ s}{2\tau_{\mathrm{p}}}=k \tag{4.24}$$

$$\frac{s}{\tau_{\mathrm{p}}}=k\frac{2}{\pm2mqc+1}\approx\pm k\frac{1}{mqc} \tag{4.25}$$

也就是当 $c=k=1$ 时

$$\frac{s}{\tau_{\mathrm{p}}}\approx\frac{1}{mq}=\frac{1}{Q/2p}\Rightarrow s=\frac{\tau_{\mathrm{p}}}{Q/2p}=\tau_{\mathrm{u}} \tag{4.26}$$

因此，在斜一个槽距的情况下，斜槽因数能够有效地消除齿谐波。

在 $s=\tau_{\mathrm{u}}$ 的情况下，斜槽因数为

$$k_{\mathrm{sq}\nu}=\frac{\sin\left(\nu\dfrac{s}{\tau_{\mathrm{p}}}\dfrac{\pi}{2}\right)}{\nu\dfrac{s}{\tau_{\mathrm{p}}}\dfrac{\pi}{2}}=\frac{\sin\left(\nu\dfrac{\pi}{2}\dfrac{1}{mq}\right)}{\nu\dfrac{\pi}{2}\dfrac{1}{mq}} \tag{4.27}$$

例 4.1：计算 4 极笼型电机的定子齿谐波的斜槽因数，其中定子 36 槽，转子导条倾斜一个槽距。

解：根据式（2.56），对于 m 相绕组能够产生 $\nu=1\pm2cm$ 次的谐波，其中 c 为 0，1，2，3，…当 $c=1$，2 时，齿谐波为 $(1\pm2mqc)=1\pm2\times3\times3\times c=-17$、19、$-35$、37。由式（4.21）得出斜槽因数为

$$k_{\mathrm{sq}\nu}=\frac{\sin\left(\nu\dfrac{\pi}{2}\dfrac{s_{\mathrm{sp}}}{mq}\right)}{\nu\dfrac{\pi}{2}\dfrac{s_{\mathrm{sp}}}{mq}}$$

将斜槽距离 $s_{\mathrm{sp}}=1$ 和 $mq=Q_{\mathrm{s}}/(2p)=36/4=9$ 代入，可得

ν	1	−5	7	−11	13	−17	19	−23	25
$k_{\mathrm{sq}\nu}$	0.995	0.878	0.769	0.490	0.338	0.06	−0.05	−0.19	−0.22
ν	−29	31	−35	37					
$k_{\mathrm{sq}\nu}$	−0.19	−0.14	−0.03	0.03					

正如我们看到的，最低次的 −17、19、−35 和 37 次齿谐波具有较小的斜槽因数，因此齿谐波的影响被很大程度地削弱，同时基波仅减少了 0.5%。

当一个绕组相对另一个绕组偏斜时，磁场间的耦合会被削弱。一部分由定子绕组产生的磁通，尽管它穿过气隙，但是并不能全部穿过一个斜槽的转子绕组。因此，这一部分属于漏磁，用斜槽漏感 L_{sq} 表示。

为了理解斜槽是如何影响电机性能的，让我们列出感应电机斜槽和不斜槽时的电压方程。由于感应电机的特性会在后面的第7章进行研究，因此首先对感应电机的等效电路模型进行研究。一台感应电机能够通过一个简单的等效电路模型进行等效，电路中包含定转子漏感（$L_{s\sigma}$，$L_{r\sigma}$）和励磁电感 L_m，漏感是由定子或转子电流单独作用产生的，而励磁电感由定转子电流的和共同作用产生的，当定转子不采用斜槽时的电压方程为

$$\begin{aligned} \underline{U}_s &= (R_s + j\omega L_{s\sigma})\underline{I}_s + j\omega L_m(\underline{I}_s + \underline{I}'_r) \\ \underline{U}'_r &= \left(\frac{R'_r}{s} + j\omega L_{r\sigma}\right)\underline{I}'_r + j\omega L_m(\underline{I}_s + \underline{I}'_r) \end{aligned} \tag{4.28}$$

当转子相对定子变化时。在笼型电机中，转子电压 $\underline{U}'_r$ 为0，斜槽仅影响定转子间的相互耦合，因此定子电压方程中的耦合量 $j\omega L_m\underline{I}'_r$ 及转子电压方程中的耦合量需要乘以斜槽因数 k_{sq}，则电压方程可表示为

$$\begin{aligned} \underline{U}_s &= (R_s + j\omega L_{s\sigma})\underline{I}_s + j\omega L_m\underline{I}_s + jk_{sq}\omega L_m\underline{I}'_r \\ \underline{U}'_r &= \left(\frac{R'_r}{s} + j\omega L'_{r\sigma}\right)\underline{I}'_r + jk_{sq}\omega L_m\underline{I}_s + j\omega L_m\underline{I}'_r \end{aligned} \tag{4.29}$$

式（4.29）可以表示为

$$\begin{aligned} \underline{U}_s &= (R_s + j\omega L_{s\sigma})\underline{I}_s + j\omega L_m\underline{I}_s + j\omega L_m k_{sq}\underline{I}'_r \\ \frac{\underline{U}'_r}{k_{sq}} &= \frac{1}{k_{sq}^2}\left(\frac{R'_r}{s} + j\omega L'_{r\sigma}\right)k_{sq}\underline{I}'_r + j\omega L_m\underline{I}_s + \frac{j}{k_{sq}^2}\omega L_m k_{sq}\underline{I}'_r \end{aligned} \tag{4.30}$$

式（4.30）进一步表示为

$$\begin{aligned} \underline{U}_s &= (R_s + j\omega L_{s\sigma})\underline{I}_s + j\omega L_m\underline{I}_s + j\omega L_m k_{sq}\underline{I}'_r \\ \frac{\underline{U}'_r}{k_{sq}} &= \frac{1}{k_{sq}^2}\left(\frac{R'_r}{s} + j\omega L'_{r\sigma}\right)k_{sq}\underline{I}'_r + j\left(\frac{1}{k_{sq}^2} - 1\right)\omega L_m k_{sq}\underline{I}'_r + j\omega L_m(\underline{I}_s + k_{sq}\underline{I}'_r) \end{aligned} \tag{4.31}$$

从转子电压方程可以看出斜槽的结果是引入了一个额外的折算到定子侧的转子漏感，如下：

$$L_{sq} = \frac{(1 - k_{sq}^2)}{k_{sq}^2}L_m = \sigma_{sq}L_m \tag{4.32}$$

式中

$$\sigma_{sq} = \frac{1 - k_{sq}^2}{k_{sq}^2} \tag{4.33}$$

为斜槽漏磁因数，此外转子斜槽后折算到定子侧的转子电压为

$$\underline{U}'_{r,sq} = \frac{\underline{U}'_r}{k_{sq}} = \frac{1}{k_{sq}}\frac{m_s k_{ws} N_s}{m_r k_{wr} N_r}\underline{U}_r = \frac{m_s k_{ws} N_s}{m_r k_{sq} k_{wr} N_r}\underline{U}_r \tag{4.34}$$

转子斜槽后折算到定子侧的转子电流为

$$\underline{I}'_{r,sq} = k_{sq}\underline{I}'_r = k_{sq}\frac{m_r k_{wr} N_r}{m_s k_{ws} N_s}\underline{I}_r = \frac{m_r k_{sq} k_{wr} N_r}{m_s k_{ws} N_s}\underline{I}_r \tag{4.35}$$

转子斜槽后折算到定子侧的转子电阻和漏感为

$$R'_{\mathrm{r,sq}} = \frac{1}{k_{\mathrm{sq}}^2}\frac{m_{\mathrm{s}}}{m_{\mathrm{r}}}\left(\frac{k_{\mathrm{ws}}N_{\mathrm{s}}}{k_{\mathrm{wr}}N_{\mathrm{r}}}\right)^2 R_{\mathrm{r}} = \frac{m_{\mathrm{s}}}{m_{\mathrm{r}}}\left(\frac{k_{\mathrm{ws}}N_{\mathrm{s}}}{k_{\mathrm{sq}}k_{\mathrm{wr}}N_{\mathrm{r}}}\right)^2 R_{\mathrm{r}} \tag{4.36}$$

$$L'_{\sigma\mathrm{r,sq}} = \frac{1}{k_{\mathrm{sq}}^2}\frac{m_{\mathrm{s}}}{m_{\mathrm{r}}}\left(\frac{k_{\mathrm{ws}}N_{\mathrm{s}}}{k_{\mathrm{wr}}N_{\mathrm{r}}}\right)^2 L_{\sigma\mathrm{r}} = \frac{m_{\mathrm{s}}}{m_{\mathrm{r}}}\left(\frac{k_{\mathrm{ws}}N_{\mathrm{s}}}{k_{\mathrm{sq}}k_{\mathrm{wr}}N_{\mathrm{r}}}\right)^2 L_{\sigma\mathrm{r}} \tag{4.37}$$

通过以上分析，斜槽因数可以理解为转子绕组因数的一部分。

在同步电机和永磁电机中，当定子不斜槽时，转子极或者永磁体可以斜着安装，反之亦然。这会影响由励磁绕组引起的电动势 E_{f} 的幅值。采用斜极后凸极同步电机的电压方程可以表示为

$$\underline{U}_{\mathrm{s}} = k_{\mathrm{sq}}\underline{E}_{\mathrm{f}} - (R_{\mathrm{s}} + \mathrm{j}\omega L_{\mathrm{s}\sigma})\underline{I}_{\mathrm{s}} - \mathrm{j}\omega L_{\mathrm{m}}\underline{I}_{\mathrm{s}} \tag{4.38}$$

4.3.2 气隙漏感

根据法拉第电磁感应定律，电机的气隙反电动势是由励磁电感 L_{m} 引起的，也是气隙磁通密度的基波成分作用的结果。由于定子槽的空间分布，故磁导谐波会在绕组中引起基波频率的电动势成分。气隙漏感（即谐波漏感成分）将这一部分考虑在内，在整数槽绕组中，气隙漏感通常较小，而在分数槽绕组中，尤其是齿圈绕组电机，气隙漏感的影响会更加明显。这一部分将会在第 7 章齿圈绕组永磁电机中进行详细的研究。

由法拉第电磁感应定律得到磁通密度的 ν 次谐波引起电动势 E_ν，同时考虑电机的几何形状可得

$$E_\nu = \frac{1}{\sqrt{2}}\omega N k_{\mathrm{w}\nu}\hat{\Phi}_\nu \tag{4.39}$$

接下来，对 ν 次正弦谐波进行研究，对于这种磁通，穿过线圈的磁通最大值通过图 4.11 获得：

$$\hat{\Phi}_\nu = \frac{2}{\pi}\hat{B}_{\delta\nu}\tau_\nu l' \tag{4.40}$$

ν 次谐波的极距是

$$\tau_\nu = \frac{\pi D}{2p\nu} \tag{4.41}$$

将式（4.40）和式（4.41）带入式（4.39）可得

$$E_\nu = \frac{\omega}{\sqrt{2}}Dl'\frac{N}{p}\frac{k_{\mathrm{w}\nu}}{\nu}\hat{B}_{\delta\nu} \tag{4.42}$$

在 m 相电机中，绕组中的励磁电流 I_{m} 在气隙中产生的磁通密度峰值为

$$\hat{B}_{\delta\nu} = \frac{\mu_0}{\pi}\frac{m}{\delta}\frac{k_{\mathrm{w}\nu}}{\nu}\frac{N}{p}\sqrt{2}I_{\mathrm{m}} \tag{4.43}$$

将式（4.43）带入式（4.42）得

$$E_\nu = \frac{\mu_0}{\pi}\omega\frac{m}{\delta}Dl'\left(\frac{N}{p}\right)^2 I_{\mathrm{m}}\left(\frac{k_{\mathrm{w}\nu}}{\nu}\right)^2 \tag{4.44}$$

基波和所有谐波产生的电动势的和为

$$E = \sum_{\nu=-\infty}^{\nu=+\infty} E_\nu \tag{4.45}$$

电感 $E/\omega I_m$ 是励磁电感和气隙漏感的和：

$$\frac{E}{\omega I_m} = L_m + L_\delta = \frac{\mu_0}{\pi}\frac{m}{\delta}Dl'\left(\frac{N}{p}\right)^2 \sum_{\nu=-\infty}^{\nu=+\infty}\left(\frac{k_{w\nu}}{\nu}\right)^2 \tag{4.46}$$

求和公式中 $\nu=1$ 的项代表基波成分，取式（4.10）中 $\alpha_i=2/\pi$，得到励磁电感 L_m。公式剩下的部分代表气隙漏感

$$L_\delta = \frac{\mu_0}{\pi}\frac{m}{\delta}Dl'\left(\frac{N}{P}\right)^2 \sum_{\substack{\nu=-\infty\\ \nu\neq 1}}^{\nu=+\infty}\left(\frac{k_{w\nu}}{\nu}\right)^2 \tag{4.47}$$

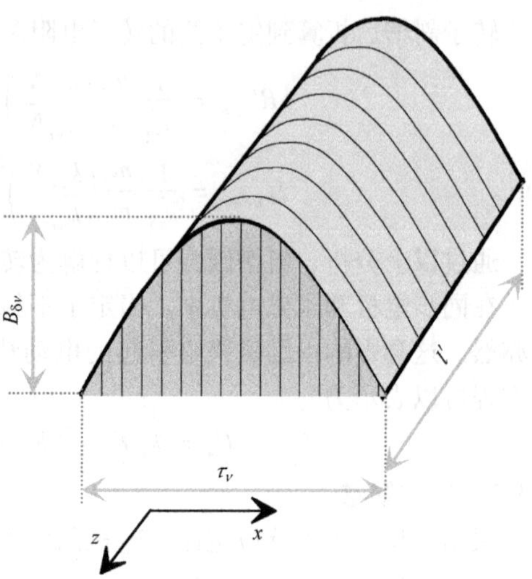

图4.11 一个谐波极距 τ_ν 范围内 ν 次谐波的磁通分布，磁通的最大值通过一个极范围内的积分得到

气隙漏感或谐波漏感也可以用如下形式表示：

$$L_\delta = \sigma_\delta L_m \tag{4.48}$$

式中，σ_δ 为气隙漏磁因数，定义为

$$\sigma_\delta = \sum_{\substack{\nu=-\infty\\ \nu\neq 1}}^{\nu=+\infty}\left(\frac{k_{w\nu}}{\nu k_{w1}}\right)^2 \tag{4.49}$$

实际上，在求和公式中，只计算绕组实际产生的谐波成分。

对于三相电机，短距绕组气隙漏磁因数 σ_δ 可以表示为近似形式（Baffrey 1926）

$$\sigma_\delta = \frac{2\pi^2}{9k_{w1}^2}\frac{5q^2+1+\varepsilon_{sp}^3/(4q)-3\varepsilon_{sp}^2/2-\varepsilon_{sp}/(4q)}{12q^2}-1 \tag{4.50}$$

式中，ε_{sp}是以槽距表示的极距（mq）和节距（y）的差，即

$$\varepsilon_{sp} = mq - y \tag{4.51}$$

例如一个绕组短距两个槽距，即 $\varepsilon_{sp}=2$。式（4.50）在 $\varepsilon_{sp}\geqslant q$ 时是有效的，对于一个两相短距绕组气隙漏磁因数为

$$\sigma_\delta = \frac{2\pi^2}{4k_{w1}^2}\frac{4q^2+1+\varepsilon_{sp}^3/q-3\varepsilon_{sp}^2-\varepsilon_{sp}/q}{24q^2}-1 \tag{4.52}$$

根据式（4.50）和式（4.52）得出的每极每相槽数 q 不同时气隙漏磁因数与节距比的函数关系如图4.12所示，每极每相槽数 q 为参数，对于三相绕组，当节距比 $W/\tau_p\approx 5/6$ 时，气隙漏磁因数最小，在进行三相电机绕组设计时，通常认为此节距比为较优的选择。

式（4.48）对定子绕组有效，当计算转子侧的励磁电感时，将其折算到定子侧得到 $L'_{mr}=L_m$，因此，转子回路的气隙漏感可以用转子漏磁因数折算到定子侧

$$L'_{\delta r} = \sigma_{\delta r} L_m \tag{4.53}$$

对于笼型转子的转子漏磁因数，Richter（1954）给出了一个考虑斜槽的计算公式

$$\sigma_{\delta r}=\frac{1}{k_{sq}^{2}}\left(\frac{p\pi/Q_{r}}{\sin(p\pi/Q_{r})}\right)^{2}-1 \tag{4.54}$$

式中，k_{sq}为斜槽因数；Q_r为转子槽数；p 为极对数。

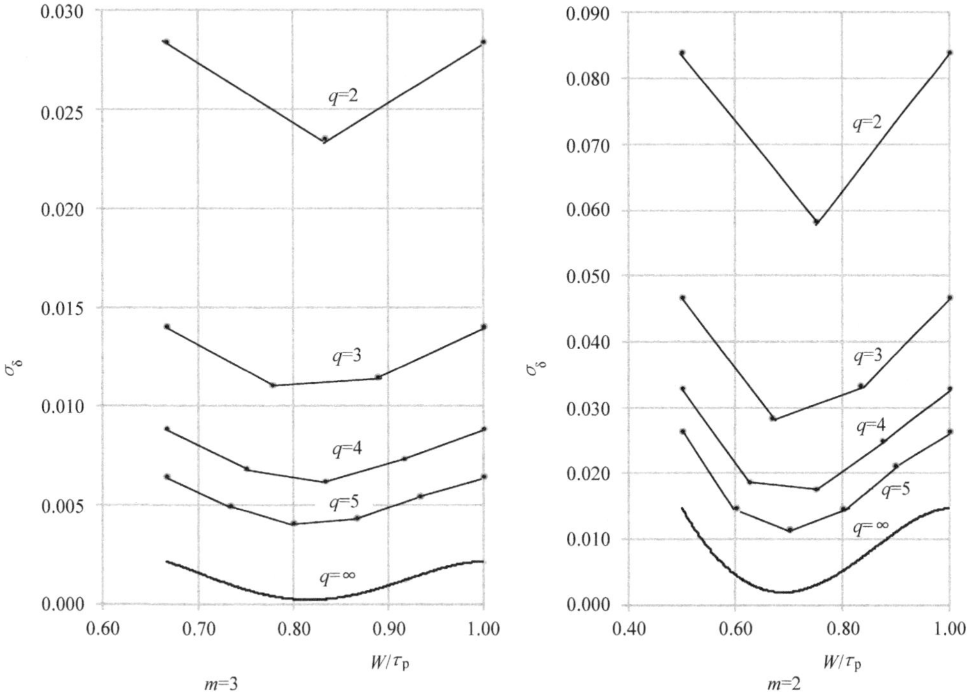

图 4.12 不同 q 下，三相绕组（$m=3$）和两相绕组（$m=2$）的气隙漏磁因数 σ_δ 随绕组节距的变化，从图中可以看出，随着 q 的增加，绕组的性能得到提高，对于谐波来说，三相绕组要优于两相绕组。对于 $m=3$、$q=1$、$\sigma_\delta=0.0966$ 和 $m=2$、$q=1$、$\sigma_\delta=0.234$，这两组数据由于 σ_δ 较大因此未在图中给出

通常情况下，气隙漏感仅在电机气隙长度较小的情况下有意义，在异步电机中尤其显著。然而在笼型绕组的异步电机中，由于笼型绕组能够抑制谐波，气隙漏感变得不明显。Richter（1954）给出了阻尼因数（Δ_2）和定子漏磁因数 $\sigma_{s\delta}$的公式，式（4.49）和式（4.50）的定子漏磁因数必须乘以阻尼因数

$$\Delta_{2}\approx 1-\frac{1}{\sigma_{s\delta}}\sum_{\nu\neq 1}\left(\frac{k_{w\nu}}{\nu k_{w1}}k_{sq\nu}\frac{\sin\left(\frac{\nu\pi p}{Q_{r}}\right)}{\frac{\nu\pi p}{Q_{r}}}\right)^{2} \tag{4.55}$$

式中，$k_{sq\nu}$为 ν 次谐波的斜槽因数，如式（4.21）所示。求和表达式中的各项随着次数 ν 的增加而迅速减小，因此求和公式计算到一阶齿谐波就足够准确了（$1<\nu\leqslant 2mq_s+1$）。阻尼因数的幅值通常为 0.8。

例4.2：计算三相绕组的气隙漏感标幺值，电机的$p=2$，$Q_s=36$，$L_{m,pu}=3$。定子绕组短距一个槽距，同时将笼型转子的阻尼影响考虑在内，$Q_r=34$，不采用斜槽。

解：每极每相槽数$q=Q_s/(2pm)=3$。极距$mq=9$，节距$y=8$，$\varepsilon_{sp}=1$，根据式（2.35）得到基波绕组因数

$$k_{w1}=k_{p1}k_{d1}=\sin\left(\nu\frac{W}{\tau_p}\frac{\pi}{2}\right)\frac{\sin\left(\nu\frac{\pi}{2m}\right)}{q\sin\left(\nu\frac{\pi}{2mq}\right)}=\sin\left(\frac{8}{9}\frac{\pi}{2}\right)\frac{\sin\left(\frac{\pi}{2\times3}\right)}{3\sin\left(\frac{\pi}{2\times3\times3}\right)}=0.9452$$

根据式（4.50），不含阻尼的定子漏磁因数$\sigma_{s\delta}$为

$$\sigma_{s\delta}=\frac{2\pi^2}{9k_{w1}^2}\frac{5q^2+1+\varepsilon_{sp}^3/(4q)-3\varepsilon_{sp}^2/2-\varepsilon_{sp}/(4q)}{12q^2}-1$$

$$=\frac{2\pi^2}{9\times0.9452^2}\frac{5\times3^2+1+1^3/(4\times3)-3\times1^2/2-1/(4\times3)}{12\times3^2}-1=0.0115$$

根据式（4.55）得阻尼因数

$$\Delta_2\approx1-\frac{1}{\sigma_{s\delta}}\sum_{\nu\neq1}\left(\frac{k_{w\nu}}{\nu k_{w1}}k_{sq\nu}\frac{\sin\left(\frac{\nu\pi p}{Q_r}\right)}{\frac{\nu\pi p}{Q_r}}\right)^2$$

在不斜槽的情况下，对所有ν，$k_{sq\nu}=1$，取$1<\nu\leqslant2mq_s+1$可得

ν	1	−5	7	−11	13	−17	19
$k_{w\nu}$	0.9452	−0.13985	0.0606617	−0.0606617	−0.13985	0.9452136	0.9452136
$\frac{k_{w\nu}}{\nu k_{w1}}k_{sq\nu}\frac{\sin(\nu\pi p/Q_r)}{\nu\pi p/Q_r}$		0.0255566	0.0068169	−0.002569	−0.003192	−2.299E−18	−0.005415
$\left[\frac{k_{w\nu}}{\nu k_{w1}}k_{sq\nu}\frac{\sin(\nu\pi p/Q_r)}{\nu\pi p/Q_r}\right]^2$		6.53E−04	4.647E−05	6.601E−06	1.019E−05	5.262E−36	2.932E−05

阻尼因数为

$$\Delta_2\approx1-\frac{1}{\sigma_{s\delta}}\sum_{\nu\neq1}\left(\frac{k_{w\nu}}{\nu k_{w1}}k_{sq\nu}\frac{\sin\left(\frac{\nu\pi p}{Q_r}\right)}{\frac{\nu\pi p}{Q_r}}\right)^2$$

$$=1-\frac{1}{0.0115}(6.53+0.467+0.0066+0.102+0.0+0.293)\times10^{-4}=0.935$$

感应电机的励磁电感标幺值是$L_{m,pu}=3$，定子漏感标幺值

$$L_{s\sigma,pu}=\Delta_2\sigma_{s\delta}L_{m,pu}=0.935\times0.0115\times3=0.032$$

在这个电机中，气隙漏感标幺值是3.2%。

4.3.3　槽漏感

槽漏感是由真正的漏磁通产生的，一个槽内的总电流由槽内的导体数和流入导体内的电流决定。因此一个槽内的总电流为 $z_Q I$。图 4.13 对一个槽内的漏磁进行了研究。

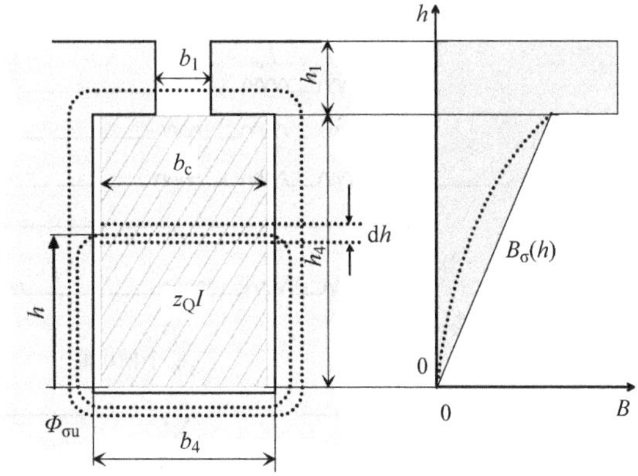

图 4.13　电机通电时槽内的漏磁通和漏磁通密度。左图为槽内导体。电流区域为图中阴影部分，总电流为 $z_Q I$。右图为槽内漏磁通密度 B_σ 随高度 h 的变化曲线；实线表示绕组中不存在集肤效应，虚线表示存在集肤效应

分析流过 dh 高度范围内的磁通。首先，假设流进槽内的电流均匀地分布在阴影面积内，从槽底到 h 高度处，电流链 $\Theta = Iz_Q h/h_4$。在高 h 处，流进面积 $\mathrm{d}S = \mathrm{d}hl'$ 的磁通为

$$B(h) = \mu_0 H(h) = \mu_0 \frac{z_Q I \dfrac{h}{h_4}}{b_4} \tag{4.56}$$

在图 4.13 中，这一函数是用实线表示的。将 $B(h)$ 和体积单元 $\mathrm{d}V = l'b_4\mathrm{d}h$ 代入式（4.14）中，利用磁场储能求得电感

$$L_{u1} = \frac{l'b_4}{\mu_0 I^2}\int_0^{h_4} B^2(h)\,\mathrm{d}h = \mu_0 l' z_Q^2 \frac{h_4}{3b_4} = z_Q^2 \Lambda \tag{4.57}$$

式中

$$\Lambda = \mu_0 l' \frac{h_4}{3b_4} \tag{4.58}$$

为槽内漏磁导。槽内比漏磁导 λ_4 是由磁导 Λ 除以槽长 l' 和磁导率 μ_0 得到，因此

$$\lambda_4 = \frac{h_4}{3b_4} \tag{4.59}$$

当区域 h_1 内的电流总量不再增加时，$B(h)$ 在区域 h_1 范围内是常量，因为载流区域已经全部经过：$B = \mu_0 z_Q I/b_1$，所以可以得到对应这一部分区域的槽口比漏磁导

$$\lambda_1 = \frac{h_1}{b_1} \tag{4.60}$$

槽存储的总的磁能是

$$W_{\Phi u} = \frac{1}{2}L_{u1}I^2 = W_{\Phi 1} + W_{\Phi 4} = \frac{1}{2}\mu_0 l' z_Q^2 I^2(\lambda_1 + \lambda_4) \tag{4.61}$$

因为（$\lambda_1 + \lambda_4$）$= \lambda_u$，所以定义 L_{u1} 为一个槽的槽漏感。一相绕组的槽漏感由如下方式得到。

假如绕组中的并联支路数是 a（见图 4.14），一相绕组的串联槽数是 $Q/(am)$，那么一相绕组总的槽漏感为

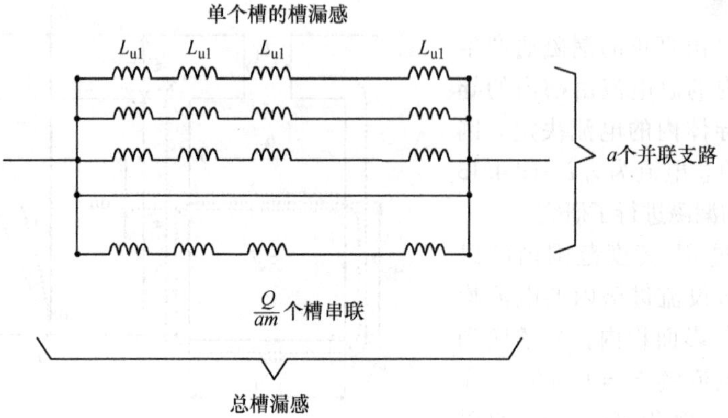

图4.14　利用单个槽的槽漏感计算总的槽漏感

$$L_u = \frac{Q}{am}\frac{1}{a}L_{u1} = \mu_0 l'\frac{Q}{m}\left(\frac{z_Q}{a}\right)^2\lambda_u \tag{4.62}$$

由于一个槽内的导体数为 z_Q，故一相绕组的串联导体数为 $z_Q Q/(am)$。我们需要两个导体构成一匝线圈，因此一相绕组的串联匝数为

$$N = \frac{Q}{2am}z_Q \tag{4.63}$$

将式（4.63）中的 z_Q 代入式（4.62）中，槽漏感如下：

$$L_u = \frac{4m}{Q}\mu_0 l' N^2 \lambda_u \tag{4.64}$$

例4.3：计算三相绕组的槽漏感：$P=3$，$Q=36$，$z_Q=20$。槽形如图4.13所示：$b_1=0.003\text{m}$，$h_1=0.002\text{m}$，$b_4=0.008\text{m}$，$h_4=0.02\text{m}$，$l'=0.25\text{m}$。无短距和并联支路。

解：槽内比漏磁导为

$$\lambda_4 = \frac{h_4}{3b_4} = \frac{0.02}{3\times 0.008} = 0.833$$

槽口比漏磁导为

$$\lambda_1 = \frac{h_1}{b_1} = \frac{0.002}{0.003} = 0.667$$

整个槽比漏磁导为 $\lambda_u = \lambda_1 + \lambda_4 = 0.667 + 0.833 = 1.5$，槽漏感为

$$L_u = \mu_0 l'\frac{Q}{m}\left(\frac{z_Q}{a}\right)^2\lambda_u = 4\pi\times 10^{-7}\times 0.25\times\frac{36}{3}\times 20^2\times 1.5\text{H} = 2.26\text{mH}$$

槽比漏磁导的大小由槽的几何形状决定，利用上述方法，可以推导出不同截面下的槽比漏磁导。对于最常见槽形的槽比漏磁导的推导可以在文献（例如 Richter 1967；Vogt 1996）中查到。图4.15给出了单层绕组的不同槽形和尺寸。

以下值是图 4.15 中不同槽形单层绕组的槽比漏磁导。对于图 4.15a、b、c、d 和 e 中的槽形方程

$$\lambda_u = \frac{h_4}{3b_4} + \frac{h_3}{b_4} + \frac{h_1}{b_1} + \frac{h_2}{b_4 - b_1}\ln\frac{b_4}{b_1} \tag{4.65}$$

是有效的，其中

$$\frac{h_2}{b_4 - b_1}\ln\frac{b_4}{b_1} = \lambda_{u3}$$

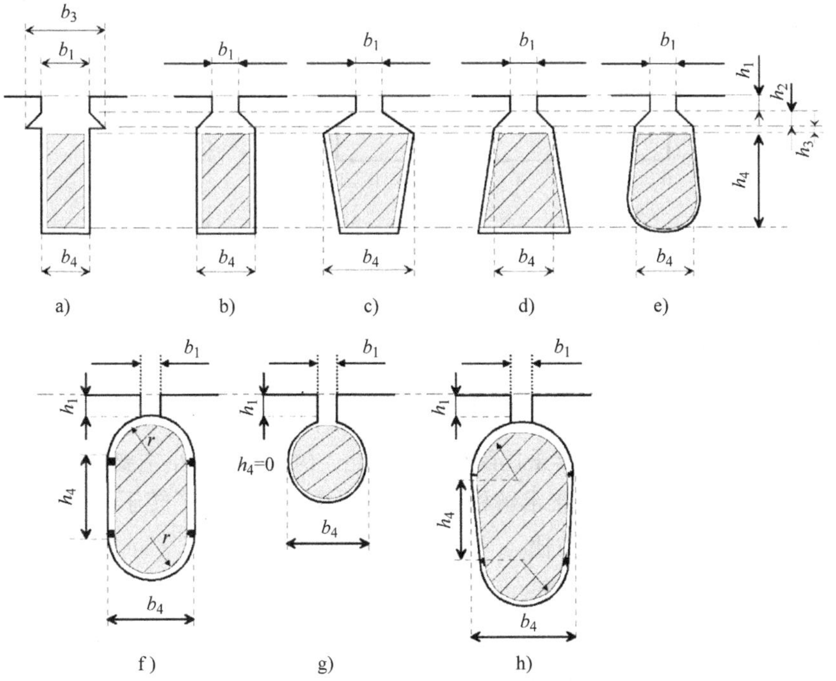

图 4.15　不同槽形尺寸的槽比漏磁导

因数 λ_{u3}也可以从图 4.16 获得。

对于图 4.15a，式（4.65）中最后一项中的 b_3必须换成 b_4。相应地，对于图 4.15f、g 和 h 可以获得

$$\lambda_u = \frac{h_4}{3b_4} + \frac{h_1}{b_1} + 0.66 \tag{4.66}$$

最后一项（0.66）也是 λ_{u3}，同时，根据 Richter（1967），槽内上部圆形区域的槽比漏磁导 λ_{u3}可以通过下式得出：

$$\lambda_{u3} = 0.41 + 0.76\log\frac{b_4}{b_1} \tag{4.67}$$

对于图 4.15f 所示的槽形，Richter 给出了另一个方程

$$\lambda_u = \frac{h_4}{3b_4} + \frac{h_1}{b_1} + 0.685 \tag{4.68}$$

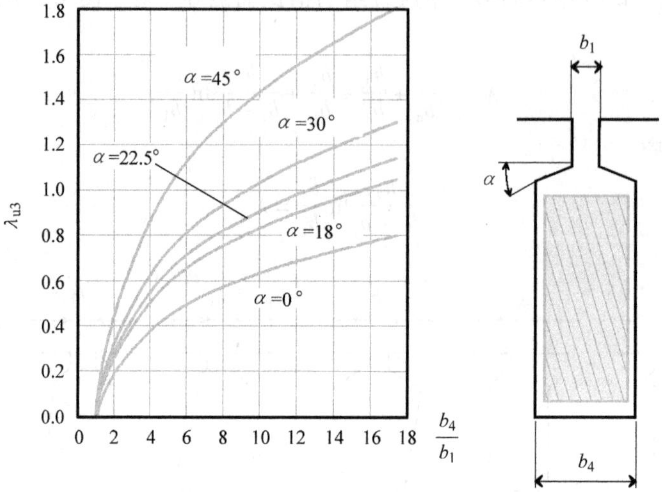

图 4.16 槽比漏磁导 λ_{u3} 和槽宽与槽口宽比值的关系，源自 Richter（1967）

对于图 4.15g 所示的圆形槽，方程为

$$\lambda_u = 0.47 + 0.066\frac{b_4}{b_1} + \frac{h_1}{b_1} \tag{4.69}$$

对于感应电机的转子，通常采用闭口槽。因此，槽漏感的大小主要取决于闭口槽磁桥的饱和程度，因此，不能直接求解槽比漏磁导。Richter 确定了转子闭口的槽比漏磁导，但是由于材料的选择对槽比漏磁导有很大影响，闭口槽电感必须是槽内电流的函数。

图 4.17 所示为双层绕组的槽漏感解析模型。

双层绕组的槽比漏磁导可以通过计算槽内漏磁场的能量获得，如式（4.12）所示。计算时，要注意在某些槽中存在属于不同相的绕组。

下层电流链（下标用“u”表示）和上层电流链（下标用“o”表示）均随着高度（h）成正比增加：

$$\Theta_u(h) = \frac{h}{h_{41}}\Theta_u \tag{4.70}$$

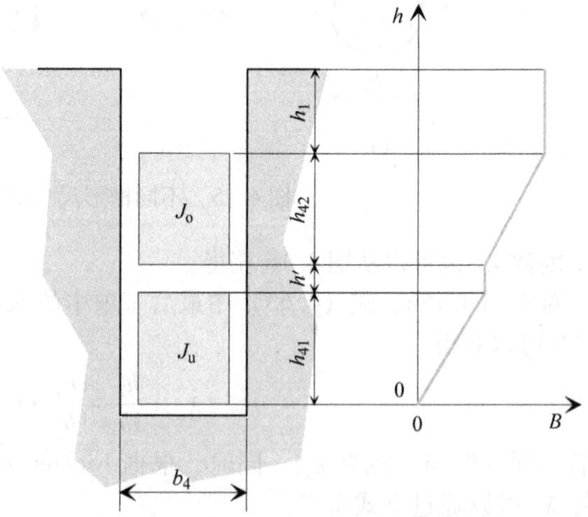

图 4.17 双层绕组的尺寸及不存在集肤效应的情况下磁感应强度的变化情况。在图中电流密度 J_o 和 J_u 在两个电流区域内是相等的。然而在双层绕组中，存在两个线圈属于两个不同相，两个电流区域电流密度不相同的情况

$$\Theta_{\mathrm{o}}(h)=\Theta_{\mathrm{u}}+\frac{h}{h_{42}}\Theta_{\mathrm{o}} \tag{4.71}$$

式中，Θ_{u} 和 Θ_{o} 分别是下层和上层的总电流链，高度按各自线圈的底部进行计算。

根据式（4.12）和式（4.56），槽内磁场能量为

$$\begin{aligned}W_{\Phi}=&\frac{1}{2}\mu_0 l'\frac{1}{b_4}\Big[\Theta_{\mathrm{u}}^2\int_0^{h_{41}}\left(\frac{h}{h_{41}}\right)^2\mathrm{d}h+\Theta_{\mathrm{u}}^2\int_0^{h'}\mathrm{d}h\\&+\int_0^{h_{42}}\left(\Theta_{\mathrm{u}}+\Theta_{\mathrm{o}}\frac{h}{h_{42}}\right)^2\mathrm{d}h+(\Theta_{\mathrm{u}}+\Theta_{\mathrm{o}})^2\int_0^{h_1}\mathrm{d}h\Big]\end{aligned} \tag{4.72}$$

将式（4.72）简化得

$$\begin{aligned}W_{\Phi}=&\frac{1}{2}\mu_0 l'\frac{1}{b_4}\Big[\Theta_{\mathrm{u}}^2\left(\frac{h_{41}}{3}+h'+h_{42}+h_1\right)\\&+\Theta_{\mathrm{o}}^2\left(\frac{h_{42}}{3}+h_1\right)+\Theta_{\mathrm{u}}\Theta_{\mathrm{o}}(h_{42}+2h_1)\Big]\end{aligned} \tag{4.73}$$

电流链 Θ_{u} 和 Θ_{o} 等于槽内总电流链的一半：

$$\Theta_{\mathrm{u}}=\Theta_{\mathrm{o}}=\frac{\Theta}{2} \tag{4.74}$$

槽内绕组可能存在两个线圈属于不同相绕组的情况，假如下层线圈和上层线圈的相角差为 γ，电流链的乘积 $\Theta_{\mathrm{u}}\Theta_{\mathrm{o}}$ 必须乘以 $\cos\gamma$。乘积 $\Theta_{\mathrm{u}}\Theta_{\mathrm{o}}$ 代表上下层绕组的互感影响。因为相移会因槽不同而不同，所以 $2q$ 个线圈边相移的平均值为

$$g=\frac{1}{2q}\sum_{n=1}^{2q}\cos\gamma_{\mathrm{n}} \tag{4.75}$$

电流链的乘积为

$$\Theta_{\mathrm{u}}\Theta_{\mathrm{o}}=g\left(\frac{\Theta}{2}\right)^2=\frac{g}{4}\Theta^2 \tag{4.76}$$

将式（4.74）和式（4.76）带入式（4.73）得

$$W_{\Phi}=\frac{1}{2}\mu_0 l'\frac{1}{b_4}\frac{\Theta^2}{4}\left[\left(\frac{h_{41}}{3}+h'+h_{42}+h_1\right)+\left(\frac{h_{42}}{3}+h_1\right)+g(h_{42}+2h_1)\right] \tag{4.77}$$

在双层绕组中，线圈边的高度是相同的：

$$h_{41}=h_{42}=\frac{h_4-h'}{2} \tag{4.78}$$

因此式（4.77）简化成

$$W_{\Phi}=\frac{1}{2}\mu_0 l'\Theta^2\left[\frac{5+3g}{8}\frac{h_4-h'}{3b_4}+\frac{1+g}{2}\frac{h_1}{b_4}+\frac{h'}{4b_4}\right] \tag{4.79}$$

方括号中的项是双层绕组的槽比漏磁导 λ_{u}

$$\lambda_{\mathrm{u}}=k_1\frac{h_4-h'}{3b_4}+k_2\frac{h_1}{b_4}+\frac{h'}{4b_4} \tag{4.80}$$

其中

$$k_1 = \frac{5+3g}{8} \tag{4.81}$$

$$k_2 = \frac{1+g}{2} \tag{4.82}$$

相应地，图4.15a～e所示槽形的槽比漏磁导为

$$\lambda_u = k_1 \frac{h_4 - h'}{3b_4} + k_2\left(\frac{h_3}{b_4} + \frac{h_1}{b_1} + \frac{h_2}{b_4 - b_1}\ln\frac{b_4}{b_1}\right) + \frac{h'}{4b_4} \tag{4.83}$$

对于图4.15f～g所示槽形

$$\lambda_u = k_1 \frac{h_4 - h'}{3b_4} + k_2\left(\frac{h_1}{b_1} + 0.66\right) + \frac{h'}{4b_4} \tag{4.84}$$

式（4.83）和式（4.84）对单层绕组也适用。在这种情况下，$h'=0$，$k_1=k_2=1$。

因数k_1和k_2可以借助短距数ε来计算，短距数为

$$\varepsilon = 1 - \frac{W}{\tau_p} \tag{4.85}$$

在一个相带内有$q=\tau_p/m$个槽（见图4.18），其中$\varepsilon\tau_p$个槽内上层和下层线圈边属于不同的相，剩下的$\tau_p/m-\varepsilon\tau_p$个槽上下层线圈边都属于同一相。在三相绕组中（$m=3$），一个槽内上下层线圈属于不同相的相位差是$180°-120°=60°$，因此在这些槽内$\cos\gamma=0.5$。在上下层绕组属于同一相的槽内，$\cos\gamma=1$，对于三相绕组，式（4.75）变为

$$g = \frac{1}{2q}\sum_{n=1}^{2q}\cos\gamma_n = \frac{1}{2\frac{\tau_p}{3}}\left[2\varepsilon\tau_p\cdot 0.5 + 2\left(\frac{\tau_p}{3} - \varepsilon\tau_p\right)\cdot 1\right] = 1 - \frac{3}{2}\varepsilon \tag{4.86}$$

将式（4.86）带入式（4.81）和式（4.82），得到三相绕组因数k_1和k_2如下：

$$k_1 = 1 - \frac{9}{16}\varepsilon \text{ 和 } k_2 = 1 - \frac{3}{4}\varepsilon \tag{4.87}$$

对于两相绕组，因数k_1和k_2如下：

$$k_1 = 1 - \frac{3}{4}\varepsilon \text{ 和 } k_2 = 1 - \varepsilon \tag{4.88}$$

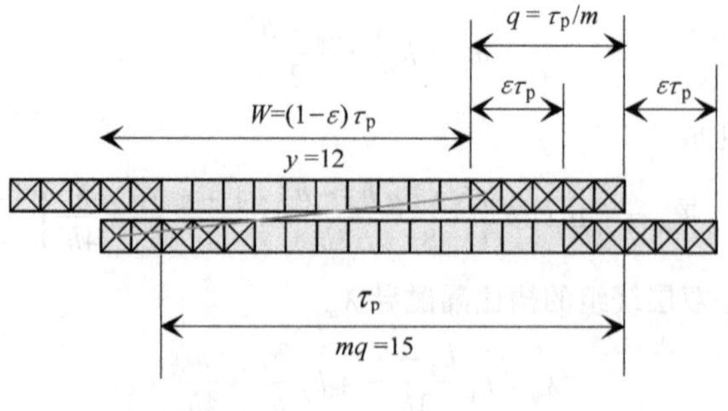

图4.18 短距绕组，$m=3$，$y=12$，$mq=15$，$q=mq/m=15/3=5$

例 4.4：计算双层绕组的槽漏感。$P=2$，$Q=24$，$W/\tau_p=5/6$，$N=40$（见图 2.17b）。并联支路数 $a=2$。槽形如图 4.15b 和图 4.17 所示：$b_1=0.003\text{m}$，$h_1=0.002\text{m}$，$h_2=0.001\text{m}$，$h_3=0.001\text{m}$，$h'=0.001\text{m}$，$b_4=0.008\text{m}$，$h_{41}=h_{42}=0.009\text{m}$（$h_4=0.019\text{m}$），$l'=0.25\text{m}$。将计算结果与双层整距绕组的槽漏感进行比较。

解：短距数为 $\varepsilon=1/6$，$k_1=1-9/(16\times 6)=0.906$，$k_2=1-3/(4\times 6)=0.875$。根据式（4.83），槽比漏磁导为

$$\lambda_u=k_1\frac{h_4-h'}{3b_4}+k_2\left(\frac{h_3}{b_4}+\frac{h_1}{b_1}+\frac{h_2}{b_4-b_1}\ln\frac{b_4}{b_1}\right)+\frac{h'}{4b_4}$$

$$=0.906\times\frac{0.018}{3\times 0.008}+0.875\left(\frac{0.001}{0.008}+\frac{0.002}{0.008}+\frac{0.001}{0.008-0.003}\ln\frac{0.008}{0.003}\right)+\frac{0.001}{4\times 0.008}$$

$$=1.211$$

根据式(4.64)，槽漏感为

$$L_u=\frac{4m}{Q}\mu_0 l'N^2\lambda_u=\frac{4\times 3}{24}4\pi\times 10^{-7}\times 0.25\times 40^2\times 1.211\text{H}=0.304\text{mH}$$

对于双层整距绕组 $k_1=k_2=1$，由式（4.83）可以得出

$$\lambda_u=\frac{0.018}{3\times 0.018}+\left(\frac{0.001}{0.008}+\frac{0.002}{0.008}+\frac{0.001}{0.008-0.003}\ln\frac{0.008}{0.003}\right)+\frac{0.001}{4\times 0.008}=1.352$$

槽漏感为 $L_u=0.2513\times 1.352\text{mH}=0.340\text{mH}$。

可以看出，与整距绕组相比，双层短距绕组中不同相绕组的相位差引起的槽漏感较小。在这种情况下，短距绕组的槽漏感比整距绕组的槽漏感小 10%。

假如导体的高度足够高，或者由单一均匀的导条形成槽内绕组（正如感应电机的转子），集肤效应出现在交流导体中。集肤效应在中等频率下可能会很大，在笼型电机起动过程中集肤效应对转子阻抗有较大的影响。在这种情况下，图 4.13 的槽底部导体元 dh 周围的磁通比上层导体元的磁通大，上层导体元的电感要比底部导体元的电感小，因此电流的分布会不均匀，所以槽的上部分的电流密度要比底部电流密度大。磁通密度函数对应图 4.13 的虚线。因此集肤效应增加了导条的阻抗，减少了槽漏感。这一现象会在第 5 章进行更加详细的研究。

目前在 h_4（或 h_{41}和 h_{42}）高度范围内的槽内比漏磁导［式（4.59）］被重新表达成以下形式：

$$\lambda_{4,\text{Ft}}=k_L\frac{h_4}{3b_4}\tag{4.89}$$

式中，k_L是槽内漏磁导及电感［式（4.57）］的集肤效应因数，代表由集肤效应引起的槽漏感的减小。$\lambda_{4,\text{Ft}}$需要应用到式（4.65）、式（4.66）、式（4.83）、式（4.84）中代替其中的第一项。为了明确槽比漏磁导，导体的相对高度 ξ 由下式决定：

$$\xi=h_4\sqrt{\omega\mu_0\sigma\frac{b_c}{2b_4}}\tag{4.90}$$

b_c是槽内导体的宽度（见图4.13）；ω 是电流的角频率；σ 是导体的电导率。例如，在感应电机中转差率 s 决定转子的角频率 $\omega = s\omega_s$。

集肤效应因数 k_L可以通过下式得到：

$$k_L = \frac{1}{z_t^2}\phi'(\xi) + \frac{z_t^2 - 1}{z_t^2}\Psi'(\xi) \tag{4.91}$$

式中

$$\phi'(\xi) = \frac{3}{2\xi}\left(\frac{\sinh 2\xi - \sin 2\xi}{\cosh 2\xi - \cos 2\xi}\right) \tag{4.92}$$

$$\Psi'(\xi) = \frac{1}{\xi}\left(\frac{\sinh \xi + \sin \xi}{\cosh \xi + \cos \xi}\right) \tag{4.93}$$

z_t是每根导体上方的导体数，对于笼型绕组 $z_t = 1$，如图4.13所示，集肤效应因数为

$$k_L = \phi'(\xi) \tag{4.94}$$

通常，在笼型转子中，$h_4 > 2\text{cm}$，同时式（4.90）中的铜条规定 $\xi > 2$，即 $\sinh 2\xi \gg \sin 2\xi$，$\cosh 2\xi \gg \cos 2\xi$，并且 $\sinh 2\xi = \cosh 2\xi$，因此

$$k_L \approx \frac{3}{2\xi} \tag{4.95}$$

例4.5：对于笼型导条，在50Hz供电下冷起动，重复计算例4.3。

解：槽形如图4.13所示，$b_1 = 0.003\text{m}$，$h_1 = 0.002\text{m}$，$b_4 = 0.008\text{m}$，$h_4 = 0.02\text{m}$，$l' = 0.25\text{m}$，在槽高 h_4范围内充满了铝制导条。铝在20℃时的电导率为 $\sigma_{Al} = 37\text{MS/m}$。

不存在集肤效应时，槽内比漏磁导为

$$\lambda_4 = \frac{h_4}{3b_4} = \frac{0.02}{3\times 0.008} = 0.833$$

槽口比漏磁导为

$$\lambda_1 = \frac{h_1}{b_1} = \frac{0.02}{0.03} = 0.667$$

导体的相对高度 ξ 是一个无量纲的数：

$$\xi = h_4\sqrt{\omega\mu_0\sigma\frac{b_c}{2b_4}} = 0.02\sqrt{2\pi\times 50\times 4\pi\times 10^{-7}\times 37\times 10^6\times\frac{0.008}{2\times 0.008}} = 1.71$$

$$k_L = \frac{1}{z_t^2}\phi'(\xi) + \frac{z_t^2 - 1}{z_t^2}\Psi'(\xi) = \phi'(\xi) + \frac{1-1}{1}\Psi'(\xi) = \phi'(\xi)$$

$$= \frac{3}{2\xi}\times\left(\frac{\sinh 2\xi - \sin 2\xi}{\cosh 2\xi - \cos 2\xi}\right) = \frac{3}{3.42}\times\left(\frac{\sinh 3.42 - \sin 3.42}{\cosh 3.42 - \cos 3.42}\right) = 0.838$$

考虑集肤效应时槽比漏磁导

$$\lambda_u = \lambda_1 + k_L\lambda_4 = 0.667 + 0.838\times 0.833 = 1.37$$

此结果在一定程度上要小于例4.3中的结果。笼型导条的槽漏感为

$$L_{u,bar} = \mu_0 l' z_Q^2\lambda_u = 4\pi\times 10^{-7}\times 0.25\times 1^2\times 1.37\text{H} = 0.43\mu\text{H}$$

4.3.4 齿顶漏感

齿顶漏感由进入槽口外侧气隙内磁通的大小决定。这一部分漏磁如图4.19所示。槽内电流链引起槽口两侧齿部的磁位差，因此部分电流链被用于产生齿顶漏磁。

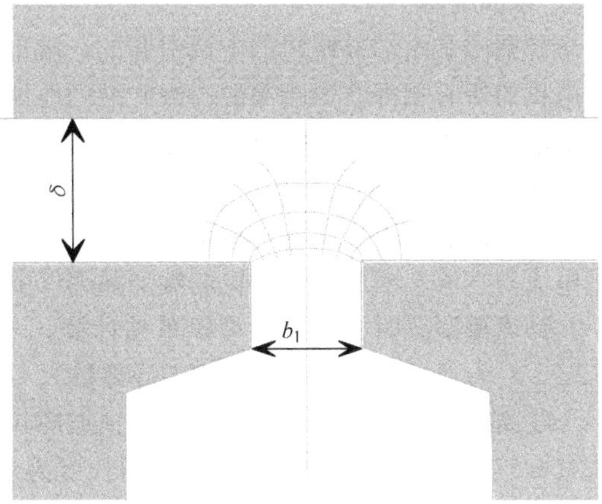

图4.19 槽口周围产生齿顶漏感的漏磁通

齿顶漏感可以由齿顶比漏磁导决定：

$$\lambda_d = k_2 \frac{5\left(\frac{\delta}{b_1}\right)}{5+4\left(\frac{\delta}{b_1}\right)} \quad (4.96)$$

式中，$k_2=(1+g)/2$ 由式（4.82）计算得出。

把 λ_d 代入式（4.64）得到相绕组的齿顶漏感

$$L_d = \frac{4m}{Q}\mu_0 l' \lambda_d N^2 \quad (4.97)$$

在凸极电机中，我们必须用磁极中间的气隙长度代替式（4.96）中的气隙，此处气隙长度为最小值。假如选择的气隙长度为无穷大，λ_d 的极值为1.25，这是 λ_d 的最大值。如果 δ 很小，尤其在异步电机中，齿顶漏感较小。

对直流电机的主极，式（4.96）~式（4.97）不再适用。Richter（1967）对这种情况下直流电机齿顶漏感的计算进行了分析。

例4.6：计算例4.4中的齿顶漏感。电机为表贴式永磁电机，永磁体为钕铁硼，厚度为8mm，气隙长度为2mm。$p=2$，$Q=24$，$W/\tau_p=5/6$，$N=40$（见图2.17b），并联支路数 $a=2$。计算结果与例4.4中的槽漏感进行比较。

解：实际上永磁体磁导率相当于空气（$\mu_{rPM}=1.05$），在计算齿顶漏感时可以假设气隙长度为（2+8/1.05）mm=9.62mm。因数 $k_2=1-3\varepsilon/4=1-3/(4\times6)=0.875$。可以得出齿顶比漏磁导

$$\lambda_d = k_2 \frac{5\left(\frac{\delta}{b_1}\right)}{5+4\left(\frac{\delta}{b_1}\right)} = 0.875\frac{5\left(\frac{0.00962}{0.003}\right)}{5+4\left(\frac{0.00962}{0.003}\right)} = 0.787$$

根据式（4.97），齿顶漏感为

$$L_d = \frac{4m}{Q}\mu_0 l' \lambda_d N^2 = \frac{4\times3}{24}4\pi\times10^{-7}\times0.25\times0.787\times40^2\,\mathrm{H} = 0.198\,\mathrm{mH}$$

在例4.4中，相同电机的槽漏感是0.340mH。由于在表贴式永磁电机中的气隙长度较长，齿顶漏感的值较大，为槽漏感的70%。

4.3.5　端部漏感

端部漏磁是由端部绕组的电流引起的，端部绕组的几何形状通常很难分析，此外，多相电机的所有相都会影响漏磁，因此准确地计算端部漏感是非常困难的，一般需要三维数值求解。由于端部绕组离铁心相对较远，端部漏感并不是很大，因此采用经验公式来计算比漏磁导 λ_{lew} 和 λ_{w} 是足够准确的。在定转子均通入交流电的电机中，测得的漏感通常是一次绕组与折算到一次绕组的二次绕组的电感之和。在静止状态，同步电机的转子电流为直流，因此同步电机的端部漏感仅由定子侧决定。

在计算槽漏感时，每个槽可以单独计算。一个槽内的导体数为 z_{Q}（在双层绕组中 $z_{\mathrm{Q}}=2z_{\mathrm{cs}}$，$z_{\mathrm{cs}}$ 为双层绕组一个线圈边的导体数），导体外侧由铁心包围。绕组端部磁通是由一个线圈的所有匝共同作用的结果。根据图4.20，线圈匝数是 qz_{Q}，用它来代替电感公式（4.57）中的 z_{Q}。端部绕组的平均长度为 l_{w}，用它来替换式（4.57）中的叠片长度 l'。在一相绕组中，串联匝数为 Q/amq，并联支路数为 a，端部漏感的公式可以写为

$$
\begin{aligned}
L_{\mathrm{w}} &= \frac{Q}{amp}\frac{1}{a}(qz_{\mathrm{Q}})^2\mu_0 l_{\mathrm{w}}\lambda_{\mathrm{w}} = \frac{Q}{m}q\left(\frac{z_{\mathrm{Q}}}{a}\right)^2\mu_0 l_{\mathrm{w}}\lambda_{\mathrm{w}} \\
&= \frac{4m}{Q}qN^2\mu_0 l_{\mathrm{w}}\lambda_{\mathrm{w}} = \frac{2}{p}N^2\mu_0 l_{\mathrm{w}}\lambda_{\mathrm{w}}
\end{aligned} \tag{4.98}
$$

端部绕组平均长度 l_{w} 和乘积 $l_{\mathrm{w}}\lambda_{\mathrm{w}}$ 可以重新写成如下形式（见图4.20）：

$$l_{\mathrm{w}} = 2l_{\mathrm{ew}} + W_{\mathrm{ew}} \tag{4.99}$$

$$l_{\mathrm{w}}\lambda_{\mathrm{w}} = 2l_{\mathrm{ew}}\lambda_{\mathrm{lew}} + W_{\mathrm{ew}}\lambda_{\mathrm{Wew}} \tag{4.100}$$

式中，l_{ew} 为从叠片端部测量的端部绕组的轴向长度；W_{ew} 为绕组跨距，如图4.20所示。λ_{lew} 和 λ_{Wew} 为相应的比漏磁导，如表4.1和表4.2所示。

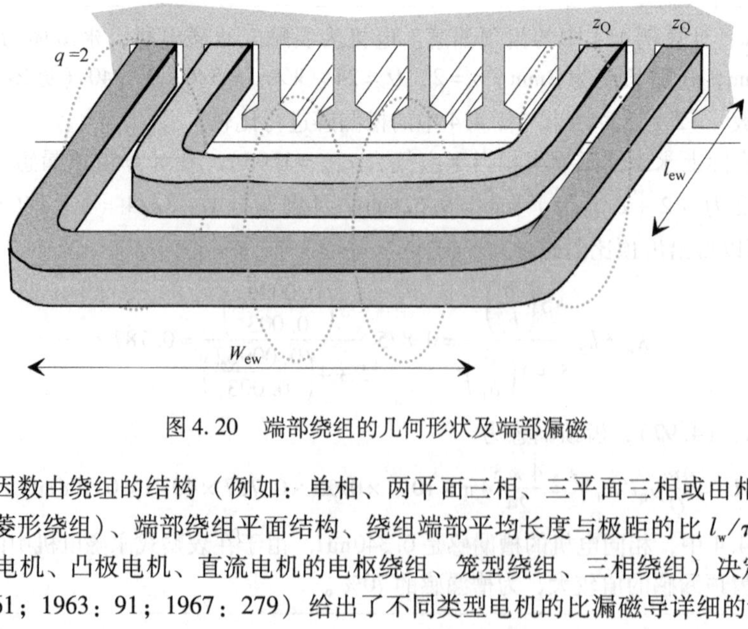

图4.20　端部绕组的几何形状及端部漏磁

磁导因数由绕组的结构（例如：单相、两平面三相、三平面三相或由相同形状线圈组成的菱形绕组）、端部绕组平面结构、绕组端部平均长度与极距的比 $l_{\mathrm{w}}/\tau_{\mathrm{p}}$、转子形式（隐极电机、凸极电机、直流电机的电枢绕组、笼型绕组、三相绕组）决定。Richter（1954：161；1963：91；1967：279）给出了不同类型电机的比漏磁导详细的计算值。

表 4.1　不同定转子结构下异步电机端部绕组的漏磁导因数

定子绕组类型	转子绕组类型	λ_{lew}	λ_{Wew}
三相，三平面	三相，三平面	0.40	0.30
三相，三平面	三相菱形	0.34	0.34
三相，三平面	笼型	0.34	0.24
三相，两平面	三相，两平面	0.55	0.35
三相，两平面	柱形三相菱形	0.55	0.25
三相，两平面	笼型	0.50	0.20
柱形三相菱形	柱形三相菱形	0.26	0.36
柱形三相菱形	笼型	0.50	0.20
单相	笼型	0.23	0.13

表 4.2　同步电机的端部绕组比漏磁导

端部绕组的横截面	隐极电机		凸极电机	
	λ_{lew}	λ_{Wew}	λ_{lew}	λ_{Wew}
	0.342	0.413	0.297	0.232
	0.380	0.130	0.324	0.215
	0.371	0.166	0.324	0.243
	0.493	0.074	0.440	0.170
	0.571	0.073	0.477	0.187
	0.605	0.028	0.518	0.138

基于参考文献，可以按照表 4.1 和表 4.2 确定异步电机和同步电机的端部绕组比漏磁导。根据比漏磁导，式（4.98）给出了定子端部漏感和折算到定子侧的转子端部漏感的和，其中定子端部漏感占主要部分（60%～80%）。

例 4.7：例 4.4 中的电机的气隙直径为 130mm，槽的总高为 22mm。计算三相绕组表贴式永磁同步电机的端部漏感，$Q=24$，$p=2$，$q=2$，$N=40$，$l_{\mathrm{w}}=0.24\mathrm{m}$。端部绕组的形状为表 4.2 中的第三个。

解：假设端部绕组的平均直径为（130＋22）mm＝152mm，这一直径的周长大约为 480mm，在此直径下的极距 $\tau'_{\mathrm{p}}=480\mathrm{mm}/4=120\mathrm{mm}$，可以假设端部绕组的宽度为极距减去槽距，$W_{\mathrm{ew}}=\tau'_{\mathrm{p}}-\tau'_{\mathrm{u}}=(0.12-0.48/24)\mathrm{m}=0.10\mathrm{m}$，$l_{\mathrm{ew}}=0.5(l_{\mathrm{w}}-W_{\mathrm{ew}})=0.07\mathrm{m}$。

表贴式永磁电机在计算端部漏感时可以认为是凸极电机，计算端部绕组的比漏磁导 $\lambda_{\mathrm{lew}}=0.324$，$\lambda_{\mathrm{Wew}}=0.243$：

$$l_w\lambda_w = 2l_{ew}\lambda_{lew} + W_{ew}\lambda_{Wew} = 2\times 0.07\text{m}\times 0.324 + 0.10\text{m}\times 0.243 = 0.06966\text{m}$$

$$L_w = \frac{4m}{Q}qN^2\mu_0 l_w\lambda_w = \frac{4\times 3}{24}\times 2\times 40^2\times 4\pi\times 10^{-7}\times 0.06966\text{H} = 0.14\text{mH}$$

例4.4中的短距5/6的绕组的槽漏感为 $L_u = 0.304\text{mH}$，永磁同步电机的齿顶漏感为 $L_d = 0.198\text{mH}$，端部漏感为0.14mH，这些结果表明槽漏磁是漏磁通的主要部分。气隙漏磁由励磁电感决定，无法与其他漏磁进行比较。

Liwschitz－Garik 和 Wipple（1961）介绍了感应电机笼型绕组的短路环或者阻尼绕组的漏感公式：

$$L_{rw\sigma} = \mu_0\frac{Q_r}{2p^2 m_s}\left[\frac{2}{3}(l_{bar} - l'_r) + \nu\frac{\pi D'_r}{2p}\right] \tag{4.101}$$

式中，l_{bar}是转子导条的长度；l'_r是转子的等效长度；D'_r是短路环的平均直径。假如端环和转子铁心之间没有间隙 $l_{bar} = l'_r$，当 $p = 1$ 时，$\nu = 0.36$；当 $p > 1$ 时，$\nu = 0.18$。式（4.101）给出了一个转子导条的漏电感，它包含一个转子槽距内端环部分和叠片外导条部分的漏感，包含转子的两个端部。将式（4.101）乘以折算系数得到的 $L_{rw\sigma}$是折算到定子侧的值，这一部分会在第7章进行研究。笼型绕组的总阻抗计算会在第7章进行探讨。

例4.8：计算三相四极感应电机的短路环的漏感，$Q_r = 34$，$l_{bar} = 0.14\text{m}$，$l_r = 0.120\text{m}$，$D'_r = 0.11\text{m}$，$\delta = 0.0004\text{m}$。

解：将 $l' = l + 2\delta = 0.1208\text{m}$ 带入式（4.101）得

$$L_{rw\sigma} = \mu_0\frac{Q_r}{2p^2 m_s}\left[\frac{2}{3}(l_{bar} - l'_r) + \nu\frac{\pi D'_r}{2p}\right]$$

$$= 4\pi\times 10^{-7}\frac{34}{2^2\times 3}\left[\frac{2}{3}(0.140 - 0.1208) + 0.18\frac{\pi\times 0.11}{2\times 2}\right]\text{H} = 0.05\mu\text{H}$$

要获得单相等效电路的漏电感，以上获得的电感值必须是折算到定子侧的。这部分会在第7章进行研究。

参考文献

Baffrey, R. (1926) Influence of short-pitching on AC motors overloading (Über den Enfluss der Schrittverkürzung auf die Überlastungsfähigkeit von Drehstrommotoren). *Archiv für Elektrotechnik*, **16**(2), 97–113.

Liwschitz-Garik, M. and Whipple, C. C. (1961) *Alternating Current Machines*, Van Nostrand, Princeton, NJ.

Richter, R. (1954) *Electrical Machines: Induction Machines (Elektrische Maschinen: Die Induktionsmaschinen)*, Vol. **IV**, 2nd edn, Birkhäuser Verlag, Basle and Stuttgart.

Richter, R. (1963) *Electrical Machines: Synchronous Machines and Rotary Converters (Elektrische Maschinen: Synchronmaschinen und Einankerumformer)*, Vol. **II**, 3rd edn, Birkhäuser Verlag, Basle and Stuttgart.

Richter, R. (1967) *Electrical Machines: General Calculation Elements. DC Machines (Elektrische Maschinen: Allgemeine Berechnungselemente. Die Gleichstrommaschinen)*, Vol. **I**, 3rd edn, Birkhäuser Verlag, Basle and Stuttgart.

Vogt, K. (1996) *Design of Electrical Machines (Berechnung elektrischer Maschinen)*, Wiley-VCH Verlag GmbH, Weinheim.

第5章　电　　阻

电阻与电感共同决定了电机的特性。从效率的角度来看，电阻是十分重要的电机参数。在很多情况下，电阻损耗是电机损耗的主要来源。在电机中，导体通常被铁磁性材料包围，使得磁通穿过绕组。如果没有正确地对绕组进行设计，可能会进一步引起较大的集肤效应。

5.1　直流电阻

绕组的电阻可以首先被定义为直流电阻。根据欧姆定律，电阻 R_{DC} 取决于线圈的导体总长度 l_c，不含有换向器的绕组中的并联支路数 a（对于含有换向器的绕组则为 $2a$），导体的截面积 S_c，以及导体材料的电导率 σ_c。

$$R_{DC} = \frac{l_c}{\sigma_c a S_c} \tag{5.1}$$

电阻与电机的运行温度息息相关，因此设计人员在确定电机的电阻之前，应该清楚地知道电机的温升特性。通常，对于选定的绕组形式，可能会首先研究在设计温度或最高允许温度下的电机电阻。

绕组通常由铜制成。室温（+20℃）下纯铜的电导率为 $\sigma_{Cu} = 58 \times 10^6 \mathrm{S/m}$，而商品铜导线的电导率为 $\sigma_{Cu} = 57 \times 10^6 \mathrm{S/m}$。铜的电阻温度系数为 $\alpha_{Cu} = 3.81 \times 10^{-3}/\mathrm{K}$。铝的相应参数为：电导率 $\sigma_{Al} = 37 \times 10^6 \mathrm{S/m}$，电阻温度系数 $\alpha_{Al} = 3.7 \times 10^{-3}/\mathrm{K}$。

电机绕组长度的准确定义难度极大。凸极电机是相对简单的例子：当极身形状和线圈匝数都已知时，可以相当容易地确定导体长度；然而，槽绕组的绕组长度却难以确定，特别是如果电机内使用了不同长度的绕组的情况。通过以下的经验公式可以对绕组长度进行初步计算。

对于使用圆形漆包线的低压电机，槽绕组单匝线圈的平均长度 l_{av} 可以近似表示为

$$l_{av} \approx 2l + 2.4W + 0.1\mathrm{m} \tag{5.2}$$

式中，l 是电机的定子叠片长度；W 是线圈的平均跨距，都用单位 m 来表示。对于使用预制绕组的大电机，可以使用如下的近似公式：

$$l_{av} \approx 2l + 2.8W + 0.4\mathrm{m} \tag{5.3}$$

以及

$$l_{av} \approx 2l + 2.9W + 0.3\mathrm{m}(\text{当 } U = 6\cdots11\mathrm{kV} \text{ 时}) \tag{5.4}$$

利用绕组长度，同时考虑匝数和并联支路数，直流电阻可以通过式（5.1）进行计算。

5.2 集肤效应对电阻的影响

导体中的交变电流以及相邻导体中的电流会在导体材料中产生交变磁通，这会导致集肤效应和邻近效应。导体内部会产生环流，此外并联导体之间也会产生环流。应该通过正确的绕组空间排布来避免并联导体的环状电流。本节将把集肤效应和邻近效应放在一起进行讨论，并将它们统称为集肤效应。

在电机中，集肤效应主要出现在槽内，但也会出现在绕组端部的一小截延伸段中。槽内绕组的集肤效应和端部绕组的集肤效应该分别进行计算，因为槽内和端部处的磁场特性是完全不同的。

5.2.1 电阻系数的解析计算

考虑图5.1所示的情况：实心导体放置于槽内，三侧环绕铁磁材料，其中铁磁材料的磁导率无穷大。电流 i 流过导体，产生强度为 $\boldsymbol{H}$ 的磁场，漏磁通穿过槽和导体。导体底部的漏磁通要比顶部的大。因此从底部到顶部，导体的阻抗在减少。相应地，从底部到顶部，电流密度 $\boldsymbol{J}$ 在增加，如图5.1所示。

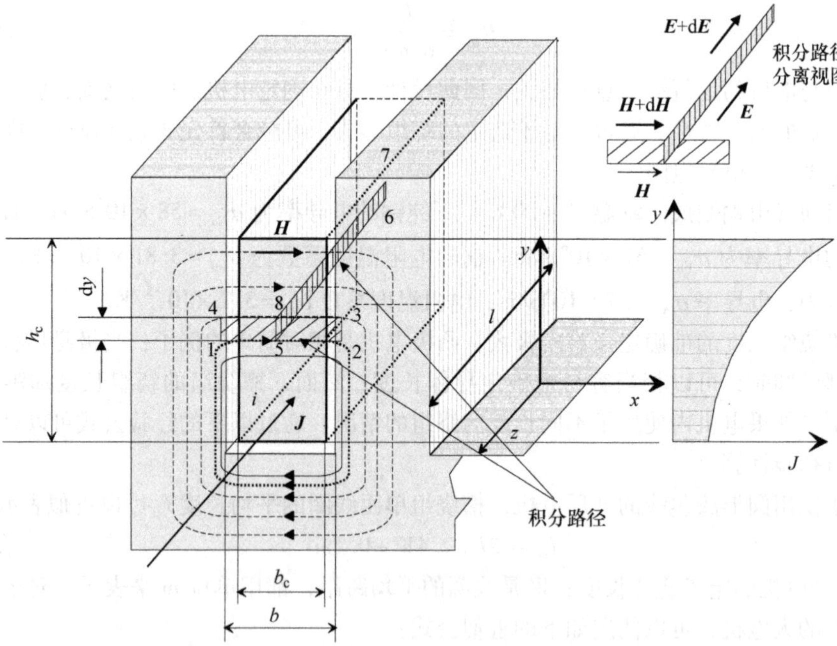

图5.1 放置在槽内的导体集肤效应的定义。电流 i 产生的漏磁通穿过导体导致导体内部的电流密度 J 分布不均匀

因为铁心的磁导率可以假定为无穷大，所以漏磁力线垂直地穿过槽。导体内的电流密度矢量 $\boldsymbol{J}$ 和电场强度 $\boldsymbol{E}$ 只有 z 向分量。磁场强度 $\boldsymbol{H}$ 和磁通密度 $\boldsymbol{B}$ 只从 x 方向穿过导

体。对路径1-2-3-4-1包围的区域b运用安培定律［式（1.4）］可以得到

$$\oint \boldsymbol{H} \cdot \mathrm{d}\boldsymbol{l} = Hb - \left(H + \frac{\partial H}{\partial y}\mathrm{d}y\right)b = Jb_{\mathrm{c}}\mathrm{d}y \tag{5.5}$$

从式中可以得到

$$-\frac{\partial H}{\partial y} = \frac{b_{\mathrm{c}}}{b}J \tag{5.6}$$

对图5.1中的路径5-6-7-8-5运用法拉第电磁感应定律［式（1.7）］，我们可以知道槽漏磁通穿透导体感应出电压，而涡流试图阻止磁通穿透导体。因此导体内会产生内部的“循环”电流，其总和等于导体电流I。因此总的电流密度分布变得不均匀，如图5.1所示。下面推导微分方程来求解槽内导体电流密度的分布。对路径5-6-7-8-5运用法拉第电磁感应定律

$$\oint \boldsymbol{E} \cdot \mathrm{d}\boldsymbol{l} = -El + \left(E + \frac{\partial E}{\partial y}\mathrm{d}y\right)l = -\frac{\partial B}{\partial t}l\mathrm{d}y \tag{5.7}$$

从式中得到

$$\frac{\partial E}{\partial y} = -\frac{\partial B}{\partial t} = -\mu_0 \frac{\partial H}{\partial t} \tag{5.8}$$

计算中需要的第三个方程是欧姆定律

$$J = \sigma_{\mathrm{c}}E \tag{5.9}$$

式（5.9）对y微分，并将其带入式（5.8）得到

$$\frac{\partial J}{\partial y} = -\mu_0\sigma_{\mathrm{c}}\frac{\partial H}{\partial t} \tag{5.10}$$

当变量是正弦量时，式（5.6）、式（5.8）和式（5.10）可变为复数形式

$$-\frac{\partial \underline{H}}{\partial y} = \frac{b_{\mathrm{c}}}{b}\underline{J} \tag{5.11}$$

$$\frac{\partial \underline{E}}{\partial y} = -\mathrm{j}\omega\mu_0\underline{H} \tag{5.12}$$

$$\frac{\partial \underline{J}}{\partial y} = -\mathrm{j}\omega\mu_0\sigma_{\mathrm{c}}\underline{H} \tag{5.13}$$

式（5.13）对y微分，同时使用式（5.11）可以得到

$$\frac{\partial^2 \underline{J}}{\partial y^2} = -\mathrm{j}\omega\mu_0\sigma_{\mathrm{c}}\frac{\partial \underline{H}}{\partial y} = \mathrm{j}\omega\mu_0\sigma_{\mathrm{c}}\frac{b_{\mathrm{c}}}{b}\underline{J} \tag{5.14}$$

$$\frac{\partial^2 \underline{J}}{\partial y^2} - \mathrm{j}\omega\mu_0\sigma_{\mathrm{c}}\frac{b_{\mathrm{c}}}{b}\underline{J} = 0 \tag{5.15}$$

式（5.15）有以下形式的解：

$$\underline{J} = C_1\mathrm{e}^{(1+\mathrm{j})\alpha y} + C_2\mathrm{e}^{-(1+\mathrm{j})\alpha y} \tag{5.16}$$

式中

$$\alpha = \sqrt{\frac{1}{2}\omega\mu_0\sigma_{\mathrm{c}}\frac{b_{\mathrm{c}}}{b}} \tag{5.17}$$

α 的倒数称为透入深度。α 通常用来定义一个无量纲数 ξ，有

$$\xi = \alpha h_c = h_c \sqrt{\frac{1}{2}\omega\mu_0\sigma_c \frac{b_c}{b}} \tag{5.18}$$

被称为折算导体高度（α 的单位为 1/m，因此 ξ 是一个无量纲数，同时 h_c 是实际的导体高度，单位为 m）。

积分常数 C_1 和 C_2 由以下的边界条件决定：

在 $y=0$ 的边界，磁场强度 $\underline{H} = \underline{H}_0 = 0$

在 $y=h_c$ 的边界，磁场强度 $\underline{H} = \underline{H}_c = \frac{-\underline{i}}{b} = \sqrt{2}\frac{\underline{I}}{b}$

式中，$\underline{I}$ 是导体内流过的总电流的有效值。

对式（5.16）求微分，带入式（5.13）并应用边界条件，可以得到积分常数

$$C_1 = C_2 = \frac{\mathrm{j}\omega\mu_0\sigma_c}{(1+\mathrm{j})b\alpha(\mathrm{e}^{(1+\mathrm{j})\alpha h_c} - \mathrm{e}^{-(1+\mathrm{j})\alpha h_c})} \tag{5.19}$$

现在已知 $J=f(y)$ 并且可以计算导体中的能量损耗。在微元 $\mathrm{d}y$ 中的电流为 Jb_c，电阻损耗为

$$P_{AC} = \int_0^{h_c} (Jb_c\mathrm{d}y)^2 \frac{l}{\sigma_c b_c \mathrm{d}y} = \frac{b_c l}{\sigma_c}\int_0^{h_c} J^2 \mathrm{d}y \tag{5.20}$$

可以把式（5.20）变换成复数形式

$$P_{AC} = \frac{b_c l}{\sigma_c}\int_0^{h_c} \underline{J}\underline{J}^* \mathrm{d}y \tag{5.21}$$

式中，$\underline{J}^*$ 是 $\underline{J}$ 的复共轭，$|\underline{J}^*|$ 和 $|\underline{J}|$ 为有效值。

当导体中流过与交流电流有效值 I 相等的直流电流时，损耗为

$$P_{DC} = R_{DC}I^2 = \frac{l}{\sigma_c b_c h_c} I^2 \tag{5.22}$$

为得到交流电阻损耗，需要将直流电阻损耗乘以电阻系数 k_R。它也是导体交流电阻和直流电阻的比值。根据式（5.20）、式（5.21）和式（5.22），槽区域的电阻系数为

$$k_{Ru} = \frac{R_{AC}}{R_{DC}} = \frac{P_{AC}}{P_{DC}} = \frac{b_c^2}{I^2}\int_0^{h_c} J^2\mathrm{d}y = \frac{b_c^2}{I^2}\int_0^{h_c} \underline{J}\underline{J}^*\mathrm{d}y \tag{5.23}$$

式（5.23）的积分虽然比较繁琐但并不复杂。在例如 Lipo（2007）、Richter（1967）、Stoll（1974）、Vogt（1996）和 Küpfmüller（1959）的文献中有现成的求解过程，后面将给出其中的一些积分过程，因此在这里对其积分过程将不做介绍。

下面考虑图 5.2 中的情况，槽内放置有若干导体。所有的导体都是串联的。每根导体的高度是 h_{c0}，宽度是 b_{c0}。在高度方向上有 z_t 根导体，在宽度方向有 z_a 根导体。

将 $b_c = z_a b_{c0}$，以及导体高度也就是单根导体的高度 h_{c0}，带入式（5.18）计算得出折算导体高度 ξ，即

$$\xi = \alpha h_{c0} = h_{c0}\sqrt{\frac{1}{2}\omega\mu_0\sigma_c\frac{z_a b_{c0}}{b}} \tag{5.24}$$

从式（5.24）可以知道将导体分成多根相邻的导体并没有影响折算导体高度。

第 k 层的电阻系数为

$$k_{Rk} = \varphi(\xi) + k(k-1)\Psi(\xi) \tag{5.25}$$

式中，函数 $\varphi(\xi)$ 和 $\Psi(\xi)$ 为

$$\varphi(\xi) = \xi \frac{\sinh 2\xi + \sin 2\xi}{\cosh 2\xi - \cos 2\xi} \tag{5.26}$$

以及

$$\Psi(\xi) = 2\xi \frac{\sinh \xi - \sin \xi}{\cosh \xi + \cos \xi} \tag{5.27}$$

从式（5.25）可以看出底层的电阻系数最小，而顶层的电阻系数最大。这意味着在导体串联的情况下，底层导体对电阻损耗的贡献要比顶层的小。

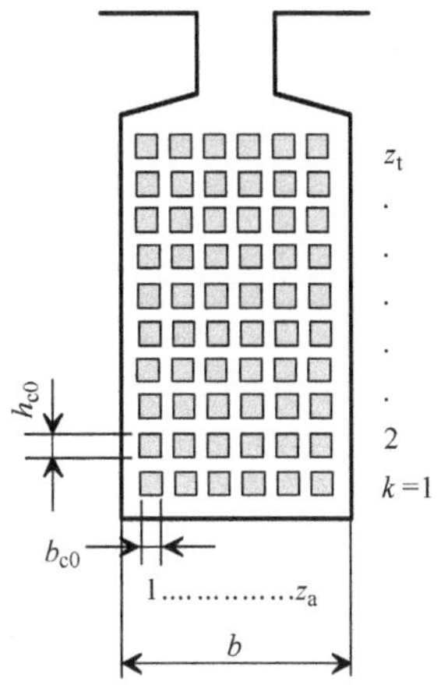

图 5.2　确定绕组的折算导体高度和电阻系数（每槽含有若干在宽度和高度方向都相等导体）。所有的导体均为串联。每根子导体的高度和宽度分别为 h_{c0} 和 b_{c0}。在其上方有 z_t 根导体，左右相邻方向有 z_a 根导体

槽内的平均电阻系数 k_{Ru} 为

$$k_{Ru} = \varphi(\xi) + \frac{z_t^2 - 1}{3}\Psi(\xi) \tag{5.28}$$

式中，z_t 为导体的层数（见图 5.2）。

如果 $0 \leqslant \xi \leqslant 1$，一个较好的对电阻系数的近似计算式为

$$k_{Ru} = 1 + \frac{z_t^2 - 0.2}{9}\xi^4 \tag{5.29}$$

式（5.29）仅对矩形导体有效。圆导线的涡流损耗为矩形导线的 0.59 倍，因此对于圆导线，近似计算式（5.29）变为如下形式：

$$k_{Ru} = 1 + 0.59\frac{z_t^2 - 0.2}{9}\xi^4 \tag{5.30}$$

根据式（5.29）和式（5.30），折算导体高度 ξ 和导体高度本身 h_{c0} 都会对电阻系数有很大的影响。对于比较高的导体，它的电阻系数也较高。尽管事实上，电阻系数与导体层数 z_t 的平方成比例，但为了减少电阻系数和导体内的涡流损耗，导体被分成多根仅在绕组首尾相连并且换位的子导体。子导体如果没有换位，那么将导体分成多根子导体就基本没有作用。

为了尽可能多地获得多根并绕的益处，必须抑制导体内产生环流。为了防止绕组首尾的连接处产生环流，每一个并联的子导体都应该合理放置，使得与之相匝链的槽漏磁通基本相等。理论上，这可以通过子导体的换位来实现。如果子导体的数量是 z_p，那么就需要 $z_p - 1$ 次换位。例如，如果一个绕组由六个线圈组成，每个导体分成了三个子导体，那么就需要进行两次换位，换位可以在绕组的端部进行，每隔两个线圈完成一次，如图 5.3 所示。

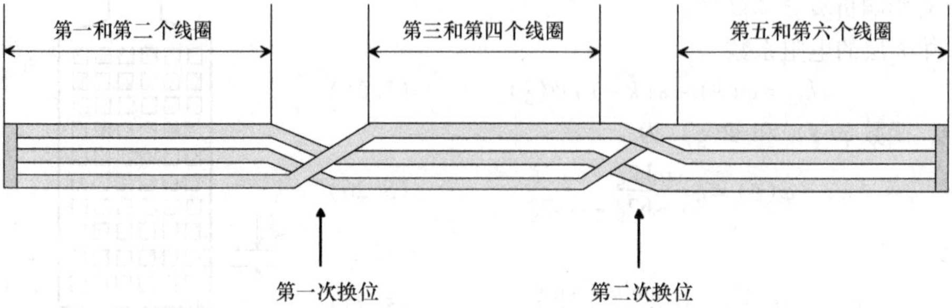

图5.3　含有六个线圈的绕组中，三根并联的导体在绕组端部区域换位，每隔两个线圈换位一次

为了阐明换位的意义，考虑如图5.4所示的情况，图中有两个导体串联，六个导体并联。如果子导体在每个槽中放置的位置都相同，换句话说，也就是导体没有换位，那么按式（5.18）计算得到的导体高度就为 $h_c = z_p h_{c0}$，其中 z_p 是并联导体的数量（在图5.4中 $z_p=6$），h_{c0} 是子导体的高度。这说明如果仅仅把导体分成子导体而不换位，等同于一根实心导体。

此外，由于绕组端部区域的集肤效应很不明显，采用多根导体而不换位对集肤效应的改善将收效甚微。在不换位的情况下，式（5.28）中的层数 z_t 就是串联的导体数（在图5.4中，$z_t=2$）。如果进行了换位，那么在槽内每个位置的每一根子导线长度都相等，也就是图5.4中的六个位置，此时式（5.18）中的导体高度 $h_c = h_{c0}$，并且式（5.28）中的层数 z_t 等于槽内的总导体数（在图5.4中，$z_t=12$）。

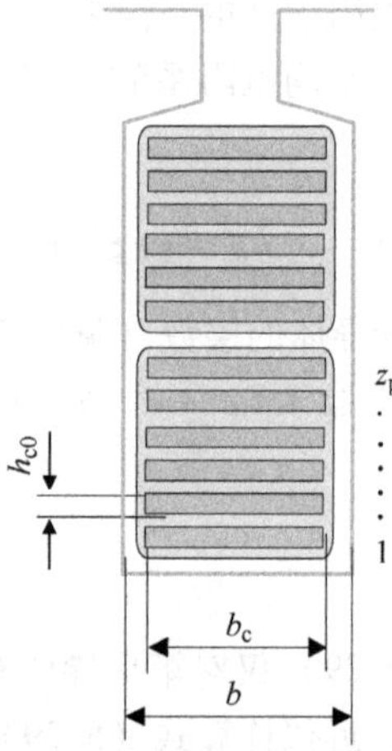

图5.4　槽内上下排布，含有六个并联子导体（$z_p=6$）的两个串联导体（$z_Q=2$）。①不换位：$h_c = z_p h_{c0}$ 并且 $z_t=2$；②完全换位：$h_c = h_{c0}$ 并且 $z_t=12$

例5.1：分别计算（a）绕组没有换位和（b）绕组完全换位时，图5.4中槽内绕组的折算导体高度 ξ 和电阻系数 k_{Ru}，其中 $h_{c0}=2$ mm，$b_c=10$mm，$b=14$mm，$z_p=6$，槽内导体总数为12。频率为50Hz，导体温度为20℃。

解：铜在20℃时的电导率为57MS/m：

（a）$h_c = z_p h_{c0} = 6 \times 2\text{mm} = 12\text{mm}$，$z_t=2$。根据式（5.18）、式（5.26）、式（5.27）和式（5.28）：

$$\xi = h_c \sqrt{\frac{1}{2}\omega\mu_0\sigma_c\frac{b_c}{b}} = 6\times2\times10^{-3}\sqrt{\frac{1}{2}2\pi\times50\times4\pi\times10^{-7}\times57\times10^6\frac{10}{14}} = 1.076$$

$$\varphi(\xi) = \xi\frac{\sinh 2\xi + \sin 2\xi}{\cosh 2\xi - \cos 2\xi} = 1.076\frac{\sinh(2\times1.076)+\sin(2\times1.076)}{\cosh(2\times1.076)-\cos(2\times1.076)}$$

$$= 1.076\frac{4.241+0.836}{4.357+0.549} = 1.113$$

$$\Psi(\xi) = 2\xi\frac{\sinh\xi - \sin\xi}{\cosh\xi + \cos\xi} = 2\times1.076\frac{\sinh 1.076 - \sin 1.076}{\cosh 1.076 + \cos 1.076}$$

$$= 2.152\frac{1.296-0.880}{1.637+0.475} = 0.423$$

$$k_{Ru} = \varphi(\xi) + \frac{z_t^2-1}{3}\Psi(\xi) = 1.113 + \frac{2^2-1}{3}0.423 = 1.54$$

不换位时，槽内绕组的交流电阻要比直流电阻大 54%。这是由于并联股线间的环流造成的。

(b) $h_c = h_{c0} = 2\text{mm}$ 和 $z_t = 12$：

$$\xi = 2\times10^{-3}\sqrt{\frac{1}{2}2\pi\times50\times4\pi\times10^{-7}\times57\times10^6\frac{10}{14}} = 0.179$$

$$\varphi(\xi) = 0.179\frac{\sinh(2\times0.179)+\sin(2\times0.179)}{\cosh(2\times0.179)-\cos(2\times0.179)} = 0.179\frac{0.366+0.351}{1.065-0.936} = 0.995$$

$$\Psi(\xi) = 2\times0.179\frac{\sinh 0.179 - \sin 0.179}{\cosh 0.179 + \cos 0.179} = 0.359\frac{0.180-0.178}{1.016+0.984} = 0.000345$$

$$k_{Ru} = \varphi(\xi) + \frac{z_t^2-1}{3}\Psi(\xi) = 0.995 + \frac{12^2-1}{3}0.000345 = 1.01$$

当导体理想换位时，交流电阻实际上应该等于直流电阻。计算结果也表明交流电阻仅比直流电阻增加了 1%。换位后的绕组阻止了物理上的环流，在这样的频率下导体内的集肤效应也比较小。

因此换位是一种非常有效地减少集肤效应的方法，在本例中，电阻系数从 1.54 降到了 1.01。

例 5.2：当铜绕组的温度为 50℃、频率为 50Hz 时，计算折算导体高度。

解：50℃时铜的电导率为 50MS/m，根据式（5.17）有

$$\alpha = \sqrt{\frac{1}{2}\omega\mu_0\sigma_c\frac{b_c}{b}} = \sqrt{\frac{1}{2}2\pi\times50\times4\pi\times10^{-7}\times50\times10^6\frac{b_c}{b}} \approx 1.0\sqrt{\frac{b_c}{b}}\frac{1}{\text{cm}}$$

根据式（5.18）有

$$\xi = \alpha h_c \approx \frac{h_c}{[\text{cm}]}\sqrt{\frac{b_c}{b}} \tag{5.31}$$

因此，50Hz 时电机的折算导体高度可以近似用式（5.31）计算。如果绝缘比较薄，并且 $b_c/b \approx 1$，折算导体高度就等于用厘米计量的导体高度。

例 5.3：推导转子堵转状态时，笼型绕组电阻系数的计算公式。频率为 50Hz，绕组温度为 50℃。

解：导体数 $z_t = 1$，比值 $b_c/b = 1$，根据例 5.2 可知折算导体高度为 $\xi \approx h_c/[\mathrm{cm}]$。根据式（5.28），当 $z_t = 1$ 时

$$k_{Ru} = \varphi(\xi) + \frac{z_t^2 - 1}{3}\Psi(\xi) = \varphi(\xi) = \xi\frac{\sinh 2\xi + \sin 2\xi}{\cosh 2\xi - \cos 2\xi}$$

通常，$h_c > 2\mathrm{cm}$，因此 $\xi > 2$，在这种情况下，$\sinh 2\xi >> \sin 2\xi$，$\cosh 2\xi >> \cos 2\xi$ 并且 $\sinh 2\xi \approx \cosh 2\xi$，因此

$$k_{Ru} = \varphi(\xi) \approx \xi \approx h_c/[\mathrm{cm}]$$

可见 50Hz 时用厘米计量的导体高度就约等于电阻系数。在笼型电机中，以转子导条 3cm 高为例，那么转子电阻在堵转时会是原来的 3 倍，因此起动转矩会由于集肤效应显著地提高。

例 5.4：计算高度为 $h_c = 50\mathrm{mm}$ 的矩形笼型导条的电阻系数。导条的温度为 50℃，频率为 50Hz。

解：根据例 5.3，有

$$k_{Ru} \approx h_c/[\mathrm{cm}] = 5$$

更准确地说，有

$$k_{Ru} = \varphi(\xi) = \xi\frac{\sinh 2\xi + \sin 2\xi}{\cosh 2\xi - \cos 2\xi} = 5.0\frac{\sinh 10 + \sin 10}{\cosh 10 - \cos 10} = 5.0$$

因此当温度为 50℃、频率为 50Hz，导体比较高时，近似计算公式 $k_{Ru} \approx h_c/[\mathrm{cm}]$ 与准确计算公式具有一样精确的结果。

绕组端部的集肤效应通常可以忽略不计。同样地，如果绕组端部按图 5.5 所示排列，折算导体高度可以通过将 $b_c = z_a b_{c0}$ 和 $b = b_c + 1.2h$ 代入式（5.18）得到。Richter（1967）给出了以下用来计算绕组端部电阻系数的公式：

$$k_{Rw} \approx 1 + \frac{z_t^2 - 0.8}{36}\xi^4 \tag{5.32}$$

如果集肤效应沿着导体发生变化，就需要将导体分成不同的几段来进行详细分析。例如，槽内绕组的集肤效应明显高于端部的情况。考虑到端部绕组长度的比例可能会比较高，甚至占到绕组总长度的 50% 以上，因此端部绕组的电阻特性会对总电阻和可能存在的环流产生显著的影响。如果按上文计算出的槽内电阻系数为 k_{Ru}，而端部绕组的电阻系数为 k_{Rw}，那么整个绕组在理想换位情况下的电阻系数就为

$$k_R = \frac{k_{Ru}R_{uDC} + k_{Rw}R_{wDC}}{R_{uDC} + R_{wDC}} = k_{Ru}\frac{R_{uDC}}{R_{uDC} + R_{wDC}} + k_{Rw}\frac{R_{wDC}}{R_{uDC} + R_{wDC}} \tag{5.33}$$

式中，R_{uDC} 和 R_{wDC} 分别为槽内和端部绕组的直流电阻。

假设导体各处的温度都相等，那么电阻与导体长度成正比。将单匝线圈的平均长度用 l_{av} 表示，铁心的等效长度用 l' 表示，那么电阻系数为

$$k_R = k_{Ru}\frac{2l'}{l_{av}} + k_{Rw}\frac{l_{av} - 2l'}{l_{av}} \tag{5.34}$$

通常，忽略端部绕组的集肤效应，因此 $k_{Rw} = 1$，并且有

$$k_R = 1 + (k_{Ru} - 1)\frac{2l'}{l_{av}} \tag{5.35}$$

如果绕组没有理想换位，那么并联导体中将会有环流，此时电阻系数的计算将变得十分复杂。不过，换位不可能永远理想地进行，于是必须采用一些特殊的措施来确定电阻系数。例如 Hämäläinen 等人（2013）就提出了一种计算非理想换位条件下环流的方法。

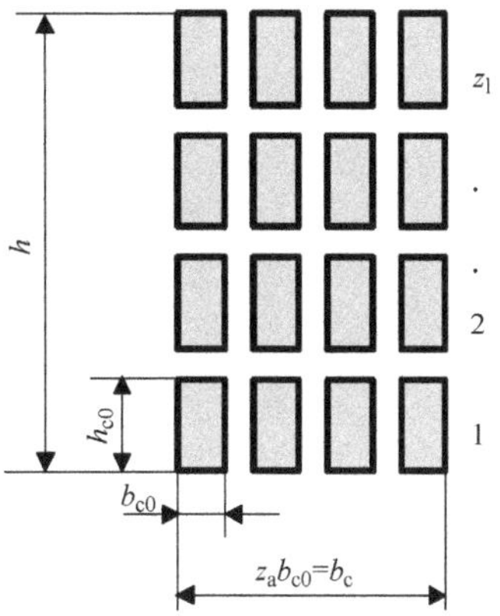

图 5.5 为了计算折算导体高度和电阻系数而虚构的端部绕组排布

5.2.2 槽内导体的临界高度

如果图 5.1 中的导体高度 h_c 增加而宽度 b_c 保持不变，导体的直流电阻将与高度成反比地降低。槽内的折算导体高度 ξ［式（5.18）］随着导体高度 h_c 线性增加，电阻系数的第二项［式（5.29）］随着导体高度 h_c 的四次方增加。如果导体高度高，那么电阻系数将会非常高，并且与直流损耗相比，绕组的交流电阻损耗将会倍增。

在 $0 \leqslant \xi \leqslant 1$ 的区间内，根据式（5.29），交流电阻为

$$R_{AC} \approx (1 + k\xi^4)R_{DC} \tag{5.36}$$

式中，k 是常数；R_{AC} 和 R_{DC} 分别是交流和直流电阻。式（5.36）及其各项都表示在了图 5.6 中。根据该图可知，在点 $h_c = h_{c,cr}$ 处，槽内导体的交流电阻有最小值。在此临界导体高度之上，电阻损耗将随着导体高度增加。当导体材料为铜、频率为 50Hz 时，对应临界导体高度的电阻系数为

$$k_{Rcr} \approx 1.33 \tag{5.37}$$

5.2.3 抑制集肤效应的方法

采用以下方法可以抑制集肤效应：

1）最有效的方法是按 5.2.1 节中所示，将导体分成多根子导体，并进行换位。

2）为了避免将体积大的导体分成多根子导体以及进行换位，可以使用并联支路，也就是将磁极分组并把各组磁极下的绕组并联。如果并联支路数为 a，那么为了保持感应电压和气隙磁通密度不变，串联匝数必须变成 a 倍。这意味着导体的高度将降为原来的 $1/a$。

3）采用多股线束、具有理想的导体换位的分层绞线也是非常有效的抑制集肤效应的方法。图 5.7 中给出的 Roebel 导条或 Litz 线就是其中的一个例子。

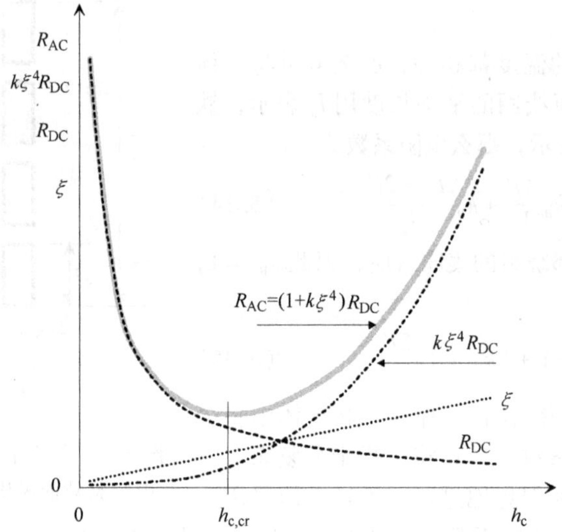

图 5.6　交流电阻 R_{AC} 在临界导体高度 $h_{c,cr}$ 处有最小值

在 Roebel 导条中，层间有固定的移位。因此，积分路径上部分磁通所产生的涡流的总和将被消除，有效地减小了集肤效应。然而，有一些集肤效应发生在子导体内。一种减小这类集肤效应的方法是使用截面积尽可能小的子导体。Roebel 导条常用于只含有单个有效匝数的线圈中。通常，Roebel 导条的子导体在绕组端部区域相连，而端部区域的集肤效应要比槽内小很多。

Litz 线也可用于抑制集肤效应。Litz 线是一种带状绝缘矩形导体，尺寸范围大，可应用于绝缘或不绝缘的线束中。线束成捆使用，并在一捆的中间位置扭转换位。因此换位虽然不是理想的，但仍然十分有效。在低压、大功率、绕组导体数量大的电机中使用 Litz 线十分有效。在频率低于约 100Hz 时，相对于传统的绕组来说，即便是没有绝缘的 Litz 线也是一种有效的选择（Hämäläinen et al. 2013）。

5.2.4　电感系数

集肤效应取决于导体的漏磁通，漏磁通也会改变导体的漏感 L_σ。漏感的变化是明显的，例如在笼型电机刚起动的时候。单边集肤效应发生在转子导条中，且导条面对槽口一侧的电流密度会增加。导体区域的漏磁通集中在槽口，这反过来会导致漏磁链的减少，因此槽漏感 L_σ 也会降低，正如 4.3.3 节所述。如果把直流电流下的漏感记为 $L_{\sigma DC}$，那么电感系数就可以表示为

$$k_L = \frac{L_\sigma}{L_{\sigma DC}} \tag{5.38}$$

电感系数可以通过式（4.90）~式（4.93）来计算。

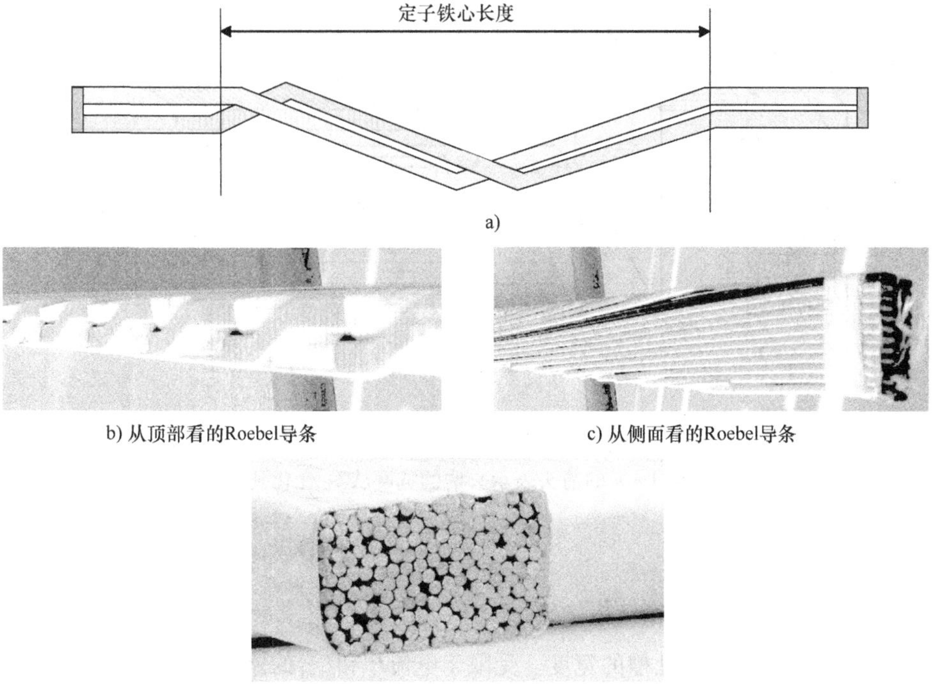

b) 从顶部看的Roebel导条

c) 从侧面看的Roebel导条

d) 绝缘和不带绝缘线束的Litz线，代表性的单根线径在0.5～1mm

图 5.7 换位：a）两根相邻导体的简化示意图。b）和 c）所示实物图为 Roebel 导条的结构。由于完善的导体换位，故 Roebel 导条最大限度地抑制了槽内的集肤效应。d）多股 Litz 线的实物图（Juha Haikola，LUT 拍摄）

5.2.5 利用电路分析方法计算槽内的集肤效应

除了 5.2.1 节提到的方法之外，可以用电路定理来分析集肤效应。这种方法非常适用于任意截面形状的转子导条，例如双笼转子。在这种方法中，实心导体被假定分成 n 层，或者是分成真实的子导体，如图 5.8 所示。其中，导体高度为 h_c，第 k 层子导体高度为 h_k。槽的宽度为 b_1 到 b_n，导体宽度也随之变化。这种情况经常出现在需要评价浇注的笼型导条的集肤效应时。铁心长度为 l。假设导体无限长，因此分割导体不会对电流分布产生影响。此外，假设子导体内没有集肤效应。

第 k 和第 $k+1$ 层子导体中的电流分别为$\underline{I}_k$ 和$\underline{I}_{k+1}$。假定电流沿着子导体中心线流过。在稳态时，槽漏磁通在第 k 层导体上感应出的电压为

$$\underline{E}_k = -\mathrm{j}\omega\Delta\underline{\Phi}_k = R_k\underline{I}_k - R_{k+1}\underline{I}_{k+1} \tag{5.39}$$

式中，$\Delta\Phi_k$ 为第 k 层和第 $k+1$ 层子导体间的漏磁通（实际上是在电流$\underline{I}_k$ 和$\underline{I}_{k+1}$之间）。如式（5.39）所示，感应电压经过两层导体的电阻$\underline{R}_k$ 和$\underline{R}_{k+1}$产生环流。

在电流$\underline{I}_k$ 和$\underline{I}_{k+1}$之间，第 k 层子导体中的磁通密度 B_k 取决于从槽底到第 k 层子导体

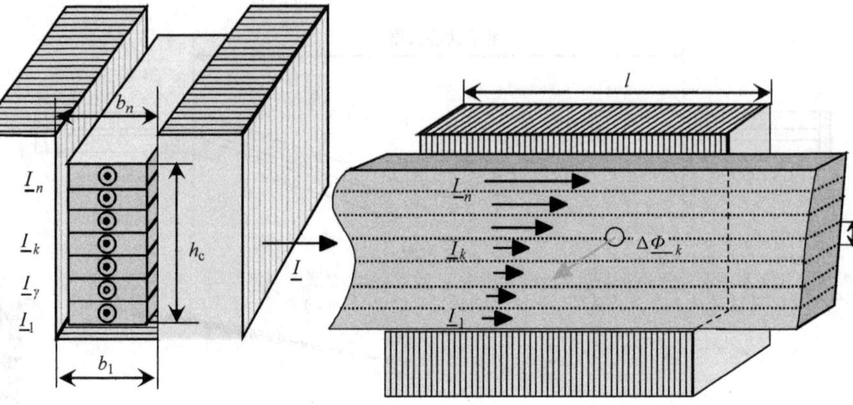

图5.8 为了计算集肤效应，将实心导体分成若干层或者子导体。导体的电流位于虚构的子导体中心，用下标1~n的箭头表示。槽的宽度从b_1变化到b_n，铁心长度为l

间计算得到的安匝数Θ_k为

$$B_k = \mu_0 \frac{\Theta_k}{b_k} = \mu_0 \frac{1}{b_k}\sum_{\gamma=1}^{k} i_\gamma \tag{5.40}$$

式中，b_k为第k层子导体处槽的宽度。受限于电流$\underline{I}_k$和$\underline{I}_{k+1}$的路径，穿过区域（$l \cdot h_k$）的局部磁通$\Delta\Phi_k$为

$$\Delta\Phi_k = B_k l h_k = \mu_0 \frac{\Theta_k}{b_k} l h_k = \mu_0 \frac{l h_k}{b_k}\sum_{\gamma=1}^{k} i_\gamma \tag{5.41}$$

这里可以看出子电流$\underline{I}_k$和$\underline{I}_{k+1}$间回路的磁导为$\Lambda_k = \mu_0 (l h_k / b_k)$，励磁电流为$\sum i_\gamma$。因为线圈的匝数$N=1$，所以磁通和磁链是相等的，$\Delta\Phi_k N = \Delta\Psi_k = L_k \sum i_\gamma$。将式（5.41）带入式（5.39）并引入相量，可以得到

$$\underline{E}_k = -\mathrm{j}\omega\mu_0 \frac{l h_k}{b_k}\sum_{\gamma=1}^{k} \underline{I}_\gamma = R_k \underline{I}_k - R_{k+1}\underline{I}_{k+1} \tag{5.42}$$

接下来，可以求得电流为

$$\underline{I}_{k+1} = \frac{R_k}{R_{k+1}}\underline{I}_k + \frac{\mathrm{j}\omega\mu_0}{R_{k+1}}\frac{l h_k}{b_k}\sum_{\gamma=1}^{k}\underline{I}_\gamma = \frac{R_k}{R_{k+1}}\underline{I}_k + \mathrm{j}\frac{\omega L_k}{R_{k+1}}\sum_{\gamma=1}^{k}\underline{I}_\gamma \tag{5.43}$$

子电流$\underline{I}_k$和$\underline{I}_{k+1}$路径间单匝回路的磁链$\Delta\Psi_k$形成的电感L_k按下式计算：

$$L_k = \Lambda_k N^2 = \mu_0 \frac{l h_k}{b_k} 1^2 = \mu_0 \frac{l h_k}{b_k} \tag{5.44}$$

这个电感是与区域（$l \cdot h_k$）有关的局部电感，受电流$\underline{I}_k$和$\underline{I}_{k+1}$形成的回路限制。如果电流$\underline{I}_1$的初始值已知，可以从式（5.43）得到下一个子导体的电流$\underline{I}_2$为

$$\underline{I}_2 = \frac{R_1}{R_2}\underline{I}_1 + \mathrm{j}\frac{\omega L_1}{R_2}\underline{I}_1 \tag{5.45}$$

如果电流$\underline{I}_1$的初始值未知，则可以先假定一个任意值，例如1A。

那么就可以得出下一个导体的电流$\underline{I}_3$为

$$\underline{I}_3=\frac{R_2}{R_3}\underline{I}_2+\mathrm{j}\frac{\omega L_2}{R_3}(\underline{I}_1+\underline{I}_2) \tag{5.46}$$

一般地，有

$$\underline{I}_{k+1}=\frac{R_k}{R_{k+1}}\underline{I}_k+\mathrm{j}\frac{\omega L_k}{R_{k+1}}(\underline{I}_1+\underline{I}_2+\cdots+\underline{I}_k) \tag{5.47}$$

通过以上方法，导条内所有的子电流都可以逐步计算出，最终就可以得到导条内的总电流

$$\underline{I}=\sum_{\gamma=1}^{n}\underline{I}_\gamma \tag{5.48}$$

通常情况下，导条的总电流I是给定的，因此子电流需要进行迭代计算，直到它们的和等于总电流。

如果槽的宽度一定，并且每个子导体的高度h_k都一致，那么所有子导体的电阻R_k和电感L_k都相等。在这种情况下，式（5.43）中的电阻比值$R_k/R_{k+1}=1$，相应地，比值$\omega L_k/R_{k+1}=c=$常数，可以写成

$$\underline{I}_{k+1}=\underline{I}_k+\mathrm{j}c(\underline{I}_1+\underline{I}_2+\cdots+\underline{I}_k) \tag{5.49}$$

例 5.5：考虑矩形铜电枢导体，宽度$b_c=15\mathrm{mm}$，放置于矩形槽内，槽宽$b=19\mathrm{mm}$。导体在高度方向分成 7 个子导体，每个子导体的高度均为$h_k=4\mathrm{mm}$。定子叠片长度是 700mm，电机的运行频率为 75Hz。铜导体的温度为 100℃。当导条内电流为 1200A 时，计算子导体的集肤效应，并绘制电流和电压的相量图。

解：室温（20℃）下$\rho_{Cu}=1/(57\times106\mathrm{S/m})=1.75\times10^{-8}\Omega\,\mathrm{m}$。铜的电阻温度系数为$\alpha_{Cu}=3.81\times10^{-3}/\mathrm{K}$。100℃时铜的电阻率为

$$\begin{aligned}\rho_{Cu,100℃}&=\rho_{Cu,20℃}(1+\Delta T\alpha_{Cu})=1.75\times10^{-8}\Omega\mathrm{m}(1+80\mathrm{K}\times3.81\times10^{-3}/\mathrm{K})\\&=2.28\times10^{-8}\Omega\mathrm{m}\end{aligned}$$

所有子导体的电阻R_k和电感L_k现在都相等。那么一根子导体的直流电阻为

$$R_{DC,k}=\frac{\rho l}{S_c}=\frac{2.28\times10^{-8}\Omega\mathrm{m}\times0.7\mathrm{m}}{0.015\mathrm{m}\times0.004\mathrm{m}}=0.266\mathrm{m}\Omega$$

一根子导体的电感为

$$L_k=\mu_0\frac{lh_k}{b}=4\pi\times10^{-7}\frac{\mathrm{Vs}}{\mathrm{Am}}\frac{0.7\mathrm{m}\times0.004\mathrm{m}}{0.019\mathrm{m}}=0.185\mu\mathrm{H}$$

电阻比值$R_k/R_{k+1}=1$，而比值

$$c=\frac{\omega L_k}{R_k}=\frac{2\pi75\dfrac{1}{\mathrm{s}}\times0.185\mu\mathrm{H}}{0.266\mathrm{m}\Omega}=0.327$$

下面利用式（5.49）来计算 7 个子导体中的电流。如果固定最低导条的相角为 0，则可以得到如下的电流值：

	电流 I/A	电流标幺值	相角/(°)	电流密度 J/(A/mm²)
导体 1	78. 33	0. 066	0	1. 30
导体 2	82. 41	0. 069	18. 1	1. 37
导体 3	103. 91	0. 087	47. 6	1. 73
导体 4	155. 28	0. 130	76. 4	2. 58
导体 5	241. 46	0. 202	101. 0	4. 02
导体 6	370. 80	0. 310	123. 9	6. 17
导体 7	561. 74	0. 470	146. 3	9. 37
整个导条	1200	1. 0	112. 4	平均 2. 86

图 5. 9 给出了例 5. 5 中导条总电流相量的合成过程。该图清楚地展示了电流相角如何彻底改变，以及电流如何聚集在接近槽口的导条中。当导体越来越接近槽口时，集肤效应不断地增加，这种情况称为单边集肤效应。用有效值表示的电流解并不能给出磁通分布的确切信息，因为它需要通过电流的瞬时值来确定。不过，有效值仍然适合于求解槽内的损耗分布。

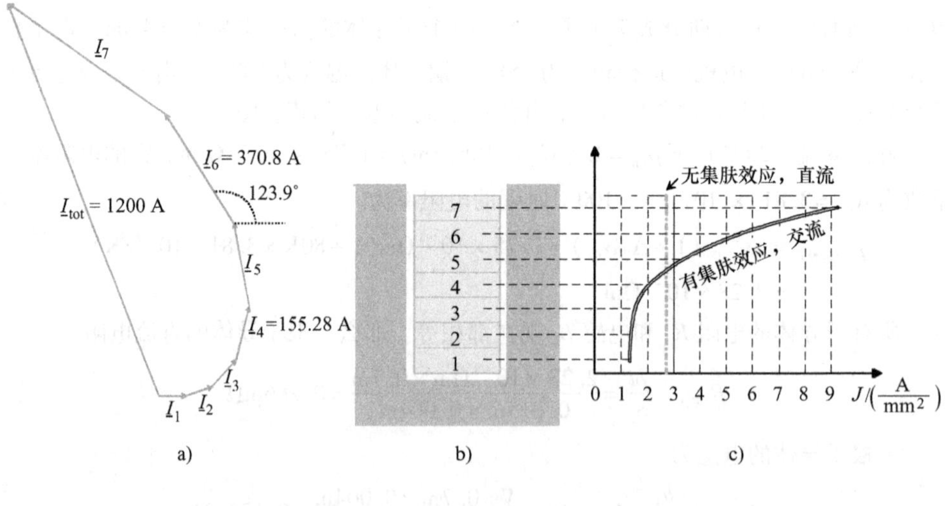

图 5.9　按照例 5.5 计算得到的集肤效应：a）c = 0.327 时，导体分成 7 根子导体（4mm × 15mm）后的电流相量图；b）分为 7 个子导体的导条；c）电流密度。通直流电流时，没有集肤效应，电流密度 J 在导体的截面内均匀分布。当通以 75Hz 的交流电流时，集肤效应导致接近槽口处的电流密度急剧增加

进一步可以检验槽内子导体的电压特性。第 k 根子导体的电阻压降为

$$\underline{U}_{rk} = R_k \underline{I}_k \tag{5.50}$$

相应地可以由此计算出第 $k+1$ 根子导体的压降。将上述结果带入式（5.42），可以得到

$$\underline{U}_{rk} - \underline{U}_{r(k+1)} = -\mathrm{j}\omega\mu_0 \frac{lh_k}{b_k}\sum_{\gamma=1}^{k}\underline{I}_\gamma \tag{5.51}$$

于是就可以得到

$$\underline{U}_{r(k+1)} = \underline{U}_{rk} + \mathrm{j}\omega L_k \sum_{\gamma=1}^{k}\underline{I}_\gamma = R_{k+1}\underline{I}_{k+1} \tag{5.52}$$

在导体的表面，可以把它写成导条交流阻抗的形式

$$\underline{U}_{AC} = \underline{U}_{rn} + \mathrm{j}\omega L_n \underline{I} \tag{5.53}$$

最顶端的电感 L_n 与 L_k 不同［式（5.44）］，因为最后一个回路的高度仅有子电流 I_k 和$\underline{I}_{k+1}$之间高度 h_k 的一半。那么，因为没有多余的子导体，所以与最后的磁通分量相交链的回路高度仅为 $h_k/2$。因此，对于矩形槽放置相似的矩形子导体，最顶端导体的电感为

$$L_n = L_k/2 \tag{5.54}$$

最顶端导条的电压由导条的电阻压降和所有子电流产生的电感压降组成：

$$\underline{U}_{AC} = R_n\underline{I}_n + \mathrm{j}\omega L_n \sum_{\gamma=1}^{n}\underline{I}_\gamma \tag{5.55}$$

导条上层的最后一根子导体和整个导体的电压$\underline{U}_{AC}$相等：$\underline{U}_{AC} = R_n\underline{I}_n + \mathrm{j}\omega L_n\underline{I}_{tot}$。总电流$\underline{I}_{tot}$与总的有效电阻 R_{AC}和电感 L_{AC}有关，$\underline{U}_{AC} = (R_{AC} + \mathrm{j}\omega L_{AC})\underline{I}_{tot}$。因此，比较这些公式就可以得到与集肤效应相关的交流电阻。由$(R_{AC} + \mathrm{j}\omega L_{AC})\underline{I}_{tot} = (R_n\underline{I}_n + \mathrm{j}\omega L_n\underline{I}_{tot})$可以得到

$$(R_{AC} + \mathrm{j}\omega L_{AC}) = R_n\frac{\underline{I}_n}{\underline{I}_{tot}} + \mathrm{j}\omega L_n \tag{5.56}$$

与集肤效应相关的导体有效交流电阻即为式（5.56）右侧的实部，电抗对应其虚部。

例 5.6：计算例 5.5 中 7 根子导体的电阻、无功电压和交流阻抗。

解：从例 5.5 可以得到：$R_k = 0.266\mathrm{m}\Omega$，$L_k = 0.185\mu\mathrm{H}$，$\mathrm{j}\omega L_k = \mathrm{j}87.2\mu\Omega$，$L_n = 0.0925\mu\mathrm{H}$，$\mathrm{j}\omega L_n = \mathrm{j}43.6\mu\Omega$。

	电流 I/A	相角/(°)	$\underline{U}_{rk} = R_k\underline{I}_k$/V	$\mathrm{j}\omega L_k\sum_{r=1}^{k}\underline{I}_\gamma$/V	相角/(°)	$I_k^2R_k$/W
导体 1	78.33	0	0.0208	0.00683	90	1.62
导体 2	82.41	18.1	0.0218	0.0138	99.3	1.80
导体 3	103.91	47.6	0.0277	0.0216	114.3	2.88
导体 4	155.28	76.4	0.0412	0.0318	144.9	6.40
导体 5	241.46	101.0	0.0641	0.0467	156.2	15.5
导体 6	370.80	123.9	0.0984	0.0696	179.3	36.4
导体 7	561.74	146.3	0.149	0.0525	202.4	83.7
整个导条	1200	112.4				148.3

$\underline{U}_{AC} = \underline{U}_{r7} + j\omega L_n \underline{I} = 0.149\text{V}\times\cos(146.3° - 112.4°) + j0.149\text{V}\sin(146.3° - 112.4°) + j0.0525\text{V}$

$\underline{U}_{AC} = (0.124 + j0.1355)\text{V}$

式中以总电流的相角112.4°作为参考方向。

最后，可以得到75Hz时整个导条的交流阻抗

$$(R_{AC} + j\omega L_{AC}) = \frac{\underline{U}_{AC}}{\underline{I}_{tot}} = \frac{(0.124 + j0.1355)\text{V}}{1200\text{A}} = 0.103\text{m}\Omega + j0.113\text{m}\Omega$$

对其进行校核：

$$(R_{AC} + j\omega L_{AC}) = R_n \frac{\underline{I}_n}{\underline{I}_{tot}} + j\omega L_n$$

$$(R_{AC} + j\omega L_{AC}) = R_7 \frac{\underline{I}_7}{\underline{I}_{tot}} + j\omega L_7 = 266\mu\Omega \frac{561.74\text{A}\angle 146.3°}{1200\text{A}\angle 112.4°} + j\frac{87.2}{2}\mu\Omega$$

$$(R_{AC} + j\omega L_{AC}) = 12.45\mu\Omega\angle 33.9° + 43.6\mu\Omega\angle 90°$$

$$(R_{AC} + j\omega L_{AC}) = 103\mu\Omega + j69.4\mu\Omega + j43.6\mu\Omega = 103\mu\Omega + j113\mu\Omega$$

与之前的结果一致。

图5.10给出了图5.9中子导体的电流和电压相量。

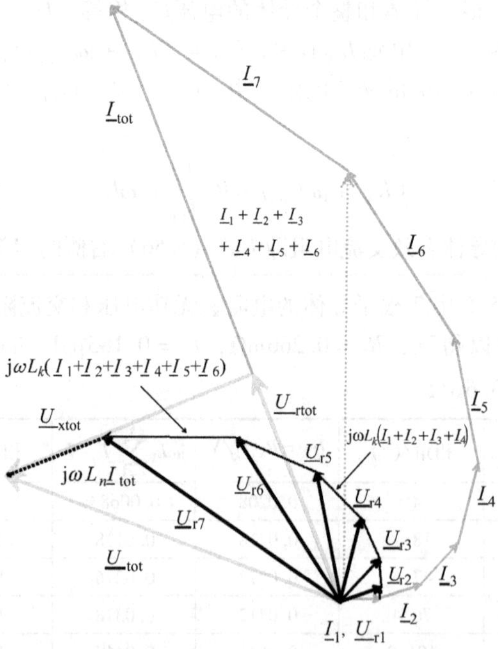

图5.10 例5.5和例5.6中7根子导体的集肤效应。该相量图按如下的规则绘制：电阻R_1中的电流$\underline{I}_1$产生的电压差$\underline{U}_{r1}$平行于$\underline{I}_1$，无功电压$\underline{U}_{x1}$与$\underline{I}_1$垂直。电阻R_2中的电流$\underline{I}_2$产生的电压差$\underline{U}_{r2}$平行于$\underline{I}_2$，无功电压$\underline{U}_{x2}$与$\underline{I}_1+\underline{I}_2$垂直，依此类推。无功电压$\underline{U}_{xtot}$与$\underline{I}_{tot}$垂直

基于式（5.50）~式（5.55），分成子导体后导体的集肤效应可以用图 5.11 所示的等效电路来描述。图中，由式（5.55）定义的电压产生在等效电路的两端，导条的总电流 I 从中流过。电压 $\underline{U}_{AC}$ 因此可以被称为分成子导体后导体的端电压，也可以被称为导体假想分段后的端电压，$R_{AC}+j\omega L_{AC}$ 是导体的交流阻抗。

以上的解释也可以按照如下的方式给出：图 5.11 的等效电路由若干个 T 形等效电路组成。在每一个 T 形电路中电感为 $L_k/2$。这些电感可以用相应的漏磁通进行计算，这些漏磁通经过由导体的中线和导体边界 $l \cdot h_k/2$ 限定的区域。当两个相邻的 T 形电路相连时，电阻 R_k 和 R_{k+1} 之间的总电感为 $2 \cdot L_k/2 = L_k$，如图 5.11 所示。因为最后一个 T 形等效电路没有接下来的 T 形电路相连，所以等效电路最后一个电感为 $L_k/2$。

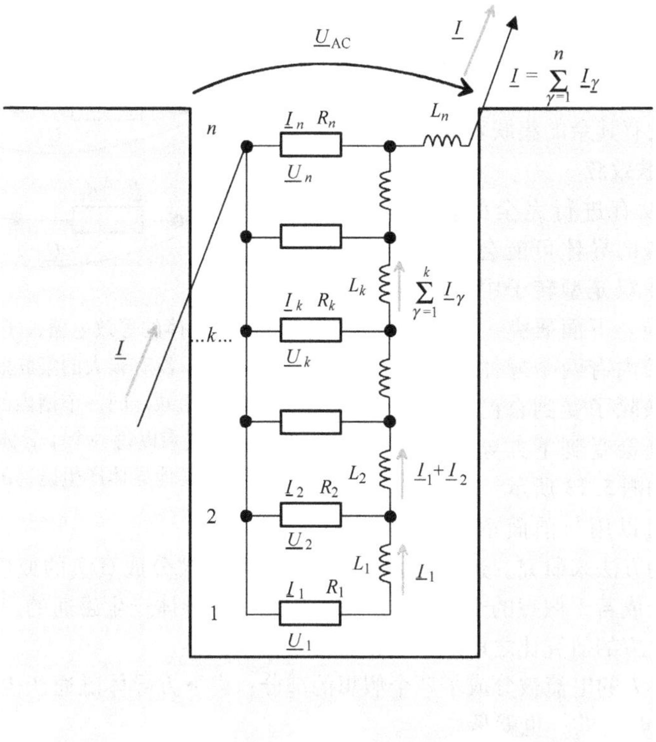

图 5.11　对应于图 5.10 相量图的变槽宽槽内分段导体的等效电路。U_{AC} 表示通交流电时导体上的电压。在图 5.10 中，这个电压对应于电压 U_{tot}

当电枢绕组的导条被分成相互绝缘的子导体，并且子导体在槽间进行换位以避免集肤效应时，可以利用之前的公式来分析每一个单独子导体的电感。当单个串联子导体向不同槽所有可能的位置进行换位时，所有子导体的平均电感变得相等，电流在子导体间的分布也相等。当获得了完善的换位时，所有子导体的电流保持相等，这使得对子导体电感的计算要简单一些。如果槽宽 b 为常数，所有的子导体高度相同，则可以将电感与位置数字相乘，而不用对电流求和。修改式（5.44）可以得到新的绝缘平行子导体电感计算式

$$L_k = k\mu_0 \frac{lh_k}{b_k} \tag{5.57}$$

现在，相连子导体的等效电路简化为相互隔离的等效电路，图5.12表示了一个槽的等效电路经理想换位后的系统。一相绕组中导体的电感 $L = L_k + 2L_k + \cdots + nL_k$，等于槽内所有导体的电感，所以除了子导体自身的集肤效应外，现在没有其余的集肤效应。

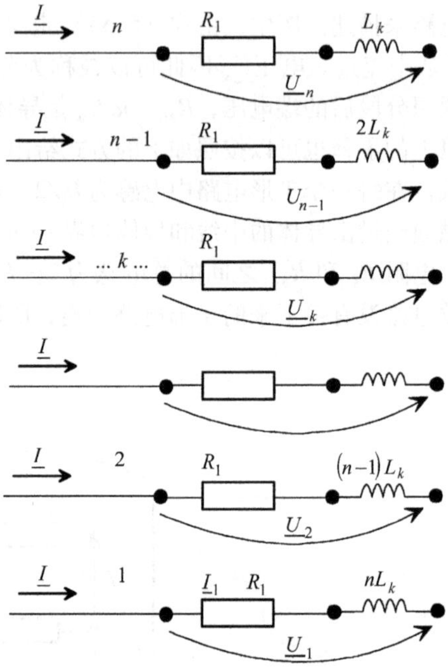

图5.12 槽内导体的等效电路，子导体在绕组端部进行换位所以没有较大的集肤效应，并且所有子导体的电流相同。同一个槽内的导体电压并不相同。通过乘以每一个子导体的电感，可以计及其他导体产生磁通的影响

5.2.6 双边集肤效应

如果绕组没有进行完全的换位，绕组内互相堆叠的导体可能会产生双边集肤效应。在双笼型转子中也能观察到类似的效应。下面研究一个简单的例子，其中槽内有两个导体相互堆叠。上面的导条除了受到自己产生磁通的影响外，还会受到下方导条产生磁通的影响，如图5.13所示。

电流特性可以用与前面章节单边集肤效应相同的方法来研究。这里上方和下方的导条都被分成真实的或假想的子导体。上方的导条被分成若干假想的子导体，它们会受到下方导体产生磁通的影响。这使得对上方导条集肤效应的研究比之前的例子稍微复杂一些。

上方子导体 k 的电流被分成了两个假想的部分：由下方导体磁通产生的$\underline{I}'_k$和子导体 k 单独在槽内的电流$\underline{I}''_k$，也就是

$$\underline{I}_k = \underline{I}''_k + \underline{I}'_k \tag{5.58}$$

因此，与图5.10类似的相量图对子电流$\underline{I}''_k$仍然有效，我们只需要对子电流$\underline{I}'_k$进行分析，在这种情况下可以找到一种简单的计算方法。下方导条电流$\underline{I}_u$会在上方导条区域产生时变的磁通。这个磁通产生的涡流是关于上方导体中心线对称的。因此，将上方导体分成偶数个子导体是适当的。根据楞次定律，上方导条子导体中的涡流总是试图阻止下方导条中电流产生的磁通。

因此，涡流在距离导体中心线上下相等的距离处幅值相等，方向相反：

$$\underline{I}'_k = -\underline{I}'_{n-k+1} \tag{5.59}$$

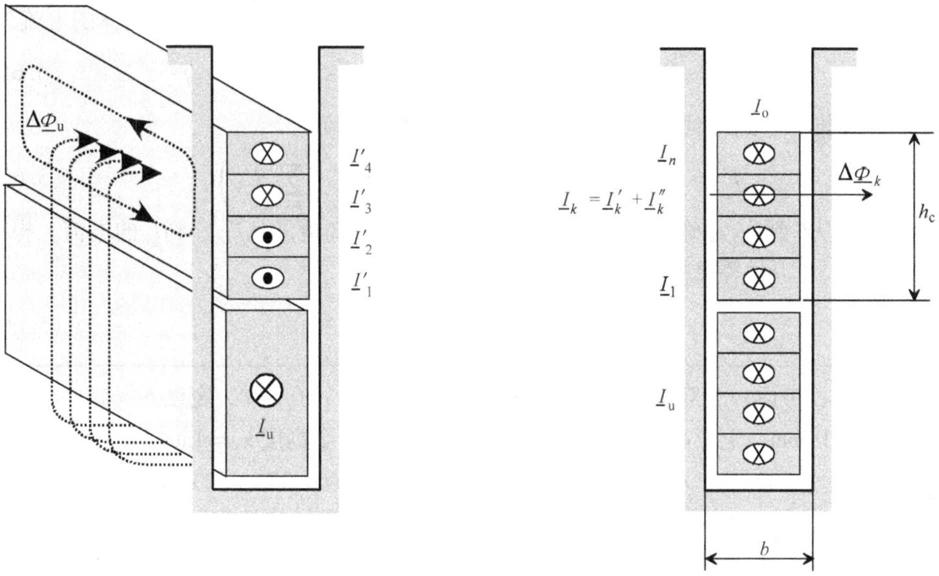

图 5.13　计算槽中上下两个堆叠载流导体的集肤效应示意图：a）下方导体电流单独产生的磁通，以及上方导体为抵抗该磁通所感应的电流$\underline{I}'_k$；b）槽截面图，其中$\underline{I}_o$ 为上方导体的总电流，而$\underline{I}_u$ 为下方导体的总电流

在图 5.13 中，电流$\underline{I}'_1$和$\underline{I}'_2$的方向为垂直穿出纸面，电流$\underline{I}'_3$和$\underline{I}'_4$的方向与下方导体总电流的方向相同。因此，我们得到了与磁通 $\Delta\underline{\Phi}_u$ 方向相反的两个电流回路。

下方导条电流$\underline{I}_u$ 产生的磁通 $\Delta\underline{\Phi}_u$ 在上方子导体 $k+1$ 中感应出电流$\underline{I}'_{k+1}$。这个电流$\underline{I}'_{k+1}$可以类似地根据式（5.43）在第 $k+1$ 段假想的子导体中计算得出。

$$\underline{I}'_{k+1}=\frac{R_k}{R_{k+1}}\underline{I}'_k+\mathrm{j}\frac{\omega L_k}{R_{k+1}}\left(\sum_{\gamma=1}^{k}\underline{I}'_\gamma+\underline{I}_u\right)\tag{5.60}$$

如果选择 $R_k/R_{k+1}=1$，以及 $\omega L_k/R_{k+1}=c$，可以得到

$$\underline{I}'_{k+1}=\underline{I}'_k+\mathrm{j}c(\underline{I}'_1+\underline{I}'_2+\cdots+\underline{I}'_k+\underline{I}_u)\tag{5.61}$$

设 n 为偶数，子导体 $k=n/2$ 和 $k+1=n/2+1$ 组成了中间的导体。这里根据式（5.60）和式（5.61），可以把电流写成

$$\underline{I}'_{n/2+1}=-\underline{I}'_{n/2}=\underline{I}'_{n/2}+\mathrm{j}c\left(\sum_{\gamma=1}^{n/2}\underline{I}'_\gamma+\underline{I}_u\right)=\underline{I}'_{n/2}+\mathrm{j}c\,\underline{I}_\mu\tag{5.62}$$

括号里的是下方导体的电流，以及由下方导体电流$\underline{I}_u$ 在上方导体的下半部分引起的假想电流。求解式（5.62）得到子导体 $k=n/2$ 的电流，它恰好位于上方导条的中心线下面。

$$\underline{I}'_{n/2}=-\frac{\mathrm{j}c\,\underline{I}_\mu}{2}=-\frac{\mathrm{j}c}{2}\left(\sum_{\gamma=1}^{n/2}\underline{I}'_\gamma+\underline{I}_u\right)\tag{5.63}$$

同样地，我们需要迭代进行求解。假设$\underline{I}_u$ 的初始值，之后就能够非常简单地计算

出子导体中的电流。现在，根据式（5.60），上方导条内其余下半部分子导体的电流为

$$\underline{I}'_{n/2-1}=\underline{I}'_{n/2}-\mathrm{j}c\left(\sum_{\gamma=1}^{n/2-1}\underline{I}'_{\gamma}+\underline{I}_{\mathrm{u}}\right)=\underline{I}'_{n/2}-\mathrm{j}c(\underline{I}_{\mu}-\underline{I}'_{n/2}) \tag{5.64}$$

依此类推，直到得到上方导条中最下方子导体的电流

$$\underline{I}'_{1}=\underline{I}'_{2}-\mathrm{j}c(\underline{I}'_{1}+\underline{I}_{\mathrm{u}})=\underline{I}'_{2}-\mathrm{j}c\left(\underline{I}_{\mu}-\sum_{\gamma=1}^{n/2}\underline{I}'_{\gamma}\right) \tag{5.65}$$

当电流从$\underline{I}'_1$到$\underline{I}'_{n/2}$都确定了，基于式（5.59），也就知道了从$\underline{I}'_{n/2+1}$到$\underline{I}'_n$的电流。根据式（5.62），下方导体电流总和为

$$\underline{I}_{\mathrm{u}}=\underline{I}_{\mu}-\sum_{\gamma=1}^{n/2}\underline{I}'_{\gamma} \tag{5.66}$$

例5.7：考虑一个双层绕组，矩形铜导体分成了4个子导体，宽度$b_{\mathrm{c}}=15\mathrm{mm}$，矩形槽宽$b=19\mathrm{mm}$。上层高度为16mm的导条被分成了4个高度$h_k=4\mathrm{mm}$的子导体。定子叠片长度为700mm，电机的频率为50Hz。铜的温度为100℃。如果绕组没有采取换位，当同相位的1000A电流流过所有的导体时，计算子导体的集肤效应。可以忽略子导体自身内部的集肤效应。

解：现在所有子导体的电阻R_k和电感L_k都相等。子导体的直流电阻$R_{\mathrm{dc},k}=0.266\mathrm{m}\Omega$。单根子导体的电感为

$$L_k=\mu_0\frac{lh_k}{b}=4\pi\times10^{-7}\frac{\mathrm{Vs}}{\mathrm{Am}}\frac{0.7\mathrm{m}\times0.004\mathrm{m}}{0.019\mathrm{m}}=0.185\mu\mathrm{H}$$

所有电阻的比值$R_k/R_{k+1}=1$；比值

$$c=\frac{\omega L_k}{R_k}=\frac{2\pi50\dfrac{1}{\mathrm{s}}\times0.185\mu\mathrm{H}}{0.266\mathrm{m}\Omega}=0.218$$

首先必须求解上方导条的涡流。层数$n=4$为偶数，子导体$k=n/2=2$和$k+1=n/2+1=3$位于导条的中间。为了得到恰好位于上方导条中心线上下方的子导体$k=2$和$k=3$的电流，对式（5.59）和式（5.62）、式（5.63）进行求解：

$$\underline{I}'_{2}=-\frac{\mathrm{j}0.218}{2}\left(\sum_{\gamma=1}^{2}\underline{I}'_{\gamma}+\underline{I}_{\mathrm{u}}\right)=-\mathrm{j}0.11\,\underline{I}_{\mu}=-\underline{I}'_{3}$$

由式（5.65）得到

$$\underline{I}'_{1}=\underline{I}'_{2}-\mathrm{j}c(\underline{I}'_{1}+\underline{I}_{\mathrm{u}})=\underline{I}'_{2}-\mathrm{j}c\left(\underline{I}_{\mu}-\sum_{\gamma=1}^{n/2}\underline{I}'_{\gamma}\right)$$

$$\Rightarrow\underline{I}'_{1}=\underline{I}'_{2}-\mathrm{j}0.218(\underline{I}_{\mu}-\underline{I}'_{1}-\underline{I}'_{2})=-\underline{I}'_{4}$$

$$\Rightarrow\underline{I}'_{1}(1-\mathrm{j}0.218)=\underline{I}'_{2}(1+\mathrm{j}0.218)-\mathrm{j}0.218\,\underline{I}_{\mu}$$

$$\underline{I}'_{1}=\frac{\underline{I}'_{2}(1+\mathrm{j}0.218)-\mathrm{j}0.218\,\underline{I}_{\mu}}{(1-\mathrm{j}0.218)}=-\underline{I}'_{4}$$

下方导条的电流为$\underline{I}_{\mathrm{u}}=\underline{I}_{\mu}-\underline{I}'_1-\underline{I}'_2$。

迭代求解得到的电流$\underline{I}_{\mu}=(995+\mathrm{j}96)\mathrm{A}$。

	$\underline{I}'_k$/A	相角/(°)	$\underline{I}''_{k0}$/A	相角/(°)	I_{k0}/A	相角/(°)	I_{ku}/A	相角/(°)
1	321	-68	232	0	462	-40.2	232	0
2	110	-84.4	238	12.3	250	-13.6	238	12.3
3	110	-95.5	269	34.5	336	51.1	269	34.5
4	321	112	350	59.6	602	84.6	350	59.6

图 5.14 给出了例 5.7 中电流的相量图。

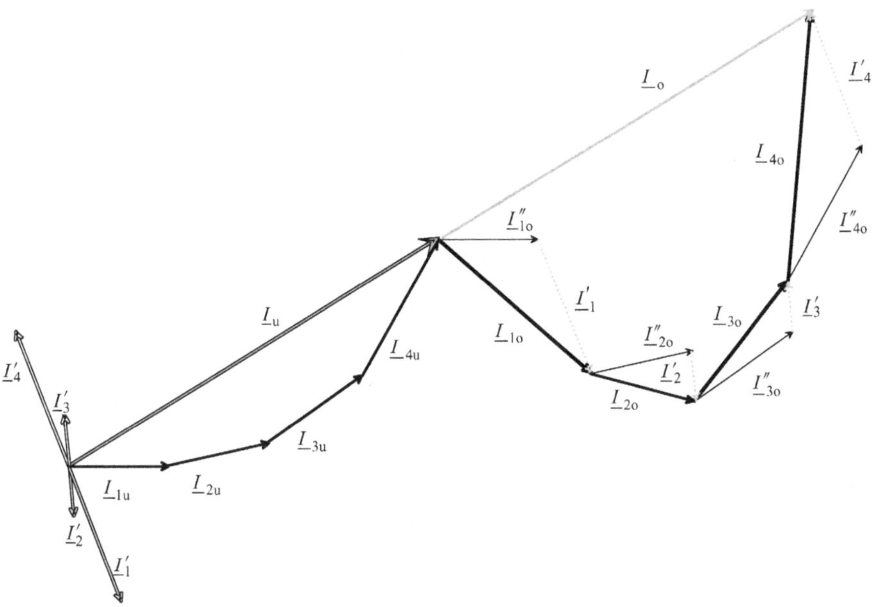

图 5.14　转子堵转时双笼型感应电机转子子导体电流相量图。上方导条的子电流表示为 $I_{ko}=I''_{ko}+I'_k$，其中 I''_{ko}是由上方导条单独产生的涡流分量，I'_1、I'_2、I'_3和 I'_4是由下方导条电流导致的涡流分量。下方导体的电流特性与槽内为单根导条时类似。

图 5.15 给出了子导体电流有效值密度。当上方导体中流过电流密度（J'_o）时，会出现图示对称的集肤效应现象。上方导条中合成的电流密度为 J_o，其中已经考虑了下方导条的影响。可见下方导条对集肤效应的影响非常显著。J_{DC}是直流电流时的电流密度。

我们可以看到，当没有换位时，导体中的双边集肤效应是十分显著的。实际上，除了转子槽中和笼型电机外，这种绕组排布并不可行。

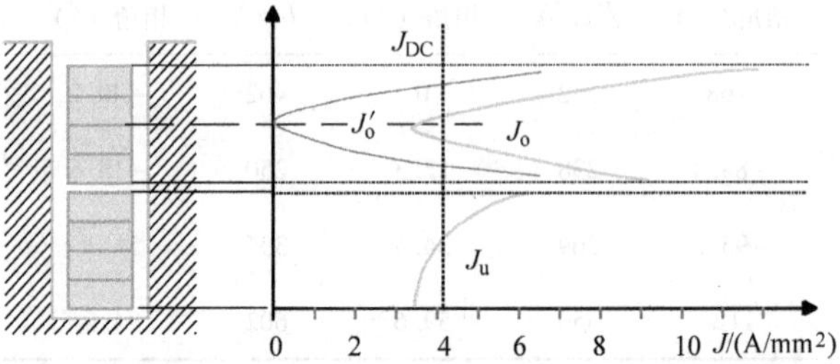

图 5.15 两个实心导体相互堆叠时的集肤效应。导体各被分成 4 个虚构的子导体。上方导体的电流密度 J'_o关于上方导体的中线对称分布。J'_o表示抵抗下方导体磁通的影响所感应出的电流的电流密度。将其与上方导体中自身流过的电流合成后，上方导体的总电流密度 J_o 就不再是对称分布的了。下方导体的电流密度是 J_u。

参 考 文 献

Hämäläinen, H., Pyrhönen, J., Nerg, J. AC resistance factor in one-layer form-wound winding used in rotating electrical machines. Accepted in *IEEE Transactions on Magnetics*, 2013.

Hämäläinen, H., Pyrhönen, J., Nerg, J., Talvitie, J. AC resistance factor of Litz-wire windings used in low-voltage generators. Accepted in *IEEE Transactions on Industrial Electronics*, 2013.

Küpfmüller, K. (1959) *Introduction to Theoretical Electrical Engineering (Einführung in die theoretische Elektrotechnik)*, 6th rev. edn, Springer Verlag, Berlin.

Lipo, T.A. (2007) *Introduction to AC Machine Design*, 3rd edn, Wisconsin Power Electronics Research Center, University of Wisconsin.

Richter, R. (1954) *Electrical Machines: Induction Machines (Elektrische Maschinen: Die Induktionsmaschinen)*, Vol. **IV**, 2nd edn, Birkhäuser Verlag, Basle and Stuttgart.

Richter, R. (1967) *Electrical Machines: General Calculation Elements. DC Machines (Elektrische Maschinen: Allgemeine Berechnungselemente. Die Gleichstrommaschinen)*, Vol. **I**, 3rd edn, Birkhäuser Verlag, Basle and Stuttgart.

Stoll, R. (1974) *The Analysis of Eddy Currents*, Clarendon Press, Oxford.

Vogt, K. (1996) *Design of Electrical Machines (Berechnung elektrischer Maschinen)*, Wiley-VCH Verlag GmbH, Weinheim.

第 6 章 旋转电机的设计流程

在前面的章节里，介绍了指导电机设计的基本理论：第 1 章阐述了必要的电磁理论基础；第 2 章着重介绍了绕组排布方式；第 3 章描述了磁路特性；第 4 章讨论了电感；第 5 章则关注绕组电阻。现在我们应该能够开始讨论电机的设计过程了。但在进入最终的设计阶段之前，需要先学习电机的生态化设计原则。实行生态化设计规范的目标是减少电机在整个制造及寿命周期中对环境所产生的不良影响。

6.1 旋转电机的生态化设计原则

在欧盟销售的电机是必须要满足电机生态化设计要求（Directive 2009/125/EC, Commission Regulation 640/2009）的。该要求旨在减少电机在整个生命周期中的能量消耗和对环境的影响。其中，环境因素包括材料的利用、水的利用（如果用到）、污染排放、浪费问题和再循环能力；而对于能量消耗方面的要求，则针对市场上所有用来直接并网，并且额定电压小于等于 1000V、额定功率在 0.75 ~ 375kW 之间、极数在 2 ~ 6 极之间的三相交流电机，规定了最低效率要求。电机的效率被分成三个级别，以 IE1 ~ IE3 表示。在 2013 年，规定新制造的、额定功率在 7.5 ~ 375kW 之间的电机必须满足 IE2 级的要求；而从 2015 年 1 月 1 日起，必须至少满足 IE3 级的要求或者采用变频器驱动后至少满足 IE2 级的要求。从 2017 年 1 月 1 日起，上述规范将同样适用于额定功率在 0.75 ~ 7.5kW 之间的电机。其中，所说效率是指施加正弦电压时电机所能达到的效率，也可以采用逆变器驱动。效率等级划分由 IEC 标准 60034 – 30 给出。在新版规范 IEC 60034 – 30 – 1（2014）中，产品的等级划分范围要比 Commission Regulation 640/2009 中给出的要求更广（见 7.1 节）。

Commission Regulation 640/2009 规定了制造商必须提供的产品信息（见表 6.1）。

表 6.1 来自技术文件以及电机和包含电机产品的制造商网站的电机产品资料

（其中第 1 点、第 2 点和第 3 点应该明确标注在电机铭牌上或旁边）

1. 在 100%、75% 和 50% 的额定负载和电压时的额定效率
2. 符合 IE 分级标准的效率级别
3. 制造日期
4. 制造商的名字或商标、工商注册号、厂址
5. 产品型号
6. 极数
7. 额定输出功率或其范围（kW）
8. 额定输入频率（Hz）
9. 额定输入电压或其范围（V）
10. 额定转速或其范围（min^{-1}）
11. 报废时与拆卸、回收和废弃处置有关的信息
12. 电机的最佳运行环境：①海拔；②环境温度，包括空冷电机；③水冷电机入水温度；④最高运行温度；⑤潜在爆炸环境

生态化设计需要考虑整个寿命周期，包括从最初的原材料到最后的循环利用和废料处理（见图6.1）。产品设计师要对材料选用负责，但不用过分关注材料如何生产；此外，还需要考虑材料和方案是否会引起有害影响等，以便及时规避。

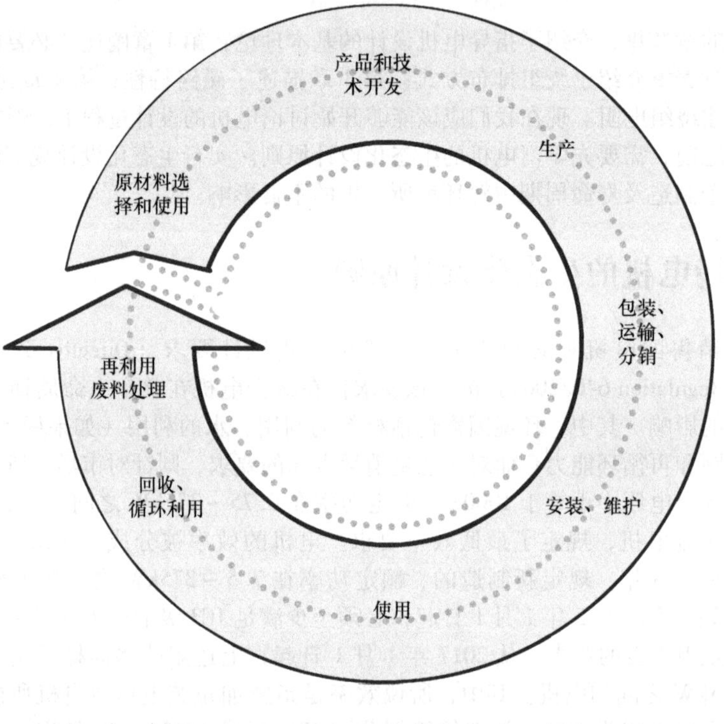

图6.1　从原材料选择到回收利用的产品寿命周期。设计师仅需要在一定程度上对材料选择、结构方案和维护方案等负责。例如，要对材料选用负责，但不用过分关注材料如何生产。图中，设计师需要负责的地方已由虚线象征性地标示出来了

6.2　旋转电机的设计流程

图6.2所示为电机设计过程的主要项目流程图。它可以直接用于异步电机设计，也可以在微调后用于其他类型电机设计。在下面的小节里，将详细阐述图6.2中的15个设计步骤。

6.2.1　初始值

设计旋转电机可以从某些给定的基本特性开始，其中最重要的有：

- 电机类型（异步电机、同步电机、直流电机、开关磁阻电机或同步磁阻电机等）。

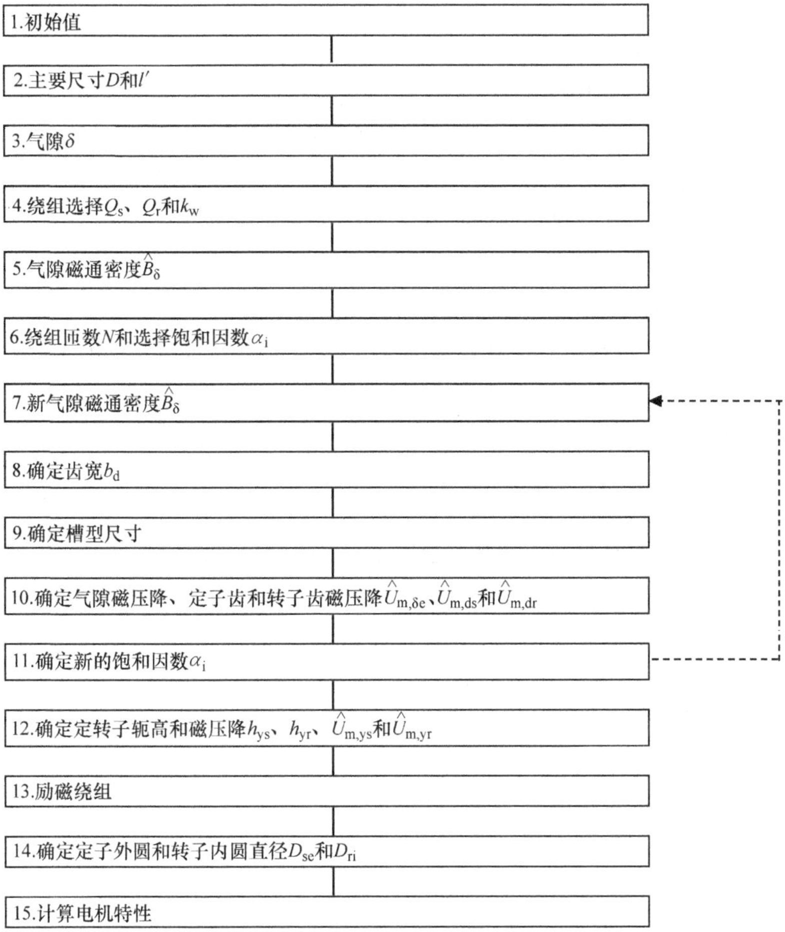

图 6.2　旋转电机简明设计过程。该流程图是针对异步电机设计的，但同样适用于其他种类的旋转磁场电机。其中，饱和系数（α_i）的特性因电机而异，特别是在表面磁极式永磁电机中。对于磁极厚度处处相等的表面磁极式永磁同步电机，有效相对磁极宽度可以作为 α_i 的初值

- 结构类型（外置磁极式电机、内置磁极式电机、轴向磁通电机、径向磁通电机等）。
- 额定功率：

–对于电动机，给出轴上机械输出功率 P_N(W)。

–对于同步电动机，还要给出功率因数（$\cos\varphi$ 过励）。

–对于感应发电机和直流发电机，给出电输出功率 P_N(W)。感应发电机的功率因数表征其从电网吸收的无功，必须使用电容器组进行无功补偿。

-对于同步发电机，给出视在输出功率 S_N(VA) 和功率因数（一般 $\cos\varphi=0.8$ 过励）。

- 额定转速 n_N 或额定角速度 Ω_N。
- 极对数 p（如果使用变频器驱动，也是优化指标）。
- 额定频率 f_N（如果使用变频器驱动，也是优化指标）。
- 额定电压 U_N。
- 相数 m（如果使用变频器驱动，也是优化指标）。
- 直接驱动（S1～S9）和变速驱动的预期工作周期。
- 防护等级和电机结构。
- 附加信息，例如效率、需要的堵转转矩、起动转矩、峰值转矩、堵转电流和调速驱动等。
- 电机设计时用到的标准。
- 经济边界条件。
- 工艺性和寿命周期评估。

电机设计中存在大量的自由参数，如果不对其进行适当限定，寻求最优解的过程将会变得极其复杂。好在很多参数变化微弱，为了简化工作可以假定其为常量。下面10个参数可被列为自由参数：

- 定子叠片外径（采用IEC标准时，只能选取某些特定值）；
- 定子叠片长度；
- 定子槽宽；
- 定子槽高；
- 气隙处直径；
- 气隙长度；
- 气隙磁通密度峰值；
- 转子槽宽；
- 转子槽高；
- 极对数和频率。

6.2.2 主要尺寸

实际上，电机设计过程开始于主要尺寸的选择。术语“主要尺寸”指的是在定子内孔处测得的气隙直径 D_s（见图3.1和图3.2）和等效铁心长度 l' [见图3.10和式(3.36)]。等效铁心长度需要考虑电机冷却通道和端部附近的边缘磁通。对于永磁电机，电机有效长度必须分别仔细考虑定、转子的励磁形式。在叠片转子上，由于永磁材料不能产生轴向连续的电流链，故必须考虑永磁体的边缘磁通。对于转子绕组来说，电流链是连续的，并且叠片末端不会出现像永磁体一样不连续的边缘磁通。

在电机设计中，电流密度和磁通密度均有经验性的取值范围，可以用于设计的初级阶段。表6.2和表6.3给出了部分良好设计的标准电机的电、磁负载值。

表 6.2　各类典型电机磁路中各部分所允许的磁通密度

	磁通密度 B/T			
	异步电机	凸极同步电机	隐极同步电机	直流电机
气隙	0.7～0.9（$\hat{B}_{\delta 1}$）	0.85～1.05（$\hat{B}_{\delta 1}$）	0.8～1.05（$\hat{B}_{\delta 1}$）	0.6～1.1（B_{max}）
定子轭	1.4～1.7（…2）	1.0～1.5	1.1～1.5	1.1～1.5
齿（外表最大值）	1.4～2.1（定子） 1.5～2.2（转子）	1.6～2.0	1.5～2.0	1.6～2.0（补偿绕组） 1.8～2.2（电枢绕组）
转子轭	1～1.6（…1.9）	1.0～1.5	1.3～1.6	1.0～1.5
磁极铁心	—	1.3～1.8	1.1～1.7	1.2～1.7
换向极	—	—	—	1.3

表 6.3　各类电机所允许的电流密度有效值和线负载

（表中数值的大小根据电机的大小进行选择，绕组默认使用铜导线）

	异步电机	凸极同步电机或永磁同步电机	隐极同步电机			直流电机
			间接冷却		直接冷却	
			空冷	氢冷		
A/(kA/m)	30～65	35～65	30～80	90～110	150～200	25～65
J/(A/mm^2)	定子绕组 3～8	电枢绕组 4～6.5	电枢绕组 3～5	电枢绕组 4～6	电枢绕组 水冷 7～10 氢冷 6～13	电枢绕组 4～9
J/(A/mm^2)	铜转子绕组 3～8	多层励磁绕组 2～3.5	励磁绕组 3～5	励磁绕组 3～5		磁极绕组 2～5.5
J/(A/mm^2)	铝转子绕组 3～6.5	单层励磁绕组 2～4				补偿绕组 3～4
			若对励磁绕组使用直接水冷电流密度可以达到 13～18A/mm^2，线负载可以达到 250～300kA/m			

电机所允许的电、磁负载水平均建立在绝缘和散热设计的基础之上。表中给出了不同电机参数下的经验性数据。一般而言，电机设计是一个相当复杂的迭代过程，需要首先选取一组尺寸初值，再进行电气设计，最后计算散热情况。如果计算出电机散热能力不足，就需要增大电机尺寸或者选用更好的材料或者选择更强有力的冷却方式，然后重新设计。材料的选择对损耗和热阻均有重大影响。如果选择低损耗铁心材料和高绝缘等级的绝缘材料，相同体积情况下电机输出功率会有所提升。

对于永磁电机，可以根据表 6.2 中的同步电机选择合适的磁通密度。

从表 6.3 中可以发现，采用间接冷却方式时，槽尺寸越大则允许的电、磁负载越小。因此，大电机适合取较小的电流密度 J，而小电机适合取较大的电流密度 J。不过线负载 A 却恰恰相反，大电机适合取大的线负载，小电机适合取小的线负载。如果要设计一台具有宽槽和分数槽集中非重叠绕组（齿线圈）的永磁同步电机，表中关于磁极绕组的取值范围依然有效。

式（1.115）定义了气隙中的切向应力 σ_{Ftan}。切向应力的局部值取决于局部线电流密度 $A(x)$ 和局部磁通密度 $B(x)$，即 $\sigma_{Ftan}(x)=A(x)B(x)$。假设气隙磁通密度以峰值 $\hat{B}_\delta$ 按正弦分布，同时施加峰值为 $\hat{A}$、有效值为 A 的正弦线电流密度，则可以得到 A、B 分布中基波空间相位差为 ζ 时的平均切向应力。

$$\sigma_{Ftan}=\frac{\hat{A}\hat{B}_\delta\cos\zeta}{2}=\frac{A\hat{B}_\delta\cos\zeta}{\sqrt{2}} \tag{6.1}$$

该切向应力作用在电机转子表面时产生转矩。表6.4给出了根据表6.2和表6.3计算出来的气隙切向应力指导极限值。

表6.4　根据表6.2和表6.3计算出来的切向应力 σ_{Ftan}（表中给出了由最小、平均和最大线电流密度以及磁通密度计算出的应力最小值、平均值和最大值。其中，假定磁通密度和线电流密度按正弦分布。对于直流电机，假设极弧系数为2/3。假设同步电机的 $\cos\zeta=1$，异步电机 $\cos\zeta=0.8$）

	全封闭异步电机	凸极同步电机或永磁同步电机	隐极同步电机			直流电机
			间接冷却		直接冷却	
			空冷	氢冷		
A 有效值/(kA/m)	30~65	35~65	30~80	90~110	150~200	25~65
气隙磁通密度 $\hat{B}_\delta$/T	0.7~0.9	0.85~1.05	0.8~1.05	0.8~1.05	0.8~1.05	0.6~1.1
切向应力 σ_{Ftan}/Pa 最小值	12000*	21000*	17000*	51000*	85000*	12000*
平均值	21500*	33500*	36000*	65500*	114500*	29000*
最大值	33000*	48000*	59500*	81500*	148500*	47500*
	*$\cos\zeta=0.8$	*$\cos\zeta=1$	*$\cos\zeta=1$	*$\cos\zeta=1$	*$\cos\zeta=1$	*$\alpha_{DC}=2/3$

切向应力值为我们提供了一个电机设计的起点。我们可以先通过合适的转子表面切向应力值来确定转子尺寸。如果转子半径为 r_r，转子等效长度为 l'，面向气隙的转子表面积为 S_r，转子表面平均切向应力为 σ_{Ftan}，那么转子上的转矩可以写作

$$T=\sigma_{Ftan}r_rS_r=\sigma_{Ftan}r_r(2\pi r_rl')=\sigma_{Ftan}2\pi r_r^2l'=\sigma_{Ftan}\pi\frac{D_r^2}{2}l'=2\sigma_{Ftan}V_r \tag{6.2}$$

体积为 V_r 的转子所能产生的转矩可以方便地由式（6.2）估计。

用来设计电机转子尺寸的相似性基础是电机常数 C，它表示由电机转子体积所决定的“内部”视在功率 S_i 或有功功率 P_i 的大小。对于工作在同步转速 $n_{syn}=f/p$ 下的旋转磁场电机而言，其视在功率 S_i 为

$$S_i = mE_m I_s \tag{6.3}$$

式中，E_m 为一相励磁电感 L_m 上的感应电动势；I_s 为定子相电流。电动势 E_m 按下面的方法计算。穿过绕组的主磁通基本上随时间按正弦函数变化：

$$\Phi_m(t) = \hat{\Phi}_m \sin\omega t \tag{6.4}$$

根据法拉第电磁感应定律，气隙磁链 $\Psi_m = N_s k_w \omega\, \hat{\Phi}_m$（其中，$N$ 为一相绕组匝数，k_w 为绕组因数）在绕组中感应出的电动势为

$$e_m = -\frac{d\Psi_m}{dt} = -Nk_w\frac{d\Phi_m}{dt} = -Nk_w\omega\,\hat{\Phi}_m\cos\omega t \tag{6.5}$$

电动势的有效值为

$$E_m = \frac{1}{\sqrt{2}}\hat{e}_m = \frac{1}{\sqrt{2}}\omega k_w N\,\hat{\Phi}_m \tag{6.6}$$

将 E_m 带入式（6.3）可以得到

$$S_i = m\frac{1}{\sqrt{2}}\omega\hat{\Psi}_m I_s = m\frac{1}{\sqrt{2}}\omega N k_w \hat{\Phi}_m I_s \tag{6.7}$$

穿过一相绕组的最大磁通 $\hat{\Phi}_m$ 可以由气隙磁通密度 $B_\delta(x)$ 沿磁极表面 S_p 积分计算得到：

$$\hat{\Phi}_m = \int_{S_p} B_\delta(x)\,dS_p \tag{6.8}$$

如果气隙磁通密度沿电机轴向没有变化，上述面积分可以简化为

$$\hat{\Phi}_m = l'\tau_p\alpha_i\hat{B}_\delta \tag{6.9}$$

乘积 $\alpha_i\hat{B}_\delta$ 表示一个极在气隙中产生的磁通密度平均值。在磁通密度正弦分布的情况下，$\alpha_i = 2/\pi$。在其他情况下，准确的 α_i 值需要沿极表面对磁通密度进行积分来计算。例如，对于磁极表贴式转子，永磁体产生的气隙磁通密度通常为非正弦分布。这样的话，衡量气隙磁通密度平均值的 α_i 可以通过有效相对磁极宽度 $\alpha_{PM}\approx w_{PM}/\tau_p$（见图 6.4）确定。

定子线电流密度有效值 A 可以由槽距 τ_s 和槽电流 I_u（假设绕组没有并联支路且为整距绕组，$I_u = I_s z_Q$）确定。定子槽数为 Q_s。于是有

$$A = \frac{I_u}{\tau_s} \tag{6.10}$$

$$\tau_s = \frac{\pi D}{Q_s} \tag{6.11}$$

此处，使用 D 而非定子内径或转子外径是为了一般性，$D\approx D_r\approx D_s$。

线圈全部串联时每槽导体数 z_Q 为

$$z_Q = \frac{N}{pq} = \frac{N}{p\dfrac{Q_s}{2pm}} = \frac{2Nm}{Q_s} \tag{6.12}$$

至此，线电流密度可以写作

$$A = \frac{I_u}{\tau_s} = \frac{I_u Q_s}{\pi D} = \frac{I_s z_Q Q_s}{\pi D} = \frac{2I_s Nm}{\pi D} \tag{6.13}$$

由此解得 I_s 并将其代入式（6.7）可得

$$S_i = m\frac{1}{\sqrt{2}}\omega Nk_w\hat{\Phi}_m I_s = m\frac{1}{\sqrt{2}}\omega Nk_w\hat{\Phi}_m \frac{A\pi D}{2Nm} = \frac{1}{\sqrt{2}}\omega k_w\hat{\Phi}_m \frac{A\pi D}{2} \tag{6.14}$$

现在将 $\omega = 2p\pi n_{syn}$ 和式（6.9）表示的磁通峰值代入式（6.14）可得

$$\begin{aligned} S_i &= \frac{1}{\sqrt{2}}2p\pi n_{syn}k_w \frac{2}{\pi}\frac{\pi D}{2p}\hat{B}_\delta l'\frac{A\pi D}{2} \\ &= \frac{\pi^2}{\sqrt{2}}n_{syn}k_w A\hat{B}_\delta l'D^2 \end{aligned} \tag{6.15}$$

可以将其改写成下面的形式：

$$\begin{aligned} S_i &= mE_m I_s = \frac{\pi^2}{\sqrt{2}}k_w A\hat{B}_\delta D^2 l' n_{syn} \\ &= CD^2 l' n_{syn} \end{aligned} \tag{6.16}$$

于是，根据式（6.16）可以得到如下所示的电机常数，它适用于旋转磁场电机（同步电机和异步电机）：

$$C = \frac{\pi^2}{\sqrt{2}}k_w A\hat{B}_\delta = \frac{\pi^2}{2}k_w\hat{A}\hat{B}_\delta \tag{6.17}$$

式中，$A = \hat{A}/\sqrt{2}$；l' 为电机等效长度；A 为线电流密度有效值，它和气隙中磁场强度切向分量 H_{tan} 相对应（见第1章）。

直流电机气隙磁通密度不是按正弦分布的，$B_{\delta\max}$ 为空载时极下气隙磁通密度最大值。考虑到其内功率定义为 $P_i = \pi^2\alpha_{DC}AB_{\delta\max}D^2 l' n_{syn} = CD^2 l' n_{syn}$，可知

$$C = \pi^2\alpha_{DC}AB_{\delta\max} \tag{6.18}$$

式中，α_{DC} 为直流电机相对极宽（典型值为2/3）。

旋转磁场电机内部视在功率 S_i 和机械功率 P_{mec} 之间的关系可以通过功率因数 $\cos\varphi$ 和效率 η（需要在现阶段估计）建立。由此可以定义对应机械功率的电机常数 C_{mec}。

$$P_{mec} = \eta mUI\cos\varphi = \eta\cos\varphi\frac{U}{E_m}S_i = C_{mec}D^2 l' n_{syn} \tag{6.19}$$

直流电机内功率（$P_i = E_m I_a$）由输入功率 $P_{in} = U_a I_a$ 决定，因此根据其比值关系可得

$$P_i = \frac{E_m}{U_a}\frac{I_a}{I_a}P_{in} \tag{6.20}$$

式中，I_a 为电枢电流。

电机线电流密度 A 和气隙磁通密度 B_δ 的允许值很大程度上取决于电机的冷却方式，

如表 6.2 和表 6.3 所示。高效的冷却方式能够将电磁负荷上限提高 1.5 ~ 2 倍，且电机重量相应地减小 30% ~ 50%。对于设计得好的电机，线电流密度和气隙磁通密度取决于电机尺寸；尺寸越大，取值就可以越大。因此，电机常数也与电机尺寸相关。图 6.3 给出了不同尺寸异步电机和同步电机的电机常数随每极功率的变化关系。由于同步电机励磁损耗小，永磁同步电机（PMSM）的电机常数可以很高。但是，表 6.3 和表 6.4 中给出的限值对 PMSM 依然有效，因为相比于绕线式转子和压铸式转子，永磁磁极转子具有更低的温度限制，尤其是采用钕铁硼（NdFeB）磁极时。对于 NdFeB 磁极，为了降低去磁性质电枢反应使得其退磁的风险，其温度一般不要超过 100℃。虽然相比 NdFeB 磁极，钐钴（SmCo）磁极具有更高的温度耐性，但是它的剩磁却太低（见表 3.3）。

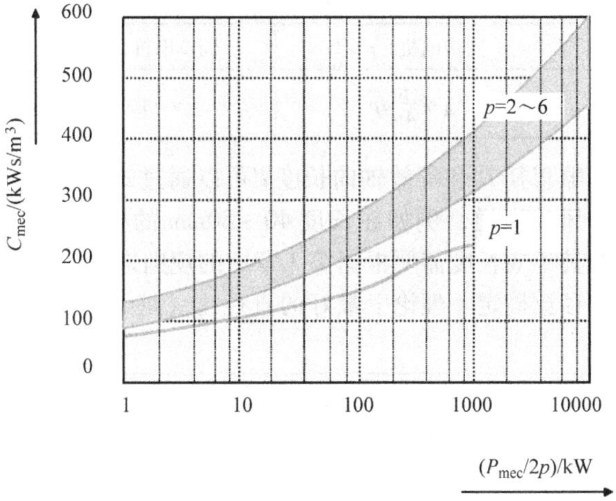

图 6.3　全封闭异步电机和同步电机的电机常数与每极功率的关系

不同类型电机的电机常数不尽相同。电机常数的定义往往建立在经验知识和电机结构惯例之上，因此如果在文献中发现相互矛盾的电机常数取值也是有可能的。频率一定时，旋转磁场电机的转子圆周速度与极距成正比。故而电枢电流允许值以及电机常数为极距和频率的函数。考虑到电机极距不能从额定数据中获取，电机常数通常以每极功率（$P_{mec}/2p$）的函数给出。该方法可以通过长度和极距的比值在任何极数的情况下都接近某一常数这一事实得到验证。

小功率双凸极磁阻电机的电机常数比异步电机大很多。例如，Lawrenson 在 1992 年给出了 11kW 直流电机、异步电机和双凸极磁阻电机 1∶1.23∶1.74 的电机常数比例关系。可见，在该功率等级下双凸极磁阻电机的电机常数要比异步电机高 40% 左右。双凸极磁阻电机出现很早，并在 20 世纪初用于英国战舰火炮瞄准系统，但它却长期停滞在最初的阶段。目前，随着电力电子的发展，双凸极磁阻电机开始获得广泛应用。近来，由于其材料廉价的特点，故多家制造商指出该类电机可能适用于电动汽车。

根据切向应力公式（6.2）和电机常数公式（6.16）、(6.19)，转子体积 V_r 与视在

功率之间的关系可以表示为

$$V_r=\frac{\pi}{4}D^2l'=\frac{T}{2\sigma_{F\tan}}=\frac{\pi}{4}\frac{S_i}{Cn_{syn}}=\frac{\pi}{4}\frac{P_{mec}}{C_{mec}n_{syn}} \tag{6.21}$$

由式（6.21）可以得到

$$D^2l'=\frac{2}{\pi}\frac{T}{\sigma_{F\tan}}=\frac{S_i}{Cn_{syn}}=\frac{P_{mec}}{C_{mec}n_{syn}} \tag{6.22}$$

对于标准化电机，其等效长度和气隙处直径的比值

$$\chi=\frac{l'}{D} \tag{6.23}$$

在很小的范围内变化（见表6.5）。

表6.5 不同电机$\chi=l'/D$典型值

异步电机	同步电机，$p>1$	同步电机，$p=1$	直流电机
$\chi\approx\frac{\pi}{2p}\sqrt[3]{p}$	$\chi\approx\frac{\pi}{4p}\sqrt{p}$	$\chi=1\sim3$	$\chi\approx\frac{0.8-1.6}{p}$

至此，电机气隙直径D和等效轴向长度l'可以通过式（6.22）和式（6.23）求解。如果电机具有径向风冷通道，例如在长度40～80mm的叠片型定子之间具有5～10mm的冷却通道，那么其等效长度需要根据第3章中的规则来确定。对于轴向磁通电机，其轴向长度由定子直径比确定。理论上最好的直径比（定子内径与定子外径的比值，D_s/D_{se}）约为0.6。

例6.1：试确定一台4极三相30kW、690V、50Hz笼型异步电机的主要尺寸。

解：$P_{mec}/2p=30/4\text{kW}=7.5\text{kW}$。由图6.3查得电机常数为$C_{mec}=150\text{kWs/m}^3$。由表6.5查得长径比为

$$\chi=\frac{l'}{D}\approx\frac{\pi}{2p}\sqrt[3]{p}=\frac{\pi}{2\times2}\sqrt[3]{2}=0.9895$$

将$l'=\chi D$代入式（6.22）可得气隙直径

$$D=\sqrt[3]{\frac{P_{mec}}{\chi C_{mec}n_{syn}}}=\sqrt[3]{\frac{30}{0.9895\times150\times52/2}}\text{m}=200.7\text{mm}$$

以及有效轴向长度

$$l'=\chi D=0.9895\times200.7\text{mm}=198.6\text{mm}$$

例6.2：计算例6.1中异步电机的切向应力，额定转速为1474r/min。

解：额定转矩为

$$T=\frac{P}{2\pi n}=\frac{30000}{2\pi\times1474/60}\text{Nm}=194.4\text{Nm}$$

根据式（6.2）可知切向应力为

$$\sigma_{F\tan}=\frac{2T}{\pi D^2l'}=\frac{2\times194.4}{\pi\times0.2007^2\times0.1986}\text{Pa}=15.47\text{kPa}$$

可见该切向应力介于表6.4中的最小值和平均值之间。

6.2.3　气隙

电机的气隙长度对电机的性能具有非常重大的影响。对于从电网获取励磁电流的电机，其气隙长度尺寸的设计要求是：一方面使励磁电流最小；另一方面使效率最优。一般而言，气隙小，励磁电流就会小，但开口槽和半闭口槽导致的磁导谐波增加会使得定、转子表面涡流损耗升高。气隙较小还会使得由定子磁场谐波引起的转子表面损耗升高。尽管气隙很重要，却不存在气隙长度最优值的理论计算方法，不过通常可以使用经验公式来确定气隙长度。对于工作频率为 50Hz 的异步电机，其气隙长度 δ 可以通过电机功率进行计算。

$$\delta = \frac{0.2 + 0.01 \times P^{0.4}}{1000}\mathrm{m}\ ,\ P = 1 \tag{6.24a}$$

$$\delta = \frac{0.18 + 0.006 \times P^{0.4}}{1000}\mathrm{m}\ ,\ P > 1 \tag{6.24b}$$

式中，功率的单位为瓦特（W）。工艺上气隙长度最小可达约 0.2mm。对于负载非常大的电机，气隙长度取值应该提高 60%。对于直径特别大的电机，气隙长度与直径的比值应该满足 $\delta/D \geqslant 0.001$，因为考虑到制造公差和电机机壳与轴的机械性能。

对于变频器驱动电机，为了降低转子表面损耗，其气隙长度同样需要提高 60%。对于具有预制绕组和开口槽的大电机，为了降低脉动损耗，需要有足够大的气隙长度，即提高 60% ~100%。

为避免定子和转子齿部的铁损过大，高速异步电机的气隙长度需要在式（6.24a）和式（6.24b）的基础上大幅提升。对于具有实心转子的高速电机，需要特别注意其气隙长度的选取，因为随着气隙长度增大，转子表面损耗减小十分显著，相比之下，定子励磁电流增大导致的损耗则非常小。对于逆变器驱动的高速异步电机（转子圆周速度大于 100m/s），其合适的气隙长度可由下式确定（美国专利 5473211）：

$$\delta = 0.001\mathrm{m} + \frac{D_r}{0.07} + \frac{v}{400\mathrm{m/s}}\mathrm{m} \tag{6.25}$$

式中，D_r 为转子外径；v 为转子圆周速度。

例 6.3：试确定例 6.1 中给出的 30kW 全封闭重载异步电机的合适气隙长度，并计算定子铁心长度、定子内径和转子外径。

解：

$$\delta = 1.6 \times \frac{0.18 + 0.006 \times P^{0.4}}{1000}\mathrm{m} = 1.6 \times \frac{0.18 + 0.006 \times 30000^{0.4}}{1000}\mathrm{m}$$

$$= 0.88 \times 10^{-3}\mathrm{m} = 0.90\mathrm{mm}$$

使用系数 1.6 是因为重载电机需要将气隙长度增大 60%。由于没有冷却通道，定子铁心长度为

$$l_s = l' - 2\delta = 198.6\mathrm{mm} - 2 \times 0.9\mathrm{mm} = 196.8\mathrm{mm} = 197\mathrm{mm}$$

由例 6.1 可知，平均气隙直径为 200.7mm，如果想选一个整数值作为定子内径，可以取 $D_s = 202\mathrm{mm}$，故转子外径为 $D_r = D_s - 2\delta = 202\mathrm{mm} - 2 \times 0.9\mathrm{mm} = 200.2\mathrm{mm}$。

直流电机和同步电机的气隙长度基本上是由所允许的电枢反应决定的。为了保证电枢反应（电枢电流产生的磁场）不会过分削弱主极磁场，励磁绕组的电流链必须要大于电枢绕组的电流链：

$$\Theta_f \geqslant \Theta_a \tag{6.26}$$

对于直流电机该要求可以表述为［见式（2.132）］

$$\frac{B_{\delta max}}{\mu_0}\delta k_C \geqslant \frac{1}{2}\alpha_{DC}\tau_p A_a \tag{6.27}$$

式（6.27）左边为用空载气隙磁通密度表示的励磁绕组电流链，右边为用电枢线电流密度 A_a 和相对磁极宽度 α_{DC} 表示的电枢绕组电流链。

同理，对于同步电机该要求可以表述为

$$\frac{\hat{B}_{\delta}}{\mu_0}\delta k_C \geqslant \frac{1}{2}\alpha_{SM}\tau_p A_a \tag{6.28}$$

于是，直流电机气隙长度必须满足

$$\delta \geqslant \frac{1}{2}\alpha_{DC}\mu_0\tau_p \frac{A_a}{k_C B_{\delta max}} = \gamma\tau_p \frac{A_a}{B_{\delta max}} \tag{6.29}$$

而同步电机气隙长度必须满足

$$\delta \geqslant \frac{1}{2}\alpha_{SM}\mu_0\tau_p \frac{A_a}{k_C \hat{B}_{\delta}} = \gamma\tau_p \frac{A_a}{\hat{B}_{\delta}} \tag{6.30}$$

式中，γ（见表6.6）的表达式因电机种类而异，表达式中包含极靴的相对极宽 α_{DC} 或 α_{SM}、μ_0、k_C 以及常数1/2。

表6.6　直流电机和同步电机气隙决定系数 γ

均匀气隙的凸极同步电机	$\gamma = 7.0\times10^{-7}$
气隙经过优化产生正旋磁通密度分布的凸极同步电机	$\gamma = 4.0\times10^{-7}$
隐极同步电机	$\gamma = 3.0\times10^{-7}$
不含补偿绕组和换向极的直流电机	$\gamma = 5.0\times10^{-7}$
包含换向极但不含换向绕组的直流电机	$\gamma = 3.6\times10^{-7}$
包含换向极和补偿绕组的直流电机	$\gamma = 2.2\times10^{-7}$

例6.4：一台空载气隙磁通密度按正弦分布的凸极同步电机，其定子线电流密度为 $A = 60\text{kA/m}$，气隙磁通密度幅值为1T，极距为0.5m。试确定该电机合适的气隙长度。

解：考虑到该电机空载气隙磁通密度按正弦分布，通过表6.6可知 $\gamma = 4.0\times10^{-7}$，于是可得

$$\delta_0 = \gamma\tau_p \frac{A}{\hat{B}_\delta} = 4.0\times10^{-7}\times0.5\,\frac{60000}{1}\text{m} = 0.012\text{m}$$

同步磁阻电机必须要有高的电感比，因此其直轴气隙长度需要选取较小值。相比于异步电机，为了获得相似的性能，同步磁阻电机可能需要具有更小的直轴气隙长度。然而，如果气隙长度选取过小且转子铁心未使用高性能硅钢片，表面损耗可能会因为磁导谐波显著升高。为了获得高直、交轴电感比值，双凸极磁阻电机的气隙长度会尽可能设计得很小。

永磁同步电机的气隙长度主要受机械制约，其取值和异步电机相似，可以由式（6.24）和式（6.25）计算。气隙长度决定同步电感的大小。由于磁极厚度（图 3.44 中的 h_{PM}）本身就对磁气隙长度影响很大，电机很容易获得较小的同步电感和较高的最大转矩。然而在某些情况下为了获得更小的同步电感，需要增大磁极厚度甚至还有物理气隙长度。一般而言，为了节约永磁材料的用量，物理气隙长度会尽可能选小，特别适用于低速大转矩永磁电机。对于高速电机，气隙谐波含量可能导致永磁体及其下的铁磁材料中产生大量损耗。在这种情况下，为了确保永磁体温度不超标，需要增大气隙长度。可见，优化永磁同步电机的气隙长度和磁极厚度是一项艰巨的任务。

磁极表面式电机的磁气隙长度为

$$\delta_{PM} = h_{PM}/\mu_{rPM} + \delta_e \tag{6.31}$$

式中，h_{PM}为表贴永磁体的厚度；μ_{rPM}为永磁材料的相对磁导率；δ_e 为等效气隙长度，即经过卡特系数修正（$\delta_e = k_C\delta$）后的物理气隙长度。

对于磁极内置式电机，在计算有效气隙长度 δ_{ef}时需要考虑永磁体对磁路磁阻的影响。由于影响复杂，通常使用数值方法计算。

同样地，永磁同步电机尤其是磁极表面式永磁同步电机的有效长度也和其他种类电机计算方法不同。虽然在计算主电感时可以使用前述的公式 $l' \approx l + 2\delta$，但是为了获得充足的永磁体磁通，转子需要比定子长。Pyrhönen 等人在 2010 年指出磁极表面式永磁同步电机必须满足 $l_{rPM} \approx l_s + 2\delta$ 以实现恒定的气隙磁通密度。

在定子存在冷却通道，尤其是定子和转子均存在冷却通道的情况下，需要特别注意电机有效长度的求解，最好利用有限元法计算出平均磁通密度后再决定永磁同步电机的有效长度。

6.2.4　绕组选择

接下来需要为定子选择合适的绕组，这是关系到最终电机性能的决定性阶段。作为指导性的原则，如果电机定子的槽数越多，多相绕组产生的磁动势分布就更接近正弦。随着槽数增加，整数槽绕组的谐波绕组因数会下降（绕组产生的磁动势分布接近正弦波）。作为一种极限推断的情况，假设完全没有槽，绕组直接安装在电机气隙中。此时，一般来说，定子电流会产生平滑的磁动势分布；此外，由于气隙长度大，转子表面的磁通密度分布将十分接近正弦。这种无槽电枢绕组常用于高速小型永磁同步电机中。如果异步电机也采用无槽结构，大气隙会导致励磁电流过大，从而使得功率因数过低。

槽数很多时，电机的线圈数量会上升，电机的造价也会增加。表 6.7 中给出了推荐的槽距。

表6.7　不同电机电枢绕组槽距推荐值

电机类型	槽距 τ_u/(mm)
异步电机和小型永磁同步电机	7～45
同步电机和大型永磁同步电机	14～75
直流电机	10～30

最小槽距出现在小型电机之中，而最大槽距出现在大型电机之中。例如，对于一台4kW、3000r/min的异步电机，其槽距 τ_u 约为8.5mm；对于一台10kVA的4极同步电机，其槽距 τ_u 约为16mm。对于一台3.8MW、17min^{-1}的低速直驱式风力发电机，其槽距 τ_u 约为38mm（$D=5.2$m，$p=72$）。大槽距适用于直接水冷电机。庞大的铜绕组难以采用风冷散热。

选取绕组类型和槽距之后，绕组因数也就随之确定了。最重要的绕组因数是基波绕组因数 k_{w1}。同时，也需要注意谐波绕组因数。例如，对于一台配置有整数槽绕组的对称三相电机，低次谐波中需要考虑第5次谐波和第7次谐波的危害。

如果转子绕组也放置在槽中，转子槽数不能和定子槽数相同。笼型绕组槽数选择方法在第7章7.2.6节中给出。

例6.5：试为例6.1～例6.3中所述的电机（30kW、4极、笼型异步电机）选择合适的定、转子绕组，并计算绕组因数。

解：笼型电机推荐选取整数槽绕组。下面首先计算每极每相槽数（q_s）分别为3、4和5时的槽距（τ_{us}）和槽数（Q_s）。

q_s	3	4	5
$Q_s=2pmq_s=2\times2\times3\times q_s$	36	48	60
$\tau_{us}=\pi D_s/Q_s=(\pi\times202/Q_s)$mm	17.6mm	13.2mm	10.6mm

30kW的电机属于中小型电机，根据表6.7可知槽距取13.2mm比较恰当，因此，选择 $q_s=4$，$Q_s=48$。此外，定子拟采用双层绕组，且短距掉2个槽，即绕组节距为 $W=5/6\times\tau_p$（$y_Q=Q_s/2p=48/4=12$ 为用槽距表示的极距）。

根据式（2.35），定子绕组的基波绕组因数为

$$k_{ws1}=k_{ps1}k_{ds1}=\sin\left(\frac{W}{\tau_p}\frac{\pi}{2}\right)\times\frac{\sin\left(\dfrac{\pi}{2m}\right)}{q\sin\left(\dfrac{\pi}{2mq}\right)}=\sin\left(\frac{5}{6}\frac{\pi}{2}\right)\times\frac{\sin\left(\dfrac{\pi}{2\times3}\right)}{4\sin\left(\dfrac{\pi}{2\times3\times4}\right)}=0.925$$

由表7.3可以选取转子槽数 $Q_r=44$，此外拟斜过一个定子槽距（$s_{sp}=1$）。

笼型绕组可以认为是 Q_r 相绕组，只是每一相只有一根导条。没有斜槽时，笼型绕组的绕组因数为1；有斜槽时，笼型绕组的绕组因数为斜槽因数。由式（4.21）可以计算基波绕组因数

$$k_{\mathrm{sq1}}=\frac{\sin\left(\dfrac{s}{\tau_{\mathrm{p}}}\dfrac{\pi}{2}\right)}{\dfrac{s}{\tau_{\mathrm{p}}}\dfrac{\pi}{2}}=\frac{\sin\left(\dfrac{\pi}{2}\dfrac{s_{\mathrm{sp}}}{mq}\right)}{\dfrac{\pi}{2}\dfrac{s_{\mathrm{sp}}}{mq}}=\frac{\sin\left(\dfrac{\pi}{2}\dfrac{1}{3\times4}\right)}{\dfrac{\pi}{2}\dfrac{1}{3\times4}}=0.997$$

6.2.5　气隙磁通密度

由于切向应力或电机常数已经确定了，故气隙磁通密度 $\hat{B}_{\delta}$ 必须要与电机常数对应。初值可以按表 6.2 来选择。对于同步电机，气隙磁通密度与永磁材料的剩磁有关。从经济的角度来看，最大气隙磁通密度适合选取为永磁体剩磁的一半左右，即 0.5 ~ 0.6T。然而，这么小的气隙磁通密度会导致电机体积过大，因此实际上永磁同步电机会选取较大的值。

例 6.6：试为例 6.1 ~ 例 6.3 及例 6.5 中所述的 30kW 异步电机选取合适的气隙磁通密度，并通过检验由该气隙磁通密度和例 6.2 中得到的切向应力所计算出来的线电流密度是否合理来判断该气隙磁通密度的正确性。假设线电流密度和气隙磁通密度之间夹角的余弦值为 0.8。

解：根据表 6.2 可知气隙磁通密度通常选取 0.7 ~ 0.9T，因此选择 $\hat{B}_{\delta}=0.8\mathrm{T}$。根据式（6.1）计算线电流密度

$$A_{\mathrm{s}}=\frac{\sqrt{2}\sigma_{F\tan}}{\hat{B}_{\delta}\cos\zeta}=\frac{\sqrt{2}\times15470}{0.8\times0.8}\mathrm{A/m}=34180\mathrm{A/m}$$

该值符合表 6.4 中给出的范围。

6.2.6　电机空载磁通和绕组匝数

选择完主要尺寸、绕组缠绕方法和气隙磁通密度之后，绕组匝数 N 可以根据期望的反电动势来确定。由气隙磁链 $\Psi_{\mathrm{m}}=I_{\mathrm{m}}L_{\mathrm{m}}$ 感应出来的反电动势 $E_{\mathrm{m}}=\omega\Psi_{\mathrm{m}}$ 可先通过基波端电压有效值 U_{s} 估算。对于异步电动机，$E_{\mathrm{m}}\approx(0.93\sim0.98)U_{\mathrm{s}}$；对于异步发电机，$E_{\mathrm{m}}\approx(1.03\sim1.10)U_{\mathrm{s}}$。

对于同步电机和永磁同步电机，首先需要估计其所需的 E_{f} 或 E_{PM}（见第 7 章中相应的相量图），因为它是同步电机产生转矩的关键因素。电枢反应越强，E_{f} 或 E_{PM} 就需要选得越大，这样才能在额定点获得足够大的功率因数。对于驱动器控制的永磁同步电机，其功率因数的含义不同于其他旋转磁场电机。特别是转子磁极表面式永磁同步电机，当其工作在额定速度之下时不存在直轴电流，效率最高。但其功率因数会因为同步电感的大小变得远小于 1。然而，如果希望在低速时获得较高的功率因数，就需要增加永磁材料的用量，因为在恒转矩区获得较高的功率因数需要较高的 E_{PM}。当永磁同步电机采用弱磁控制时，其功率因数首先会达到 1，然后不可避免地变成容性。该问题将在之后永磁同步电机的设计中详细阐述。

对于电枢反应强（L_{m} 大）的同步电机，$E_{\mathrm{f}}\approx(1.2-2)U_{\mathrm{s}}$；对于永磁同步电机，一般 $E_{\mathrm{PM}}\approx(0.9\sim1.1)U_{\mathrm{s}}$。然而需要注意的是，公式 $E_{\mathrm{f}}\approx(1.2\sim2)U_{\mathrm{s}}$ 中的大值是在电机

线性分析时提出的，实际上由于严重饱和是不可能在空载时存在的。即使是对于电枢反应大的电机，最大空载电压也很难超过 $E_f \approx (1.2 \sim 1.3) U_s$。

每相串联线匝数可由式（6.6）和式（6.9）计算：

$$N_s = \frac{\sqrt{2}E_m}{\omega k_w \hat{\Phi}_m} = \frac{\sqrt{2}E_m}{\omega k_w l' \tau_p \alpha_i \hat{B}_\delta} \tag{6.32}$$

注意 $\hat{\Phi}_m$ 为每极磁通峰值。异步电机每极磁通大小相等。如果需要的话，线圈匝数 N 也可以分到各对极下。例如，如果具有2对极的电机采用并联接法（假设并联支路数 $a=2$），那么每对极下匝数均为 N；如果采用串联接法，那么每对极下匝数均为 $N_s/2$，总匝数为 N_s。尽可能采用串联接法，因为这样能够避免可能存在的不对称所造成的环流。然而并联接法下每槽导体数 z_{Qs} 较大，利于避免集肤效应和绕组环流。

式（6.32）中的 α_i 项是用来表示每极磁通密度算术平均值的系数，对于按正弦分布的磁通密度，$\alpha_i = 2/\pi$，如图6.4所示。

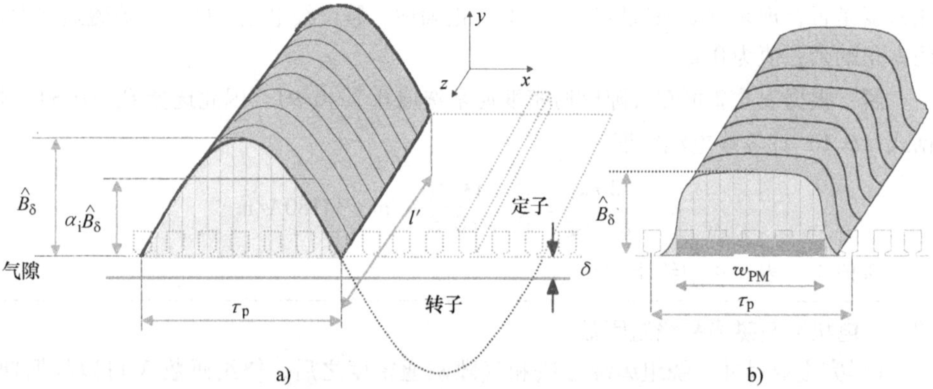

图6.4 a）一个极距下按正弦分布的磁通密度波形，忽略齿槽效应，峰值为 $\hat{B}_\delta$，平均值为 $\alpha_i\hat{B}_\delta$；实际上，磁通密度分布常常由于齿部饱和而从正弦形式变得扁平。正弦分布的情况下，$\alpha_i = 2/\pi$；扁平分布的情况下，$\alpha_i > 2/\pi$。b）采用矩形磁极时的气隙磁通密度分布，磁极宽度为 w_{PM}

永磁同步电机的磁极通常安装在转子表面。如果磁极各处厚度相等，气隙磁通密度就会或多或少接近矩形，平均磁通密度就可以用相对磁极宽度 $\alpha_{PM} = w_{PM}/\tau_p$ 来定义。这样的话，式（6.32）中的气隙磁通峰值就必须通过一个极距下的气隙磁通密度积分来计算。采用合适极靴形状的磁极内置式电机可能产生按正弦分布的气隙磁通密度，这样的话，平均磁通密度接近 α_i。

如果电机铁心部分在达到磁通密度峰值时饱和，磁通密度波形就会在正弦的基础上变得扁平。对于电网供电的异步电机，定、转子齿在达到磁通密度峰值时都会饱和，从而导致齿部磁阻变大，进而使得 α_i 明显大于正弦分布时的情况。在电机设计过程中，

α_i 需要通过反复迭代修正至正确值。不饱和电机的 $\alpha_i=0.64$ 可以作为初值，除非一开始就打算设计一台高度饱和的电机，那样就可以选择使用更大的初值。理论上极度饱和的电机存在最大值 $\alpha_i=1$，但一般不超过 $\alpha_i=0.77$。此时，定、转子磁压降 $\hat{U}_{m,ds}+\hat{U}_{m,dr}$ 已经超过了气隙磁压降 $\hat{U}_{m,\delta}$。为了简化电机设计，通常事先根据不同饱和情况确定好系数 α_i。图 6.5 给出了不同饱和系数 k_{sat} 下 α_i 的取值。

$$\alpha_i=\frac{1.24k_{sat}+1}{1.42k_{sat}+1.57} \qquad (6.33)$$

$$k_{sat}=\frac{\hat{U}_{m,ds}+\hat{U}_{m,dr}}{\hat{U}_{m,\delta}} \qquad (6.34)$$

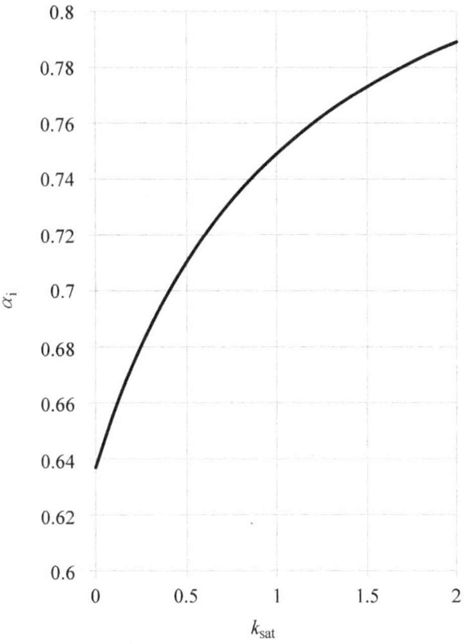

图 6.5　饱和系数对表征磁通密度算术平均值的系数 α_i 的影响。电机齿部越饱和，α_i 的取值越大

上述饱和系数只考虑了齿部，因为它们的饱和是导致气隙磁通密度分布波形扁平的主要原因。

卡特系数可以衡量半闭口槽的齿槽效应，但对集中绕组电机的开口槽无效，这将在第 7 章详述。Zhu 等人于 2007 年给出了表贴式电机在无槽情况下磁通密度分布的解析计算方法。

表贴式无槽永磁电机磁极产生的空载气隙磁通密度径向分量 $B_{mr}(r,\theta)$ 可以在极坐标下表示为半径 r 和角度 θ 的函数：

$$B_{mr}(r,\theta)=\sum_{n=1,3,5\cdots}^{\infty}K_B(n)f_{Br}(r)\cos(np\theta) \qquad (6.35)$$

切向分量为

$$B_{m\theta}(r,\theta)=\sum_{n=1,3,5\cdots}^{\infty}K_B(n)f_{B\theta}(r)\sin(np\theta) \qquad (6.36)$$

式（6.35）和式（6.36）中的系数 K_B、f_{Br} 和 $f_{B\theta}$ 由极对数 p、气隙半径 r、定子内径 r_s、磁极内径 r_{ryi}、磁极外径 r_{mr} 和磁极相对磁导率 μ_r 共同决定，如下式所示。首先是 $np=1$ 的情况

$$K_B(n)=\frac{\mu_0 J_n}{2\mu_r}\left\{\frac{A_{3n}\left(\frac{r_r}{r_s}\right)^2-A_{3n}\left(\frac{r_{ryi}}{r_s}\right)^2+\left(\frac{r_{ryi}}{r_s}\right)^2\ln\left(\frac{r_r}{r_s}\right)^2}{\frac{\mu_r+1}{\mu_r}\left[1-\left(\frac{r_{ryi}}{r_s}\right)^2\right]-\frac{\mu_r-1}{\mu_r}\left[\left(\frac{r_r}{r_s}\right)^2-\left(\frac{r_{ryi}}{r_r}\right)^2\right]}\right\} \qquad (6.37)$$

$$f_{Br}(r)=1+\left(\frac{r_s}{r}\right)^2 \qquad (6.38)$$

$$f_{B\theta}(r) = -1 + \left(\frac{r_s}{r}\right)^2 \tag{6.39}$$

对于 $np \neq 1$ 的情况

$$K_B(n) = \frac{\mu_0 J_n}{2\mu_r} \frac{np}{(np)^2 - 1} \left\{ \frac{(A_{3n}-1) + 2\left(\frac{r_{ryi}}{r_r}\right)^{np+1} - (A_{3n}+1)\left(\frac{r_{ryi}}{r_r}\right)^{2np}}{\frac{\mu_r+1}{\mu_r}\left[1-\left(\frac{r_{ryi}}{r_s}\right)^{2np}\right] - \frac{\mu_r-1}{\mu_r}\left[\left(\frac{r_r}{r_s}\right)^{2np} - \left(\frac{r_{ryi}}{r_m}\right)^{2np}\right]} \right\} \tag{6.40}$$

$$f_{Br}(r) = 1 + \left(\frac{r_s}{r}\right)^{np-1}\left(\frac{r_r}{r_s}\right)^{np+1} + \left(\frac{r_r}{r}\right)^{np+1} \tag{6.41}$$

$$f_{B\theta}(r) = -\left(\frac{r}{r_s}\right)^{np-1}\left(\frac{r_r}{r_s}\right)^{np+1} + \left(\frac{r_r}{r}\right)^{np+1} \tag{6.42}$$

式中，J_n 与相对磁极宽度 α_{PM} 以及永磁材料剩磁 B_r 有关。对于径向充磁

$$J_n = 2\frac{B_r}{\mu_0}\alpha_{PM}\frac{\sin\left(\frac{n\pi\alpha_{PM}}{2}\right)}{\frac{n\pi\alpha_{PM}}{2}} \tag{6.43}$$

对于平行充磁

$$J_n = \frac{B_r}{\mu_0}\alpha_{PM}(A_{1n}+A_{2n}) + np\frac{B_r}{\mu_0}\alpha_{PM}(A_{1n}+A_{2n}) \tag{6.44}$$

式中

$$A_{1n} = \frac{\sin\left((np+1)\alpha_{PM}\frac{\pi}{2p}\right)}{(np+1)\alpha_{PM}\frac{\pi}{2p}} \tag{6.45}$$

$$A_{2n} = 1,\ np = 1 \tag{6.46}$$

$$A_{2n} = \frac{\sin\left((np-1)\alpha_{PM}\frac{\pi}{2p}\right)}{(np+1)\alpha_{PM}\frac{\pi}{2p}},\ np \neq 1 \tag{6.47}$$

$$A_{3n} = \left[\begin{array}{c} 2\frac{J_{r1}}{J_1} - 1,\ np = 1 \\ \left(np - \frac{1}{np}\right)\frac{J_{rn}}{J_n} + \frac{1}{np},\ np \neq 1 \end{array}\right] \tag{6.48}$$

但对于径向充磁

$$A_{3n} = \left\{\begin{array}{l} 1,\ np = 1 \\ np,\ np \neq 1 \end{array}\right\} \tag{6.49}$$

式（6.48）中的 J_{rn} 用于径向充磁时可以表示为

$$J_{rn} = 2\frac{B_r}{\mu_0}\alpha_{PM}\frac{\sin\left(\frac{n\pi\alpha_{PM}}{2}\right)}{\frac{n\pi\alpha_{PM}}{2}} \tag{6.50}$$

而用于平行充磁时可以表示为

$$J_{rn}=\frac{B_r}{\mu_0}\alpha_{PM}(A_{1n}+A_{2n}) \tag{6.51}$$

将式（6.50）和式（6.51）中的 n 换成 1 即可得到 J_{r1}。最终，式（6.32）中的气隙磁通径向分量 $\hat{\Phi}_m$ 就可以通过式（6.35）积分来计算。

接下来，需要寻找与之前计算出来的匝数 N 最为接近的整数。一相绕组的串联匝数为 N，而一匝线圈由位于槽中的两条导体及连接它们的端部组成，因此一相绕组包含的导体数为 $2N$，可见 m 相电机导体数为 $2mN$。绕组中也可能存在数量为 a 的并联支路数，这样的话总导体数就变为 $2amN$。于是，每槽导体数为

$$z_Q=\frac{2am}{Q}N \tag{6.52}$$

式中，Q 为电机定子槽数或转子槽数（集电环式异步电机或直流电机）。z_Q 必须是整数，如果用于双层绕组还必须是偶数。z_Q 取整时要考虑槽数 Q 和并联支路数 a，注意避免舍入过大。取整之后即可得到新的整数形式的一相绕组匝数 N。

在某些情况下，特别是对于低电压、大功率电机，为了得到合适的每槽导体数有可能需要改变定子槽数、并联支路数，甚至是电机主要尺寸。

6.2.7　新的气隙磁通密度

每相绕组匝数的选择会对气隙磁通密度幅值 $\hat{B}_\delta$ 产生影响，选好每相绕组匝数后需要按式（6.32）重新计算一次。

例 6.7：试为例 6.1 ~ 例 6.3、例 6.5 ~ 例 6.6 中所述的 30kW 异步电机确定一个适当的定子每相绕组匝数，并计算此时气隙磁通密度的最大值。

解：根据式（6.32）可以计算总串联匝数

$$N_s=\frac{\sqrt{2}E_m}{\omega k_{w1}l'\tau_p\alpha_i\hat{B}_\delta}$$

根据之前的计算结果和选取原则，有 $E_m\approx0.97U_{s,ph}=0.97\times690/\sqrt{3}\,\mathrm{V}$；$k_{w1}=0.925$；$l'=l+2\delta=197\mathrm{mm}+2\times0.9\mathrm{mm}=198.8\mathrm{mm}$；$\tau_p=\pi D_s/2p=\pi\times202/4\mathrm{mm}=158.7\mathrm{mm}$；$\alpha_i\approx0.65$（假设饱和程度较低）；$\hat{B}_\delta=0.8\mathrm{T}$。

$$N_s=\frac{\sqrt{2}E_m}{\omega k_{w1}l'\tau_p\alpha_i\hat{B}_\delta}=\frac{\sqrt{2}\times0.97\times690}{\sqrt{3}\times2\pi\times50\times0.925\times0.1988\times0.1587\times0.65\times0.8}=114.63$$

每槽导体数为

$$z_{Qs}=\frac{2am}{Q_s}N_s$$

如果选取并联支路数 $a=1$，可得

$$z_{Qs}=\frac{2am}{Q_s}N_s=\frac{2\times1\times3}{48}\times114.63=14.3$$

如果选取并联支路数 $a=2$，可得

$$z_{Qs}=\frac{2am}{Q_s}N_s=\frac{2\times2\times3}{48}\times114.63=28.6$$

考虑到定子采用双层绕组，z_{Qs}必须为偶数。拟选取并联支路数 $a=2$，则 $z_{Qs}=28$，总匝数为

$$N_s=\frac{Q_s z_{Qs}}{2am}=\frac{48\times28}{2\times2\times3}=112$$

此时气隙磁通密度为

$$\hat{B}_\delta=\frac{\sqrt{2}E_m}{\omega k_{w1}l'\tau_p\alpha_i N_s}=\frac{\sqrt{2}\times0.97\times690}{\sqrt{3}\times2\pi\times50\times0.925\times0.1988\times0.1587\times0.65\times112}\mathrm{T}=0.819\mathrm{T}$$

6.2.8　确定齿宽

确定好气隙磁通密度 $\hat{B}_\delta$ 之后，接下来确定定、转子齿宽。对于普通电机，定、转子齿部磁通密度允许值已在表6.2中给出。为了避免铁心损耗过大，高频率电机需要选取比表6.2中允许值小很多的磁通密度。选好定、转子齿部视在参考磁通密度 $\hat{B}'_d$后，就可以通过式（3.42）计算齿宽 b_d 为

$$b_d=\frac{l'\tau_u}{k_{Fe}(l-n_v b_v)}\frac{\hat{B}_\delta}{\hat{B}'_d}+0.1\mathrm{mm}\tag{6.53}$$

式中，l'为定子（转子）等效长度；k_{Fe}为叠片系数；l为定子（转子）叠片长度；n_v 和 b_v 为通风道的数量和宽度。考虑到晶体结构冲压和铁心磁导率的影响，宽度加0.1mm。

例6.8：试确定例6.1～例6.3、例6.5～例6.7中所述的30kW异步电机的定、转子齿宽，假设不存在通风道。

解：根据表6.2可知定子齿部磁通密度在1.4～2.1T之间变化，而转子齿部磁通密度在1.5～2.2T之间变化。拟选取视在参考磁通密度 $\hat{B}'_{ds}=1.6\mathrm{T}$ 及 $\hat{B}'_{dr}=1.6\mathrm{T}$，于是根据式（6.53）计算定子齿宽

$$b_{ds}=\frac{l'\tau_{us}}{k_{Fe}(l-n_v b_v)}\frac{\hat{B}_\delta}{\hat{B}'_{ds}}+0.1\mathrm{mm}=\frac{0.1988\times\frac{\pi\times0.202}{48}}{0.97\times0.197}\frac{0.819}{1.6}\times1000\mathrm{mm}+0.1\mathrm{mm}=7.14\mathrm{mm}$$

转子齿宽

$$b_{dr}=\frac{l'\tau_{ur}}{k_{Fe}(l-n_v b_v)}\frac{\hat{B}_\delta}{\hat{B}'_{dr}}+0.1\mathrm{mm}=\frac{0.1988\times\frac{\pi\times0.202}{44}}{0.97\times0.197}\frac{0.819}{1.6}\times1000\mathrm{mm}+0.1\mathrm{mm}=7.71\mathrm{mm}$$

6.2.9　确定槽形尺寸

在确定电机定、转子槽形尺寸之前需要先估计定、转子电流。同步电机和异步电机的

定子电流 I_s 可以通过输出机械功率 P、定子相电压 $U_{s,ph}$、效率 η 以及功率因数 $\cos\varphi$ 计算：

$$I_s = \frac{P}{m\eta U_{s,ph}\cos\varphi} \tag{6.54}$$

对于异步电机，需要先估计效率 η 以及功率因数 $\cos\varphi$，其中功率因数可以依据 IEC 标准 60034－30－1（2014 年颁布）及图 7.24 进行估计。

发电机定子电流为

$$I_s = \frac{P}{mU_{s,ph}\cos\varphi} = \frac{S}{mU_{s,ph}} \tag{6.55}$$

式中，P 为输出电功率。同步发电机的功率因数 $\cos\varphi$ 是一个设计参数，而异步电机的功率因数需要在目前的电机设计阶段预估出来。

和定子电流实部相比，异步电机的转子电流大小与之非常相近（因为励磁电流只存在于定子中）：

$$I'_r \approx I_s\cos\varphi \tag{6.56}$$

转子电流实部用定、转子之间的变比来定义。在式（7.57）、式（7.54）和式（6.52）的基础上可以得到异步电机笼型绕组导条中的电流

$$I_r = K_{rs}I'_r \approx \frac{z_Q}{a}\frac{Q_s}{Q_r}I_s\cos\varphi \tag{6.57}$$

转子电流与其在定子绕组中等效电流的关系（K_{rs}）将在式（7.54）中给出。

直流电机电枢电流的计算公式和式（6.54）类似：

$$I_a \approx \frac{P}{U\eta} \tag{6.58}$$

凸极同步电机和直流电机的励磁绕组属于凸极绕组，因此不用嵌放在槽中。隐极同步电机的励磁绕组是嵌放在槽中的，但槽的大小只能在电机总的励磁电流计算出来后才能确定。

当求得定、转子电流后，接下来考虑导体面积 S_c。绕组电阻损耗主要由定、转子绕组的电流密度 J_s 和 J_r 决定。标准电机的电流密度值已在表 6.3 中给出。计算时也需要考虑并联支路数 a。

$$S_{cs} = \frac{I_s}{a_sJ_s}, S_{cr} = \frac{I_r}{a_rJ_r} \tag{6.59}$$

引进槽满率 $k_{Cu,s}$ 和 $k_{Cu,r}$ 后，定、转子槽面积 S_{us} 和 S_{ur} 可表示为

$$S_{us} = \frac{z_{Qs}S_{cs}}{k_{Cu,s}}, S_{ur} = \frac{z_{Qr}S_{cr}}{k_{Cu,r}} \tag{6.60}$$

槽满率 k_{Cu} 一般由电机绕组材料、电压等级和绕组类型决定。小型电机的绕组通常采用圆导线，那么漆包线的槽满率（计算式减去槽绝缘部分占用的面积）为 60% ~ 66%，具体和嵌线工艺质量有关。

然而，槽满率是定义在非绝缘槽的基础上的，低电压电机槽满率典型值为 $k_{Cu,s} \in (0.5, 0.6)$。其中，小值适用于圆形漆包线，大值适用于理想预制方形绕组。高电压电机需要更大的槽绝缘面积，槽满率典型值为 $k_{Cu,s} \in (0.3, 0.45)$。同样地，小值适用于圆

线，大值适用于方线。

大型电机电枢绕组通常采用预制铜导体。方线和预制绕组的槽满率比圆形线绕组的槽满率好。

如果异步电机笼型绕组采用铝导条压铸而成，槽满率变为 $k_{Cu,r}=1$（此时 $z_{Qr}=1$）；如果采用铜导条焊接而成，就需要在转子槽宽度方向留大约0.4mm的间隙、在高度方向留大约1mm的间隙。这些间隙会使槽满率减小。

在6.2.8节中，选取合适的定、转子齿宽 b_{ds}（见图6.6）和 b_{dr}，使得电机齿部磁通密度峰值恰为所允许的最大磁通密度。

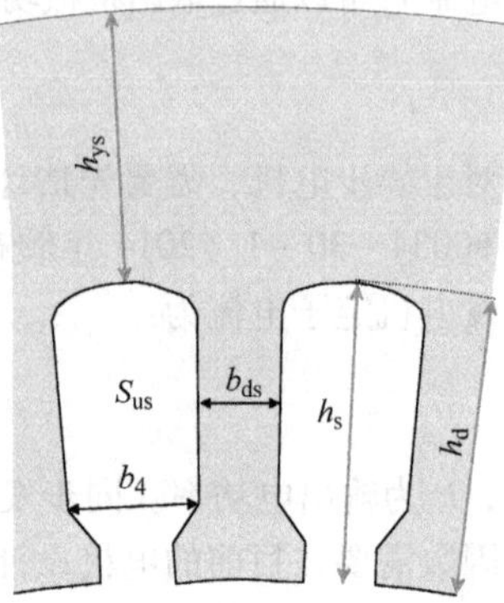

图6.6　定子齿和2个半闭口槽，它们的尺寸标注中 h_{ys} 为定子轭高，槽深等于齿高 $h_s=h_d$

选好气隙直径和齿宽之后，槽宽就自然确定了。槽高 h_s 总是和齿高相等，确定依据为槽面积 S_{us}，必须对绕组和槽绝缘来说有足够的空间。

例6.9：试确定例6.1～例6.3、例6.5～例6.8中所述的30kW全封闭自扇冷却异步电机的定、转子槽形尺寸。

解：预估其效率为 $\eta=0.936$（效率等级为IE3），功率因数为 $\cos\varphi=0.87$（比图7.24中给出的数据略小）。则定子电流 I_s、转子导条电流 I_r 和短路环电流 I_{ring} 为［由式（6.54）、式（6.56）和式（7.45）计算］

$$I_s=\frac{P}{m\eta U_{s,ph}\cos\varphi}=\frac{\sqrt{3}\times 30000}{3\times 0.936\times 690\times 0.87}\text{A}=30.83\text{A}$$

$$I_r=\frac{zQ_s}{a}\frac{Q_s}{Q_r}I_s\cos\varphi=\frac{28}{2}\times\frac{48}{44}\times 30.83\times 0.87\text{A}=409.6\text{A}$$

$$I_{ring}=\frac{I_r}{2\sin(\pi p/Q_r)}=\frac{409.4}{2\sin(\pi\times 2/44)}\text{A}=1439.3\text{A}$$

拟选择定、转子电流密度为 $J_s=3.8\text{A/mm}^2$，$J_r=3.8\text{A/mm}^2$，$J_{ring}=4\text{A/mm}^2$（接近表6.3中的最小值，因为电机全封闭且效率要求高）。定子导体截面积 S_{cs}、转子导条截面积 S_{cr} 和短路环截面积 S_{cring} 为

$$S_{cs}=\frac{I_s}{aJ_s}=\frac{30.83}{2\times 3.8}\text{mm}^2=4.06\text{mm}^2$$

$$S_{cr}=\frac{I_r}{J_r}=\frac{409.6}{3.8}\text{mm}^2=107.8\text{mm}^2$$

$$S_{cring}=\frac{I_{ring}}{J_{ring}}=\frac{1439.3}{4}\text{mm}^2=360\text{mm}^2$$

为了便于弯曲和装配定子线圈，定子绕组采用5股并绕，每股线径1.0mm。于是定子导体面积为

$$S_{cs}=5\times\frac{\pi\times1.0^2}{4}\mathrm{mm}^2=3.927\mathrm{mm}^2$$

对任意线圈而言定子槽绝缘之内的槽满率约为 $k_{Cus}=0.62$。因此槽内绕组占用的面积为

$$S_{Cus}=\frac{z_{Qs}S_{cs}}{k_{Cus}}=\frac{28\times3.927}{0.62}\mathrm{mm}^2=177.3\mathrm{mm}^2$$

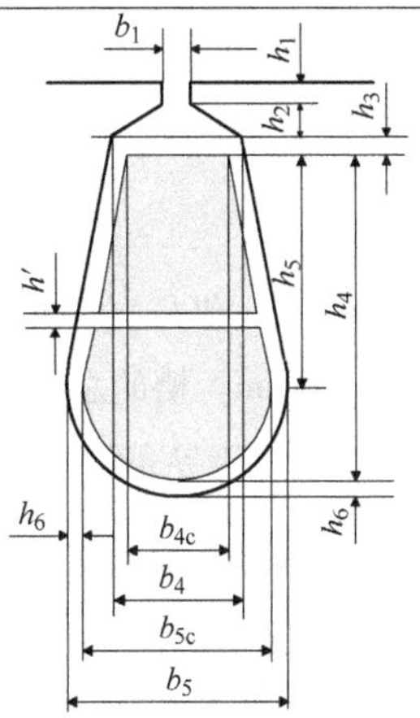

图 6.7　定子槽形及其尺寸

拟选取图 6.7 所示的定子槽形，具体尺寸为：$b_1=3.0\mathrm{mm}$，$h_1=0.5\mathrm{mm}$，$h_2=2.5\mathrm{mm}$，$h_3=2\mathrm{mm}$，$h_6=0.5\mathrm{mm}$，$h'=0.5\mathrm{mm}$。槽宽和槽高是确定的，因此齿宽为常数。又已知槽中用于绕组的面积为 $S_{Cus}=177.3\ \mathrm{mm}^2$，于是 b_{4c}、b_{5c} 和 h_5 可由下列方程解得：

$$b_{4c}=\frac{\pi[D_s+2(h_1+h_2+h_3)]}{Q_s}-2h_6-b_{ds}$$
$$=\frac{\pi[202+2(0.5+2.5+2)]}{48}\mathrm{mm}-2\times0.5\mathrm{mm}-7.14\mathrm{mm}=5.74\mathrm{mm}$$

$$b_{5c}=b_{4c}+\frac{2\pi h_5}{Q_s}$$

$$S_{Cus}=\frac{b_{4c}+b_{5c}}{2}(h_5-h')+\frac{\pi}{8}b_{5c}^2=177.3\mathrm{mm}^2$$

还有槽宽 b_4 为

$$b_4=\frac{\pi[D_s+2(h_1+h_2)]}{Q_s}-b_{ds}$$
$$=\frac{\pi[202+2(0.5+2.5)]}{48}\mathrm{mm}-7.14\mathrm{mm}=6.5\mathrm{mm}$$

解得 h_5 和 b_{5c}的取值，即 $h_5=21.3\mathrm{mm}$，$b_{5c}=8.5\mathrm{mm}$，于是进一步可知 $b_5=b_{5c}+2h_6=9.5\mathrm{mm}$ 以及 $h_4=h_5+b_{5c}/2=25.5\mathrm{mm}$。槽的总高度为 $h_s=h_1+h_2+h_3+h_4+h_6=31.0\mathrm{mm}$。将尺寸保留一位小数后得到定子槽中用于绕组的面积为 $176.3\ \mathrm{mm}^2$。

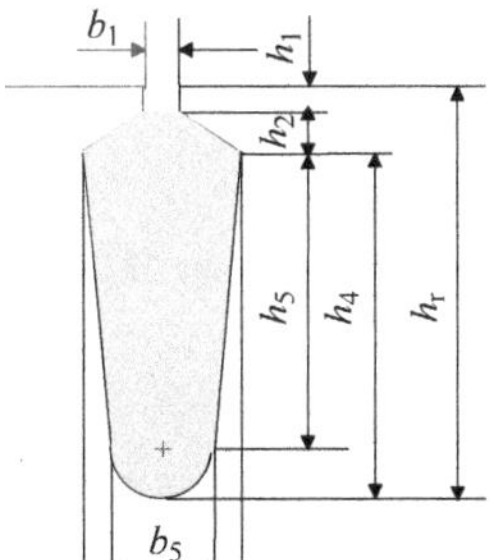

图 6.8　转子槽形及其尺寸

转子槽形如图 6.8 所示。拟选取 $b_1=3\mathrm{mm}$，$h_1=1\mathrm{mm}$，$h_2=2\mathrm{mm}$，其他尺寸的确定方法和定子槽相似。

$$b_4=\frac{\pi[D_r-2(h_1+h_2)]}{Q_r}-b_{dr}$$
$$=\frac{\pi[202.2-2(1+2)]}{44}\mathrm{mm}-7.71\mathrm{mm}=6.16\mathrm{mm}$$

$$b_5 = b_4 - \frac{2\pi h_5}{Q_r}$$

$$S_{cr} = \frac{b_4 + b_5}{2}h_5 + \frac{\pi}{8}b_5^2 + \frac{b_1 + b_4}{2}h_2 = 107.8\text{mm}^2$$

解得 h_5 和 b_5 的取值，即 $h_5 = 20.0\text{mm}$，$b_5 = 3.3\text{mm}$，于是进一步可知 $h_4 = h_5 + b_5/2 = 21.65\text{mm}$。槽的总高度为 $h_r = h_1 + h_2 + h_4 = 24.65\text{mm}$。将尺寸保留一位小数后得到转子槽中用于导条的面积为 108.0mm^2。

6.2.10　确定气隙磁压降和定、转子齿磁压降

当电机气隙直径、气隙长度、气隙磁通密度峰值和定转子槽形尺寸确定后，就可以计算气隙磁压降和齿部磁压降了。精确计算这些地方的磁压降需要分别对不同区域的磁场分布图进行分析。但是手动求解磁场分布是一项十分困难的任务。在精度足够用的情况下，可以通过计算估计这些地方磁场强度 $\boldsymbol{H}$ 的线积分

$$U_m = \int \boldsymbol{H} \cdot d\boldsymbol{l} \tag{6.61}$$

各部分的磁动势 U_m 都需要单独计算。图 6.9 所示为磁力线分布图；图 6.10 给出了齿中部磁通密度和磁场强度的大致分布。

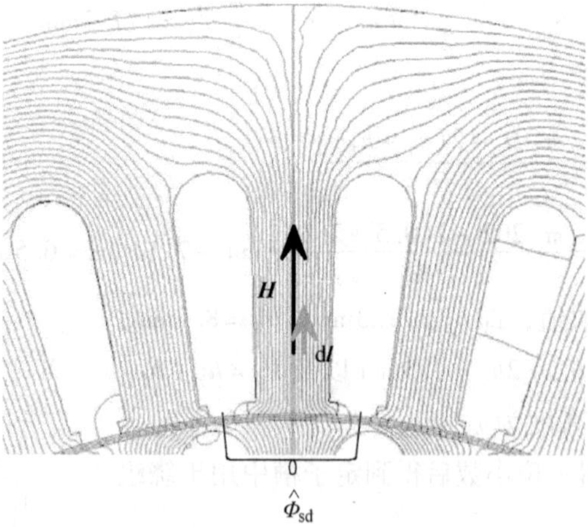

图 6.9　定子齿磁通视在峰值 $\hat{\Phi}'_{sd}$［见式（3.40）］是通过计算磁通密度处于峰值时一个齿距下的磁通得到的。可以看出当齿饱和时部分磁力线从槽中空气穿过。该图展示的是整个电机的气隙磁通密度处于峰值时的齿部磁力线分布图。在齿的中部，磁场强度 $\boldsymbol{H}$ 和积分路径上的长度微元 $d\boldsymbol{l}$ 相互平行，因此积分计算很容易

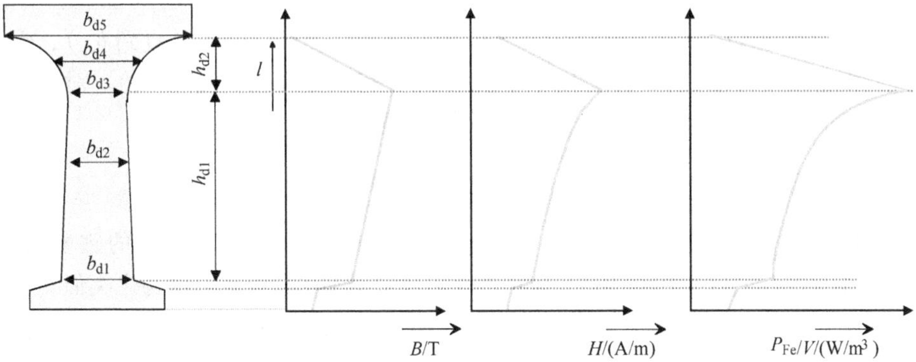

图 6.10　图 6.9 所示非等宽定子齿中间积分路径上磁通密度 B、磁场强度绝对值 H 和单位体积铁心损耗 P_{Fe}/V 的分布规律。曲线是根据定子齿磁通、齿宽和齿部材料 BH 曲线计算出来的

例 6.10：试确定例 6.1 ~ 例 6.3、例 6.5 ~ 例 6.9 中所述 30kW 异步电机的气隙及定转子齿部的磁压降。铁心材料为 M800 − 50A（见附录 A），其磁化曲线可以由下面的函数描述：

$$\hat{H} = 1835.2\hat{B}^5 - 6232.3\hat{B}^4 + 7806.7\hat{B}^3 - 4376.3\hat{B}^2 + 1227.6\hat{B},\ \hat{B} < 1.5\text{T}$$

$$\hat{H} = 0.011637\mathrm{e}^{7.362\hat{B}},\ \hat{B} \geqslant 1.5\text{T}$$

解：在计算气隙磁压降之前需要先计算定转子卡特系数和等效气隙长度。由式（3.7b）和式（3.8）可知定子卡特系数为

$$\kappa_s = \frac{2}{\pi}\left[\arctan\frac{b_{1s}}{2\delta} - \frac{2\delta}{b_1}\ln\sqrt{1+\left(\frac{b_{1s}}{2\delta}\right)^2}\right]$$

$$= \frac{2}{\pi}\left[\arctan\frac{3}{2\times0.9} - \frac{2\times0.9}{3}\ln\sqrt{1+\left(\frac{3}{2\times0.9}\right)^2}\right] = 0.4021$$

于是有

$$k_{Cs} = \frac{\tau_{us}}{\tau_{us} - \kappa b_{1s}} = \frac{13.22}{13.22 - 0.4021\times3} = 1.100$$

式中

$$\tau_{us} = \frac{\pi D_s}{Q_s} = \frac{\pi\times202}{48}\text{mm} = 13.22\text{mm}$$

$$\delta_{es} = k_{Cs}\delta = 1.10\times0.9\text{mm} = 0.990\text{mm}$$

将转子槽距（$\tau_{ur} = 14.29$mm）、转子槽口宽（$b_{1r} = 3.0$mm）代入上述方程并用 δ_{es} 代替 δ，可以计算出 $\kappa_r = 0.3780$ 以及转子卡特系数为 $k_{Cr} = 1.086$。于是可知最终等效气隙长度 $\delta_e = k_{Cr}\delta_{es} = 1.086\times0.990\text{mm} = 1.075\text{mm}$。

由式（3.35）可知气隙磁压降为

$$\hat{U}_{m,\delta e} = \frac{\hat{B}_\delta}{\mu_0}\delta_e = \frac{0.819}{4\times\pi\times10^{-7}}1.075\times10^{-3}\text{A} = 700.6\text{A}$$

齿部磁压降可以分为三部分（见图6.10）进行计算：齿顶部（直到 b_{d1}）、槽为直线的齿中部（b_{d1}、b_{d2}和 b_{d3}）以及槽为圆弧形的齿底部（b_{d3}、b_{d4}和 b_{d5}）。对齿中部而言，可以利用辛普森公式将积分式（6.61）转换为

$$\hat{U}_{m,dstraight}=h_{d1}\frac{\hat{H}_{d1}+4\hat{H}_{d2}+\hat{H}_{d3}}{6} \tag{6.62}$$

式中，$\hat{H}_{d1}$、$\hat{H}_{d2}$和 $\hat{H}_{d3}$分别为齿宽为 b_{d1}处、齿宽为 b_{d2}处和齿宽为 b_{d3}处的磁场强度；h_{d1}为齿中部的高度（见图6.10）。齿顶部和齿底部磁动势的计算方法与之类似。

磁场强度由式（3.42）、式（3.44）、式（3.46）和图3.14中给出的原则确定。为确定磁场强度 $\hat{H}_{d1}$，先计算视在磁通密度

$$\hat{B}'_{d1}=\frac{\Phi'_{d}}{S_{d1}}=\frac{l'\tau_{us}}{k_{Fe}lb_{d1}}\hat{B}_{\delta}=\frac{198.8\times\frac{\pi\times202}{48}}{0.97\times197.0\times\left[\frac{\pi\times(202+2\times3)}{48}-6.5-0.1\right]}\times0.819\text{T}=1.606\text{T}$$

考虑到晶体结构冲压和铁心磁导率的影响，实际齿宽减去0.1mm。

由式（3.46）和式（3.44）可知实际磁通密度为

$$\hat{B}_{d1}=\hat{B}'_{d1}-\frac{S_{u1}}{S_{d1}}\mu_0\hat{H}_{d1}=1.606\text{T}-1.019\times4\times\pi\times10^{-7}\frac{\hat{H}_{d1}}{[\text{A}]}\text{T}$$

式中
$$\frac{S_{u1}}{S_{d1}}=\frac{l'\tau_{u1}}{k_{Fe}lb_{d1}}-1=\frac{l'\pi[D_s+2(h_{1s}+h_{2s})]/Q_s}{k_{Fe}lb_{d1}}-1=2.0189-1=1.0189$$

通过求取 $\hat{B}_{d1}$线和M800－50A磁化曲线的交点，可知 $\hat{B}_{d1}=1.569\text{T}$，相应的磁场强度为 $\hat{H}_{d1}=1213\text{A/m}$。同理，求得 $\hat{H}_{d2}=1169\text{A/m}$ 和 $\hat{H}_{d3}=1127\text{A/m}$，故齿中部的磁压降为

$$\hat{U}_{m,dstraight}=h_{d1}\frac{\hat{H}_{d1}+4\hat{H}_{d2}+\hat{H}_{d3}}{6}=(0.002+0.0213)\frac{1213+4\times1169+1127}{6}\text{A}=27.25\text{A}$$

齿顶部分的磁压降很小，可以忽略。齿底部的磁通密度为 $\hat{B}_{d3}=1.559\text{T}$、$\hat{B}_{d4}=1.327\text{T}$ 和 $\hat{B}_{d5}=0.646\text{T}$，对应的磁场强度为 $\hat{H}_{d3}=1227\text{A/m}$、$\hat{H}_{d4}=391\text{A/m}$ 和 $\hat{H}_{d5}=192\text{A/m}$。于是，齿底部的磁压降为

$$\hat{U}_{m,dcircle}=h_{d2}\frac{\hat{H}_{d3}+4\hat{H}_{d4}+\hat{H}_{d5}}{6}=\frac{0.0095}{2}\times\frac{1227+4\times391+192}{6}\text{A}=2.36\text{A}$$

齿底部的高度为 $h_{d2}=b_5/2$，其中 b_5 为槽中部与槽底部分界处的槽宽（见图6.7）。最后得到定子齿磁压降

$$\hat{U}_{m,ds}=\hat{U}_{m,dstraight}+\hat{U}_{m,dcircle}=27.25\text{A}+2.36\text{A}=29.6\text{A}$$

同理，可以计算出转子齿磁压降为 $\hat{U}_{m,dr}=26.6\text{A}$。

6.2.11 确定新的饱和系数

系数 α_i 和饱和系数 k_{sat}已在6.2.6节中定义。当时 α_i 为 k_{sat}的函数，如式（6.34）

和图 6.5 所示，现在需要校核饱和系数并重新确定 α_i。如果在计算初期选择的 α_i 精确度不够，就需要根据式（6.32）重新计算气隙磁通密度峰值 $\hat{B}_\delta$，因为 N 已经固定了。同时还需要修正定、转子齿部磁通密度，并重新计算齿部和气隙磁压降。系数 α_i 需要反复迭代才能逐渐接近正确值。对于磁极等厚的表贴式永磁同步电机，不需要进行这一步。

例 6.11：试确定例 6.1 ~ 例 6.3、例 6.5 ~ 例 6.10 中所述 30kW 异步电机新的系数 α_i 的大小。

解：饱和系数 k_{sat}可根据式（6.34）计算：

$$k_{sat}=\frac{\hat{U}_{m,ds}+\hat{U}_{m,dr}}{\hat{U}_{m,\delta}}=\frac{30.9+26.6}{700.6}=0.082$$

根据式（6.33）计算出相应的 $\alpha_i=0.65$，该值与之前预估的大小 0.65 相同。

6.2.12　确定电机定、转子轭高及其磁压降

定、转子轭部磁通密度最大值 $\hat{B}_{ys}$和 $\hat{B}_{yr}$可以根据表 6.2 选取。如果已知电机磁通峰值，包括 $\hat{B}_{ys}$和 $\hat{B}_{yr}$，就能利用式（3.48）及式（3.49）计算定转子轭高 h_{ys}和 h_{yr}。在异步电机中，可以认为定子轭部磁通与转子轭部磁通相等。在同步电机中，由于转子磁极和永磁磁极存在漏磁，转子轭部磁通会比定子轭部磁通大一些。对于凸极同步电机，转子轭部磁通（磁极根部磁通）由式（3.47）计算，为（1.1 ~ 1.3）Φ_m。对于表贴式永磁电机，转子轭部磁通为（1.1 ~ 1.2）Φ_m。此外，可以利用有限元法等对磁场进行求解进而得到更加准确的数据。

定、转子轭部磁压降可由式（3.51）和式（3.52）计算得到。

例 6.12：试确定例 6.1 ~ 例 6.3、例 6.5 ~ 例 6.11 中所述 30kW 异步电机的定、转子轭高。

解：根据表 6.2 拟选择 $\hat{B}_{ys}=1.4\text{T}$ 及 $\hat{B}_{yr}=1.4\text{T}$，于是可得轭部高度和磁压降

$$h_{ys}=\frac{\hat{\Phi}_m}{2k_{Fe}l\hat{B}_{ys}}=\frac{\alpha_i\hat{B}_\delta\tau_p l'}{2k_{Fe}l\hat{B}_{ys}}=\frac{0.65\times0.819\times0.1587\times0.1988}{2\times0.97\times0.197\times1.4}\text{m}=31.4\text{mm}$$

$$h_{yr}=\frac{\hat{\Phi}_m}{2k_{Fe}l\hat{B}_{yr}}=31.4\text{mm}$$

$$\hat{U}_{m,ys}=c\hat{H}_{ys}\tau_{ys}=c\hat{H}_{ys}\frac{\pi(D_s+2h_s+h_{ys})}{2p}$$

$$=0.27\times500.9\times\frac{\pi(0.202+2\times0.0310+0.0314)}{2\times2}\text{A}=31.4\text{A}$$

$$\hat{U}_{m,yr}=c\hat{H}_{yr}\tau_{yr}=c\hat{H}_{yr}\frac{\pi(D_r-2h_r-h_{yr})}{2p}$$

$$=0.27\times500.9\times\frac{\pi(0.202-2\times0.02465-0.0314)}{2\times2}\text{A}=12.7\text{A}$$

式中，定子槽高 $h_s=0.0310\text{m}$、转子槽高 $h_r=0.02465\text{m}$ 为例6.9的计算结果，系数 c 通过图3.17得到，磁场强度 $\hat{H}_{ys}$ 和 $\hat{H}_{yr}$ 通过例（6.10）中给出的公式计算。

6.2.13　励磁绕组

至此，所有的电机尺寸都已经确定，接下来需要核对电机各部分所需的磁压降。磁压降的总和必须能由绕组或永磁体磁动势 Θ 提供。不同电机具有不同的励磁方式，直流电机采用独立的励磁绕组或永磁体励磁，异步电机利用定子绕组中的励磁电流进行励磁，而同步电机则利用转子励磁绕组或永磁体励磁，等等。

由于对称性，故本书仅计算一半磁路（例如，包括一半定子轭部长度、一个定子齿、一个气隙、一个转子齿、一半转子轭部长度）。这一半磁路的磁压降必须能由旋转磁场绕组磁动势或单个极的励磁绕组磁动势或单个永磁体磁动势提供。

旋转磁场产生的磁动势基波幅值为 $\hat{\Theta}_{s1}=mk_{w1}N_s\sqrt{2}I_{s,mag}/(\pi p)$，即由式（2.15）按计算基波分量调整得到。所需的励磁电流 $I_{s,mag}$ 可以通过使得一半磁路的磁压降总和 $\hat{U}_{m,tot}=\hat{\Theta}_{s1}$［见例3.5、式（3.59）和式（3.60）］得到，于是定子励磁电流有效值为

$$I_{s,mag}=\frac{\hat{U}_{m,tot}\pi p}{mk_{w1}N_s\sqrt{2}} \tag{6.63}$$

对于采用磁极绕组励磁的电机，计算其空载励磁电流是一项简单的任务，因为单个极的绕组磁动势即为 N_fI_f，该磁动势和一半磁路的磁压降相等。以确定同步电机励磁绕组尺寸为例，需要注意的是：为了能够补偿负载时的电枢反应，励磁绕组尺寸需要足够大以承受远大于空载时的电流。定义负载时励磁电流与空载时励磁电流的比值为 k，则有

$$N_fI_f=N_fJ_fS_{cf}=k\hat{U}_{m,tot}$$

式中，N_f 为匝数；J_f 为励磁绕组电流密度（见表6.3）；S_{cf} 为单匝励磁线圈的横截面积。如果槽满率为 k_{Cu}，那么每极励磁绕组横截面积为

$$S_f=\frac{N_fS_{cf}}{k_{Cu}}=\frac{k\hat{U}_{m,tot}}{k_{Cu}J_f} \tag{6.64}$$

该面积在长宽上的分配由磁极之间的可用空间决定。

此时，对于表贴式永磁同步电机，可以计算其磁极厚度。磁路总磁压降为

$$\hat{U}_{m,tot}=\Theta_{PM}=\frac{B_r}{\mu_{PM}}h_{PM}=\hat{U}_{m,\delta e}+\hat{U}_{m,ds}+\frac{B_{PM}}{\mu_{PM}}h_{PM}+\frac{\hat{U}_{m,ys}}{2}+\frac{\hat{U}_{m,yr}}{2} \tag{6.65}$$

因此

$$h_{PM}=\frac{\hat{U}_{m,\delta e}+\hat{U}_{m,ds}+\dfrac{\hat{U}_{m,ys}}{2}+\dfrac{\hat{U}_{m,yr}}{2}}{\dfrac{B_r-B_{PM}}{\mu_{PM}}} \tag{6.66}$$

式中，$\mu_{PM}=\mu_{rPM}\mu_0$ 为永磁体磁导率；μ_{rPM} 为永磁体相对磁导率（钕铁硼磁极 $\mu_{rPM}\approx 1.05$）；B_r 为永磁体剩磁；B_{PM} 为处于工作点的永磁体磁通密度。B_{PM} 和 6.2.5 节中已经确定的气隙磁通密度 $\hat{B}_\delta$ 相等。

6.2.14　确定电机定子外径和转子内径

已经确定气隙直径 D_s、槽高 h_s 和 h_r、轭高 h_{ys} 和 h_{yr}，可以得到定子外径 D_{se} 和转子内径 D_{ri}，如图 3.1 和图 3.2 所示。

例 6.13：试确定例 6.1～例 6.3、例 6.5～例 6.12 中所述 30kW 异步电机的定子外径和转子内径。

解：

$$D_{se}=D_s+2(h_s+h_{ys})=202.0+2(31.0+31.4)\,\mathrm{mm}=326.8\,\mathrm{mm}$$

$$D_{ri}=D_r-2(h_r+h_{yr})=200.2-2(24.65+31.4)\,\mathrm{mm}=88.1\,\mathrm{mm}$$

6.2.15　计算电机性能

因为电机尺寸和绕组都已选好，所以电阻和电感可以计算出来。励磁电感和漏感已在第 4 章讨论过，电阻也在第 5 章讨论过。于是可以得到电机每相等效电路，进而也可以计算电机效率、温升和转矩。

在图 6.10 中，齿部铁损可通过手动计算求解。磁通密度的变化频率和电机额定频率相关，该频率和磁通密度幅值共同决定单位质量铁损（W/kg）。单位质量铁损可以在制造商手册上查得，而单位质量杂散损耗可以通过图 6.10 中的磁通密度分布曲线计算出来。在已知齿部质量的情况下，图 6.10 可以用来计算单个齿部的损耗。同理可以计算出电机各部分的损耗。由于冲片上容易出现应力和毛刺，且气隙两侧的定、转子组件均会引起磁通脉动，电机定子实际齿部损耗和其他位置的铁损会比在基频下计算出来的损耗大很多。此外，制造商给出的损耗为交流磁化损耗，并不包含旋转磁化损耗；但旋转是电机定子轭部磁场的主要运动形式。因此，需要采用表 3.2 所示的经验系数进行修正。

表 3.2 中的系数用以校正电机磁路中重要部位的铁损计算结果。在电机设计中需要特别注意的是，电机中不同位置的频率是不相等的。在旋转磁场电机的定子中，电机输入的基频为 f_s，但定、转子齿部会因为齿的相对运动而出现高频磁通分量。例如在同步电机的转子中，虽然基频为零，但是因为定子开槽会出现脉振损耗。

电阻损耗的计算方法在第 9 章中定义，通过计算绕组的电阻损耗得到。定义铁损和电阻损耗之后，根据第 9 章中的指导思想可以确定电机的风摩损耗和附加损耗。于是，可以求得电机的效率。此外，温升会影响电机的电阻及电阻损耗。因此需要在分析电机最终损耗前先进行热传导计算。

参考文献

Commission Regulation (EC) No 640/2009 of 22 July 2009 implementing Directive 2005/32/EC of the European Parliament and of the Council with regard to ecodesign requirements for electric motors.

Directive 2009/125/EC of the European Parliament and of the Council of 21 October 2009 establishing a framework for the setting of ecodesign requirements for energy-related products.

IEC 60034-30-1 (2014 forecasted) *Rotating Electrical Machines Part 30-1: Efficiency Classes of Line Operated AC Motors (IE-code).* International Electrotechnical Commission, Geneva.

Lawrenson, P.J. (1992) A brief status review of switched reluctance drives. *EPE Journal*, **2**(3), 133–44.

Pat. U.S. 5,473,211. *Asynchronous electric machine and rotor and stator for use in association therewith.* High Speed Tech Oy Ltd, Finland. (Antero Arkkio). Appl. 86,880, July 7, 1993. (Appl. in Finland July 7, 1992).

Pyrhönen, J., Ruuskanen, V., Nerg, J. Puranen, J., Jussila, H. (2010) Permanent magnet length effects in AC-machines, *IEEE Transactions on Magnetics*, **46** (10), 3783–9, ISSN 0018-9464.

Richter, R. (1954) *Electrical Machines: Induction Machines (Elektrische Maschinen: Die Induktionsmaschinen)*, Vol. **IV**, 2nd edn, Birkhäuser Verlag, Basle and Stuttgart.

Richter, R. (1963) *Electrical Machines: Synchronous Machines and Rotary Converters. (Elektrische Maschinen: Synchronmaschinen und Einankerumformer)*, Vol. **II**, 3rd edn, Birkhäuser Verlag, Basle and Stuttgart.

Richter, R. (1967) *Electrical Machines: General Calculation Elements. DC Machines. (Elektrische Maschinen: Allgemeine Berechnungselemente. Die Gleichstrommaschinen)*, Vol. **I**, 3rd edn, Birkhäuser Verlag, Basle and Stuttgart.

Vogt, K. (1996) *Design of Electrical Machines. (Berechnung elektrischer Maschinen)*: Wiley-VCH Verlag GmbH, Weinheim.

Zhu, Z.Q., Ishak, D., Howe, D., Chen, J. (2007) Unbalanced magnetic forces in permanent magnet brushless machines with diametrically asymmetric phase windings, *IEEE Transactions on Industry Applications*, **43**(6), 1544–53.

第 7 章 旋转电机的特性

本章将研究最重要的工业用电机的设计及特性，主要包括笼型感应电机（IM）、不同类型的同步电机［传统电励磁同步电机（SM）、永磁同步电机（PMSM）以及同步磁阻电机（SyRM）］、直流电机及开关磁阻（SR）电机。虽然其他类型电机的重要性也被广泛认可，但是由于感应电机及同步电机在工业应用中非常广泛，因此本章的大部分篇幅将着重于这两种电机。

我们首先了解电机的不同负载，然后再进行特定种类电机特性的研究。首先是电机速度和尺寸间的关系，然后研究不同类型电机的机械负载、电负载及磁负载以便说明其性能极限。

7.1 电机尺寸、速度、不同负载及效率

7.1.1 电机尺寸及速度

“电 - 机”是一种涵盖电机设计的技术。从电机的字面含义就可以知道电机中存在电磁及机械的相互作用。实际上，机械结构及材料特性如屈服强度等反映出电机中旋转部分的速度与其尺寸间的关系。正如前面所说，电机的尺寸直接与电机转矩成比例，而电机转矩是进行电机设计时最重要的出发点之一。当然在很多情况下，电机的功率也是重要的出发点。在达到相同功率时，电机的转速越高，电机所发出的转矩越小。因而功率相同时，速度较高的电机比速度低的电机尺寸要小。

根据式（6.21），转子的质量 m_r 与视在功率 S_i 成正比，并且与速度成反比 $n=f/p$：

$$m_r \sim V_r = \frac{\pi}{4}\frac{pS_i}{Cf} \tag{7.1}$$

由式（7.1）以及式（6.1）、式（6.17），可以得到交流电机的如下关系：

$$m_r \sim \frac{pS_i}{fA\hat{B}_\delta} = \frac{pS_i}{f\sigma_{F\tan}} \tag{7.2}$$

因此，切向应力越大、供电频率越高，转子的质量就越小。

原则上输出功率一定时，选择较少的极对数 p 和较高的频率 f，可以得到重量更轻的电机。由于电机的输出功率取决于电机的转矩 T 和机械角频率 Ω，即 $P=\Omega T$，相等功率输出时高速电机的转矩比低速电机的转矩要小。然而在更高转速时，电机功率密度提高的同时电机的损耗密度也在提高，因此需要采取有效的方法来降低损耗的同时改善电机的冷却条件。在高频时，为了使线电流密度不至于大为降低，也必须采取适当的手段

来降低定子绕组的集肤效应。随着频率的增加，为了维持气隙磁通密度，最好选取性能更好的定子铁心材料及选取更有效的冷却方法。

当分析22kW系列电机产品的质量时，可以根据图7.1画出一条以极对数为函数的曲线。图中电机的质量近似与极对数成直线关系，从中可以看出，大体上电机的质量遵循以下的方程：

$$m = m_0 + Kp \tag{7.3}$$

根据式（7.2），电机的质量与频率成反比，因而电机的质量可以表示为

$$m = m_0 + \frac{K}{f^g} \tag{7.4}$$

式中，m_0、K和g是常数。而且通常g小于1，由于随着频率的增加，电机的线电流密度和气隙磁通密度不能认为恒定不变，因此可以得到图7.2所示的结果，其表明一台两极感应电机的近似质量与频率之间的函数关系。

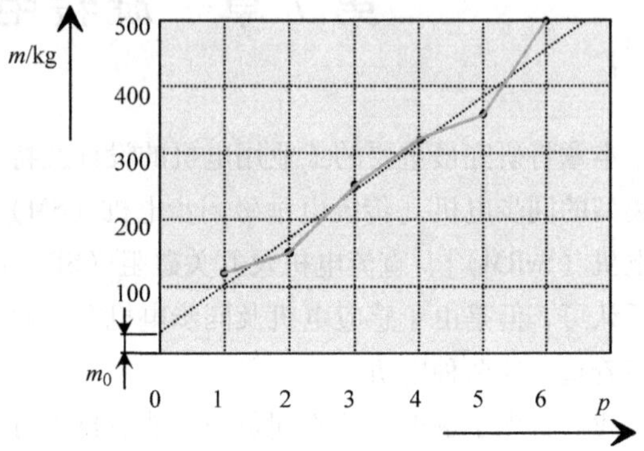

图7.1　工业用全封闭22kW、50Hz、400V感应电机典型质量与极对数的函数关系。图中虚线的直线为质量的变化趋势，其与纵轴交点坐标m_0=40kg

7.1.2　机械载荷能力

除温升外，由离心力引起的允许的最大机械应力、自然频率及允许的最高电磁负载限制着电机的输出功率及最高速度。分析旋转部件的机械应力是一项富有挑战性的工作，这里不做特别详细的讨论，只给出一些非常基本的应力对旋转部件影响的方程。

当速度或者转子尺寸增加时，很容易达到材料强度的极限。由转子离心力引起的最高应力σ_{mec}与角速度的平方成正比：

$$\sigma_{mec} = C'\rho r_r^2 \Omega^2 \tag{7.5}$$

式中，$C' = (3+\nu)/8$对应光滑均匀的圆柱体（见图7.3a），$C' = (3+\nu)/4$对应带有小孔的圆柱体（见图7.3b），$C' \approx 1$对应薄的中空圆柱体（见图7.3c）；r_r为转子的半径；Ω为机械角速度；ρ为材料密度；ν为泊松比（即横向正应变与轴向正应变的比值）。

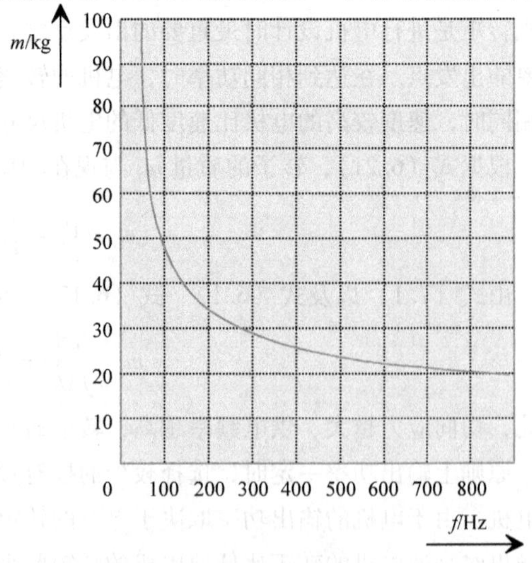

图7.2　一台两极22kW感应电机的有效部件质量与频率之间的函数关系。式（7.4）中指数$g \approx 0.8$

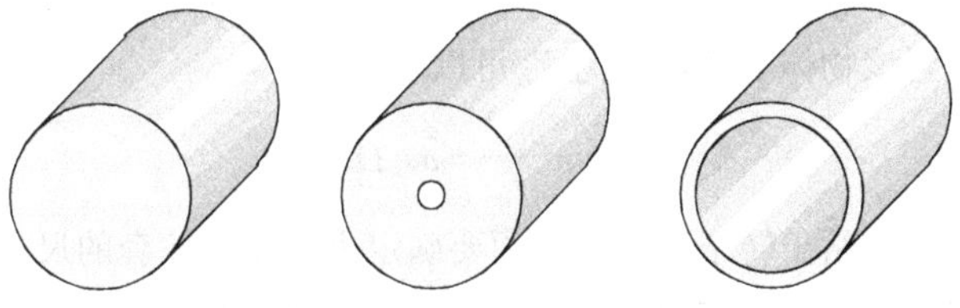

图 7.3 a）光滑均匀的圆柱体；b）带有小孔的圆柱体；c）薄的中空圆柱体

若转子材料允许的最大机械应力已知，则用上述的方程式可以确定转子允许的最大半径 r_r。当然，必须采用安全系数已确保不超过转子材料的实际允许应力。

不同材料的泊松比差异很小。表 7.1 列出了一些纯金属材料的泊松比。

表 7.1 特定纯金属材料的泊松比

金属		泊松比 ν	金属		泊松比 ν
铝	Al	0.34	镍	Ni	0.30
铜	Cu	0.34	钛	Ti	0.34
铁	Fe	0.29	钴	Co	0.31

例 7.1：计算光滑有钻孔钢制圆柱体的最大直径。已知该圆柱体旋转速度为 $15000\mathrm{min}^{-1}$。材料的屈服强度为 $300\mathrm{N/mm^2}=300\mathrm{MPa}$。铁的密度为 $\rho=7860\mathrm{kg/m^3}$。

解：钢的泊松比为 0.29。对于有钻孔的圆柱体

$$C'=\frac{3+\nu}{4}=\frac{3+0.29}{4}=0.823$$

可以根据 $\sigma_{\mathrm{mec}}=C'\rho r_r^2\Omega^2$ 计算应力。

$$\sigma_{\mathrm{yield}}=\sigma_{\mathrm{mec}}=C'\rho r_r^2\Omega^2$$

$$\Leftrightarrow r_{r,\max}=\sqrt{\frac{\sigma_{\mathrm{yield}}}{C'\rho\Omega^2}}=\sqrt{\frac{300\mathrm{MPa}}{0.823\times7860\mathrm{kg/m^3}\times\frac{(2\times(15000/60)\times\pi)^2}{s^2}}}=0.14\mathrm{m}$$

为了保持在屈服强度的安全范围内，转子直径必须要小于以上的计算值。

由于叠片的结构相当复杂，故式（7.5）不能直接用于转子叠片应力的计算。但是，我们可以从中找到一些有帮助的结果，因为应力的最大点总是出现在实心盘中心或者带有中心钻孔盘的内表面处。在这些位置点，不应该超过允许的材料屈服强度比。

在一些小型凸极转子电机应用中，磁极铁心应该被紧固到轴上，例如使用螺栓连接。必须根据屈服强度来确定螺栓连接的尺寸以确保足够安全可靠。如果螺栓连接不可用，可以使用燕尾连接结构。

转子结构千变万化，除了上述提到的转子铁心强度研究之外，尤其是转子绕组及永

磁体也必须有保护以不致使离心力破坏转子。质量为 m，在半径 r 处，以特定线速度 v 旋转的物体，施加到该物体上的离心力 F_{cf} 可以表示为

$$F_{cf} = \frac{mv^2}{r_r} = mr_r\Omega^2 \tag{7.6}$$

例如，如果永磁体贴于转子表面，必须要确定永磁体保护套的尺寸，使其可以承载施加在永磁体上的离心力 F_{cf}。类似地，电励磁同步电机的绕组端部必须要提供保护以防止离心力的破坏。低速凸极同步电机通常通过钢制螺栓固定转子铁心。自然而然地，在安全系数内螺栓必须能承受电机的离心力。

转子的长度主要受限于转子的临界角速度。在临界速度，转子会产生某次机械共振。每一种转子存在几种机械弯曲模态。在最低的临界转速，转子弯曲像一根香蕉有两个节点，如图7.4所示。在第二个临界转速，转子弯曲成S形状具有三个节点，以此类推。有一些扭转弯曲模态可能会限制转子的使用。

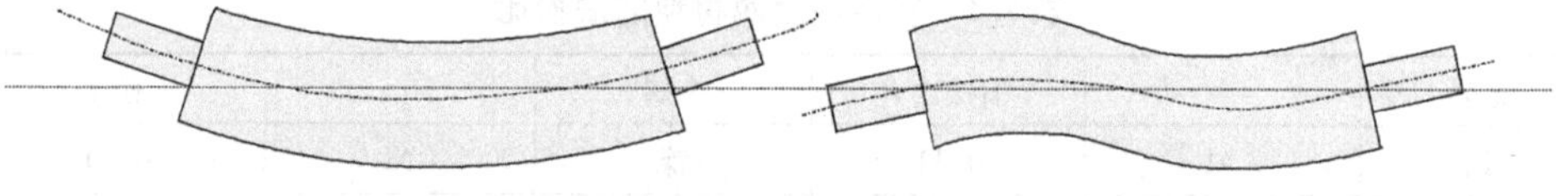

图7.4　转子的最低弯曲模态

通常，要选定电机的长度与气隙直径的比值 $\chi = l/D$（见表6.5）以便使电机转子工作在第一临界转速以下。但是不能完全确保转子工作在这种情况，例如大型涡轮发电机工作于不同的临界转速之间。根据 Wiart（1982）的研究，确保转子工作在第一临界转速以下时，转子的最大长度 l_{max} 可以表示为

$$l_{max}^2 = n^2 \frac{\pi^2}{k\Omega}\sqrt{\frac{EI}{\rho S}} \tag{7.7}$$

式中，S 为圆柱截面面积（m^2）；E 为转子材料的弹性模量（杨氏模量），对于钢的典型值为190～210GPa；I 为面积的二阶转动惯量（m^4），对圆柱体 $I = \pi(D_{out}^4 - D_{in}^4)/64$；$n$ 为临界转速的阶次；k 为安全系数（第 n 阶临界角速度与额定角速度的比值）；ρ 为材料的密度。

例7.2：考虑安全系数 $k = 1.5$，计算第一临界转速下光滑实心钢转子的最大长度。该转子直径为0.15m，转子速度为20000min^{-1}。

解：$l_{max}^2 = n^2 \dfrac{\pi^2}{k\Omega}\sqrt{\dfrac{EI}{\rho S}}$

$$l_{max} = \sqrt{1^2 \frac{\pi^2}{1.5\,\frac{20000}{60\text{s}}2\pi}\sqrt{\frac{200\text{GPa} \times \frac{\pi \times 0.15^4}{64}\text{m}^4}{7860\,\frac{\text{kg}}{\text{m}^3}\,\frac{\pi \times 0.15^2}{4}\text{m}^2}}} = 0.77\text{m}$$

在该例中，$l_{max}/r_r = 10$。实际上，转子上还包括如开缝，为安装轴承小直径的轴等，使得 l_{max}/r_r 的比值下降。

如果在强度中引入安全系数 k_σ，则可以通过式（7.5）及式（7.7）得到转子的长径比

$$\frac{l_{\max}}{r_{\mathrm{r}}} = n\pi\sqrt{\frac{k_\sigma}{k}}\sqrt[4]{\frac{C'E}{4\sigma_{\mathrm{mec}}}} \tag{7.8}$$

在式（7.5）限定允许的最大半径下，该式给出了转子的最大轴向长度。$l_{\max}/r_{\mathrm{r}}$ 并不是转速的函数。如果对实心钢转子来说，在第一临界转速下，长径比通常是 $l/r_{\mathrm{r}}<7$。实际上，这个比值经常为 $l/r_{\mathrm{r}}\approx 5$。

根据式（7.5）及式（7.6），在转子中，由离心力引起的最大应力与机械角速度的平方成比例。因此可以找到最高转速和最大应力确定的值。如果假定电机转子尺寸（直径、长度等等）按线性维度 λ 变化（长度和直径与 λ 成正比，面积与 λ^2 成正比，而且体积与 λ^3 成正比），因此电机的最高速度便与线性维度 λ 成反比例：

$$n_{\max} \sim \lambda^{-1} \tag{7.9}$$

7.1.3 电负载能力

由于相同功率时高速电机输出转矩较小，故其转子可以制造得比较小。然而，电机的损耗大小取决于功率而不是转矩，因此随着电机转速的提升，其损耗密度趋于提高。绕组中的电阻损耗 P_{Cu} 与电流密度 J 的平方及导体的质量成比例：

$$P_{\mathrm{Cu}} \sim J^2 m_{\mathrm{Cu}} \sim J^2\lambda^3 \tag{7.10}$$

绕组导体与齿之间的热阻 R_{th} 可以表示成

$$R_{\mathrm{th}} = \frac{d_{\mathrm{i}}}{\lambda_{\mathrm{i}} S_{\mathrm{i}}} \tag{7.11}$$

式中，d_{i} 为槽绝缘的厚度；λ_{i} 为绝缘的热导率；S_{i} 为槽壁的面积。槽绝缘厚度 d_{i} 是不依赖电机尺寸的常数（其取决于额定电压），因而

$$R_{\mathrm{th}} \sim \frac{1}{\lambda^2} \tag{7.12}$$

导体与齿顶的温度差可以表示为

$$\Delta T = P_{\mathrm{Cu}} R_{\mathrm{th}} \sim J^2\lambda \tag{7.13}$$

因此，给定温度差

$$J^2\lambda = \text{常数} \tag{7.14}$$

有

$$J \sim \frac{1}{\sqrt{\lambda}} \tag{7.15}$$

因而，小电机可以承受的电流密度比大电机要高。

在此情况下，线电流密度 A 可以用一个槽内总电流有效值 $JS_{\mathrm{Cu,u}}$ 除以槽距 τ_{u}：

$$A = \frac{JS_{\mathrm{Cu,u}}}{\tau_{\mathrm{u}}} \sim \frac{\frac{1}{\sqrt{\lambda}}\lambda^2}{\lambda} = \sqrt{\lambda} \tag{7.16}$$

线电流密度 A 与电流密度 J 是电机电负载的量度。从上面可知小电机的电流密度可比大电机的电流密度高，但对线电流密度来说正好相反，大电机中的线电流密度通常要高于小电机。A 与 J 的乘积

$$AJ \sim \sqrt{\lambda}\frac{1}{\sqrt{\lambda}} = 1 = \text{常数} \tag{7.17}$$

因而，AJ 与电机尺寸无关；其仅取决于电机冷却效果。对于全封闭电机，其 AJ 值比全敞开式要小。在空气冷却电机中，乘积 AJ 数值范围是 $10\times10^{10} \sim 35\times10^{10}\ \mathrm{A^2/m^3}$，但是在相同冷却条件下，不同电机的乘积 AJ 大致相等而不依赖于电机的尺寸。在直接水冷的情况下，本质上可以获得更高的 AJ 值。

例 7.3：使用表 6.3 的数据计算不同电机的 AJ 值。

解：

	异步电机	凸极同步电机或永磁同步电机	隐极同步电机 非直接冷却 空冷	隐极同步电机 非直接冷却 氢冷	隐极同步电机 直接水冷	直流电机
$A/(\mathrm{kA/m})$	30–65 定子绕组	35–65 电枢绕组	35–80	90–110 电枢绕组	150–200	25–65 电枢绕组
$J/(\mathrm{A/m^2})$	$3\sim8\times10^6$	$4\sim6.5\times10^6$	$3\sim5\times10^6$	$4\sim6\times10^6$	$7\sim10\times10^6$	$4\sim9\times10^6$
$A/(\mathrm{A^2/m^3})$	$9\times10^{10}\sim$ 52×10^{10}	$14\times10^{10}\sim$ 42.25×10^{10}	$10.5\times10^{10}\sim$ 40×10^{10}	$36\times10^{10}\sim$ 66×10^{10}	$105\times10^{10}\sim$ 200×10^{10}	$10\times10^{10}\sim$ 58.5×10^{10}

异步电机、直流电机及空气冷却的同步电机数值接近。然而大型同步电机中采用氢冷或者直接水冷的方法可以得到明显更高的数值。

7.1.4　磁负载能力

电机的气隙磁通密度及供电频率决定了电机的磁负载。下面研究一下电机速度随着线频率增加而提高时，磁通密度是如何变化的。

铁心损耗 P_{Fe} 近似与磁通密度 $\hat{B}_\delta$ 的平方成比例，并且在高频时，与频率 f 的平方及铁心的体积 V_{Fe} 成比例：

$$P_{\mathrm{Fe}} \sim \hat{B}_\delta^2 f^2 V_{\mathrm{Fe}} \tag{7.18}$$

最大转速 $n_{\max}$ 与频率 f 成比例，考虑式（7.9）和比例原则（$V\sim\lambda^3\sim n_{\max}^{-3}$），可以得到

$$P_{\mathrm{Fe}} \sim \hat{B}_\delta^2\, n_{\max}^2 \frac{1}{n_{\max}^3} = \hat{B}_\delta^2 \frac{1}{n_{\max}} \tag{7.19}$$

电机的温升取决于单位散热面积 S 上的功率损耗。假定温升恒定，考虑式（7.9）和比例原则（$S\sim\lambda^2\sim n_{\max}^{-2}$），可以得到

$$\frac{P_{\mathrm{Fe}}}{S} \sim \frac{\hat{B}_\delta^2}{n_{\max}S} \sim \frac{\hat{B}_\delta^2}{n_{\max}} n_{\max}^2 = \hat{B}_\delta^2\, n_{\max} = \text{常数} \tag{7.20}$$

因而，气隙磁通密度取决于速度

$$\hat{B}_{\delta} \sim \frac{1}{\sqrt{n_{\max}}} \tag{7.21}$$

现在可以通过提升电机的速度得到最大的可利用功率 $P_{\max}$。根据式（6.16）、式（7.15）、式（7.21）及式（7.9）可得

$$P_{\max} \sim AB_{\delta}^{2}D^{2}l'n_{\max} \sim \frac{1}{\sqrt{n_{\max}}}\frac{1}{\sqrt{n_{\max}}}\frac{1}{n_{\max}^{2}}\frac{1}{n_{\max}}n_{\max} = \frac{1}{n_{\max}^{3}} \tag{7.22}$$

最大功率极限与速度的立方成反比例。图 7.5 给出了不同类型空气冷却电机的研究，同时表明了在要求的最大转速下可以达到的额定功率或者对给定的额定功率所允许的最大转速。图 7.5 中的曲线是基于传统的电负载和磁负载。图中给出的是大量电机的平均数值。图 7.5 中的曲线 e 代表转子结构是表面覆盖的实心光滑铁圆柱的感应电机的功率极限，这些圆柱通过爆炸焊（其可以保证铜与铁之间完美的机械连接，因而能够确保在更高转速的转子表面使用铜）固定在转子铁心上。

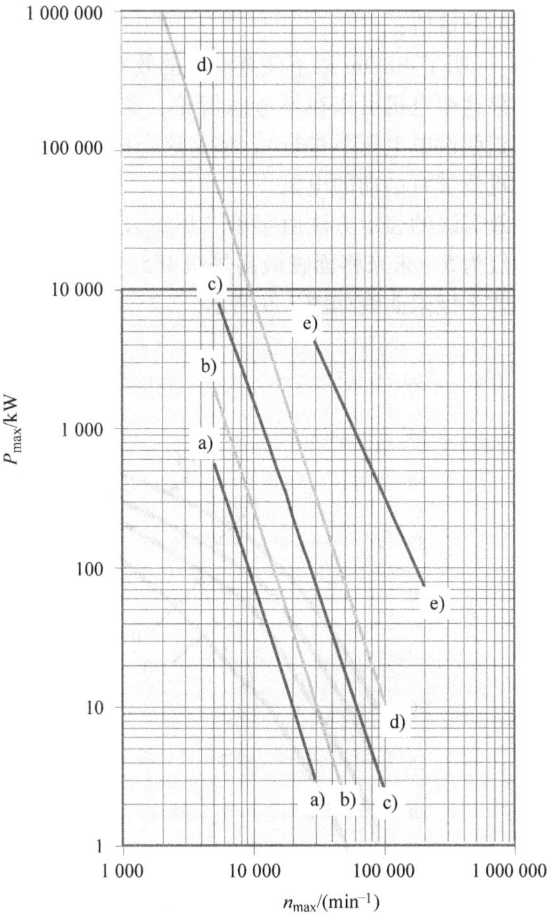

图 7.5　空气冷却电机速度与最大功率关系曲线。a）直流电机，转子表面速度≤110m/s；b）圆柱转子叠片同步电机，转子表面速度≤130m/s；c）叠片转子笼型感应电机，转子表面速度≤200m/s；d）实心转子（同步）电机，转子表面速度≤400m/s；e）表面覆铜的实心光滑转子感应电机，转子表面速度≤550m/s（a～d：Gutt 1988，e：Saari 1998）

材料的限制决定了电机实际的功率输出上限。目前在大型同步电机的发展上获得了很高的输出功率。现在，为大型核电厂设计使用的同步发电机达到 1500MW，$1500\min^{-1}$。例如，在芬兰奥尔基洛托 1793MW 核电站，其应用的隐极同步发电机的转子尺寸为 $D_{r} = 1.9\mathrm{m}$，$l_{r} = 7.8\mathrm{m}(l/r_{r} \approx 8.2)$，转子表面线速度为 300m/s。

7.1.5　效率

效率是电机设计中的主要需求之一。电机生产厂家必须在交流电机的额定铭牌和电机

手册上标明效率等级（见6.1节）。效率等级满足IEC60034－30－1标准（2014年发布）。该标准涉及所有种类单速电机的直接在线额定运行及降压起动，包括了单相、三相感应电机以及异步起动的永磁同步电机和同步磁阻电机，这些电机满足：

1）额定功率从0.12kW到1000kW；

2）额定电压从大于50V直到1kV（称为低压电机）；

3）极数2、4、6、8极（50Hz供电同步转速3000～750r/min）；

4）可在额定功率连续运行；

5）标明了－20～＋60℃范围内任意环境温度下的效率，该效率基于环境温度为25℃时的测量值；

6）标明了4000m以下任意海拔的效率，该效率基于海拔1000m的测量值。

如果这些电机可以在不考虑齿轮、变频器及制动器的损耗的情况下进行测试（测试是在正弦供电电压下进行），那么这个标准也可以包括含有减速齿轮的电机、逆变器供电电机及带有制动的电机。

能效等级的表示方法由字母“IE”及其后面代表等级的数字组成。最低等级为1，最高等级为5。未来将面临最高等级IE5。例如，对于50Hz、4极（同步速1500min^{-1}）电机的效率极限曲线如图7.6所示。

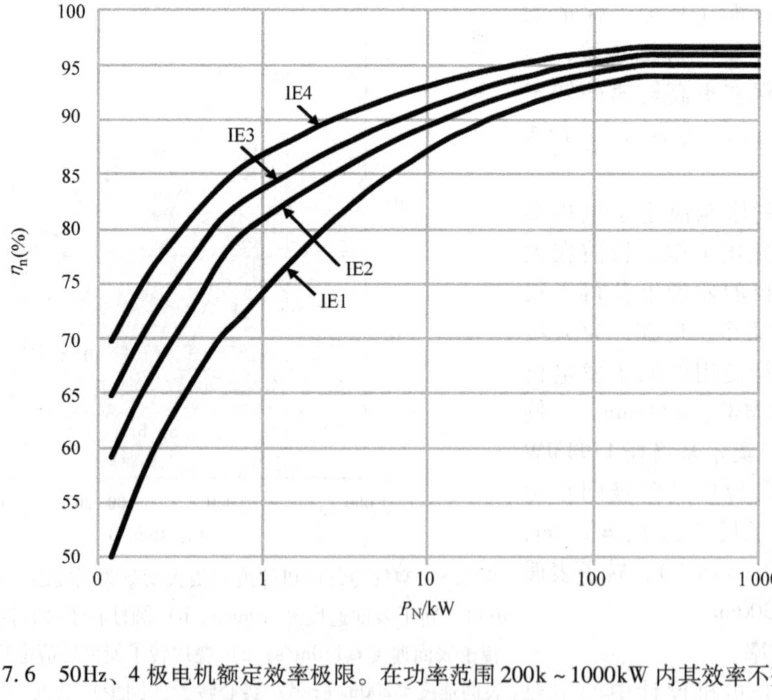

图7.6　50Hz、4极电机额定效率极限。在功率范围200k～1000kW内其效率不变，IE1效率为94.0%，IE2为95.1%，IE3为96%，IE4为96.7%

7.2　异步电机

带有笼型转子绕组的感应电机是工业上应用最广泛的电机。根据异步电机的定义，其需要转差率来产生转矩。异步电机的转子以角速度 Ω_r 旋转，而气隙磁通角速度为 Ω_s。两者之差称为转差率，通常用标幺值表示，$s=(\Omega_s-\Omega_r)/\Omega_s$，转差率使得转子导条处于以频率 $f_{slip}=sf_s$ 缓慢交变的磁场中，因而转子绕组中会感生出电压，进而电流开始在转子绕组中流动并且产生转矩。

通常，额定输出功率遵循等比级数，即额定输出功率的比例大约为 $\sqrt[n]{10}$。根指数 n 定义为一个功率系列，可以用“系列 n”来表示。代表性的可以使用系列 5、系列 7 及系列 9。不同的功率范围使用不同的系列。表 7.2 给出了推荐的功率范围。

表 7.2　异步电机的功率系列

系列数	功率比例 $\sqrt[n]{10}$	功率范围/kW
5	1.58	<1.1
7	1.39	1.1 ~ 40
9	1.29	>40

感应电机的输出功率并没有严格遵循上述的推荐系列。通常低压电机（50 ~ 1000V）的额定输出功率按以下的等级：0.18、0.25、0.37、0.55、0.75、1.1、1.5、2.2、3.0、4.0、5.5、7.5、11、15、18.5、22、30、37、45、55、75、90、110、132、160、200、250、315、400、450、500、560、630 及 710kW。我们可以看到在这个功率系列的低功率段，近似是遵循系列 7 的。超过 710kW 的电机经常设计成高压，然而，如果用逆变器驱动，例如在 690V 电压等级下，都可以达到 5MW 甚至更大的容量。具有几个独立并联支路绕组的电机，通过几个变频器单元供电，实际上没有明确的功率上限。

然而，对于每个额定电压都有一个最优的功率区间，如果要制造出满意的电机，不应该超过电压的上限和下限。对应某一功率，如果电压过高，导体则变得很细，并且匝数会大量增加。反过来，绕组必须要预制成形，这将提高绕组的制造费用。在上述系列中，630kW 是典型 400V 电机的极限。该种电机的额定电流为 1080A，此值为直接在线运行感应电机可以实际考虑的最大额定电流。该种电机的起动电流甚至可以达到 10kA。根据 IEC60034 - 1 标准，对额定电压 $U_N=1\sim3$kV 来说，最小输出的额定功率为 100kW；对于 $U_N=3\sim6$kV 为 150kW；对于 $U_N=6\sim11$kV 为 800kW。

7.2.1　异步电机的电流链及产生的转矩

当多相电流流入固定于电机槽内的绕组时，槽内的电流可以用该槽的线电流密度来进行比较精确的代替，沿槽开口宽度 b_1，线电流密度为常值 A_u：

$$\text{在槽开口处，}A_u=\frac{z_Q I}{b_1}\text{；其他位置，}A_u=0 \tag{7.23}$$

注意本书中的一些例子（见表 6.3 及表 6.4），为方便起见，定义线电流密度为线

电流密度基波分量 A_1 的有效值。在文献中的一些例子中，也使用阶跃函数 $A_u=(z_Q I)/\tau_s$。然而电流链的基波分量的幅值仍是相同的。也可以假定槽开口宽度是无限小的，这时槽的线电流密度则是由槽开口处的脉冲函数组成。

图7.7阐述了在有限槽开口形式时，电机线电流密度 $A(\alpha)$ 的情况，实际柱状图中柱的宽度为槽开口的宽度。对 $A(\alpha)$ 进行积分，可以得到变化非常陡峭的阶梯状（槽开口无穷小时是阶跃的）的电流链曲线 $\Theta(\alpha)$，基波电流链的波形相对于线电流密度的基波存在 π/2 电角度的相移，如图7.7a所示。线电流密度分布可以展开成傅里叶级数。级数中的每次 ν 都会相应产生以位置为函数的磁通密度。图7.7b说明了这种类型的电流密度 A_1 在定子内表面的分布情况。轴向电流 $A_\nu r\mathrm{d}\alpha$ 流过等效转子长 l' 的圆柱单元：

$$\mathrm{d}I_\nu=A_\nu r\frac{\mathrm{d}\alpha}{p}=A_\nu\frac{D_s}{2p}\mathrm{d}\alpha \tag{7.24}$$

这里采用 $\mathrm{d}\alpha/p$，是由于当穿过转子圆周时，角度 α 在 $0\sim p\cdot 2\pi$ 取值。

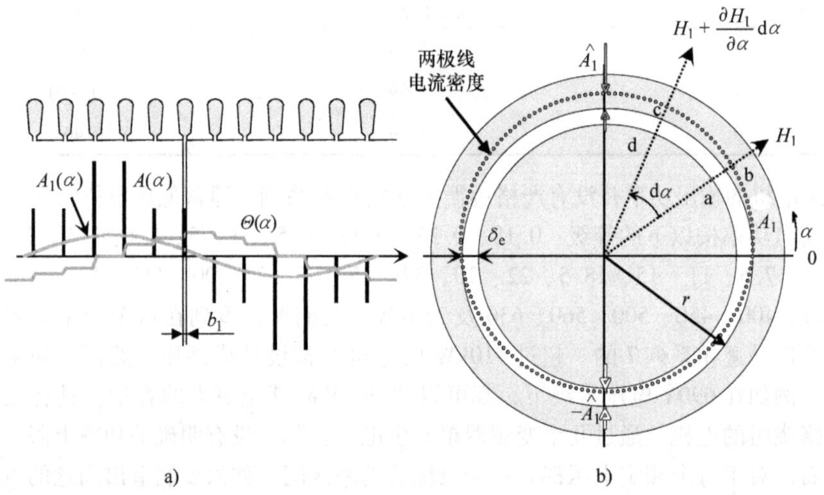

图7.7 a）线电流密度 $A(\alpha)$，其基波分量 $A_1(\alpha)$ 及 $A(\alpha)$ 的积分－电流链 $\Theta(\alpha)$。b）线性电流密度 A_1 由定子为 $Q=12$、$q=2$、槽开口 b_1 产生两极旋转磁场的三相电流产生。线电流密度的基波在气隙中产生场强，进而产生相应的磁通。在此图中，由槽电流产生的线电流密度可以表示成磁极（图a），其高度是槽电流除以槽开口宽度 $A=z_Q I/b_1$

当等效气隙 δ_{ef} 明显小于转子半径时（$\delta_{ef}\ll r_r$），可以假定沿半径 r_r 方向的气隙磁场强度 H_ν 为常值。根据透入原理，沿着轴向长度为 l' 的路径 a－b－c－d－a，由于转子上不存在电流，可以得到

$$\oint H_\nu\mathrm{d}l=H_\nu\delta_{ef}-\left(H_\nu+\frac{\partial H_\nu}{\partial\alpha}\mathrm{d}\alpha\right)\delta_{ef}=A_\nu\frac{D_s}{2p}\mathrm{d}\alpha \tag{7.25}$$

因此，可以得到线电流密度

$$A_{\nu} = -\frac{2p\delta_{\mathrm{ef}}}{D_{\mathrm{s}}}\frac{\partial H_{\nu}}{\partial \alpha} = -\frac{2p\delta_{\mathrm{ef}}}{\mu_0 D_{\mathrm{s}}}\frac{\partial B_{\nu}}{\partial \alpha} = -\frac{2p}{D_{\mathrm{s}}}\frac{\partial \Theta_{\nu}}{\partial \alpha} \tag{7.26}$$

式中，D_{s} 为定子内径；p 为极对数。

选择合适的坐标 $t=0$ 时刻，使得线电流密度的基波在 $\alpha=\pi/2$ 时达到最大（见图 7.7b），线电流密度傅里叶级数的第 ν 次分量可以写成

$$A_{\nu} = \hat{A}_{\nu} \,|\, \underline{\omega t - \nu\alpha + \pi/2} = \hat{A}_{\nu} \mathrm{e}^{\mathrm{j}(\omega t - \nu\alpha + \pi/2)} \tag{7.27}$$

根据式（7.26），电流链为线电流密度的积分：

$$\Theta_{\nu} = -\frac{D_{\mathrm{s}}}{2p}\int A_{\nu}\mathrm{d}\alpha = \frac{D_{\mathrm{s}}}{2p\nu}\hat{A}_{\nu} \,|\, \underline{\omega t - \nu\alpha} = \hat{\Theta}_{\nu}\mathrm{e}^{\mathrm{j}(\omega t - \nu\alpha)} \tag{7.28}$$

因此根据式（2.15），第 ν 次电流链谐波的幅值为

$$\hat{\Theta}_{\nu} = \frac{m}{\pi}\frac{k_{\mathrm{w}\nu}N_{\mathrm{s}}}{\nu p}\hat{i}$$

第 ν 次线电流密度谐波的幅值为

$$\hat{A}_{\nu} = \frac{2p\nu}{D_{\mathrm{s}}}\hat{\Theta}_{\nu} = \frac{2}{\pi}\frac{m}{D_{\mathrm{s}}}k_{\mathrm{ws}\nu}N_{\mathrm{s}}\hat{i} \tag{7.29}$$

包含了所有谐波分量的阶梯的电流链波形在气隙中传递时，由于其谐波运行的速度及方向不同，因此其形状发生轻微的改变。图 7.8 给出了 6 极和 2 极电机气隙中的电流链的基波（谐波已被滤除）。

电流链的幅值施加于半个主磁路。气隙磁通密度与电流链的比值，即单位面积磁导，被称为磁路的比磁导，比磁导为时间和空间的周期函数。槽开口、铁心饱和、偏心和凸极电机的凸极性都是引起磁导变化的因素。比磁导 Λ' 可以表示成傅里叶级数形式

$$\Lambda' = \Lambda'_0 + \sum_{\mu}\hat{\Lambda}'_{\mu}\mathrm{e}^{\mathrm{j}(\omega t_{\mu} - \mu\alpha + \varphi_{\mu})} \tag{7.30}$$

式中，μ 为比磁导的阶次；Λ'_0 为平均比磁导（$\Lambda'_0=\mu_0/\delta_{\mathrm{ef}}$）；$\hat{\Lambda}'_{\mu}$ 为 μ 次谐波磁导的幅值。包含槽开口及铁心饱和影响的等效气隙 δ_{ef} 见第 3 章式（3.56）。自然地，如果相应的面积 S 已知，则可以用相似的方程给出气隙磁导 Λ 的表达式。

磁通密度为电流链与比磁导的乘积，电流链与平均的比磁导产生磁通密度谐波

$$B_{\delta\nu} = \Lambda_0\hat{\Theta}_{\nu} = \frac{\mu_0}{\delta_{\mathrm{ef}}}\hat{\Theta}_{\nu} = \hat{B}_{\mathrm{m}\nu} \,|\, \underline{\omega t - \nu\alpha} = \hat{B}_{\delta\nu}\mathrm{e}^{\mathrm{j}(\omega t - \nu\alpha)} = \frac{\mu_0}{\delta_{\mathrm{ef}}}\frac{m}{\pi}\frac{k_{\mathrm{ws}\nu}N_{\mathrm{s}}}{\nu p}\hat{i}\mathrm{e}^{\mathrm{j}(\omega t - \nu\alpha)} \tag{7.31}$$

与比磁导谐波作用，电流链会进一步产生大量的磁通密度谐波，通常最大的谐波是由槽开口引起的。磁导的最大值出现在齿的中心，而最小值出现在槽开口的中心（见图 7.8c）。其周期满足磁导的极对数乘以槽数，当有 p 对极的正弦电流链的基波乘以有 cQ 对极的正弦磁导谐波时，可以得到具有 $p \pm cQ$ 对极的磁通密度，其中 $c=1，2，3，\cdots$ 且 Q 为槽数。这些谐波称为齿谐波。其次数为

$$\nu_{\mathrm{u}} = \frac{p \pm cQ}{p} = 1 \pm c\frac{Q}{p} = 1 \pm 2mqc \tag{7.32}$$

齿谐波总是成对出现。设式（7.32）中 $c=1$ 且保留加减号得到波的极对数被称为一阶齿谐波。相应的，当 $c=2$ 时，可以得到二阶齿谐波。

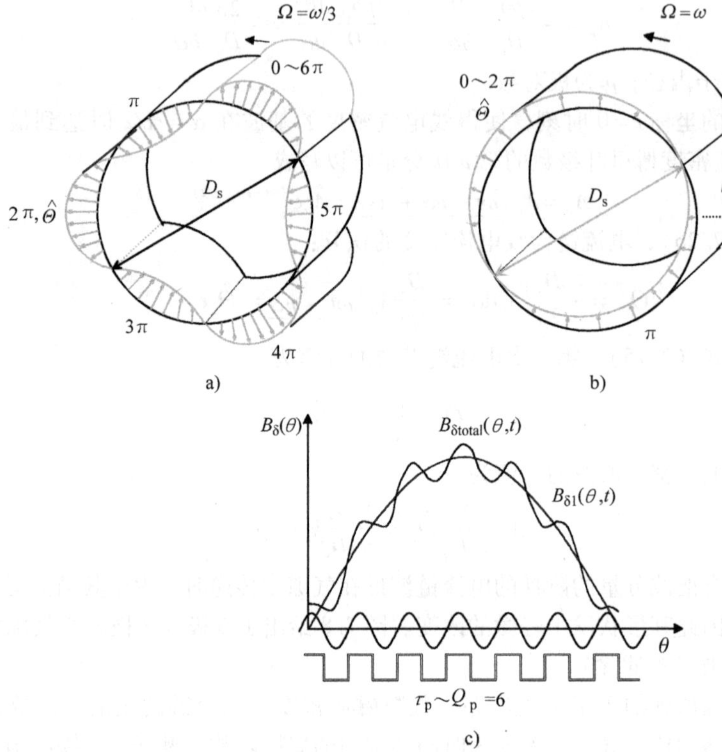

图7.8 a）6极（$p=3$）电流链基波以物理角速度$\Omega=\omega/3$传递。b）2极（$p=1$）基波，传递速度为$\Omega=\omega$。如果两个绕组输入电流的角频率ω相同，6极绕组中电流链传递速度为2极绕组传递速度的1/3。在一个供电周期内，两种分布都传递一个波长，这可以解释为何传递速度不同。电机极对数对电机旋转速度的影响正是相同的原因。c）基波和齿谐波之间的关系，对$Q=24$、$2p=4$来说，每半个基波波长内含有$Q_p=24/4=6$波长

因为总电流波形中存在Q个阶梯，所以电流链Θ_ν及平均磁导Λ_0也可以产生齿谐波。由槽开口及阶梯电流链产生的齿谐波存在一个相移，因此必须使用相量求和法来得到最终的齿谐波（Jokinen 1972）。

式（7.31）给出的谐波表示气隙中的磁通，其峰值为

$$\hat{\Phi}_{m\nu}=\frac{D_s l'}{\nu p}\hat{B}_{\delta\nu}=\frac{\mu_0 m D_s l' k_{ws\nu}}{\pi p^2\delta_{ef}\nu^2}N_s\hat{i} \tag{7.33}$$

总的气隙磁通密度峰值为各谐波之和

$$\hat{\Phi}_m=\sum_{\nu=1}^{+\infty}\hat{\Phi}_{m\nu}=\frac{\mu_0 m D_s l'}{\pi p^2\delta_{ef}}N_s\hat{i}\sum_{\nu=1}^{+\infty}\frac{k_{ws\nu}}{\nu^2}\approx\frac{\mu_0 m D_s l' k_{w1}}{\pi p^2\delta_{ef}}N_s\hat{i} \tag{7.34}$$

该级数收敛速度很快，因此在计算中可以只考虑基波。基波与谐波在主磁通中所占的分量可以由式（7.34）说明。值得注意的是谐波同样会在绕组中产生基频电压。这可以通过相互作用的原理来解释，当绕组中通有基频的正弦电压且电流在气隙中产生空

间谐波时，同样空间谐波也必定能在绕组中感应出相应的基波正弦电压。

在交流电机运行时，谐波可能会引起若干问题，主要是异步问题：①谐波产生同步或者异步的寄生转矩。这些寄生转矩可以严重影响异步电机转矩－转速曲线形状，见7.2.4节及7.2.5节。②引起电机振动和噪声。③在发电电压中产生谐波。④由于磁通密度中的高频分量增加了铁心损耗。

可以通过使用短距绕组和斜槽的方法来减少谐波。短距主要影响如5次及7次（见例2.12）等低次谐波。齿谐波的绕组因数总是与基波绕组因数相同，因而通过短距来减少齿谐波也必定会减少基波。但可以通过采用斜槽来减少齿谐波的影响，其可以大大降低齿谐波的影响而对基波产生的影响却很小（见例4.1）。

异步电机负载运行时定子绕组及转子绕组中都将会流过电流。两者分别产生其自己的电流链，因而施加在半个磁路上的电流链为这两个电流链之和：

$$\Theta_{\mathrm{m}}(\alpha)=\Theta_{\mathrm{r}}(\alpha)+\Theta_{\mathrm{s}}(\alpha) \tag{7.35}$$

该电流链之和在气隙中产生实际的磁通。如果只考虑线性计算，磁通也可以叠加。可以得到气隙磁通密度

$$B_{\delta}(\alpha)=B'_{\mathrm{s}}(\alpha)+B'_{\mathrm{r}}(\alpha) \tag{7.36}$$

这里假想的磁通密度 $B'_{\mathrm{s}}(\alpha)$ 及 $B'_{\mathrm{r}}(\alpha)$ 不能被测量，但是可以通过下式进行计算：

$$B'_{\mathrm{r}}(\alpha)=\frac{\mu_0}{\delta_{\mathrm{ef}}}\Theta_{\mathrm{r}}(\alpha)\text{；}B'_{\mathrm{r}}(\alpha)=\frac{\mu_0}{\delta_{\mathrm{ef}}}\Theta_{\mathrm{s}}(\alpha) \tag{7.37}$$

图7.9给出了在转子边界及气隙上的电流线密度。在假定气隙位置 α 处，电流微元可以写为

$$\mathrm{d}I(\alpha)=A(\alpha)\frac{r}{p}\mathrm{d}\alpha \tag{7.38}$$

在位置 α 处，电流线密度的主要部分可以根据式（7.27）来计算。气隙磁通密度矢量 $\boldsymbol{B}_{\delta}$ 与转子电流 $I\mathrm{d}\boldsymbol{l}$ 彼此相互垂直（其中 $\boldsymbol{l}$ 为转子轴向的单位矢量），并且根据洛仑兹力方程，它们产生的周向力单元 $\mathrm{d}\boldsymbol{F}$ 与圆柱的切向平行：

$$\mathrm{d}F(\alpha)=l'B_{\delta}(\alpha)\mathrm{d}I(\alpha)=\frac{D_{\mathrm{s}}l'}{2p}A(\alpha)B_{\delta}(\alpha)\mathrm{d}\alpha \tag{7.39}$$

为简化起见，下面令 $D_{\mathrm{s}}\approx D_{\mathrm{r}}\approx D\approx 2r$。

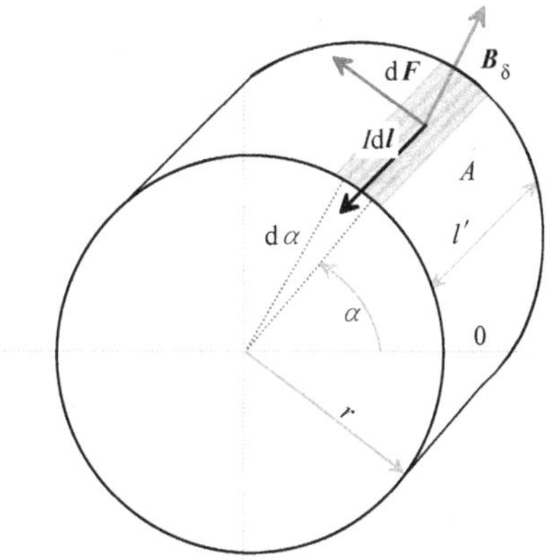

图7.9　作用于转子上的转矩定义。转矩定义为施加于电流线密度单元 $I\mathrm{d}\boldsymbol{l}$ 上的周向力 $\mathrm{d}\boldsymbol{F}$

既然周向力在各处均为切向，沿转子圆周的矢量和为零，然而它们可以在计算转矩中使用。电机的周向力可以通过沿转子表面经过角度 $2\pi p$ 对 $\mathrm{d}\boldsymbol{F}$ 进行线积分求解得到。同时，可以通过求解到的力乘以转子的直径（$r\approx D/2$）得到电磁转矩

$$T_{\mathrm{em}}=\frac{D^2l'}{4p}\int_0^{2\pi p}A(\alpha)B_{\delta}(\alpha)\mathrm{d}\alpha \tag{7.40}$$

式（7.40）得到的结果与 1.5 节中给出的结果一致。其中首先研究的是基于洛仑兹力的切向力。

转子电流线密度的基波 $v=1$ 可以通过将转子电流带入到式（7.27）及式（7.29）中来进行求解，并且考虑到转子电流线密度对应转子感生电压的角度差 ζ_r：

$$A_r=\hat{A}_r\underline{/s\omega t-\alpha-\zeta_r+\pi/2} \tag{7.41}$$

式中

$$\hat{A}_r=\frac{2}{\pi}\frac{m_r}{D}k_{wr}N_r\hat{i}_r \tag{7.42}$$

由于转子电流线密度 A_r 处于转子坐标系，因此在式（7.41）中其频率为转差频率 $s\omega$。ζ_r 表示转子电流滞后于气隙电压的相位角，这个相位角由转子阻抗 $R_r+sj\omega_s L_{r\sigma}=Z_r\underline{/\zeta_r}$ 引起，而且可以被用于定义 A_r 与 B_δ 分布之间的夹角，为 $\pi/2-\zeta_r$。

实际的气隙磁通密度遵循式（7.31）。把这些项带入式（7.40），可以写出感应电机的电磁转矩方程［同见式（6.2）］

$$T_{em}=\pi Dl\sigma_{tan}r=\pi Dl\frac{\hat{A}_r\hat{B}_\delta\cos\zeta_r}{2}r=\frac{\pi}{4}D^2l\hat{A}_r\hat{B}_\delta\cos\zeta_r \tag{7.43}$$

在式（7.43）中，使用的是 $\hat{A}$ 与 $\hat{B}_\delta$ 基波的分布的峰值，因此在结果中要除以 2（$\sqrt{2}^2$）。同时要注意 $\cos\zeta_r$ 对应转子的功率因数。在式（1.115）中，由于使用的是瞬时值，因此没有涉及角度。

大体上，式（7.43）同我们之前在 1.5 节中讨论切向力定义时的方程相同。这是基于洛仑兹力从电机的磁通与电流分布推导得到的通用转矩方程。形式上，方程对各种类型的电机都适用。转矩同时作用在转子和定子上，两者的幅值相等但方向相反。当将式（7.43）重复应用于定子上时，就能够应用于任何磁场旋转类型的电机。例如，如果同步电机运行在电流线密度与磁通密度分布重叠的情况下，电磁转矩将是 $T_{em}=\pi D_s^2 l\hat{A}_s\hat{B}_\delta/4$。

这个方程表明电机的转矩与转子的体积及 $\hat{A}\hat{B}_\delta$ 的积成比例。电机连续运行时能够达到的最大值取决于电机的温升。在有铁心电机中，气隙磁通密度的最大基波分量通常上在 1T 以内或者稍微高于 1T。如果气隙磁通密度波形为方波并且最大气隙磁通密度为 1T，则基波峰值可达到 $4/\pi$。另一方面，电流线密度 A 变化大，并且依赖于电机冷却。

7.2.2　笼型绕组的电流链及阻抗

图 7.10 给出了一个简化的笼型绕组（图 a）及笼型绕组笼条及端环内的电流相量图（图 b）。笼条序数从 1 到 Q_r。笼条及端环内的电流分开表示，箭头表示电流的正方向。如果单个笼条的电阻为 R_{bar}［笼条的直流电阻可以通过转子槽的面积、转子铁心长度、斜槽角度 α（见图 4.10）及导条材料的比电导率计算得到 $R_{bar}=l/(\cos\alpha\cdot\sigma S)$］、电感为 L_{bar} 以及两个笼条间的端环部分的电阻及电感值分别为 R_{ring} 和 L_{ring}，则可以根据下面方法来计算整个绕组的合成阻抗。

首先构建转子笼条的电流相量图，对 ν 次谐波，笼条电流的相移角为 $\nu\alpha_u p$。由于笼

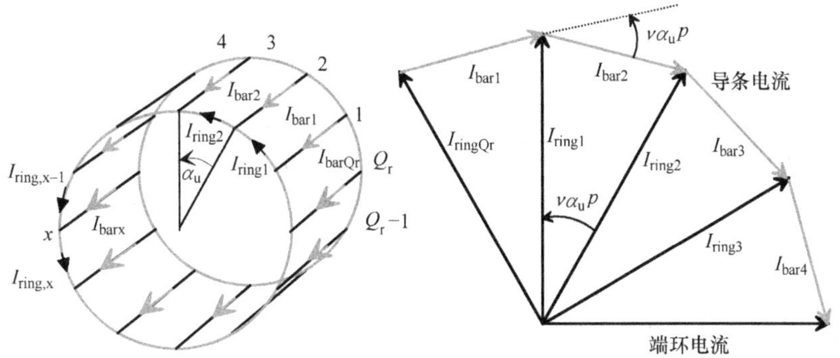

图 7.10　a）笼型绕组图；b）导条电流的扇形多边形相量图及一部分电流相量图。这里 α_u 为机械角度，相应的电角度为 $p\alpha_u$。注意在实际中，对面位置的导条中电流的符号相反

型转子可以在不同定子极对数 p 下运行，这里用 α_u 表示机械角度，因此相应的电角度为 $p\alpha_u$（见图 7.10）。然后，建立导条电流多边形，图 7.10 中给出了导条$\underline{I}_{bar1}$ ~ $\underline{I}_{bar4}$ 中电流相量所建立的一部分相量多边形。从多边形中心到各个角度顶点画出$\underline{I}_{ringQr}$到$\underline{I}_{ring3}$的相量表示端环电流。在每个导条和端环的节点满足基尔霍夫第一定律（见图 7.10a）：

$$\underline{I}_{ring,x} = \underline{I}_{bar,x} + \underline{I}_{ring,x-1} \tag{7.44}$$

端环间的电流相位角同样也是 $\nu\alpha_u p$。

由于单个的导条组成转子的相绕组（$N_r = 1/2$），故导条电流即为转子的相电流。由第 ν 次磁通密度谐波感应出的导条电流有效值通常表示为 $I_{bar\nu}$。相应的端环电流的有效值可以用 $I_{ring\nu}$表示。因而，根据图 7.10b，可以得到

$$I_{ring\nu} = \frac{I_{bar\nu}}{2\sin\dfrac{\alpha_{u\nu}}{2}};\ \alpha_{u\nu} = \nu\frac{2\pi p}{Q_r} \tag{7.45}$$

该电流在转子中产生电阻损耗

$$P_{Cu\nu} = Q_r(R_{bar\nu}I_{bar\nu}^2 + 2R_{ring}I_{ring\nu}^2) = Q_r I_{bar\nu}^2\left(R_{bar\nu} + \frac{R_{ring}}{2\sin^2\dfrac{\alpha_{u\nu}}{2}}\right) \tag{7.46}$$

式中，R_{ring}为属于一个导条的端环部分的电阻。转子单相电阻仅仅比导条电阻 $R_{bar\nu}$增加一个大括号内的第二项。用相同的原理可以计算相电感。当考虑到电机电角频率供电时，可以得到锁定转子 $s=1$ 时，感应电机转子气隙磁通密度 ν 次谐波的相阻抗的方程

$$\underline{Z}_{r\nu} = R_{r\nu} + j\omega_s L_{r\nu} = Z_{r\nu}\underline{|\zeta_{r\nu}} \tag{7.47}$$

注意在计算中使用定子角频率 ω_s，转差率的影响将在后面考虑。现在可以写出转子电阻和漏电抗

$$R_{r\nu}=R_{bar\nu}+\frac{R_{ring}}{2\sin^2\dfrac{\nu\pi p}{Q_r}};\ L_{r\nu}=L_{bar}+\frac{L_{ring}}{2\sin^2\dfrac{\nu\pi p}{Q_r}} \tag{7.48}$$

在式（7.47）及式（7.48）中，L_{bar}及L_{ring}为导条及端环部分的漏电抗。端环的漏电抗可以简单地用式（4.101）求解，来替代式（7.48）后面的部分。分析方程式，注意到转子相阻抗的值是感应磁通密度谐波次数ν的函数。笼型转子只与定子中产生的这样的磁通密度的谐波作用，这样的谐波次数满足条件

$$\nu p\neq cQ_r,\text{其中 } c=0,\pm1,\pm2,\pm3,\cdots \tag{7.49}$$

这可以解释，对于谐波次数为

$$\nu'=\frac{cQ_r}{p} \tag{7.50}$$

转子的相阻抗为无穷大。这些谐波的节距因数$k_{p\nu}$为零。ν'谐波的波长等于转子的槽距，或者等于其整数倍。在这种情况下，每个导条总是具有相同的磁通幅值，将会在每个导条内感生出相同的电流链，并且闭合电路中的反电动势相互抵消，因而由ν'谐波感生的电压不会产生电流。根据式（7.47）及式（7.48），笼型绕组可以由一个这样的等效绕组代替，这个等效绕组的短路环阻抗为零、导条的阻抗为$\underline{Z}_{r\nu}$。笼型绕组的阻抗或者电阻、电感通常可以折算到定子侧。这将在以后进行分析。

笼型绕组在一个极距内导条中的电流都分属不同相。在对称的m相系统中，相-相间的相位相差360°/m。因而，转子的导条数与转子的相数相等。如果转子中导条的数量为Q_r，转子的相数相应的为

$$m_r=Q_r \tag{7.51}$$

通常一匝线圈上至少有两根导体且彼此相差180°。因此可以认为单个转子导条为半匝，写成$N_r=1/2$。为了便于分析等效电路，必须将转子参数归算到定子侧。感应电机可以看作是两绕组的变压器。基本的，定子中有效线圈的匝数为$m_s k_{w1s} N_s$，笼型转子中有效匝数为$m_r k_{w1r} N_r$，这里$m_r=Q_r$，$k_{w1r}=1$且$N_r=1/2$。如果定子和转子相互斜槽，也必须要考虑斜槽因数k_{sq}。如果转子为绕线转子，用m_r、k_{w1r}及N_r可以写出相似的方程。当考虑ν次谐波的电流链时，转子电流归算到定子侧的电流为$I'_{\nu r}$，归算到定子绕组侧的电流产生的电流链必须同原来转子中电流产生的电流链相等。因而可以写成

$$m_s k_{w\nu s} N_s I'_{\nu r}=m_r N_r k_{sq\nu r} k_{w\nu r} I_{\nu r} \tag{7.52}$$

对于ν次谐波从转子到定子侧的归算比因而可写为

$$K_{rs,\nu}=\frac{I_{\nu r}}{I'_{\nu r}}=\frac{m_s k_{w\nu s} N_s}{m_r k_{sq\nu r} k_{w\nu r} N_r} \tag{7.53}$$

将上面的分析应用至笼型转子，并且只考虑其基波分量，可以得到

$$K_{rs,1}=\frac{m_s k_{w1s} N_s}{m_r k_{sq1r} k_{w1r} N_r}=\frac{m_s k_{w1s} N_s}{Q_r\cdot1\cdot k_{sq1r}\cdot1/2}=\frac{2m_s k_{w1s} N_s}{Q_r k_{sq1r}} \tag{7.54}$$

如果R_r为转子导条与短路环部分的电阻和，I_r为转子导条电流的有效值，归算时定子与转子侧电阻损耗相等，因此可以得到

$$m_{s}I_{r}^{\prime 2}R_{r}^{\prime}=Q_{r}I_{r}^{2}R_{r} \tag{7.55}$$

转子相电阻归算到定子侧时可以写成

$$R_{r}^{\prime}=\frac{Q_{r}I_{r}^{2}R_{r}}{m_{s}I_{r}^{\prime 2}} \tag{7.56}$$

由于

$$\frac{I_{r}}{I_{r}^{\prime}}=K_{rs} \tag{7.57}$$

则归算到定子侧的转子电阻现在可以写成

$$R_{r}^{\prime}=\frac{Q_{r}}{m_{s}}\left[\frac{I_{r}}{I_{r}^{\prime}}\right]^{2}R_{r}=\frac{Q_{r}}{m_{s}}K_{rs,1}^{2}R_{r}=\frac{Q_{r}}{m_{s}}\left[\frac{2m_{s}k_{w1s}N_{s}}{Q_{r}k_{sq1r}}\right]^{2}R_{r}=\frac{4m_{s}(k_{w1s}N_{s})^{2}}{Q_{r}k_{sq1r}^{2}}R_{r} \tag{7.58}$$

当将转子电阻归算到定子侧时，通常要乘以比例项

$$\rho_{\nu}=\frac{m_{s}}{m_{r}}\left(\frac{N_{s}k_{w\nu s}}{N_{r}k_{sq\nu r}k_{w\nu r}}\right)^{2} \tag{7.59}$$

在笼型感应电机中，式（7.59）变为

$$\rho_{\nu}=\frac{4m_{s}}{Q_{r}}\left(\frac{N_{s}k_{w\nu s}}{k_{sq\nu r}}\right)^{2} \tag{7.60}$$

如果不考虑斜槽，可以进一步写成

$$\rho_{\nu}=\frac{4m_{s}}{Q_{r}}(N_{s}k_{w\nu s})^{2} \tag{7.61}$$

在归算电感时，归算因子与上述相同。但是其不是以定、转子的电阻损耗（$I^{2}R$）相等为归算原则，而是以存储在电感内的储能［$(1/2)LI^{2}$］相等为原则。因而可以得到

$$R_{\nu r}^{\prime}=\rho_{\nu}R_{\nu r};\ L_{\nu r}^{\prime}=\rho_{\nu}L_{\nu r} \tag{7.62}$$

在旋转电机中，这里值得注意的是，归算的推导参考了变压器的归算。但实际上，阻抗量归算时并不只是直接乘以电流变比的平方，而是必须要考虑相数。

在转差率较低时，电阻 R_{r} 可以用直流电阻值，但是例如在起动时转子频率较高，则必须考虑集肤效应。同样在瞬变过程，转子电阻与其直流值相差较远。

在笼型绕组中，由于没有线圈，故绕组中可以存在奇数个导条。因而电流链的定义并不像前面讨论的线圈绕组的例子直接明了。首先要定义单个导条的电流链，然后是所有导条电流链的和。既然现在只分析发生在转子笼型绕组与合成气隙磁通密度 ν 次谐波之间的情况，因此可以在转子坐标系下进行分析。笼型绕组本身并不形成磁极，但其极对数总是与定子一致，因为其受到定子谐波的影响。在分析笼型绕组时，这里使用几何角度 ϑ，电角度基波时为 $p\vartheta$，谐波时为 $p\nu\vartheta$。假定 $t=0$ 时刻，此时 ν 次气隙磁通密度谐波的峰值 $\hat{B}_{\delta\nu}$ 出现在第一个导条上。在任意一个位置处 $\vartheta_{x}=xp\vartheta$ 的导条中产生某一特定次谐波转差频率 s_{ν} 的反电动势

$$e_{\nu x}(t)=\hat{e}_{\nu x}\cos(s_{\nu}\omega_{s}t-x\nu p\vartheta) \tag{7.63}$$

此谐波反电动势可以通过用磁通及其时间微分来计算，并可以写成绝对值与相角的复数形式

$$e_{\nu x}(t)=\frac{s_\nu\omega_s}{\nu}\frac{\pi D_r l}{2p}\hat{B}_{\delta\nu}\left|\underline{s_\nu\omega_s t-x\nu p\vartheta}\right. \tag{7.64}$$

导条电流 $i_{\nu x}(t)$ 可由反电动势除以等效的导条阻抗 $\underline{Z}_{r\nu}(s)$ 来确定。当在转子坐标系下，对于阻抗来说转差率很重要。阻抗的虚部为转差率的角频率的函数，ν 次谐波的转子阻抗的相角为 $\zeta_{r\nu}(s_\nu)$。相应地，电流的角度取决于转差率 $s_\nu\omega_s t$：

$$i_{\nu x}(t)=\frac{s_\nu\omega_s}{2p\nu}\frac{\pi Dl}{Z_{r\nu}}\hat{B}_{\delta\nu}\left|\underline{s_\nu\omega_s t-x\nu p\vartheta-\zeta_{r\nu}(s_\nu)}\right. \tag{7.65}$$

对应转子导条电流的这个电流的幅值在后面的式（7.67）中将会用到。当考虑单个导条的电流链时，必须找到由导条电流产生的合适的电流链曲线。从直观推断，我们可以构建如图7.11a所示的锯齿波。正如图2.19所讨论的，要产生电流链通常总是需要存在一个电流回路。在图2.19中，单一电流穿过系统上的两点，因而产生一个闭合回路。对笼型绕组产生的这种回路并不明确，因为笼型绕组中导条的数量并非必须是偶数。研究发现某一特定导条内的电流可以分散流到对面极距的几根导条内。因此在分析中必须注意由单一导条产生的电流链。

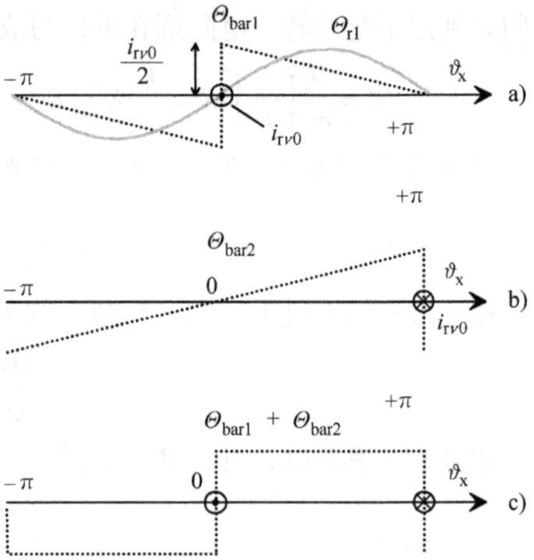

图7.11　a）、b）在 $\vartheta_x=0$ 和 $\vartheta_x=\pi$ 处，由单个转子导条产生的电流链；c）两根导条共同作用产生的电流链

通过观察图7.11a～c可以得到直接的推论。现在第二根导条固定于点 $\vartheta_x=\pi$ 处（即与第一根导条相差一个极距的距离），这根导条的电流与处于位置 $\vartheta_x=0$ 处导条中的电流相反。因此在图7.11b中画出的电流链曲线与图7.11a中的相反，并且在两极的情况下曲线的一半向左移动整个极距。结合图7.11a及b中的曲线，可以得到与图2.19相对应的相似的单一回路电流链曲线。因而从直观推论，可以画出与符合图7.11a的单个导条的曲线。该图同时表明了一个导条电流链 $\Theta_{bar}(\vartheta_x)$ 的基波 Θ_{r1}。现在可以写出在 $x=0$ 处导条的电流链，其电流链为

$$\Theta_{bar,0}=\frac{\hat{i}_{\nu 0}}{2}\frac{(\pi-\vartheta_x)}{\pi},\ \vartheta_x\ni[0,2\pi] \tag{7.66}$$

在 x 处，任意导条的电流链可以通过用式（7.65）中的电流 $i_{\nu x}$ 代替原始导条电流 $i_{\nu 0}$ 来得到：

$$\Theta_{bar,x}=\frac{\hat{i}_{r\nu}}{2}\frac{(\pi-\vartheta_x+\nu xp\vartheta)}{\pi},\ \vartheta_x\ni[0,2\pi] \tag{7.67}$$

符号的改变是由于当时的相移 $-\nu xp\vartheta$ 相当于局部坐标的角度 $+\nu xp\vartheta$。函数仅在0～2π范围内是连续的。当转子电流链函数 $\Theta_{bar,x}$ 展开成傅里叶级数时，其 ν_r 项变为

$$\Theta_{\nu x\nu\mathrm{r}}=\frac{\hat{i}_{\mathrm{r}\nu}}{2\pi\nu_{\mathrm{r}}}\left|\underline{s_{\nu}\omega_{\mathrm{s}}t-\nu_{\mathrm{r}}\vartheta+\beta_{\mathrm{r}\nu}-(\nu p-\nu_{\mathrm{r}})x\vartheta}\right.=\frac{\hat{i}_{\mathrm{r}\nu}}{2\pi\nu_{\mathrm{r}}}\mathrm{e}^{\mathrm{j}(s_{\nu}\omega_{\mathrm{s}}t-\nu_{\mathrm{r}}\vartheta+\beta_{\mathrm{r}\nu}-(\nu p-\nu_{\mathrm{r}})x\vartheta)} \tag{7.68}$$

式中，$\beta_{\mathrm{r}\nu}=-\frac{\pi}{2}-\zeta_{\mathrm{r}\nu}(s_{\nu})$。

仅有常数 e（纳皮尔常数或熟知的欧拉常数）指数的最后一项依赖导条序数 x。考虑所有导条的傅里叶级数和

$$\sum_{x=0}^{Q_{\mathrm{r}}}\mathrm{e}^{-\mathrm{j}(\nu p-\nu_{\mathrm{r}})x\vartheta}=\frac{1-\mathrm{e}^{-\mathrm{j}(\nu p-\nu_{\mathrm{r}})Q_{\mathrm{r}}\vartheta}}{1-\mathrm{e}^{-\mathrm{j}(\nu p-\nu_{\mathrm{r}})\vartheta}} \tag{7.69}$$

由于（$\nu p-\nu_{\mathrm{r}}$）是一个整数并且 $Q_{\mathrm{r}}\vartheta=2\pi$，故分子总为零。该级数和仅当下式成立时才为零：

$$\nu p-\nu_{\mathrm{r}}=cQ_{\mathrm{r}} \tag{7.70}$$

式中，$c=0,\ \pm1,\ \pm2,\ \pm3,\ \cdots$。气隙合成磁通的 ν 次谐波可以产生转子的 ν_{r} 次谐波且满足式（7.70）的条件。由式（7.69）可以得到其极限值 Q_{r}，序数 ν 及 ν_{r} 既可以为正也可为负。因而笼型绕组产生电流链为

$$\Theta_{\nu\mathrm{r}}=\hat{\Theta}_{\nu\mathrm{r}}\left|\underline{s_{\nu}\omega_{\mathrm{s}}t-\nu_{\mathrm{r}}\vartheta+\beta_{\mathrm{r}\nu}}\right. \tag{7.71}$$

式中

$$\hat{\Theta}_{\nu\mathrm{r}}=\frac{Q_{\mathrm{r}}}{2\pi\nu_{\mathrm{r}}}\hat{i}_{\mathrm{r}\nu}=\frac{s_{\nu}\omega_{\mathrm{s}}}{4\pi\nu p\nu_{\mathrm{r}}}\frac{Dl}{Z_{\mathrm{r}\nu}}\hat{B}_{\delta\nu} \tag{7.72}$$

相应的转子电流线密度为

$$A_{\nu\mathrm{r}}=\hat{A}_{\nu\mathrm{r}}\left|\underline{s_{\nu}\omega_{\mathrm{s}}t-\nu_{\mathrm{r}}\vartheta-\zeta_{\mathrm{r}\nu}}\right. \tag{7.73}$$

式中

$$\hat{A}_{\nu\mathrm{r}}=\frac{Q_{\mathrm{r}}}{\pi D}\hat{i}_{\mathrm{r}\nu} \tag{7.74}$$

$\zeta_{\mathrm{r}\nu}$为转子 ν 谐波阻抗的相位角。

7.2.3　感应电机的特性

感应电机的特性高度依赖于式（7.49）和式（7.70）。当导条数 Q_{r} 为有限值时，$c=0$ 时总是满足式（7.49）的条件。满足式（7.49）的条件的每一个在气隙中产生 ν 次谐波的磁通密度都会感生出大量的 ν_{r} 次转子电流链谐波［式（7.68）］。

现在回顾一下异步电机每相的等效电路，其参数在电机设计中可以计算得到。图 7.12 给出了一个常规感应电机的单相等效电路、简化等效电路及其相量图。

在图 7.12 中，定子的供电电压为 U_{s}。定子电阻 R_{s} 为定子绕组在运行频率及运行温度下的电阻，U'_{s}为减去电阻压降后的定子电压，$L_{\mathrm{s}\sigma}$为定子的漏电抗，L_{m} 为电机在额定电压下的励磁电抗，R_{Fe}为电机等效电路中表示铁心损耗的等效电阻，$L'_{\mathrm{r}\sigma}$为折算到定子侧的电机转子漏感，R'_{r}为折算到定子侧的转子电阻。s 为转子的转差率。$R'_{\mathrm{r}}(1-s)/s$ 项表示电机产生的总机械功率［即式（7.85）］。其中一部分机械功率用于克服电机的摩擦损耗及风损。Ψ_{s} 为定子磁链，其包括气隙磁链 Ψ_{m} 及定子漏磁链 $\Psi_{\mathrm{s}\sigma}$。相应地，Ψ_{r} 为

转子磁链，其包含气隙磁链 Ψ_m 及转子漏磁链 $\Psi_{r\sigma}$。定子电压 U'_s 产生定子磁链，进而产生电动势 E_s。由气隙磁链 Ψ_m 在 L_m 上感生出电压 E_m。该电压完全消耗在转子的视在电阻 R'_r/s 及转子的漏抗上。由于表示铁心损耗的电流 I_{Fe} 较小，故并没有在相量图中表示。

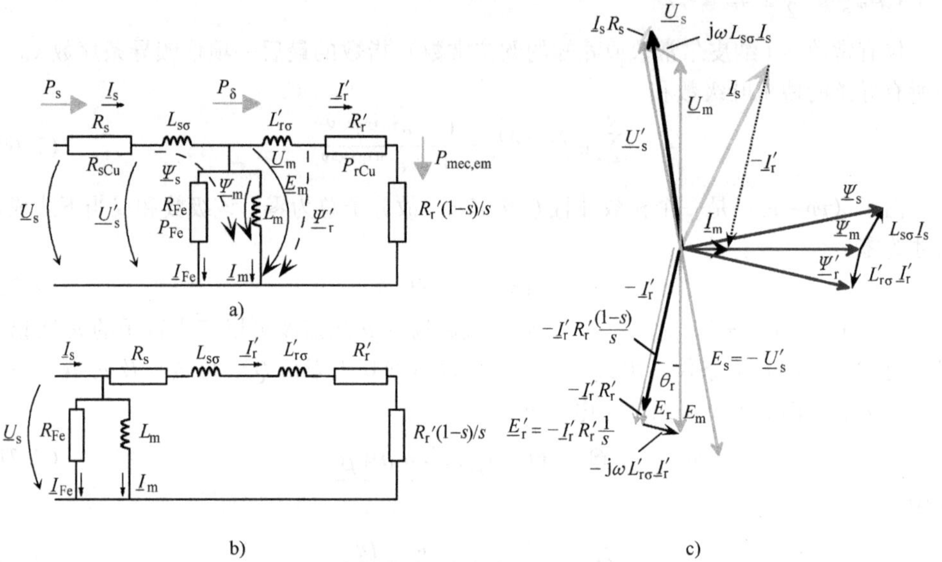

图 7.12　a）稳态时异步电机每相的等效电路。b）电机的简化等效电路，其中的参数在电机设计时可计算得到。c）异步电机的相量图（忽略小的铁心损耗电流）。输入定子的功率为 P_s。在定子绕组上存在电阻损耗 P_{sCu}。在磁路中产生的铁心损耗为 P_{Fe}。气隙功率 P_δ 通过气隙传递到转子上。在转子中产生一些电阻损耗 P_{rCu}。功率 $P_{mec,em}$ 为电机总的机械功率，再减去摩擦损耗及风阻损耗，就可以得到电机轴端的输出功率 P

定子功率 P_s 输入至电机，一些功率消耗于定子电阻及铁心损耗电阻上。气隙功率 P_δ 穿过气隙，转子上一部分气隙功率消耗在转子电阻 R'_r 上，其中一部分在 $R'_r(1-s)/s$ 中被转化为机械功率。

由定子及转子电流产生的磁通密度的基波引起磁通变化，依次会感生出电压及电流来阻碍磁通的变化。在空载时，转子近似以同步转速旋转，转子频率及转子上的电流接近零。如果转子加上负载，转子的速度下降且相对于气隙磁通的传播速度增加。因此在转子中感生的反电动势增加。同时随着转子频率的增加，转子的感抗增加。在某一转差率时，由气隙磁通密度基波产生周向力及转子转矩达到其最大值。

如果需要，异步电机的转子可以被拖动至同步转速以上。在这种情况下，转子电流产生一个与加速转矩相反的转矩，同时电机处于发电状态，转差率为负。

假设 $\nu=1$ 基波的合成气隙磁通密度遵循式（7.31）。当转子相对于气隙基波以转差率 s 旋转时，在转子的相绕组中会感生出反电动势。在转子导条中感应出的反电动势峰值取决于转差率：

$$\hat{e}_r(s)=s\hat{e}_{rk}\,\Big|\,\underline{s\omega_s t-\pi/2} \tag{7.75}$$

在此方程中，当转子转差率 $s=1$ 时，感生出的反电动势达到峰值

$$\hat{e}_{rk}=\omega_s\hat{\Psi}_r=\omega_s\frac{2}{\pi}\frac{\pi D}{2p}\hat{B}_\delta lk_{wr}N_r \tag{7.76}$$

转子电路的阻抗依赖转差率的角频率

$$\underline{Z}_r(s)=R_r+\mathrm{j}s\omega_sL_{r\sigma}=Z_r(s)\,\Big|\,\underline{\zeta_r(s)} \tag{7.77}$$

转子电流相量的峰值变为

$$\hat{\underline{i}}_r(s)=\frac{s\hat{e}_{rk}(s)}{\underline{Z}_r(s)}=\hat{i}_r(s)\,\Big|\,\underline{s\omega_st-\zeta_r(s)-\pi/2} \tag{7.78}$$

其幅值为

$$\hat{i}_r(s)=\frac{s\hat{e}_{rk}}{Z_r(s)}=\frac{s\hat{e}_{rk}}{\sqrt{R_r^2+s^2\ (\omega_sL_{r\sigma})^2}} \tag{7.79}$$

在有集电环的电机中，转子电路中要增加一个额外的阻抗，并用总的阻抗代替原方程中的阻抗。电流 $\hat{i}_r(s)$代表转子表面的电流线密度，其幅值可以由感生电压及转子阻抗计算得到：

$$\hat{A}_r(s)=\frac{2p}{\pi}s\omega_s\frac{m_rlk_{wr}^2\left(\frac{N_r}{p}\right)^2}{\sqrt{R_r^2+s^2(\omega_sL_{r\sigma})^2}}\hat{B}_\delta \tag{7.80}$$

当将式（7.80）带入通用的转矩方程［式（7.43）］，并注意到

$$\cos\zeta_r(s)=\frac{R_r}{\sqrt{R_r^2+s^2\ (\omega_sL_{r\sigma})^2}} \tag{7.81}$$

其对应着转子阻抗的功率因数，由此可以得到电磁转矩

$$T_{em}(s)=\frac{pm_r}{\omega_s}\frac{sR_r}{R_r^2+s^2\ (\omega_sL_{r\sigma})^2}E_{rk}^2 \tag{7.82}$$

式中，E_{rk}为电机堵转时，转子一相绕组反电动势的有效值，$E_{rk}=\hat{e}_{rk}/\sqrt{2}$。而且功率分配的方程不变，因而当等效电路中的转差率为 s 时，转子电路中的电流有效值为

$$I_r(s)=\frac{sE_{rk}}{\sqrt{R_r^2+(s\omega_sL_{r\sigma})^2}}=\frac{E_{rk}}{\sqrt{\left(\frac{R_r}{s}\right)^2+(\omega_sL_{r\sigma})^2}} \tag{7.83}$$

将式（7.83）归算到定子侧，得到

$$I'_r(s)=\frac{E'_{rk}}{\sqrt{\left(\frac{R'_r}{s}\right)^2+(\omega_sL'_{r\sigma})^2}} \tag{7.84}$$

图 7.12 中等效电路中的转子电路遵循式（7.84）。在图中，转子电阻被分成两个部分，这两个部分的和为 R'_2/s。相应的，穿过气隙的有功功率 P_δ 被分成转子的电阻损耗 P_{rCu} 及总机械功率 $P_{mec,em}$两个部分，即

$$P_\delta=R'_rI'^2_r+\frac{1-s}{s}R'_rI'^2_r=\frac{R'_r}{s}I'^2_r=P_{rCu}+P_{mec,em} \tag{7.85}$$

$$\frac{P_{\mathrm{rCu}}}{P_{\mathrm{mec,em}}}=\frac{s}{1-s} \tag{7.86}$$

在电机运行时，气隙功率 P_δ 为定子通过气隙传递给转子的功率。该功率中 P_{rCu} 部分被消耗于转子电阻损耗上，其余的为总机械功率 $P_{\mathrm{mec,em}}$。当从总机械功率中减去摩擦损耗及风损后，可以得到轴端的机械功率 P_{mec}。可以将式（7.85）及式（7.86）写成如下形式：

$$P_{\mathrm{rCu}}=sP_\delta;\ P_{\mathrm{mec,em}}=(1-s)P_\delta \tag{7.87}$$

$$T_{\mathrm{em}}(s)=\frac{P_{\mathrm{mec,em}}}{\Omega}=\frac{p}{(1-s)\omega_{\mathrm{s}}}P_{\mathrm{mec,em}}=\frac{p}{s\omega_{\mathrm{s}}}P_{\mathrm{rCu}}=\frac{p}{\omega_{\mathrm{s}}}P_\delta \tag{7.88}$$

式中，Ω 为实际的转子角速度。

因此转矩可以通过转子的电阻损耗功率进行求解，转矩（包括电机堵转时）总是和气隙功率 P_δ 成比例：从式（7.58）及式（7.54）可以推导出

$$\begin{aligned}T_{\mathrm{em}}&=\frac{m_{\mathrm{r}}E_{\mathrm{rk}}I_{\mathrm{r}}\cos\zeta_{\mathrm{r}}}{\omega_{\mathrm{s}}/p}=\frac{P_\delta}{\omega_{\mathrm{s}}/p}=\frac{m_{\mathrm{r}}E_{\mathrm{rk}}^2}{\omega_{\mathrm{s}}/p}\frac{R_{\mathrm{r}}/s}{\left(\dfrac{R_{\mathrm{r}}}{s}\right)^2+(\omega_{\mathrm{s}}L_{\mathrm{r}\sigma})^2}=\frac{pm_{\mathrm{r}}E_{\mathrm{rk}}^2}{\omega_{\mathrm{s}}}\frac{sR_{\mathrm{r}}}{R_{\mathrm{r}}^2+(s\omega_{\mathrm{s}}L_{\mathrm{r}\sigma})^2}\\&\approx\frac{pm_{\mathrm{s}}U_{\mathrm{s}}^2}{\omega_{\mathrm{s}}}\frac{R_{\mathrm{r}}'/s}{\left(R_{\mathrm{s}}+\dfrac{R_{\mathrm{r}}'}{s}\right)^2+(\omega_{\mathrm{s}}L_{\mathrm{k}})^2}\end{aligned} \tag{7.89}$$

根据图7.12b中的简化等效电路将 $I_{\mathrm{r}}=sE_{\mathrm{rk}}/Z_{\mathrm{r}}$ 及 $\cos\zeta_{\mathrm{r}}=R_{\mathrm{r}}/Z_{\mathrm{r}}$ 代入，并基于简化电路，假定气隙电压等于电机的端电压，就可以得到式（7.89）的近似表达式。进一步，如果使用短路电抗 $L_{\mathrm{k}}\approx L_{\mathrm{s}\sigma}+L_{\mathrm{r}\sigma}'$。忽略 R_{s} 的影响，T_{em} 的最大值，牵出转矩 T_{b} 可以通过转差率得到：

$$s_{\mathrm{b}}=\pm\frac{R_{\mathrm{r}}'}{\omega_{\mathrm{s}}L_{\mathrm{s}\sigma}+\omega_{\mathrm{s}}L_{\mathrm{r}\sigma}'}=\frac{R_{\mathrm{r}}'}{\omega_{\mathrm{s}}L_{\mathrm{k}}} \tag{7.90}$$

$$T_{\mathrm{b}}=\pm\frac{mp}{2\omega_{\mathrm{s}}^2}\frac{U_{\mathrm{s}}^2}{L_{\mathrm{k}}} \tag{7.91}$$

这里考虑 $L_{\mathrm{k}}\approx L_{\mathrm{s}\sigma}+L_{\mathrm{r}\sigma}'\approx 2L_{\mathrm{r}\sigma}'$。可以看到峰值转矩与电机的短路电感成反比。例如 L_{k} 的标幺值为0.2，最大转矩大约为 $5T_{\mathrm{n}}$。与峰值转矩的转差率相反，最大转矩与转子电阻无关。将式（7.90）代入到式（7.81）中，可以得到

$$\cos\zeta_{\mathrm{r}}(s)=\frac{1}{\sqrt{\left(\dfrac{s}{s_{\mathrm{b}}}\right)^2+1}} \tag{7.92}$$

在峰值转矩转差率时，可以得到该项的值 $\cos\zeta_{\mathrm{r}}(s)=1/\sqrt{2}$。

将式（7.89）的 T_{em} 除以式（7.91）的最大转矩 T_{b} 并且忽略定子电阻（$R_{\mathrm{s}}=0$），使用式（7.90），可以得到

$$\frac{T_{\mathrm{em}}}{T_{\mathrm{b}}}=\frac{2}{\dfrac{s}{s_{\mathrm{b}}}+\dfrac{s_{\mathrm{b}}}{s}} \tag{7.93}$$

上述根据定义电阻功率的等效电路来推导转矩，简化了转矩的计算。应用单相等效电路，主要通过观察转差率的变化就可以得到负载的变化。

应用简化电路可以获得异步电机更为精确的转矩计算结果，但是这需要在计算电机转子电流时采用减少的电压：

$$I'_{\mathrm{r}}=\frac{U_{\mathrm{s}}\left(1-\dfrac{L_{\mathrm{s}\sigma}}{L_{\mathrm{m}}}\right)}{\sqrt{(R_{\mathrm{s}}+R'_{\mathrm{r}}/s)^{2}+(\omega_{\mathrm{s}}L_{\mathrm{s}\sigma}+\omega_{\mathrm{s}}L'_{\mathrm{r}\sigma})^{2}}} \tag{7.94}$$

这时产生的电磁转矩可表示为

$$T_{\mathrm{em}}=\frac{3\left[U_{\mathrm{s}}\left(1-\dfrac{L_{\mathrm{s}\sigma}}{L_{\mathrm{m}}}\right)\right]^{2}\dfrac{R'_{\mathrm{r}}}{s}}{\dfrac{\omega_{\mathrm{s}}}{p}\left[(R_{\mathrm{s}}+R'_{\mathrm{r}}/s)^{2}+(\omega_{\mathrm{s}}L_{\mathrm{s}\sigma}+\omega_{\mathrm{s}}L'_{\mathrm{r}\sigma})^{2}\right]} \tag{7.95}$$

令式（7.89）中的 $s=1$，可以得到由基波产生的起动转矩。然而，由于集肤效应，在大转差率时转子电阻更高，在计算转矩之前，必须要确定每个转差率下的电阻。牵出转矩可以通过对 R'_{r}/s 的微分来求解，如果考虑 R_{s}，可以写出最大转矩时的转差率

$$s_{\mathrm{b}}=\pm\frac{R'_{\mathrm{r}}}{\sqrt{(R_{\mathrm{s}})^{2}+(\omega_{\mathrm{s}}L_{\mathrm{s}\sigma}+\omega_{\mathrm{s}}L'_{\mathrm{r}\sigma})^{2}}} \tag{7.96}$$

式中，正号对应电动运行状态，而负号对应发电运行状态。电动运行时对应的转矩为

$$T_{\mathrm{b}}=\frac{3\left[U_{\mathrm{s}}\left(1-\dfrac{L_{\mathrm{s}\sigma}}{L_{\mathrm{m}}}\right)\right]^{2}}{2\dfrac{\omega_{\mathrm{s}}}{p}\left[R_{\mathrm{s}}+\sqrt{R_{\mathrm{s}}^{2}+(\omega_{\mathrm{s}}L_{\mathrm{s}\sigma}+\omega_{\mathrm{s}}L'_{\mathrm{r}\sigma})^{2}}\right]} \tag{7.97}$$

对于发电运行

$$T_{\mathrm{b}}=\frac{3\left[U_{\mathrm{s}}\left(1+\dfrac{L_{\mathrm{s}\sigma}}{L_{\mathrm{m}}}\right)\right]^{2}}{2\dfrac{\omega_{\mathrm{s}}}{p}\left[R_{\mathrm{s}}-\sqrt{R_{\mathrm{s}}^{2}+(\omega_{\mathrm{s}}L_{\mathrm{s}\sigma}+\omega_{\mathrm{s}}L'_{\mathrm{r}\sigma})^{2}}\right]} \tag{7.98}$$

7.2.4　考虑异步转矩及谐波时的等效电路

下面将研究笼型绕阻的参数，当转子笼条的数量 Q_{r} 为无穷大时且因数 $c=0$，式（7.70）的条件总是成立。因此产生的每一次满足式（7.49）的条件的气隙磁通密度的谐波 ν 都会感生出大量的 ν_{r} 次转子谐波［式（7.68）］。在 $c=0$ 的情况，可以发现谐波 ν_{r} 的极对数与气隙磁密 ν 次谐波的极对数相同。对于 ν 及 ν_{r} 次谐波，其产生的转矩与基波产生的转矩［式（7.82）］的推导方法相同。首先得到两个方程

$$T_{\nu}(s_{\nu})=\frac{\nu p}{\omega_{\mathrm{s}}}Q_{\mathrm{r}}\frac{s_{\nu}R_{\mathrm{r}\nu}}{R_{\mathrm{r}\nu}^{2}+s_{\nu}^{2}\omega_{\mathrm{s}}^{2}L_{\mathrm{r}\sigma\nu}^{2}}E_{\mathrm{rk}\nu}^{2} \tag{7.99}$$

根据式（7.99）及式（7.76）得

$$T_{\nu}(s_{\nu})=\frac{s_{\nu}\omega_{\mathrm{s}}}{8\nu p}Q_{\mathrm{r}}\frac{D^{2}l^{2}R_{\mathrm{r}\nu}}{R_{\mathrm{r}\nu}^{2}+s_{\nu}^{2}\omega_{\mathrm{s}}^{2}L_{\mathrm{r}\sigma\nu}^{2}}\hat{B}_{\mathrm{m}\nu}^{2} \tag{7.100}$$

式中，$E_{rk\nu}$为ν次谐波在转差率$s_\nu=1$时感生反电动势的有效值。因此可以推出满足条件的每次谐波都类似。转矩是转差率的连续函数，当转差率$s_\nu=0$时，转矩为零，因而称为“异步转矩”。

当电机运行于基波频率且转差率为s_1时，相对于第ν次定子谐波的转子的转差率可以写为

$$s_\nu=1-\nu(1-s_1) \tag{7.101}$$

转子中第ν次谐波的角频率

$$\omega_{\nu r}=\omega_s(1-\nu(1-s_1)) \tag{7.102}$$

根据式（7.101），将ν次谐波的转差率设为零，可以得到谐波转矩转差率为0时所对应的基波转差率

$$s_1=(s_\nu=0)=\frac{\nu-1}{\nu} \tag{7.103}$$

谐波的旋转速度为

$$n_{syn\nu}=\frac{n_{syn1}}{\nu} \tag{7.104}$$

式（7.103）及式（7.104）中谐波ν的次数带有符号。

图7.13给出了一台异步电机的转矩曲线。在基波转差率$s_1=6/7\approx0.86$时，存在一个由7次谐波（$\nu=7$）产生的转矩零点。这里讨论7次谐波，是因为7次谐波是在基波转速以后，转差率为正、转速为正的第一个同步转速。例如5次谐波的同步转速与转子的旋转速度相反，$n_{syn5}=-n_{syn1}/5$且$s_1=6/5=1.2$。谐波转矩峰值的产生位置大致在转差率$s_{\nu b}=\pm R'_{r\nu}/\omega_s L_{k\nu}$处［式（7.90）］。根据式（7.101），在基波转差率下，其负的峰值转矩可以写成

$$s_1(s_{\nu b})\approx1-\frac{R'_{r\nu}+\omega_s L_{k\nu}}{\nu\omega_s L_{k\nu}} \tag{7.105}$$

式中，$s_{\nu b}$的符号为负。

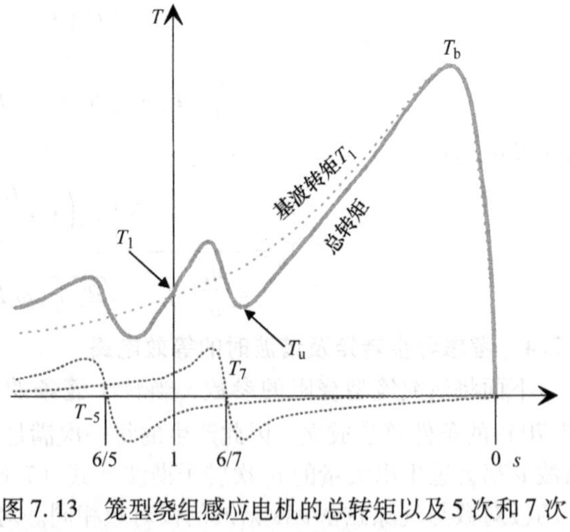

图7.13　笼型绕组感应电机的总转矩以及5次和7次谐波转矩与转差率s之间的函数关系。可以看出在电机速度高于7次谐波的同步转速时（转差率为6/7），5次及7次谐波都降低了电机的转矩。7次谐波转矩的负峰值使得电机总转矩低于堵转转矩T_1。T_u为最小起动转矩，T_b为峰值转矩。5次及7次谐波的同步转速分别出现在基波转差率等于6/5和6/7时

式（7.103）表明，在高转差率时，三相感应电机谐波转矩很高，因而其可能阻碍电机的起动。可以通过不同的结构及不同电机构造来改善电机的起动及驱动特性。根据式（7.90），当转子电阻增加时，异步电机的峰值转矩向转差率较高的

方向移动。另一方面，降低转子的电阻损耗是减少转子损耗的有效手段。因此，利用集肤效应，设计转子使得具有较低的直流电阻的转子导条，在高转差率时具有较高电阻值，这样就可以使电机具有较高的起动电阻及较低的运行电阻。转子电阻值可以通过改变转子导条的形状来调整。在一些电机中，可以使用如图 7.14 所示的双笼或者深槽的转子结构，来获得优良的起动及运行特性。

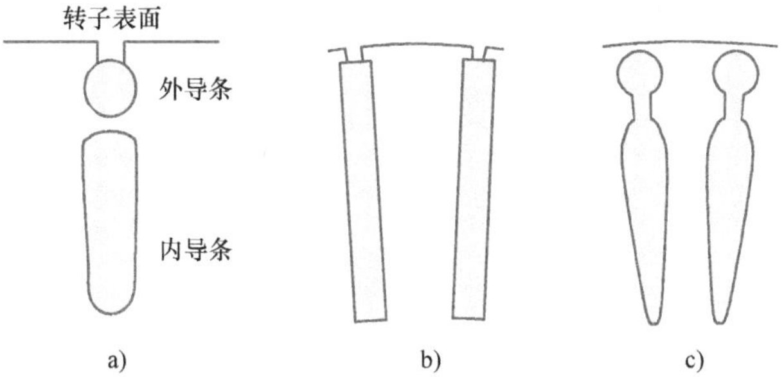

图 7.14　转子导条及槽的形状：a）双笼结构；b）深槽结构；c）典型的铸铝双笼转子槽结构。采用闭口槽可以简化笼型的铸造过程（不需要分模）

在图 7.14a 中，双笼绕组外导条的截面积较小，因而其具有较高的电阻值。外导条的漏感较低，而内导条具有高漏感值和低电阻值。因而在起动时，在电网频率下（即 50Hz），由于集肤效应，沿气隙方向发生电流密度的位移，内导条不起作用，外导条承载了主要的电流，因而由于其高电阻值，使得电机在较低起动电流时获得较高的转矩。由于内导条具有较高的电感，其仅在低频即电机在低转差率下运行时承载电流。在此时，导条的电阻值使得转差率较小。在深槽转子（见图 7.14b），当电机从起动到连续运行会发生同样的现象。因而图中笼型绕组的电阻为变值，为转子频率的函数。不同频率下的转子电阻可以通过诸如第 5 章给出的集肤效应的方法来分析得到。

高转差率时，转子电阻的提高也可以通过在笼型绕组中使用铁磁材料作为导电材料来实现。高频时，在铁磁材料中具有非常强的集肤效应，此时的透入深度很小。实心钢转子感应电机是实现转子高电阻的一个很好的例证，其起动转矩相对较高（见图 2.57）。实际中，铁磁材料也可以被应用于感应电机的笼型绕组中，例如可以将绕组的铜导条在转子端部与厚的钢端环焊接在一起。那么在起动时，端环将严重饱和，转子获得高的电阻值。将铁材料作为笼型绕组的导电材料应用时，产生的一个问题是相对于铝（2.8μΩcm）和铜（1.7μΩcm）来说，铁的电阻率很高（对于纯铁大约为 9.6μΩcm，结构钢为 20 ~ 30μΩcm，铁磁不锈钢为 40 ~ 120μΩcm），因而其需要较大的导体面积才能获得相同的运行性能。另一个问题是将铁和其他材料连接在一起也不是一件容易的事情。铜和铁可以通过银来焊接到一起，也可以采用电子束焊接的方法焊接到一起，然而将铁和铝连接到一起则相当困难。

在异步电机中谐波的影响通常用等效电路的方法来研究，图 7.15 给出了其等效电路。在该电路中，所有这些谐波电机都串联在一起，每次谐波频率都单独形成一个电

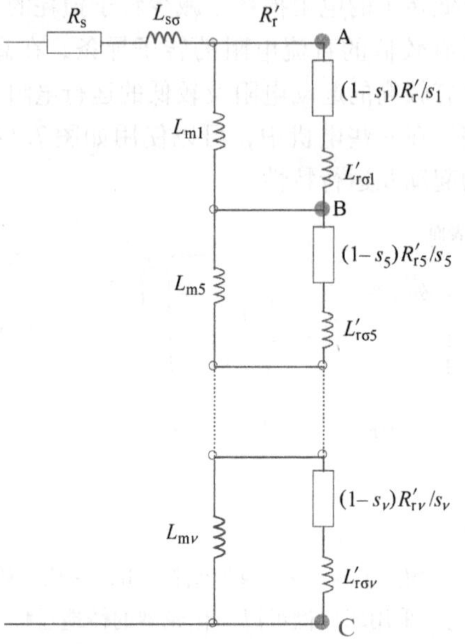

图7.15 包括空间谐波影响的三相异步电机的简化等效电路。典型的电机电压谐波（$\nu=-5$，$+7\cdots\pm\infty$）相当低。通常AB点间的电压为总定子电压的98%～99%。因而，电机谐波电压的总和只有1%～2%。然而，谐波却能够产生十分高的转矩，在电机设计中必须加以考虑，尤其笼型电机的起动性能受到谐波的影响很大。在许多应用感应电机相关的例子中，电机的谐波（-5，$+7$，$-11\cdots$）可以由一个单一的漏感代替，或者完全忽略

机。由于相绕组的反电动势是各个不同次谐波产生的反电动势的和，因此证明串联在一起是合理的。电机看起来好像是一组电机同轴连接在一起，并且这些电机的绕组串联在一起。每个电机代表若干极对数为 νp 的电机，总的电压按电抗的比例分到每个电机上。在分析等效电路时，也必须使用相量图来计算。由等效电路中电阻 $R'_{r\nu}$[见基波形式的式（7.85）]上的电阻损耗，可以根据式（7.87）计算出由 ν 次谐波（7.100）所产生的转矩。三相电机定子绕组产生的谐波如表2.2所示（见例2.11）。

前面已经定义过笼型绕组 ν 次谐波的电阻及电感［见式（7.47）及式（7.48）］，为方便起见，这里重复给出

$$R_{r\nu}=R_{bar}+\frac{R_{ring}}{2\sin^2\dfrac{\alpha_\nu}{2}} \tag{7.106}$$

$$L_{r\sigma\nu}=L_{bar}+\frac{L_{ring}}{2\sin^2\dfrac{\alpha_\nu}{2}} \tag{7.107}$$

式中，$R_{bar\nu}$ 为转子导条的 ν 次谐波电阻；R_{ring} 为两端属于一跟导条的一段短路环的电阻。

电感参数与其类似。α_ν 表示转子 ν 次谐波的相角

$$\alpha_\nu = \nu \frac{2\pi p}{Q_r} \tag{7.108}$$

图7.16表明了在电机中 α_1 的定义，该电机 $p=1$ 且 $Q_r=28$。α_ν 为 α_1 的 ν 次倍。

当用简化形式分析这种现象时，仅仅考虑等效气隙的影响（换句话说，即认为电机保持线性）。那么我们可以计算 ν 次谐波的定子励磁电感，基波的励磁电感定义为 L_{m1}：

$$L_{m\nu} = L_{m1}\frac{1}{\nu^2}\left(\frac{k_{ws\nu}}{k_{ws1}}\right)^2 \tag{7.109}$$

实际上，电机在不同频率下磁路的磁导是不同的，因而式（7.109）并不是适用于所用情况，但这种近似精度已经满足电机分析的需要，ν 次谐波的转子阻抗是转差率的函数：

$$\underline{Z}'_{r\nu} = \frac{R'_{r\nu}}{s_\nu} + j\omega_s L'_{r\sigma\nu} \tag{7.110}$$

根据式（7.101），这里 $s_\nu = 1-\nu(1-s_1)$。

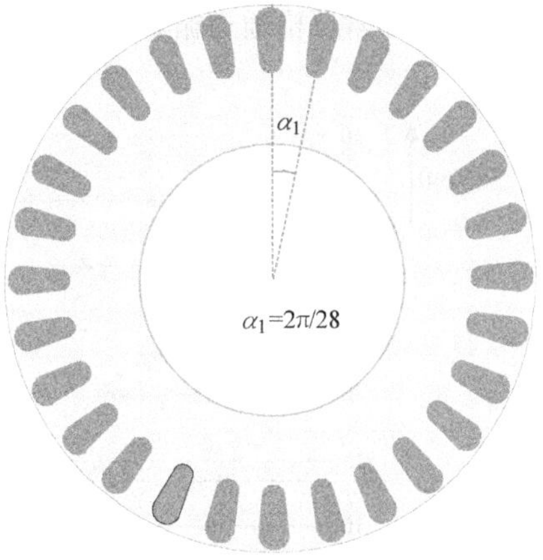

图7.16 一个28槽转子（$Q_r=28$）的截面积及在电机极对数 $p=1$ 情况下，角度 α_1 的定义。α_1 为电角度

ν 次谐波对总阻抗的影响可以用平行连接的转子电路和磁路来描述。笼型转子的阻抗在并联前需要归算到定子侧［式（7.59）及式（7.60）］

$$\underline{Z}'_{r\nu} = \frac{m_s}{m_r}\left(\frac{N_s k_{w\nu s}}{N_r k_{sq\nu r} k_{w\nu r}}\right)^2 \underline{Z}_{r\nu} = \frac{4m_s}{Q_r}\left(\frac{N_s k_{w\nu s}}{k_{sq\nu r}}\right)^2 \underline{Z}_{r\nu}$$
$$\underline{Z}'_\nu = \frac{\underline{Z}'_{r\nu} j\omega_s L_{m\nu}}{\underline{Z}'_{r\nu} + j\omega_s L_{m\nu}} \tag{7.111}$$

现在，可以确定图7.15中总等效电路的阻抗

$$\underline{Z}_e = R_s + j\omega_s L_{s\sigma} + \sum_{\nu=-n}^{n} \underline{Z}'_\nu \tag{7.112}$$

式中，n 为计算时考虑的谐波数量（理论上是无穷）。

定子电流 $\underline{I}_s$ 为

$$\underline{I}_s = \frac{\underline{U}_s}{\underline{Z}_e} \tag{7.113}$$

产生谐波转矩的转子电流为

$$\underline{I}'_{r\nu} = \frac{\underline{Z}_e}{\frac{R'_{r\nu}}{s_\nu} + j\omega_s L'_{r\sigma\nu}} \underline{I}_s \tag{7.114}$$

ν 次谐波转矩与转差率的函数关系可以写成

$$T_\nu(s) = \frac{m_s p}{\omega_{s1}} \nu \frac{R'_{s\nu}}{s_\nu} I'^2_{r\nu} \tag{7.115}$$

且总的转矩为

$$T(s) = \sum_{\nu=1}^{\infty} T_{\nu}(s) \tag{7.116}$$

式（7.116）在稳态时是适用的。然而在慢加速过程中电机的时间常数很小，该情况下电机也非常严格地遵循着静态转矩曲线。图7.11表明了谐波转矩对电机总转矩的影响。

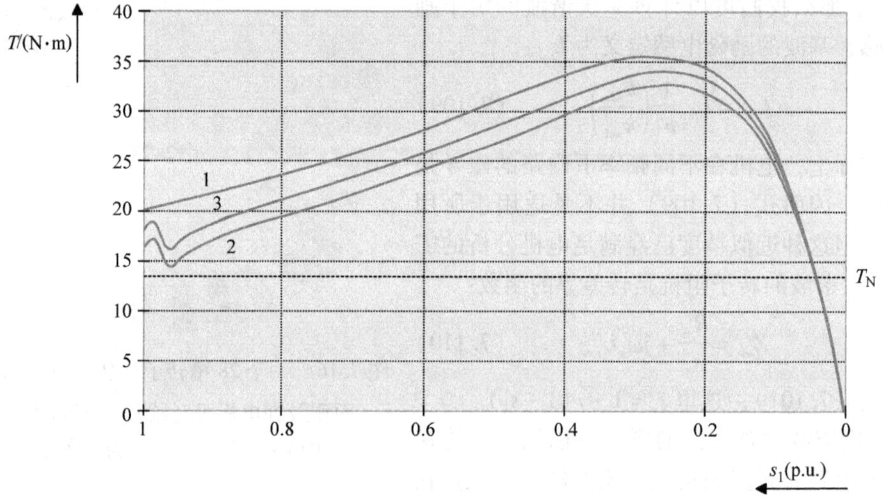

图7.17 一台两极三相4kW感应电机的转差率 s_1 - 转矩曲线。在该曲线的计算中已经考虑了谐波转矩。1—基波的静态转矩；2—整距绕组（$W/\tau_p=1$，$q=6$）的总转矩；3—短距双层绕组（$W/\tau_p=5/6, q=6$）的总转矩。每极每相槽数较高，可使5次及7次谐波的影响变得不重要（图中并没有给出）。因而，转矩的马鞍形出现在转差率 $s=1$ 的附近，这主要是由19次谐波引起的。T_N 为给定的电机的额定转矩

7.2.5 同步转矩

下面来研究当 $c \neq 0$ 时，满足式（7.70）的条件的谐波组情况。在该情况下，谐波 ν 与谐波 ν_r 彼此相反，换句话说，与产生异步转矩的情况不同，它们不相互感应，而是转子谐波 ν_r 看起来像同步电机那样有自己独立的励磁。然而对该类谐波来说，拥有相同的极对数是可能的。那么仅当谐波间的位置角为90°电角度时，由它们产生的周向力才为零。在某些特定的转差率下，这些谐波有可能以相同的速度传播。那么在这些谐波间产生一个恒定的作用力。由于这个力的作用，谐波趋于保持转子的速度与该速度相等，因而称为同步转矩。转子在其他转速时，这些谐波彼此相对运动，在同步转速附近使转子速度产生波动。在高速时，就会出现振动和噪声。

下面主要讨论出现同步转矩时可能的转差率。谐波的合成磁通密度 B_{ν} 假定是线性的，并且在转子中感生电流线密度 $A_{\nu r}$。当 $c \neq 0$ 时，$A_{\nu r}$ 满足式（7.70）的条件。进一步，假定气隙中存在某次气隙磁通密度谐波 B_{μ}，其与 ν_r 次谐波具有相同的极对数：

$$p\mu = \nu_r \tag{7.117}$$

转子 ν_r 次谐波相对于转子的机械速度为

$$\Omega_{\nu r} = \frac{s_\nu \omega_s}{p\nu_r} \tag{7.118}$$

将其与转子自身相对于定子旋转磁场的速度相加，可以得到谐波相对于定子的谐波速度

$$\Omega_{\nu rs} = \left[\frac{s_\nu}{\nu_r} + \frac{1-s_1}{p}\right]\omega_s \tag{7.119}$$

现在带入谐波的转差率［式（7.101）］及式（7.70）的条件，$\nu p - \nu_r = cQ_r$，其中 $c=0$，± 1，± 2，± 3，…，并且消除次数 ν_r，方程可以变为

$$\Omega_{\nu rs} = \left[1 - \frac{cQ_r}{p}(1-s_1)\right]\frac{\omega_s}{\nu_r} \tag{7.120}$$

式中，s_1 为基波转差率。相对于定子的同步谐波速度为 $\Omega_{\mu s} = \omega_s/(\mu p)$。设 $\Omega_{\mu s}$ 与式（7.120）这两个方程相等，可以求解出基波转差率，在该转差率下谐波磁场具有同步转速：

$$s_{syn} = 1 - \frac{p}{cQ_r}\left(1 - \frac{\nu_r}{\mu p}\right) \tag{7.121}$$

基于式（7.117）的条件，括号内第二项的绝对值总为 1。根据不同的符号，转差率可以得到两个值

$$\begin{aligned} \pm|\nu_r| &= \pm|\mu|p \rightarrow s_{syn1} = 1 \\ \pm|\nu_r| &= \mp|\mu|p \rightarrow s_{syn2} = 1 - \frac{2p}{cQ_r} \end{aligned} \tag{7.122}$$

第一个表明感应电机的起动在转差率 $s_{syn1}=1$ 受到同步转矩的阻碍。第二个同步转差率取决于 c 的符号。如果 $c>0$，则该点出现在电动运行或者发电运行区域，否则出现在制动区域。电机在转差率为 s_{syn2} 时的角速度为

$$\Omega_r = [1 - s_{syn2}]\Omega_s = \frac{2p\Omega_s}{cQ_r} = \frac{2\omega_s}{cQ_r} \tag{7.123}$$

在同步转差率时，通过将谐波 B_μ、$A_{\nu r}$ 的真实值带入式（7.43）中，可以计算得到同步转矩的幅值。在电机的转矩曲线中，同步转矩用同步转差率时的峰值表示。谐波转矩的幅值在很大程度上取决于定子槽数与转子槽数的比率。谐波转矩可以通过定、转子间的相对斜槽来降低。在这种情况下由开槽引起的齿槽转矩被削弱了。在设计感应电机过程中，必须要特别关注谐波转矩的消除。

7.2.6　笼型绕组槽数的选择

为避免异步转矩及同步转矩引起的干扰及其产生的振动对感应电机运行的影响，选择转子槽数 Q_r 时必须要特别注意。为降低异步谐波转矩，转子的槽数必须要少。通常推荐

$$Q_r < 1.25Q_s \tag{7.124}$$

然后，如果只研究三相整数槽定子绕组，为限制电机堵转时的同步转矩，转子的槽数必须满足以下条件：

$$Q_r \neq 6pg \tag{7.125}$$

式中，g 可以是任意的正整数。为避免由齿谐波产生的同步转矩，槽数的选择必须要满足下列条件：

$$Q_r \neq Q_s;\ Q_r \neq 1/2Q_s;\ Q_r \neq 2Q_s \tag{7.126}$$

为避免运行期间的同步转矩，必须满足下列不等式：

$$Q_r \neq 6pg \pm 2p \tag{7.127}$$

式中，g 仍然可为任意的正整数。正方向转速时取正号，反方向转速时取负号。

为避免危害较大的齿谐波，下列不等式必须要满足：

$$\begin{aligned} &Q_r \neq Q_s \pm 2p \\ &Q_r \neq 2Q_s \pm 2p \\ &Q_r \neq Q_s \pm p \\ &Q_r \neq \frac{Q_s}{2} \pm p \end{aligned} \tag{7.128}$$

同样在这些条件中，正方向转速时取正号，反方向转速时取负号。

为避免机械振动，下列不等式必须满足：

$$\begin{aligned} &Q_r \neq 6pg \pm 1 \\ &Q_r \neq 6pg \pm 2p \pm 1 \\ &Q_r \neq 6pg \pm 2p \mp 1 \end{aligned} \tag{7.129}$$

上述所说的应避免的槽数是在转子没有斜槽情况时，如果转子相对定子采用斜槽，谐波转矩和振动将会进一步被削弱。为了选择转子的槽数，给出了下列方程，其取决于定子每极每相槽数 q_s 及极对数 p，当转子笼条斜槽的距离为一个定子齿距时

$$Q_r = (6q_s + 4)p = Q_s + 4p \tag{7.130}$$

式中，Q_s 为定子的槽数。

表7.3及表7.4给出了转子为直槽，且定子极对数 $p=1$、2和3，不同定子槽数时，转子槽数选择的例子。符号○表示当电机堵转时产生有害同步转矩的槽数；符号 + 表示电机正向旋转时产生有害同步转矩时的槽数；符号 - 表示电机反向旋转（反向电流制动）时产生有害同步转矩时的槽数；符号 × 表示产生有害机械振动时的槽数。

表7.3及表7.4表明仅存在几个可能的搭配。例如，对于一台两极电机来说，在通常使用上，实际没有合适的定、转子槽数匹配。转子的槽数需要单独选择以尽量降低干扰。

如果对起动噪声没有严格的限制，则可以使用奇数的转子导条。根据表中所示，其会产生机械振动（×）。当 $Q_s=24$ 时，槽数选取 $Q_r=19$、27和29会在起动时产生噪声。偶数的转子槽数通常运行时更安静。如果电机不设计在反向电流制动状态（$s<1$）下工作，例如，我们可以选择 - 符号下的转子槽数，对24槽定子来说，允许的转子槽数 $Q_r=10$、16、22、28和34。对36槽或48槽定子，可以选择 $Q_r=40$、46、52和58，48槽定子也可以选择 $Q_r=64$。

表 7.3　槽数的选择（只有没有符号表示的配合是可靠的选择。其他的配合都存在一些缺点。符号 −，反向电流制动时存在有害转矩；符号 +，正向旋转时存在有害转矩；符号 ×，存在有害的机械振动；符号○，静止时存在有害的同步转矩）

Q_r	转子槽数的十位										极对数 $p=1$ 转子槽数 Q_r 的个位									极对数 $p=2$ 转子槽数 Q_r 的个位
		0	1	2	3	4	5	6	7	8	9	0	1	2	3	4	5	6	7	8	9
24	1	−	×	○	×	+	×	−	×	○	×	−	×	○	×	+	×	+	×		×
	2	+	×	−	×	○	×	+	×	−	×	−	×	−	×	○	×	+	×	+	×
	3	○	×	+	×	−	×	○	×	+	×		×	−	×		×	○	×		×
36	1	−	×	○	×	+	×	−	×	○	×		×	○	×		×	∓	×	○	×
	2	+	×	−	×	○	×	+	×	−	×	±	×		×	○	×		×	+	×
	3	○	×	+	×	−	×	○	×	+	×		×	−	×	−	×	○	×	+	×
	4	−	×	○	×	+	×	−	×	○	×	+	×		×	−	×		×	○	×
	5	+	×	−	×	○	×	+	×	−	×		×	+	×		×	−	×		×
48	1	−	×	○	×	+	×	−	×	○	×		×	○	×		×	+	×		×
	2	+	×	−	×	○	×	+	×	−	×	−	×	−	×	○	×	+	×	+	×
	3	○	×	+	×	−	×	○	×	+	×		×	−	×		×	○	×		×
	4	−	×	○	×	+	×	−	×	○	×	+	×		×	−	×	−	×	○	×
	5	+	×	−	×	○	×	+	×	−	×	+	×	+	×		×	−	×		×
	6	○	×	+	×	−	×	○	×	+	×	○	×		×	+	×		×	−	×

来源：节选自 Richter（1954）。

表 7.4　转子槽数的选择（只有没有符号表示的配合是可靠的选择。其他的配合都存在一些缺点）

Q_s	转子槽数的十位	极对数 $p=3$ 转子槽数 Q_r 的个位									
		0	1	2	3	4	5	6	7	8	9
36	1		×	−	×		−		×	○	×
	2		+		×	+	×				×
	3	−	×		−		×	○	×		+
	4		×	+	×				×	−	×
	5				×	○	×				×
54	1		×	−	×				×	○	×
	2				×	○	×		○		×
	3	±	×				×	○	×		
	4		×	+	×				×	−	×
	5		−		×	○	×		+		×
	6	+	×				×	−	×		
	7		×	○	×				×	+	×

（续）

Q_s	转子槽数的十位	极对数 $p=3$ 转子槽数 Q_r 的个位									
		0	1	2	3	4	5	6	7	8	9
72	1		×	–	×				×	○	×
	2				×	+	×				×
	3	–	×		–		×	○	×		+
	4		×	+	×				×	–	×
	5				×	○	×				×
	6	+	×				×	–	×		–
	7		×	○	×		+		×	+	×
	8				×	–	×				×
	9	○	×				×	+	×		

来源：节选自 Richter（1954）。

当 $Q_s=24$ 时，极对数 $p=1$，槽数 $Q_r=12$、18 和 24 的电机在所有情况都应避免，它们在静止时产生很高的同步转矩以至使电机无法起动。$Q_r=26$ 时在正向旋转时产生不可容忍的高同步转矩。而且如果电机同时运行在转差率 $s>1$，在任何情况下都不该选择槽数 $Q_r=22$。以一台 ABB 公司生产的 2 极 4kW、3000min^{-1} 工业电机应用为例，其槽数配合为 36/28 并且转子斜槽。

表 7.5 给出了当定子斜槽距离为 1 或 2 齿距时推荐的槽数配合。转子槽数按优先顺序给出，最好的在前面。

表 7.5　斜槽为 1 ~ 2 定子齿距时最优的转子槽数

p	Q_s	Q_r
1	24	28、16、22
	36	24、28、48、16
	48	40、52
	60	48
2	36	24、40、42、60、30、44
	48	60、84、56、44
	60	72、48、84、44
3	36	42、48、54、30
	54	72、88、48
	72	96、90、84、54
4	36	48
	48	72、60
	72	96、84

来源：摘选自 Richter（1954）。

7.2.7　感应电机的构造

IEC 已经发布了电机安装尺寸的国际标准及其相应的编码。具有相同编码的电机可以相互交换使用。当电机轴高最大值为 400mm 时，底脚固定的电机的 IEC 编码由机座号及自由轴端的直径组成。机座号由轴高及字母代码 S、M 或 L 组成，其代表机座的长度。编码 112M 28 表示电机轴中心点的高度（从底脚最低面到水平面开始测量）为 112mm；电机的定子叠高属于中等长度等级；自由轴端的直径为 28mm。如果机座号没有包含字母代码，那么尺寸用 - 号分开，例如 80 - 19。表 7.6 包含了一些小电机的 IEC 代码。

表 7.6　不同 IEC 代码的电机的机械尺寸

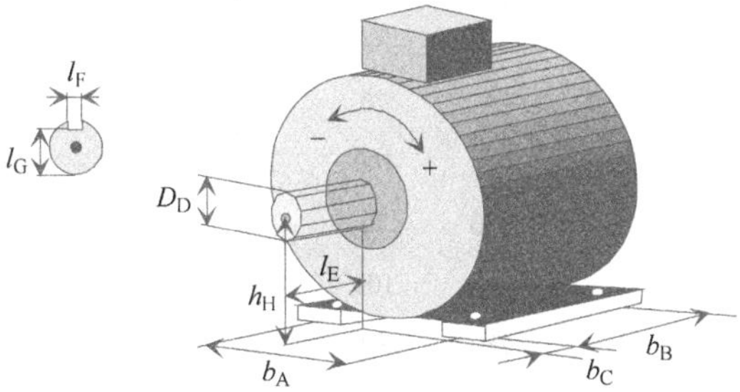

IEC 代码	b_A/mm	b_B/mm	b_C/mm	D_D/mm	l_E/mm	l_F/mm	l_G/mm	h_H/mm	固定螺栓
71 - 14	112	90	45	14	30	5	11	71	M6
80 - 19	125	100	50	19	40	6	15.5	80	M8
90S24	140	100	56	24	50	8	20	90	M8
90L24	140	125	56	24	50	8	20	90	M8
100L28	160	140	63	28	60	8	24	100	M10
112M28	190	140	70	28	60	8	24	112	M10
132S38	216	140	89	38	80	10	33	132	M10
132M38	216	178	89	38	80	10	33	132	M10
160M42	254	210	108	42	110	12	37	160	M12
160L42	254	254	108	42	110	12	37	160	M12
180M48	279	241	121	48	110	14	42.5	180	M12
180L48	279	279	121	48	110	14	42.5	180	M12
200M55	318	267	133	55	110	16	49	200	M16
200L55	318	305	133	55	110	16	49	200	M16
225SM，$p=1$	356	286	149	55	110	16	48	225	M18
$p>1$				60	140	18	53		
250SM，$p=1$	406	311	168	60	140	18	53	250	ϕ24①
$p>1$				65			58		
280SM，$p=1$	457	368	190	65	140	18	58	250	ϕ24①
$p>1$				75			67.5		

（续）

IEC代码	b_A/mm	b_B/mm	b_C/mm	D_D/mm	l_E/mm	l_F/mm	l_G/mm	h_H/mm	固定螺栓
315SM，$p=1$	508	406	216	65	140	18	58	315	$\phi30$①
$p>1$				80	170	22	71		
315ML，$p=1$	508	457	216	65	140	18	58	315	$\phi30$①
$p>1$				90	170	25	81		
355S，$p=1$	610	500	254	70	140	20	62.5	355	$\phi35$①
$p>1$				100	210	28	90		
355SM，$p=1$	610	500	254	70	140	20	62.5	355	$\phi35$①
$p>1$				100	210	28	90		
35ML，$p=1$	610	560	254	70	140	20	62.5	355	$\phi35$①
$p>1$				100	210	28	90		
400M，$p=1$	686	630	280	70	140	20	62.5	400	$\phi35$①
$p>1$				100	210	28	90		
400LK，$p=1$	686	710	280	80	170	22	71	400	$\phi35$①
$p>1$				100	210	28	90		

① 固定孔径。

如果用底脚固定的电机同时具有连接法兰，法兰的代码也需要给出。例如112M 28 FF 215。对于那些只适合法兰固定的电机，则根据轴径及法兰的尺寸表示，即28 FF215。IEC 60034－8（2007）定义了端子标记与旋转电机的旋转方向及当电机接于电网时两者之间的关系。图7.18表明普通三相旋转场电机的绕组的端子标记。除这些标记外，同步电机的励磁绕组的标记为F1－F2。

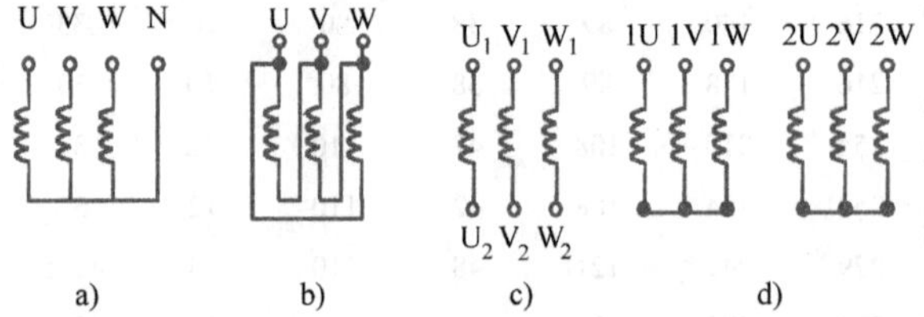

图7.18　三相电机联结方式及端子标记。a）电机星形联结。中性点N非必要。b）电机三角形联结。c）电机相绕组出线端（U_1-U_2）连接到端子板上。如果绕组存在中间搭接，被标记为U_3-U_4。电机的星形联结或者三角形联结可以在接线盒上或者在电机外部来实现。d）双速电机的端子标记。前面较高的数字代表电机更高转速的绕组

IEC60034－7标准用字母代号D（驱动端）及N（非驱动端）定义了旋转电机的轴端。从D端观察电机轴的旋转方向或者是顺时针或者逆时针。三相电机的内部连线是这种方式的，当电网L1、L2及L3相分别与端子U_1、V_1及W_1相连，当站在电机D端前

观测时电机顺时针旋转（见表 7.6）。

防护等级为 IP55 的闭合笼型绕组感应电机是最常见的异步电机。图 7.19a 和 b 所示的由 ABB 公司生产的两台不同尺寸的全封闭自扇冷却式感应电机的剖面图，是这类电机中的典型例子。

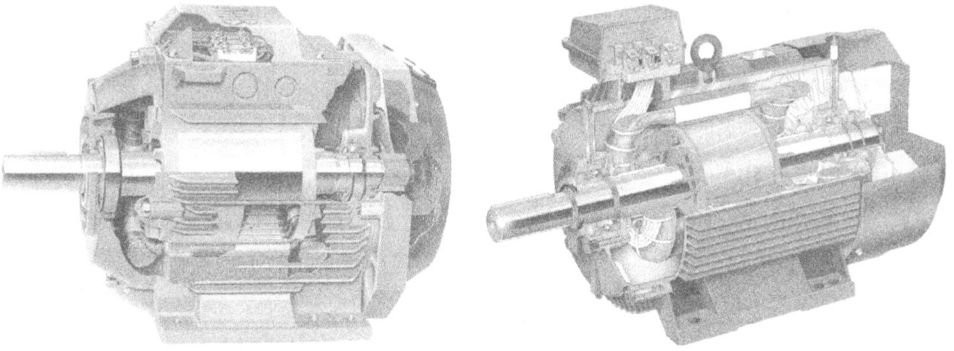

a)　　　　　　b)

图 7.19　a）ABB 5.5kW、3000min^{-1}铝电机，轴中心高 132mm；
b）ABB 75kW、3000min^{-1}铸铁电机，轴高 280mm。ABB 公司授权转载

7.2.8　冷却及工作制

在电机中，输入的一部分能量总是会转变成热能。例如，当一台 4kW 标准感应电机额定运行时效率为 85%，以下输入能量的百分比转化为热：定子中电阻损耗占 6.9%，定子铁心损耗占 1.9%，附加损耗占 0.5% 以及转子损耗占 4.7%。输入的其余能量转化为机械能，但是其中的 1% 损失为机械损耗。电机中产生的热被散失到电机的周围介质中。在 IEC 60034－6 中定义了电机的冷却方法，在 IEC 60034－5 中定义了防护等级。防护等级取决于冷却方法。例如，防护等级 IP44 所指定的机械和湿度防护与冷却方法 IC01 是互不兼容的，因为其需要电机是敞开式的。表 7.7 给出了最常见的电机 IC 等级。

根据 IEC 60034－1（2004）的描述，电机的工作制被指定为 S1～S9。

表 7.7　最常见的电机 IC 等级

代码	定　义
IC 00	电机周围的冷却剂冷却电机内部部件。转子的通风效果不重要。冷却剂通过自然对流传热
IC 01	与 IC 00 类似，但是有完整的风扇固定在电机轴或者转子上进行循环冷却。对于开放感应电机来说是常见的冷却方法
IC 03	方法与 IC 01 相似，但存在一台独立安装的鼓风机，与被冷却电机由同一电源供电
IC 06	方法与 IC 01 相似，但存在一台独立的鼓风机进行冷却剂循环，与被冷却电机由不同电源供电。也可能是一台大容量鼓风系统同时向多台电机提供冷却剂
IC 11	冷却剂通过通风道进入电机并自由流入周围环境。冷却剂的循环通过电机或者轴上固定的风扇来实现

（续）

代码	定 义
IC 31	旋转电机存在有进、出口的通风道。冷却剂的循环通过电机或者轴上固定的风扇来实现
IC 00 41	冷却剂通过对流全封闭的内部循环经外壳冷却，不存在独立风扇
IC 01 41	与IC 00 41类似，但机壳表面由单独的轴固定鼓风机强制冷却剂循环。该种方法常用于一般封闭感应电机的冷却
IC 01 51	全封闭通过对流进行冷却。热量通过内部的空气-空气热交换器传递至周围媒质，其循环通过轴上安装的鼓风机来实现
IC 01 61	与IC 01 51类似，但热交换器安装在电机上
IC W37 A71	通过对流的全封闭内部冷却。热量通过内部的水-空气热交换器传递到冷却水，其循环通过增压或者辅助泵来实现
IC W37 A81	与IC W37 A71相似，但是热交换器安装在电机上

7.2.8.1 工作制S1-连续工作制

电机能够在恒定负载时维持足够长的时间使电机达到热平衡。这种运行类型的电机标识上缩写S1。如果不考虑电机实际工况，这是工业电机上最常见的工作制标识。

7.2.8.2 工作制S2-短时工作制

这种类型工作制包括在给定时间内的恒定负载运行，没有达到要求的热稳定。每个运行周期后跟随一段断能停转时间，这段时间要足够长以恢复到环境温度。对于短时工作制的电机，推荐的周期时间为10min、30 min、60min和90min，缩写为S2，后面跟随指明工作制的时间，例如标识S2 60 min。短时使用的标识，例如S2 10 min，通常应用在便宜的工具中，如小型粉碎机。

7.2.8.3 工作制S3-间歇（断续）周期工作制

这种工作制按一系列相同的工作周期运行，每一个周期内包括一段恒定负载运行时间与一段断能停转时间。在每个周期内没有达到热平衡。起动电流对温升的影响不重要。循环时间系数是10min时间周期的15%、25%、40%或60%。缩写用S3表示，后面跟随周期时间系数，例如标识S3 25%。

7.2.8.4 工作制S4-包含起动的间歇周期工作制

此工作制按一系列相同的工作周期运行，每个周期包括影响较大的起动时间、恒负载运行时间及断能停转时间。在每个周期内没有达到热平衡。电机通过自由停车停止，因而这个过程没有热累积。该工作制标识为S4，后面跟随周期系数、每个小时周期的数量（c/h）、电机的转动惯量（J_M）、负载归算到电机轴侧的转动惯量（J_{ext}）及在速度变化时的允许的平均反向转矩T_v，T_v用额定转矩形式表示。例如，标识S4—15%—120c/h—$J_M=0.1\text{kg m}^2$—$J_{ext}=0.1\text{kg m}^2$—$T_v=0.5\ T_N$。

7.2.8.5 工作制S5-包含电制动的间歇周期工作制

此工作制按一系列相同的工作周期运行，每个周期由起动时间、恒负载运行时间、制动时间及断能停转时间组成。在每个周期内没有达到热平衡。在该工作制类型中，电机通过电制动来减速，例如反向电流制动。该工作制标识为 S5，后面跟随随周期系数、每个小时周期的数量（c/h）、电机的转动惯量（J_M）、负载归算到电机轴侧的转动惯量（J_{ext}）及在速度变化时允许的平均反向转矩 T_v，T_v 用额定转矩形式表示。例如，标识 S5—60%—120c/h—$J_M=1.62\text{kg m}^2$—$J_{ext}=3.2\text{kg m}^2$—$T_v=0.35T_N$。

7.2.8.6 工作制 S6 - 连续周期工作制

此工作制按一系列相同的工作周期运行，每个周期由一段恒负载运行时间及一段空载运行时间组成。在每个周期内没有达到热平衡。循环时间系数是 10min 时间周期的 15%、25%、40% 或 60%。例如，标识为 S6 60%。

7.2.8.7 工作制 S7 - 包含电制动的连续周期工作制

此工作制按一系列相同的工作周期运行，由起动时间、恒负载运行时间及电制动时间组成。电机通过反向电流制动来减速。在每个周期内没有达到热平衡。简化标识为 S7，后面跟随电机的转动惯量、负载的转动惯量及允许的反向转矩（参照 S4）。例如，标识 S7—500c/h—$J_M=0.06\text{kg m}^2$—$T_v=0.25T_N$。

7.2.8.8 工作制 S8 - 包含变负载/变速的连续周期工作制

此工作制按一系列相同的工作周期运行，每一周期包括一段在预定转速下恒定负载运行时间，以及一段或几段在不同转速下的其他恒定负载的运行时间（例如感应电机通过改变极数来实现变速），但无断能停转时间。在每个周期内没有达到热平衡。简化标识为 S8，后面跟随电机的转动惯量、负载的转动惯量及每个小时周期的数量。同时允许的反向转矩及周期系数也要给出。例如，标识

S8—$J_M=2.3\text{kg m}^2$—$J_{ext}=35\text{kg m}^2$

30c/h—$T_v=T_N$—24kW—740r/min—30%

30c/h—$T_v=0.5T_N$—60kW—1460r/min—30%

30c/h—$T_v=0.5T_N$—45kW—980r/min—40%

负载及与其相结合的转速按其在周期中出现的顺序进行标识。

7.2.9 三相工业感应电动机参数实例

下面给出了商业感应电动机等效电路参数的典型数值。图 7.20 给出了某一感应电动机励磁电感标幺值的平均性能与功率的函数关系。该电动机由 ABB 公司制造。

电机等效电路中第二个重要参数是定子漏磁。图 7.21 给出了前述 ABB 公司所制造同款电机的漏感标幺值。该漏磁的数值是通过电机目录上提供的数据，如牵出转矩等计算得到的。

额定负载时转子漏磁电感标幺值通常与定子漏磁相同。由于生产原因，在铸造转子中经常采用闭口槽转子，这使得转子漏磁有些复杂。在低转差率时，转子漏感高。但在大负载时，漏磁路径饱和与定子漏感的标幺值相似。

电机中定子电阻的特性也是个重要的因数。图 7.22 给出了感应电动机定子电阻与输出功率间的函数关系。该图同时表明如果定子电阻不用标幺值表示，则比较小电机与大电机是比较困难的。

图 7.22 表明了在小电机中，电阻值是非常重要的部分。一台 1.1kW 的电机在额定

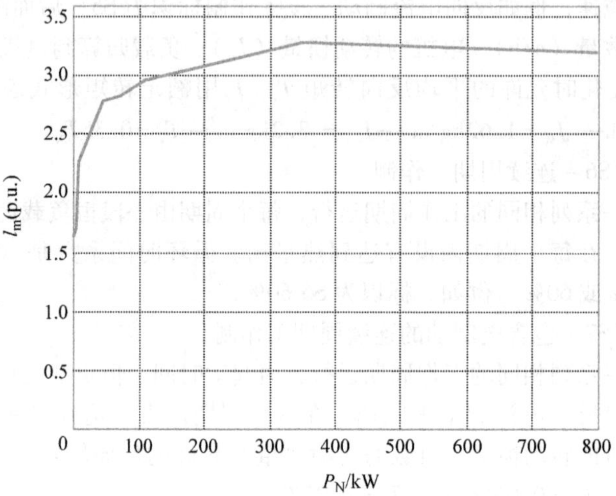

图7.20　4极感应电动机励磁电感标幺值的平均特性与轴输出功率的函数关系。曲线由1.1kW、2.2kW、5.5kW、11kW、45kW、75kW、110kW、355kW和710kW电机的数值组成。经Markku Niemelä授权重新绘制

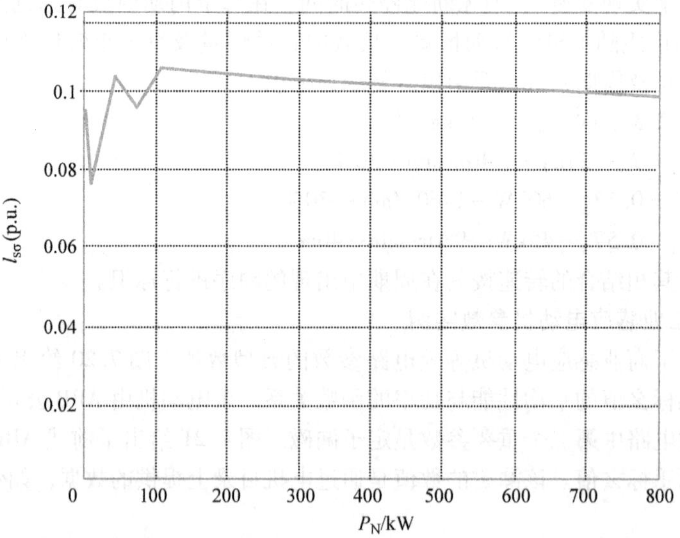

图7.21　4极感应电动机漏感标幺值的平均特性与轴输出功率的函数关系。曲线由1.1kW、2.2kW、5.5kW、11kW、45kW、75kW、110kW、355kW和710kW电机的数值组成。经Markku Niemelä授权重新绘制

电流下，定子电阻的损耗占11%。因而效率也不可能达到很高的值。在对数表示下，电阻的绝对值及标幺值都类似呈线性关系。

感应电动机中转子电阻通常与定子电阻具有相同的数值。转子中的阻性损耗与转差

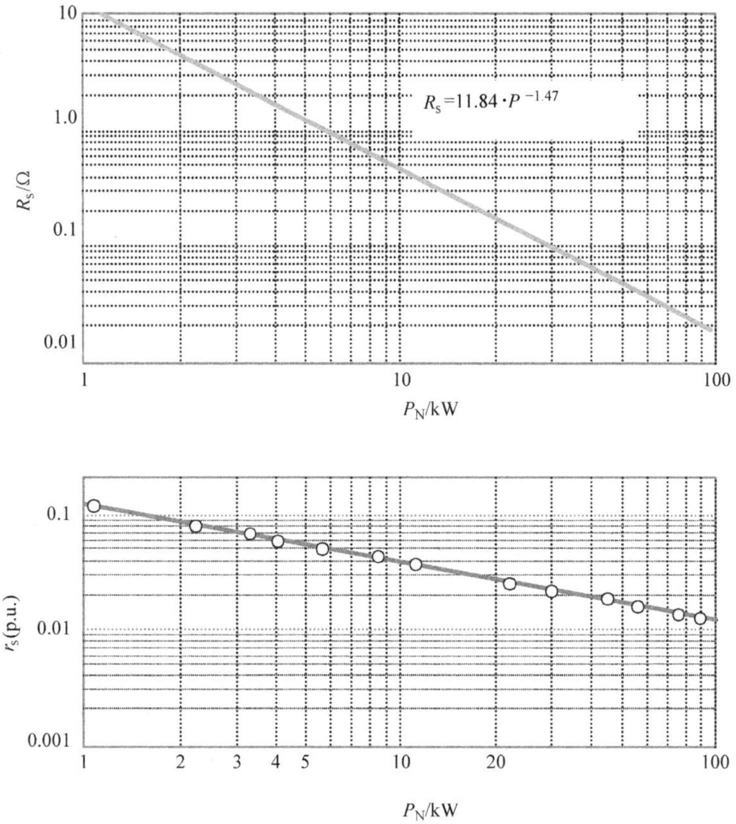

图 7.22　典型现代全封闭工业电动机（由 ABB 公司制造）的轴输出功率与定子电阻的函数关系，由绝对值及标幺值给出。经 Jorma Haataja 授权重新绘制

率 s 成比例，损耗产生在转子电阻 R_r 中。转子电阻损耗的大小为 $P_{Cur}=I_r^2R_r$。在小电机中，转子电阻成比例地比定子电阻小。这可从图 7.23 中看出，这里电机的不同损耗以比例形式表示。在小电机中，较小的功率因数会导致小电机中定子损耗的数值相对较高。

当功率等级在 90kW 时，转子损耗与定子损耗彼此比较接近。注意到定子电流比折算到定子侧的转子电流 $I'_r\approx I_s\cos\varphi$ 要稍高，我们可以从损耗分布推断出，通常折算到定子侧的转子电阻与定子电阻具有相同的数值。

图 7.24 给出了 ABB 公司生产的 M3000 系列感应电动机的功率因数与功率的函数，极对数为其中一个参数。

感应电动机随着极对数的增加功率因数明显下降。这是由于旋转磁场电机的励磁电感与极对数的平方成反比。由于励磁电感下降，电机消耗更多的无功电流，因而功率因数较低。

7.2.10　异步发电机

如果需要，一台异步电机可以当作发电机使用。当将其接于电网时，必须通过原动

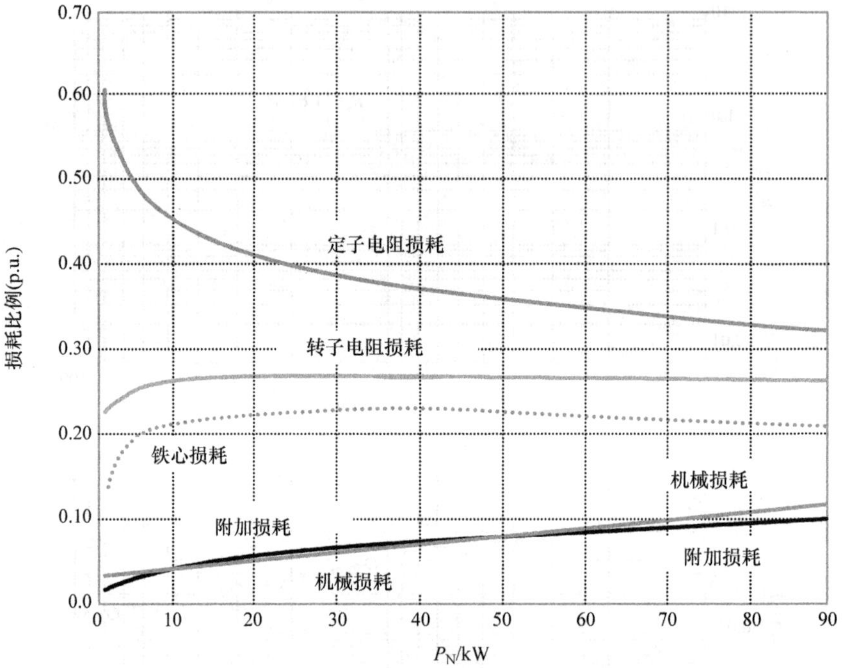

图7.23 感应电动机功率在100kW以下时的平均损耗分布。损耗的比例参照额定运行点时的电机损耗。摘自于Auinger（1997）

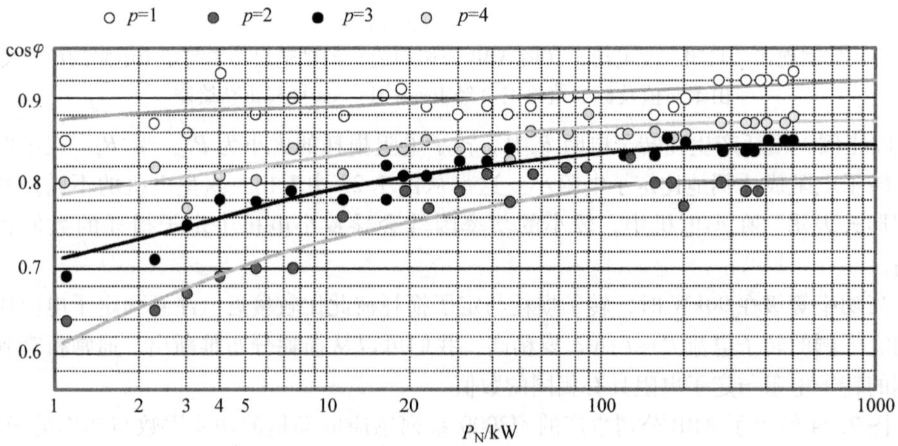

图7.24 ABB公司生产的M3000系列感应电动机的功率因数与功率的函数，极对数为其中一个参数

机拖动其旋转速度高于同步转速。异步发电机从电网吸收励磁电流，通常由电容组进行补偿。在特定环境下，异步电机经常使用电容进行励磁从而形成独立运行的发电机。电容需要与电机的总电感形成谐振。

$$|X_C| = |X_m + X_{s\sigma}| \tag{7.131}$$

对应的谐振角频率为

$$\omega = \frac{1}{\sqrt{(L_m + L_{s\sigma})C}} \tag{7.132}$$

当电机从零速开始提升时，需要转子存在剩磁或者给系统提供外部的脉冲能量以建立发电机的电压。在达到谐振角频率之前，系统 LC 电路中流过的电流很低。在谐振频率附近，电机的电流迅速提升，并使其磁化，电压迅速建立。由于饱和增加，励磁电感下降，谐振频率增加，并且电机的电压在恒定速度时保持在合理范围内。负载影响励磁电容的大小，因此其需要随频率及负载的波动进行调整。然而，用于独立运行的异步发电机通常由于尺寸限制，只要在额定转速下额定电压超标时磁路就会发生强烈的饱和。在该情况下。电容器的电容可以提升得很高而保持端电压不变。因而，就可以制造出一台独立运行的异步发电机，在负载发生变化时端电压几乎保持不变。

笼型转子的异步发电机相当普遍。由于其高可靠性，它们可以用于无人监管的发电厂中。由于异步电机不需要同步设备，故把它用于小型发电厂中具有很高的经济性。

7.2.11　绕线转子感应电机

绕线转子感应电机在风力发电机中倍受青睐。例如双馈发电机，感应发电机的定子直接与电网连接，其转子由变频器控制。转子的分布绕组通常内部星形联结，绕组的端子连接于集电环，并通过其端子连接至四象限变频器（见图 7.25）。

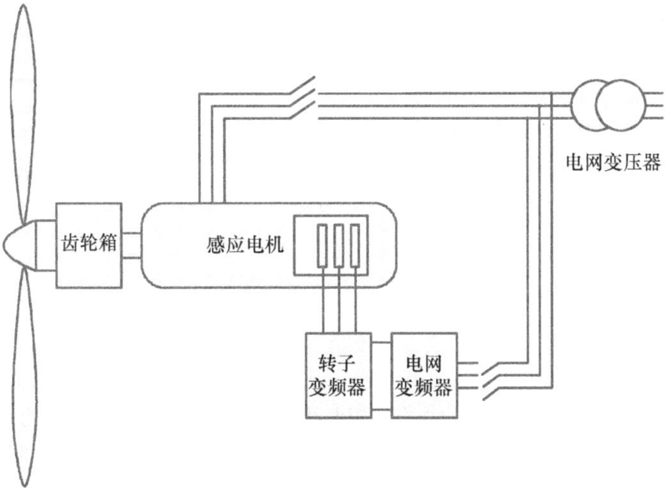

图 7.25　用于风力发电的双馈感应发电机

电机可以运行于转差率大约为 ±30% 的异步工作模式。这就意味着通过转子绕组的驱动功率可以大约是定子功率的 30%，因而可以获得高效率的驱动及有限的功率变频器。六极发电机在兆瓦级功率等级很受欢迎。转速为 1000min^{-1} 发电机定子绕组接于 50Hz 电网，当转子供以直流电时，发电机可以作为同步发电机使用。

当叶轮功率较高，发电机超同步运行时（比同步转速高），转子变频器作为用功整流器来使用，然后电网变频器将双馈发电机的转差功率馈于电网。在次同步运行时（比同步转速低），转子变频器有效地供给转子三相电流，从而实现次同步发电模式。

双馈发电机的设计遵循感应电机的设计原则。然而，转子电压必须根据电机允许的最大转差率以及变频器的功率等级进行匹配。与通常笼型转子电动机不同的是，双馈发电机的转子在高转差率运行时具有很大的铁心损耗。电网频率50Hz、以30%转差率运行的转子频率将会是15Hz。

7.2.12 单相电流供电的异步电动机

由单相电流供电的绕组产生的磁通密度不是旋转的，而是产生脉振的。其可以看作是气隙中沿相反方向旋转的相量对。下面分析相对于基波相量对 $v=\pm1$ 电机的运行。其中 $v=+1$ 认为是实际的正序磁场。这种情况下，通过以下的调整，可以用图7.15的阐述建立单相电机的等效电路。由于电机中只有一个定子绕组，电机的励磁电抗 X_{sm1} 和 X_{sm5} 等，必须用主电抗 $X_{pD}=\omega L_p$ 的一半来代替（见第4章）。在转差率 $s=1$ 时，正序和负序磁场的转子漏电抗相等。仅有的差别是转子电路中电阻不同。正序电阻为 $0.5R'_r/s$，而负序电阻为 $0.5R'_r/(2-s)$（见图7.26）。相量计算是求解阻抗最简单的方法，因而转子的正序和负序阻抗可以写成如下的形式：

$$\underline{Z}'_{r.ps}=\frac{0.5R'_r}{s}+j0.5X'_{r\sigma}$$
$$\underline{Z}'_{r.ns}=\frac{0.5R'_r}{2-s}+j0.5X'_{r\sigma} \tag{7.133}$$

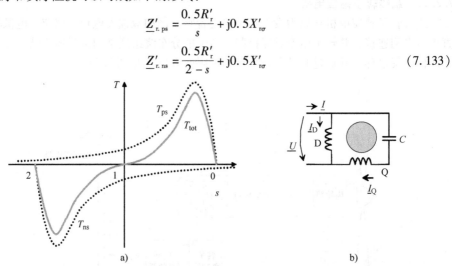

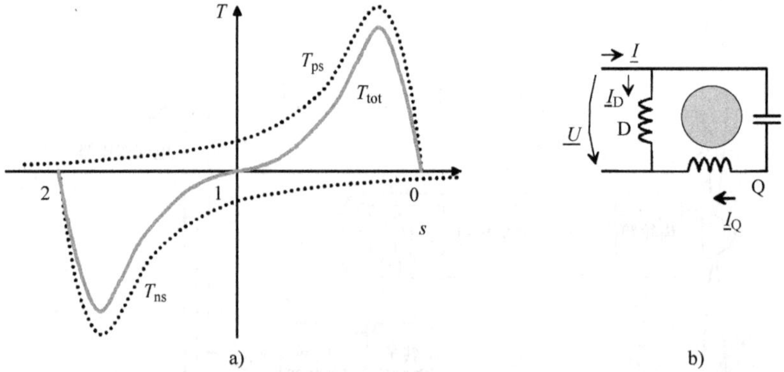

图7.26 a）单相感应电动机的静态转矩曲线及合成转矩曲线与转差率的函数关系。T_{ps} 为正序转矩，T_{ns} 为负序转矩，T_{tot} 为这两个分量之和。在零速时，转矩之和为零（$T_{tot}=0$）。b）单相供电电容电动机的定子绕组模型

现在可以得到正序和负序阻抗

$$\underline{Z}_{ps}=\frac{j0.5X_{pD}\underline{Z}'_{r.ps}}{j0.5X_{pD}+\underline{Z}'_{r,ps}}$$
$$\underline{Z}_{ns}=\frac{j0.5X_{pD}\underline{Z}'_{r,ns}}{j0.5X_{pD}+\underline{Z}'_{r,ns}} \tag{7.134}$$

当定子阻抗$\underline{Z}_s = R_s + jX_{s\sigma}$与这些阻抗之和相加时，可以得到与端电压连接的电机总阻抗$\underline{Z}$。然后可以得到电机的电流。电机的电动势分量为$\underline{E}_{ps} = \underline{Z}_{ps}\underline{I}_{ps}$和$\underline{E}_{ns} = \underline{Z}_{ns}\underline{I}_{ns}$。可以使用其来计算相应的转子电流分量

$$\underline{I}'_{r,ps} = \frac{\underline{Z}_{ps}\underline{I}_{ps}}{\underline{Z}'_{r,ps}}$$

$$\underline{I}'_{r,ns} = \frac{\underline{Z}_{ns}\underline{I}_{ps}}{\underline{Z}'_{r,ns}} \tag{7.135}$$

由这些分量在转子电阻中产生的电阻损耗为

$$P_{rCu,ps} = I'^2_{r,ps}\frac{0.5R'_r}{s}$$

$$P_{rCu,ns} = I'^2_{r,ns}\frac{0.5R'_r}{2-s} \tag{7.136}$$

这些阻性损耗功率都代表了反向的转矩。在转差率s时合成转矩为［见式（7.87）］

$$T = \frac{p}{\omega}\left(\frac{P_{rCu,ps}}{s} - \frac{P_{rCu,ns}}{2-s}\right) \tag{7.137}$$

当电机静止时，$s=1$，正、负转矩相等，因此如果没有辅助设备，电机不能起动。在同步转差率$s=0$时，正序阻抗为$\underline{Z}_{ps} = j0.5X_p$，且负序阻抗为$|\underline{Z}_{ns}| \ll |\underline{Z}_{ps}|$，因而$E_{ps} \gg E_{ns}$。由于单相，用$0.5X_p$（$0.5\omega L_p$）来代替$X_m$。当两个反电动势在同一线圈中感生时，这意味着在转差率较低时，反向旋转磁场产生的转矩较小。其小到几乎可以忽略，而电机运行几乎与对称供电的多相感应电机相似。由于合成的电动势必须与端电压的幅值接近，相应的正序磁场很高能够单独感生需求的电动势。负序磁场的幅值在低转差值时削减到几乎为零。图 7.26a 表明了电机的静态转矩曲线。

由于缺乏起动转矩，这种类型电机实际上并没有用处。因而，通常需要一些起动的技术来使这些电机能够起动。可以通过使用辅助绕组与电容器串联的方法来实现转矩－转速特性的改善，下面将分析这样的改变。在实际应用中，单相电动机通过用单相电压给两相电机供电来实现。图 7.26b 给出了这样电机的说明。电机定子上存在一套两相绕组。线圈 D 和 Q 的磁性轴线彼此相差 90°电角度。在线圈 Q 存在一个额外的阻抗与其串接，通常上是一个电容器C，当电机由单相供电时，其会使绕组中的电流产生时间上的相位差。通常上，电机转子上为笼型绕组，而电容电机定子上绕组的匝数也通常不同，$N_Q > N_D$。这种不对称在很大程度上使得分析电机特性更加复杂。

主绕组（D）和辅助绕组（Q）的电压方程可以写成以下形式（Matsch 和 Morgan 1987）：

$$\underline{U}_D = (R_{sD} + jX_{s\sigma D})\underline{I}_D + \underline{E}_{2D} \tag{7.138}$$

$$\underline{U}_A = (R_{sQ} + jX_{s\sigma Q} + R_C + jX_C)\underline{I}_Q + \underline{E}_{2Q}$$

$R_{sD} + jX_{s\sigma D} = \underline{Z}_{1D}$和$R_{sQ} + jX_{s\sigma Q} = \underline{Z}_{1Q}$为主绕组和辅助绕组的定子阻抗。$\underline{E}_{2D}$除包含了主绕组两个旋转磁通分量外，还包含了辅助绕组两个旋转磁通的影响；$R_C + jX_C$为电容的阻抗。电容电机的旋转方向为从辅助绕组指向主绕组的方向，这是因为电容将辅助绕组的

电流在时间上超前主绕组中的电流。当主绕组开路时，电压方程可以写成以下的形式：

$$\underline{U}_{\mathrm{D}} = \underline{E}_{2\mathrm{D}}$$
$$\underline{U}_{\mathrm{A}} = (R_{\mathrm{sQ}} + \mathrm{j}X_{\mathrm{s\sigma Q}} + R_{\mathrm{C}} + \mathrm{j}X_{\mathrm{C}})\underline{I}_{\mathrm{Q}} + \underline{E}_{2\mathrm{Q}} \tag{7.139}$$

式中

$$\underline{E}_{2\mathrm{Q}} = \underline{E}_{\mathrm{psQ}} + \underline{E}_{\mathrm{nsQ}} \tag{7.140}$$

为正序分量（ps）和负序分量电动势之和。由于主绕组与辅助绕组相差90°电角度，势必由辅助绕组正序磁通分量感生的电压滞后90°电角度，由负序磁通分量感生的电压超前90°电角度。因而

$$\underline{E}_{2\mathrm{D}} = -\mathrm{j}\frac{\underline{E}_{\mathrm{psQ}}}{K} + \mathrm{j}\frac{\underline{E}_{\mathrm{nsQ}}}{K} \tag{7.141}$$

式中，K［见（7.148）］为主绕组与辅助绕组有效匝数之比。当这两个绕组都接于电网时，必须要考虑所有的磁通分量产生的作用，因而电压方程可以写成如下的形式：

$$\underline{U}_{\mathrm{D}} = \underline{Z}_{1\mathrm{D}}\underline{I}_{\mathrm{D}} + \underline{E}_{\mathrm{psD}} - \mathrm{j}\frac{\underline{E}_{\mathrm{psQ}}}{K} + \mathrm{j}\frac{\underline{E}_{\mathrm{nsQ}}}{K} + E_{\mathrm{nsD}} \tag{7.142}$$
$$\underline{U}_{\mathrm{A}} = (\underline{Z}_{1\mathrm{Q}} + \underline{Z}_{\mathrm{C}})\underline{I}_{\mathrm{Q}} + \underline{E}_{\mathrm{psQ}} + \mathrm{j}K\,\underline{E}_{\mathrm{psD}} + \underline{E}_{\mathrm{nsQ}} - \mathrm{j}K\,\underline{E}_{\mathrm{nsD}}$$

图7.27给出了根据式（7.142）建立的电容电机的等效电路。该等效电路的建立同时也依据图7.15的等效电路，通过考虑不同轴产生的电压分量而进行修改得到。两相等效电路中的转子参量都归算为主绕组的匝数。

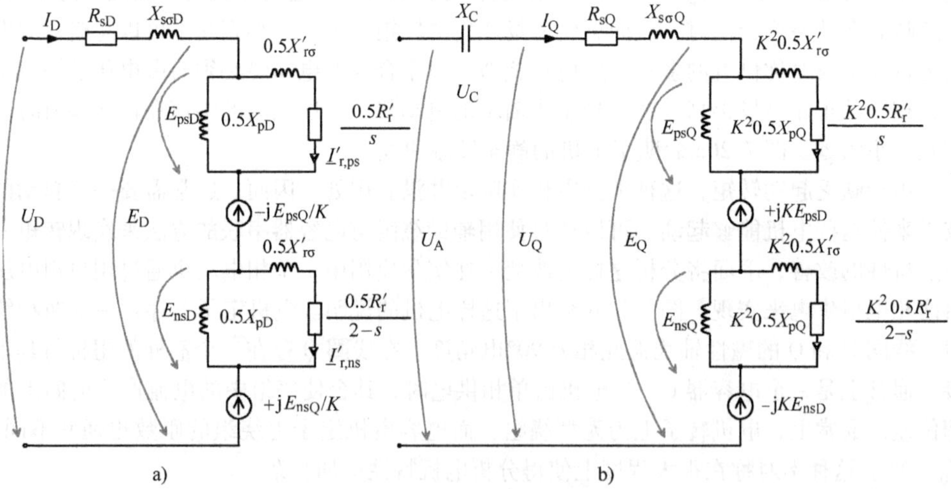

图7.27　电容运行电机主绕组和辅助绕组的等效电路：a）主绕组；b）辅助绕组

根据图7.27的等效电路，可以简化电压方程的形式

$$\underline{U}_{\mathrm{D}} = (\underline{Z}_{1\mathrm{D}} + \underline{Z}_{\mathrm{ps}} + \underline{Z}_{\mathrm{ns}})\underline{I}_{\mathrm{D}} - \frac{\mathrm{j}(\underline{Z}_{\mathrm{ps}} - \underline{Z}_{\mathrm{ns}})}{K}\underline{I}_{\mathrm{Q}} \tag{7.143}$$
$$\underline{U}_{\mathrm{A}} = \mathrm{j}K(\underline{Z}_{\mathrm{ps}} - \underline{Z}_{\mathrm{ns}})\underline{I}_{\mathrm{D}} + [\underline{Z}_{\mathrm{C}} + \underline{Z}_{1\mathrm{Q}} + K^2(\underline{Z}_{\mathrm{ps}} + \underline{Z}_{\mathrm{ns}})]I_{\mathrm{Q}}$$

由于电容电机的相通常并行连接，故可以写成

$$\underline{U}_{D} = \underline{U}_{A} = \underline{U} \tag{7.144}$$

供以电机中的总电流为

$$\underline{I} = \underline{I}_{D} + \underline{I}_{Q} \tag{7.145}$$

两绕组正序功率分量与负序功率分量之差用电流复共轭值表示为

$$P_{\delta ps} - P_{\delta ns} = \mathrm{Re}[(\underline{E}_{psD} - \underline{E}_{nsD})\underline{I}_{D}^{*} + \mathrm{j}(\underline{E}_{psQ} - \underline{E}_{nsQ})K\underline{I}_{Q}^{*}] \tag{7.146}$$

电机的转矩现在可以写成

$$T_{cm} = \frac{p(P_{\delta ps} - P_{\delta ns})}{\omega_{s}} \tag{7.147}$$

电容电机额定运行时要使两相在对称点工作，在对称点由于对称主绕组和辅助绕组的电流链相等，而使负序分量磁场抵消。这样的对称点对应着特定的转差率。现在相绕组电动势相移90°电角度，并且它们与线圈匝数成比例：

$$K = \frac{E_{D}}{E_{Q}} = \frac{k_{wD}N_{D}}{k_{wQ}N_{Q}} \approx \frac{U_{D}}{U_{Q}} \tag{7.148}$$

电容上的电压落后于电流$\underline{I}_{Q}$90°电角度，因而与电流$\underline{I}_{D}$ 方向相同。另一方面，和为$\underline{U}_{Q} + \underline{U}_{C} = \underline{U}_{D}$。现在根据图 7.28 可以画出相量图。根据相量图和式（7.148）得

$$\tan\varphi_{D} = \frac{U_{Q}}{U_{D}} = \frac{k_{wQ}N_{Q}}{k_{wD}N_{D}} = \frac{1}{K} \tag{7.149}$$

$$U_{C} = \frac{I_{Q}}{\omega C} = \frac{U_{D}}{\cos\varphi_{D}} \tag{7.150}$$

由于在对称点运行，绕组的电流链也相等，即

$$k_{wD}N_{D}I_{D} = k_{wQ}N_{Q}I_{Q} \tag{7.151}$$

对称时需要的电容大小为

$$C = \frac{I_{D}\cos^{2}\varphi_{D}}{\omega U_{D}\sin\varphi_{D}} \tag{7.152}$$

相量图表明电容的电压明显高于电机的额定电压，因而，需要高电压等级的电容器。

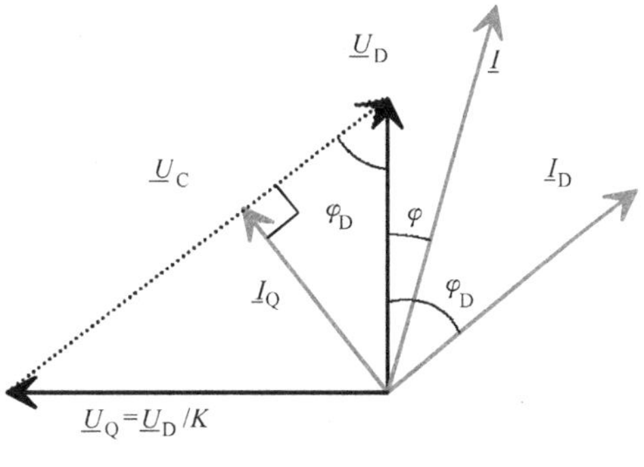

图 7.28　电容电机在对称点运行的相量图。由于 $N_D < N_Q$ 且 $I_D > I_Q$，在该点的电流链具有相等的幅值且电机运行于旋转磁场

电机额定点通常选择在对称点，产生转矩需要转子上有一定的阻性损耗 P_{rCu}［式（7.136)］，其中的一半由主绕组在转子中产生。转子的相电流可以通过这个损耗与转子电阻［式（7.48)］计算得到。当归算到主绕组上时，可以得到电流 $I_{D} \approx I_{r}'$［式（7.52)］。

我们也可以用电阻或者感性的线圈来代替电容。然而，它们的起动性能不如电容的好。在罩极电动机中，定子一部分凸极被铜短路环所环绕，因此感生电压产生电流暂时迟滞了罩极的磁通，因而产生了起动所需求的相移。由于具有较大的损耗，故这种方法仅应用于非常小的电机中。

7.3　同步电机

同步电机是组成完整电机家族的一类。这类电机的主要类型包括：①他励同步电机（SM）、②同步磁阻电机（SyRM）和③永磁同步电机（PMSM）。他励电机既可以是凸极电机，也可以为隐极电机。在这些电机中，通常定子中存在三相绕组，而转子中装设有供以直流电的单相励磁绕组。同步电机、永磁电机与异步电机的主要区别在于转子产生的电流链主要是由励磁绕组或者永磁体产生的，其在稳态时不依赖定子。在异步电机中，转子电流是当存在转差率时由气隙磁通产生。在同步电机中，气隙磁通变化由定子电流链引起，即电枢反应，不会自动补偿；当然必要的情况下可以通过对转子励磁绕组电流进行调整。如果同步电机中装有阻尼绕组，其瞬态的特性与笼型感应电机在转差率下的特性非常相似。由于永磁体的电流链不能改变，在使用永磁电机中就会出现一些问题。而且，与由励磁绕组电流励磁的电机不同，永磁电机的特殊之处在于电流链的源来自低磁导率永磁材料的本身，其也属于磁路的一个部分。因此永磁同步电机的励磁电感与通常的感应电机相比相对较低。同时，相应的电枢反应也比他励同步电机要低。表7.8列出了不同类型的同步电机。

同步电机的设计方法与异步电机相似。3.1.2节讨论了同步电机的不同气隙及绕组决定了同步电机的电感。当考虑电机的稳态运行时，负载角方程形成了一个重要的设计原则。

例如转子表贴永磁体，原理上这样的永磁电机是非凸极类型。磁化气隙长，电感低。而在永磁体嵌入式转子结构中，转子为凸极结构，一般直轴电感比交轴电感要低（$L_q > L_d$）。然而也存在 $L_d > L_q$ 的永磁同步电机，这种电机比较少见，但一些学者也建议采用。

表7.8　同步电机家族

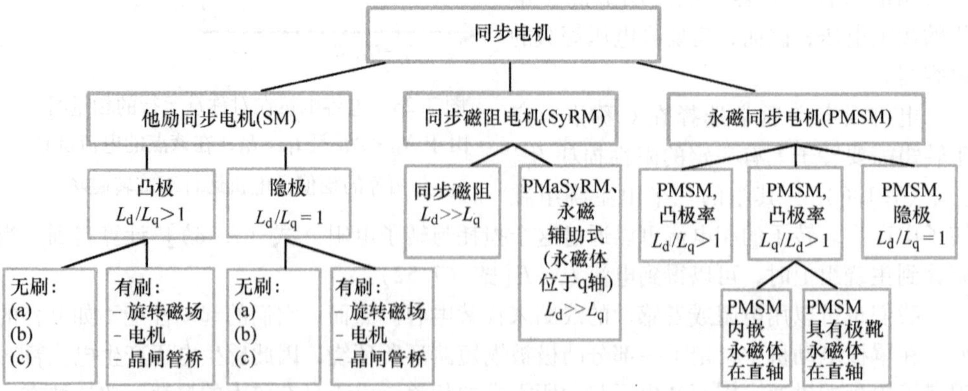

注：不同的无刷励磁系统（a）、（b）和（c）在7.3.9节做简要的讨论。

在同步磁阻电机中，目的是产生最大的交、直轴电感差。这个目标可以通过用最小化直轴及最大化交轴气隙来实现。将永磁体嵌入交轴来降低交轴电枢反应形成了永磁体辅助式 SyRM，其性能，尤其是功率因数要好于普通的 SyRM。

7.3.1　同步电机在同步及瞬态运行时的电感

电感主要决定了同步电机的特性。同步电机的气隙在交、直轴方向有可能是变化的，因而也会导致在交、直轴方向的定子电感不同，分别为 L_d 和 L_q。这些电感由交、直轴的励磁电感和漏感 $L_{s\sigma}$ 组成。

连接到三相电网上的凸极同步电机，在没有转子励磁绕组电流（同步磁阻电机）时，也能够从电网吸收励磁电流，从而同步旋转。对称的三相电流链在气隙中产生幅值恒定的旋转磁通。在中间位置（对应着磁阻最小），凸极转子的直轴与定子旋转电流链的轴线对齐。与隐极电机不同，即使没有转子励磁绕组电流，凸极电机在同步转速持续运行仍会产生较低的转矩，可以当作电动机及发电机使用。这种类型的电机，当空载运行时，从电网吸收的电流为

$$\underline{I}_d = \frac{\underline{U}_{s,ph}}{j\omega_s L_d} \tag{7.153}$$

式中，$\underline{I}_d$ 为定子绕组的直轴电流；$\underline{U}_{s,ph}$ 为定子相电压；L_d 为直轴电感。

直轴同步电感由直轴励磁电感和漏感组成：

$$L_d = L_{md} + L_{s\sigma} \tag{7.154}$$

由于磁链与电感之间存在联系，$d\hat{\Psi}_{md} = L_{md} di_d$，定子的直轴电感可以用电机的主磁链来进行计算。如果电机不饱和，每相的直轴气隙磁链为

$$\hat{\Psi}_{md} = k_{ws1} N_s \frac{2}{\pi} \tau_p l' \hat{B}_{\delta d} \tag{7.155}$$

在饱和的电机中，则用磁通密度的平均值 α_i 代替 $2/\pi$。另一方面，气隙磁通密度可以用相电流链来定义；也就是说，定子电流链 $\hat{\Theta}_{sd}$ 在有效直轴气隙 δ_{def}［见式(3.56)］内产生磁链

$$\hat{\Psi}_{md} = k_{ws1} N_s \frac{2}{\pi} \frac{\mu_0 \hat{\Theta}_{sd}}{\delta_{def}} \tau_p l' \tag{7.156}$$

有效气隙 δ_{def} 考虑包括了槽开口及磁路中铁心部分的磁压降。

当电流在直轴时，单相绕组直轴电流链的幅值可以写成

$$\hat{\Theta}_{sd} = \frac{4}{\pi} \frac{k_{ws1} N_s}{2p} \sqrt{2} I_s \tag{7.157}$$

带入得到主磁链

$$\hat{\Psi}_{md} = k_{ws1} N_s \frac{2}{\pi} \frac{\mu_0}{\delta_{def}} \frac{4}{\pi} \frac{k_{ws1} N_s}{2p} \tau_p l' \sqrt{2} I_s \tag{7.158}$$

$$\hat{\Psi}_{md} = \frac{2}{\pi} \mu_0 \frac{1}{2p} \frac{4}{\pi} \frac{\tau_p}{\delta_{def}} l' (k_{ws1} N_s)^2 \sqrt{2} I_s \tag{7.159}$$

气隙磁链的峰值除以定子电流的峰值，可以得到定子每相直轴主电感 L_{pd} 为

$$L_{pd}=\frac{2}{\pi}\mu_0\frac{1}{2p}\frac{4}{\pi}\frac{\tau_p}{\delta_{def}}l'(k_{ws1}N_s)^2 \tag{7.160}$$

在多相电机中，其他的绕组也会影响磁通，因而 m 相电机的直轴励磁电感 L_{md}，可以通过将主电感 L_{pd}乘以 $m/2$ 得到：

$$L_{md}=\frac{m}{2}\frac{2}{\pi}\mu_0\frac{1}{2p}\frac{4}{\pi}\frac{\tau_p}{\delta_{def}}l'(k_{ws1}N_s)^2=\mu_0\frac{2m\tau_p}{p\pi^2\delta_{def}}l'(k_{ws1}N_s)^2=\mu_0\alpha_i\frac{m\tau_p}{\pi p\delta_{def}}l'(k_{ws1}N_s)^2 \tag{7.161}$$

式中，α_i 为饱和系数［式（6.33）］。对于正弦磁通密度分布 $\alpha_i=2/\pi$。该方程对应着第4章所给出的旋转电机励磁电感的通用方程。给出正确的等效气隙和饱和系数，该方程对于不同的电机类型都适用。如果电机在恒定频率下运行，例如发电站的发电机驱动电机，可以使用电抗。励磁电抗 X_{md}对应着式（7.161）中的直轴方向励磁电感，即

$$X_{md}=\omega L_{md} \tag{7.162}$$

也可以写出相应的表达式 $X_{mq}=\omega L_{mq}$。如果电机通过定子旋转磁场绕组励磁，并且电机通过磁阻转矩在空载状态下同步运行，那么可以得到电机的定子电流

$$\underline{I}_s=\frac{\underline{U}_s}{j\omega_s L_d} \tag{7.163}$$

在实际中，空载电流几乎为纯粹的直轴电流，并且式（7.163）给出了直轴电流。

如果非励磁同步电机或者同步磁阻电机能够在距离直轴位置中心90°电角度运行，电机的最大等效气隙 δ_{qef}在旋转电流链峰值恒定不变。为了能够磁化较大的气隙，定子中需要的电流明显提高：

$$\underline{I}_q=\frac{\underline{U}_s}{j\omega_s L_q} \tag{7.164}$$

交轴同步电感方程与式（7.154）类似：

$$L_q=L_{mq}+L_{s\sigma} \tag{7.165}$$

L_{mq}的计算与 L_{md}类似，计算时用气隙 δ_{qef}代替 δ_{def}。相应的，定子的漏抗可以用第4章讨论的方法计算。尽管交、直轴气隙长度对漏磁也有影响，但通常认为直轴与交轴的漏磁相等。由于载有直轴励磁电流的导体实际上处于交轴的轴线位置，而该位置的气隙长度明显比直轴处的大，因此直轴漏磁要比交轴漏磁稍低。

同步电机阻尼的好坏对电机的特性影响很大。如前所述，确定阻尼绕组尺寸的主要原则在2.18节绕组章节进行了简要的讨论。其指导原则主要根据实际经验。阻尼绕组与感应电机的转子绕组很相似，因此笼型绕组的设计原则可以用于阻尼绕组的设计。凸极电机的阻尼绕组通常固定于极靴的槽内。转子的齿距选择与定子齿距相差10%～15%，以避免谐波磁通产生的有害影响，如噪声等。如果阻尼绕组采用斜槽（通常为定子齿距的倍数），那么定子与转子可以采用相等槽距。阻尼绕组的导条与短路环紧密连接。如果极靴为实心，如隐极电机的实心转子，只要极靴端部与短路环紧密连接，则其也可以起到阻尼绕组的作用。在隐极电机中很少使用单独的阻尼绕组。然而安装在槽或槽键下的导体可以当作阻尼绕组导条来使用。

在发电机中，阻尼绕组的作用之一是抑制由不平衡负载电流产生的反向旋转磁场。因而在这种情况下，阻尼绕组的电阻应选择最小值。阻尼导条的截面积通常选择为电枢绕组截面积的 20% ~30%。导条的材料通常为铜。在单相发电机中，截面积要超过 30%。短路环的面积大约为每极下阻尼导条截面积的 30% ~50%。

在同步电动机中，阻尼导条抑制由脉动转矩负载引起的瞬间的转速波动，并且与异步电机类似，确保最佳的起动转矩。因而，为了增加转子电阻，阻尼导条使用黄铜材料。如果使用纯铜，应选择的截面积仅为电枢绕组铜线截面积的 10%。

在永磁同步电机中，尤其在轴向磁通电机中，通过在转子表面、永磁体之上安装合适的铝盘，阻尼绕组很容易实现。上面提及的原则也适用于设计铝盘的尺寸。铝盘的截面积尺寸大约为定子铜材料总截面积的 15%。

在瞬态过程，同步电机的电感首先为超瞬态值 L''_{d} 和 L''_{q}，然后为瞬态值 L'_{d}，其可以通过测量或者使用时步数值计算方法获得很精确的值。例如下面图 7.30 所示。这些电感的幅值主要受到阻尼绕组及励磁绕组特性的影响。电机的时间常数 τ''_{d0} 与 τ'_{d0} 相比，通常相对较小。隐极电机实心转子结构形成了相应的涡流路径。短路瞬间，随着定子电流的迅速提高，定子电流链发生突变，且电流链立即试图改变电机的主磁通。阻尼绕组这时强烈反应，通过将电机定子绕组产生的磁通挤压到气隙附近的漏磁路径以抵抗突变。这使得初始的超瞬态电感 L''_{d} 和 L''_{q} 与同步电感 L_{d} 相比较低。相应的，在瞬态过程电机的励磁绕组抵抗这种改变。当计算这个阶段的短路电流时，使用瞬态电感 L'_{d} 和时间常数 τ'_{d}，经过这个阶段短路电流衰减到稳定状态值，其由同步电感 L_{d} 和 L_{q} 来计算。

正是由于同步电机各向异性的特点，这种电机通常在转子参考坐标系下，在直轴与交轴方向分别分析。图 7.29 给出了这些根据空间矢量理论的同步电机等效电路。该理论这里不做详细讨论。然而，给出的等效电路从电机设计的角度来看也是很有用的。

我们可以基于图 7.30 中的这些电路来推导出同步电机的不同等效电路来说明不同状态。

（a）稳态时，直轴同步电感 $L_{\mathrm{d}}=L_{\mathrm{md}}+L_{\mathrm{s}\sigma}$，与下面这些电感一起组成了电机中的主要电感。

（b）交轴同步电感 $L_{\mathrm{q}}=L_{\mathrm{mq}}+L_{\mathrm{s}\sigma}$。

（c）直轴瞬态电感 L'_{d} 为定子漏感与直轴励磁电感、励磁绕组漏感两者并联值之和：

$$L'_{\mathrm{d}}=L_{\mathrm{s}\sigma}+\frac{L_{\mathrm{md}}L_{\mathrm{f}\sigma}}{L_{\mathrm{md}}+L_{\mathrm{f}\sigma}}$$

（d）直轴超瞬态电感 L''_{d} 为定子漏感与直轴励磁电感、阻尼绕组直轴漏感、励磁绕组漏感三者并联值之和：

$$L''_{\mathrm{d}}=L_{\mathrm{s}\sigma}+\frac{L_{\mathrm{md}}\dfrac{L_{\mathrm{D}\sigma}L_{\mathrm{f}\sigma}}{L_{\mathrm{D}\sigma}+L_{\mathrm{f}\sigma}}}{L_{\mathrm{md}}+\dfrac{L_{\mathrm{D}\sigma}L_{\mathrm{f}\sigma}}{L_{\mathrm{D}\sigma}+L_{\mathrm{f}\sigma}}}$$

（e）在交轴上没有励磁绕组，因而交轴瞬态电感为

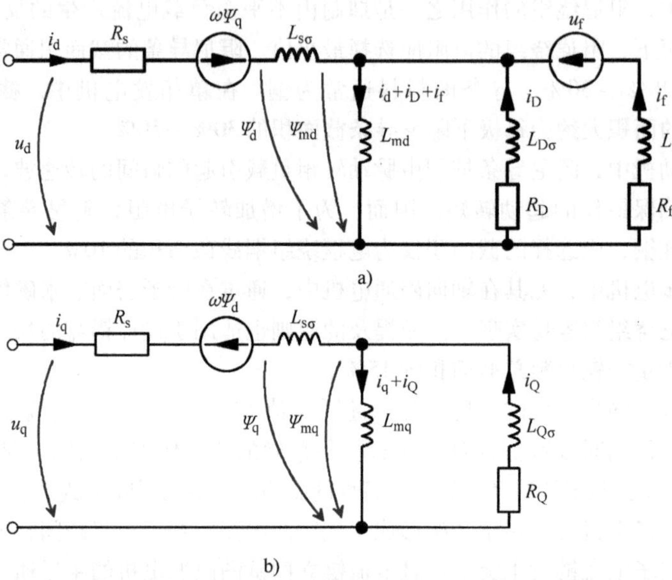

图7.29　a）根据空间矢量理论的同步电机的直轴等效电路，i_d 和 u_d 为定子电流和电压的直轴分量；Ψ_d 和 Ψ_q 为定子磁链的直轴与交轴分量；i_D 为阻尼绕组的直轴电流；i_f 为励磁绕组电流；R_s 为定子电阻，R_D 为阻尼绕组的直轴电阻，R_f 为励磁绕组的电阻；$L_{s\sigma}$ 为定子漏感，L_{md} 为直轴励磁电感，$L_{D\sigma}$ 为阻尼绕组的直轴漏感，$L_{f\sigma}$ 为励磁绕组的漏感；u_f 为励磁绕组归算到定子侧的供电电压。b）根据空间矢量理论的同步电机交轴等效电路，i_q 和 u_q 为定子电流和电压的交轴分量；Ψ_d 和 Ψ_q 为定子磁链的直轴与交轴分量；i_Q 为阻尼绕组的交轴电流；R_s 为定子电阻，R_Q 为阻尼绕组的交轴电阻；$L_{s\sigma}$ 为定子漏感，L_{mq} 为直轴励磁电感，$L_{Q\sigma}$ 为阻尼绕组归算到定子侧的交轴漏感

$$L''_q = L_{s\sigma} + \frac{L_{mq}L_{Q\sigma}}{L_{mq} + L_{Q\sigma}}$$

在图中，可以得到等效电路时间常数 τ''_{d0}、τ''_d、τ'_{d0}、τ'_d、τ''_{q0} 和 τ''_q。时间常数的定义如下：

（f）τ'_{d0} 为直轴瞬态开路（定子端开路）时间常数。

（g）τ'_d 为直轴瞬态短路时间常数。

（h）τ''_{d0} 为直轴超瞬态开路时间常数。

（i）τ''_{q0} 为交轴超瞬态开路时间常数。

（j）τ''_d 为直轴超瞬态短路时间常数。

（k）τ''_q 为交轴超瞬态短路时间常数。

电机设计者应该有能力给出上述所列参数的值；原理上，这是个比较简单的任务并且可以用本书讨论的方法来计算。实际中，这却是一项要求很高的任务，因为从一个工作点到另一工作点时磁场条件千变万化，这就意味着电感及电阻在等效电路中并非恒定

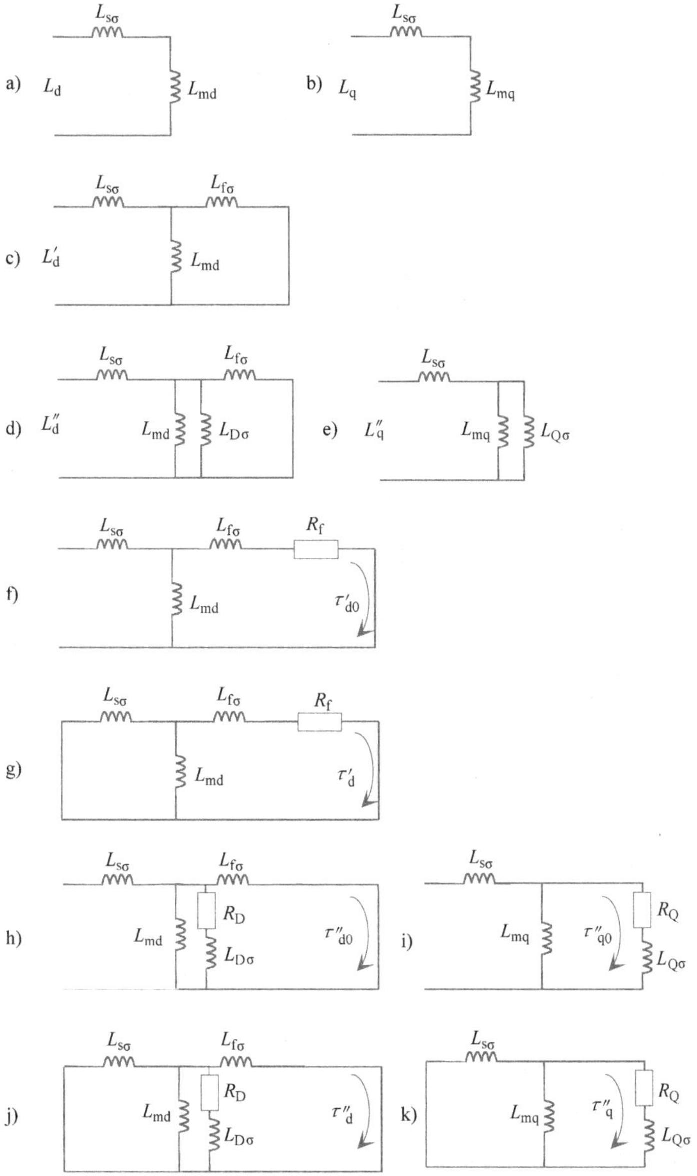

图 7.30　瞬态等效电路，其可以从同步电机的稳态等效电路中推导得到，并且一些参数与这些电路有关

值。例如，在定子通大电流时，定子的漏磁电感有可能涉及饱和问题。上述所提及的参数最好是通过实验或者瞬态有限元分析（FEA）的方法来获取。如果电机太大，只能使用 FEA 方法。

7.3.1.1 转子参数的归算

1. 归算到定子的励磁绕组电阻及其漏磁

首先分析归算到定子侧的励磁绕组参数。励磁绕组的直流电阻为 R_{fDC}。励磁绕组每极等效匝数为 N_{f}。转子的并联支路数为 a_{r}。如果想要把转子电阻归算到定子侧，通常需要乘以在7.2.2节［式（7.59）］给出的系数。

$$\rho_{\nu}=\frac{m_{\mathrm{s}}}{m_{\mathrm{r}}}\left(\frac{N_{\mathrm{s}}k_{\mathrm{w}\nu\mathrm{s}}}{N_{\mathrm{r}}k_{\mathrm{sq}\nu\mathrm{r}}k_{\mathrm{w}\nu\mathrm{r}}}\right)^{2}$$

一个极下的匝数为 N_{f}，因此一对极下有 $2N_{\mathrm{f}}$ 匝，整个转子中，一共有 $2pN_{\mathrm{f}}/a_{\mathrm{r}}$ 匝串联。凸极励磁绕组的基波绕组系数可被认为是1，$k_{\mathrm{w1f}}=1$。隐极转子的绕组系数需要经过计算得到，$k_{\mathrm{w1f}}<1$。励磁绕组的相数为1，$m_{\mathrm{r}}=1$。因而，式（7.59）可以根据励磁绕组重新改写成

$$\rho_{\nu}=\frac{m_{\mathrm{s}}}{1}\left(\frac{N_{\mathrm{s}}k_{\mathrm{w1s}}}{2pk_{\mathrm{w1f}}N_{\mathrm{f}}/a_{\mathrm{r}}}\right)^{2} \tag{7.166}$$

归算到定子侧的转子励磁绕组的电阻因而写为

$$R_{\mathrm{f}}'=m_{\mathrm{s}}\left(\frac{N_{\mathrm{s}}k_{\mathrm{w1s}}}{2pk_{\mathrm{w1f}}N_{\mathrm{f}}/a_{\mathrm{r}}}\right)^{2}R_{\mathrm{fDC}} \tag{7.167}$$

相应的，励磁绕组的漏感可以归算到定子侧

$$L_{\mathrm{f}\sigma}'=m_{\mathrm{s}}\left(\frac{N_{\mathrm{s}}k_{\mathrm{w1s}}}{2pk_{\mathrm{w1f}}N_{\mathrm{f}}/a_{\mathrm{r}}}\right)^{2}L_{\mathrm{f}\sigma} \tag{7.168}$$

使用式（4.57）计算一个凸极下的实际漏感 $L_{\mathrm{f1}\sigma}$，得到 $L_{\mathrm{f1}\sigma}=\mu_0 l' N_{\mathrm{f}}^2\lambda_{\mathrm{p}}$，其中 λ_{p} 为两极间的磁导系数。因为存在 $2p/a_{\mathrm{r}}$ 个线圈串联，所以整个凸极转子的漏感为

$$L_{\mathrm{f}\sigma}=\mu_0 l'\frac{2p}{a_{\mathrm{r}}}N_{\mathrm{f}}^2\lambda_{\mathrm{p}} \tag{7.169}$$

因此通过引入的槽绕组的方法可以计算隐极转子的漏感。

2. 阻尼绕组

下面将要探讨阻尼绕组的电阻及漏感。阻尼绕组最简单的形式是实心转子结构，在其中可以感生出涡流。对这样的实心体进行计算是一项富有挑战性的任务，因为其不能通过解析的方法来进行求解。然而，如果我们假定转子材料是线性的，则能够推导出材料的解析方程。图7.31给出了定子绕组及表面电流。

现将安培定律 $\oint \boldsymbol{H}\cdot \mathrm{d}\boldsymbol{l}=\int_S \boldsymbol{J}\cdot \mathrm{d}\boldsymbol{S}$ 应用于定、转子表面之间的区域，沿着图7.31所示的积分路径来求解从定子侧观测的转子实心材料的阻抗。当转子表面以一定速度移动并且与定子电流链谐波速度不同时，在实心转子中产生感生电流。由阻尼电流产生的磁场强度 $\boldsymbol{H}_{\mathrm{r}}$ 作用于转子表面。相应的可以侦测出定子中出现的额外电流并视为定子额外的电流链。现在假定定子电流链的基波分量 Θ_1 和转子表面切向磁场强度 $\hat{H}_{\mathrm{r}}$（时谐场强矢量幅值）为正弦形式，它们彼此之间可以写成等式，即

$$\hat{\Theta}_1=\frac{m}{2}\ \frac{4}{\pi}\ \frac{k_{\mathrm{w1}}N_{\mathrm{s}}}{p}\sqrt{2}I'_{\mathrm{r}}=\int_0^{\tau_{\mathrm{p}}}\hat{H}_{\mathrm{r0}}\mathrm{e}^{\mathrm{j}ax}\mathrm{d}x,\ a=\frac{\pi}{\tau_{\mathrm{p}}} \tag{7.170}$$

式中，变量 x 沿着转子表面，在一个极距内变化，$x\in[0,\tau_{\mathrm{p}}]$。

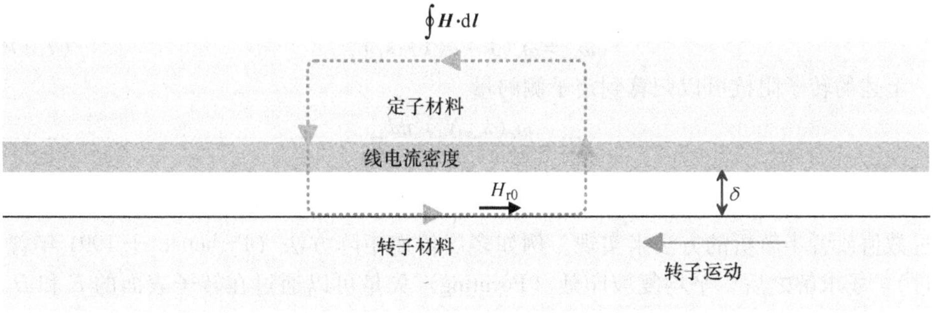

图 7.31　在转子表面电流与定子电流之间应用安培定律。注意黑体 $\boldsymbol{l}$ 表示通常的积分路径，并非指电机的长度。紧贴实心转子表面测量的磁场强度为 $\boldsymbol{H}_{r0}$

现在可以写出归算到定子侧的转子电流为

$$\underline{I}'_{r}=\frac{\sqrt{2}\mathrm{j}\pi p}{amk_{w1}N_{s}}\hat{\boldsymbol{H}}_{r0} \tag{7.171}$$

$\hat{\boldsymbol{H}}_{r0}$为时谐场强的幅值，代表转子表面包含了相角信息的复矢量。

转子表面复数谐波场强 $\hat{\boldsymbol{H}}_{r}$ 的幅值对应着转子电流。当使用面电流的概念时，我们可以表述，在交界面处磁场强度在法向矢量方向等于时谐复面电流 $\hat{\boldsymbol{J}}_{S}$：

$$\hat{\boldsymbol{J}}_{Sr}=\boldsymbol{n}\times\hat{\boldsymbol{H}}_{r0} \tag{7.172}$$

$\boldsymbol{n}$ 为表面法向的单位矢量，指向离开金属的方向。因而当磁场强度为切向时，表面电流在转子的轴线方向。

为了能够定义转子“阻尼绕组”阻抗，必须求解相应的感应电压。如果转子表面气隙磁通密度幅值的复数形式用 $\hat{\boldsymbol{B}}_{\delta}$ 表示。首先，对磁通积分，然后可以计算归算到定子侧的磁链及电压

$$\underline{U}'_{r}=-\mathrm{j}\omega_{s}\frac{k_{w1}N_{s}}{\sqrt{2}}\int_{0}^{\tau_p}\hat{\boldsymbol{B}}_{\delta}\mathrm{e}^{\mathrm{j}ax}l'\mathrm{d}x=\mathrm{j}\omega_{s}\frac{2k_{w1}N_{s}l'}{\sqrt{2}\mathrm{a}}\hat{\boldsymbol{B}}_{\delta} \tag{7.173}$$

式中，l'为电机的有效长度。我们可以得到归算到定子侧的转子阻抗

$$\underline{Z}'_{r}=\frac{\underline{U}'_{r}}{\underline{I}'_{r}}=\frac{\omega_{s}(k_{w1}N_{s})^{2}ml'}{\pi p}\frac{\hat{\boldsymbol{B}}_{\delta}}{\hat{\boldsymbol{H}}_{r0}} \tag{7.174}$$

气隙磁通密度通常已知，在一些情况下也可以得到磁场强度，如果得到转子中的阻尼电流，例如从场的数值解得到，并且如果转子为线性材料制成的圆盘结构，则能够计算得到转子的表面阻抗$\underline{Z}_{Sr}=R_{Sr}+\mathrm{j}X_{Sr}$（其不得不归算到定子侧）：

$$\underline{Z}_{Sr}=\frac{\hat{\boldsymbol{E}}_{r0}(0,t)}{\hat{\boldsymbol{J}}_{Sr}(t)}=\frac{\hat{\boldsymbol{E}}_{r0}(0,t)}{\boldsymbol{n}\times\hat{\boldsymbol{H}}_{r0}(t)}=\frac{1+\mathrm{j}}{\delta\sigma}=(1+\mathrm{j})\sqrt{\frac{\omega_{r}\mu}{2\sigma}}=R_{Sr}+\mathrm{j}X_{Sr} \tag{7.175}$$

式中，δ 为透入深度。如果铝板与透入深度 $\delta=\sqrt{2/\omega_{r}\mu\sigma}$相比较厚，上述公式可以用于计算铝板阻尼绕组的特性。这尤其对谐波特别适用。然而基波分量通常能够穿过铝板传播。计算这种板最简单的方法是将其分成虚拟的导条并且应用式（7.52）~式（7.62）

来分析“笼型绕组”。在基波转差率为 s_1 时，转子中的对应 ν 次谐波的角频率为

$$\omega_{\nu r}=\omega_s(1-\nu(1-s_1)) \tag{7.176}$$

上述的转子阻抗可以归算到定子侧的量

$$\underline{Z}'_r=\frac{\omega_s(k_{w1}N_s)^2ml}{\pi p}\underline{Z}_{Sr} \tag{7.177}$$

如果转子由非线性的磁性材料制成，将不能得到精确的解析解，但是场的求解可以通过数值或者半解析的方法来实现，例如多层传递矩阵方法（Pyrhönen 于 1991 年曾讨论过）。场求解之后，平均复坡印廷（Poynting）矢量可以通过在转子表面的 E 和 H 场的复时谐幅值来计算：

$$\underline{S}_r=\frac{\hat{\boldsymbol{E}}_{r0}\cdot\hat{\boldsymbol{H}}^*_{r0}}{2} \tag{7.178}$$

坡印廷矢量的值是沿整个转子表面进行积分，因而可以得到转子的视在复功率 $\underline{S}_r$。现在可以得到用气隙电动势峰值 $\hat{U}_m$ 表示的转子归算阻抗

$$\underline{Z}'_r=\frac{\hat{U}^2_m m}{2\underline{S}^*} \tag{7.179}$$

如果阻尼绕组为笼型结构，其归算到定子侧的电阻以及交、直轴漏感为（Schuisky 1950）

$$R'_{Dd}=\frac{r'_{damp}}{\zeta_d};\ R'_{Dq}=\frac{r'_{damp}}{\zeta_q} \tag{7.180}$$

$$L'_{Dd}=\frac{l'_{damp}}{\zeta_d};\ L'_{Dq}=\frac{l'_{damp}}{\zeta_q} \tag{7.181}$$

式中

$$r'_{damp}=2\frac{m_s}{\sigma_{Db}}\frac{(k_{ws1}N_s)^2}{p}\left(\frac{b_pl_D}{\tau_pQ_{Dp}S_D}+\frac{D_{Dr}}{\pi pS_{Dr}}\frac{\sigma_{Db}}{\sigma_{Dr}}\right) \tag{7.182}$$

$$l'_{damp}=2\mu_0m_sl'\frac{(k_{ws1}N_s)^2}{p}\frac{b_p}{\tau_pQ_{Dp}}\left(\lambda_D+0.131\frac{b_pD_s}{\tau_ppQ_{Dp}k_C\delta_{de}}\right) \tag{7.183}$$

式中，m_s 为定子的相数；σ_{Db}为阻尼导条材料的电导率；σ_{Dr}为短路环材料的电导率；b_p 为极靴的宽度；τ_p 为极距；Q_{Dp}为每极下阻尼导条的数量；S_D 为阻尼导条的截面积；l_D 为阻尼导条的长度；S_{Dr}为短路环的面积；D_{Dr}为短路环的平均直径；δ_{de}为极中心的气隙长度；k_C 为定子和阻尼导条槽的卡特系数；λ_D 为阻尼导条槽的槽磁导因数（见 4.3.3 节）。

阻尼绕组的漏感包括槽漏感及气隙漏感。当 $f_r>5\text{Hz}$ 时，所谓的谐波系数 ζ_d 和 ζ_q 按下式计算：

$$\zeta_d=\frac{b_p}{\tau_p}+\frac{1}{\pi}\sin\left(\pi\frac{b_p}{\tau_p}\right)-\frac{2}{\pi}\sqrt{\sigma_D}\cos\left(\pi\frac{b_p}{\tau_p}\right)-\frac{2}{\pi}\sqrt{\sigma_D} \tag{7.184}$$

$$\zeta_q=\frac{b_p}{\tau_p}+\frac{1}{\pi}\sin\left(\pi\frac{b_p}{\tau_p}\right)+\frac{4}{\pi}$$

$$\frac{\left[\sqrt{\sigma_{\mathrm{D}}}\sin\left(\frac{\pi b_{\mathrm{p}}}{2\tau_{\mathrm{p}}}\right)+\cos\left(\frac{\pi b_{\mathrm{p}}}{2\tau_{\mathrm{p}}}\right)\right]\left\{\left[1-\sqrt{\sigma_{\mathrm{D}}}\left(1-\frac{\delta_{\mathrm{def}}}{\delta_{\mathrm{qef}}}\right)\right]\cos\left(\frac{\pi b_{\mathrm{p}}}{2\tau_{\mathrm{p}}}\right)-\frac{\pi}{2}\left(1-\frac{b_{\mathrm{p}}}{\tau_{\mathrm{p}}}\right)\sin\left(\frac{\pi b_{\mathrm{p}}}{2\tau_{\mathrm{p}}}\right)\right\}}{\sqrt{\sigma_{\mathrm{D}}}\frac{\delta_{\mathrm{qef}}}{\delta_{\mathrm{def}}}+\frac{\pi}{2}\left(1-\frac{b_{\mathrm{p}}}{\tau_{\mathrm{p}}}\right)} \tag{7.185}$$

对于 $f_{\mathrm{r}}<2\mathrm{Hz}$，有

$$\zeta_{\mathrm{d}}=\frac{b_{\mathrm{p}}}{\tau_{\mathrm{p}}}-\frac{1}{\pi}\sin\left(\pi\frac{b_{\mathrm{p}}}{\tau_{\mathrm{p}}}\right) \tag{7.186}$$

$$\zeta_{\mathrm{q}}=\frac{b_{\mathrm{p}}}{\tau_{\mathrm{p}}}-\frac{1}{\pi}\left(1-2\frac{\delta_{\mathrm{def}}}{\delta_{\mathrm{qef}}}\right)\sin\left(\pi\frac{b_{\mathrm{p}}}{\tau_{\mathrm{p}}}\right) \tag{7.187}$$

在 $f_{\mathrm{r}}=2\sim5\mathrm{Hz}$ 范围内，我们没有任何简单方程来计算谐波系数。在式（7.184）~式（7.187）中，σ_{D} 为阻尼绕组的漏磁因数，δ_{def} 和 δ_{qef} 为等效的交、直轴气隙长度。

在图 7.32 中，谐波系数可以表述为 $b_{\mathrm{p}}/\tau_{\mathrm{p}}$ 的函数（极靴宽度/极距）。可以看出阻尼绕组的漏磁因数 σ_{D} 及等效气隙比例 $\delta_{\mathrm{def}}/\delta_{\mathrm{qef}}$ 对谐波系数仅存在有限的影响。

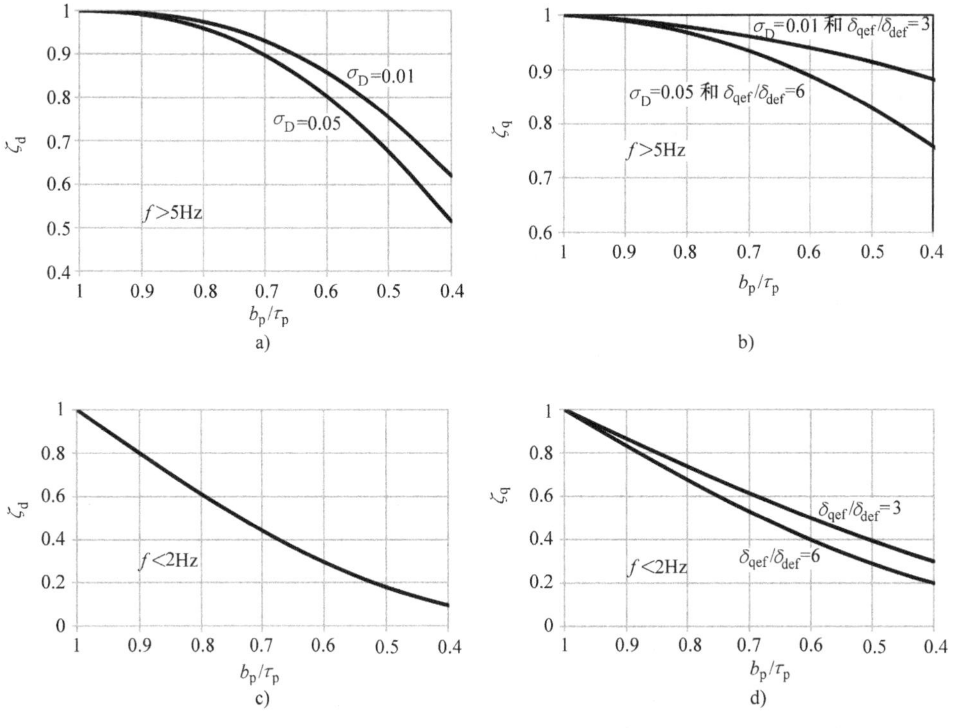

图 7.32　根据式（7.184）~式（7.187）得到的谐波系数：
a）和 b）频率高于 5Hz；c）和 d）频率低于 2Hz

7.3.2　同步电机负载运行及负载角方程

同步电机可以作为电动机或者发电机运行。同步电机也可以过励或者欠励运行。术

语“过励”及“欠励”在文献中似乎存在两种不同的定义。例如，Ritchter（1963）从两个方面定义了过励：

1）在过励同步电机中，励磁电流比额定电压下空载时的更大。

2）在过励电机中，励磁电流足够大，能够给感性负载提供励磁电流。

在实际中，根据定义1，同步电机几乎总是工作于过励状态，因而该定义不是非常适用。

定义2在达到过励状态前，需要非常大的励磁绕组电流。当电机运行于定义1的过励状态时，根据定义2电机可能处于欠励状态。这可以从图7.39b示例中看出，此时定子电流存在直轴分量抵抗励磁绕组电流。根据定义1，电机过励运行，然而根据定义2，电机欠励运行。

然而，在下面章节里，我们会使用定义2，因为其非常具有实际意义并且可以用于不同的环境。因而，过励运行的同步电机能够向电网提供感性负载所需要的无功电流。过励电机对电网来说起到电容作用，相应的，在欠励时，它需要从电网吸收额外的磁化能量，因而对电网来说类似于线圈。一般来说，在电网上同步电机运行于过励状态，$\cos\varphi=0.7\sim0.8$。电机很少运行于欠励状态，但是在一种情况下，例如一台大型发电机通过很长的传输线传递功率，且传递功率小于传输线的自然功率，电压在传输线末端趋于上升，电机本身则欠励运行。图7.33给出了不同负载电流对发电机磁化的影响。该发电机是孤岛独立运行发电机。

在每种情况下，观测时流过发电机绕组U1－U2的电流峰值均为$\hat{i}=1$。由于对称三相绕组相电流的和为零，在绕组V1－V2及W1－W2中通有负向电流$i=-1/2$。现在在图7.33a中，可以看到当感性电流滞后于磁链感生的电动势$e_{\mathrm{f}}(t)$90°时，由电枢电流产生的且与负载电流同相的磁通ϕ_{a}与由实际励磁绕组产生的磁通ϕ_{f}存在180°的相移。因而磁通ϕ_{a}削弱了磁通ϕ_{f}。如果希望电机的电动势相对于额定电压保持不变，发电机直流励磁绕组电流不得不从空载值开始提升，以补偿由感性负载电流引起的电枢反应；电机运行于过励状态。

图7.33b给出了发电机带有容性负载时的情况。观察时刻选择在绕组U1－U2中的负载电流为负峰值的时刻。现在电枢绕组由容性电流产生磁通，该磁通与由励磁电流产生的磁通ϕ_{f}平行。因而，发电机的直流励磁绕组电流可以从空载值降低同时端电压维持恒定。

图7.33c探究了由内部阻性电流引起的电枢反应。内部阻性负载电流相对于电动势为阻性电流，即电动势及负载电流在时间上同相位。由于发电机的内部阻抗是感性的，为了达到上面描述的情况，必须将电容与负载电阻并行连接。这些电容阻抗的绝对值必须等于发电机阻抗的绝对值。在观察时，绕组U1－U2的电流处于最大值。现在定子绕组的电流链产生磁通Φ_{q}，与励磁绕组磁通Φ_{f}垂直。凸极电机的较大气隙限制了由交轴电流链产生的磁通。图7.33c的这种情况可用图7.34的相量图来阐明。

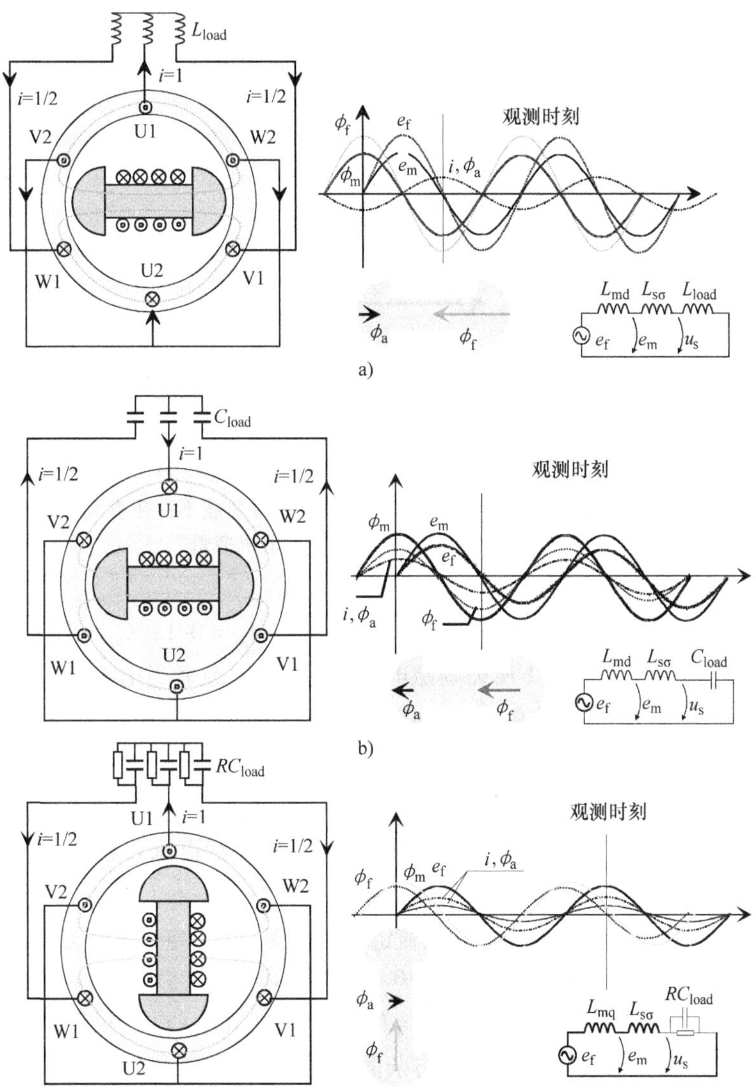

图 7.33　a）感性负载对发电机磁化的影响。由感性负载电流 i 产生的定子电枢反应 ϕ_a 趋向于减弱励磁绕组产生的磁通 ϕ_f。气隙磁通 ϕ_m 为 ϕ_f 与 ϕ_a 之和。电枢反应削弱由励磁绕组磁化产生的磁通。直轴等效电流中使用 L_{md}。b）容性负载电流 i 对同步发电机磁通的影响。电枢反应 ϕ_a 加强励磁绕组产生的磁通 ϕ_f。c）内部电阻负载电流对同步电机的影响。由阻性电流 i 产生的电枢反应磁通 ϕ_a 正交于励磁绕组产生的磁通 ϕ_f。注意到由于电机的交轴被磁化，现在等效电路的电感变成 L_{mq}

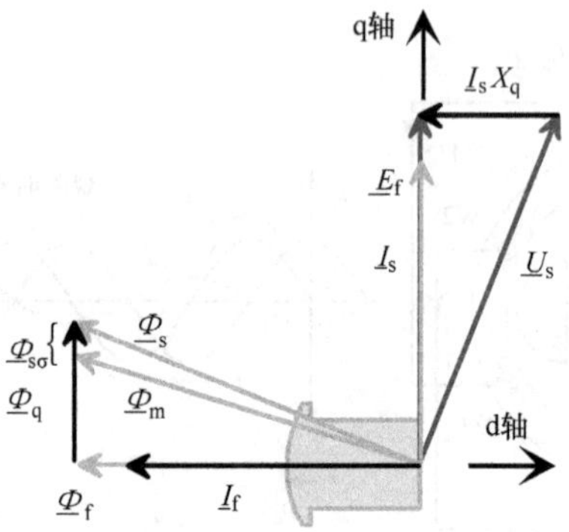

图7.34 根据发电机逻辑，对应于图7.33c发电机瞬时值的有效值相量。$\boldsymbol{\Phi}_f$为励磁绕组产生的气隙磁通，其电机感生的电动势为E_f，U_s为端电压，I_s为相电流，$\boldsymbol{\Phi}_q$为电枢反应的交轴磁通，其也包括漏磁的影响，$\boldsymbol{\Phi}_s$为定子总磁通，$I_s X_q$为由内部阻性负载电流在交轴电抗上产生的感性电压降。内部阻性负载不存在直流分量，在这用到了第1章讨论的“发电机逻辑”

例7.4：一台同步电机具有如下的标么值参数：$l_{s\sigma}=0.1$，$L_{md}=1.5$，$l_{mq}=0.6$，$r_s\approx 0$。计算空载时维持$\Psi_s=1$所需励磁电流的标幺值；或者当电机负载时感性电流$i_L=0.5$、容性电流$i_C=0.5$或内部阻性电流$i_R=0.5$时所需励磁电流的标幺值。

解：空载时，励磁绕组电流单独产生定子磁链，其绝对值为$\Psi_{sd}=1$，因而$i_f=\Psi_{sd}/l_{md}=\Psi_{md}/l_{md}=1/1.5=0.67$。从中可以看出励磁电感的大小决定了需要多少励磁电流。在该情况下，直轴励磁电感l_m相当大，而且低空载电流i_f相当小。如果l_m很小，电枢反应也很小，但需要更多的电流i_f。

在感性负载时，电枢反应与励磁电流链方向相反，因而定义电流为负。现在电枢反应为$\Delta\Psi_{sd}=l_{md}\cdot i_L=1.5\times(-0.5)=-0.75$。直轴杂散磁链为$\Delta\Psi_{s\sigma d}=l_{s\sigma}\times i_L=0.1\times(-0.5)=-0.05$。直轴定子磁链为$\Psi_{sd}=l_{s\sigma}\times(i_L)+l_{md}(i_L+i_f)$。励磁绕组电流必须产生额外的磁通分量来补偿电枢反应与杂散磁链。由于定子磁链必须保持为初始值1，故有$1=l_{s\sigma}\times i_L+l_{md}(i_L+i_f)$。

现在我们得到

$$i_f=(1-l_{s\sigma}\cdot i_L-l_{md}i_L)/l_{md},\ i_f=[1-0.1\times(-0.5)-1.5\times(-0.5)]/1.5=1.2$$

在容性负载时，电枢反应为$+l_{md}\times i_C=+1.5\times 0.5=+0.75$。定子杂散磁链为$+l_{s\sigma}\times i_C=+0.1\times 0.5=+0.05$。现在，这两个值都提高了定子直轴磁链，这意味着励磁电流不得不减小，$\Delta i_f=-0.537$。现在$i_f=[1-0.1\times(+0.5)-1.5\times(+0.5)]/1.5=0.133$。

到目前为止，所有的磁通与电流所产生的作用都发生在直轴上。在内部阻性负载时，然而，根据图 7.34，电枢反应及漏磁链发生在交轴上。交轴电枢反应的绝对值为 $l_{mq}\times i_R=0.6\times0.5=0.3$，交轴杂散磁链为 $l_{s\sigma}\times i_R=0.1\times0.5=0.05$，这些磁链共同作用使交轴磁链变化 $\Delta\Psi_{sq}=0.35$。在直轴上，仅存在励磁绕组电流及由其产生的磁链。现在可以写出定子磁链

$$\Psi_s=\sqrt{\Psi_{sd}^2+\Psi_{sq}^2}=\sqrt{(i_fl_{md})^2+(i_Rl_{s\sigma}+i_Rl_{mq})^2}=1=\sqrt{(i_f1.5)^2+0.35^2}\rightarrow i_f=0.624$$

图 7.35 给出了当外部负载功率因数为感性时凸极发电机的相量，负载电流因而滞后于端电压。

假定定子绕组电阻 R_s 上的电压 $\underline{I}_sR_s$ 为零（下划线表示相量，而没有下划线的符号表示绝对值），我们现在可以使用同步电感 L_d 和 L_q（$L_d=L_{md}+L_{s\sigma}$，$L_q=L_{mq}+L_{s\sigma}$），并假定为星形联结，式中所有量为每相的值：

$$\underline{E}_f-\underline{I}_d\mathrm{j}\omega_sL_d=(\underline{U}_s\cos\delta)\mathrm{e}^{\mathrm{j}\delta} \tag{7.188}$$

$$\underline{I}_q\mathrm{j}\omega_sL_q=\underline{U}_s\sin\delta\mathrm{e}^{+\mathrm{j}(\frac{\pi}{2}+\delta)}=\mathrm{j}\,\underline{U}_s\sin\delta\mathrm{e}^{\mathrm{j}\delta} \tag{7.189}$$

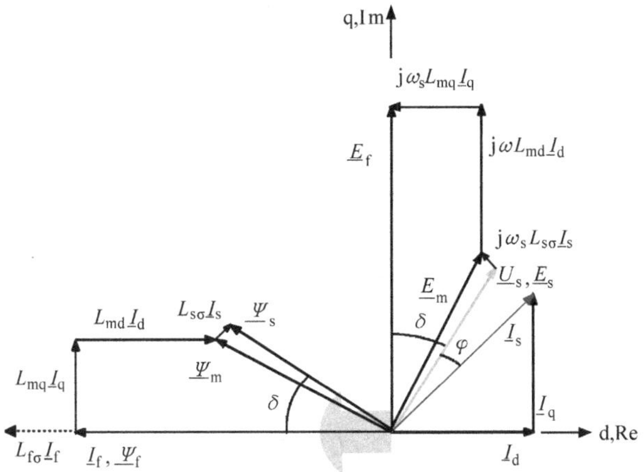

图 7.35　具有感性负载电流 $\underline{I}_s$（过励发电机）的凸极发电机稳态相量图。$\underline{I}_s$ 被分成两个分量。I_d 为直轴电流，因为其产生的磁通与直流励磁电流产生的磁链 $\Psi_f=L_mi_f$ 平行且方向相反。实际上也存在包括 $L_{f\sigma}i_f$ 的总励磁绕组磁链，但通常不在图中表示。I_q 为交轴电流，因为其产生交轴磁通。交轴电流 I_q 因为其与电动势 E_f 同相，所以也称为内部有功电流。角度 δ 为电动势 E_f 与端电压 U_s 的夹角，是电机的内部负载角。图中用标幺值表示，尽管原理上这些符号表示真实值。在图中 $l_{md}=1$，$l_{mq}=0.7$ 且 $l_{s\sigma}=0.1$，$u_s=1$，$i_s=1$。注意到相量图中的量为每相的量。因而，例如 U_s 是相电压

式（7.188）和式（7.189）经过变换后可以表示成 $\underline{I}_d$ 和 $\underline{I}_q$，即

$$\underline{I}_d=\frac{-\underline{U}_s\cos\delta\mathrm{e}^{\mathrm{j}\delta}+\underline{E}_f}{\mathrm{j}\omega_sL_d} \tag{7.190}$$

$$\underline{I}_q = \frac{\underline{U}_s \sin\delta e^{j\delta}}{\omega_s L_q} \tag{7.191}$$

由于 $\underline{I}_s = \underline{I}_d + \underline{I}_q$，得到

$$\underline{I}_s = \underline{U}_s \frac{-\cos\delta e^{j\delta}}{j\omega_s L_d} + \underline{U}_s \frac{\sin\delta e^{j\delta}}{\omega_s L_q} + \frac{\underline{E}_f}{j\omega_s L_d} \tag{7.192}$$

应用关系式 $\cos\delta = (e^{j\delta} + e^{-j\delta})/2$ 和 $j\sin\delta(e^{j\delta} - e^{-j\delta})/2$，式（7.192）变成

$$\begin{aligned}\underline{I}_s &= \frac{\underline{U}_s}{2j\omega_s L_d}(-e^{j\delta} - e^{-j\delta})e^{j\delta} + \frac{\underline{U}_s}{2\omega_s L_q}(-j)(e^{j\delta} - e^{-j\delta})e^{j\delta} + \frac{\underline{E}_f}{j\omega_s L_d} \\ &= j\frac{\underline{U}_s}{2\omega_s L_d}(e^{j2\delta} + 1) - j\frac{\underline{U}_s}{2\omega_s L_q}(e^{j2\delta} - 1) - j\frac{\underline{E}_f}{\omega_s L_d} \\ &= j\frac{\underline{U}_s}{2\omega_s}\left(\frac{1}{L_d} + \frac{1}{L_q}\right) + j\frac{\underline{U}_s}{2\omega_s}\left(\frac{1}{L_d} - \frac{1}{L_q}\right)e^{j2\delta} - j\frac{\underline{E}_f}{\omega_s L_d}\end{aligned} \tag{7.193}$$

接下来可以用每相的参数来计算功率 $P = 3U_s I_s \cos\varphi$。选择 $\underline{U}_s$ 为实轴方向并且带入 $\underline{E}_f = E_f(\cos\delta + j\sin\delta)$，得到 $\underline{I}_s$ 的实部分量

$$\mathrm{Re}I_s = -\frac{U_s}{2\omega_s}\left(\frac{1}{L_d} - \frac{1}{L_q}\right)\sin2\delta + \frac{E_f}{\omega_s L_d}\sin\delta \tag{7.194}$$

因此功率

$$\begin{aligned}P &= 3U_s I_s \cos\varphi \\ &= 3\left(\frac{U_s E_f}{\omega_s L_d}\sin\delta + U_s^2 \frac{L_d - L_q}{2\omega_s L_d L_q}\sin2\delta\right)\end{aligned} \tag{7.195}$$

式（7.195）被称为凸极电机的负载角方程。式（7.195）表明：对隐极电机 $L_d = L_q$，由于后面项变为零，方程可以简化。如果方程中电压用线电压表示，可以省略大括号前的系数3。当机械功率为零且忽略损耗时，通过把 $\delta = 0$ 带入式（7.193）可以得到无功功率

$$Q = 3\left(\frac{U_s^2 - U_s E_f}{\omega_s L_d}\right) \tag{7.196}$$

图7.36给出了负载角方程与负载角间的函数关系曲线。该图表明了磁路的尺寸对电机运行性能的显著影响。当电机的同步电感在直轴与交轴方向不一样时，便形成了凸极电机的负载角曲线。隐极电机的负载角曲线仅由单一的正弦项构成。在负载角 $\delta = 90°$ 时，隐极电机达到其最大功率。凸极电机在负载角小于90°时达到其最大转矩及最大功率。对设计者来说，设计一台同步电机的核心任务是采取手段来达到需求的电感值，因为这些电感值对电机的运行特性有着较为重要的影响。

图7.36同时也表明了同步磁阻电机的原理。在式（7.195）中，后面一项取决于直轴与交轴电感的幅值差，其描述了同步磁阻电机的负载角方程。从原理上，这样的电机就是没有励磁绕组的凸极电机。在同步磁阻电机中，其目标就是最大化直轴与交轴电感之差以使图7.36中曲线（c）产生最大的峰值转矩。

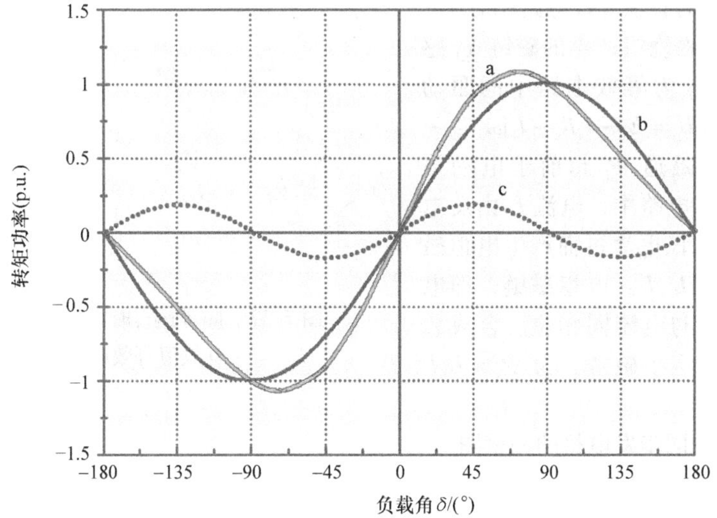

图 7.36　凸极电机（a）和隐极电机（b）的负载角方程曲线，曲线（c）表明凸极电机的磁阻转矩

7.3.3　同步电机的有效值相量图

在相量图中存在两个基本的逻辑系统：“发电机逻辑”及“电动机逻辑”，见第 1 章。在发电机逻辑中，转子励磁产生的磁通感生出定子电动势，然后电动势进而产生定子电流；因此，定子电流近似与其平行（在 ±90°内）。在电动机逻辑中，定子的供电端电压首先对时间进行积分以获得定子磁链 $\Psi_s(t) \approx \int u_s(t)\,dt$；电动势被认为是反向旋转的电动势 $e_s(t) = -(d\Psi_s(t)/dt)$。电流被认为是由端电压的影响而产生的，因此在电机驱动中，其相量近似与电压的方向相同。

下面，将研究不同负载条件下各种同步电机的相量图。相量图反映出电机中不同波形间的清晰的相移关系。然而，有效值相量图仅仅是对稳态的正弦量有效。使用与有效值相量图相对应的相量图，也可以研究电机的动态特性，但这超出了本章的讨论范围。

7.3.3.1　隐极同步电机

由于隐极同步电机的气隙是均匀的、仅受到定子与转子槽开口的影响，隐极同步电机几乎是各向同性的。转子槽通常并不是规则的位于转子的圆周上，以使转子电流链尽可能地产生正弦分布的磁通密度，这已经在图 2.3 中讨论过。如果选择均匀的槽距，通常转子表面仅有三分之二开有槽并安放绕组。因而在隐极电机中也存在轻微的各向异性的情况。在这些电机中，定子电阻 R_s 引起压降。由励磁电感 L_m 形成的励磁电抗 X_m 及漏感 $L_{s\sigma}$形成的漏电抗 $X_{s\sigma}$构成了定子相绕组电抗，在其上也产生压降。实际上，由这些电感中产生的磁链减少了电机的总磁链，因此电机感生的电压比由转子磁链感生的空载反电动势要低。当给出等效电路后，通常非常适合用其来解释电感中电压所产生的现象。在相量图中，使用直轴同步电抗 L_d，其等于励磁电抗 L_{md}与漏抗 $L_{s\sigma}$之和。图 7.37 中给出了适合于隐极电机的等效电路。这个等效电路为有效值等效电路，与之前讨论的相量等效电路的直轴等效电路相对应。

由转子励磁绕组产生的磁链 $\underline{\Psi}_f$ 感生的电动势 $\underline{E}_f$ 为等效电路中的驱动源。端电压为 $\underline{U}_s = \underline{E}_f - \underline{I}_s R_s - \underline{I}_s j\omega_s L_{s\sigma} - \underline{I}_s j\omega_s L_m$。励磁磁通 $\underline{\Psi}_f$ 超前于电动势 $\underline{E}_f 90°$。在定子电路中，电流 $\underline{I}_s$ 由反电动势 $\underline{E}_f$ 产生。该电流进而产生电枢磁链 $\underline{\Psi}_a = L_m \underline{I}_s + L_{s\sigma} \underline{I}_s$。电枢磁链，即电枢反应，因而与电流同相位。合成总磁链，或者说定子磁链，为 $\underline{\Psi}_s = L_m \underline{I}_s + L_{s\sigma} \underline{I}_s + \underline{\Psi}_f$。

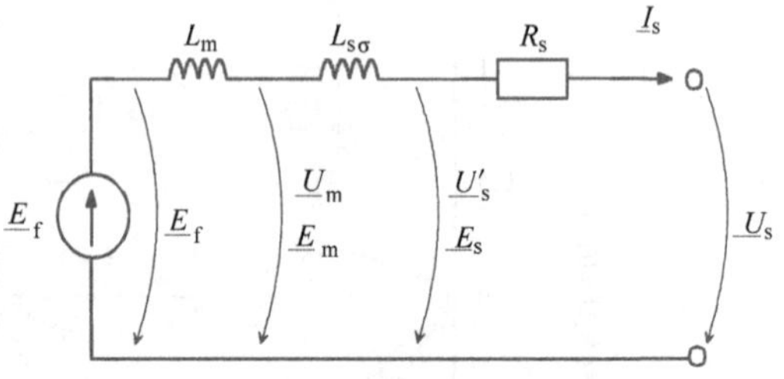

图 7.37　同步运行时隐极发电机的有效值等效电路

7.3.3.2　隐极同步发电机的相量图

同步发电机可以连接到含有保持电网电压的其他电机的有源电网上，也可以是发电机独自提供电压连接到无源的孤岛负载上。在联网运行时，假定电网限定了发电机的电压，而且发电机的励磁电流限定了发电机的无功功率平衡。在孤岛运行时，负载限定了发电机的功率因数，而且励磁绕组电流用于调整发电机的端电压。原理上，相量图构造与发电机的运行模式无关。然而在该例中，在画相量图时，保持端电压的大小不变。在同步发电运行中，这种情况无论在孤岛运行或是严格并网运行时都存在。

当同步电机作为发电机运行时，可以很自然地假定电动势 $\underline{E}_f$ 产生电流 $\underline{I}_s$。因而，在同步发电机的相量图中，电压 $\underline{U}_s$ 和电流 $\underline{I}_s$ 的有功分量所示为近似平行。在图中，电压 $\underline{U}'_s$ 也是同样，$\underline{U}'_s$ 为端电压减去定子的电阻压降 $\underline{I}_s R_s$。这里使用电压 $\underline{U}'_s$ 是为了确定定子磁链 $\underline{\Psi}_s$ 的方向。图示中励磁绕组产生磁链 $\underline{\Psi}_f$ 超前于电动势 $\underline{E}_f 90°$，并且电枢反应加上漏磁 $L_m \underline{I}_s + L_{s\sigma} \underline{I}_s$ 平行于定子电流。对励磁磁链 $\underline{\Psi}_f$ 与电枢反应磁链加漏磁链（$\underline{\Psi}_a = L_m \underline{I}_s + L_{s\sigma} \underline{I}_s$）进行几何求和，可以得到总的磁链 $\underline{\Psi}_s$，其超前于电压 $\underline{U}'_s 90°$。图 7.38 给出了隐极发电机（a）过励和（b）欠励的有效值相量图。

在图 7.38a 中，隐极同步发电机的电流滞后于电压，因而电机运行于过励状态，并且向电网提供感性的无功功率（外部负载的相位移为感性）。从电动势 E_f 的幅值很容易确认过励电机，过励电机反电动势的绝对值要远高于端电压 U_s。注意与欠励电机相比，过励电机负载角明显低。过励同步电机通常用于许多工业工厂来提供励磁功率，即为工厂中的异步电机及其他感性负载提供感性无功功率。图 7.38b 表明同步发电机的相移角 φ 小于 90°并且为电容性的。我们有时可以得知，当欠励运行时，发电机向电网提供容性无功功率。然而，实际上这是一个有误导的概念，隐含着电容会消耗容性无功功率（因而，按照双向思维，电容会产生感性的无功功率）。众所周知，安装电容不是为了消耗容性无功功率，而是为了补偿电网中感性

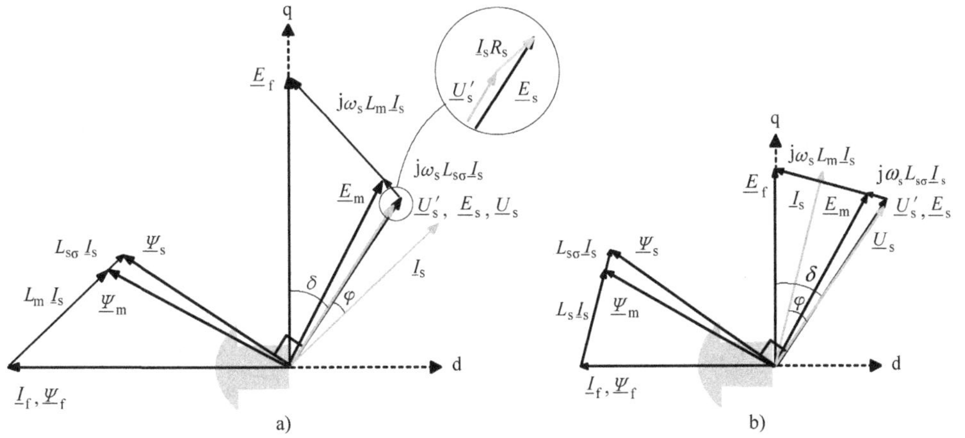

图 7.38　根据发电机逻辑，隐极同步发电机运行于恒定端电压 $\underline{U}_{s,pu}=1$ 时的相量图：a）过励（滞后的功率因数，向电网输出感性功率）；b）欠励（超前的功率因数，从电网吸收感性功率）。尽管电机是隐极的，但用凸极的极靴来描述转子励磁的方向

负载的影响。电容器是一种电能仓库，举例来说，在其内存储在磁路中的能量能够传递并且过一段时间再释放。在同步电机中，描述这种情形最清晰的方式是，根据 7.3.2 节中的定义 2，来讨论过励或者欠励，从而可以避免误解。

7.3.3.3　隐极同步电动机

图 7.39a 给出了一台过励隐极电动机的相量图。由于过励，直轴电枢反应磁通一部分与励磁绕组磁通相反，且对应着电机端电压 $\underline{U}'_s$ 的总磁通趋向于从其空载值降低。由于电网的电压决定了电机的端电压 $\underline{U}_s$，且在实际电机中因为定子的电阻很小，$\underline{U}'_s$ 与 $\underline{U}_s$ 近似相等，故电机的励磁电流必须调整至维持无功功率不变的条件下。在图中，电动势 $\underline{E}_f$ 的虚部要高于端电压 $\underline{U}_s$。

当电机离网空载运行时，端电压 $\underline{U}_s$、$\underline{U}'_s$ 及电动势 $\underline{E}_f$ 相等。如果同步电动机用于补偿感性负载（无功电流等于过励同步发电机的无功电流），电动机必须过励运行。

图 7.39b 给出了相应的欠励同步电动机的相量图。电流仍然存在小的负直轴分量以抵抗转子励磁绕组磁化。然而，与前面过励的情形相比，我们看到电枢反应磁通加强了励磁磁通效果；$\underline{\Psi}_s$ 高于 $\underline{\Psi}_m$。由于端电压由供电电网决定，由总磁通感生的电压 $\underline{U}'_s$ 必须保持与端电压 $\underline{U}_s$ 足够接近。

图 7.39a 及 b 给出的是电动机逻辑。当定子绕组供以电压后，产生了定子磁链。我们知道磁链可以通过对电压的积分得到，$\Psi_s(t)=\int(u_s(t)-i_s(t)R)\mathrm{d}t$。当电动机通以正弦量并稳态运行时，该磁链滞后电压大约 90°电角度。即使定子通电

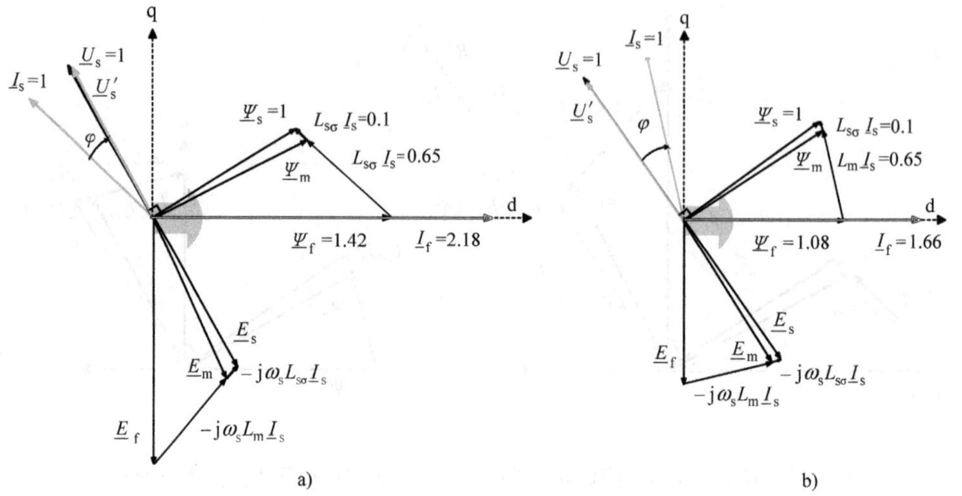

图7.39　隐极同步电动机相量图，$i_s=1$，$u_s=1$，$l_m=0.65$ 且 $l_{s\sigma}=0.1$。空载时 $\Psi_f=\Psi_m=\Psi_s=1$ 且 $i_f=\Psi_f/l_m=1.53$。负载时，a）过励，$\Psi_f=1.42$ 且 $i_f=\Psi_f/l_m=1.42/0.65=2.18$；b）欠励，$\Psi_f=1.08$，$i_f=1.08/0.65=1.66$。尽管电动机是隐极的，但用凸极的极靴来表示直轴与交轴的方向。在该例中，同步电感相对很小，$l_s=0.75$

之前，电机中就存在由转子电流产生的磁链。在瞬态后，电机的磁链与该积分值一致，实际的定子磁链 $\boldsymbol{\Psi}_s$ 对应着端电压 $\underline{U}'_s$。注意到该磁通除气隙磁通还包括定子漏磁的影响。因而，与该磁链相关的磁通不能被直接测量，但是它包含了定子的电动势 $\underline{E}_s$，其与产生磁通的电压 $\underline{U}'_s$ 相反。在该逻辑下，电机的电流通过电压 $\underline{U}_s$ 及 $\underline{E}_s$ 的和来决定，其在电机定子电阻 R_s 中产生电流。

值得强调的是，实际上，只有气隙磁通 $\boldsymbol{\Phi}_m$ 能够被测量。气隙磁链 $\underline{\boldsymbol{\Psi}}_m$ 对应着这个磁通。当把漏磁链 $\underline{\boldsymbol{\Psi}}_{s\sigma}=L_{s\sigma}\underline{I}_s$ 与气隙磁链相加时，得到总磁链，即定子磁链 $\underline{\boldsymbol{\Psi}}_s$，其是由电机中所有电流产生的。根据该逻辑的原理，电机的总磁链为励磁磁链 $\underline{\boldsymbol{\Psi}}_f$（其对时间的微分产生虚拟的电动势），电枢反应磁链 $\underline{\boldsymbol{\Psi}}_a$ 及漏磁链 $\underline{\boldsymbol{\Psi}}_{s\sigma}$ 的叠加，它们自身分别产生电磁感应（$\underline{\boldsymbol{\Psi}}_f$ 对应 $\underline{E}_f$，$\underline{\boldsymbol{\Psi}}_a=L_m\underline{I}_s$ 对应 $-j\omega_s L_m\underline{I}_s$，且 $\underline{\boldsymbol{\Psi}}_{s\sigma}=+L_{s\sigma}\underline{I}_s$ 对应 $-j\omega_s L_{s\sigma}\underline{I}_s$）。实际上，电机中只出现单一的总磁链，即定子磁链 $\underline{\boldsymbol{\Psi}}_s$，在电枢绕组中，仅有总磁链感生出的电动势 $\underline{E}_s$。在电机负载时，电动势 $\underline{E}_f$ 只是虚拟的，因为实际上并不存在相应的磁链分量 $\underline{\boldsymbol{\Psi}}_f$，电枢反应磁链 $\underline{\boldsymbol{\Psi}}_a$ 及漏磁链 $\underline{\boldsymbol{\Psi}}_{s\sigma}$ 减少了实际的磁链而产生了合成磁链 $\underline{\boldsymbol{\Psi}}_s$。

如果电机空载运行（作为发电机），不与电网连接并由转子励磁绕组电流励磁，电机中不会出现电枢反应，因而这时可以从电机（$\underline{\boldsymbol{\Psi}}_f=\underline{\boldsymbol{\Psi}}_m=\underline{\boldsymbol{\Psi}}_s$）的端子测量出 $\underline{E}_f$。$\underline{\boldsymbol{\Psi}}_f$ 的值与图示中电机负载相量图中的大小一致，在实际电机中无法测量得到，因为空载时通以对应额定负载时的励磁电流，其应该严重饱和。

7.3.3.4 凸极同步电机

由于凸极电机的转子结构，故气隙在交轴方向与直轴方向不同。由于磁路各向异性，图 7.30 给出了用来说明凸极电机电感的同步电感的等效电路。根据图 7.30a 直轴同步电感为 $L_d = L_{md} + L_{s\sigma}$，其中 L_{md} 为直轴励磁电感，$L_{s\sigma}$ 为定子漏感。相应的交轴同步电感为 $L_q = L_{mq} + L_{s\sigma}$，其中 L_{mq} 为交轴励磁电感。

凸极电机的定子电流 $\underline{I}_s$ 由两个分量组成，即直轴电流 $\underline{I}_d$ 和交轴电流 $\underline{I}_q$，由于其与电机的电动势 $\underline{E}_f$ 同相位，被称为内部有功功率电流。负载电流产生电枢磁链，其被分成直轴与交轴分量。直轴电枢磁链 $\underline{\Psi}_d$ 与励磁磁链 $\underline{\Psi}_f$ 相差 180°、与交轴磁链 $\underline{\Psi}_q$ 相差 90°。定子磁链 $\underline{\Psi}_s$ 为直轴电枢磁链、交轴电枢磁链，漏磁链及直流励磁磁链 $\underline{\Psi}_f$ 的几何和。根据发电机惯例，定子磁链超前端电压 $\underline{U}_s$ 90°。图 7.40 中，端电压为 $\underline{U}_s = \underline{E}_f - \underline{I}_s R_s - j\underline{I}_d \omega_s \underline{L}_{md} - j\underline{I}_q \omega_s \underline{L}_{mq} - j\underline{I}_s \omega_s L_{s\sigma}$（即下面的凸极电机相量图）。

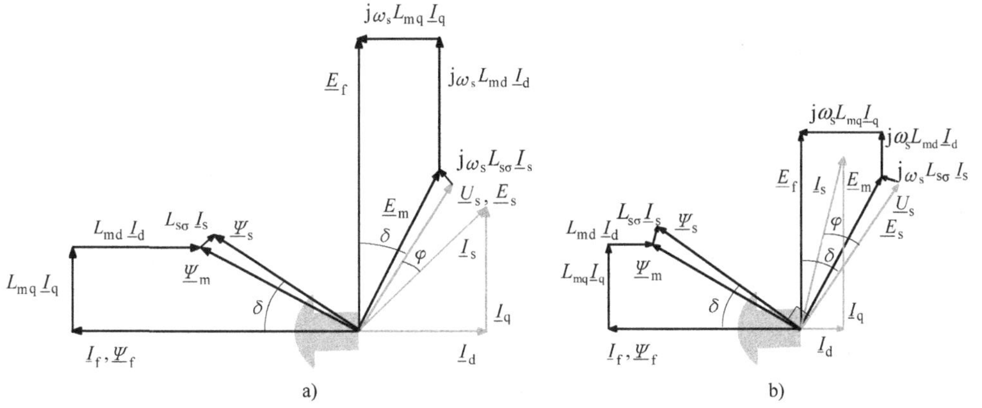

图 7.40 凸极发电机相量图，$i_s = 1$，$u_s = 1$，$l_{md} = 1$，$l_{mq} = 0.65$，$l_{s\sigma} = 0.1$ 及 $r_s = 0$。a）过励；b）欠励

7.3.3.5 凸极同步发电机

对于电网的无功功率，一台过励同步电机类似电容器。在同步发电机的相量图中，定子电流 $\underline{I}_s$ 滞后于电压 $\underline{U}_s$。图 7.40 给出了根据发电机逻辑的一台过励和欠励凸极同步发电机的相量图。对于电网无功功率，欠励发电机运行时类似于一个线圈，因而需要从电网吸收额外的励磁电流。定子电流 $\underline{I}_s$ 现在超前于电压 $\underline{U}_s$。这看起来有些难以理解，但是在发电机情况下，端电压及电流相量描述发电机负载的电流。当负载为感性时，电流滞后于电压；当负载为容性时，电流超前于电压。

如果转子励磁绕组不通电流，凸极电机则变成一台同步磁阻电机。同步磁阻电机自然既可以当作电动机运行也可以当作发电机运行。图7.41中给出了同步磁阻电机运行的相量图。由于不存在励磁电流，因而电机中也不存在相应的磁链。如果该发电机直接接入恒压恒频电网运行，磁链分量只能由定子电流产生。如果不是，类似在感应发电机章节提到，需要在端子加入一套电容器。

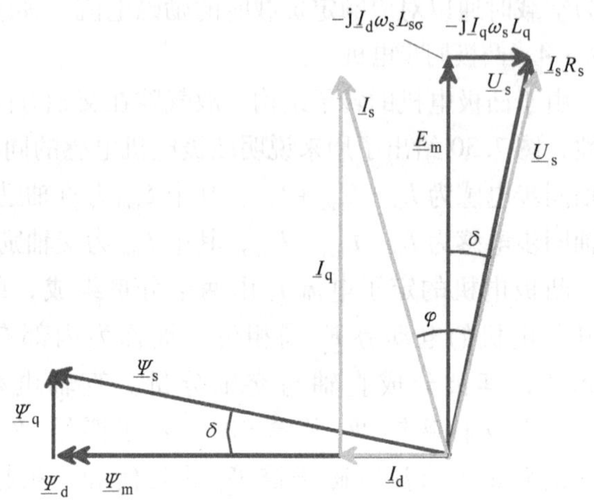

图7.41　对应于发电机逻辑的同步磁阻发电机相量图。$i_s=1$，$u_s=1$，$l_{md}=3.44$，$l_{mq}=0.14$，$l_{s\sigma}=0.1$。$L_d/L_q=15$尽可能高，$E_f=0$。定子电流必须含电机直轴方向的励磁电流分量I_d

7.3.3.6　凸极同步电动机

图7.42a给出了一台过励凸极电动机的相量图。电动势$\underline{E}_f$与气隙电动势$\underline{E}_m$之间的角度或者励磁绕组磁链$\underline{\Psi}_f$与气隙磁链$\underline{\Psi}_m$之间的角度δ'为内部负载角。相应地，电动势$\underline{E}_f$与电动势$\underline{E}_s$之间的角度或者励磁绕组磁链$\underline{\Psi}_f$与定子磁链$\underline{\Psi}_s$之间的角度δ为负载角。只要不超出迁出点，这个角度越大，同步电机的转矩越大。这里$-\mathrm{j}\omega L_{mq}\underline{I}_q$为降落于交轴电抗的电压、$-\mathrm{j}\omega L_{md}\underline{I}_d$为降落于直轴电抗的电压。$\underline{I}_s R_s$为降落于定子绕组电阻的电压。直轴电枢反应磁通减少了励磁绕组磁通的相对长度。由于无穷大的电网或者变频器主要决定了端电压$\underline{U}_s$，则有必要使电压$\underline{U}'_s$与端电压保持适当的比例。电压$\underline{U}'_s$定义了定子磁链。电机的电流必须自我调整以便也产生相等的定子磁链。根据图7.29的等效电路及相量图，我们可以理解在电动模式，定子磁链通过对电压的积分得到$\underline{\Psi}_s=\int(U_{sd}-I_d R_s+\mathrm{j}(U_{sq}-I_q R_s))\mathrm{d}t$并且电流不得不根据由电压决定的磁链而改变，以保持获得相同的定子磁链$\underline{\Psi}_s=I_d L_{s\sigma}+(I_d+I_D+I_f)L_{md}+\mathrm{j}[I_q L_{s\sigma}+(I_q+I_Q)L_{mq}]$。

图7.42a及b表明通常电枢反应磁通抵抗磁化磁通的效果。根据定义2，这对过励及欠励电机同样有效。

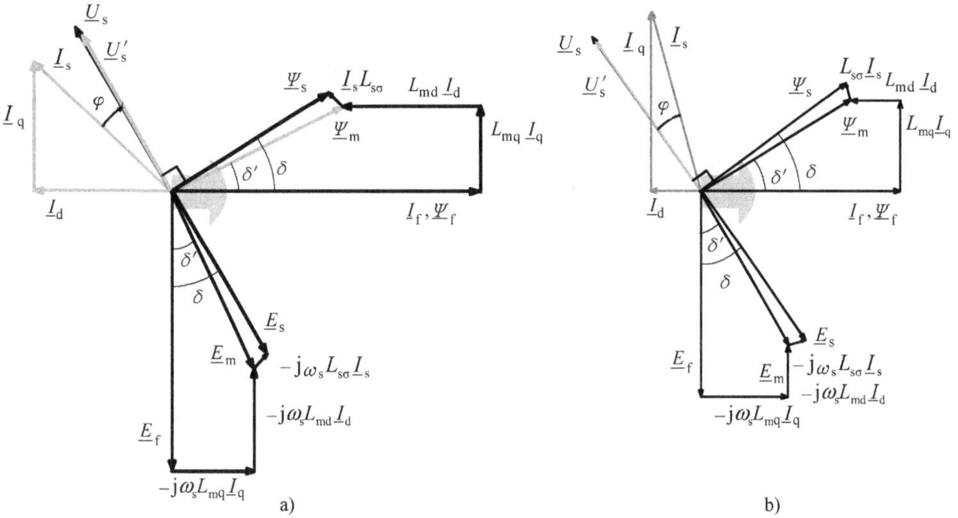

图 7.42　a）过励凸极电动机 $i_s=1$，$u_s=1$，$l_{md}=1$，$l_{mq}=0.65$ 及 $l_{s\sigma}=0.1$。直轴电枢磁通显著地减少了直流磁化磁通。b）欠励凸极电动机相量图。这里直轴电流也存在轻微负向分量且减少由励磁绕组励磁产生的磁链

例 7.5：在小电机中，忽略定子电阻，负载角方程不会产生很大误差。推导考虑定子电阻压降时，隐极及凸极电动机及发电机的电流和负载角方程。在所有情况下，铁损电流由于通常很小可以忽略。

解：根据上面给出的相量图，发电机定子相电压方程可以写成

$$\underline{U}_s = U_s\cos\delta + jU_s\sin\delta \tag{E1}$$

式（E1）分成直轴与交轴分量可以写成

$$u_q = U_s\cos\delta' = E_f - R_s i_q - j\omega_s L_d i_d \tag{E2}$$

$$u_d = jU_s\sin\delta' = R_s i_d - j\omega_s L_q i_q \tag{E3}$$

可以从式（E2）及式（E3）求解得到相应的电流

$$i_q = \frac{-U_s\cos\delta' + E_f - j\omega_s L_d i_d}{R_s} \tag{E4}$$

$$i_d = \frac{jU_s\sin\delta' + j\omega_s L_q i_q}{R_s} \tag{E5}$$

将式（E4）代入式（E5），再反过来代入，可以得到发电机的电流分量

$$i_q = \frac{R_s E_f + U_s(\omega_s L_d\sin\delta' - R_s\cos\delta')}{R_s^2 + \omega_s^2 L_d L_q} \tag{E6}$$

$$i_d = \frac{\omega_s L_q E_f - U_s(\omega_s L_q\cos\delta' + R_s\sin\delta')}{R_s^2 + \omega_s^2 L_d L_q} \tag{E7}$$

对电动机来说相应的电压方程

$$u_{\mathrm{q}}=U_{\mathrm{s}}\cos\delta'=R_{\mathrm{s}}i_{\mathrm{q}}+E_{\mathrm{f}}+\mathrm{j}\omega_{\mathrm{s}}L_{\mathrm{d}}i_{\mathrm{d}} \tag{E8}$$

$$u_{\mathrm{d}}=\mathrm{j}U_{\mathrm{s}}\sin\delta'=R_{\mathrm{s}}i_{\mathrm{d}}+\mathrm{j}\omega_{\mathrm{s}}L_{\mathrm{q}}i_{\mathrm{q}} \tag{E9}$$

从式（E8）与式（E9）可以求解电流

$$i_{\mathrm{q}}=\frac{U_{\mathrm{s}}\cos\delta'-E_{\mathrm{f}}-\mathrm{j}\omega_{\mathrm{s}}L_{\mathrm{d}}i_{\mathrm{d}}}{R_{\mathrm{s}}} \tag{E10}$$

$$i_{\mathrm{d}}=\frac{\mathrm{j}U_{\mathrm{s}}\sin\delta'-\mathrm{j}\omega_{\mathrm{s}}L_{\mathrm{q}}i_{\mathrm{q}}}{R_{\mathrm{s}}} \tag{E11}$$

进一步

$$i_{\mathrm{q}}=\frac{-R_{\mathrm{s}}E_{\mathrm{f}}+U_{\mathrm{s}}(\omega_{\mathrm{s}}L_{\mathrm{d}}\sin\delta'+R_{\mathrm{s}}\cos\delta')}{R_{\mathrm{s}}^{2}+\omega_{\mathrm{s}}^{2}L_{\mathrm{d}}L_{\mathrm{q}}} \tag{E12}$$

$$i_{\mathrm{d}}=\frac{\omega_{\mathrm{s}}L_{\mathrm{q}}E_{\mathrm{f}}+U_{\mathrm{s}}(-\omega_{\mathrm{s}}L_{\mathrm{q}}\cos\delta'+R_{\mathrm{s}}\sin\delta')}{R_{\mathrm{s}}^{2}+\omega_{\mathrm{s}}^{2}L_{\mathrm{d}}L_{\mathrm{q}}} \tag{E13}$$

隐极电机的电磁功率 P_{em} 为

$$P_{\mathrm{em}}=mi_{\mathrm{q}}E_{\mathrm{f}} \tag{E14}$$

考虑定子电阻压降时，隐极发电机输出的电磁功率为

$$P_{\mathrm{em,gen}}=\frac{mE_{\mathrm{f}}(R_{\mathrm{s}}E_{\mathrm{f}}+U_{\mathrm{s}}(\omega_{\mathrm{s}}L_{\mathrm{d}}\sin\delta'-R_{\mathrm{s}}\cos\delta'))}{R_{\mathrm{s}}^{2}+\omega_{\mathrm{s}}^{2}L_{\mathrm{d}}L_{\mathrm{q}}} \tag{E15}$$

相应的隐极电动机输入的电磁功率为

$$P_{\mathrm{em,gen}}=\frac{mE_{\mathrm{f}}(-R_{\mathrm{s}}E_{\mathrm{f}}+U_{\mathrm{s}}(\omega_{\mathrm{s}}L_{\mathrm{d}}\sin\delta'+R_{\mathrm{s}}\cos\delta'))}{R_{\mathrm{s}}^{2}+\omega_{\mathrm{s}}^{2}L_{\mathrm{d}}L_{\mathrm{q}}} \tag{E16}$$

式（E15）及式（E16）给出了发电机和电动机的电磁功率

$$P_{\mathrm{em,gen}}=P_{\mathrm{out,gen}}+P_{\mathrm{Cu}} \tag{E17}$$

且相应的对电动机来说

$$P_{\mathrm{out,mot}}=P_{\mathrm{em,mot}}-P_{\mathrm{Cu}} \tag{E18}$$

现在，输入及输出的功率可以写成

$$P_{\mathrm{out,gen}}=\frac{-mU_{\mathrm{s}}^{2}R_{\mathrm{s}}}{R_{\mathrm{s}}^{2}+\omega_{\mathrm{s}}^{2}L_{\mathrm{d}}L_{\mathrm{q}}}+\frac{mU_{\mathrm{s}}E_{\mathrm{f}}(R_{\mathrm{s}}\cos\delta'+\omega_{\mathrm{s}}L_{\mathrm{q}}\sin\delta')}{R_{\mathrm{s}}^{2}+\omega_{\mathrm{s}}^{2}L_{\mathrm{d}}L_{\mathrm{q}}} \tag{E19}$$

$$P_{\mathrm{in,mot}}=\frac{mU_{\mathrm{s}}^{2}R_{\mathrm{s}}}{R_{\mathrm{s}}^{2}+\omega_{\mathrm{s}}^{2}L_{\mathrm{d}}L_{\mathrm{q}}}+\frac{mU_{\mathrm{s}}E_{\mathrm{f}}(-R_{\mathrm{s}}\cos\delta'+\omega_{\mathrm{s}}L_{\mathrm{q}}\sin\delta')}{R_{\mathrm{s}}^{2}+\omega_{\mathrm{s}}^{2}L_{\mathrm{d}}L_{\mathrm{q}}} \tag{E20}$$

式中，第一项代表焦耳损耗 P_{Cu}。

对隐极电动机与发电机，当 $R_{\mathrm{s}}=0$ 时，式（E19）及式（E20）变成

$$P_{\mathrm{in,mot}}=P_{\mathrm{out,gen}}=P=\frac{mU_{\mathrm{s}}E_{\mathrm{f}}}{\omega_{\mathrm{s}}L_{\mathrm{d}}}\sin\delta \tag{E21}$$

对于凸极电机方程因为磁阻转矩而变得更加复杂。我们得到发电机及电动机的电磁功率为

$$P_{\text{out,gen}}=\frac{-mU_{\text{s}}^{2}R_{\text{s}}}{R_{\text{s}}^{2}+\omega_{\text{s}}^{2}L_{\text{d}}L_{\text{q}}}+\frac{mU_{\text{s}}E_{\text{f}}(R_{\text{s}}\cos\delta'+\omega_{\text{s}}L_{\text{q}}\sin\delta')}{R_{\text{s}}^{2}+\omega_{\text{s}}^{2}L_{\text{d}}L_{\text{q}}}+\frac{mU_{\text{s}}^{2}(\omega_{\text{s}}L_{\text{d}}-\omega_{\text{s}}L_{\text{q}})}{2(R_{\text{s}}^{2}+\omega_{\text{s}}^{2}L_{\text{d}}L_{\text{q}})}\sin2\delta' \tag{E22}$$

$$P_{\text{in,mot}}=\frac{mU_{\text{s}}^{2}R_{\text{s}}}{R_{\text{s}}^{2}+\omega_{\text{s}}^{2}L_{\text{d}}L_{\text{q}}}+\frac{mU_{\text{s}}E_{\text{f}}(-R_{\text{s}}\cos\delta'+\omega_{\text{s}}L_{\text{q}}\sin\delta')}{R_{\text{s}}^{2}+\omega_{\text{s}}^{2}L_{\text{d}}L_{\text{q}}}+\frac{mU_{\text{s}}^{2}(\omega_{\text{s}}L_{\text{d}}-\omega_{\text{s}}L_{\text{q}})}{2(R_{\text{s}}^{2}+\omega_{\text{s}}^{2}L_{\text{d}}L_{\text{q}})}\sin2\delta' \tag{E23}$$

当 $R_{\text{s}}=0$ 时，这两个方程简化为相似的负载角方程

$$P_{\text{in,mot}}=P_{\text{out,gen}}=P=\frac{mU_{\text{s}}E_{\text{f}}}{\omega_{\text{s}}L_{\text{d}}}\sin\delta+\frac{mU_{\text{s}}^{2}(\omega_{\text{s}}L_{\text{d}}-\omega_{\text{s}}L_{\text{q}})}{2(\omega_{\text{s}}^{2}L_{\text{d}}L_{\text{q}})}\sin2\delta \tag{E24}$$

对永磁同步电机通过 $E_{\text{f}}=E_{\text{PM}}$ 代替，对同步磁阻电机，通过 $E_{\text{f}}=0$ 代替，同样的方程可以用于永磁同步电机及同步磁阻电机中。

7.3.4 空载曲线及短路试验

为了确定同步电机的特性，需要进行大量的系列试验。测试方法是标准化的（即符合欧洲 IEC 60034－4 标准）。在这些方法中，这里仅讨论其中两个最简单的。

如果恒定的电压源加载一个恒定的电感，相应的阻抗可以由开路电压与相应短路电流的比例确定。这种方法也可以应用于同步发电机中。当电感为空载电压的函数时，即在随着铁心饱和的回路中，需要发电模式的空载曲线。然而，所以所谓的不饱和同步电感由电机气隙决定，所以其为常值。

确定空载曲线时，电机在额定转速下旋转，测量端电压与励磁电流间的函数曲线。在保持短路测试时，电机在额定转速下运行，端子短接在一起，测量相电流与励磁绕组电流之间的函数关系。测试的结果如图 7.43 所示。

在这些测试时，电机通过转子的励磁绕组电流 I_{f} 进行励磁。当电机以恒速旋转时，可以得到电机空载运行时的空载曲线。一般来说，由于磁路的铁心部分开始饱和，超过额定电压后曲线会立即饱和。然而，该曲线可以通过两种方法进行线性处理：气隙线仅给出了气隙的影响，而通过 L 点的直线也包括了铁心线性到该点的影响。

稳态短路相量图如图 7.44 所示。

不饱和的同步阻抗由气隙线决定。通过图 7.43 的符号得到

$$Z'_{\text{d}}=\frac{U_{\text{N}}}{\sqrt{3}I'_{\text{k0}}} \tag{7.197}$$

式中，U_{N} 为额定线电压。然而，当电机在额定电压下处于饱和时，通常获得性价比最高的解。相应的同步电抗为

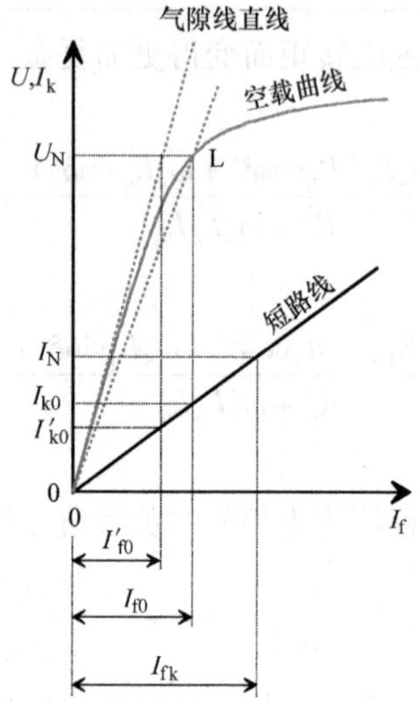

图7.43　同步电机的空载曲线和短路直线。该图也表明了气隙线为直线，即如果铁心的磁导率为无穷大空载曲线变为气隙线。电机也可以用通过L点的直线来线性化处理，L点对应着电机的额定电压 U_{N}。该图同时也表明了同步电机的特点：在持续短路时，短路电流可以比额定电流低。这是由于直轴同步电感的存在，同步电机仅在短路状态的瞬间产生瞬时的大电流。在空载条件下，励磁绕组电流 I_{f0} 对应着额定定子电压（在铁心电导率无穷大的电机中，空载励磁电流应该用 I'_{f0}）。如果定子为短路状态，在相同的励磁电流 I_{f0} 时，短路定子电流为 I_{k0}。根据这两个电流的比例，从定子到转子的折算系数定义为 $g=I_{\mathrm{f0}}/I_{\mathrm{k0}}$。该折算系数在同步电机的电力电子驱动中尤为重要，这里励磁绕组电流参与矢量控制

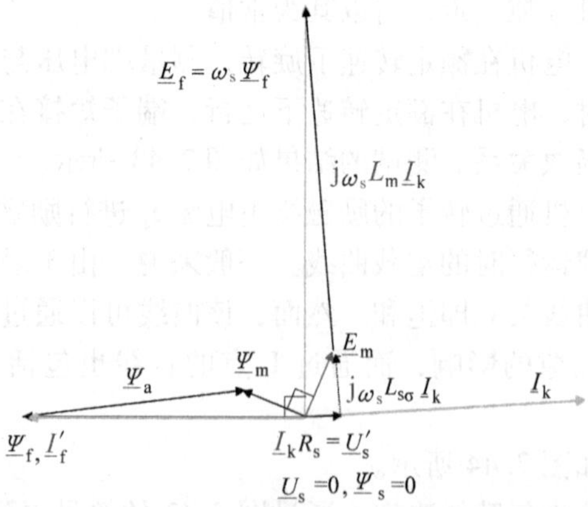

图7.44　隐极发电机稳态短路相量图。电枢反应磁链 Ψ_{a} 几乎补偿了励磁电流产生的磁链 Ψ_{f}，使得气隙中的磁链 Ψ_{m} 很低，其产生的电压为电流在定子电阻 R_{s} 及漏抗 $L_{\mathrm{s}\sigma}$ 上的压降。注意到短路试验中，定子和转子电流链（在当归算到定子侧时，I'_{f} 及 I_{k} 近似相同）近似相等但方向相反。因此，通过短路试验可以近似地估算出转子电流的折算系数

$$Z_{\mathrm{d}}=\frac{U_{\mathrm{N}}}{\sqrt{3}I_{\mathrm{k0}}} \tag{7.198}$$

其对应着电机线性化的阻抗（直线 OL 段）。为了得到同步电感，测量定子电阻且阻抗可以分成分量

$$L_{\mathrm{d}}=\frac{\sqrt{Z_{\mathrm{d}}^{2}-R_{\mathrm{s}}^{2}}}{\omega_{\mathrm{s}}}\approx\frac{Z_{\mathrm{d}}}{\omega_{\mathrm{s}}} \tag{7.199}$$

短路比（k_{k}）为额定转速下产生额定电压所需要的励磁电流 I_{f0} 与短路试验中产生额定电流所需的励磁电流之比。定子电流 I_{k0} 和 I_{N} 之比与其相同并且同样适用。根据图 7.43 的符号可以写成

$$k_{\mathrm{k}}=\frac{I_{\mathrm{f0}}}{I_{\mathrm{fk}}}=\frac{I_{\mathrm{k0}}}{I_{\mathrm{N}}} \tag{7.200}$$

短路测试可以看作是电机物理尺寸的指标。如果将气隙扩大到之前的 2 倍（见图 7.44），并且忽略电机中铁心的磁压降，与之前的空载测试相比，则需要 2 倍的励磁电流 I_{f0}。相应地，同步电感 L_{d} 会降低到原来的一半，且产生与额定电流相对应的短路电流仅需要原始磁链的一半。因此，与该短路电流所对应的励磁电流仍会保持不变。励磁绕组的尺寸必须增加以使产生磁通能够感应出足够的电压，这最终将会增加电机的体积。

7.3.5 异步驱动

在同步电机中，特别是同步电动机通常要安装适合的阻尼绕组。首先，对由电网供电的电机来说阻尼绕组是必要的。目前包括同步电动机驱动中，矢量控制电机驱动不用阻尼绕组也可以运行得很好。在这些驱动中，如果变频器的开关谐波使得阻尼绕组产生过多热量，阻尼绕组甚至是有害的。

由电网供电的电机，阻尼绕组的作用是，除了保持电机同步运行外，要产生足够大的起动转矩。电机通常为凸极型的，因而磁路以及转子的阻尼绕组是各向异性的。接下来，简要地讨论一下凸极电机的起动特性。

在同步电机的异步驱动中，凸极性与部分笼型绕组共同产生的脉动磁通源自于转子本身。该脉动磁通可以看作是正序与负序磁通分量之和，两者都与转子紧密相关。反向旋转磁场的负序磁通分量的电角速度 ω_{ns} 取决于电机的转差率 s：

$$\omega_{\mathrm{ns}}=\omega_{\mathrm{s}}(1-2s) \tag{7.201}$$

在同步时（$s=0$，$\varOmega_{\mathrm{r,pu}}=1$），不存在脉振磁场，因而在电机转子上根本没有反向旋转磁场，从原理上其速度为定子的同步速度。当转差率 s 增加时，例如在 $s=0.25$（$s=0.25$，$\varOmega_{\mathrm{r,pu}}=0.75$），相对于定子 $\omega_{\mathrm{ns}}=\omega_{\mathrm{s}}(1-1/2)=\omega_{\mathrm{s}}/2$。在 $s=0.5$（$s=0.5$，$\varOmega_{\mathrm{r,pu}}=0.5$），相对于定子 $\omega_{\mathrm{ns}}=\omega_{\mathrm{s}}(1-1)=0$。在 $s=0.75$（$s=0.75$，$\varOmega_{\mathrm{r,pu}}=0.25$），相对于定子 $\omega_{\mathrm{ns}}=\omega_{\mathrm{s}}(1-1.5)=-\omega_{\mathrm{s}}/2$。因而，在 $s=0.5$ 时，转子反向旋转磁场相对于定子的旋转方向发生改变。与此同时，由该磁场产生的转矩也

改变了方向。图7.45描述了凸极电机在起动过程的转矩分量及产生的总转矩。

7.3.5.1 凸极性的影响

由于凸极性的存在，故同步电动机相绕组的电感取决于转子位置。如果将隐极电机的励磁电感 $L_{m\delta}$ 与凸极电机的励磁电感进行比较，可以得到凸极电机的直轴与交轴励磁电感为

$$L_{md}=k_d L_{m\delta} \tag{7.202}$$

$$L_{mq}=k_q L_{m\delta} \tag{7.203}$$

式中，典型电机中 $k_d \approx 0.85$，$k_q \approx 0.35$。因而，Schuisky（1950）表明在起动初始时刻，由反向旋转磁场产生的电流 I_{ns} 为

$$\frac{I_{ns}}{I_s}=\frac{(k_d^2-k_q^2)\underline{Z}_1}{(k_d+k_q)^2(\underline{Z}_1+\underline{Z}'_2)} \tag{7.204}$$

式中

$$\underline{Z}_1=(R_s+jX_{s\sigma}) \tag{7.205}$$

$$\underline{Z}'_2=\left(\frac{R'_D}{s}+jX'_{D\sigma}\right) \tag{7.206}$$

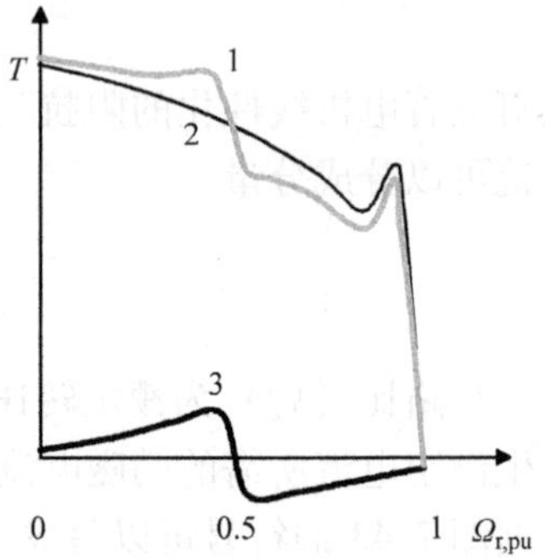

图7.45 同步电机在起动时的异步转矩分量及总转矩与角速度的函数关系。1—总转矩；2—由定子同步旋转磁通分量产生的异步转矩；3—转子反向旋转磁场转矩。曲线采用以单位频率的机械角的函数绘制

如果，除 k_d 和 k_q 取典型值外，起动时 $Z_1=3Z'_2$，则可以得到起动转矩的比例

$$\frac{T_{ns}}{T_s}=\left(\frac{I_{ns}}{I_s}\right)^2\frac{Z'_2}{Z_1}\approx 0.31^2\,\frac{1}{3}=0.032 \tag{7.207}$$

至少在起动时，反向旋转磁场的转矩很小可以忽略。在起动时，励磁绕组必须短路以避免产生的高电压损坏绕组。

7.3.5.2 局部笼型绕组

由于凸极电机存在各向异性，笼型绕组因此也不是各方向相同的，但是与感应电机的笼型绕组相比仅是缺少部分的导条。更多的各向异性是由单相励磁绕组引起的，其通常在起动时短路以削减很高的过电压。

缺少的导条引起笼型绕组电流线密度的畸变。相对于完整绕组的情况，在接近极边缘的导条（导条的最外侧）中流过的电流更大，如图7.46所示。

理想情况下，虚拟绕组比实际绕组多 $1/\alpha$ 个导条。由于缺少导条，转子绕组产生的基波比理想绕组的要低。这可以通过确定新的相对较低的转子直轴与交轴绕组系数来考虑。理想绕组的绕组因数为1，$k_w=1$。Schuisky（1950）已经确定了凸极笼型绕组的谐波系数 ζ_d 和 ζ_q，见式（7.184）~式（7.187）。这些系数描述了部分笼型绕组的电流分布。根据谐波系数，也可以为转子的笼型绕组在直轴与交轴方向定义新的绕组因数。

$$k_w=\sqrt{\zeta} \tag{7.208}$$

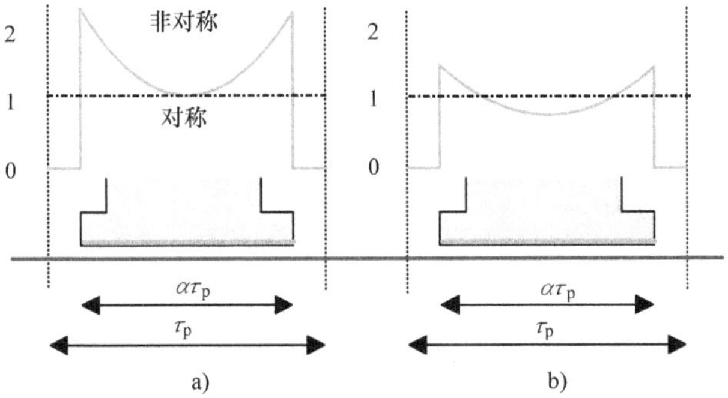

图7.46 部分笼型绕组电流线密度的畸变：a）高频（起动的初始）；b）低频。参考标准为完整绕组电流线密度的数值。α 表示极靴的相对宽度。源自 Schuisky（1950）

谐波系数并非常数，例如，其与频率相关（见图7.32）。

对同步电机，阻尼绕组的漏磁因数通常达到 $\sigma_D = X_{D\sigma}/X_m = 0.05$。气隙比 $\delta_{qef}/\delta_{def}$ 为虚拟的，致其与实际的气隙长度不直接成比例。对通常的同步电机（$\alpha = 0.7$），例如由于饱和，这个比例通常为 $\delta_{qef}/\delta_{def} = 6$。对于一般的感应电机，即使一些转子导条损坏，可以得到 $\delta_{qef}/\delta_{def} = 1$。

在异步电机起动过程中，可以使用式（7.184）和式（7.185）或者图7.32a和b。对一般的同步电机，得到平均值 $\zeta_d = 0.9$ 和 $\zeta_q = 0.95$。接近同步运行时，可以使用平均值 $\zeta_d = 0.45$ 和 $\zeta_q = 0.8$。

起动电流和起动转矩现在可以用等效的直轴与交轴电路来近似地估计。在同步电机的等效电路中，已知励磁电感、阻尼支路及短路励磁绕组并联。接下来，求解直轴与交轴并联阻抗的导纳。当计算归算的转子量时，可以使用上述谐波系数，其已考虑了转子阻尼的绕组因数。

$$\underline{Y}_{rd} = -\frac{j}{X_{md}} + \frac{R'_f/s - jX'_f}{(R'_f/s)^2 + (X_f)^2} + \frac{R'_{Dd}/s - jX'_{Dd}}{(R'_{Dd}/s)^2 + (X'_{Dd})^2} \tag{7.209}$$

$$\underline{Y}_{rq} = -\frac{j}{X_{mq}} + \frac{R'_{Dq}/s - jX'_{Dq}}{(R'_{Dq}/s)^2 + (X'_{Dq})^2} \tag{7.210}$$

相应的并联阻抗为

$$\underline{Z}_{rd} = \frac{1}{\underline{Y}_{rd}} \tag{7.211}$$

$$\underline{Z}_{rq} = \frac{1}{\underline{Y}_{rq}} \tag{7.212}$$

接下来，在起动过程中，使用直轴与交轴的平均值

$$\underline{Z}_r \approx \frac{\underline{Z}_{rd} + \underline{Z}_{rq}}{2} \tag{7.213}$$

由电阻及漏感产生的定子阻抗可以写为

$$\underline{Z}_{s} = R_{s} + jX_{s\sigma} \tag{7.214}$$

现在起动电流近似为

$$\underline{I}_{s,start} \approx \frac{\underline{U}_{s}}{\underline{Z}_{s} + \underline{Z}_{r}} \tag{7.215}$$

且相应的起动转矩近似为

$$T_{s,start} \approx \frac{pI_{s,start}^{2}\mathrm{Re}(\underline{Z}_{r})\eta_{N}\cos\varphi_{N}}{\omega_{s}} \tag{7.216}$$

在方程中，使用了额定效率 η_N 与功率因数 $\cos\varphi_N$。

7.3.6　不对称负载引起的阻尼电流

根据式（2.15），定子的额定三相电流产生基波电流链

$$\hat{\Theta}_{s1} = \frac{3}{\pi}\frac{k_{w1}N_{s}}{p}\sqrt{2}I_{N} \tag{7.217}$$

在直轴的气隙中，由电枢反应引起的磁通密度的基波分量为

$$\hat{B}_{\delta 1} = \frac{\mu_0}{\frac{4}{\pi}k_{C}\delta_{def}}\hat{\Theta}_{s1} \tag{7.218}$$

这里使用第3章定义的等效直轴气隙长度 δ_{def}。假定两相中通以额定电流，另一相不通电流。那么我们可以得到一个脉振的磁通，该磁通可以用正序及负序分量来描述。在这种情况下，反向旋转的磁通分量幅值为正序幅值的50%，即

$$\hat{B}_{\delta,ns} = 0.5\hat{B}_{\delta,ps} \tag{7.219}$$

该磁通密度在转子阻尼导条中感生出双倍供电频率的电压。这个电压在转子阻尼绕组中产生的电流抵抗不对称的电枢反应。在相反方向，磁通的圆周传播速度 v_{ns} 为

$$v_{ns} = 2 \cdot 2 \cdot \tau_{p} f_{s1} \tag{7.220}$$

以该速度传播的磁通在长度为 l_D 的导条中感生出双倍定子频率的交变电压，其有效值为

$$U_{ns} = \frac{l_{D} v_{ns} \hat{B}_{s,ns}}{\sqrt{2}} \tag{7.221}$$

在双倍频率下的单一转子导条的槽漏抗为

$$X_{ns,D} = 2 \cdot \pi \cdot 2f_{s1}\mu_{0} l_{D} \lambda_{D} \tag{7.222}$$

例如，圆阻尼导条的漏磁导因数为

$$\lambda_{D} = 0.47 + 0.066\frac{b_4}{b_1} + \frac{h_1}{b_1}$$

如图4.15所示。现在阻尼导条的电流为

$$\underline{I}_{ns}=\frac{l_D\nu_{ns}\hat{B}_{\delta,ns}}{\sqrt{2}(R_D+j\cdot 2\cdot\pi\cdot 2f_{s1}\mu_0 l_D\lambda_D)} \tag{7.223}$$

在阻尼导条中由反向磁场产生的功率为

$$P_{ns}=I_{ns}^2R_D \tag{7.224}$$

此功率在电机非对称负载运行时，持续地加热阻尼导条，因而必须确保导条中具有良好的热传递。

对同步电机的阻尼导条来说，变频器供电也是要求比较高的情况。在开关频率下的气隙磁通密度的幅值波动同样会在阻尼导条中感生出开关频率的电流。这些电流在有些情况下有可能会损坏阻尼绕组。因而，在使用变频器驱动时，使用阻尼绕组必须要进行仔细地考虑。变频器驱动甚至能够在没有阻尼的情况下控制同步电机。

7.3.7 阻尼导条槽从极对称轴偏移

为了减少发电机电压中齿谐波及电动机起动时的扰动，阻尼导条槽可以用下面的方法进行偏移来削弱齿谐波。图7.47给出了一对极下阻尼导条槽偏移量χ。

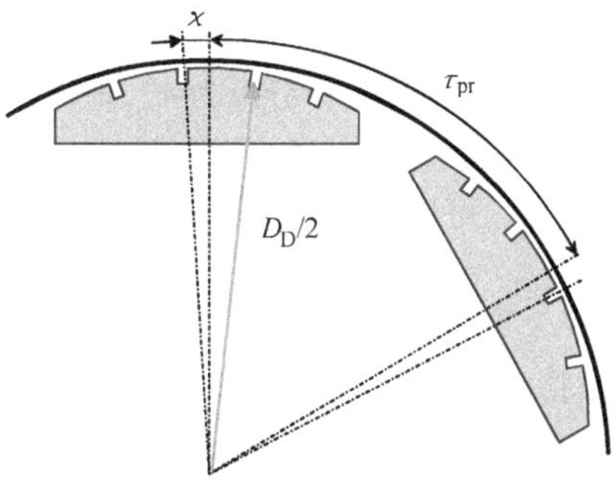

图7.47 为降低齿谐波和起动时的扰动，转子阻尼导条槽的偏移。极表面的极距为τ_{pr}，阻尼导条所在位置的直径为D_D，且偏移量为χ。在极1上顺时针偏移，在极2上逆时针偏移

首先，探讨系数c，其值应该接近于零。该系数定义为两个几何系数k_p和k_χ的乘积

$$c=k_p\cdot k_\chi=\frac{\sin(p\nu_{us}\pi)}{p\sin(p\nu_{us}\pi)}\cdot\sin\left(\nu_{us}\frac{\pi}{2}+\nu_{us}\frac{\chi}{\tau_{pr}}\pi\right) \tag{7.225}$$

式中，ν_{us}为定子齿谐波的序数，有

$$\nu_{us}=1+k\frac{Q_s}{p}=1+k\cdot 2mq_s=1+k\cdot 6q_s;\ k=\pm1,\ \pm2,\ \cdots \tag{7.226}$$

对阻尼导条槽的偏移，可以将其分成定子整数槽与分数槽两种情况。

（1）q_s（定子绕组）为整数。因而$k_p=1$，而k_χ必须为零。对一阶齿谐波$k=1$且

$$k_\chi=\sin\left[(1\pm6q_s)\frac{\pi}{2}+(1\pm6q_s)\frac{\chi}{\tau_{pr}}\pi\right]$$

如果

$$(1\pm6q_s)\frac{\chi}{\tau_{pr}}=\frac{1}{2}$$

序数$1\pm6q_s$为奇数且k_χ为零。

从上式可以得出

$$\chi=\frac{\tau_{\mathrm{pr}}}{2\left(1\pm\frac{Q_{\mathrm{s}}}{p}\right)}=\frac{\pi D_{\mathrm{D}}}{4(p\pm Q_{\mathrm{s}})} \tag{7.227}$$

式中

$$\tau_{\mathrm{pr}}=\frac{\pi D_{\mathrm{D}}}{2p} \tag{7.228}$$

（2）q_{s} 为分数，分母为2。依然，$k_{\mathrm{p}}=1$，而 k_{χ} 必须为零。现在 $1\pm6q_{\mathrm{s}}$ 为偶数，可以选择偏移量 $\chi=0$。

（3）q_{s} 为分数，分母为4。现在，当 $k=\pm1$ 时，序数 $1\pm k6q_{\mathrm{s}}$ 为分数且 $k_{\mathrm{p}}=0$；当 $k=\pm2$ 时，序数 $1\pm k6q_{\mathrm{s}}$ 为整数且 $k_{\mathrm{p}}\neq0$。因而偏移量可以根据二阶 $k=\pm2$ 来确定。为使 $k_{\chi}=0$，可以选择偏移量的大小

$$k_{\chi}=\sin\left[\left(1\pm2\frac{Q_{\mathrm{s}}}{p}\right)\frac{\chi}{\tau_{\mathrm{pr}}}\pi\right]=0\Rightarrow\chi=\frac{\pi \mathrm{D}_{\mathrm{D}}}{2(p\pm2Q_{\mathrm{s}})} \tag{7.229}$$

选择其他分数不实用。

7.3.8 同步电机的V形曲线

当电压、频率及有功功率保持恒定时，同步电机电枢电流与励磁电流间的函数关系因其形状而被称为V形曲线。图7.48的实曲线表示一台未饱和同步电机的V形曲线，同步电感的标幺值为 $l_{\mathrm{d,pu}}=1.0$。点画线表示恒 $\cos\varphi$ 值。通常，同步电动机运行于过励状态为与其并联运行的感应电机提供励磁电流。同步电动机也可以当作同步电容器来使用，这种情况下电动机空载并过励运行，这意味着运行于曲线 $P=0$ 的右侧。通过控制励磁电流，用这种方式就能形成一台“无极可调的电容器”。

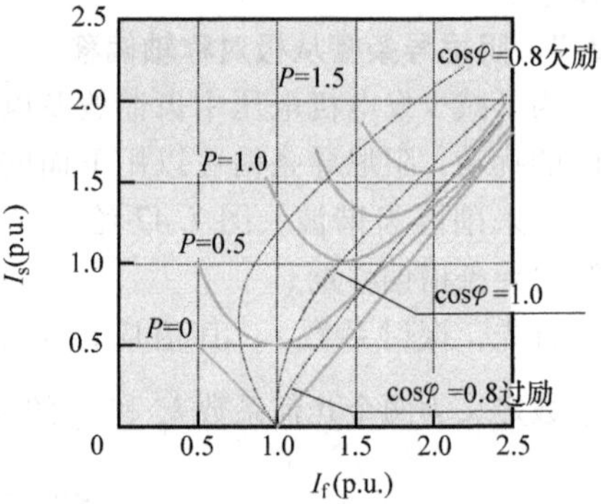

图7.48 同步电机的V形曲线。电流轴与功率参数用标幺值表示

7.3.9 同步电机的励磁方法

原理上，有两种方法来给他励电机提供励磁（见表7.8）：

（1）励磁绕组电流通过集电环给转子励磁。该电流即可通过晶闸管或者旋转的直流发电机来提供。直流发电机可以与同步电机同轴固定，该情况下产生励磁所需的机械功率由涡轮机提供。这种方法的缺点是励磁绕组电流既通过直流电机的换向器又通过交流电机的集电环，因而需要两套电刷装置。这些电刷承载很大的电流并且需要经常维护。当励磁电流通过集电环给转子提供励磁，并且励磁回路尺寸设计时预留一部分电压裕量时，尽管励磁绕组的电感很高，也能够实现快速励磁控制。

（2）通过使用无刷励磁。存在几种不同的无刷励磁系统。在这里将对一些主要原理进行讨论。

（a）存在两个甚至三个同步电机共轴运行：（i）主同步电机；（ii）外磁极同步发电机，其励磁绕组位于定子上，电枢绕组位于转子上，为主电机提供励磁电流。外磁极同步发电机（ii）的励磁通过电网或者通过同轴旋转的永磁发电机供电，控制电流时需要晶闸管桥。只要原动机能够带动主电机及辅助电机旋转，永磁发电机励磁系统完全不依赖外部的励磁电源。

同时存在旋转的二极管整流桥对主励磁电机提供的电流进行整流。该系统完全不依赖辅助的励磁电源。另一个更简单的方案是该励磁系统中外磁极同步发电机（ii）存在一对永磁磁极，其能给主电机提供足够励磁使其产生的电压能够给励磁电机提供励磁。

（b）轴端有旋转的轴对称变压器，其磁路分成旋转、静止部分及二极管整流桥，且通过静止的开关模式交流电源供电。

（c）存在两台共轴旋转的电机：（i）主电机；（ii）绕线转子感应发电机。励磁绕组电流通过旋转的二极管整流桥进行整流。绕线转子感应发电机的静止部分通过可控的三相电压供电。这个方法应用于逆变器供电的电动机，其可在零速时产生最大转矩。在控制上，经常使用三相双向晶闸管控制器。

图 7.49 给出了无刷发电机励磁构成。在图 7.49a 中，外磁极同步发电机与同步电机同轴安装。该电机通过电网进行励磁。由该发电机产生的电流经过与电机一同旋转的二极管桥进行整流。无刷同步电机几乎不需要维护。另一方面，电机励磁电流控制响应慢是这种结构的一大缺点。

对于电动机方案，励磁机也可以通过旋转磁场绕组来实现无刷励磁。当主电机不旋转时，绕组通过变频器供电。现在主电机在零速时也可以被励磁。

7.3.10 永磁同步电机

上面所针对的同步电机在很多情况下也适用于永磁电机。例如，在永磁同步电机中，除永磁体产生恒定的磁链 $\boldsymbol{\Psi}_{\mathrm{PM}}$ 代替可控的 $\boldsymbol{\Psi}_{\mathrm{f}}$、$\boldsymbol{\Psi}_{\mathrm{PM}}$ 感生出电动势 E_{PM} 代替 E_{f} 外，相量图很相似。使用永磁体励磁能够设计非常高效的电机。因为从原理上，不存在励磁损耗，所以效率从根本上就高。但是，许多永磁材料是导电的，因而会在其上产生焦耳损耗。永磁体励磁磁链不能改变也给电机设计增加了一些限制条件。由于永磁体具有非常低的磁导率（理想情况下 $\mu_{\mathrm{rPM}}=1$），永磁电机的励磁电感通常变得很低。在永磁电机中，为了能在额定电压及转速下产生足够的峰值转矩，同步电感的标幺值通常必须要小于 1（1pu）。这是因为最大转矩与同步电感成反比例。负载角方程（7.195）同样适用于永磁同步电机：

$$P=3\left(\frac{U_{\mathrm{s}}E_{\mathrm{PM}}}{\omega_{\mathrm{s}}L_{\mathrm{d}}}\sin\delta+U_{\mathrm{s}}^{2}\frac{L_{\mathrm{d}}-L_{\mathrm{q}}}{2\omega_{\mathrm{s}}L_{\mathrm{d}}L_{\mathrm{q}}}\sin2\delta\right) \tag{7.230}$$

式中，用 E_{PM} 来代替 E_{f}。如果由永磁体感生的电动势标幺值 $e_{\mathrm{PM}}=1$ 并且供电电压 $u_{\mathrm{s}}=1$，在隐极永磁同步电机的情况下，必须选择 $l_{\mathrm{s}}=1/1.6=0.625$ 来实现峰值功率 $P_{\max}$ 和峰值转矩 $T_{\max}$ 为标幺值 1.6，这通常是标准的需求。在永磁电动机中，标幺值 e_{PM} 典型值选取在 0.9 ~ 1 之间，在发电机中典型值选取为 $e_{\mathrm{PM}}=1.1$。设计者必须牢记永磁体的剩磁通

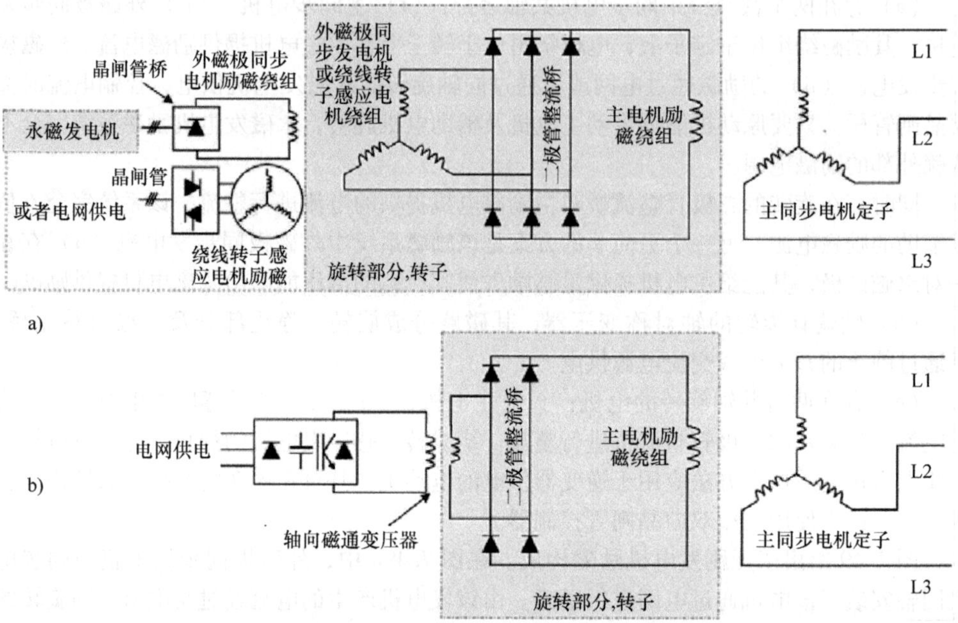

图7.49　无刷同步发电机的励磁。a）两台电机同轴安置。这两台电机为主电机及为其提供励磁的外磁极同步发电机，或者这两台电机为主电机及为其提供励磁的绕线转子感应发电机。除主电机的励磁绕组之外，外磁极同步发电机的电枢绕组或者感应发电机的旋转励磁绕组被安置在转子上并为主电机产生需要的励磁功率。外磁极同步发电机的励磁来自于电网或者同轴旋转的永磁发电机：励磁通过晶闸管桥进行控制。当定子供以励磁电流时，绕线转子感应电动机配置方案可以在零速下运行，例如使用三相双向晶闸管控制器。b）具有气隙的轴向磁通变压器提供励磁所需能量

常随着温度的上升而下降。

永磁同步电动机在低速大转矩驱动中（其非常适合该类型的电机）受到欢迎。在4.1节中发现励磁电感与极对数p的平方成反比，$L_m = mD_\delta\mu_0 l'(k_{ws1}N_s)^2/(\pi p^2\delta_e)$。这使得例如多极低速感应电机的特性非常差，这是因为对感应电机低励磁电感使得功率因数变得很差。永磁同步电机由于励磁由永磁体产生，不具有这样的问题。由于钕铁硼及钐钴永磁体的导电性非常好，故低速应用时易于制成表贴式，因为在低速时永磁体上的损耗仍然很小。在高速应用中，必须特别注意以避免在永磁材料中产生的损耗。在一些情况下，实际上可以使用大块的高剩磁（$B_r \sim 0.4T$）的铁氧体材料，因为它们中不存在涡流损耗。

永磁电机的特性很大程度上取决于转子的结构。图7.50给出了不同永磁转子的结构。如果永磁体安置于转子表面，原理上转子为隐极，因为钕铁硼永磁体相对磁导率近似为1（$\mu_r = 1.04 \sim 1.05$；见表3.3）。永磁体嵌入式转子结构的电机几乎都是交轴电感大于直轴电感。同时，极靴结构产生相似的电感比例。这种电机根据式（7.230）会产

生一部分的磁阻转矩。

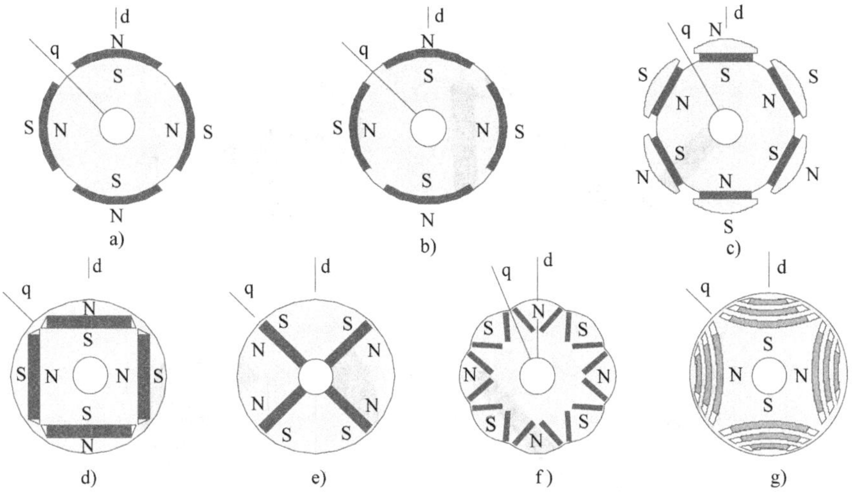

图 7.50 永磁电机的转子：a）转子表贴式；b）表面嵌入式；c）极靴转子；d）切向嵌入式；e）径向嵌入式；f）V 形每极两块永磁体；g）安置有永磁体的同步磁阻转子。在 Morimoto、Sanada 和 Taniguchi（1994）基础上，经 Tanja Hedberg 授权重新绘制

将永磁材料完全嵌入转子结构内部很大程度上浪费了永磁体产生的一部分磁通，典型值为 1/4。如图 7.51 所示，磁通作为转子的漏磁分量被消耗掉。另一方面，嵌入式为永磁体在机械及磁性能方面提供了保护。在嵌入式的安置上，也可以每极使用两块永磁体（见图 7.50f），该情况下，可能在空载条件下达到相当高的气隙磁通密度。如果在永磁电机转子表面存在铁心，就会发生较大的电枢反应，在一定程度上削弱了电机的特性，如图 7.52 所示。

转子表贴式电机的永磁体材料利用是最佳的（见图 7.50a）。由于较高的磁路磁阻，故同步电感低，该类型电机产生相应最高的失步转矩。然而转子表贴磁钢受限于机械应力和磁应力同时也受到涡流损耗的限制。在一些情况下，甚至会使钕铁硼永磁体退磁。图 7.53 比较了整数槽绕组电机中 V 形磁钢和表贴磁钢电机的气隙磁通密度。图 7.53b 同时也显示出永磁体面对的区域磁通密度接近恒值，在其他地方为零。因而，可以通过简单地使用相对永磁体宽度（$\alpha_{PM} = w_{PM}/\tau_p$）来计算永磁电机的平均磁通。由于绘制的磁通精度较低，图中并没有显示出表面永磁体的漏磁。然而，在永磁体边缘，表面永磁体的磁通典型值有 5% ~20% 以漏磁形式损失掉。

特别地，在表贴式永磁体电机中，要特别注意降低定位转矩。相对的永磁体宽度对电机转矩的特性有极大的影响。例如 Heikkilä（2002）、Kurronen（2003）和 Salminen（2004）都分别研究了转矩的特性。

永磁电机几乎全都应用于变频器驱动中，因此没有必要存在阻尼绕组。而阻尼绕组

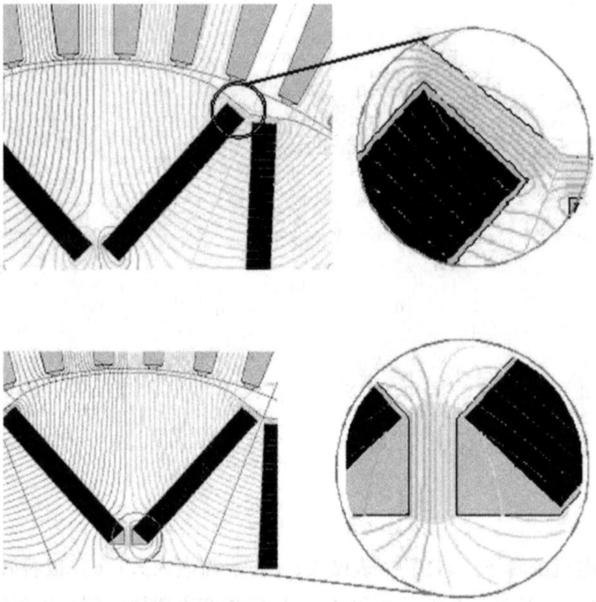

图7.51　V形永磁体气隙磁通及永磁体漏磁。底下的图示表明通过构造气隙磁障可以降低漏磁。经 Tanja Hedberg 授权重新绘制

在直接驱动电机中是必不可少的。图7.50c~f电机的结构非常适合阻尼绕组嵌入磁极中，转子表贴式磁钢电机也可以安置有阻尼绕组，但是为了获得足够的导电面，必须做一些折中考虑。例如，在永磁体上覆盖一层很薄的铝板并不能满足要求，因为阻尼绕组需要达到30%的定子铜用量（见第2章阻尼绕组的原理）。

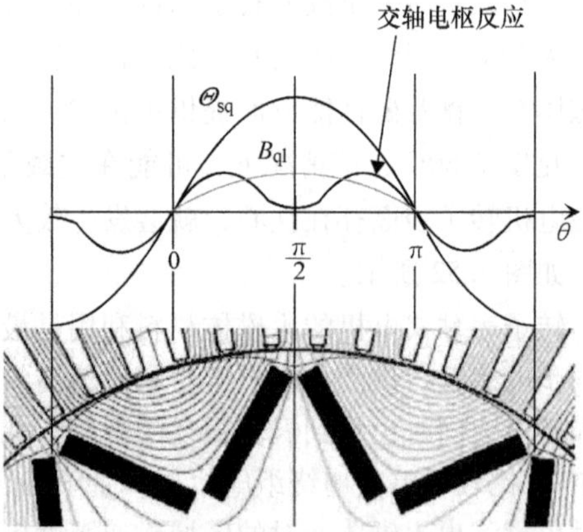

图7.52　V形磁钢电机中的交轴电枢反应。经 Tanja Hedberg 授权重新绘制

如果电机的E_{PM}较高，并当用于发电机运行时，尽管存在阻尼绕组，也不可能像电动机一样能够直接起动。因而发电机不能实现直接线起动特性。这可以用下面的事实说明，当永磁电机由电网供电像感应电机一样起动时，永磁磁链产生一个异步E_{PM}，其经过电网阻抗而短路。在短路过程中，会产生很大的电流及很大的制动转矩，但由阻尼绕组产生的异步转矩太小而不能使电机加速到同步转速。这样的电机不得不像传统的同步电机一样被迁入到与电网同步。在电动机中，E_{PM}可以很低（$e_{PM} \ll 1$），因此正确设计阻尼绕组可以实现直接线起动。

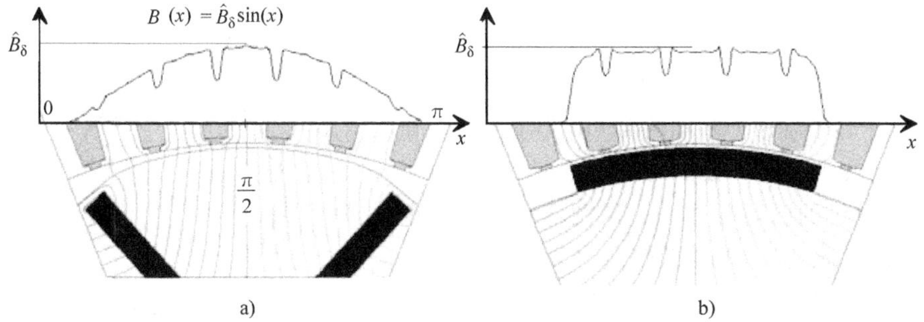

图 7.53　极结构及空载气隙磁通密度的比较：a）气隙变化 V 形永磁体电机；b）恒定气隙的永磁体表贴式电机。经 Tanja Hedberg 授权重新绘制

在某些特定的情况，同步磁阻电机需要安置辅助永磁体，如图 7.50g 所示。在这种情况下，永磁体的作用是提高电机的功率因数。典型的嵌入永磁体的永磁同步电机 $L_q > L_d$，并且当通以负的直轴电流和正交轴电流时产生正的磁阻转矩，其与安有辅助磁极且 $L_d >> L_q$ 的同步磁阻电机的界限很难区分，Moncada 等（2008）提出了一种 $L_d > L_q$ 的永磁同步电机，使上述情况更加混乱。

上面所涉及的永磁同步电机主要是针对整数槽绕组结构。在永磁电机中使用分数槽集中非重叠绕组，即齿圈绕组，越来越受到青睐，其原因在于齿绕线圈的结构工艺简单，尤其采用开口槽时。这种电机类型的特性是不用担心采用的极数过多，因而它经常被用于高转矩场合，由于这种电机的轭部可以做得很小，同时绕组端部也不需要较大的空间，因此单位体积可以产生很大的转矩。

除了永磁同步电机，在其他类型的交流电机中使用齿圈结构并不实用，因为实际中需要转子采用非导电材料以避免过度的转子焦耳损耗。因而，当在齿圈结构电机中采用导电性较好的钕铁硼或者钐钴永磁体时，需要特别注意。甚至有可能设计具有励磁绕组但没有阻尼绕组的叠片转子齿圈绕组同步电机。在励磁绕组线圈中感生出极大的电压，因此应该将励磁绕组以一种方式连接以使这些电压之和最小。

前面章节所提到的电机设计原则在用于齿圈绕组电机设计时需要做一些轻微的调整。最主要的改变是齿圈绕组电机不必在定子绕组产生的基波下运行而是工作在谐波下被称为谐波运行。实际上，这个原理在任何类型的分数槽绕组中都适用——同样也包括 $q>0.5$。然而，在分布分数槽绕组情况下（$q>0.5$），从传统上认为电机运行谐波与整数槽电机的情况一样为基波，即使绕组产生的子谐波的波长比基波的波长要大。这样想也许比较聪明，因为子谐波的幅值在传统的分数槽绕组中仍然很低。总之，子谐波应该当作漏抗来处理与考虑，尤其在计算气隙漏感时。如果转子有导电性，子谐波同样会增加电机的损耗，如在感应电机及具有阻尼绕组的同步电机中。

然而，在 $q \leqslant 0.5$ 的齿圈绕组中，我们应当换成不同的思考方式。电机在运行谐波下工作时，没有必要非得工作于气隙磁通密度傅里叶分析的第一个分量，而是可以工作于绕组产生的一些更高次的谐波。例如，以具有12个定子槽和10个转子磁极为基础的12/10类型电机工作在5次谐波下，而不是基波下。图7.54给出了12/10极电机的磁通分布图，该图清晰地表明电机中存在较弱的2极基波及较强的5次运行谐波。

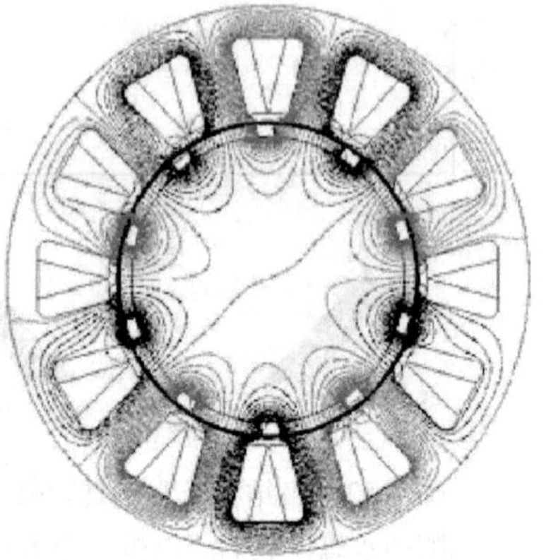

图7.54 一台12槽10极径向磁通电机的磁通路径。电机清晰地为运行谐波产生了10个磁极，但是也存在2极磁通线从西南向东北传递。经Hanne Jussila授权重新绘制

具有 $q=0.4$ 结构为12/10的电机碰巧是齿圈结构电机的特殊情况：其产生的谐波次数与整数槽的谐波相同，+1，-5，+7，-11，+13…但是运行于5次谐波下，也称其为同步谐波。然而，相同的定子安置有8极转子——具有 $q=0.5$ 的12/8电机——以3/2单元倍数的电机却工作在基波下。当定义齿圈绕组电机的原理时，与传统绕组电机相似，首先找到电机单元是很重要的。可以通过分数（即12/10或12/8）除以分子和分布的最大公约数，并使得转子极数为偶数（即在12/10或12/8情况下为1或者4）。然后单元电机的转子磁极除以2，可以得到工作谐波：12/10电机的情况为5次谐波，而3/2电机的情况为基波。电机旋转速度可以通过转子的极对数及供电频率来确定。例如一台12/10电机在供电频率为50Hz时转速为600min^{-1}。

进一步研究下18/16永磁电机的情况，其具有 $q=3/8$。电机的基本单元为9/8电机，其同样产生较小的2极基波且其运行谐波为4次的空间电流链谐波。除了工作谐波外其他所有的气隙谐波都可视为漏磁分量。当然该情况下基波也被视为漏磁分量。

7.3.10.1 槽对齿圈绕组永磁同步电机气隙磁场分布的影响

第3章研究了整数槽绕组电机中槽的影响。一般地，在电机设计中，通过引入卡特系数 k_C 计算等效气隙长度 δ_e 来考虑槽开口的影响。

然而，在齿圈绕组电机中，由于极距较短且槽开口相对较宽，气隙磁通密度畸变比较严重。第6章分析了转子表面磁钢、无槽气隙的磁通密度分布。在齿圈绕组电机中，由于加工目的，经常使用开口槽或者可能使得槽较宽，这就使得与整数槽绕组电机相比磁通密度的分析更加困难。

然而，保持合理的精度，通过用第3章介绍过的相对磁导函数［式（3.13）］乘以无槽气隙磁通密度的分布，来分析气隙磁通密度是可行的，例如Zhu和Howe（1993）使用过该方法。因为与传统电机相比槽开口相对较宽，所以接下来会将曲率考虑在内。Zhu和Howe将Heller Hamata（1977）的函数［式（3.13）］改写成磁导函数 $\lambda(\alpha,r)$。在定子槽中心磁导函数的定义与第3章相似，并且取决于径向位置

$$\lambda(\alpha,r)=\begin{cases}\Lambda_0\left[1-\beta(r)-\beta(r)\cos\dfrac{\pi}{0.8\alpha_0}\alpha\right] & 0\leqslant\alpha\leqslant 0.8\alpha_0\\ \Lambda_0 & 0.8\alpha_0\leqslant\alpha\leqslant\alpha_t/2\end{cases}\tag{7.231}$$

式中

$$\Lambda_0=\mu_0/\delta_{ef},\ \alpha_0=b_1/r_s,\ \alpha_t=\tau_u/r_s\ (r_s\ \text{为定子有效表面半径})\tag{7.232}$$

且根据保角映射（Zhu 和 Howe 1993）

$$\beta(r)=\frac{1}{2}\left[1-\frac{1}{\sqrt{1+\left(\dfrac{b_1}{2\delta'_{ef}}\right)^2(1+v^2)}}\right]\tag{7.233}$$

式中，v 需要从下式通过迭代得到：

$$y\frac{\pi}{b_1}=\frac{1}{2}\ln\left(\frac{\sqrt{a^2+v^2}+v}{\sqrt{a^2+v^2}-v}\right)+\frac{2\delta'_{ef}}{b_1}\arctan\left(\frac{2\delta'_{ef}}{b_1}\frac{v}{\sqrt{a^2+v^2}}\right)\tag{7.234}$$

且

$$a^2=1+\left(\frac{2\delta'_{ef}}{b_1}\right)^2\tag{7.235}$$

带入定子有效表面半径 r_s 及有效气隙长度 $\delta'_{ef}=\delta+\dfrac{h_{PM}}{\mu_r}$，可以写出以半径 r 为变量的函数

$$y=\begin{cases}r-r_s+\delta'_{ef}=r-r_s+\delta+\dfrac{h_{PM}}{\mu_r} & \text{对内转子}\\ r_s+\delta'_{ef}-r=r_s+\delta+\dfrac{h_{PM}}{\mu_r}-r & \text{对外转子}\end{cases}\tag{7.236}$$

现在，用磁导变化函数乘以开路气隙磁通密度可以得到考虑定子槽效应的磁通密度。图 7.55 中描述了 12/10 电机中径向磁通密度分布的结果。

通过分析图 7.55 的结果并写出其傅里叶级数形式，可以得到运行谐波磁通密度幅值。然后就可以像传统电机一样，同步谐波磁通密度幅值集中统一到电机的主磁通峰值中。

7.3.10.2　齿圈绕组电机中的电感计算

非斜槽永磁同步电机的同步电感 L_s 通常可以由局部电感之和计算得到，即

$$L_s=L_m+L_\sigma=L_m+L_{ew}+L_u+L_d+L_\delta\tag{7.237}$$

式中，L_m 为励磁电感；L_{ew} 为端部漏感；L_u 为槽漏感；L_d 为齿顶漏感；L_δ 为气隙漏感。

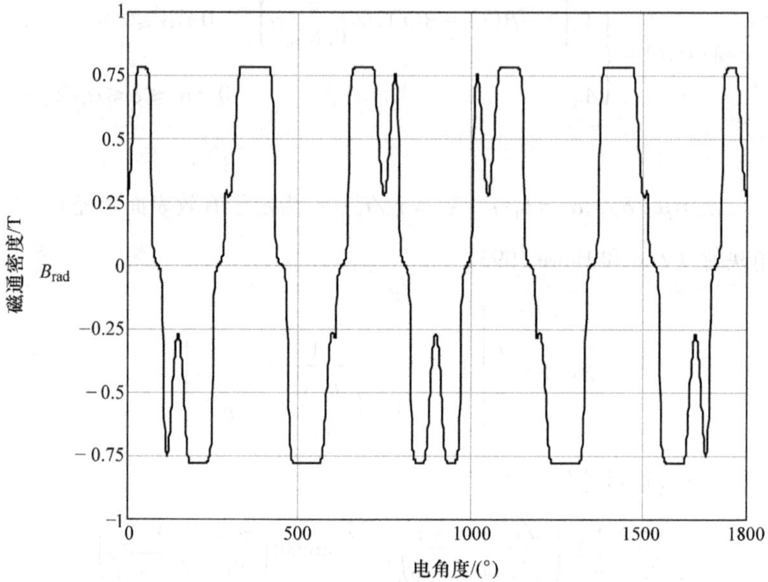

图 7.55　径向磁通 12/10 永磁同步电机气隙磁通密度的解析计算结果

单相绕组主电感 L_{sp} 的计算与第 4 章 4.1 节类似。自然的，工作谐波的气隙磁通密度 B_{sp}（由单相定子电流链产生）为正弦分布。因而，Ψ_{sp}（由定子单相电流链的工作谐波产生的磁链）的峰值可以表示为

$$\hat{\Psi}_{sp}=k_{wp}N_s\frac{2}{\pi}\tau_p l'\hat{B}_{sp} \tag{7.238}$$

式中，τ_p 为极距；l' 为等效定子铁心长度；N_s 为每相串联匝数；k_{wp} 为工作谐波的绕组因数；$2/\pi$ 为正弦半波的算术标幺平均值。

由齿圈绕组的单相定子电流链 Θ_{sp}（见图 7.56）产生的工作谐波的气隙磁通密度 B_{sp} 为

$$\hat{B}_{sp}=\mu_0\frac{\hat{\Theta}_{sp}}{\delta_{ef}}=\frac{\mu_0}{\delta_{ef}}\frac{4q}{\pi}\frac{z_Q}{c}k_{wp}\hat{I}_s \tag{7.239}$$

式中，δ_{ef} 为有效气隙长度；q 为定子每极每相槽数；z_Q 为定子每槽导体匝数；$c=1$ 代表单层绕组且 $c=2$ 代表双层绕组。

下一步仅研究双层绕组。对双层绕组［式（7.239）］可以重写为

$$\hat{B}_{sp}=\frac{\mu_0}{\delta_{ef}}\frac{4q}{\pi}\frac{m}{Q_s}k_{wp}N_s\hat{I}_s \tag{7.240}$$

式中，m 为相数；Q_s 为定子槽数。结合式（7.238）、式（7.239）及式（7.240）可以得到相电感（主电感）

$$L_{sp}=k_{wp}N_s\frac{2}{\pi}\tau_p l'\frac{\mu_0}{\delta_{ef}}\frac{4q}{\pi}\frac{m}{Q_s}k_{wp}N_s \tag{7.241}$$

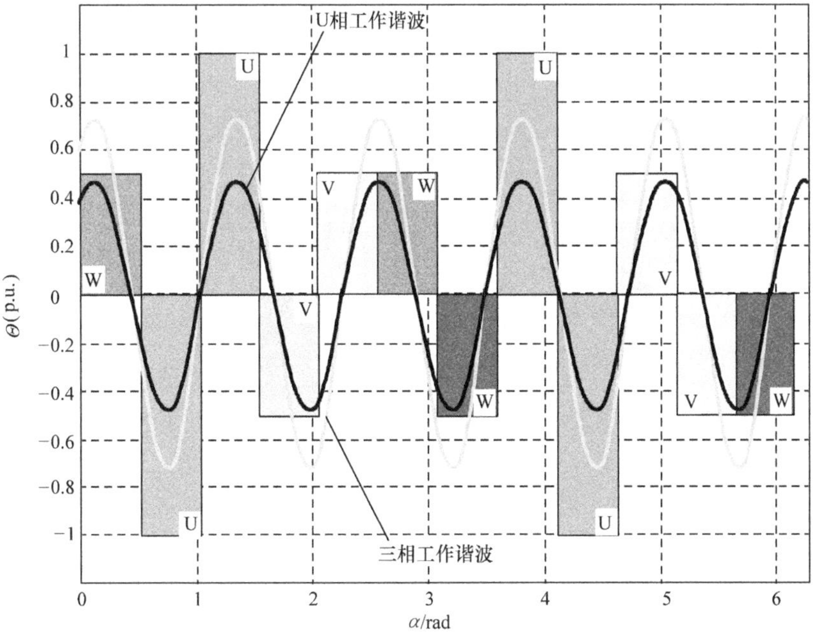

图 7.56　一台 12/10 齿圈绕组（TC）永磁同步电动机定子绕组产生的电流链波形，此时 U 相电流达到峰值[$i_{\mathrm{U}}(t)=1, i_{\mathrm{V}}(t)=-0.5$ 且 $i_{\mathrm{W}}(t)=-0.5$]。假定槽开口无穷小且电流链（从电流线密度积分得到）为矩形。即使互感似乎可以忽略，在齿圈绕组电机中工作谐波 V 相与 W 相同样会对工作谐波起到作用，结果与整数槽电机的励磁电感类似。经 Pavel Ponomarev 授权重新绘制

$$L_{\mathrm{sp}}=\frac{2}{\pi}\tau_{\mathrm{p}}l'\frac{\mu_0}{\delta_{\mathrm{ef}}}\frac{4q}{\pi}\frac{m}{Q_{\mathrm{s}}}(k_{\mathrm{wp}}N_{\mathrm{s}})^2 \tag{7.242}$$

整数槽旋转磁场绕组的励磁电感 L_{m} 可以通过式（7.242）乘以系数 $m/2$ 得到，因为合成电流链波是由电机所有 m 相共同产生的。

$$L_{\mathrm{m}}=\frac{m}{2}L_{\mathrm{sp}}=\tau_{\mathrm{p}}l'\frac{\mu_0}{\delta_{\mathrm{ef}}}\frac{4q}{Q_{\mathrm{s}}}\left(\frac{m}{\pi}k_{\mathrm{wp}}N_{\mathrm{s}}\right)^2 \tag{7.243}$$

虽然齿圈绕组电机中相之间的互感与整数槽绕组电机［其总是 $L_{\mathrm{mn}}=-1/(2L_{\mathrm{p}})$］相比，可能完全不同，甚至并不存在，但是工作谐波幅值都是由所有的三相绕组共同产生，并且齿圈绕组电机的励磁电感必须与整数槽电机的计算相似。

7.3.10.3　齿圈绕组电机相间互感耦合系数

齿圈绕组中主磁通交链的互感比整数槽绕组更加复杂。在 12/10 电机中，在第一相绕组 U 中不存在由 V 或者 W 相电流链所产生的磁通，如图 7.57 所示。例如 12/14 和 14/20 电机也是类似的。

也存在其他类型的齿圈绕组永磁同步电机其不同相的电流链间相互作用，这种情况

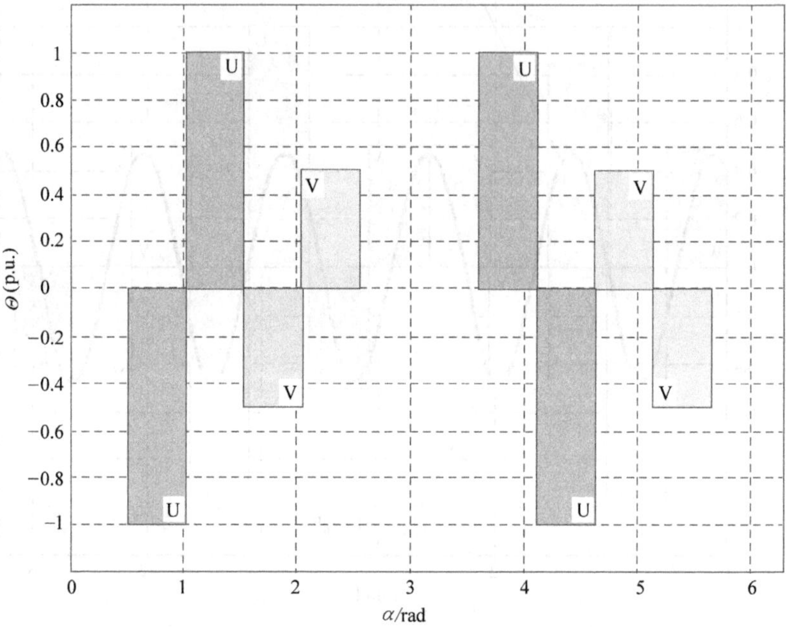

图 7.57　简化的 12/10 齿圈绕组永磁同步电机两相电流链波形，$i_U(t)=1$，$i_V(t)=-0.5$。电流链在任何地方都没有彼此重叠。经 Pavel Ponomarev 授权重新绘制

也更加复杂。例如 18/16 电机的电流链如图 7.58 所示。

在图 7.58 中，在一些区间不同相的电流链彼此加强，但是在其他区间它们之间彼此削弱。互感耦合系数 m_c 可以用下式计算：

$$m_c=\frac{\int_0^{2\pi}\Theta_U\Theta_V\mathrm{d}\alpha}{\int_0^{2\pi}\Theta_U\Theta_U\mathrm{d}\alpha} \tag{7.244}$$

式中，Θ_U 与 Θ_V 为相应相的电流链。

对整数槽正弦分布绕组，两相间的互耦合系数 $m_c=-0.5$。对于 18/16 电机主磁通互耦合系数为 $m_c=-0.0385$，而对 12/10 电机 $m_c=0$。对不同齿圈绕组，主磁通互耦合系数 m_c 列于表 7.9 中。

表 7.9 仅考虑了通过气隙磁通的互耦合。然而在相间存在其他的磁耦合——通过槽漏磁耦合及通过绕组端部漏磁耦合。在齿圈绕组电机中，由于绕组端部比较紧密，不同相之间通常只是通过气隙进行耦合，因而绕组端部漏磁的互耦合相对较弱。然而当不同相的线圈边位于同一槽时，槽漏磁互耦合则很强。

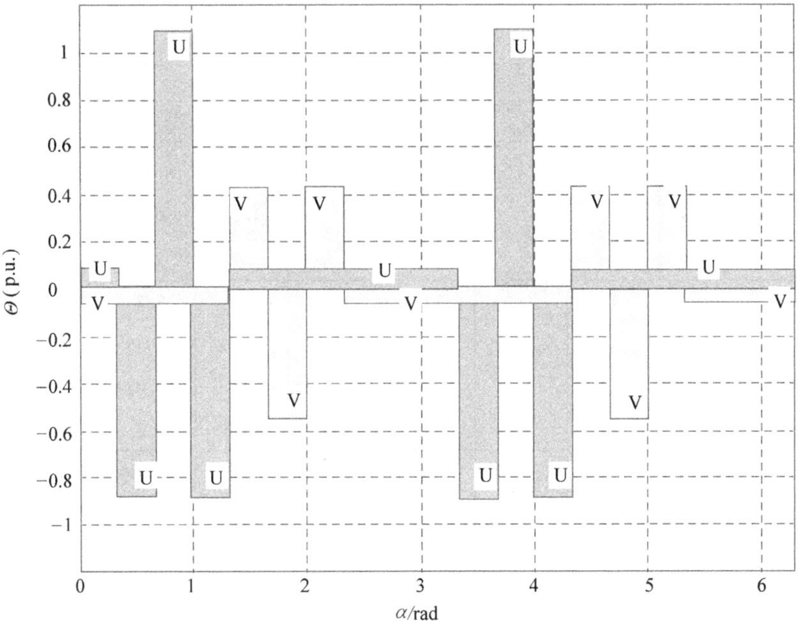

图 7.58　简化的 18/16 齿圈绕组永磁同步电机两相电流链波形。电流链重叠。经 Pavel Ponomarev 授权重新绘制

表 7.9　齿圈绕组永磁同步电机的谐波气隙漏磁因数

Q_s \ $2p$		4	6	8	10	12	14	16	18	20
6	q	1/2		1/4	1/5		1/7	1/8		1/10
	k_{wp}	0.866		0.866	0.5		0.5	0.866		0.866
	m_c	−0.5		−0.5	0		0	−0.5		−0.5
	σ_δ	**0.46**		**4.8**	**26**		**53**	**22**		**36**
9	q	¾	1/2	3/8	3/10	1/4	3/14	3/16		3/20
	k_{wp}		0.866	0.945	0.945	0.866	0.617	0.328		0.328
	m_c		−0.5	−0.039	−0.039	−0.5	−0.039	−0.039		−0.039
	σ_δ		**0.46**	1.2	2.4	**4.8**	15	71		112
12	q	1	⅔	1/2	2/5		2/7	1/4		1/5
	k_{wp}			0.866	0.933		0.933	0.866		0.5
	m_c			−0.5	0		0	−0.5		0
	σ_δ			**0.46**	**0.96**		**2.9**	**4.8**		**26**

（续）

Q_s \ $2p$		4	6	8	10	12	14	16	18	20
15	q	1¼	⅚	⅝	1/2		5/14	5/16		1/4
	k_{wp}				0.866		0.951	0.951		0.866
	m_c				−0.5		−0.013	−0.013		−0.5
	σ_δ				**0.46**		1.4	2.1		**4.8**
18	q	1½	1	3/4	3/5	1/2	3/7	3/8		3/10
	k_{wp}					0.866	0.902	0.945		0.945
	m_c					−0.5	0	−0.039		−0.039
	σ_δ					**0.46**	**0.83**	**1.2**		**2.4**
21	q	1¾	1⅙	⅞	7/10	7/12	1/2	7/16		7/20
	k_{wp}						0.866	0.890		0.953
	m_c						−0.5	−0.007		−0.007
	σ_δ						**0.46**	0.8		1.5
24	q	2	1⅓	1	⅘	⅔	4/7	1/2		2/5
	k_{wp}							0.866		0.933
	m_c							−0.5		0
	σ_δ							**0.46**		**0.96**
27	q	2¾	1½	1⅜	9/10	¾	9/14	9/16	1/2	9/20
	k_{wp}								0.866	0.877
	m_c								−0.5	−0.004
	σ_δ								**0.46**	0.75

（浅灰色）该相数不适用。

（深灰色）单元电机不平衡磁拉力（在实际中单元电机可以成倍使用）。

经 Pavel Ponomarev 授权重新绘制。

7.3.10.4　气隙谐波漏感

齿圈绕组产生的电流链波形远非正弦，其中包含了大量比例的谐波从而使气隙漏感很大（见第4章4.3.2节）。在分布绕组电机中气隙漏感几乎可以忽略不计，但在齿圈绕组电机中，漏磁分量的地位举足轻重，并在很大程度上决定了电机的同步电感，从而决定了电机的特性。

气隙谐波漏感 L_δ，在原理上与前面第4章的定义相似，但现在气隙谐波漏磁因数的定义则稍微不同：

$$\sigma_\delta = \sum_{\substack{\nu=1 \\ \nu\neq 3,6,9\cdots \\ \nu\neq p}}^{\nu=+\infty} \left(p\frac{k_{w\nu}}{\nu k_{wp}} \right)^2 \tag{7.245}$$

式中，$k_{w\nu}$为 ν 次谐波的绕组因数。$\nu=p$ 项代表了工作谐波，因而代表了励磁电感 L_m 分量。注意到，在本书的其他地方 ν 表示谐波的次数，但这里表示谐波的极对数。可以被 3 整除的极对数在三相齿圈绕组电机中也不必考虑。

表 7.9 给出了不同齿圈绕组永磁同步电机的计算气隙谐波漏磁因数。每极每相槽数 q、工作谐波的绕组因数 k_{wp}及互耦合系数 m_c 也一并给出。

图 7.59 给出了三相整数槽电机及相应齿圈绕组电机气隙谐波漏磁因数的计算值。三相绕组的 q 越小，气隙漏磁因数 σ_δ 越大。

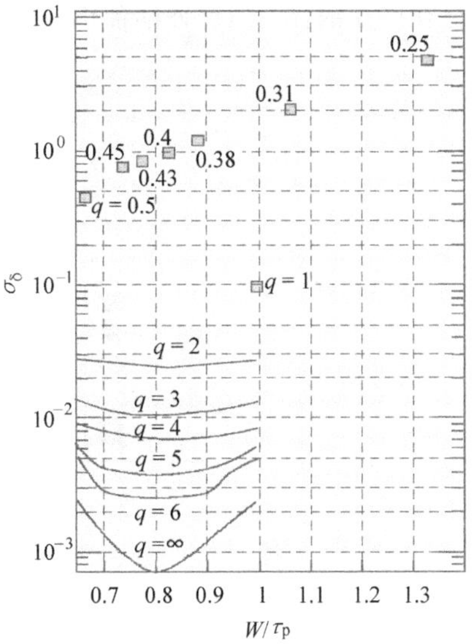

图 7.59　整数槽与齿圈绕组的气隙谐波漏磁因数 σ_δ 与线圈节距 W/τ_p 之间的关系。对齿圈绕组，$W=\tau_u$。每极每相槽数 q 越小，气隙漏磁越大

正如以上所见，齿圈绕组电机的气隙漏感可能对电机的性能产生非常大的影响，甚至能够达到励磁电感的数十倍，这样的配合结构不切实际。实际中，最小的每极每相槽数之一为 $q=0.25$，这使得 $L_\delta=4.8L_m$。电机设计者可以将气隙漏感作为选择齿圈绕组电机的拓扑结构的依据之一。如果需要较低的同步电感，那么应该选择气隙谐波漏磁因数较小的拓扑。然而，在一些应用中，如牵引应用，则有可能需要较高的漏感以获得较宽的弱磁区域，则具有较高气隙漏磁的拓扑无疑是明智的选择。

Alberti 等（2010）和 Dajaku 等（2012）建议设置次谐波磁障，其能够降低气隙谐波漏感 L_δ 的次谐波分量并降低损耗。$m_c=0$ 结构的电机可以分开制造定子相模块。这样的模块中断了定子中的两极磁通路径，因而使得次谐波得到巧妙地抑制。例如一台 12/10 电机可以建立 6 个从定子轭部断开的磁障来几乎消除电机的基波。同时基波带来的负面影响也会在 12/10 电机中同时被消除。

7.3.10.5　端部漏感

齿圈绕组是可能获得的最短的端部绕组，其产生较小的漏感及非常小的互漏感。图 7.60 给出了端部绕组的漏磁。齿圈绕组永磁同步电机的端部绕组部分可以被看作是半个螺线管。因而，齿圈绕组的漏感可以用中空螺线管的电感表达式来计算，即

$$L_{\mathrm{solenoid}}=\mu_0\mu_{\mathrm{env}}\frac{\left(\dfrac{z_Q}{c}\right)S}{h_4}\tag{7.246}$$

式中，h_4 为螺线管的高度；S 为中空心的截面积；μ_{env}为环境的相对磁导率。如果端匝（见图 4.20）做成类似半圆（$l_{ew}=w_{ew}/2$），双层绕组的端部绕组的总电感可以表示成

$$L_{ew}=\frac{Q_s}{m}L_{solenoid}=\frac{Q_s}{m}\mu_0\mu_{env}\frac{\left(\frac{z_Q}{2}\right)\pi\,(l_{ew})^2}{h_4} \tag{7.247}$$

因为附近存在铁制材料（铁质机壳、定子叠片端片）相对磁导率 μ_{env}，所以根据材料及电机端部区域安装的紧密程度，可以在 1.2 ~ 2 范围内进行选择。相之间由于端部互感也存在些互耦合，但这种耦合相当微弱，因而可以忽略而不至于引起较大误差。

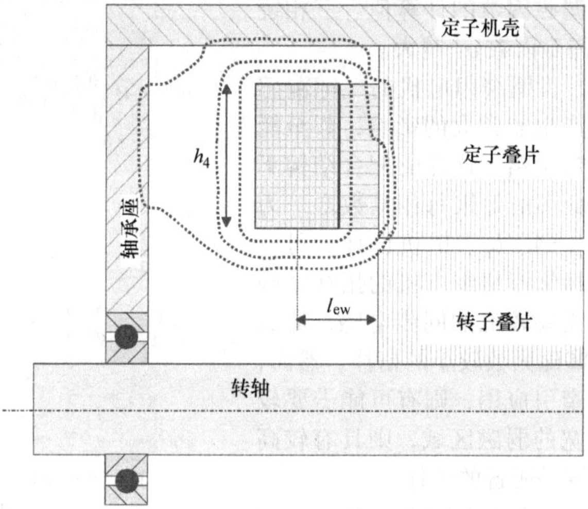

图 7.60　绕组端部漏磁路径。可以用平均高度为 h_4 及平均长度为 l_{ew} 的中空螺线管来代替端部绕组

7.3.10.6　槽漏感

槽漏感 L_u 可以根据第 4 章建议的方法计算，应该尽可能使槽浅且宽。为了获得较高的转矩密度，槽高与宽的比例应该尽可能得小——甚至接近于 1，这在齿圈绕组电机中是可行的。

7.3.10.7　齿顶漏感

齿顶漏感可以根据第 4 章建议的方法计算。只是较宽的槽开口使得式 (4.96) 中磁导系数 λ_d 不再适用。在较大 b_1/δ（槽开口较大）的情况下，齿顶漏感 L_d 甚至可能为负值。图 7.61 给出了开口槽及半开口槽的槽及齿顶漏磁。

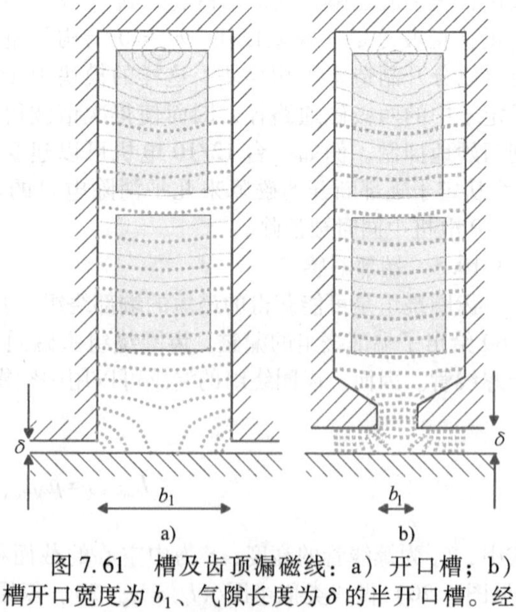

图 7.61　槽及齿顶漏磁线：a）开口槽；b）槽开口宽度为 b_1、气隙长度为 δ 的半开口槽。经 Voldek（1974）授权重新绘制

磁导因数可以根据 Voldek（1974）来计算：

$$\lambda_{\mathrm{d}}=\frac{1}{2\pi}\left[\ln\left(\frac{\delta^2}{b_1^2}+\frac{1}{4}\right)+4\frac{\delta}{b_1}\operatorname{atan}\frac{b_1}{2\delta}\right] \tag{7.248}$$

图 7.62 给出了 λ_{d} 与 b_1/δ 的关系。当槽开口较小时，λ_{d} 为较大的正值，但是当槽开口极大时，λ_{d} 变为较小的负值。

对于转子表贴式永磁电机，气隙长度 δ 应该包括物理气隙长度，同时也包括永磁体的高度除以永磁材料的相对磁导率 $h_{\mathrm{PM}}/\mu_{\mathrm{rPM}}$。对于内置永磁体结构，计算齿顶漏磁时仅需考虑物理气隙。

为了尽量最小化齿顶漏感 L_{d}，应当使用开口槽及非磁性的槽楔。然而，这通常也同时因为增加了转子表贴式永磁电机的等效气隙，而使励磁电感受到影响。

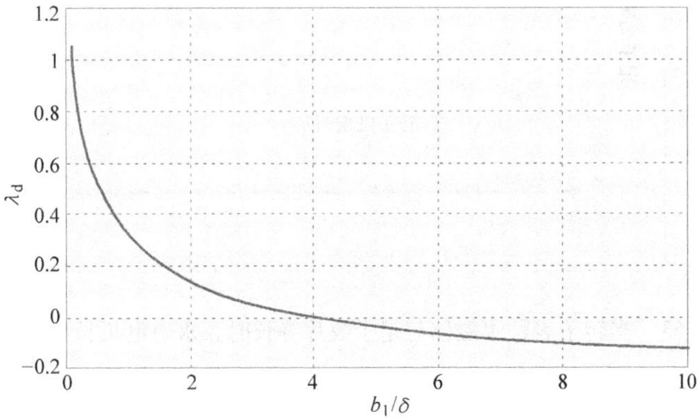

图 7.62　齿顶漏磁的磁导系数

7.3.10.8　永磁同步电机的等效长度

第 3 章讨论的电机的等效长度 l' 对永磁电机并不完全适用。式（3.36）中所给出的 $l'\approx l+2\delta$ 适用于电机没有额外叠长、定转子叠片等长的情况。在转子表贴式永磁同步电机的情况中，定子电流链作用在非常长的气隙上，这是由于永磁体本身磁导接近于气隙，而 $h_{\mathrm{PM}}/\mu_{\mathrm{r}}$ 必须包含在气隙长度之内。

$$\delta_{\mathrm{PM}}=\delta+h_{\mathrm{PM}}/\mu_{\mathrm{r}} \tag{7.249}$$

因而，当计算定子电感时，永磁同步电机的等效长度为

$$l'_{\mathrm{PM}}\approx l+2\delta+h_{\mathrm{PM}}/\mu_{\mathrm{r}} \tag{7.250}$$

然而，当计算转子励磁在定子中的效果时，这个等效长度并不适用。在电流链连续的电机中，从转子绕组或者定子绕组来看电机长度是等效的。对于永磁同步电机，由转子永磁材料产生的电流链不需要连续。如果在永磁体之间存在间隙，会存在永磁体漏磁和 $\boldsymbol{\Psi}_{\mathrm{PM}}$，进而也会使在定子中感生的 E_{PM} 下降，从转子励磁的角度来看电机变短了。这必须依据不同的情况进行仔细的分析，但在定子和转子叠片等长且转子表面永磁体连续的情况下，永磁体的端部漏磁导致永磁体磁链下降，这看起来使得转子稍微比定子短些。图 7.63 揭示了这种性质。如果永磁体励磁与相应的励磁绕组励磁效果一致，那么

永磁体的轴向长度应该比定子叠片长度 l_{sub} 稍大。永磁体的适合长度至少为

$$l_{PM} \approx l_{sub} + 2\delta \tag{7.251}$$

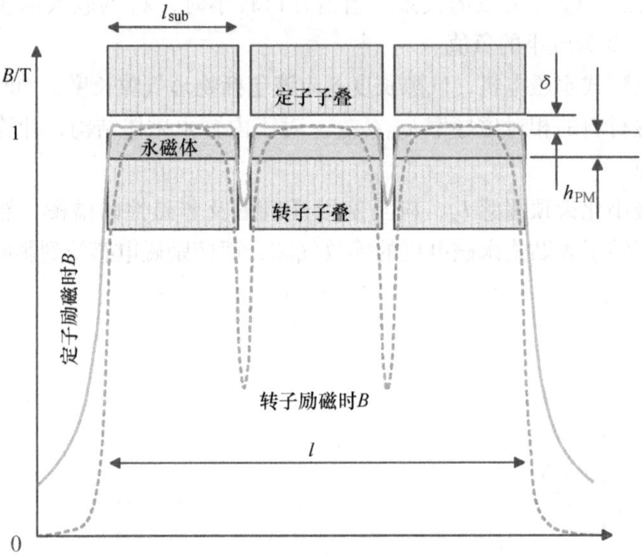

图 7.63 当转子表贴永磁体与定子叠片等长时，永磁电机长度的影响

7.3.10.9 转子表贴式永磁体中的损耗

气隙谐波在转子表面导电的永磁体中产生涡流损耗。精确计算这个损耗比较困难，推荐使用3D有限元的方法来分析。然而解析的方法可以用来指导性地评估损耗。下面的基于卡特系数的方法由 Pyrhönen 等（2012）描述。由于永磁材料是线性的且导电性能非常好，永磁体中的涡流遵循表面阻抗相角45°。该方法假定涡流的路径可以用考虑永磁体中透入深度的电阻来描述，并且不考虑涡流在气隙磁通密度中引起的电枢反应。

在一个槽距下，气隙磁通密度的变化可以用 $\alpha \in [0, 2\pi/Q_s]$ 写成傅里叶级数的形式，槽处于中间：

$$B_\delta(\alpha) = B_{av}\left[1 - \sum_{k=1}^{\infty} (-1)^k \beta k_C a_{1k} \cos(kQ_s\alpha)\right] \tag{7.252}$$

式中

$$a_{1k} = \frac{2\sin\left(k\pi \frac{b'_1}{\tau_u}\right)}{k\pi\left[1 - \left(k\frac{b'_1}{\tau_u}\right)^2\right]},\ b'_1 = \gamma\frac{\delta}{\beta},\ \gamma = \frac{\left(\frac{b_1}{\delta}\right)^2}{5 + \frac{b_1}{\delta}} \tag{7.253}$$

且 β 根据式（3.10a）得到。

在式（7.253）中，b'_1 表示区域的总宽，该区域槽开口对转子表面的气隙磁通密度存在影响（见图3.5）。由磁导变化引起的谐波（序数为 k）磁通密度幅值为

$$\hat{B}_k = B_{av}\beta k_C \frac{2\sin\left(k\pi \frac{b'_1}{\tau_u}\right)}{k\pi\left[1-\left(k\frac{b'_1}{\tau_u}\right)^2\right]} \tag{7.254}$$

这些幅值中的每个都有自己的极距

$$\tau_k = \tau_u/(2k) \tag{7.255}$$

在宽槽开口且窄齿的情况下，主要存在齿谐波频率的幅值；然而在窄槽开口的情况下，存在大量的高频成分。图 7.64 给出了两种不同槽开口的情况下，相对磁导的形式及转子表面谐波含量的比较。当转子旋转时，上面描述的磁通密度下降区域会扫过永磁体表面。由定子槽开口及转子旋转所引起的，在永磁体中磁通密度发生变化的频率和角频率为

$$f_{PM,k} = kn_{syn}Q_s,\ \omega_{PM,k} = 2\pi f_{PM,k} \tag{7.256}$$

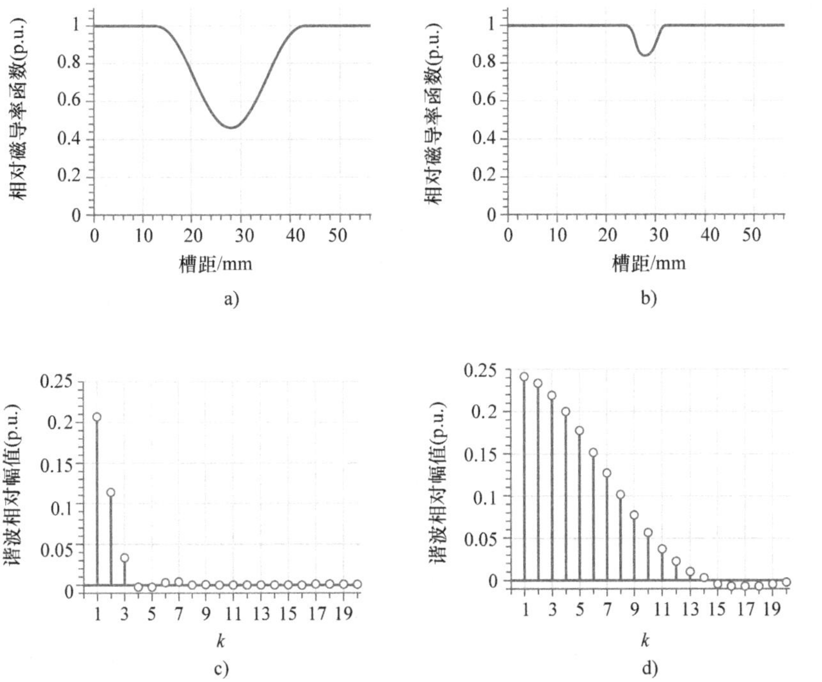

图 7.64　作为实验部分的一个例子，电机永磁表面在（a）宽槽开口和（b）窄槽开口下的相对磁通密度下降。这两种情况下谐波相对幅值的频谱彼此相差较大（c 及 d）。前者（c）主要包含一个槽距波长基波（幅值 0.21 标幺值）；后者（d）包含了几次重要的谐波磁导，然而，幅值要低得多（基波幅值 0.024 标幺值）

烧结钕铁硼是目前最为重要的永磁体，其相对磁导率的典型值为 $\mu_{PM} = 1.05$。烧结钕铁硼的电阻率变化范围是 100 ~ 200μΩcm。在永磁材料中的透入深度为

$$\delta_{\mathrm{PM}}=\sqrt{\frac{2\rho_{\mathrm{PM}}}{\omega_{\mathrm{PM}}\mu_0\mu_{\mathrm{r,PM}}}} \tag{7.257}$$

虽然永磁材料的电阻率相对较低，但是透入深度比永磁体的厚度要大，因而在一些应用中磁通密度的变化透过整个永磁体。应着重指出，在开口槽电机中永磁体下的材料应该为非导电体。在实际应用中，通常使用分片的钕铁硼或者钐钴永磁体，或者将永磁体嵌入叠片之内以避免在其中产生过多的涡流损耗。

谐波沿转子表面传递时引起涡电流密度 $J_{\mathrm{PM},k(z)}$。永磁体表面的电流密度 $J_{0,\mathrm{PM},k}$，在永磁体深度 z 内，相对于透入深度 δ_{PM}，磁通密度变化为

$$J_{\mathrm{PM},k}=J_{0,\mathrm{PM},k}\mathrm{e}^{-z/\delta_{\mathrm{PM},k}} \tag{7.258}$$

涡流产生的损耗密度与电流密度的平方成比例

$$\frac{P_{\mathrm{PM},k}}{V}\triangleq J_{\mathrm{PM},k}^2(z)=J_{0,\mathrm{PM},k}^2\mathrm{e}^{-2z/\delta_{\mathrm{PM},k}} \tag{7.259}$$

由涡流密度的 k 次谐波产生的总的损耗为

$$\begin{aligned}P_{\mathrm{PM},k,\mathrm{tot}}&=\int_V\frac{P_{\mathrm{PM},k}}{V}\mathrm{d}V\\&\triangleq\int_0^{\infty}J_{0,\mathrm{PM},k}^2\mathrm{e}^{-2z/\delta_{\mathrm{PM},k}}\mathrm{d}z=J_{0,\mathrm{PM},k}^2\frac{\delta_{\mathrm{PM},k}}{2}\end{aligned} \tag{7.260}$$

因而，可以通过涡流路径（对每次谐波其透过透入深度的一半）来计算永磁体中的平均功率损耗。然而，如果永磁体比透入深度小（$h_{\mathrm{PM}}<\delta_{\mathrm{PM}}$），涡流路径的电阻应该通过给定涡流损耗平均值的涡流深度来计算。模型中假定涡流分布为指数形式。考虑永磁体高度 h_{PM} 及集肤深度 δ_{PM}：

$$\begin{aligned}P_{h\mathrm{PM},k,\mathrm{tot}}&\triangleq\int_V^{h_{\mathrm{PM}}}J_{0,\mathrm{PM},k}^2\mathrm{e}^{-2z/\delta_{\mathrm{PM},k}}\mathrm{d}z\\&=J_{0,\mathrm{PM},k}^2\frac{\delta_{\mathrm{PM},k}}{2}\left(1-\mathrm{e}^{-2h_{\mathrm{PM},k}/\delta_{\mathrm{PM},k}}\right)\end{aligned} \tag{7.261}$$

现在，例如槽开口 $b_1=0.018\mathrm{m}$，$\tau_{\mathrm{u}}=0.056\mathrm{m}$，$\delta=0.002\mathrm{m}$，$h_{\mathrm{PM}}=8\mathrm{mm}$，$Q_{\mathrm{s}}=12$ 且旋转速度为2400 min^{-1}，得到 $\delta_{\mathrm{PM},1}=27\mathrm{mm}$。因而，磁导谐波基波的透入深度要远大于永磁体的厚度。现在需要考虑用式（7.261）来计算涡流路径的电阻。

如果单块永磁体的宽度比谐波极距 τ_k 宽，则可以根据图7.65所示的近似涡流路径来计算正弦磁通密度变化的幅值在转子表面传播时所引起的损耗。箭头表示了涡流的方向，相应的永磁体从左到右运动掠过定子槽。

上述方程以傅里叶级数形式定义了槽开口下磁通密度的变化。因为已经确定了由磁导变化产生的磁通密度幅值，所以能够计算出每个掠过转子表面谐波的磁通

$$\hat{\Phi}_{\mathrm{PM},k}=\frac{2}{\pi}\hat{B}_k\tau_k l_{\mathrm{PM}} \tag{7.262}$$

当磁通掠过时，永磁体中感生的电动势为

$$\hat{e}_{\mathrm{PM},k}=\omega_k\hat{\Phi}_{\mathrm{PM},k} \tag{7.263}$$

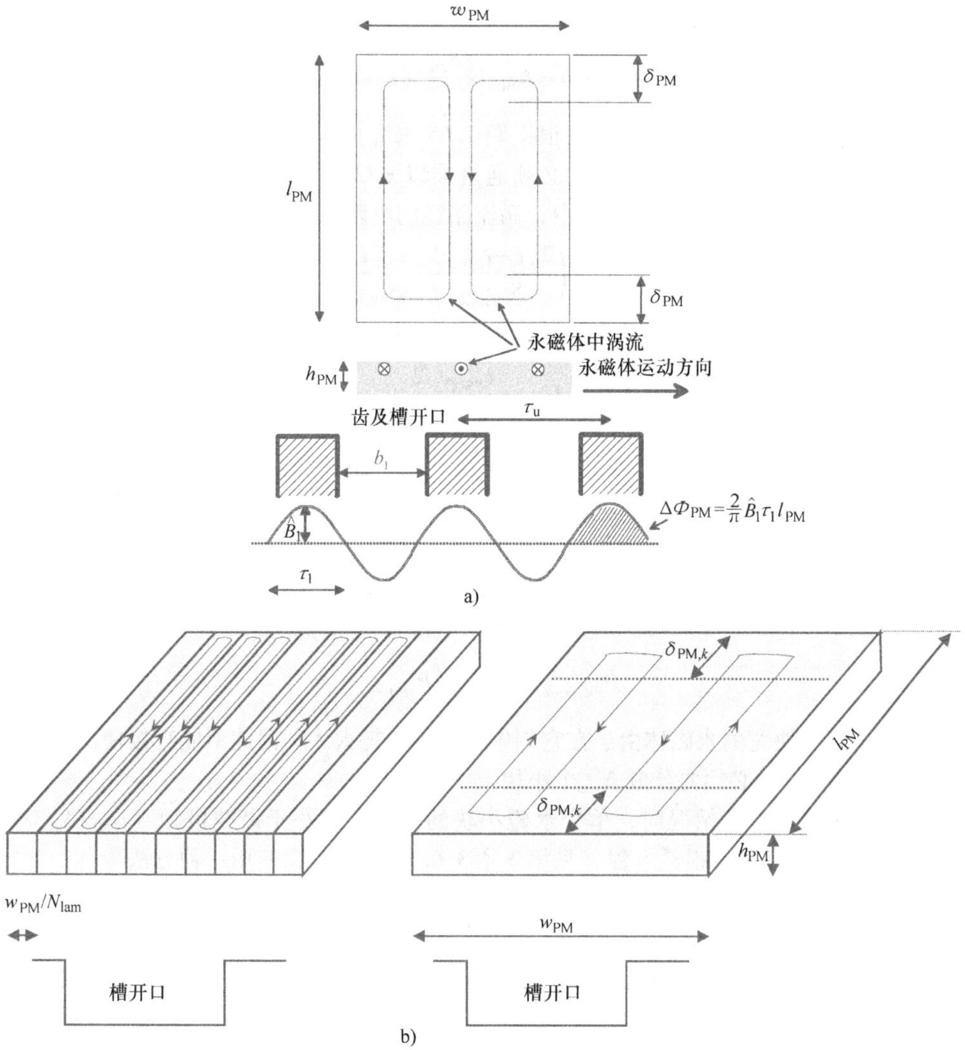

图7.65 a）在宽永磁体块中由磁导变化所产生的涡流路径；b）表明分块永磁体和整块永磁体

下面的任务是定义永磁体中涡流路径的电阻。首先观察较宽的永磁体。如果在槽磁导谐波角频率下，永磁体块长度比在材料中的透入深度长（$l_{PM}>\delta_{PM,k}$），在端部区域使用透入深度来近似计算涡流路径的电阻，如图7.65所示。

在永磁体较宽的情况下，根据式（7.261）得涡流轴向路线（在该路径的周围区域掠过槽）的横截面（$w_{ax}\times h$）为

$$S_{PM,ax,k}=w_{ax}\times h\approx\frac{\tau_k}{2}\times\frac{\delta_{PM,k}}{2}(1-e^{-2h_{PM}/\delta_{PM,k}}) \tag{7.264}$$

轴向及切向路径的电阻都必须要考虑。在宽永磁体的端部，假定路径与永磁体的透入深度$\delta_{\mathrm{PM},k}$一样宽。

$$S_{\mathrm{PM,tan},k}=w_{\tan}\times h\approx\delta_{\mathrm{PM},k}\times\frac{\delta_{\mathrm{PM},k}}{2}(1-\mathrm{e}^{-2h_{\mathrm{PM}}/\delta_{\mathrm{PM},k}})\tag{7.265}$$

下面将定义路径的长度，这可以根据图7.65来完成。我们关心的是正弦励磁，因而，涡流密度通常呈正弦分布。因此必须通过乘以$\pi/2$增加路径的视在电阻（正弦波平均值的倒数）。那么，在宽永磁体中，涡流路径的电阻可以写成

$$R_{\mathrm{PM,Ft},k}=\frac{\pi}{2}\left(\frac{2(l-\delta_{\mathrm{PM},k})}{S_{\mathrm{PM,ax},k}}+\frac{2\tau_k}{S_{\mathrm{PM,tan},k}}\right)\rho_{\mathrm{PM}}\tag{7.266}$$

永磁体中（或永磁体分块）涡流的有效值为

$$I_{\mathrm{PM},k}=\frac{\hat{e}_{\mathrm{PM},k}/\sqrt{2}}{R_{\mathrm{PM},k}\sqrt{2}}\tag{7.267}$$

永磁体的电阻乘以$\sqrt{2}$是将电抗的路径考虑到阻抗路径之内。根据线性表面阻抗理论，涡流的相移φ_k为45°。那么，一个谐波极距下，在永磁体分块中的平均涡流功率为

$$P'_{\mathrm{PM,Ft},k}=E_{\mathrm{PM},k}I_{\mathrm{PM},k}\cos\varphi_k\tag{7.268}$$

永磁体中也存在w_{PM}/τ_k谐波电流路径且在电机中总共有$2p$块永磁体，因而，由槽开口一块宽永磁体中产生的每次谐波的总涡流损耗为

$$P_{\mathrm{PM,Ft,tot},k}=2p\frac{w_{\mathrm{PM}}}{\tau_k}P'_{\mathrm{PM,Ft},k}\tag{7.269}$$

通常上，大块宽的永磁体由于在它们中产生的损耗太大，因此不能直接使用，这种情况永磁体宽度w_{PM}必须要分成N_{lam}个小块。

在永磁体采用分块情况时，单个永磁小块的宽度要远小于谐波极距（$w_{\mathrm{PM}}/N_{\mathrm{lam}}\ll\tau_k$），根据传统叠片涡流损耗方程（见第3章3.6.2节），可以使用一种方法

$$P_{\mathrm{PM,Ft,lam},k}=\frac{V_{\mathrm{PM}}\pi^2f^2_{\mathrm{PM},k}w^2_{\mathrm{PM}}\hat{B}^2_k}{6\rho_{\mathrm{PM}}}\tag{7.270}$$

从上述给出的方程的变换，通过式（7.270）进行近似的计算并不能直接使用，因为很多齿谐波的极距仅有几个毫米，而如果将式（7.270）用于计算几毫米宽的分块时会给出过大的损耗值。因而，需要将上述的方法进行改进。当$\tau_k/n<w_{\mathrm{PM}}/N_{\mathrm{lam}}<\tau_k$情况时，其中$n\in$（3，4，5…）选择的方法应该使在式（7.270）边界上与下面修改的方程具有相同的损耗值；因此必须修改磁通表达式（7.262）、电阻表达式（7.266）及截面表达式（7.265）和（7.264）给出适合小永磁体分块的值：

$$\hat{\Phi}_{\mathrm{PM},k}\approx\hat{B}_k\frac{w_{\mathrm{PM}}}{N_{\mathrm{lam}}}l_{\mathrm{PM}}\tag{7.271}$$

永磁体中电阻的路径将会有所不同，因为现在谐波极距没有定义路径的宽度，也不是正弦的涡流分布。同时，窄小的分块使得涡流向永磁体分块的端部流动，因而

$$R_{\mathrm{PM,Ft},k}\approx2\left(\frac{l}{S'_{\mathrm{PM,ax},k}}+\frac{w_{\mathrm{PM}}/N_{\mathrm{lam}}}{S'_{\mathrm{PM,tan},k}}\right)\rho_{\mathrm{PM}}\tag{7.272}$$

式中

$$S'_{\mathrm{PM,ax},k} \approx \frac{w_{\mathrm{PM}}}{2N_{\mathrm{lam}}} \times \frac{\delta_{\mathrm{PM},k}}{2}\left(1 - \mathrm{e}^{-2h_{\mathrm{PM}}/\delta_{\mathrm{PM},k}}\right) \tag{7.273}$$

轴向电流一直流动到小分块的端部，因而，可以考虑切向路径的宽度与分块的宽度相同，且该宽度与式（7.273）具有相同的值，即

$$S'_{\mathrm{PM,ax},k} \approx S'_{\mathrm{PM,tan},k} \tag{7.274}$$

7.3.10.10　绕组谐波引起的涡流损耗

齿圈绕组电机产生了大量的绕组谐波。在这样的电机中一系列的异步磁通频率会经过转子。定子谐波在永磁体中引起的涡流损耗可以用计算磁导谐波引起的涡流损耗的方法来计算。用永磁体表面上等效面电流表示的定子电流链可以用下式计算：

$$\hat{\Theta}_{\mathrm{s}\nu} = \frac{m}{2}\,\frac{4}{\pi}\,\frac{k_{\mathrm{w}\nu}N_{\mathrm{s}}}{p\nu}\,\frac{1}{2}\sqrt{2}I_{\mathrm{s}} = \frac{mk_{\mathrm{w}\nu}N_{\mathrm{s}}}{\pi p\nu}\hat{i}_{\mathrm{s}} \tag{7.275}$$

在光滑气隙中，定子电流链产生的谐波幅值取决于绕组因数为

$$\hat{B}_{\mathrm{s}\nu} = \mu_0\frac{\hat{\Theta}_{\mathrm{s}\nu}}{\delta_{\mathrm{ef}}} \tag{7.276}$$

现在，从永磁体涡流损耗角度来看，每一次含量较大的谐波都必须要被分析。

例 7.6：一台 12/10 电机绕组因数为 $k_{\mathrm{w1}}=0.067$，$k_{\mathrm{w-5}}=0.933$，$k_{\mathrm{w7}}=0.933$，$k_{\mathrm{w-11}}=0.067$，$k_{\mathrm{w13}}=0.067$，$k_{\mathrm{w-17}}=0.933$ 等。在 12/10 电机工作于 −5 次空间谐波情况下，从转子表面永磁体的角度确定角频率。

解：机械角速度 $\Omega=-\omega_{\mathrm{s}}/5$。定子基波行进速度 ω_{s} 为正方向，而永磁体以 $-\omega_{\mathrm{s}}/5$反方向行进。由永磁体表面基波引起的角速度为 $1\frac{1}{5}\omega_{\mathrm{s}}$。7 次谐波以 $+\omega_{\mathrm{s}}/7$ 正方向行进，其极距为 1/7 基波极距，因而从转子表面看，基于该次谐波的角速度 $\left(\frac{1}{5}+\frac{1}{7}\right)\times7=\left(\frac{12}{35}\right)\times7=\frac{84}{35}=2\frac{2}{5}$。其余的谐波遵循下面角速度的标幺值。

空间谐波次数 ν	转子表面 $\omega_{\mathrm{PM,p.u.}}$
1	$1\frac{1}{5}$
7	$2\frac{2}{5}$
−11	$1\frac{1}{5}$
13	$3\frac{3}{5}$
−17	$2\frac{2}{5}$
19	$4\frac{4}{5}$

上面描述的用于磁导谐波的方法也可应用于定子谐波中。现在，值得注意的是有几次定子谐波，根据分块的数量，其极距会宽于永磁体分块的长度。例如在 12/10 电机

中，基波极距覆盖5个转子永磁体磁极。与 Pyrhönen 等（2012）在37kW 永磁同步电机永磁损耗测量中得到的数据非常吻合。

7.3.10.11　永磁同步电动机特性及转子表贴式永磁同步电动机的功率因数

下面简单分析隐极永磁同步电动机的功率因数。隐极永磁同步电动机仅有交轴电流产生转矩。因而其通常为 $i_d=0$ 控制。我们将研究一台转子表贴式永磁同步电动机，其参数 $\Psi_{PM}=1$ 且 $L_s=0.6$。$L_s=0.6$ 是因为这样的电机在额定电压供电时，具有提供峰值转矩为 1.6p.u. 的能力。通常在控制中尽可能使用 $i_d=0$。图7.66表明电机在额定电压和电流下，最高可能转速为 $\omega_s=0.86$，其为 $i_d=0$ 时基速 $\omega_s=1.0$ 的86%。

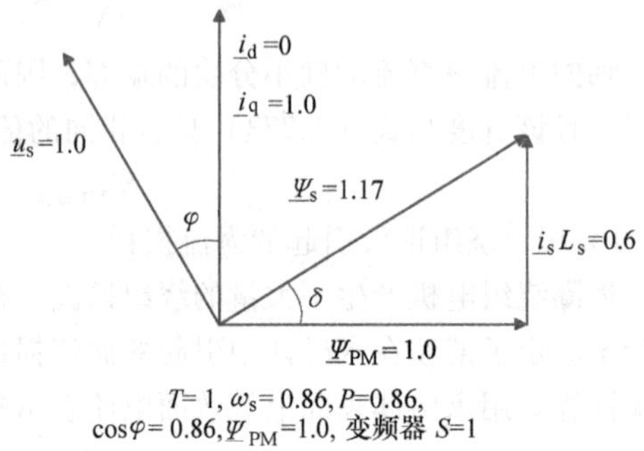

图7.66　在电机弱磁极限时，$i_d=0$ 控制电机相量图。功率因数角 $\varphi\approx31°$，且在 $i_d=0$ 时负载角同样相同，为 $\delta\approx31°$

在 $i_d=0$ 控制下，参数 $\Psi_{PM}=1$、$L_s=0.6$ 的电机在速度为 $\omega_s=0.86$（空载转速 $\omega_s=1.0$）时，达到最大电压 $u_s=1$，这是因为电机不饱和，定子磁链由于电枢反应及漏磁上升到 $\Psi_s=1.17$。变频器的额定视在功率也在该点达到 $S=1$。在该转速以下时，没有必要提升功率因数，只需增大退磁电流来降低直轴磁链。如果不增加电流，那么转矩也会同时下降。

如果由于一些原因，需要提高功率因数 $\cos\varphi=1$，有两种可选方法：①降低供电电压；②提高永磁体的磁链。

如果在原来工作速度 $\omega_s=0.86$ 时，用 $i_d<0$ 及 $\cos\varphi=1$ 代替 $i_d=0$ 及 $\cos\varphi=0.86$，则应该降低供电电压至 $u_s=0.8\times0.86=0.69$ 来达到 $\Psi_s=0.8$。现在，在 $i_s=1$时，电机的转矩减小到 $T=0.8$（代替之前的 $i_d=0$ 时，$T=1$）且电机的功率为 $P=0.69$。原理上，相应的可以使用变频器使 $u=0.69$ 及 $i_s=1$。然而，这种情况基本不能发生，因为电机空载电压应该仍然是1，除非其总是主要工作于 i_d 为负的情况。图7.67给出了功率因数为1的相量图。

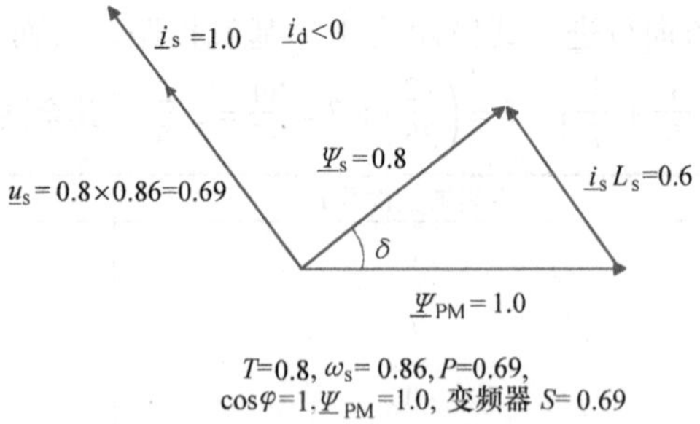

图7.67　额定速度86%时的功率因数等于1。为了能够获得 $\cos\varphi=1$，电机电压必须降低，因此定子磁链、转矩及功率也随之降低

如果希望实现 $\cos\varphi=1$，$\omega_s=1$，$T=1$ 且 $P=1$，电机应该安放更多永磁体使 $\Psi_s=1.15$。然而，现在电机的空载转速下降到 $\omega_s=0.87$，或者电机空载时必须运行于 $i_d=-0.15/0.6=-0.25$，以将定子磁链减少到 $\Psi_s=1.0$（见图7.68）。

通常，转子表贴式电机要尽可能地工作于 $i_d=0$，且负向 i_d 的大小逐渐地增加以在负载时达到空载速度。图 7.69 给出了电机在额定速度、额定电压和额定电流且 $\Psi_{PM}=1$ 运行时的情况。

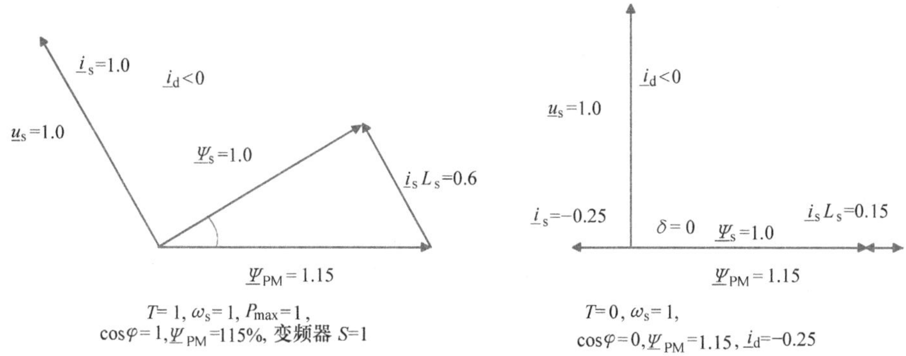

图 7.68　提高永磁体磁链以在额定转速、额定电压、额定电流下达到 $\cos\varphi=1$。电机空载情况下需要负的直轴电流以保持定子磁链为 1

当电动机进一步加速时，转矩变得更低但速度提升更快，并且将会达到 $\cos\varphi=1$、$T=0.8$ 及 $P=1$ 的工作点（见图 7.70）。因而，电动机会在功率因数达到 1 时，达到最大功率。然而，这可以通过弱磁提速来实现。这与图 7.67 的情况有些类似。为了使得功率因数为 1 需要削弱永磁体产生的磁链。

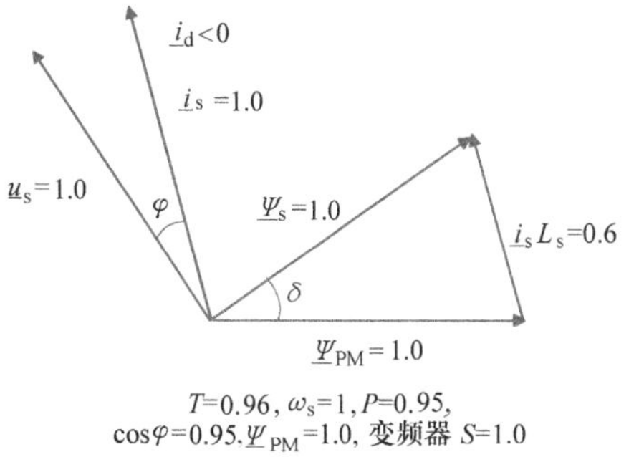

图 7.69　电动机在额定电压、额定电流及额定转速 $\omega_s=1$ 运行。在 $\cos\varphi=0.96$ 时功率达到 $P=0.95$

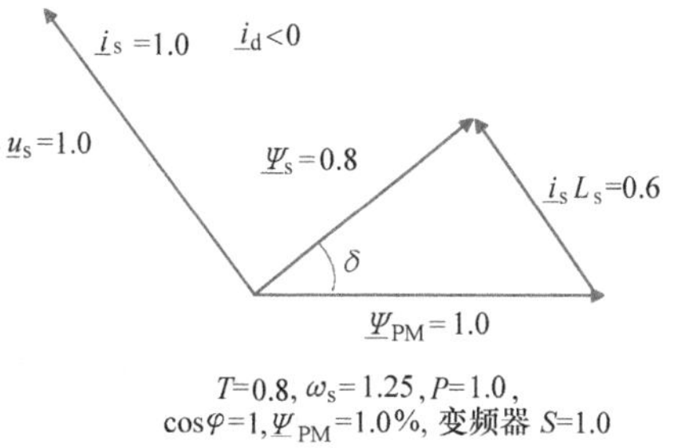

图 7.70　$\omega_s=1.25$ 时的相量图。在该转速及功率下，功率因数达到 1。同时，电机也在该点达到最大功率，$P=1$。然而，定子磁链降低到 $\Psi_s=0.8$

加强直轴退磁电流，电机的速度可以进一步提升。图 7.71 给出了 2 倍额定转速时电机的状态。

已经证明，$i_d=0$ 控制是最有效率的，只要其能够应用不必担心功率因数。图 7.22 也给出了当达到基速 $\omega_s=1$ 时，驱动如何从 $i_d=0$ 移动到 $i_d<0$ 的。

在 $L_s=0.6$、$u_s=1$、$i_s=1$ 情况下，在转速 $\omega_s=1.25$ 时，$\Psi_{PM}=1$、$L_s i_s=0.6$、$\Psi_s=$

0.8会形成直角三角形。在该点转矩会变为 $T=0.88$，功率将为 $P=1$。转矩已变低，但是随着速度增加，驱动的功率及功率因数增加。在该点之后功率因数变成容性且转矩及功率开始下降，如图7.72所示。

开始功率因数保持恒定，实行 $i_d=0$ 控制。在之后实行功率因数等于1控制。

当电动机在低功率下驱动且 $i_d=0$ 时，功率因数在低速时将会更高并且 $i_d=0$ 的区域增加。例如，如果 $i_q=0.5$，图7.66会转变成图7.73。

在永磁体嵌入式且 $L_d \neq L_q$ 的情况，存在几种可能的控制策略来驱动电机。利用磁阻转矩会使得 $L_q>L_d$ 的电机可以通过施加小的负直轴电流和大的交轴电流获得最大转矩。然而，在这里对凸极永磁同步电机最优驱动不做进一步研究。

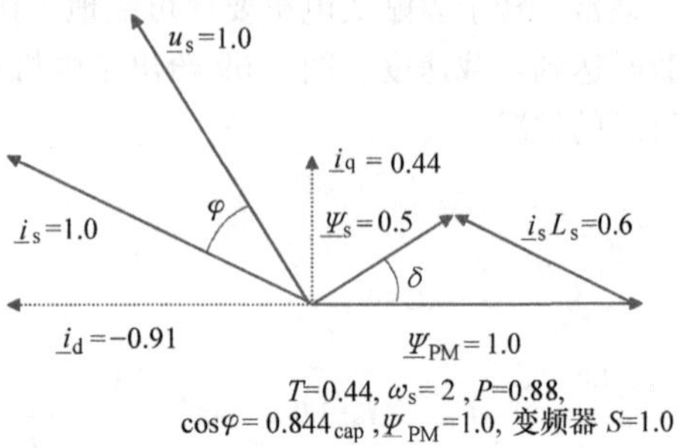

图7.71　$\omega_s=2$ 时永磁同步电动机的相量图。因为交轴电流较小，所以转矩现在降低到 $T=0.44$ 且功率到 $P=0.88$。功率因数为容性的。如果电机在该转速下自由运行，永磁体感生的空载电压应该为 $E_{PM}=2$。这是一个比较危险的数值，并且当连接到变频器时，必须确保电机不会在这样高的转速下空载运行

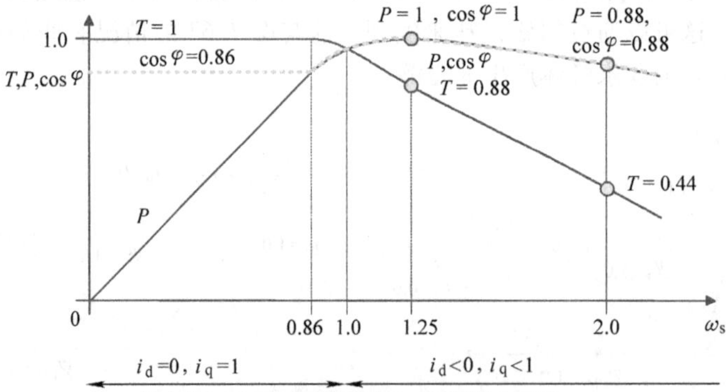

图7.72　$L_s=0.6$ 的永磁同步电动机在不同转速时，转矩、功率及功率因数的状态

7.3.10.12　永磁无刷直流电机

永磁无刷直流电机（BLDC）在自动化领域中一直受到关注同时在小功率的驱动应用中也被广泛使用。原理上，永磁无刷直流电机与永磁同步电机之间的差别很明显，但是在实际应用中这些电机非常相似。永磁无刷直流电机是反电动势为方波的永磁交流电机，而永磁同步电机是反电动势为正弦波的交流电机。原理上两者存在明显不同，但在实际中这些电机类型彼此很容易混淆。具有正弦电压但是根据其控制还是被称为永磁无刷直流电机的电机很常见。

设计永磁无刷直流电机最简单的方法是使用转子表面磁钢产生方波气隙磁通密度及每极每相两槽（$q=2$）的三相单层分布绕组。使用这种方法，电机反电动势原理上保

持方波。

然而，这些电机的控制原理上完全不同。永磁无刷直流电机由直流电流脉冲驱动（正负脉冲看起来像交流方波）且其控制从原理上为直流电机的控制。这些脉冲根据转子位置编码器，向电枢供电，因此电流脉冲与反电动势方波脉冲同步，这样就可以获得平滑的转矩输出。

永磁同步电机需要正弦电流及矢量控制来产生平滑的转矩。自然地，如果其安装有阻尼绕组，其也能够直接在线运行。

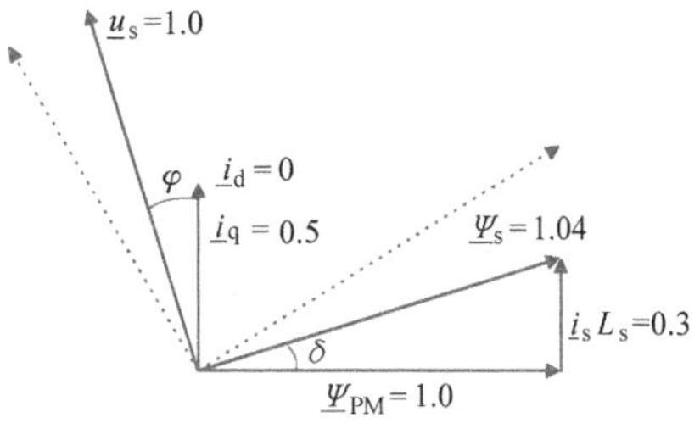

图 7.73　$i_q=0.5$ 时，$i_d=0$ 的范围。$i_d=0$ 使转速在 $i_d<0$ 之前，由 $i_q=1$ 时的 $\omega_s=0.86$ 提高到 $\omega_s=0.96$。虚线相量表示图 7.66 中的相应相量

7.3.11　同步磁阻电机

同步磁阻电机（SyRM）是最简单的同步电机。同步磁阻电机的运行基于直轴与交轴电感之间的差。同步磁阻电机的功率可以通过负载角方程得到［也可见式（7.195）或式（7.230）］。

$$P=3U_s^2\frac{L_d-L_q}{2\omega_s L_d L_q}\sin 2\delta=\frac{3U_s^2}{2\omega_s}\left(\frac{1-\frac{L_q}{L_d}}{L_q}\right)\sin 2\delta \tag{7.277}$$

在式（7.277）中，可以看出交轴同步电感越小且直轴电感越高，在特定负载角下功率和转矩越高。在实际中，L_q 的限制值是定子漏感 $L_{s\sigma}$；因而电感 $L_q>L_{s\sigma}$。设计者的任务是最大化电感比率 L_d/L_q 以获得良好的性能。

实际中，不管转子上是否存在阻尼绕组，高电感比率的同步磁阻电机只能用变频器驱动。高转子凸极比使得转子在直接电网驱动时不能全速但能保持半速起动。这是由于前面所讨论的与部分阻尼绕组结合产生的现象（见图 7.45）。在高凸极比时，转子受到反向旋转磁场所产生高转矩的制约，而不能起动。

图 7.74 给出了同步磁阻电机各种类型的转子。在图 7.74a 及 b 中，其转子从感应电机的转子转化而来。这种加工方法产生的电感比率、功率因数及效率都很低。然而，这种电机可以在直接在线（DOL）的场合工作。

以前，在同步磁阻电机上的研究趋向于创造转子结构以达到高电感比。图 7.74c 给出了同步磁阻电机的定子和转子叠片，由圆薄电工钢片制成。板片导磁被称为磁导向，而在磁导向之间的气隙被称为磁障。当磁导向与磁障的比例近似为 50∶50 时，可以获得最优的电感比率，每极下需要存在几处磁导向与磁障。如果只使用磁导向，如图 7.74b 所示，最终得到的是典型传统同步电机电感比率。这种情况下，磁导向的形成结构类似于极靴结构。与气隙邻近的较宽极靴保证了良好的交轴磁通路径，而这种结构产生的电感比率范围在 $L_d/L_q=2\sim3$。如果想要得到更高的电感比率，应该通过在转子轴的方向上布置叠片来得到转子结构，这种结构被称为“轴向布置叠片的转子”或者一些文献中称为“轴向叠片”。图 7.74d 给出了 2 极布置的情况，这可以获得很高的电感比。图 7.74g 给出了轴向布置叠片的 4 极转子，这将会在后面进行详细的分析。

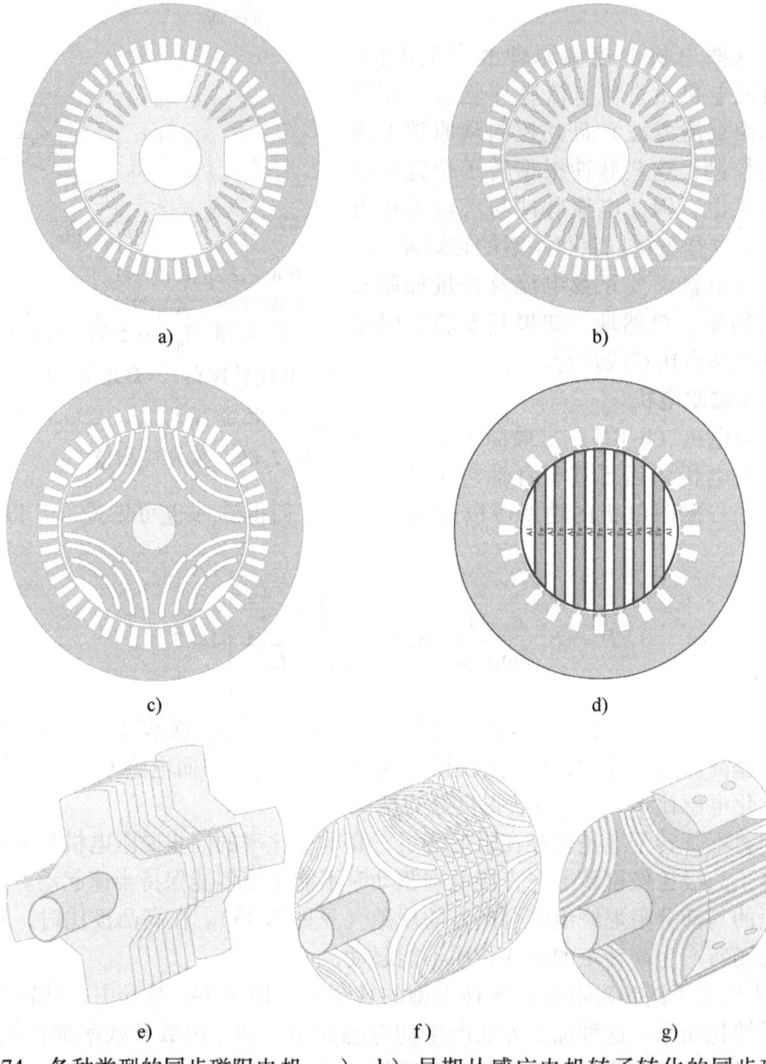

图7.74 各种类型的同步磁阻电机：a)、b) 早期从感应电机转子转化的同步磁阻电机转子。电感比率 L_d/L_q 典型值2~3。c) 具有切割磁障的4极电机的定子及转子叠片。转子板片从单一的片材冲压而成，因而为了保持结构的形状，在磁障及导磁区留有几个桥。磁桥的存在显著降低了电感比率。根据目前提供的结构，并且应用在小气隙中，电感比率可以达到 $L_d/L_q=10$。d) 轴向放置转子叠片的2极同步磁阻电机定子和转子叠片。转子由不同尺寸的矩形铁心和铝制叠片组成，铁心板片用做磁导，铝板片用做磁障。这种类型的转子的交轴电感非常小，然而，直轴电感可以很大。因此可以获得较大的电感比。然而这种结构非常难以加工，并且转子的铁心损耗往往很高。在图中，铝与铁板片一片接一片的扩散焊接。可以使用不锈钢板片或者一些非导体复合材料来代替铝板片。注意到在该图中没有安装轴的孔。轴端可以附加在其上，例如使用摩擦焊。e) 叠片径向放置电感比率低的4极转子三维视图。f) 图c的三维视图，叠片具有磁障。g) 轴向放置叠片4极转子的三维视图

图 7.75 给出了同步磁阻电机的相量图。从中可以看出交轴同步电感越低，功率角就会越小。另一方面，直轴电感越大，所需的直轴励磁电流越小，电机的功率因数也越高。而且显然交轴电枢反应应该保持较小。另外，当定子磁链离交轴越来越远时，不可能获得较高的功率因数。永磁体辅助型同步磁阻电机正是基于该基本思想：永磁体用于补偿交轴电枢反应。图 7.76 给出了永磁体磁通对交轴电枢反应的补偿效果。

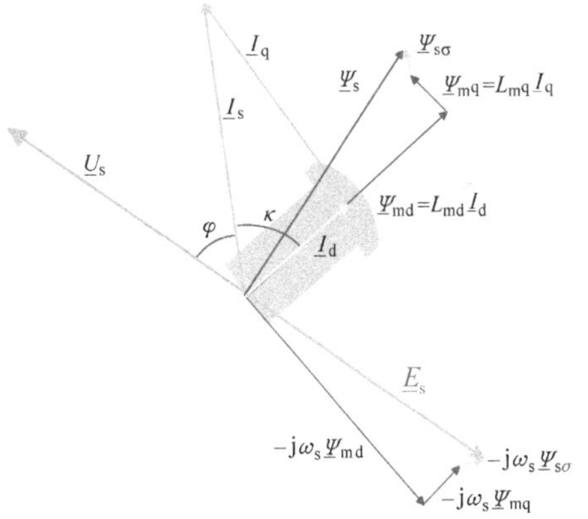

图 7.75　同步磁阻电机的相量图。在图中，使用标幺值 $l_{md}=2$ 且 $l_{mq}=0.2$，$l_{s\sigma}=0.1$，因而电感比率 $L_d/L_q=2.1/0.3=7$。功率因数 $\cos\varphi\approx0.66$

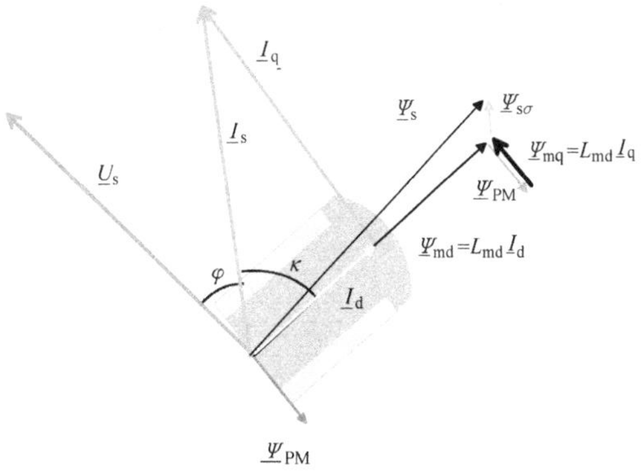

图 7.76　图 7.75 中同一台同步磁阻电机的相量图，但安装了电枢反应补偿永磁体，其产生的永磁磁链为 $\Psi_{PM}=0.25$。功率因数已经得到极大的提高，$\cos\varphi\approx0.8$

图 7.77 给出电感比率对同步磁阻电机转矩产生能力随电流角变化的影响。如图所示，同步磁阻电机不会产生太高的迁出转矩。电流角 κ 为直轴与定子电流间测量的夹角。

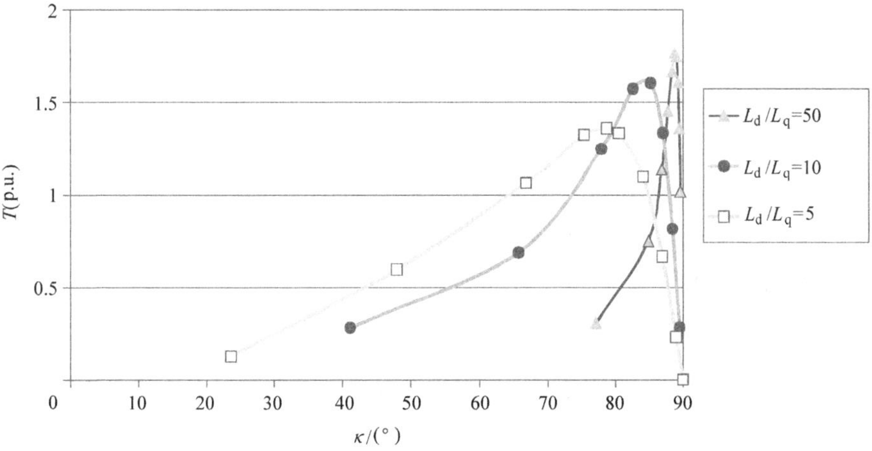

图 7.77　电感比率对同步磁阻电机转矩产生能力与电流角 κ 关系的影响。在计算中，使用的是感应电机相应的定子额定电流。计算的数值为 30kW、4 极、50Hz 电机。图中所示的 $L_d/L_q=50$ 实际应用中并不存在，仅为学术兴趣所做。经 Jorma Haataja 授权重新绘制

同步磁阻电机高电感比率使得电流角较高，因而负载角小且功率因数高，如图7.78所示。

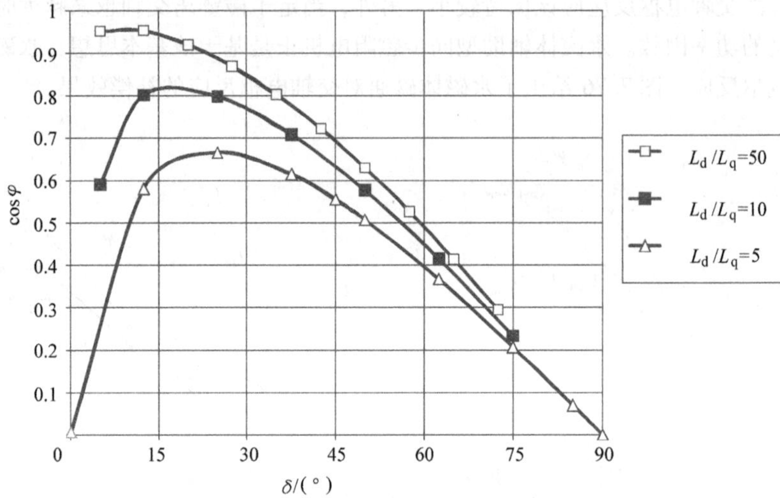

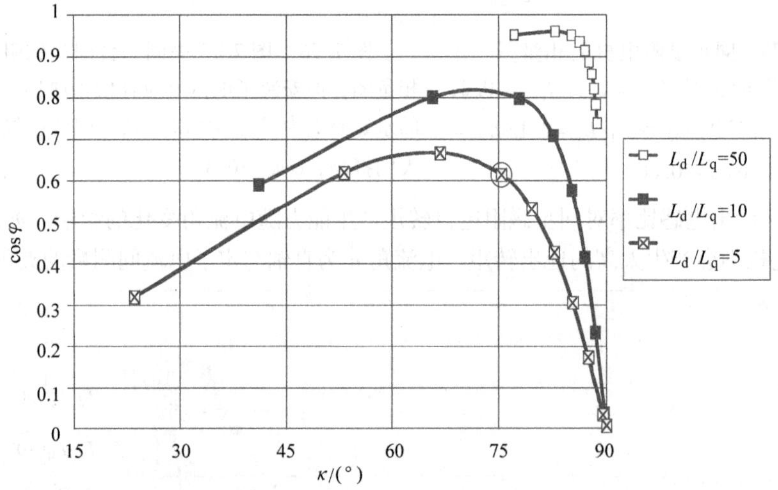

图7.78　不同电感比率下，同步磁阻电机的功率因数与负载角和电流角间的函数关系。计算基于30kW、4极、50Hz电机。图中所示的$L_d/L_q=50$实际应用中并不存在，仅为学术兴趣所做。经Jorma Haataja授权重新绘制

图7.79描述了电机功率因数与轴输出功率（电动机功率）间函数关系的特性。图中明确地反映出高电感比率对获得较高电机特性的重要性。实际中，电感比率的可能范围在20以内。

7.3.11.1　叠片轴向排列的转子结构

这种转子布置被称为轴向叠片转子。图7.74d给出了2极电机且在图7.74g、图

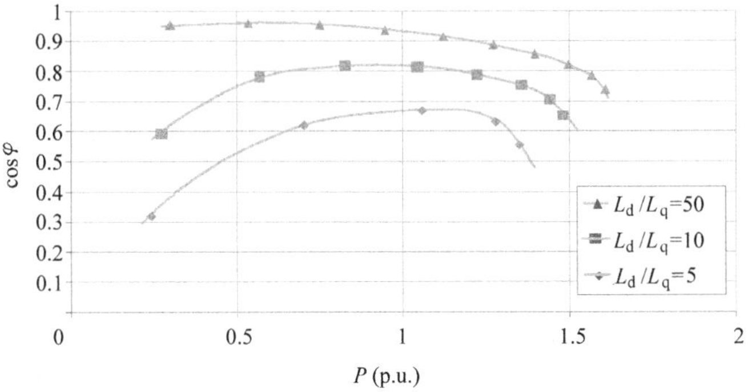

图 7.79　额定转速下，同步磁阻电机功率因数与轴输出功率间的函数关系。计算基于 30kW、4 极、50Hz 电机。图中所示的 $L_d/L_q=50$ 实际应用中并不存在，仅为学术兴趣所做。经 Jorma Haataja 授权重新绘制

7.80 和图 7.72 中给出了可能的 4 极转子布置的草图。叠片弯曲角度为 α_{lam} 并且固定在非导磁三角架上，形成转子的机械铁心。

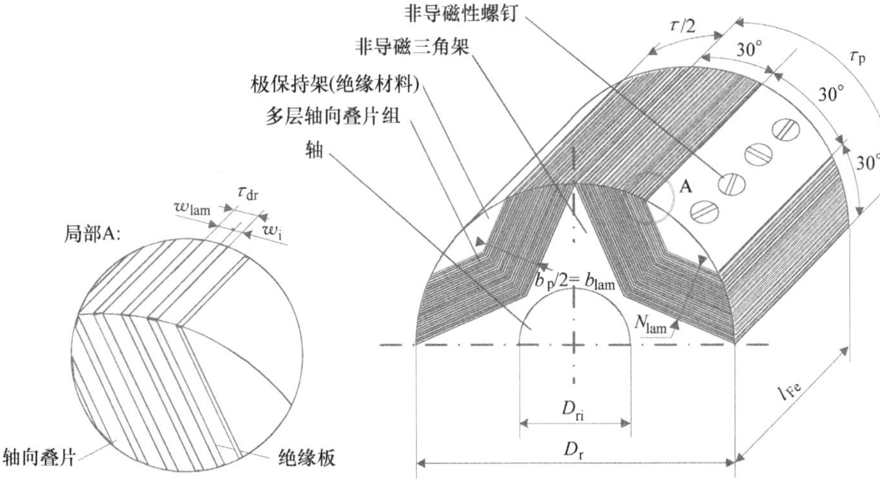

图 7.80　轴向布置叠片 4 极转子的略图

可以根据直轴与交轴的磁通分布，用解析方法分析这样的转子。沿着磁路，可以研究两个基本位置的磁导率：

定子电流链位于直轴：$\hat{\Theta}_{sld}$，如图 7.81a 所示；

定子电流链位于直轴：$\hat{\Theta}_{slq}$，如图 7.81b 所示。

电机的性能由通过比较直轴与交轴励磁电感（L_{md}，L_{mq}）及隐极圆柱转子的励磁电感 $L_{m\delta}$ 来确定。根据式（7.202）及式（7.203）引入凸极因数 k_d 及 k_q。详细研究这两个因数是因为它们反映了转子结构对性能的影响。凸极因数的定义如图 7.81 所示，图中

给出了定子电流链基波谐波 $\Theta_{\mathrm{s1d,q}}$ 的波形及其幅值 $\hat{\Theta}_{\mathrm{s1d,q}}$，真实磁通密度的波形及其包络轮廓，基波谐波的磁通密度 $\hat{B}_{\delta\mathrm{d1}}$、$\hat{B}_{\delta\mathrm{q1}}$，以及一个极距 τ_{p} 内叠片厚度 τ 的跨距。

凸极因数 k_{d} 及 k_{q} 定义为 $\hat{B}_{\delta\mathrm{d1}}$、$\hat{B}_{\delta\mathrm{q1}}$ 与隐极转子 $\hat{B}_{\delta1}$ 的比率，即

$$k_{\mathrm{d}} = \frac{\hat{B}_{\delta\mathrm{d1}}}{\hat{B}_{\delta1}} = \frac{4\delta k_{\mathrm{Cs}}}{\tau_{\mathrm{p}}}\int_0^{\tau_{\mathrm{p}}/2}\frac{1}{\delta_{\mathrm{d}}(x)}\cos^2\frac{\pi}{\tau_{\mathrm{p}}}x\mathrm{d}x \tag{7.278}$$

$$k_{\mathrm{q}} = \frac{\hat{B}_{\delta\mathrm{q1}}}{\hat{B}_{\delta1}} = \frac{4\delta k_{\mathrm{Cs}}}{\tau_{\mathrm{p}}}\int_0^{\tau_{\mathrm{p}}/2}\frac{1}{\delta_{\mathrm{q}}(x)}\sin^2\frac{\pi}{\tau_{\mathrm{p}}}x\mathrm{d}x \tag{7.279}$$

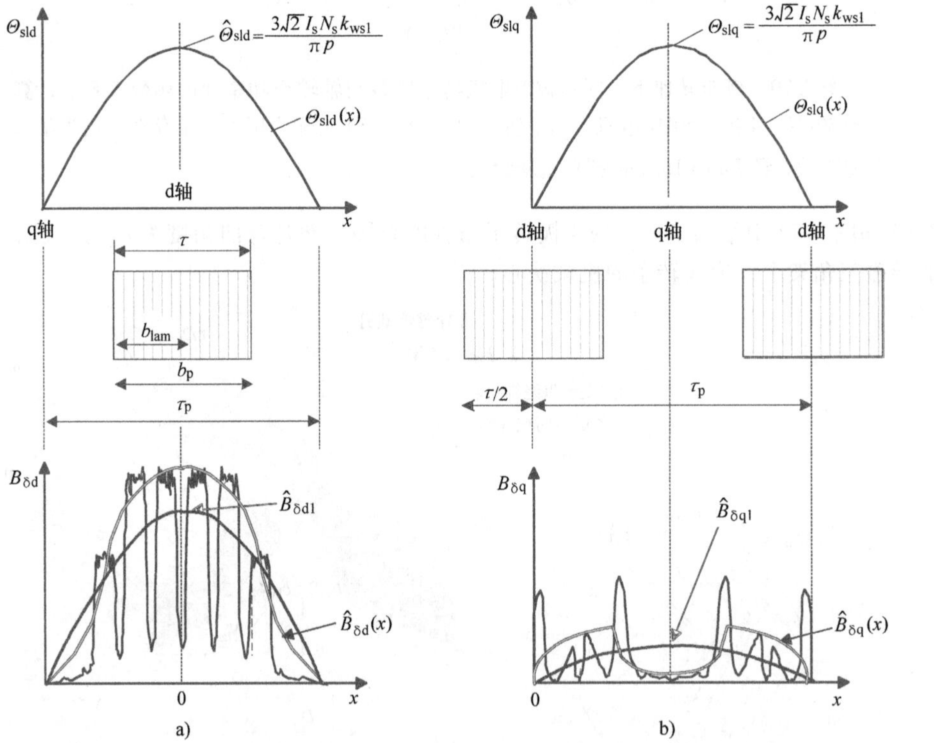

图7.81 交、直轴电流链及相应磁通密度波形，包括实际磁通密度曲线。实际磁通密度曲线 $B_{\delta\mathrm{d,q}}(x)$ 由于两边气隙磁导变化的原因畸变较为严重

式中

$$\hat{B}_{\delta1} = \frac{\mu_0}{\delta k_{\mathrm{C}}}\frac{3}{\pi}\sqrt{2}I_{\mathrm{s}}\frac{N_{\mathrm{s}}k_{\mathrm{ws1}}}{p} \tag{7.280}$$

在式（7.278）~式（7.280）中，气隙 δ 为直轴上的物理气隙。为了得到合适的凸极因数，以下方面必须要考虑在内：首先，在直轴，必须考虑叠片的饱和，这可以通过引入饱和系数 k_{dsat} 来解决［见式（6.34）］。交轴上的饱和可以忽略，因为这种转子在交轴上不存在饱和的铁心磁桥。当加入漏感后，直轴上的同步电感如下：

$$L_d = \frac{L_{md}}{(1+k_{dsat})} + L_\sigma = \frac{k_d L_{m\delta}}{(1+k_{dsat})} + L_\sigma \tag{7.281}$$

式中，k_d 从式（7.278）计算得到；L_{md}为电机非饱和时的计算值。

其次，在交轴上仅部分磁力线垂直地通过叠片、它们的绝缘及非导磁三脚架。磁力线的另一个部分沿着叠片进入气隙及定子齿，并回到转子，在定子与转子部分之间振动。因而，引入系数 k_{qpar}来考虑这些平行路径。此系数根据式（7.279）计算。如果引入 $\delta_{qpar}(x)$［见式（7.286）］来代替 $\delta_q(x)$，交轴上的同步电感为

$$L_q = L_{md} + L_{\sigma s} = k_{qpar} L_{m\delta} + L_\sigma \tag{7.282}$$

气隙轮廓函数 $\delta_{d,q}(x)$在此计算中非常重要。轮廓函数描述了磁力线在非导磁材料中的路径，即在虚拟放大气隙中（见下面表达式）。根据图 7.82，可以推导出下面的表达式：

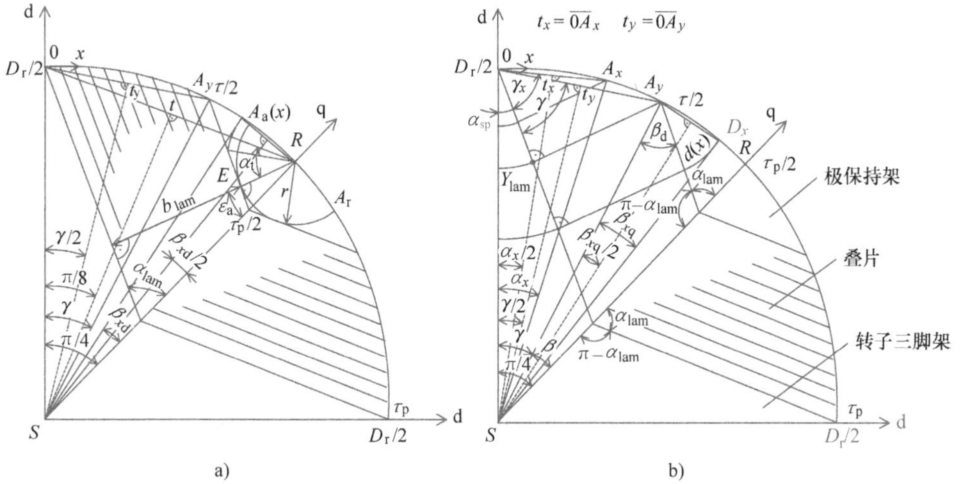

图 7.82　定子电流链的幅值在（a）直轴及（b）交轴时，转子轴向叠片布置的 4 极同步磁阻电机磁通路径

在直轴中，有

$$\begin{aligned}
\delta_d(x) &= \\
&= \delta k_C \quad 0 \leqslant x \leqslant \tau/2 \\
&= \delta k_C + \left(D_r \sin\frac{\beta_{xd}}{2}\right)\left[\alpha_{lam} - \frac{\beta_{xd}}{2} - \arccos\frac{r}{D_r \sin(\beta_{xd}/2)}\right] \quad \frac{\tau}{2} \leqslant x \leqslant \frac{\tau}{2} - r \\
&= \delta k_C + \left(D_r \sin\frac{\beta_{xd}}{2}\right)\left(\frac{\pi}{2} - \frac{\beta_{xd}}{2}\right) \quad \frac{\tau}{2} - r \leqslant x \leqslant \frac{\tau_p}{2}
\end{aligned} \tag{7.283}$$

在交轴中，对于通过绝缘和转子三脚架的路径，有

$$\delta_{qi}(x) = \delta k_C + D_r\left(\alpha_i \sin\frac{\alpha_x}{2}\sin\gamma_x + \alpha_{sp}\sin\frac{\alpha_x}{2}\cos\gamma_x\right) \quad 0 \leqslant x \leqslant \tau/2$$

$$= \delta k_C + \alpha_i b_{lam} + \left(D_r \sin\frac{\beta_{xq}}{2}\right)\left(\frac{\pi}{2} - \gamma - \alpha_{sp} - \frac{\beta_{xq}}{2}\right)$$

$$+ D_r\left(\sin\frac{\gamma}{2}\cos\gamma_t + \sin\frac{\beta_{xq}}{2}\right)\alpha_{sp} \quad \frac{\tau}{2} \leqslant x \leqslant \frac{\tau_p}{2} \tag{7.284}$$

在直轴中对于沿着叠片的路径，有

$$\delta_{qlam}(x) = \begin{cases} 2k_C\delta + D_r\alpha_i \sin\frac{\alpha_x}{2}\sin\gamma_x & 0 \leqslant x \leqslant \tau/2 \\ 2k_C\delta + \alpha_i b_{lam} + D_r\left(\sin\frac{\beta_{xq}}{2}\right)\left(\frac{\pi}{2} - \frac{\beta_{xq}}{2} - \alpha_{sp} - \gamma\right) & \frac{\tau}{2} \leqslant x \leqslant \frac{\tau_p}{2} \end{cases} \tag{7.285}$$

最后考虑两者的并联路径，有

$$\delta_{qpar}(x) = \frac{\delta_{qi}(x)\delta_{qlam}(x)}{\delta_{qi}(x) + \delta_{qlam}(x)} \tag{7.286}$$

尽管式(7.283)~式(7.286)是由4极转子推导而来，如果引入下列角度表达式，它们可用于任何$2p$极电机，也可用于2极电机；

$$\beta_{xd} = \frac{\pi}{2p}\frac{\tau_p - 2x}{\tau_p}, \quad \alpha_x = \frac{\pi x}{p\tau_p}, \quad \alpha_i = \frac{w_i}{w_i + w_{lam}}, \quad \beta_{xq} = \frac{\pi}{2p}\frac{2x - \tau}{\tau_p}, \quad \gamma_x = \frac{\pi}{2} - \frac{\alpha_x}{2} - \alpha_{sp}$$

$$r = D_r \sin\frac{\pi}{4p}\cos\left(\alpha_{lam} - \frac{\pi}{4p}\right) - b_{lam}, \quad \alpha_{sp} = \alpha_{lam} - \frac{\pi}{2p}, \quad \gamma = \frac{\pi}{2p}\frac{\tau}{\tau_p}$$

$$b_{lam} = D_r \sin\frac{\gamma}{2}\sin\left(\frac{\pi}{2} - \alpha_{sp} - \frac{\gamma}{2}\right)$$

$$\beta = \frac{\pi}{2p}\left(1 - \frac{\tau}{\tau_p}\right), \quad \gamma_t = \frac{\pi}{2} - \frac{\gamma}{2} - \alpha_{sp} \tag{7.287}$$

从式(7.281)~式(7.282)可以看到L_d/L_q与k_d/k_q比率并不一致。然而，k_d/k_q比率越大，电感比率L_d/L_q也会越高。因而，推荐使用这种解析方法来快速计算k_d和k_q及它们的比率k_d/k_q，来预测同步磁阻电机的性能且对转子结构做出选择。L_d/L_q最终值可由有限元方法或者解析计算得到。通常L_d/L_q为k_d/k_q比率的40%~50%。

实际电机的设计方式与异步电机相同，从定子开始。对转子的设计，最重要的参数是透入气隙的磁通。该磁通必须由极距τ的厚度及电机长度所确定面积，叠片的磁通密度B_{lam}来确定。因为铁心损耗与B_{lam}的平方成比例，所以B_{lam}值必须仔细选择。其他参数N_{lam}、w_{lam}、w_i、τ及τ/τ_p根据图7.84中所给的曲线来选择。它们是根据式(7.283)~式(7.287)对实际电机进行构建的（见例7.7）。

例7.7：转子上叠片径向放置的同步磁阻电机的原始铭牌（见图7.74a）如下：400W，4极，380V，星形联结，2A，50Hz，1500min^{-1}。进一步的数据可以通过电机的逆向设计得到：定子匝数$N_s = 408$，定子基波因数$k_{w1} = 0.959$，气隙长度$\delta = 0.2\text{mm}$，气隙磁通密度为0.848T，每极磁通为2.416mWb，$D_r = 77.6\text{mm}$。使用同样的定子，设计新的叠片轴向布置转子（见图7.74g）。

解：对转子设计，使用电工钢片 M700－50A，0.5mm。没有添加额外的绝缘层，因而，绝缘厚度为 $w_i=0.076\text{mm}$（通常两层电工钢片绝缘）。根据图 7.84 选择比率 $\tau/\tau_p=2/3$，转子叠片的数量为 $N_{lam}=26$，叠片中的磁通密度为 1.27T 且凸极因数比例为 $k_{dsat}/k_{qpar}=8.45$。最后电感比率为 $L_d/L_q=4.07$。

设计生产叠片轴向布置的转子。新制造电机装配这个转子及原来同步磁阻电机的定子，提高其凸极比（见图 7.83）且其他满载下的参数如表 7.10 所示。然而，新电机在空载时铁心损耗增加了。这是由于典型的轴向布置的叠片要比径向布置的叠片承受更多的磁导谐波。

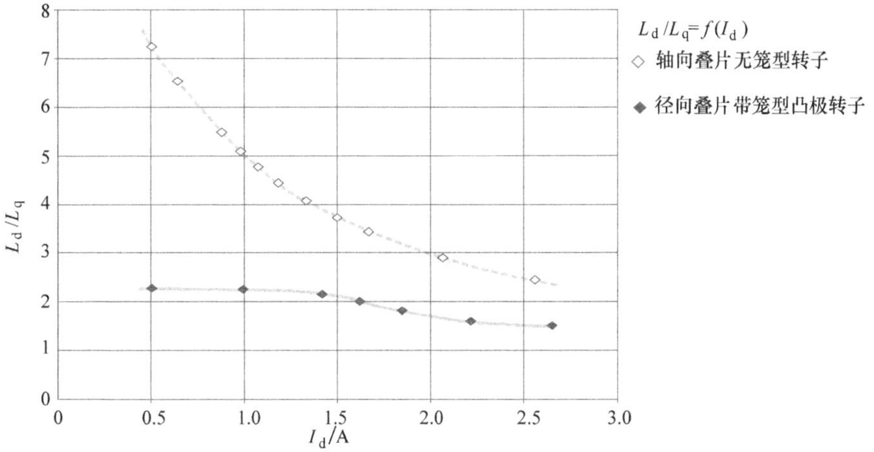

图 7.83　如果 $I_d=I_q$，凸极率 $\zeta=L_d/L_q$ 随电流变化关系，由例 7.8 得到

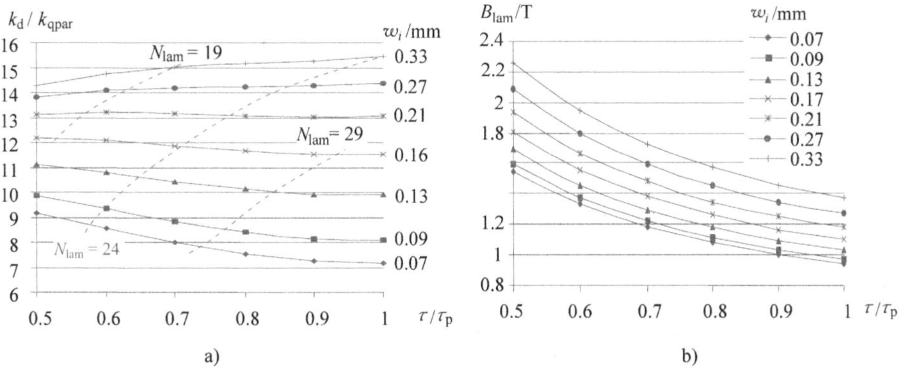

图 7.84　4 极同步磁阻电机 k_d/k_{qpar} 与电机设计参数关系，$\delta=0.2\text{mm}$，$D_r=77.6\text{mm}$，$\alpha_{lam}=70°$，$w_{lam}=0.5\text{mm}$，$\alpha_i=w_i/(w_i+w_{lam})$

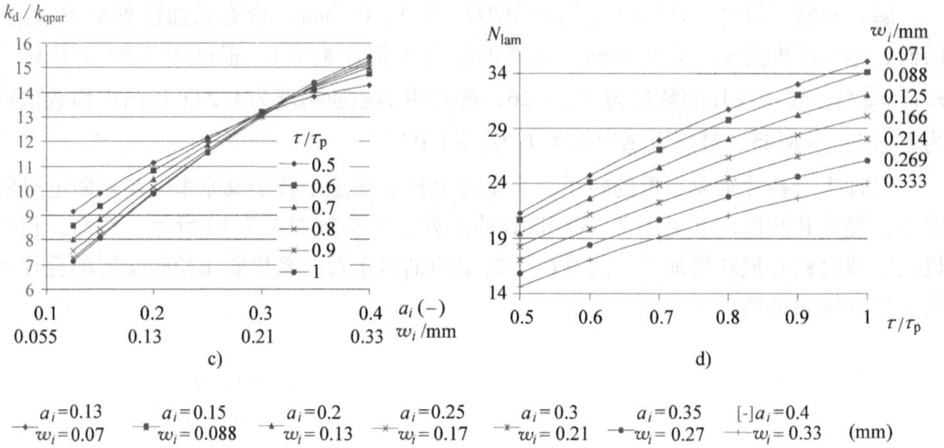

图7.84　4极同步磁阻电机 k_d/k_{qpar} 与电机设计参数关系，$\delta=0.2\text{mm}$，$D_r=77.6\text{mm}$，$\alpha_{lam}=70°$，$w_{lam}=0.5\text{mm}$，$\alpha_i=w_i/(w_i+w_{lam})$（续）

表7.10表明如果基于相同定子电流进行比较，新电机主要提高了功率因数和输出功率。尽管由于铁心损耗增加，效率还是提高了。如果基于相同输出功率393W（近似的原电机的额定功率），可以看出新电机在1.5A的时候就可以输出这个功率，而原电机要2.0A。

表7.10　径向与轴向叠片转子同步磁阻电机满载、等电流与等功率输出时的比较

$U_{ph}=220\text{V}$ 定子电流/A	原始径向叠片转子	新轴向叠片转子	
	2A	2A	1.5A
视在输入功率/(VA)	1320	1320	999
输入有功功率/W	585	960	584
功率因数	0.44	0.709	0.585
输出功率/W	393	706	393
效率（%）	67.0	73.6	67.2

另一种受欢迎的永磁同步磁阻电机的转子是具有切割磁障的转子，如图7.74c、f所示。与轴向叠片转子比较，其主要优点是这样磁障转子叠片与感应电机转子叠片较为相似，且这些叠片与感应电机叠片放置的方式也相同。因而，加工技术也更为精细。

对磁障转子同步磁阻电机的性能的研究与轴向叠片转子的过程相似。在图7.85中，给出了由FEM计算出的直（d）轴与交（q）轴磁场图。这个图有助于理解磁通线的形状，且与上述解释轴向叠片转子类似，据此可以产生气隙轮廓函数的表达式。

磁障合适的形状、它们的数量及整个转子的结构可以进行优化以确保最优的转矩能

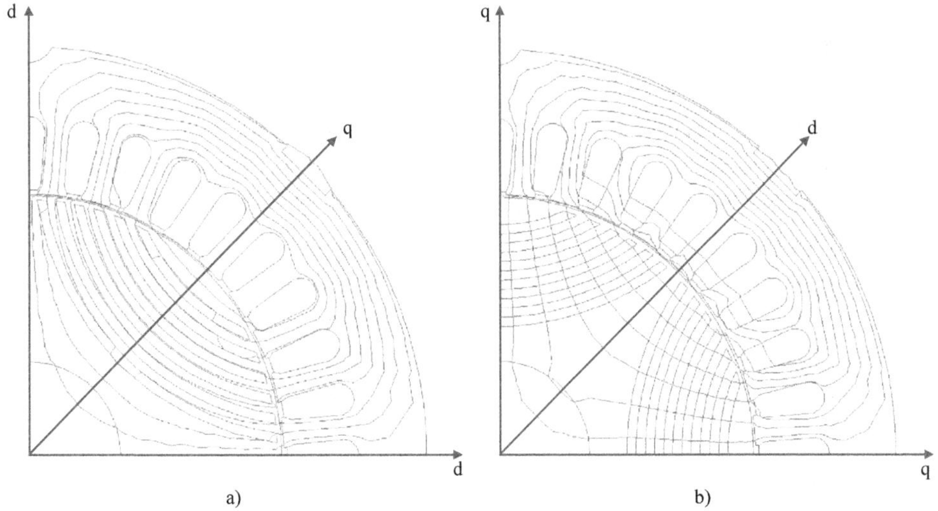

图 7.85　磁障转子 4 极同步磁阻电机磁场分布的 FEM 分析结果：a）在直轴上；b）在交轴上

力及最小的转矩波动，最小化所有的次要效应例如转子铁心损耗、振动和噪声及影响到最大效率的所有电参数。交轴磁通必须尽可能地阻断，这样就可以获得较低的 L_q，且同时在直轴中，磁通必须非常顺利地通过，这样可以获得最大的 L_d。达到这种目的的一个办法是将磁障形状与圆叠片无磁障中自然磁通线形状对齐。这种方法的详细分析请参考 Moghaddam（2011）的文献。

在图 7.86 中，给出了三种不同设计（初始、改善及优化）。4 极结构在恒转矩宽速范围内在效率、功率因数及温升方面展现了最好的性能。具有磁障的最优转子结构在转矩能力、期望效率、功率因数、绕组温升等方面与感应电机具有可比性。

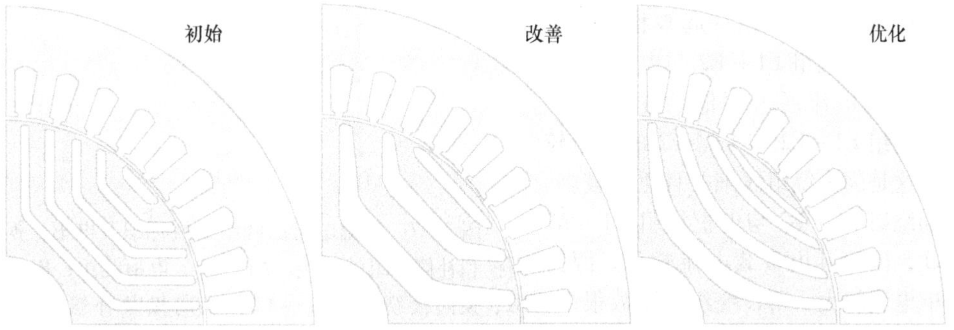

图 7.86　同步磁阻电机在初始、改善及优化布置情况下的不同设计（修改源自 Moghaddam2011）。在实际电机中，最内层磁障的径向肋槽是所需的，以支持电机更高速运行（图中未给出）

7.4 直流电机

尽管实际中几乎所有的电能的产生与消耗都来自于交流系统，但是也有相当一部分的电能以直流电的形式消耗。直流电机仍然很好地应用于各种需要精确控制速度和转矩的工业生成过程中。通常直流驱动为旋转速度控制提供了宽广的速度范围、恒转矩或恒功率控制、快速加减速及良好的控制特性。然而，直流电机比交流电机更昂贵、更复杂，同时也由于在补偿绕组排布的复杂电枢反应所产生的铜损而使得其效率也比交流电机低。在变频器供电的交流电机时代，直流电机的重要性越发下降。直流电机主要的应用问题是换向器的维护，其使得在流程工业中运行驱动费用昂贵。换向器与电刷需要经常维护。然而，在长期的传统工业，至少在一些小功率等级和低功率应用如汽车中的辅助驱动，尤存在可竞争的价格。

7.4.1 直流电机的结构

直流电机的运行主要依靠两套绕组的配合，即旋转的电枢绕组及静止的励磁绕组。电枢绕组嵌在电工钢片铁心外缘的槽内，并且尽管在励磁绕组铁心中的磁通变化并不显著，极靴仍由电工钢片制成。极靴被紧固于用于闭合磁回路的轭上。

为了能正确运行，在实际的直流电机应用中也需要其他的绕组，如图7.87所示。直流电机中串励及并励绕组的功能是产生电机中的主磁场或主场。因而，这些绕组一起被称为励磁绕组。并励绕组E1－E2与电枢并联，然而他励电流通入到他励绕组F1－F2。绕组E1－E2与F1－F2的电阻较高，这是因为绕组线细并且匝数较多。串励绕组D1－D2与电枢绕组A1－A2串联，因而其由负载电流磁化。因为电枢电流较大，所以绕组的匝数很少，且其截面积较大。直流电机的绕组已在第2章讨论过。

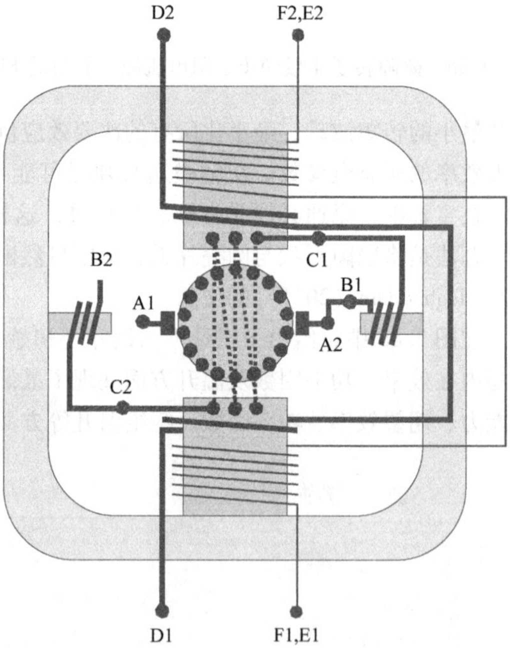

图7.87 直流电机的绕组终端标识及电枢、换向极和补偿绕组的连接。A1－A2，电枢绕组；B1－B2，换向极绕组；C1－C2，换向极及补偿绕组；F1－F2，他励绕组；E1－E2，并励绕组；D1－D2，串励绕组

在电枢绕组A1－A2中感生出交变电压。在发电机中，感生的交流电压需要整流；在电动机中，供给的直流电压必须逆变成交流电。直流到交流的逆变及交流到直流的整流通过电刷及由铜片组成的换向器用机械方式来实现。

换向极绕组 B1 - B2 的功能是确保无火花换向。在这个功能中，绕组部分补偿由电枢电流产生的电枢磁场。换向极绕组与电枢串接到一起，但其固定在定子几何自然轴线上。

补偿绕组 C1 - C2 的功能是补偿电枢反应的影响。因而，如图 7. 87 所示，其与电枢绕组串接到一起，并且嵌入极靴的槽中。与其他串联绕组相似，该绕组用粗铜线制成以获得较低的电阻。线圈的匝数也较少。

7. 4. 2　直流电机的运行及电压

直流发电机将机械能转换成电能。原动机带动电枢在励磁绕组产生的磁场中旋转，因而在电枢绕组感生出交变的电压。电压经过换向器整流。在每一个电枢绕组的线圈中都感生出交变的电压。换向器充当机械整流器将交流电枢连接到外部直流电路上。

根据洛仑兹力，当力 $\boldsymbol{F}$ 施加到转子绕组上时，产生了电机的转矩。产生该转矩的力由电流 $\boldsymbol{I}$ 与磁通密度 $\boldsymbol{B}$ 的叉乘得到：$\boldsymbol{F}=\boldsymbol{I}\times\boldsymbol{B}$。在整距绕组中，跨过整个极距，当线圈的一个边处于 N 极中间时，另一个边正好在相邻的 S 极下。因而在两极电机中，线圈边处于转子相对的两边。现在，如果电机有 $2p$ 极，线圈的跨距为 $2\pi/2p$ 弧度（rad）。在直流电机中，很难得到完全均匀的磁场分布，但是两个极距距离的磁通密度的变化如图 7. 88a 所示。图 7. 88b 给出了在相应整距绕组中感生出的、经过换向器整流的电压。由该磁通密度产生的电压均匀。接下来，研究放在两个槽内的整距绕组，匝数为 N，且绕组位于图 7. 88a 的 θ 处以电角速度 ω 旋转。

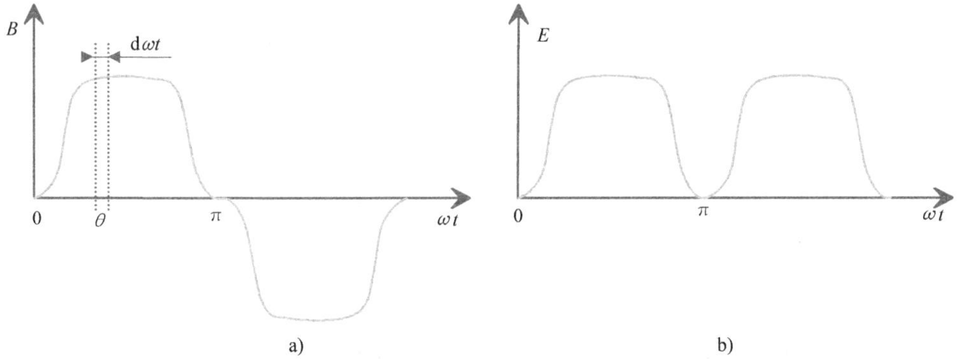

图 7. 88　a）两个极距距离下磁通密度波形；b）空载运行时整流电压

在距离差分角 $\theta=\mathrm{d}\omega t$ 处，电枢磁链为

$$\mathrm{d}\Psi = NB(\omega t)\,\mathrm{d}S \tag{7.288}$$

式中，$\mathrm{d}S=(D/2)\,l\mathrm{d}\omega t$；即，磁通路径的面积，$D$ 为直径，l 为长度。现在方程能够写成

$$\mathrm{d}\Psi=\frac{NDlB(\omega t)\,\mathrm{d}\omega t}{2} \tag{7.289}$$

磁链可以通过积分得到

$$\Psi = \frac{NDl}{2}\int_{\theta}^{\theta+\pi} B(\omega t)\,\mathrm{d}\omega t \tag{7.290}$$

由于磁通密度对称[$B(\theta+\pi) = -B(\theta)$]，其可以用一系列奇次谐波表示，即

$$B(\omega t) = B_1\sin\omega t + B_3\sin 3\omega t + \cdots + B_n\sin n\omega t \tag{7.291}$$

将其带入式(7.290),得到积分的结果

$$\Psi = NDl\left(B_1\cos\theta + \frac{1}{3}B_3\cos 3\theta + \cdots + \frac{1}{n}B_n\cos n\theta\right) \tag{7.292}$$

在线圈中感生的电压为

$$e = -\frac{\mathrm{d}\Psi}{\mathrm{d}t} \tag{7.293}$$

并将式(7.292)带入到上述方程得到

$$e = \omega NDl(B_1\sin\theta + B_3\sin 3\theta + \cdots + B_n\sin n\theta) \tag{7.294}$$

这表明当 ω 恒定时，电压的形状与磁通密度形状一致。我们得到如图7.88b所示的整流电压。由于在实际应用中，用几个线圈代替单个线圈，并通过换向器连接，这些线圈一起产生实际无波动的电压。图7.89描述了电压的曲线形状，其由两个相距 $\pi/2$ 的线圈产生。

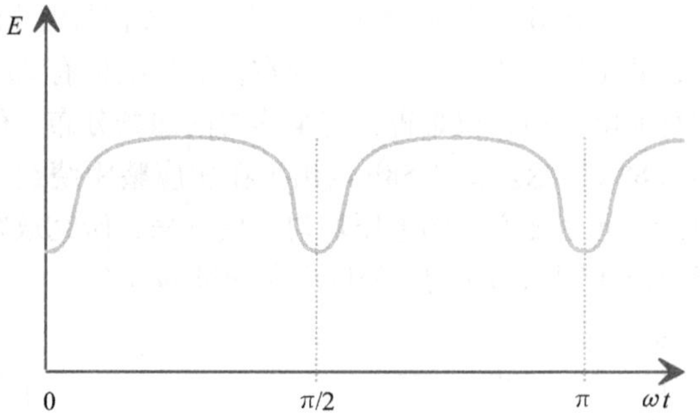

图7.89　由两个相距 $\pi/2$ 电角度的转子线圈共同产生的电压

根据图7.88和图7.89，很明显两个线圈电压波动的相对幅值为单个线圈的一半。同时，频率加倍。当提高线圈的数量时，能够得到很平坦的电压。几个线圈的电压串联在一起等于线圈的数量乘以单个线圈的平均电压。单个线圈的平均电压为

$$\bar{E} = \frac{1}{\pi}\int_0^{\pi} e\,\mathrm{d}\omega t \tag{7.295}$$

根据式（7.291），将式（7.294）带入到式（7.295）得到

$$\bar{E} = \frac{\omega}{\pi}N\int_0^{\pi} B(\omega t)Dl\,\mathrm{d}\omega t \tag{7.296}$$

式中，$Dl\mathrm{d}\omega t = 2\mathrm{d}S$，因而

$$\bar{E} = \frac{2\omega N}{\pi}\int_0^{\pi} B(\omega t)\,\mathrm{d}S \tag{7.297}$$

在式（7.297）中积分项产生每极磁通 Φ_p，因而在整距线圈中产生的电压为

$$\bar{E} = \frac{2\omega N\Phi_\mathrm{p}}{\pi} \tag{7.298}$$

式（7.298）对两极电机与多极电机都适用，记住 ω 为电角速度。如果 n 为旋转速

度，机械角速度 Ω 为

$$\Omega = 2\pi n \tag{7.299}$$

当极数为 $2p$ 时，得到电角速度为

$$\omega = p\Omega \tag{7.300}$$

通常，可以得到 N 匝线圈的平均电压为

$$\overline{E} = 4pN\Phi_{p}n \tag{7.301}$$

前面的讨论着重于单个整距线圈，即线圈为每极一个槽，且跨过宽度为电角度 π。然而，式（7.301）对直流电机中一般的非整距绕组也具有足够精度。线圈通常跨距超过三分之二的极距，且最大磁通密度与整距绕组的磁通密度几乎相等。现在如果

$2a$ 为电枢绕组的并联电流路数，

p 为极对数，

N_{a} 为电枢绕组的匝数，

n 为旋转速度，

Φ_{p} 为每极磁通，

那么在电刷间的电枢的线圈匝数为 $N_{a}/2a$ 且感生的电枢电压 E_{a} 近似为（与线圈跨距无关）

$$E_{a} \approx \frac{4pN_{a}n\Phi_{p}}{2a} = \frac{2pN_{a}\Omega\Phi_{p}}{\pi 2a} = \frac{p}{a}\frac{z}{2\pi}\Phi_{p}\Omega \tag{7.302}$$

式中，z 为所有电枢导体的数量，$z = 2N_{a}$。根据以上的讨论，现在可以给出直流电机的简化方程。电动势取决于每极磁通、旋转速度 n 及电机常数 k_{E}，即

$$E_{a} = k_{E}n\Phi_{p} \tag{7.303}$$

式中，$k_{E} = pz/a$。

电动势也可以写成

$$E_{a} = \frac{p}{a}\frac{z}{2\pi}\Phi_{p}\Omega = k_{DC}\Phi_{p}\Omega \tag{7.304}$$

式中

$$k_{DC} = \frac{p}{a}\frac{z}{2\pi} \tag{7.305}$$

电机的电枢电功率 P_{a} 为电动势 E 与电枢电流 I_{a} 的积，即

$$P_{a} = E_{a}I_{a} \tag{7.306}$$

与该功率相对应的转矩为

$$T_{e} = \frac{P_{a}}{\Omega} = k_{DC}\Phi_{p}I_{a} \tag{7.307}$$

将式（7.303）和式（7.306）带入式（7.307），得到

$$T_{e} = \frac{k_{E}n\Phi_{p}I_{a}}{\Omega} \tag{7.308}$$

7.4.3　直流电机的电枢反应与电机设计

尽管详细描述直流电机的设计超出了本书的范围，一些设计原则仍然值得提及。前

面给出的方法进行一定的调整后可用于直流电机的设计。直流电机最重要的特点之一是电枢反应，以及尤其是电枢反应的补偿。

根据IEC，电枢反应是由电枢绕组中电流建立的电流链，或者在更广泛的意义上指气隙磁通上产生的变化。由于电刷位于交轴轴线上，电枢电流也在交轴方向产生电枢反应，即横向穿过励磁绕组产生的磁通。图7.90描述了没有补偿的直流电机气隙中的电枢反应。

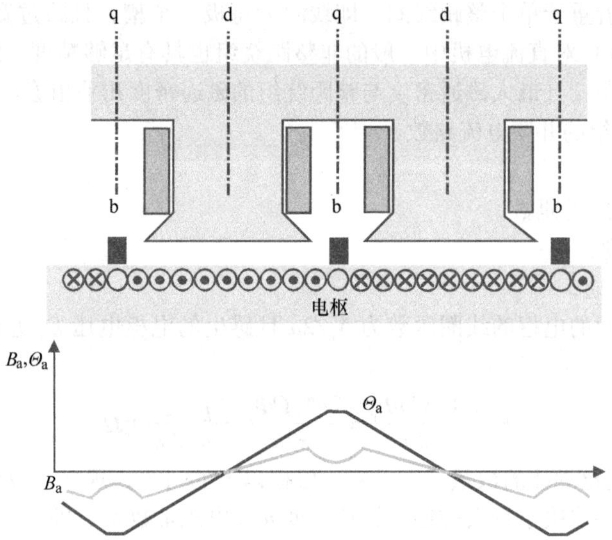

图7.90　直流电机的电枢反应。图中给出了电枢电路的直（d）轴、交（q）轴和电刷（b）。Θ_a是电枢电流链，B_a是相对的气隙磁链分量，其形状和Θ_a的不同，主要在交轴区域，该区域的气隙使得磁阻非常高

由于电枢反应，气隙磁通密度从空载值畸变，且交轴的磁通密度不再为零。从换向的角度来看，这是极端有害的。为了加强换向过程，交轴磁通密度必须变到要接近为零（见7.4.4节）。图7.91给出了没有补偿的直流电机中的气隙磁通密度特性。

电枢反应对电流换向有显著的影响，因而在成功设计换向中需要特别注意。将交轴磁通密度设计成一定值，在该值能够补偿由其漏感及在换向过程中电流时变在换向线圈中所感生的电压，且获得所谓的“理想换向”（见图7.94），在电机中这样的换向最为有效。这可以通过设置补偿及换向极绕组合适的匝数来实现（见2.16节）。补偿及换向极绕组的原理如图7.92所示。

在磁路和电机绕组的设计中，也必须关注换向极、它们的绕组及补偿绕组的尺寸。电机装有移刷摇杆来确保无火花换向。补偿绕组的尺寸在第2章2.15节及2.16节已经简要讨论过。由于不可能完全移除交轴磁通密度，除补偿绕组外还可以使用换向极绕组。在小功率电机中，换向的缺点通常只由换向极绕组来补偿。

如果想用交流电压给直流串励电机供电（众所周知的交直流两用电机），换向的布

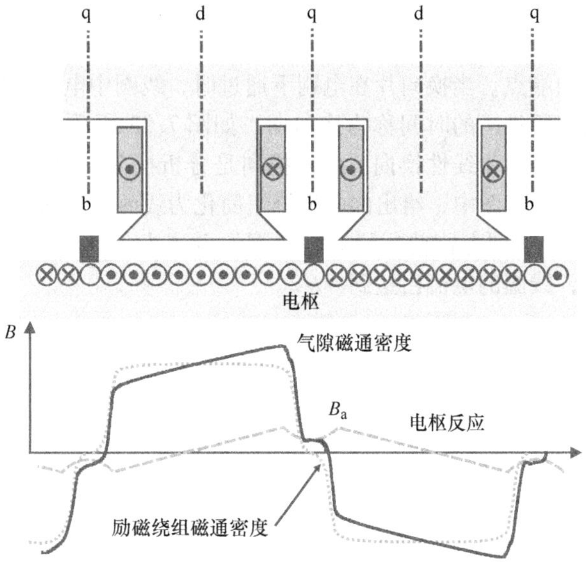

图 7.91　励磁绕组磁通密度和电枢反应合成的气隙磁通密度。由于电枢反应的影响，交轴的磁通密度不为零。这对电机的换向有害

置变得更加复杂。与通常的直流驱动不同的是，我们必须用电工钢叠片构造整个磁路。这些小应用仍然在各种高速家用电子产品中使用，例如电钻、角磨机、真空吸尘器及类似装置。

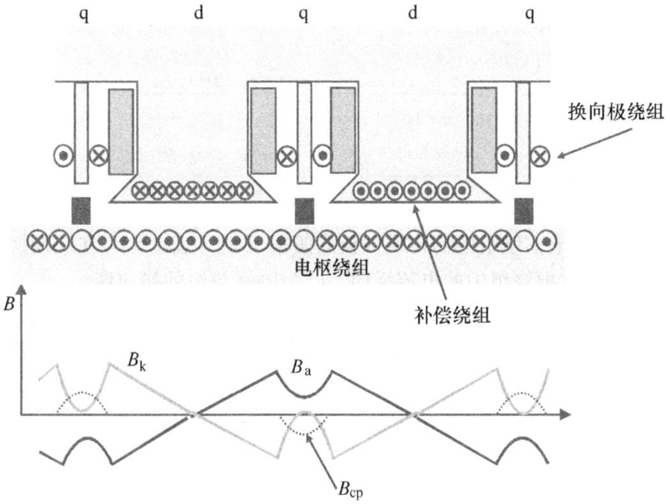

图 7.92　补偿和换向极绕组的原理。电枢反应磁通密度 B_a 完全由补偿磁通 B_k 和换向极磁密 B_{cp}进行补偿

7.4.4　换向

在电枢绕组中的电流为交流电流，然而通过电刷外电路中的电流为直流。换向器的换向片充当了线圈的端点。当换向片在电刷下通过时，线圈中电流流过的方向总是发生改变。这个电流改变所经历的时间称为换向期。如图7.93所示，如果电枢绕组中电流以恒速改变，其极性被称为线性换向。线性换向是分析换向最简单的方式。图7.93给出了换向的4个过程。在图中，给出的电枢绕组简化为线圈与换向片并联。每个电刷中流有电流I。当换向片达到电刷前边缘时，线圈的电流为$I/2$，且相应的，当换向片通过电刷的后边缘时，线圈的电流已达到$-I/2$。

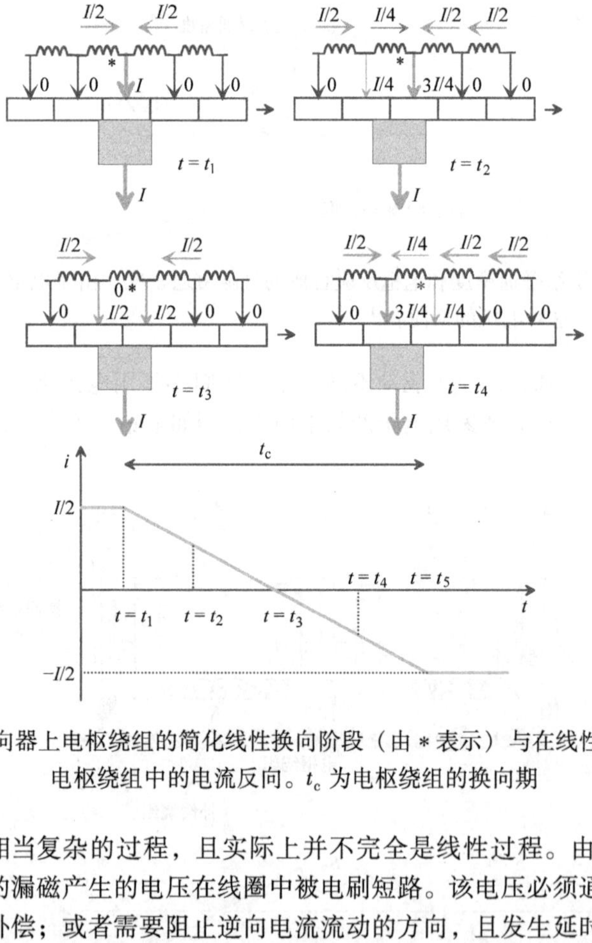

图7.93　换向器上电枢绕组的简化线性换向阶段（由＊表示）与在线性换向过程中电枢绕组中的电流反向。t_c为电枢绕组的换向期

换向是一个相当复杂的过程，且实际上并不完全是线性过程。由于电流方向的改变，由电枢绕组的漏磁产生的电压在线圈中被电刷短路。该电压必须通过移动刷架或者换向极绕组进行补偿；或者需要阻止逆向电流流动的方向，且发生延时换向。因此，在换向周期结束时，电流加速下降。这将在电刷后边缘部分依次引起电流密度增加。如果当换向片离开电刷时，电流反向没有结束，在电刷后边缘就会产生火花。当火花超过一定等级时，火花会烧坏电刷并毁坏换向器的表面。如果电刷移动太多，或者换向极补偿过度，就会发生超前换向，而且电流的方向改变太快。在电流反向过程中，反向电流可能提升过高，且电流密度在电刷的前边缘部分增加。图7.94给出了不同换向阶段线圈

中短路电流的变化。

除了在短路电枢线圈中感生的电压外，换向也受到电刷接触的影响。通常上，换向可以总结为 4 个阶段。在换向过程中，电流通过点状区域在换向片中流过。当没有电流时，这些区域由一层薄氧化层覆盖。因而，当电刷开始与换向片简短接触时，由于在电刷与换向片之间存在高阻电压 u_{b1}，初始没有电流流过，这个阶段称为断流阶段如图 7.95a 所示。

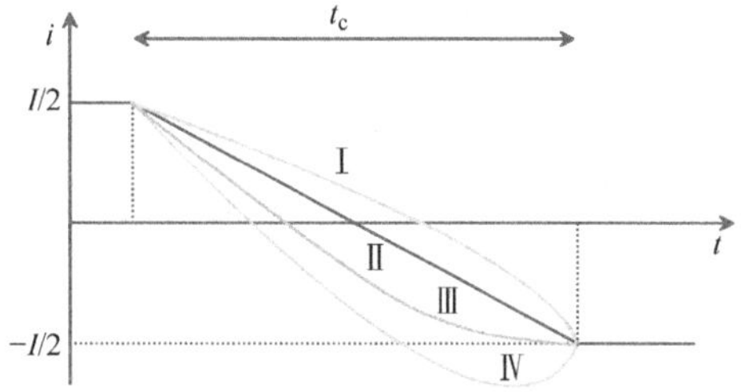

图 7.94　换向器短路的电枢绕组线圈中的电流：Ⅰ—延迟换向；Ⅱ—线性换向；Ⅲ—理想换向，这里在 t_c，$di/dt=0$；Ⅳ—超前换向

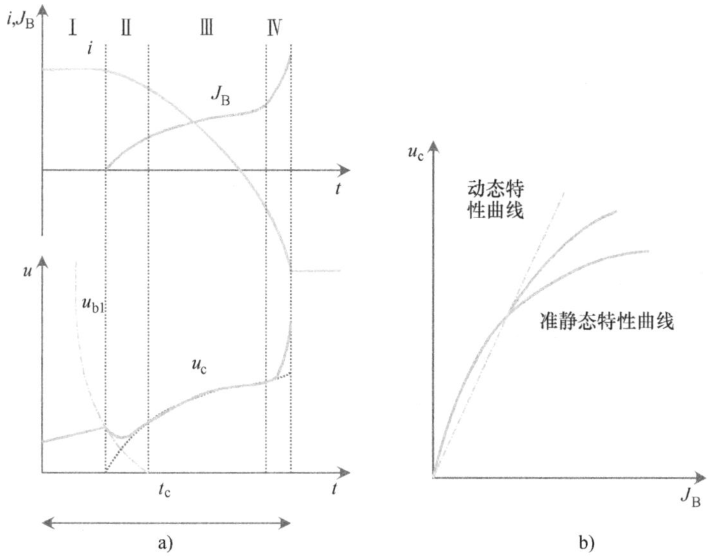

图 7.95　a）换向阶段。电流 i 及在电刷中的电流密度 J_B。Ⅰ—断流阶段；Ⅱ—接触形式；Ⅲ—似稳态阶段；Ⅳ—结束阶段。在电压曲线中，实线 u_c 描述了实际的换向电压函数，且 u_{b1} 为氧化层的阻断电压。点画线表示对应似稳态特性曲线的电压的时间函数。b）电刷接触时，换向电压与电流密度之间函数关系的特性曲线。在换向结束阶段，电流密度高速变化期间接近动态特性曲线

仅当电刷与换向片间接触电压因为同时出现的接触点而迅速衰减的反向电压时，在换向片与电刷间才开始形成实际的接触形式。由于氧化层的电压强度降低，接触点逐渐变成良导电性。该过程发生在电刷完全覆盖到换向片之前。在该阶段，为产生电流，需要提升电压等级，与接下来的似稳态阶段相反。在该阶段，似稳态特性曲线$u_c=f(J_B)$生效（见图 7.95b）并且给出接触电压与电流密度 J_B 间的函数关系。换向的最后阶段的特点是电流密度的迅速改变，其不再遵守接触的形成过程。在临界情况，电流密度的较大变化使得接触电阻恒定，可以用线性的特性曲线表示，该

曲线接近图7.95b中的动态特性曲线。当电流密度中的变化的量级 $dJ_B/dt > 10^5 A/(cm^2 s)$ 时，动态特性曲线生效。

换向的最后阶段取决于电刷与换向片之间可能出现的火花。当换向结束时，电枢绕组中的电流发生偏移（延时或超前换向），产生火花，并且换向片从电枢下移动时会产生问题，在这种情况下换向不得不通过气隙来完成。在换向片和电刷间产生电弧。当电流达到正常值后，电弧消失。

通常，电刷由碳、石墨及有机材料组成。在低压装置中，例如汽车中12V的起动电机，电刷与换向器间的电阻不得不保持较小。因而，可以使用碳涂层的石墨电刷。

在换向器表面出现一层薄的铜氧化层（铜绿），覆盖石墨。这个层影响到电刷的运行寿命及换向器的磨损。石墨同时也当作润滑剂使用，且该层的电阻足够高以限制短路电流，而产生电阻换向。

7.5 双凸极磁阻电机

双凸极磁阻电机是一种运行受电力电子智能控制的电机。这种电机因为没有电力电子开关控制不能运行，也称为开关磁阻（SR）电机。半导体功率开关及数字技术的发展已经为电驱动控制开辟了新的领域。例如在可控电驱动中，可以看到变频器供电的感应电机的应用不断增加。

尽管更为简单的感应电机已经可以作为替代直流电机的选择，但通过可控的电驱动也不能使得其动态性能或是功率密度都得到有效提高。尤其，在低转速或者静止时，两种驱动类型都在产生满足要求转矩方面存在问题。这在例如需要液压电机来产生高转矩的机械自动化中十分明显。在一些情况下，双凸极、电力电子控制的磁阻电机能够在低转速下提升转矩。

磁阻电机已经在步进电机驱动领域应用了很长一段时间，在这个领域不需要连续、无波动转矩控制。只是电力电子及控制系统的发展才使得磁阻电机在几百千瓦功率等级的应用成为可能，而步进电机应用仅仅限制于最大几百瓦之内。

早在1838年就由苏格兰的Robert Davidson提出了开关磁阻电机的基本结构，但是在电力电子及适合的元器件发展之前，电机无法使用。电机结构和控制理论在20世纪70年代存在大量报道，并从那时起不断得到发展，尤其在控制技术领域。

7.5.1 双凸极磁阻电机的运行原理

开关磁阻电机一词起源于其总是需要可控的电源，即需要逆变器。在德国的文献中，“双凸极磁阻电机”一词不断出现（*Reluktanzmaschine mit beidseitig ausgeprägten Polen*）。后面的词汇也很好地描述了电机的结构，如图7.96所示。

开关磁阻电机的运行原理基于磁路的功率效应，即总是趋于最小化磁路的磁阻。如果电流通入图7.96中电机的A相，转子会试图逆时针转动以使得A相磁路的磁阻会达到最小值，且磁路的能量也会因而降到最小。

当B相能量达到最小时，磁力尽力保持转子位置，在该位置磁路的能量保持最小。

现在将 B 相磁场能量移除使电机继续旋转。相应的当转子磁极将要与定子磁极重合瞬间，开始给 A 相供电。在正确的时刻，将电流依次连接到不同的相，并通以适合的幅值，在较宽转速范围内，都能够获得较高并且几乎光滑的总转矩。同时，转子在零速时的负载也比传统电机容易实现。

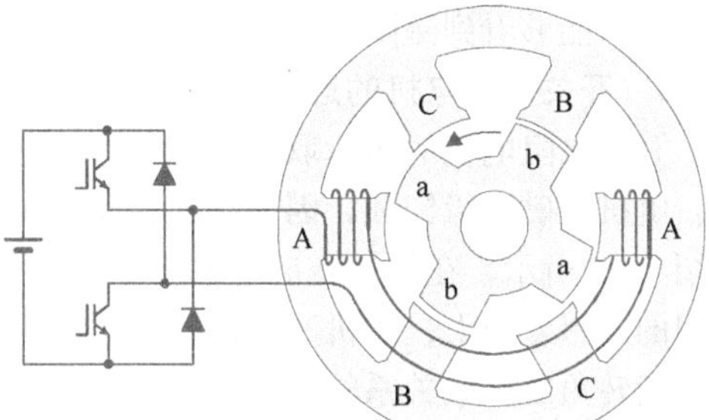

图 7.96 一台 6:4 极（6 个定子极及 4 个转子极）、三相、双凸极磁阻电机及电机单相的半导体开关控制。转子极刚好处于与定子 A 相不对齐的位置，且当转子逆时针向励磁相 A－A 移动时，磁极（a）将会处于与定子极 A－A 相对齐的位置

7.5.2 开关磁阻电机的转矩

开关磁阻电机转矩的计算基于磁通图的求解和 Maxwell 的应力张量的确定。如果我们得到电机的 Ψi 曲线，如第 1 章所讨论的，则可以使用虚位移原理来计算转矩。

转矩的计算是存在问题的，因为磁路的电感取决于转子角度及定子电流。在某一转子位置及大定子电流下，从磁路过饱和中可以得到相互的关系，如图 7.97 所示。

瞬时电磁转矩 T_{em} 为机械能量对旋转角度的比率。其可以写成以下形式：

$$T_{em}=\frac{dW_{mec}}{d\gamma}=i\frac{\partial\Psi}{\partial\gamma}-\frac{\partial W_{em}}{\partial\gamma} \qquad (7.309)$$

用磁共能 W' 代替磁场能量 W_{em}，能够简化转矩方程。磁共能由下式确定：

$$W'=\int_0^i\Psi di \qquad (7.310)$$

在 $i\Psi$ 平面内，对磁场能量及磁共能的几何解释为磁化曲线及 i 轴之间所代表的面积，如图 1.15 所示：

$$W_{em}+W'=i\Psi \qquad (7.311)$$

当将 W' 对角度 γ 进行求导时，磁共能的导数可以写成

$$T_{em}=\frac{\partial W'}{\partial\gamma}=i\frac{\partial\Psi}{\partial\gamma}-\frac{\partial W_{em}}{\partial\gamma} \qquad (7.312)$$

通过与式（7.309）的结果进行转

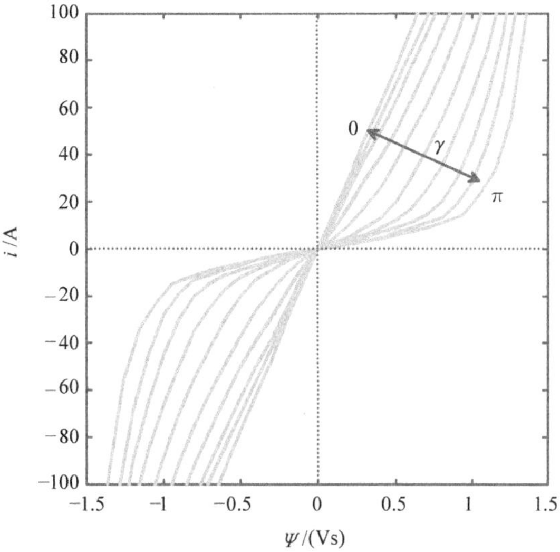

图 7.97 一台 15kW、1500min^{-1} 开关磁阻电机电流与磁链的函数关系，转子位置角 γ 为参数。当磁极位于对齐位置时，铁心磁路使得电机具有很严重的非线性。当磁极处于不对齐的位置时，较大的气隙使得其具有较好的线性关系。$\gamma=\pi$ 对应着转子对齐的位置，且 $\gamma=0$ 为非对齐位置

矩比较，能够看到磁阻电机的转矩等于单位角变化时磁共能的变化。

7.5.3　开关磁阻电机的运行

开关磁阻电机的运行取决于由电感与电机旋转角函数关系恒定变化的线性区域。而且，电机在磁边缘饱和，因而很难定义不同转子位置、不同电流下的电感。如图7.97和图7.99所示，在例如磁链与电流之间的关系存在明显饱和。在对齐位置与非对齐位置间的电感差越大，电机所获得的平均转矩越大。正如前面所述，电机的瞬时转矩能够从与旋转角成函数关系的磁共能的变化中计算得到。在电动过程，通过开关电源供电，电机的电流总是保持恒定，如图7.98所示。

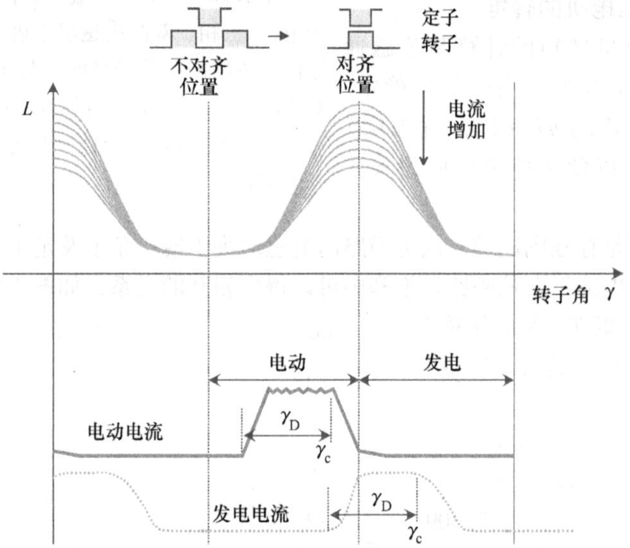

图7.98　当中间电路的电压保持恒定时，饱和磁阻电机的电感与转子角的函数关系（电流作为参数），以及电机驱动和发电机驱动的电流脉冲。在电机或者发电机驱动中，根据角度γ_c进行换相。供电正电压脉冲的总导通角的长度为γ_D（开通）。电动机的电流在达到对齐位置之前不能完全达到零。现在当电机从对齐位置移动时，存在轻微的制动。在发电时，电机在对齐位置励磁，且在非对齐位置之前，电流换向良好

电压源提供的能量不能完全转换为机械能工作，而是在每次工作过程，一部分能量返回到电流源。图7.99给出了在一个工作过程的磁链及电流的特性。图中也指出了所需的能量。图中假定磁阻电机的转子角转速Ω保持恒定。

当供电电压U_d（变频器直流母线电压）及相电阻恒定时，速度是恒定的且电阻压降保持很低，当电压导通后，作为电压U_d积分的磁链Ψ线性增加：

$$\Psi(t) = \int(U_d - Ri)\,dt = \frac{1}{\Omega}\int(U_d - Ri)\,d\gamma$$

电流i的增加开始也为线性，这是因为电感L较低且在非对齐位置附近几乎保持恒定。

当磁极接近对齐位置时，电感迅速增加，这使得反电动势限制了电流。该阶段可由0~C段进行阐明（见图7.99a）。在C点处，转子角γ_C，在这阶段换向存在问题。现在进入系统的能量为$W_{mt}+W_{fc}$（亮的区域+阴影面积）。当晶体管导通时，这里W_{fc}为在磁场中存储的能量且W_{mt}为转换成机械功的能量（见图7.105a）。在这个阶段，机械功近似等于储存在磁路中的能量。换相之后，电压的极性发生改变并且能量W_d通过二极管返回到电压源（见图7.105c），而剩余能量W_{md}为在C~0时间段内获得的机械功，如图7.99b所示。在完整的工作循环之间，机械功因而为$W_{mec}=W_{mt}+W_{md}$且返回到电源的能量为$W_R=W_d$。完整的工作过程如图7.99c所示。根据图中的例子，机械能占总能量的比例约为65%，其余的初始供能为磁阻电机的“无功能量”，其或者存储于中间电路（直流环节）电容的电场中或者存储于电机磁路的磁场中。

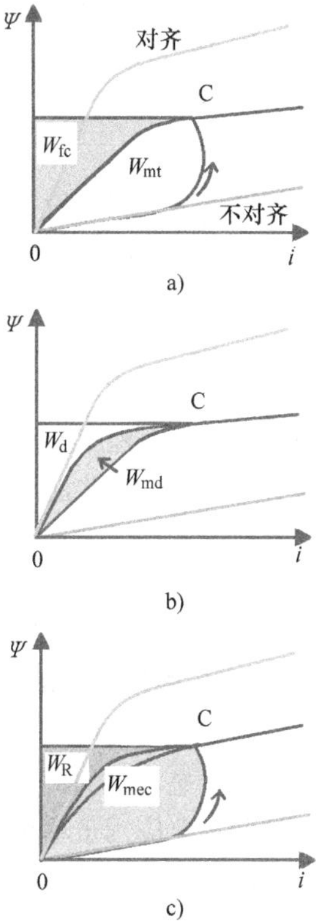

图7.99 a）晶体管导通期间；b）二极管导通期间（同时参见图7.96）；c）能量转换环

通常，需要决定同步磁阻电机的能量比率Γ。这个比率表示在能量转换循环过程中，能够被转换成机械功的能量

$$\Gamma=\frac{W_{mec}}{W_{mec}+W_R}=\frac{W_{mec}}{W_{el}} \tag{7.313}$$

式中，$W_{mec}+W_R$为由电力电子电路发出的视在功率。能量比率在某种程度上类似于交流电机中的功率因数。在图7.99的例子中，能量比率的值近似为$\Gamma=0.65$。

当每个循环中的工作过程数量可知时，则可以确定同步磁阻电机的平均转矩。在一个循环中所有的转子磁极N_r必须同所有的定子相一同作用，因而每个循环工作过程的数量为mN_r。因而，可以得到一个工作循环的平均电磁转矩

$$T_{em\ av}=\frac{mN_r}{2\pi}W_{mec} \tag{7.314}$$

由电力电子装置供给电机的输入能量可以表示成乘积$i_c\Psi_c$的一部分（$W_{el}=k\Psi_c i_c$），其中Ψ_c为换相瞬间的磁链值且i_c为各自瞬间的电流值。如果在磁通形成的期间，如图7.99中0~C段，磁链线性增加，那么

$$\Psi_c=U_d\gamma/\Omega \tag{7.315}$$

式中，γ为导通角，在该期间功率桥向电机提供能量。现在可以得到

$$W_{el}=\frac{W_{mec}}{\Gamma}=\frac{kU_d\gamma i_c}{\Omega} \tag{7.316}$$

且由于 i_c 为电力电子装置产生的电流峰值，则在 m 相系统中，输出级的处理能力，即需要的视在功率 S_m 为

$$S_m = mU_d i_c = \frac{mW_{mec}\Omega}{\Gamma k\gamma} = \frac{2\pi T\Omega}{N_r \Gamma k\gamma} \tag{7.317}$$

转矩与角速度的乘积对应着气隙功率 P_δ，且乘积 $N_r\gamma$ 为常数，其最大值大约为在电机基速时的 $\pi/2$。因而，功率桥的处理能力为

$$S_m = \frac{4P_\delta}{k\Gamma} \tag{7.318}$$

因而，需要的功率不依赖于相数和极数，且其与能量转换比率 Γ 及分数 k 成反比例。Γ 与 k 两者很大程度上都取决于电机的静态磁化曲线，尤其取决于曲线上对齐与非对齐的位置。然而，这些曲线实际上取决于极数 N_r，因而其对电机功率等级的尺寸有很大但非直接的影响。当功率等级的功率处理能力与轴输出功率相比较时，假定 $k=0.7$ 且 $\Gamma=0.6$，可以确定 $S_m/P_\delta \approx 10$。该值为开关磁阻电机驱动的典型值，和同样规模感应电机驱动中需要的逆变器功率等级相同。

7.5.4 开关磁阻电机的基本术语、相数和尺寸

开关磁阻电机的几何结构可以是对称也可是非对称的。常规电机的定子及转子极相对它们的中心线是对称的，并且极相对于圆周角均匀分布。高功率电机通常是对称的。非对称的转子主要应用于单相或者双相电机中以产生起动转矩。

开关磁阻电机绝对转矩区域的定义是指在通过一定角度时电机的单相能够产生的转矩。在常规的电机中，最大角度为 π/N_r。

有效的转矩区域指通过某个角度时，与额定转矩相比电机能够产生一个有效转矩。有效转矩区域实际中对应着定子与转子极弧中较小的那个。例如，在图7.100中 $\beta_s=30°$ 且 $\beta_r=32°$，因而有效的转矩区域等于定子极角度 $\beta_s=30°$。

步进角 ε 定义为一个完整周期内的步数

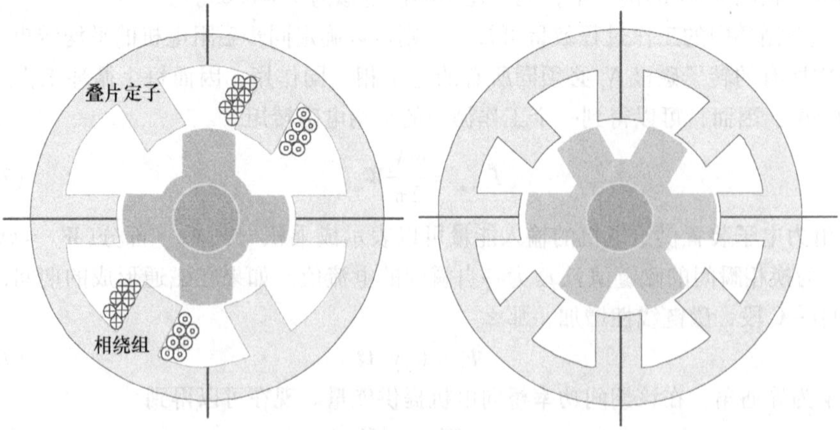

图7.100 三相6:4（$\beta_s=30°$，$\beta_r=32°$）及四相8:6双凸极磁阻电机

$$\varepsilon=\frac{2\pi}{mN_r}=\frac{360^\circ}{mN_r} \tag{7.319}$$

绝对重合叠率 ρ_A 为绝对转矩区与步进角的比率

$$\rho_A=\frac{\pi/N_r}{\varepsilon}=\frac{\pi/N_r}{2\pi/(mN_r)}=\frac{m}{2} \tag{7.320}$$

在对称电机中，为了能在所有的转子位置角处都能产生转矩，该值必须至少为 1。实际中，绝对重合率必须要大于 1，因为单独一相不能够在整个绝对转矩区域的范围内产生光滑的转矩。因而，有效重叠率 ρ_E 定义为有效转矩区与步进角之比，即

$$\rho_E=\frac{\min(\beta_s,\beta_r)}{\varepsilon} \tag{7.321}$$

例如，在图 7.73 中，$\beta_s=30^\circ$，$\varepsilon=360^\circ/3\times4=30^\circ$。因此，可以得到 $\rho_E=30^\circ/30^\circ=1$。仅当一相导通时，为了在所有的转子位置都能获得良好的起动转矩，电机的结构必须使得上述值至少达到 1。

在效率较高的开关磁阻电机结构中，通常使用图 7.100 中所给出的极数。因而定子与转子极数的比例或者是 6∶4 或者是 8∶6。这些电机分别对应是三相电机和四相电机。然而，也有可能是其他的拓扑结构。增加极数会提高电机的运行精度和转矩的品质，但同时变频器开关的结构和控制会变得更复杂。

这种类型电机典型的磁极长且窄。由于磁极的形状，电机的磁通较小，因而比相同工作电压下的交流电机需要更多的匝数。转子通常细长以减少转动惯量。气隙应尽可能小以使得在较小的转子体积时能获得最大的平均转矩。通常选择气隙的长度大约为转子直径的 0.5% ~1%。

在选择极数与相数以及极间的夹角时有一些基本的选取原则。当假定定子相对侧的极连接到同一相时，可以确定转子速度 n 及基本开关频率之间的比率。现在，当转子极经过该相时，产生转矩脉动。因而基本频率为

$$f_1=nN_r \tag{7.322}$$

式中，n 为旋转速度；N_r 为转子的极数。

对三相 6∶4 电机，步进角为 $\varepsilon=30^\circ$；而四相 8∶6 电机，$\varepsilon=15^\circ$。通常定子极数比转子极数要多。磁极之间的夹角是由产生转矩的机制决定的。被磁化的定、转子的极对总是部分重叠以使得在各个转子位置都能够产生转矩。为了保证产生连续平滑的转矩，且相电流的分析不是很困难的情况下，电机至少应该有四相，如图 7.101 所示。

随转子位置变化的相电感的差应该最大化，以使转子旋转时能够在较宽的区间产生转矩。当转子的磁极处于两相定子磁极之间时，磁极没有对齐，因而电感保持低值。通常转子磁极制成与定子磁极等宽或者比定子磁极稍宽，定子磁极要为绕组留有空间并且要提高电感比率。图 7.102 给出了电机定、转子极弧的不同选择。

在图 7.102a 给出的电机中，定子绕组的空间很大同时也具有较高的电感比。因而，其效率和功率密度较高，然而转矩波动比图 7.102b 和 c 的情况要高。而且，电机的起

动转矩较低。在图7.102b电机的定子中，为绕组留有足够空间，但在非对齐位置电机的最小电感仍然较高，因为磁极在一定程度上一直对齐。在图7.102c中，在非对齐位置电机的电感太高，而且也没有为绕组留有足够空间。Miller（1993）以图解的方式给出了极弧的不同选择。在给出的图解中，适合的极弧以三角形ABC的形式给出，如图7.103所示。

可以求解获得最优值时磁极的尺寸。这个最优值可以获得最大电感比率同时获得最大平均转矩。另外，其他一些影响电机运行的因素也应当考虑，例如转矩波动、起动转矩及饱和效应，因而并不存在通用的解决方案。

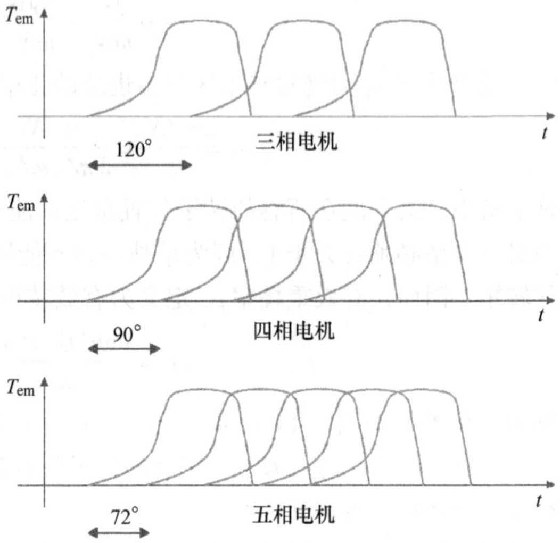

图7.101　单脉冲控制的三、四和五相磁阻电机产生的转矩脉冲。为了达到平滑的转矩，必须控制电机的相位，这样在换相阶段，由两相同时产生总转矩。在三相电机中，为了平滑总转矩，必须在换相区域使用相当大的电流，因为如上所示，在不同相的转矩曲线交点处，转矩的总和达不到单相峰值转矩的水平。相对于三相电机，四和五相电机由于换向时的转矩储备更易于平滑转矩的产生

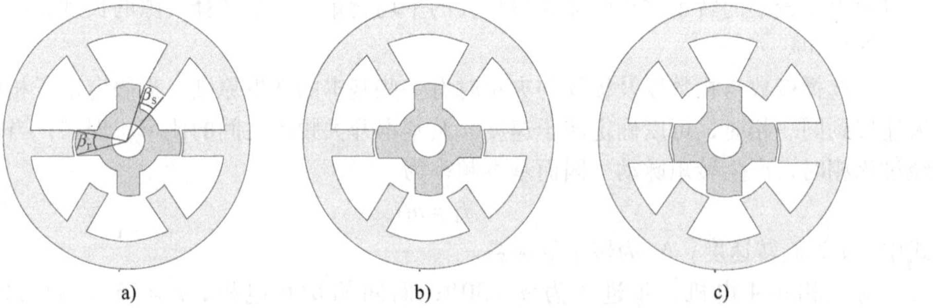

图7.102　不同极弧配比的例子。三相6∶4电机拓扑结构，具有不同β_s及β_r值

表7.11介绍了1～5相磁阻电机中不同开关磁阻电机的结构 。尽管其他几种配比也是可行的，例如，转子极数大于定子极数的几种配比，该表仅给出了那些在实际中更可能遇到的配比。

7.5.5　开关磁阻电机的控制系统

开关磁阻电机总是需要独立的控制系统，其性能决定了电机驱动的整体特性。开关磁阻电机不能直接在线运行。这就是为何这里要简单讨论电力电子控制器的原因。控制系统由开关变换器及控制它们的控制和测量电路组成。磁阻电机的转矩不依赖于相电流的方向，因而在变换器中可以使用单向开关。直流电的优点是减少了磁滞损耗。

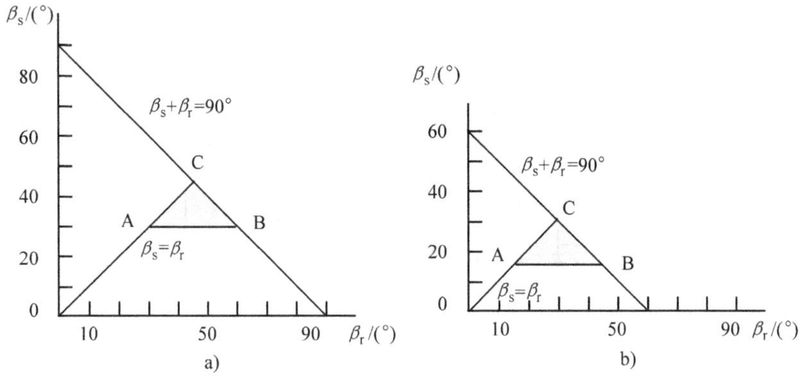

图 7.103　开关磁阻电机定、转子磁极适合的极弧：a）三相 6∶4 电机；b）四相 8∶6 电机。三角形 ABC 的角度原则上对应图 7.102a、b、c 的配比。极弧应该位于三角形的边界内。节选自 Miller（1993）

表 7.11　1～5 相磁阻电机适合极数的选择

（m 为相数，N 为极数，μ 为每相同时工作的极对数及 ε 为步距角）

m	N_s	N_r	μ	$\varepsilon/(°)$	每圈的步数
1	2	2	1	180	2①
2	4	2	1	90	4②
3	6	4	1	30	12
3	6	8	1	15	24
3	6	10	1	7.5	36
3	12	8	2	15	24
3	18	12	3	10	36
3	24	16	4	7.5	48
4	8	6	1	15	24
4	16	12	2	7.5	48
5	10	6	1	12	30
5	10	8	1	9	40
5	10	8	2	18	20

① 需要辅助起动。

② 需要非对称转子以产生起动转矩。

在图 7.104 的电路中，功率器件可以是功率 FET（场效应晶体管）或者是 IGBT（绝缘栅双极型晶体管）。与交流逆变器不同，每一相与其他相之间相互独立。由于电机相绕组与两个开关都串联，在故障情况下，斩波开关得到较好的保护。开关器件的控制电路与交流逆变器相比可以做得更为简单。在图 7.104b 的电路中，在不降低容量的情况下，比图 7.104a 的电路中所用的开关器件更少。在高速时，用图 7.104b 中的电路不能使磁场中的能量快速释放，因为相绕组电压的极性不能改变。而现在产生制动转矩，会使损耗快速增加。

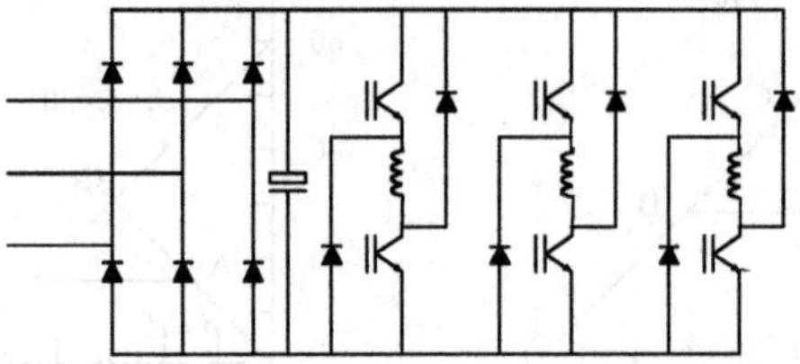

a)

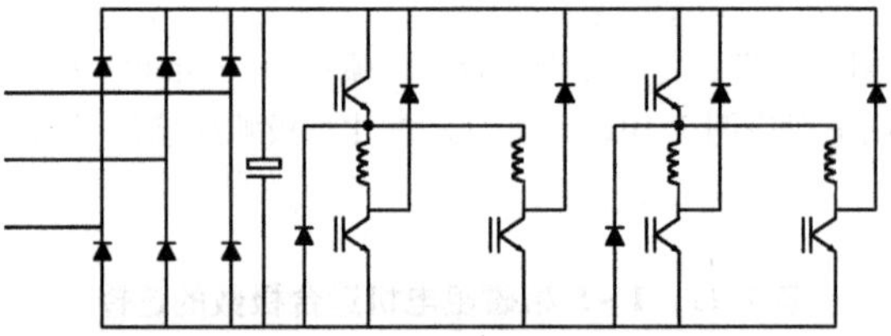

b)

图 7.104　三相和四相开关磁阻电机的变换器。a）三相电机：每相都有两个开关器件组成独立的斩波桥臂，各相能够单独控制。b）在四相电机的控制电路中，上部的晶体管由两相共享。然而，当选择适当的相时，可以实现图 7.105 中所有可能的控制模式来控制电机。当位于三相电机上桥臂的一个晶体管由所有三相共同使用时，上桥臂的晶体管几乎总是处于导通状态，在这种情况下将会失去一些控制性。原则上，上部分的晶体管控制电流大小，而下部分的晶体管引导电流进入不同相

电感随着转子位置变化，因而当开关频率固定不变时，电流纹波发生变化。这可以通过改变开关频率消除，在这种情况下根据转子和定子间的夹角来改变开关频率。同其他电机驱动类似，为了降低噪声，开关频率通常选择在10kHz以上。在大功率时，应选择低开关频率，因为大功率开关器件动作较慢；因而大功率低速电机的噪声通常都很大。

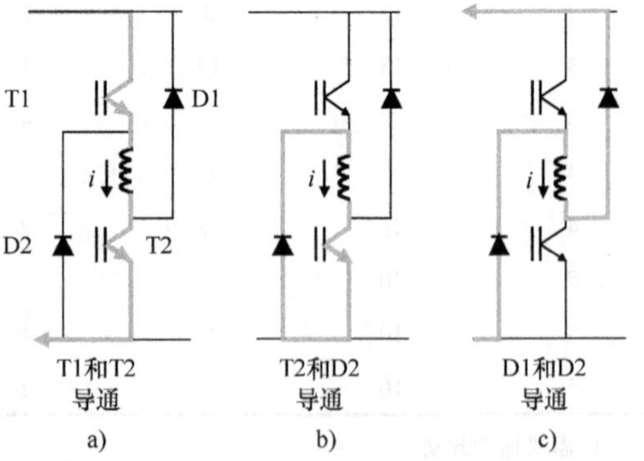

图 7.105　使用电力电子器件控制开关磁阻电机的单相电流。在线圈中 a）正电压、b）零电压、c）负电压

在低速，通常控制开关使得支路上的一个晶体管用作换向而另一个控制电流。在高转速时，两个晶体管都一直导通，因为反电动势限制了电流的最大值，在这种情况下电流的曲率取决于电机的特性。图 7.105 给出了在导通阶段电

流的流动方向。当晶体管导通时，电流通过它们以及相绕组（见图 7.105a）。当电流达到上限时，上斩波晶体管进入非导通状态，绕组中的电流通过 T2 与 D2，且在绕组上的电压接近于零（见图 7.105b）。在换向点，两个晶体管都改变状态，电流转移到二极管，且绕组中电压的极性改变（见图 7.105c）。这种控制方法称为软斩波。

第二个可选择的方案是总是同时控制两个晶体管。当晶体管处于非导通状态时，电流通过二极管流入直流电压源。在这个方法中，电流波动增加，因此转矩波动和噪声也同时增大。这种硬斩波主要常用于转子的制动中，即在发电驱动中。虽然如此，一些制造商也一直将硬斩波用于开关磁阻电机的控制系统中。

为了使电机能正常运行，当电感增加且转子相对的磁极接近各自相的定子磁极的瞬间出现相电流脉冲是很重要的。电流的出现时间及持续时间决定了转矩、效率以及其他运行特性。与直流电机不同，在磁阻电机中相电流与转矩之间没有清晰的关系。因而，产生平滑的转矩需要高度智能控制能力以探测转子位置及对期望值的良好控制。

为了提高电机的可靠性并简化结构，转子上不添加任何装置（无位置传感器控制）而进行非直接位置控制是发展的目标。已经表明通过分析电机的电流和电压曲线，能够确定具有足够精度的转子位置，电机的电感变化可以从这些曲线得到。另一个相应的方法是主动法，通过向无电流相通入瞬时电压脉冲来确定转子位置角度。

7.5.6　开关磁阻电机的未来展望

传统上，磁阻电机已经可以用类似于步进电机的方式来进行控制，通过由转子角确定的频率向定子供以恒定电压及电流脉冲。这导致产生的转矩存在极大的脉动，也使得磁阻电机不适合在一些应用场合使用。最近，已经引入了各种各样的控制方法使得转矩波动降低到了传统电机的水平。这些方法基于对磁阻电机的精确测量来分析电机的磁特性，控制时使用这些记录的测量结果。因而，控制必须根据每台电机单独定制。

当与传统电驱动比较时，磁阻电机的优点如下：

- 转子上不需要绕组；转子结构简单且易于加工。
- 转子的转动惯量低，因此提高了电驱动的动态控制。
- 定子绕组易于制造，与相应的感应电机相比，绕组端部损耗小。
- 大多数的损耗出现在定子上，因而电机的冷却比较容易且可以获得更高的负载能力。
- 转子上存在大量自由空间能够有效地使电机通风。
- 电机的转矩不依赖于电流的方向，因而给逆变器及控制解决方案带来更多的自由度。
- 在较低转速时，电机能够产生很高的转矩，其在较小电流下转子也能保持稳定。
- 开关磁阻电机的电机常数比感应电机的电机常数高。
- 转矩不依赖于相电流的方向，因而在一些特定应用中，可以减少功率开关器件的数量。
- 在出现故障时，开路电压及短路电流都很小。
- 在磁阻电机应用中，电力电子电路不存在直通路径，这将有利于控制系统的实现。

• 可实现超高转速。这与高电机常数一起使得这种电机类型受到航空领域的关注，例如喷射发动机的起动发电机。

开关磁阻电机的缺点是不连续的转矩在结构上引起振动同时也带来噪声。在低速范围转矩波动能够限制到5%～10%以内或者更低，这与感应电机驱动已具可比性。在高速范围，限制转矩波动实际上不可能。但由于机械滤波，这不是个问题。目前，最好的驱动能够在低速产生的转矩波动非常低。实际上，当负载最容易受到转矩波动的影响而损坏时，仅在低速时需要最光滑的转矩。在一些小电机中，高速时可以通过选择开关频率到听觉以上的范围来衰减噪声。

在转矩控制中，从直流环节以脉冲的方式吸收功率，因而有效地滤波是必须存在的。在这个意义上，其驱动与感应电机的逆变器驱动并没有很大的不同。有利于电机运行的小气隙增加了生产成本。最大化电感比率需要小气隙。

尽管具有显著的优点，迄今为止，磁阻电机仍由于在足够宽速域产生平滑转矩的问题而使其应用受到限制。为了解决这些问题，开关磁阻电机的工作原理需要新逆变器及控制解决方案。在另一方面，目前的处理器及电力电子技术也允许复杂电驱动的控制策略。

开关磁阻电机的设计在很大程度上依赖场的计算。在这个计算过程中，确定了不同转子位置时电机的磁路以及电感的形状。由于在凸极极尖存在局部饱和（这是开关磁阻电机典型的工作状态），因此这是一个手动的且工作量较大的任务。由于饱和，用正交场图也比较困难。因而，在设计开关磁阻电机时需要使用场计算的软件。除了涡流引起的问题，通常由于场求解都可以用稳态来计算，这使任务变得较为简单。然而，迄今为止，由于开关磁阻电机的使用所受到的限制，在文献中也很难找到大量的计算参考。

速度控制在水泵及风扇驱动中变得越来越普遍，因而需要提高它们的效率。在这种类型驱动中，开关磁阻电机仍然无法与变频驱动的感应电机相竞争，例如，由于其控制复杂。开关磁阻电机的转矩在低转速时非常高，因而这种类型的电机也许在需求高起动转矩的场合会越来越受到欢迎。然而，永磁交流电机甚至在这个应用场合看起来似乎更受欢迎。

开关磁阻电机在电动工具中的适用性也一直在被研究。在这些应用中，磁阻电机的尺寸和转矩特性是最有利的。目前最常使用的交、直流两用电机的缺点是机械换向器的磨损以及由换向引起的电磁干扰。这些问题可以用开关磁阻驱动来解决。由于其可靠性及其他良好的特性，开关磁阻电机也是适合电动汽车的动力源。

参考文献

Alberti, L., Fornasiero, E., Bianchi, N. (2010) Impact of the rotor yoke geometry on rotor losses in permanent magnet machines. *Energy Conversion Congress and Exposition (ECCE), 2010 IEEE Proceedings*, Sep. 12–16, 2010, pp. 3486–92.

Auinger, H. (1997) Considerations about the determination and designation of the efficiency of electrical machines. In eds A. De Almeida, P. Bertoldi and W. Leonhard (eds), *Energy Efficiency Improvements in Electric Motors and Drives*. Springer-Verlag, Berlin, pp. 284–304.

Dajaku, G., Gerling, D. (2012) A novel 12-teeth/10-poles PM machine with flux barriers in stator yoke. *XXth International Conference on Electrical Machines (ICEM), 2012*, Sep. 2–5, 2012, pp. 36–40.

Gieras, F., Wing, M. (1997) *Permanent Magnet Motor Technology – Design and Applications*. Marcel Dekker, New York.

Gutt, H.-J. (1988) Development of small very high speed AC drives and considerations about their upper speed/output limits. *Proceedings of Conference on High Speed Technology, August 21–24, 1988. Lappeenranta, Finland,* pp. 199–216.

Haataja, J. (2003) *A comparative performance study of four-pole induction motors and synchronous reluctance motors in variable speed drives.* Dissertation, Acta Universitatis Lappeenrantaensis 153. Lappeenranta University of Technology, https://oa.doria.fi/.

Heikkilä, T. (2002) *Permanent magnet synchronous motor for industrial inverter applications –analysis and design.* Dissertation, Acta Universitatis Lappeenrantaensis 134. Lappeenranta University of Technology, https://oa.doria.fi/.

Heller, B. and Hamata, V. (1977) *Harmonic Field Effects in Induction Machines.* Elsevier Scientific, Amsterdam

Hendershot Jr, J.R., Miller, T.J.E. (1994) *Design of Brushless Permanent-Magnet Motors.* Magna Physics Publishing and Clarendon Press, Hillsboro, OH and Oxford.

Hrabovcová, V., Pyrhönen, J., Haataja, J. (2005) *Reluctance Synchronous Motor and its Performances.* Lappeenranta University of Technology, Finland.

Hrabovcová, V., Rafajdus, P., Hudák, P., Franko, M, Mihok, J. (2002) Design method of reluctance synchronous motor with axially laminated rotor. *Proceedings of the Conference EPE – PEMC 2002,* Dubrovník-Cavlat, P.1.

IEC 60034-1 (2004) *Rotating Electrical Machines Part 1: Rating and Performance.* International Electrotechnical Commission Geneva.

IEC 60034-4 (1985) *Rotating Electrical Machines Part 4: Methods for Determining Synchronous Machine Quantities from Tests.* International Electrotechnical Commission, Geneva.

IEC 60034-5 (2006) *Rotating Electrical Machines Part 5: Degrees of Protection Provided by the Integral Design of Rotating Electrical Machines (IP code) – Classification.* International Electrotechnical Commission, Geneva.

IEC 60034-6 (1991) *Rotating Electrical Machines Part 6: Methods of Cooling (IC Code).* International Electrotechnical Commission, Geneva.

IEC 60034-7 (2001) *Rotating Electrical Machines Part 7: Classification of Types of Construction, Mounting Arrangements and Terminal Box Position (IM Code).* International Electrotechnical Commission, Geneva.

IEC 60034-8 (2007) *Rotating Electrical Machines Part 8: Terminal Markings and Direction of Rotation.* International Electrotechnical Commission, Geneva.

IEC 60034-30-1 (2014 foregasted) *Rotating Electrical Machines Part 30-1: Efficiency Classes of Line Operated AC Motors (IE-code).* International Electrotechnical Commission, Geneva.

Jokinen, T. (1979) *Design of a rotating electrical machine. (Pyörivän sähkökoneen suunnitteleminen),* Lecture notes. Laboratory of Electromechanics. Helsinki University of Technology.

Jokinen, T. (1972) *Utilization of harmonics for self-excitation of a synchronous generator by placing an auxiliary winding in the rotor.* Dissertation, Acta Polytechnica Scandinavica, Electrical Engineering Series 32, Helsinki University of Technology. Available at http://lib.tkk.fi/Diss/197X/isbn9512260778/.

Jokinen, T. and Luomi, J. (1988) High-speed electrical machines. *Conference on High Speed Technology,* Aug. 21–24, 1988, Lappeenranta, Finland, pp. 175–85.

Kovács, K.P. and Rácz, I. (1959) *Transient Phenomena in AC Machines (Transiente Vorgänge in Vechselstrommaschinen).* Verlag der Ungarischen Akademie der Wissenschaften, Budapest.

Kurronen, P. (2003) *Torque vibration model of axial-flux surface-mounted permanent magnet synchronous machine,* Dissertation, Acta Universitatis Lappeenrantaensis 154, Lappeenranta University of Technology.

Lawrenson, P.J. (1992) A brief status review of switched reluctance drives, *EPE Journal,* **2**(3): 133–44.

Marchenoir, A. (1983) High speed heavyweights take on turbines. *Electrical Review,* **212**(4): 31–3.

Matsch, L.D. and Morgan J.D. (1987) *Electromagnetic and Electromechanical Machines.* 3rd edn, John Wiley & Sons, Inc., New York.

Miller, T.J.E. (1993) *Switched Reluctance Motors and Their Controls.* Magna Physics Publishing and Clarendon Press, OH and Oxford.

Moghaddam, R.R. (2011) *Synchronous reluctance machine (SynRM) in variable speed drives (VSD) application.* Dissertation, Royal Institute of Technology, Stockholm.

Morimoto, S., Sanada, Y.T., and Taniguchi, K. (1994) Optimum machine parameters and design of inverter-driven synchronous motors for wide constant power operation. Industry Applications Society Annual Meeting, Oct. 2–6, 1994. *Conference Record of the IEEE* **1**: 177–82.

Moncada, R.H., Tapia, J.A. and Jahns, T.M. (2008) Saliency analysis of PM machines with flux weakening capability. *Proceedings of the 18th International Conference on Electrical Machines,* 2008. ICEM.

Niemelä, M. (2005) *Motor parameters,* unpublished.

Pyrhönen, J. (1991) *The High-Speed induction motor: calculating the effects of solid-rotor material on machine characteristics*. Dissertation, Electrical Engineering series EL 68. The Finnish Academy of Technology, Acta Polytechnica Scandinavica, Helsinki, https://oa.doria.fi/.

Pyrhönen, J. (1992) *Magnetic materials. (Magneettiset materiaalit.)* En B-74. Department of Electrical Engineering. Lappeenranta University of Technology. In Finnish.

Pyrhönen, J. Jussila, H. Alexandrova, Y. Rafajdus, P. Nerg, J. (2012) Harmonic loss calculation in Rotor Surface Magnets – New Analytic Approach. *IEEE Transactions on Magnetics*, **48**(8): 2358–66.

Pyökäri, T. (1971) *Electrical Machine Theory* (*Sähkökoneoppi*). Weilin+Göös, Espoo.

Richter, R. (1954) *Electrical Machines: (Induction Machines.* (*Elektrische Maschinen: Die Induktionsmaschinen.*), Vol. **IV**, 2nd edn. Birkhäuser Verlag, Basle and Stuttgart.

Richter, R. (1963) *Electrical Machines: Synchronous Machines and Synchronous Inverters (Elektrische Maschinen: Synchronmaschinen und Einankerumformer)*, Vol. **II**, 3rd edn. Birkhäuser Verlag, Basel and Stuttgart.

Richter, R. (1967) *Electrical Machines: General Calculation Elements. DC Machines (Elektrische Maschinen: Allgemeine Berechnungselemente. Die Gleichstrommaschinen)*, Vol. **I**, 3rd edn. Birkhäuser Verlag, Basel and Stuttgart.

Saari, J. (1998) *Thermal analysis of high-speed induction machines*, Dissertation, Acta Polytechnica Scandinavica, Electrical Engineering Series No. 90. Helsinki University of Technology.

Salminen, P. (2004) *Fractional slot permanent magnet synchronous motor for low speed applications*. Dissertation, Acta Universitatis Lappeenrantaensis 198, Lappeenranta University of Technology.

Schuisky, W. (1950) Self-starting of a synchronous motor. (Selbstanlauf eines Synchronmotors.) *Archiv für Elektrotechnik*, **39**(10): 657–67.

Vas, P. (1992) *Electrical Machines and Drives: a Space-Vector Theory Approach*. Clarendon Press, Oxford.

Vogel, J. (1977) *Fundamentals of Electric Drive Technology with Calculation Examples* (*Grundlagen der Elektrischen Antriebstechnik mit Berechnungsbeispielen*). Dr. Alfred Hütig Verlag, Heidelberg and Basle.

Vogt, K. (1996) *Design of Electrical Machines* (*Berechnung elektrischer Maschinen*). Wiley-VCH Verlag GmbH, Weinheim.

Voldek, A. I. (1974) Electrical machines [in Russian], *Energy*, 1974.

Wiart, A. (1982) New high-speed high-power machines with converter power supply. *Motorcon Proceedings*, Sep. 1982, pp. 641–6.

Zhu, Z. Q. and Howe, D. (1993) Instantaneous magnetic field distribution in brushless permanent magnet dc motors, Part III: Effect of stator slotting. *IEEE Transactions on Magnetics*. **29**(1): 143–51.

第 8 章　电机的绝缘

这里的绝缘体指的是不导电的材料或者电导率非常低的绝缘材料。绝缘系统包含绝缘材料和绝缘距离。绝缘的主要功能是把不同的电动势或者不同的电路成分隔离开。进一步地，绝缘体增强了绕组的结构强度；它们也起到了绕组和外界环境之间导热体的作用，并且绝缘体还可以保护绕组不受到外部环境中灰尘、潮气和化学品的影响。

在电机中，有三类具有代表性的绝缘距离。第一，物体间空气的间隙形成简单的气隙，它们的绝缘强度由物体之间的距离、物体的形状和空气的状态决定。空气的间隙可以由绝缘或者非绝缘的表面来确定。在具体的情况下，绝缘距离中的媒质可以是除了空气外的其他气体，它们同时也起到冷却剂的作用。在均匀电场的情况下，根据图 8.1 中的帕邢（Paschen）曲线，击穿电压取决于气隙的长度。

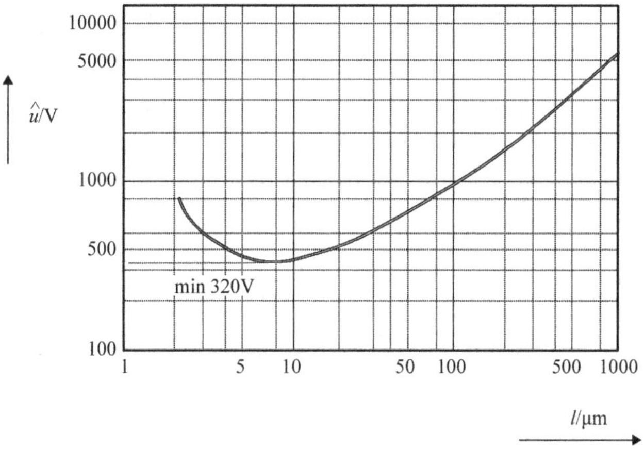

图 8.1　帕邢曲线描述了由均匀气隙在 101kPa 气压下形成的绝缘距离的耐压强度。l 是电极的气隙间距

帕邢定律本质上表明了气隙的击穿特性是气压和气隙长度乘积的函数。图 8.1 表示了一种恒压的特殊情况。绝缘结构内的空气常常倾向于局部放电。局部放电会在绝缘结构内发生，特别是在那些介电常数不同的材料并联的位置。例如绝缘树脂中有气泡就属于这种情况。气泡的介电强度远低于树脂本身，小规模的局部放电就发生在气泡内。局部放电的敏感度可以用帕邢曲线来估计。如果 500V 的电压加在一个 10μm 气泡上（$E=50\text{MV/m}$），局部放电就会发生。这些部位的绝缘开始恶化，如果选择的材料不能承受局部放电，那么最终局部放电可能会彻底破坏绝缘。因为云母能够在绝缘条件不下降的前提下承受住局部放电，所以其应用于高压绝缘中。现今的开关电源设备在低压电机中也可能引起局部放电，特别是在第一匝线圈中，因为快速上升的电压在绕组中的分

配不均匀。

第二，由固体绝缘形成的绝缘距离主要由固体绝缘体之间组成，其中电场并不非常明显地朝向绝缘体的交界面。在这种情况下，绝缘强度就由绝缘的厚度和绝缘材料的相对介电常数决定。

第三，爬电距离是裸露的带电部件连接到处于另一个电势下的导电或绝缘部分的绝缘距离，例如电机的接地外壳。当带电部件绝缘较弱时，也存在一个爬电绝缘距离。如果有效的电场存在一个平行于表面的分量，那么表面放电或者是在爬电距离内的飞弧就可能发生。在电机中，有代表性的此类放电或飞弧发生在铁心外侧的槽绝缘的表面。

敞开式的爬电距离可能会聚集灰尘或水分，从而可能会产生漏电流并在绝缘表面放电。在低于1000V的电机中，漏电流是主要的风险因素。高电压时，表面放电也会损坏绝缘。绝缘材料的耐漏电起痕描述了施加高电压时，材料自身阻止形成电碳通路的能力。绝缘材料的耐漏电起痕由相对漏电起痕指数（CTI）定义。因为耐漏电起痕由电压（会因为漏电痕迹引发失效）决定，所以CTI的单位为伏特。例如IEC 600112标准对该测试方法进行了说明。

在电路中，必须经常使用绝缘，自然也就需要占用一些空间。这种实际情况必须在磁路和绕组尺寸设计中加以考虑。实际的绝缘材料总是会有微弱的导电性，并且可以被电气、热、机械、环境应力或化学侵蚀所损害。环境应力包括潮湿、冷却空气中的磨蚀颗粒、灰尘和辐射。绝缘材料需要有足够的耐压强度（绝缘强度），以避免在电压测试或者过电压时产生飞弧。绝缘在使用期限内可能遭受的负载估计以及基于这些共同分析得到的绝缘的尺寸称为绝缘配合。

在运行时，应保持较小的绝缘的电导率和电介质损失。绝缘需要对短时过载运行和由以上提及的应力引起的累积的老化有耐热能力。尽管现在有成百甚至上千种适合的可供选择的绝缘材料，电机内最常见的绝缘材料还是可以简单列出来：云母、聚酯薄膜、芳纶绝缘纸、环氧树脂和聚酯树脂等。电机内的绝缘材料稍微有些不同的是聚酯纤维材料（Dacron、Terylene、Diolen、Mylar等）、聚酰亚胺薄膜（Kapton）以及用于浸渍的聚合树脂。

8.1　旋转电机的绝缘

绝缘可以粗略地分成两大类：主绝缘和导体绝缘。主绝缘的作用是隔离部件，使它们之间不能有导通的电流，例如：主绝缘把电机线圈和铁心的电流隔离开。导体绝缘隔离线圈的股线和匝间。一般地，导线绝缘的标准没有主绝缘的高，故前者一般要比后者薄。因此，特别是在小电机中，导体或者匝间绝缘通常是通过导线的漆皮来实现。

绝缘的主要类型有：

- 槽绝缘和槽封口；
- 槽内和端部的相间绝缘；
- 极绕组绝缘；

- 引线和端子绝缘；
- 浸渍漆和浸渍树脂；
- 表面清漆和防护漆。

因为槽内可能会有锋利的边缘，所以槽绝缘的最外层需要有较好的机械强度。比如聚酯薄膜就是比较适合于槽绝缘的材料。如果槽内使用两种绝缘材料，内层通常选用芳纶绝缘纸，因为它的耐热性和浸渍性能比聚酯薄膜要好。芳纶绝缘纸能有效地吸收树脂，相比表面光滑和无孔隙的聚酯薄膜，树脂能较好地固化在绝缘纸表面上。在相间，选用柔韧的、仿棉布的材料作为绕组的端部绝缘。当需要高耐压强度时，将选用云母；当需要较高的机械强度时，可以使用玻璃纤维加固后的热塑性塑料。

云母是一种天然的无机物质，通常出现在基岩中。云母属于单斜晶系，由薄片状的有弹性和透明的硅酸盐构成。这些片状硅酸盐由互相连接的 6 个环构成，形成了云母的典型六方晶系对称结构。

在过去的 100 年间，在高压电机的绝缘材料中，云母是重要的组成部分，主要是因为它有极好的局部放电强度。云母的化学成分主要是钾、硅酸铝或者其他一些相近的矿物质。云母的晶体由薄的鳞片或板片组成，它们可以较为容易地互相分离。这种晶体结构使得鳞片可以分裂成柔韧性较好的薄带，因此适合用作电机的绝缘材料。

云母的耐热性非常高（见表 8.1 中所示的耐热等级）。最低品质的云母会在 500℃时失去自身的结晶水，然而某些品质的甚至可以承受到 1100℃。这些耐温特性足以满足电机要求，因为电机部件通常最高能承受的温度也不会超过 200℃。云母有极好的耐腐蚀性，它不溶于水、碱、各种酸以及普通溶剂。只有硫酸和磷酸可以溶解云母。但是，云母不能耐油，因为油可以渗入云母的鳞片间使它们相互分离。

表 8.1 绝缘材料的耐热等级（改编自标准 IEC 60085、IEC 60034－1）

耐热等级	旧称	允许过热点/℃	环境温度 40℃时，设计允许的温升/℃	由测量的电阻决定的绕组允许平均温度/℃
90	Y	90		
105	A	105	60	
120	E	120	75	
130	B	130	80	120
155	F	155	100	140
180	H	180	125	165
200		200		
220		220		
250		250		

云母的介电强度高，电解质损失低，表面阻抗高。漏电流不会损坏云母，并且它抵抗局部放电的效果要远比其他有机绝缘材料好。因此，云母几乎是高压电机中不可缺少

的绝缘材料，在高压电机中经常出现局部放电，而且局部放电难以处理。通常，当电机的额定电压超过4kV，在运行时就会出现一些局部放电，而云母能承受这些。然而，当低压电机在变频器供电时甚至也可能会有一些局部放电。这是因为脉冲电压具有陡峭边缘，在绕组中并不是均匀分布，并且可能给第一匝线圈增加压力。在这种情况下，电场强度可能会足以产生局部放电，如果没有云母的话，绝缘迟早会失效。

在云母绝缘体中，云母的鳞片通过适合的粘合剂绑在一起。进一步，需要若干层适合的辅助物质，例如玻璃纤维布或者聚酯薄膜，来提高绝缘的抗拉强度。当今，在电机的绝缘中，云母主要用作绝缘纸。云母纸是由极小的云母鳞片组成的绝缘体，并且与绝缘纸用相同的方法制作，故而得名。因此，尽管术语叫做“纸”，但是材料并不包含任何的木质纤维。天然云母通过机械或者热压碎成小鳞片，而后用树脂粘连成柔韧的、纸状的材料。云母绝缘材料的特性在表8.2中列出。

表8.2　云母绝缘材料的特性

特性	单位	换向器用云母板	浇注云母板	云母片	玻璃－云母带	环氧玻璃云母纸带
云母含量	%	95～98	80～90	40～50	40	45～55
粘合剂含量	%	2～5	10～20	25～40	18～22	35～45
辅助材料含量		—	—	20	40	15
抗压强度	N/mm^2	110～170	—	—	—	—
抗拉强度	N/mm^2	—	—	30～50	40～80	80～120
压缩比	%	2～6	—①	—	—	—
连续工作温度，粘合剂：	℃					
虫胶		F155②	F②	B130	B130	F155
醇酸树脂		H180③	H③	F155	F155	
环氧有机硅		—	—	H180	H180	
耐压值（1min，50Hz）	kV/mm	25	20	20	16～20	20～30

① 在生产流程中，云母薄片之间会相对滑动。当使用粘合剂固定时，压缩比在4%～8%。

② 在F级绝缘的电机的换向器中。

③ 在H级绝缘的电机的换向器中。

来源：摘自 Paloniemi 和 Keskinen（1996）。

绝缘薄膜构成了一组相当多样的绝缘材料（见表8.3）。这些薄膜通常是硬质塑料，它们的耐热性受到熔解温度的限制，并且在远低于这个温度时就会加速老化。

表8.3　薄膜绝缘材料的特性

特性	单位	聚酯 PETP	聚酰亚胺	聚砜 PS
抗拉强度	N/mm^2	140～160	180	90
断裂伸长率	%	75	70	25
弹性模量	N/mm^2	3900	3000	2500
密度	g/cm^3	1.38	1.42	1.37

（续）

特性	单位	聚酯 PETP	聚酰亚胺	聚砜 PS
连续工作温度	℃	130	220	180
瞬时耐热温度	℃	190	400	210
软化温度	℃	80 ~ 210	530	235
熔点	℃	250	不融化	
150℃时收缩率	%	3	—	—
燃烧		慢	不燃烧	不持续燃烧
吸水性	重量的百分比（% by weight）	0.5	3	1.1
化学强度	等级 0 ~ 4（Graded 0 ~ 4）			
酸		2	3	3
碱		1	0	3
有机溶剂		4	4	1
电阻率	Ω cm	10^{19}	10^{18}	5×10^{16}
耐压值	kV/mm	150	280	175
商品名		Mylar Melinex Hostapan	Kapton	Folacron PES

来源：摘自 Paloniemi 和 Keskinen（1996）。

聚酯薄膜的用途广泛，其公称厚度从 6μm 到 0.4mm。PETP（聚对苯二甲酸乙二酯）膜是一种非常坚韧的聚酯薄膜，被用来当作中小型电机中的胶质绝缘纸、槽绝缘以及一相线圈的绝缘。图 8.2 描述了 Mylar 聚酯薄膜的化学成分。

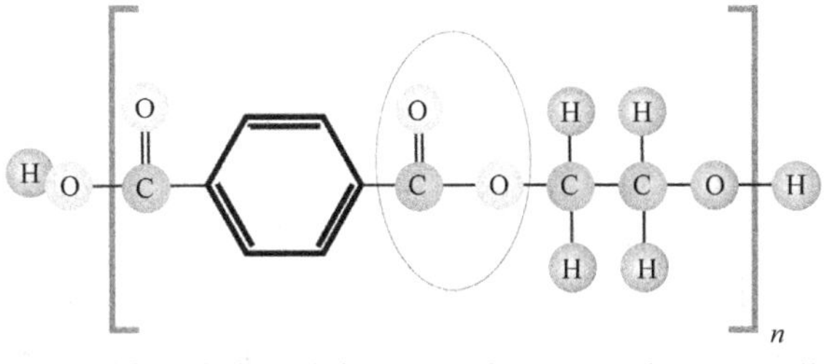

图 8.2　Mylar 聚酯结构。材料包含氢（H）、氧（O）、碳（C）和苯环（C_6H_6）。圈出的部分是脂。脂基趋向于水解，因此这种材料不能同时忍受高温和潮湿

聚芳酰胺或者芳纶纤维（商品名 Nomex），比前面的耐热性要好，但是没有 PETP 薄膜柔软。因此，聚芳酰胺经常和 PETP 或者聚酯薄膜一起用来作为胶质绝缘纸。图 8.3 描述了聚芳酰胺的化学成分。

聚酯薄膜在可以得到的绝缘薄片中有着最好的机械强度，它的屈服强度和抗拉强度接近软铜的数值。薄膜在小电机内用作槽绝缘，并且和纤维绝缘材料（芳香聚酰胺或者涤纶绝缘纸）一起用在大电机槽内。聚酯薄膜的熔化温度大约在 250℃。然而，由于

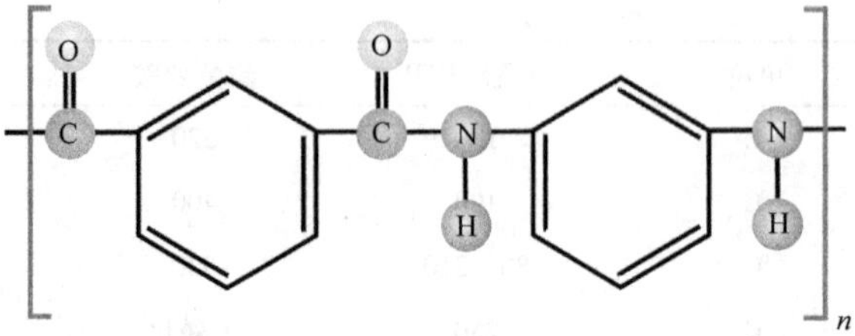

图8.3 Nomex芳纶纤维的化学结构。材料包含氢（H）、氧（O）、碳（C）、氮（N）和苯环（C_6H_6）。这种简单的结构能够很好地承受各种不同的外应力，甚至是同时出现的高温和潮湿

聚酯纤维在高温下抗潮性能不好。在这种情况下，会单独使用芳纶纤维。

聚酰亚胺薄膜能够实际持续忍耐220℃的温度，其瞬时的耐热温度可以达到400℃。进一步，薄膜的机械性能相对较好，并且它的击穿电压较高。它不受有机溶剂的影响。薄膜的厚度通常在0.01~0.12mm之间。聚酰亚胺绝缘材料相当昂贵，但是作为一种比较薄的绝缘材料，它给绕组节省了大量的空间，因此在某些特定的场合它会成为有益的替代物。图8.4描述了聚酰亚胺的结构。

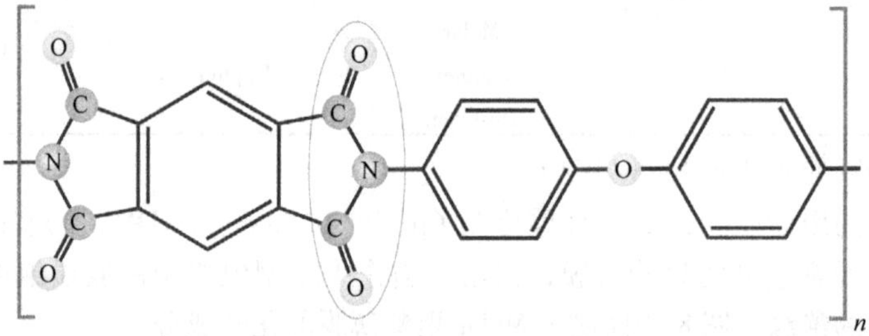

图8.4 Kapton聚酰亚胺。圆圈中的NC_2O_2官能团是酰亚胺官能团。材料包含氧（O）、碳（C）、氮（N）和苯环（C_6H_6）。酰亚胺官能团倾向于水解，这种材料不能同时承受高温和潮湿

导体绝缘在电机的绝缘结构中是要求最为苛刻的，因为绝缘贴近热的铜导线，而且这是绝缘最薄的部分。导体绝缘通常是漆状的热塑性塑料。漆中有晶体和非晶体区。材料的结晶度能改善耐热性，它能形成不渗透的密封层来抵抗溶剂，并且，进一步，它提高了绝缘材料的机械特性。另一方面，非晶体的性能使得绝缘材料柔韧。最常见的在电机中使用的导体绝缘漆是酯酰亚胺和氨基酰亚胺。图8.5表示了聚酰胺-酰亚胺聚合物链。它们因此与聚酯和聚酰亚胺薄膜都有关系。酯酰亚胺的最高允许温度在180~200℃。

导体绝缘可以由两种或更多不同的绝缘漆构成。使用两种不同的绝缘漆是为了达到更好的耐热性、机械特性，以及比单一材料更好的成本效率。实际上，即使是单一材料的绝缘漆，涂层中也包含了若干层。涂覆过程中，加热裸导体将其用绝缘漆涂覆。接下来，通过在炉中加热导线来使溶剂气化，进而导线就被新的一层漆包裹上。这个过程要重复4~12遍。根据涂层的厚度导线被分成三级：“薄漆膜-1”（第一级）、“厚漆膜-2”（第二级）和“加厚漆膜-3”（第三级）。实际上，按照之前所述，漆包线总是有

好几层漆。进一步，每个级别的漆膜厚度总是跟导线的直径成比例。

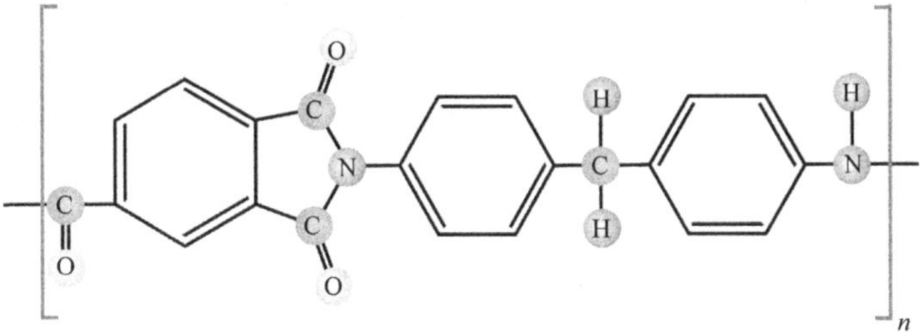

图 8.5　聚酰胺 - 酰亚胺聚合物。材料包含氢（H）、氧（O）、碳（C）、氮（N）和苯环（C_6H_6）。酰亚胺官能团倾向于水解

聚酰亚胺薄膜和芳纶绝缘纸也可以被用作导体绝缘。它们被包裹在像导线的磁带上。它们可以考虑用于特殊的场合，但是对于普通电机而言它们过于昂贵。在极其恶劣的环境下，可以使用含氟聚合物（特氟龙）绝缘材料。在制造过程中它被挤压到导线上。含氟聚合物有较好的抵抗化学物质的能力，以及甚至在高温下极好的抗潮性。但是它的击穿电压只有聚酯酰亚胺和聚酰胺酰亚胺的 1/4，这在设计绝缘系统时需要考虑。图 8.6 描述了特氟龙的化学成分。

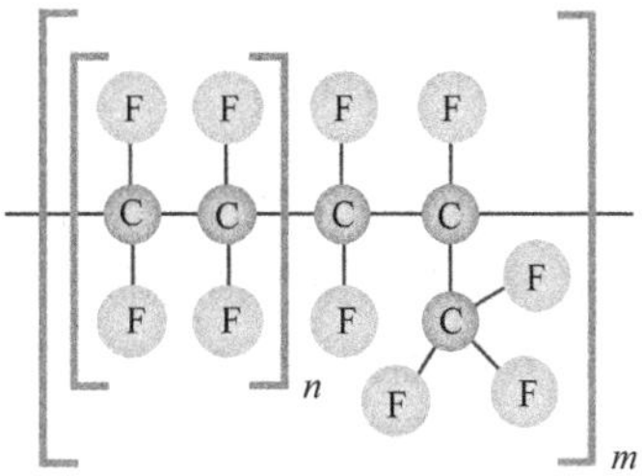

图 8.6　氟化乙烯丙烯聚合物的化学结构。这种包含 2 个碳和 4 个氟并且重复 n 次的结构就是聚四氟乙烯的化学结构

在苛刻的环境中，PEEK（聚醚 - 醚酮）聚合物是非常好的导线绝缘材料。报道称 PEEK 在 250℃ 时仍然能极好地抵抗水解作用。图 8.7 描述了 PEEK 的成分。

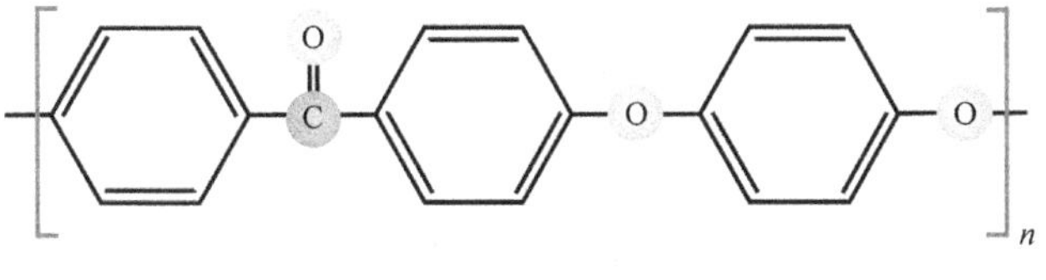

图 8.7　PEEK 的化学结构

8.2　浸漆和树脂

浸漆和树脂的作用是加强绕组的机械强度，保护它不受潮湿、灰尘和化学物质的影响，并且改善它的导热系数。另一方面，过多的浸漆会降低热导率，例如在绕组端部。浸漆包含基础部分（线性聚合物）、单体（交联剂）、溶剂和可能的油类。根据成分，浸渍漆分成油基和聚酯涂层两类。油基漆需要氧，因此它不能用在密集和厚的绕组中。油基漆的电气性能较好，但是机械强度相当差。聚酯漆是当今最常见的浸渍漆材料，如

图8.8所示。它是单组分或双组分漆，通常需要热处理来使其硬化。在固化工艺中，溶剂气化，来自一端的单体依附上一个基础成分的化学反应活性部位，来自另一端的单体依附另一个基础成分的化学反应活性部位。这称为交联，因为单体的高分子链与基础成分的高分子链垂直放置。通过这种方式，形成了一个复杂的三维高分子结构。塑料通过这种方式形成热塑性塑料。

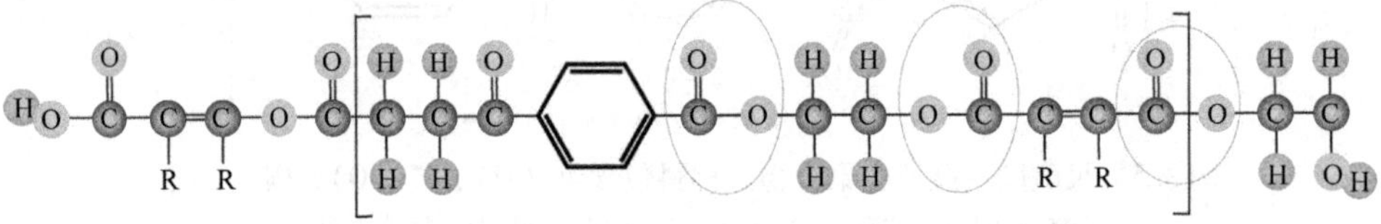

图8.8　聚酯漆的成分。材料包含氢（H）、氧（O）、碳（C）、苯环（C_6H_6）和化学反应活性部位（R）。圈出的部分是脂类。当材料加工处理成热塑性塑料时，单体将自身连接在R所示的化学反应活性部位

在浸渍漆中，大约一半的体积是易挥发的溶剂。当漆硬化时被空气带走。因此醇酸基或者聚酯基的漆包括溶剂大部分被基于聚酯或环氧的浸渍树脂所取代；浸渍树脂不包含溶剂且是化学硬化浸渍液。在一般的电机中，使用聚酯树脂，因为它们价格便宜，易于操作。在聚酯树脂中，基础成分和单体在本质上化学成分极为近似，黏度也接近，容易被混合。此外，一般来说可以使用比较方便的混合比，例如1:1。环氧树脂非常可靠，图8.9描述了它的成分 。

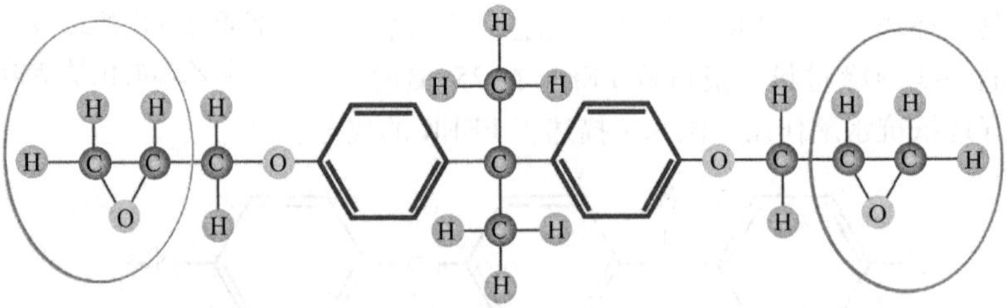

图8.9　基本的环氧树脂的化学成分。圈出的部分是环氧化物官能团。这些官能团是每一个环氧基树脂特有的，但是它们之间的高分子链可以改变

环氧树脂的一个缺点是价格比聚酯树脂高。尽管如此，由于良好的机械强度、粘合度和低收缩性，环氧树脂经常在功率超过250kW的电机中使用。在恶劣环境下，环氧树脂更加受到垂青。它有良好的抵抗化学品、潮湿和辐射的性能。另一方面，聚酯树脂的对油抵抗能力要更强些，例如变压器油。在特殊情况下，例如牵引电机工作温度非常高时（超过200℃），可以使用硅树脂。它有着极好的热性能，但是机械强度较差。

表面漆提高了绝缘的表面质量。表面漆形成了防水层，使得清洁起来变得容易，并且提高了绝缘的耐漏电起痕能力。表8.4介绍了绝缘漆、绝缘树脂和表面漆的特性。

表 8.4　绝缘漆和浸渍树脂的特性

特性等级 0～4	浸漆		浸渍树脂			涂敷（表面）漆	
连续工作温度/℃	155	180	155	180	130	155	180
工作温度时的机械强度	3	1	3	4	2	2	1
柔韧性	3	2	2	2	4	3	2
防潮性	3	3	3	4	3	4	4
抗化学强度	3	3	3	4	3	4	3
耐漏电起痕	3	3	3	2	3	2	3
典型材料	聚酯醇 酸树脂	环氧 硅树脂	聚酯醇 酸树脂 环氧树脂	聚酯 环氧树脂	醇酸树脂 聚氨脂	醇酸树脂 聚氨酯	醇酸树脂 硅树脂 环氧树脂

来源：节选自 Paloniemi 和 Keskinen（1996）。

浸渍绝缘对绝缘的耐漏电起痕能力有影响。绝缘由许多不同的部分构成，最常见的部分就是一层气隙。当浸渍不完全或者漆中有气泡时，气隙还可能留在不希望出现的地方，例如槽内。这些在绝缘尺寸和选择浸漆方法时需要考虑。电场强度 E 在厚度为 d 的单一材料中为

$$E=\frac{U}{d} \tag{8.1}$$

穿过绝缘的电场密度 D 必须是常数，其均匀地穿过多层绝缘。

$$E\cdot\varepsilon=D \tag{8.2}$$

当有两种不同的绝缘材料 1 和 2（厚度为 d_1 和 d_2）串联在相同的外场中，根据式（8.1）和式（8.2），相应的场强为 E_1 和 E_2，电压为 U_1 和 U_2。

$$\frac{E_1}{E_2}=\frac{\varepsilon_2}{\varepsilon_1} \tag{8.3}$$

以及

$$\frac{U_1}{U_2}=\frac{d_1}{d_2}\cdot\frac{\varepsilon_2}{\varepsilon_1} \tag{8.4}$$

当有电压 $U=U_1+U_2$ 施加在绝缘上，可以把电压写作

$$U_1=U\cdot\frac{\dfrac{d_1}{\varepsilon_1}}{\dfrac{d_1}{\varepsilon_1}+\dfrac{d_2}{\varepsilon_2}} \tag{8.5}$$

以及

$$U_2=U\cdot\frac{\dfrac{d_2}{\varepsilon_2}}{\dfrac{d_1}{\varepsilon_1}+\dfrac{d_2}{\varepsilon_2}} \tag{8.6}$$

例 8.1：绝缘的厚度为 4mm，介电常数 $\varepsilon_1=5$。在绝缘内部有 0.25mm 厚的气隙，其介电常数 $\varepsilon_2=1$。绝缘承受的电压 $U=12\text{kV}$。绝缘和气隙上的电压分别为多少，气隙中的电场强度为多少？

解：根据式（8.5）和式（8.6），得到电压 $U_1=9.14\text{kV}$，$U_2=2.86\text{kV}$。气隙中的电场强度 $E_2=2.86\text{kV}/0.25\text{mm}=11.44\text{kV/mm}$，超过了击穿电场强度。即使在绝缘中存在一个很小的气隙就可能会造成局部放电，从而使绝缘老化。虽然保持在绝缘内部的空气腔内的局部放电不会造成整个绝缘内的即刻飞弧，但是通过局部过热和损耗，它可能会迅速地导致整个绝缘结构的失效。

可以用双组分环氧涂敷的聚酯薄膜作为例子：当它们不与空气接触时，都是相对耐热的。与导致薄膜之间的气隙开始冒火花的电压相比，这种结构的介电强度可以比它高十几倍，从而磨损涂层和绝缘薄片。无论如何，只要超过这个冒火花的初始电压就会大为削减绝缘的使用寿命，反之，击穿电压对绝缘的使用寿命几乎没有影响。

因此，现在这些浸渍方法的选择都要确保溶剂的充分渗透以及不透水的结构。例如真空浸渍技术是一种合适的方法。这种方法在较低和较高的电压以及温度等级 155～220 时都可以使用（见表 8.1）。

为了在特殊条件下运行，绕组可以在塑料中铸造。这种方法的优点是绕组变得完全不透水。进一步，线圈的机械强度得到了提高。不足之处是绝缘的造价非常高。这种方法中使用的塑料可以是聚酯或者环氧塑料。这种方法极少应用于工业电机中。

因为运行时化学品经常会从绝缘中释放出来，所以需要确保这些化学品对其他绝缘材料没有损害。在局部放电中溶解氧分子生成的臭氧也会迅速地削弱许多聚合物。特别地，浸漆需要与其他的绝缘匹配。制造商建议通过测试绝缘材料的组合来确保兼容性。

8.3　绝缘尺寸

绝缘遭受的机械、电气和热应力都是确定电机尺寸时需要考虑的因素。这些应力使得绝缘的性能降低。进一步，在选择电机的绝缘材料时，运行条件造成的应力，例如累计的灰尘、化学侵蚀、油、潮湿以及辐射都需要被考虑。

绝缘材料的抗压强度通常比抗拉强度要高，因此在设计中，应该使得绝缘尽量承受压力而不是拉力。例如玻璃纤维丝带可以用来承担施加于绝缘上的拉力（参见捆绑直流电机的转子）。绕组端部也会承受剪切应力。因此，绝缘的尺寸确定需要考虑这些应力。尽管绝缘也需要硬度，但是在特定情况下它也需要柔韧度。通常，尤其是在低压电机中，绝缘要有足够的能力适应铜导线热膨胀引起的变形。

绝缘结构经常用来支撑绕组。因此，这个结构必须能够经受住振动和电动力，例如起动和短路电流。线圈端部被支撑得越牢固，它的固有频率也就越高。目标是要把绝缘的固有频率提高到超过电动力的频率范围的等级。最重要的是需要避免固有频率是电源频率的 2 倍。这种力由磁通和绕组电流引起，这种力的方向说明如图 8.10 所示。

除了额定电压之外，电机的绝缘结构也需要承受额定频率下的瞬时过电压、开关过电压和外过电压。因为由固体绝缘构成的绝缘能承受相当高的短时电压应力，所以在确定气隙尺寸时需要特别考虑这些短时的过电压。实际上，高电压绝缘经常按照绝缘内有效场强 2 ~ 3kV/mm 来设计。绝缘层的最小厚度的近似值可以通过式（8.1）得到。

$$d = U/E_{\max} \tag{8.7}$$

式中，d 是绝缘材料的厚度；U 是绝缘承受的电压；$E_{\max}$ 是涉及的材料中允许的最大场强。

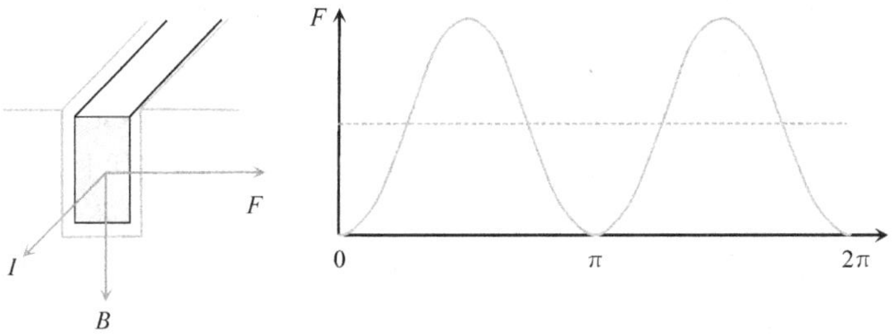

图 8.10　在电机外围由槽内导体磁通引起的洛仑兹力

如果绝缘由多层组成，各层的厚度可以按下式进行估计：

$$U = E_1 d_1 + E_2 d_2 = D\left(\frac{d_1}{\varepsilon_1} + \frac{d_2}{\varepsilon_2}\right) \tag{8.8}$$

根据旋转电机的 IEC 标准（IEC 60034），电压测试需要在交流电压 50Hz 或者 60Hz 下进行。对于低压三相电机，1kW 以下的电机的测试电压必须满足

$$U_{\text{test}} = 2U_{\text{N}} + 500\text{V} \tag{8.9}$$

对于大于 1kW 的电机，测试电压必须满足

$$U_{\text{test}} = 2U_{\text{N}} + 1000\text{V}\ （但是最低 1500\text{V}） \tag{8.10}$$

式中，U_{N} 是额定线电压；U_{test} 是测试电压。对于使用过的电机，功率小于等于 5kW 的，测试时间为 5s；对于新电机，测试时间为 1min。

对于直流电机，通过在测试绕组和机壳之间施加测试电压来测试绝缘等级，对于额定电压在 50 ~ 380V 之间的电机，测试电压为 50Hz、1.5kV 的交流电压；当额定电压在 380 ~ 1000V 之间，测试电压为 2.5kV。值得注意的是如果测试时间为 1min，这个电压不能超过测试电压的 50%。在这个时间过后，测试电压可以升到峰值电压并持续 10s。

高压电机也需要承受脉冲电压，脉冲电压的承受等级最小应为

$$\hat{U}_{\text{sj}} = 4U_{\text{N}} + 5\text{kV} \tag{8.11}$$

式中，$\hat{U}_{\text{sj}}$ 是脉冲电压的峰值。由于存在失败的风险，一台新的、完整的电机不应在这个电压下进行测试；然而，单独的线圈能在实验室内进行测试。

脉冲电压应调整为上升时间 1.2μs 和持续时间 50μs。式（8.11）给出了高压电机过电压的峰值。这个峰值是确定匝间绝缘尺寸的基础。进一步，除了过电压强度以外，

在确定绝缘尺寸中，必须记住的是电场对结构有老化效应。为了确保长期的耐用性，绝缘结构的局部放电等级需要保持得越低越好。这可以通过测量介质损耗因数（$\tan\delta$）来进行测试。因为局部放电的数量在增加，所以当测试电压上升时，$\tan\delta$ 的值也会上升。因此，$\tan\delta$ 电压曲线的斜率可以当作局部放电等级的间接指标。

绝缘材料可以根据它们抵抗高温而不失效的能力来分类。表 8.1 表示了根据 IEC 标准的绝缘等级，以及早期使用的字母代码表示的耐热等级，当然字母代码也一直在普遍使用。允许过热点给出了绝缘最热的区域可能达到的最高允许温度。允许温升表明了绕组在额定负载下的最高允许温升。

电机最常用的耐热等级是 155（F），等级 130（B）和 180（H）也经常出现。

绝缘的老化给它的长期耐热性带来了限制，也就是限制了它的允许温升。当评估单一绝缘体的长期耐热性时，需要使用温度指数这个概念。温度指数是绝缘体可以达到平均寿命 20000h 或者 2.3 年的最高温度。这是个非常短的寿命，实际上，寿命要长于 2.3 年，因为这是在编写绝缘分类标准时的一种假设，实际上绕组温度不会连续保持在允许温度的上限上。一般来说电机在部分负载的情况下间歇运行，环境温度很少达到允许温度的上限，并且电机也会有不工作的时间。制造商经常设计的温升是等级 130（B），不过使用的绝缘系统属于等级 155（F）。这种降低等级的方法会使得绝缘的预期寿命更长。值得注意的是，绝缘等级 155 时的温度指数至少应为 155。当绝缘的耐热等级确定后，温度指数就会向下调整至最接近的耐热等级。如果电机整年每天都运行 24h（典型的情况例如发电厂），电机绕组的温升需要设计的比表 8.1 中给出的允许值低。

短时耐热性指的是热应力，其持续时间最大为几个小时。在该热应力的作用下，绝缘可能会熔化，或者出现气泡，或者会收缩或变成焦状。如果在正常工作状态下，在任何位置适当地超过温度，绝缘都不会通过上述任何一种途径被损坏。在表 8.1 中，温升指的是额定负载下绕组的允许温升。这个温升不会引起绝缘的过早老化。过度的温度波动可能会引起绝缘体内脆性增加和生成裂缝。需要记住的是当有许多造成老化的因素，例如温度和潮湿同时影响时，临界温度会降低并且必须对于每种情况单独进行估计。在特定的运行情况下，抗寒性也可能会决定绝缘材料的选择。

热老化通常用阿仑尼乌斯方程来估计反应速率

$$k = \eta \mathrm{e}^{-E_a/RT} \tag{8.12}$$

式中，η 是实验测得的指数前的常数；E_a 是活化能；R 是气体常数；T 是绝对温度。

实际的绝缘结构表明温度每上升 8～10K，预期寿命就会减半。

8.4　电气作用下的绝缘老化

局部放电是在大气空间中的电击穿，空间至少有一边在绝缘体内。因此，局部放电不会立即导致整个绝缘的损坏。对应于小电容在这个大气空间内放电的能量加上与这个电容串联的绝缘截面电容的放电能量而言，局部放电释放出的能量相对较小。单次的局部放电对绝缘并没有损害，它只能损坏绝缘中聚合物结构的一些化学键。当局部放电持续进行时，气室会扩张，并与其他气室结合。这样，会在绝缘体内形成长通道或者是树状结构。树状结构的壁至少是部分导电的。当树状结构足够长时，到达几乎从定子铁心到导体的所有通路，就会发生故障。因此，重复的局部放电会使绝缘恶化，并且导致失效。只有云母能够承受持续的局部放电，因此它经常被用在高压绝缘中。

如果在爬电距离内有特别大的爬电电流，绝缘可能会逐渐被损坏。由于电流的影响，潮湿的表面变得干燥。干燥的区域分布不均匀。当爬电电流破坏时，绝缘表面附近的空气中会产生火花。在高压电机中，对地的电压很高，以至于会超出在叠片角落里空气的击穿强度，并且气室内的局部放电会沿着绝缘的表面一直进行直到平行于表面的场强变得很低，放电才会停止。这里，放电能量比爬电电流产生的火花的能量要低很多，但是，不断的局部放电也可能会损坏绝缘。

当表面放电的电压超过滑动放电电压的极限，放电的能量会突然增加，并且放电会开始沿着绝缘的表面滑移。放电可能甚至会滑移十几厘米的距离，如果电压进一步升高，会最终在线圈的末端找到绝缘的薄弱处，或者是非绝缘点，从而造成绝缘失效。滑移放电和表面放电都可以减少，例如通过在绝缘中使用一层碳化硅。碳化硅的电导率非常依赖于电场，它随着场强的 5 次方增加。因此，场强峰值在绝缘表面会被大体抵消掉。

建立电气老化的数学模型是一项有挑战性的工作，因为至少放电起始电压产生了一个明显的不连续点。通常，由电气应力造成的老化用幂函数来描述，绝缘寿命 t 是电场强度 E 的函数。

$$t = kE^{-n} \tag{8.13}$$

在这种情况下失效时间被看作近似遵循 Weibull 指数分布。

实际上，绝缘结构寿命的估计一直是统计学的难题，它需要一组试验，即使这样，还必须考虑多种应力同时作用时可能的影响。当需要从加速老化试验得到快速的结果时，这有特别重要的意义。

8.5　实用的绝缘结构

实际上，对绝缘结构最重要的影响因素是电机的额定电压。基于额定电压，电机可以分成高压电机和低压电机。低压电机是指电机的额定电压低于 1kV。在低压电机中，绝缘的耐压强度并不是决定性的设计依据。如果绝缘结构机械强度足够承受装配，并且绝缘结构的爬电电流在控制范围内，那么耐压强度是足够的。还必须确保在运行时不产生火花，因为目前大多数常见的有机材料都不能抵抗火花。而在高压电机中，在面对局部放电时，耐压强度是设计中决定性的因素。接下来将讨论一些实用的绝缘结构的例子。

8.5.1　低压电机的槽绝缘

槽绝缘通常由两层组成，即内层和外层。图 8.11 给出了槽内外层绝缘的位置。内层绝缘呈漏斗形，有利于引导导线的装配。定子槽最终在槽口处用槽键或者槽楔封闭。

如果绕组的构造方式是在一个槽内有一个以上的线圈边，线圈边之间需要附加的绝缘（层间绝缘）。这在1kV以下的电机中通常没有问题。不同线圈边之间的电压差最大为线电压的幅值。图8.12给出了有两个线圈边、用槽键封闭的槽的结构。绝缘需要延伸到槽的端部以外。例如当额定电压最大为500V时，端部延伸出的长度至少应为5mm。端部的延伸十分重要，因为局部电场的最大值会产生在槽的端部，从而产生爬电电流。

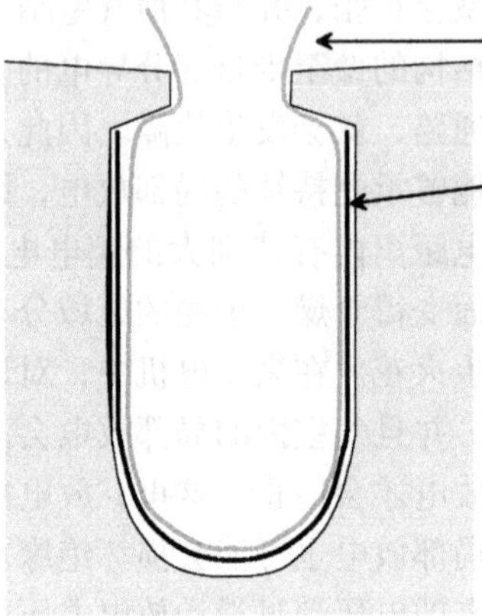

图8.11　低压交流电机的定子槽绝缘。槽壁附近需要留出0.2～0.3mm的距离用于放置绝缘。也就是说，槽绝缘在往槽内放置线圈之前就已经完成。线圈中的导线逐根或分组插入槽内

现今有许多有效的耐用材料，它的耐压强度足够高（例如聚酯薄膜）并且可以被用来构造单层的槽绝缘。在这种情况下，将线圈安装在槽内时需要辅助引导物或者通过使用超宽的绝缘薄膜来引导导线而不破坏它们。在线圈安放在槽内之后，去掉附加的引导物以及绝缘薄膜过宽的部分，并且把槽用盖子封闭。

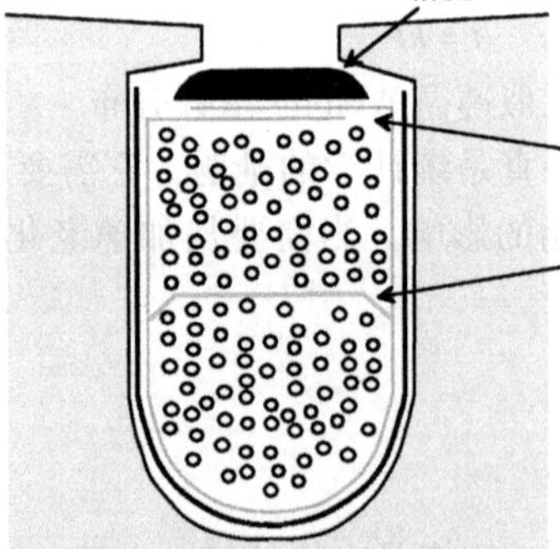

图8.12　双层绕组排布、用键封闭的槽。绕组由圆漆包线制成。绕组是通过把导线缠绕在一个线圈架上制成，并且忽略导线的顺序。当线圈安放进定子槽时，它的顺序会被进一步打乱，因此这个绕组被称为随机绕制绕组。当确定槽的截面积尺寸时，需要记住的是圆导线绕组的最大可能槽满率 k_{Cu}，包括导线绝缘在内，实际上大约是0.66［见式(6.60)，理论最大值是 $\pi/4=0.785$］。通常，槽满率在0.6～0.66之间。进一步，当需要考虑槽绝缘时，我们注意到只有不到一半的槽面积可以用来放置实际的铜导线。因此绝缘在决定电机的电阻损耗时有重要意义。在小电机中，电阻损耗相对较高，因此，当考虑电机的效率时，需要特别注意槽满率

8.5.2　低压电机线圈的端部绝缘

在前面的章节中，已经讨论过槽内线圈的相间绝缘。在线圈的端部，也需要分离不同的相。使用绝缘布作为线圈的相绝缘。在绕组已经装配完成后，将这些绝缘布塞入特定的位置，绕组端部使用玻璃纤维丝带绑扎，最终用浸渍剂对整个绝缘系统进行强化。

除了之前提到的绝缘类型之外，连接处的引线也需要使用适当厚度的绝缘套管进行绝缘。最终，在浸渍之前，线圈用丝带绑扎。需要特别注意的是确保导线的连接紧固可靠，并且确保绕组不能移动而造成机械磨损。

8.5.3　极绕组的绝缘

在直流和同步电机中使用直流绕组。这些绕组称为极绕组或者励磁绕组。在分数槽永磁同步电机中也会使用集中绕组。这种绕组与直流或者同步电机的励磁绕组非常相似。电机的极经常用预先成型的铜条进行缠绕，尽管也使用圆形线圈，但典型的铜条截面为矩形。在这些情况下，涂漆是最常用的绝缘方法。绝缘的绕组从内开始装配到铁心上。通常，确定极绕组的尺寸不成问题，因此绝缘的厚度不会对结构设置任何限制。直流电机的换向极向线圈一样单独缠绕。首先安装一层绝缘，然后再把绕组缠绕在上面。

8.5.4　低压电机的浸渍绝缘

低压电机可以通过浸渍和烘烤的方法来实现浸渍绝缘，把电机用树脂浸透（浸渍），然后在烘箱中把树脂固化（烘烤）。这是一种传统的方法，从电机的早期就开始使用。因为这种方法简单并且便宜，而且不需要沉重或者昂贵的设备，例如真空泵，所以仍然在广泛使用。真空压力浸渍（VPI）在特殊电机中使用，它的绝缘是为特定目的而设计，例如那些由逆变器驱动的电机。这种方法会在下一节中详细讨论。对于小电机，可以使用滴浸方法。在这种方法中，定子放在一个旋转的、倾斜的工作台上。给绕组通电流让其预热。预先加热的树脂滴从电机上端滴到绕组上，因此得名滴浸。同时，工作台开始低速旋转。树脂流过定子槽并且充满它。当树脂开始要从电机绕组的下端滴落时，电机会颠倒过来，并且重复这个过程。当达到需要浸渍的效果后，树脂在烘箱中固化。

8.5.5　高压电机的绝缘

在高压电机的绝缘中，局部放电被证明是绝缘老化最显著的原因。当额定电压不超过 3kV 时，高压电机可以用圆导线绕制。当电压高于 3kV，几乎经常会选用由预成型的铜条制成的预制线圈。图 8.13 表示了使用预成型铜条绕组，又被称为规则绕组的槽的截面图。通常，从 6kV 起，槽内在绝缘和定子叠片之间也会有导电电晕保护。这个保护层的作用是防止在绝缘和叠片之间的空隙出现火花。半导体和导体材料也都可以用来填充槽。高压电机的线圈中最常见的绝缘材料是在导体周围多层缠绕的云母带。因为它具有良好的抵抗局部放电的特性，所以云母在高压电机绝缘材料中保持了超过一个世纪的主导地位。在高压电机的绝缘中，浸渍绝缘中空隙的数量必须保持在最小限度。因此，只有 VPI 或者富树脂（RR）方法经常被使用。

在 VPI 方法中，需要浸渍的对象放在真空容器中，真空容器是封闭的，其内的气压大约为 100Pa。接下来，用泵把预先处理好的（检查黏度，添加固化剂，冷却），并且已在单独的容器内排尽气体的树脂，通过热交换器预加热到70℃后注入真空容器中，直到被浸渍的对象完全被加热好的树脂覆盖住。树脂的预加热十分重要，因为这会显著地降低黏度，因此树脂可以更加容易地注入槽内并且完全地充满它。

接下来释放真空，给容器增压到3~5个大气压，并保持几个小时。最后，树脂用泵通过热交换器返回到冷却容器中。在储存容器中的冷却对延长未硬化树脂的寿命很重要。然后，需要浸渍的对象放置在烤箱中，对树脂进行硬化。VPI方法特别适合于预成型的铜绕组，它的绝缘厚度尺寸可以精确控制。因此树脂层的厚度也可以控制。

在RR方法中，几乎所有选用的绝缘体和其他材料都要预浸渍。粘合剂通常是在预塑化状态的环氧树脂，这种状态下的树脂是固体但是可塑的，因此可以容易地来处理绝缘体。通过把云母带从一端到另一端卷绕在线圈上来实现线圈的绝缘。这是线圈的主绝缘。最终绝缘中的环氧树脂在高温（大约160℃）和高压下硬化。通常，这种类型的绝缘能够满足耐热等级155（F）。

VPI方法与RR方法不同之处在于，事实上前者中使用的绝缘材料是多孔的，而且没有包含大量的粘合剂。当绝缘安装好后，它的空隙会被浇注的树脂充满。当使用VPI方法时，尺寸可以精确地确定，因此在核心的装配中可以减少填充物的用量。无论选择哪种方法，成品的绝缘质量在各方面都是一致的。

如图8.13所示，特别的是，在RR方法中可以使用填充条。使用填充条的一个目的是为了确保槽键均匀地挤住导条。有时候甚至会选用柔韧性好的填充条来避免线圈松动。这种松动还可以通过将绕组暴露在机械力和热中使其老化这种方法来避免。这种方法称为热预楔形变。它可以确保键装配有较高的和持续的压力。

端部绕组绝缘的构造与槽内的一样，只是不使用填充条。与槽截面不同的是，不使

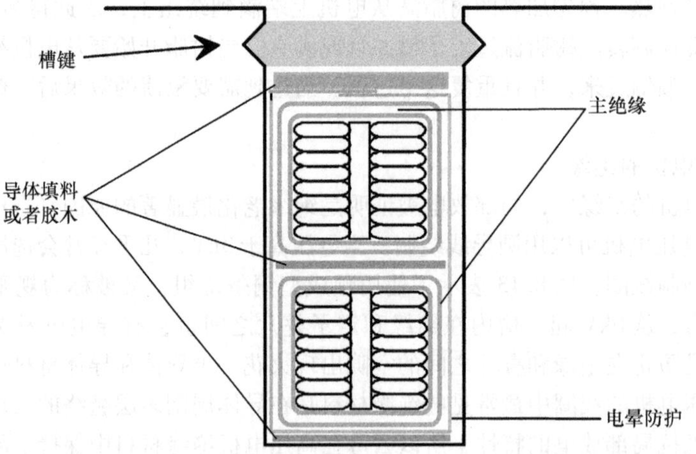

图8.13　高压电机的定子槽绝缘结构。如图所示，绝缘所占的比例要显著的比图8.12中低压电机的槽绝缘高，另一方面，槽内使用了预绕制的铜条，因此铜条的填充系数变得相对较高

用导体材料。尽管如此，在定子叠片的两端，可以在导体的表面使用半导体镀膜材料。最常用的耐压材料是半导体碳化硅胶带或者漆。

8.6　绝缘的状态监测

老化过程降低了绝缘材料的绝缘能力。为了确保电机的可靠性，必须要定期监测绝缘以预测绝缘能力可能的损失。最常用的监测方法是测量绝缘电阻和 $\tan\delta$，但是，在大电机中，当今各种各样的在线监测方法较为常见。

绕组的绝缘电阻由表面电阻和体电阻组成。通常，在电机中体电阻的需求相对较低，因为在这些电机中，相比电容的情况，要更能承受电介质的损失。除非绝缘是吸湿性的，否则体电阻的值不是经常取决于环境湿度。新生产的低压电机的绝缘电阻通常在 5000 ~ 10000MΩ 之间，这对应于电阻率大约是 10^{14}Ωm。但是，当低压电机的绝缘电阻减少到 1MΩ 时，对应于电阻率大约是 10^{10}Ωm，这仍然是可以接受的条件。至于介电损耗，就算是电阻系数要低很多，例如 10^{7}Ωm，也是允许的。因此，在确定绝缘的厚度尺寸时，可以不考虑绝缘电阻的理想值。

绝缘表面灰尘和潮湿的累积对表面电阻的影响非常大。绝缘表面灰尘的累积会作为爬电距离。这种灰尘常常是导电的，但也是吸湿的。沾满灰尘且潮湿的绕组的绝缘电阻会降到上面提到的 1MΩ 的等级上，因此会危及绕组的耐用性。

例如，电机绝缘的爬电距离会穿过槽绝缘的端部从铜导体到定子叠片。由于导体绝缘和绕组浸渍绝缘的关系，爬电距离的有效长度超过了它的物理长度。然而，在绝缘和绕组浸渍体上会偶尔有空洞。最危险的爬电距离是开放的绝缘距离，例如在直流电机的换向器中，换向器在运行时会经常聚集碳尘。

绝缘电阻的测量在电机的状态检测中是最常见的方法。测量时通过施加相对较低的直流电压（500 ~ 1500V）来进行。这种方法十分简单快速，并且不需要任何昂贵的专用设备。然而，从这些测量的结果中并不能得出对绝缘内部状态有意义的结论。尽管如此，绝缘电阻的测量可以被特别地定为运行试验和日常状态检查的项目。温度对绝缘电阻的测量有显著的影响。与导体电阻不同的是，绝缘材料的电阻随着温度升高而降低。

在监测单匝绕组绝缘的完整性和耐压强度时可以采用浪涌比较试验。浪涌比较试验的仪器会在电压源和测试绕组之间建立一个振荡电路，导致在线圈末端之间产生振荡电压。测试结果显示在仪器的示波器屏幕上。如果被比较的两个绕组是完全相同的，那么反射影像也应该是完全相同的，并且显示为单一轨迹。利用这种测试方法，匝间故障、对地故障和阻抗差异可以通过振荡频率、幅值和阻尼周期的偏差来检测到。

绝缘体的介电损耗因数（$\tan\delta$）的测试是一项有益的和常见的测试方法，特别适合于大电机。介电损耗因数（$\tan\delta$）曲线通常绘制成电压的函数，它随着电压的增加而增加。当评估测试结果时，需要特别注意 $\tan\delta$ 的幅值以及它随着电压的增加而增加的情况。图 8.14a 给出了一些例子中的 $\tan\delta$（U）曲线形状。曲线 1 表示了理想的情况。实际上，对于良好的绝缘体，$\tan\delta$ 随着电压是不变的，如曲线 2 所示。曲线的形状也给出了对 tanδ 数值造成影响的因素的一些信息。例如曲线 4 这样的 tanδ 曲线可能预示着绝缘的过度老化。另一方面，曲线 3 表示了当一定的电压应力来临时，tanδ 数值突然开始增加的情况。这是绝缘中值得注意的局部放电发生的标志。因为放电是局部的，所以实际局部放电测量的是比以上描述的方法更加灵敏的局部放电的指标。

这样的 tanδ 值表示介电损耗的相对大小。过度的介质损耗可能导致绝缘局部或完全过热。

在进行 tanδ 测量时，必须牢记隔热层的温度可能会影响测试结果。在某些情况下，可能需要在几个温度下进行测量。在许多绝缘结构中，tanδ = 10 是最高允许值。

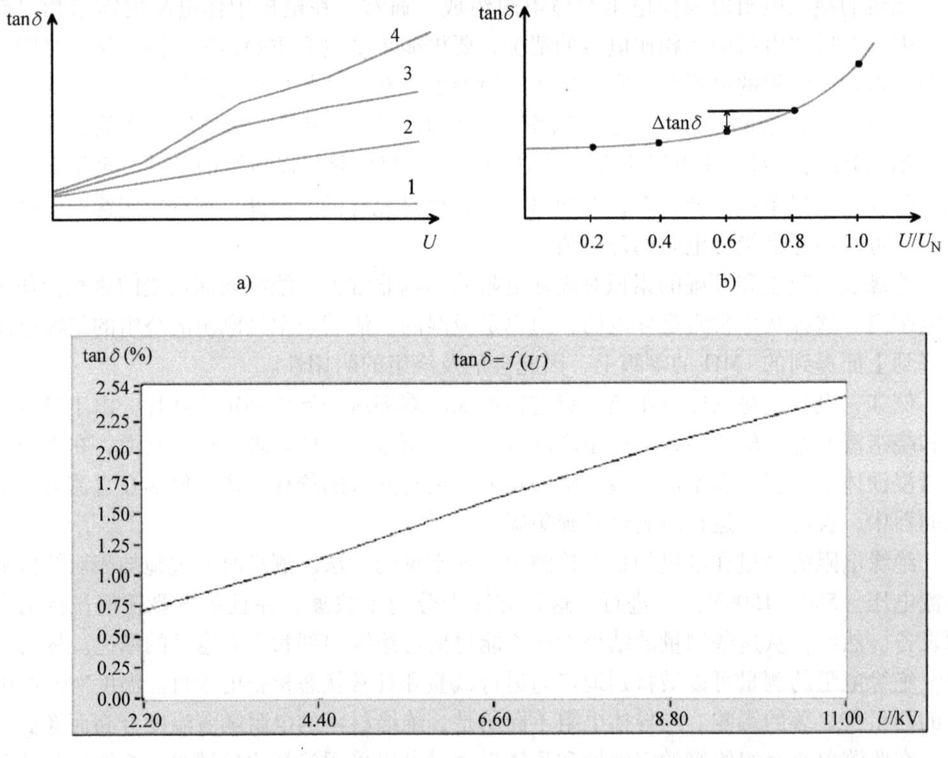

图 8.14　a）不同的 tanδ(U) 曲线：1—理想曲线；2—典型的良好绝缘体的曲线；3—额外的局部放电；4—绝缘老化的特性。b）在步距 $0.2U_N$ 下的测量，其中 U_N 是电机的额定电压。斜率定义为 $\Delta\tan\delta/(0.2U_N)$。c）对应于图 8.14a 中曲线 2 的具有良好绝缘的实际电机的测试结果。转载得到了 ABB 公司的许可

介质损失角（δ）的测量通过电桥来进行测量。这种方法的目的是确定绝缘中介电损耗和容性无功功率之间的比值，如图 8.15 所示。测量电路如图 8.16 所示。

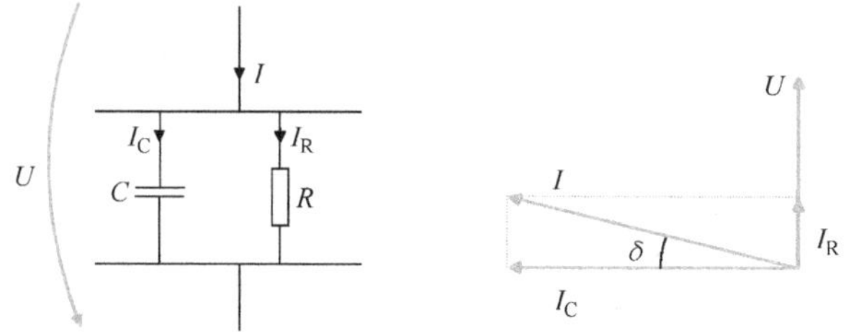

图 8.15　绝缘结构的等效电路及损失角的计算。理想的绝缘构成一个电容。局部绝缘的介电损耗可以看作绝缘中电阻电流的有功功率。绝缘的老化可以看作电阻电流的增加，从而 $\tan\delta$ 也增加

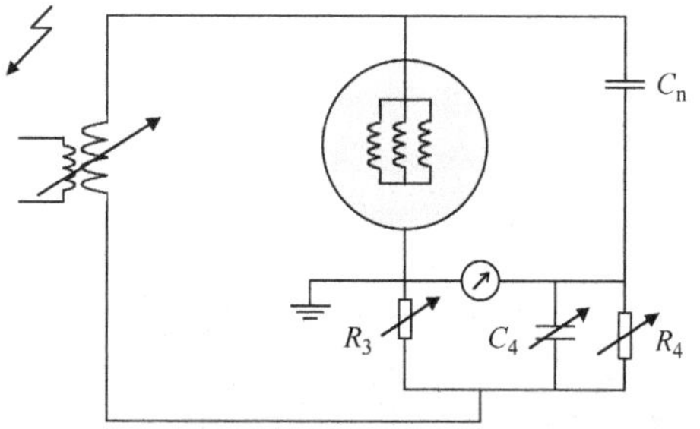

图 8.16　通过西林电桥测量 $\tan\delta$ 的电路。C_n 是标准电容

局部放电的测量用来判断绕组绝缘中是否发生局部放电。通过这些测量，预测绝缘失效以及它们的性质和大概的位置成为可能。这种方法一个显著的优点是测量结果适用于评价绝缘的状态。局部放电通过由变压器、电容、测量电抗 Z 和局部放电测量仪表组成的特殊的测量仪器来测量，如图 8.17 所示。测量通过在相和定子机座间加压来实现并且其他相也连接到该相上。必须通过仔细地选取测量电路中的元件以及选取可以使无线电干扰降到最低的测量频率来使测量中的干扰降到最低。

从测量的结果中我们得到了局部放电与电压的函数数值关系。图 8.18 给出了两组

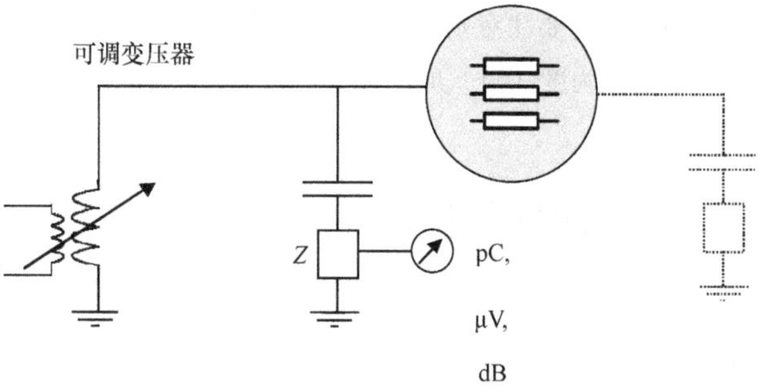

图 8.17　局部放电的测量电路

打印输出的结果。图a包括了所有三相测量结果；图b包括了三个不同频率时局部放电的测量数值。

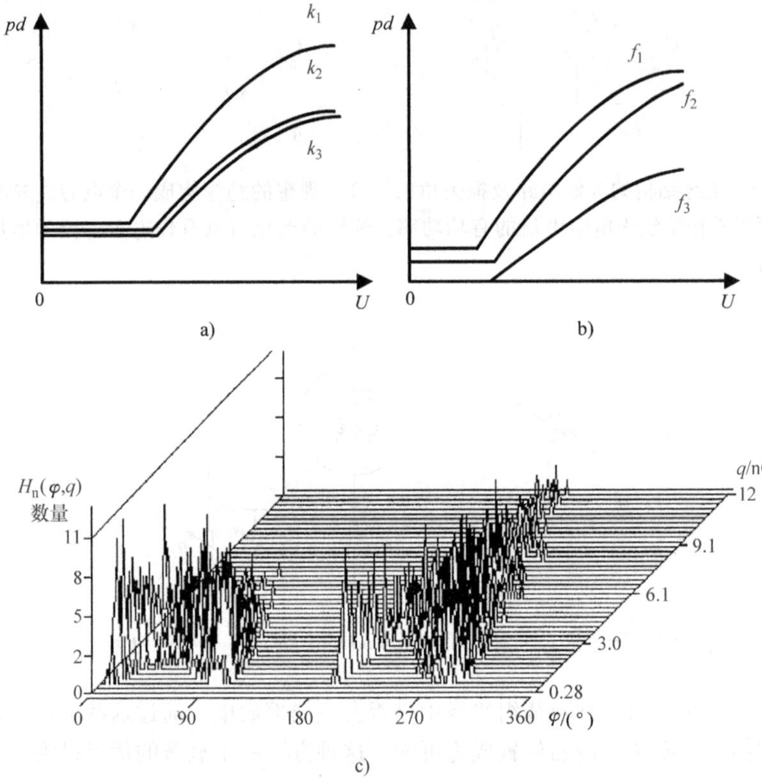

图8.18 局部放电测量的打印输出结果。pd是局部放电（通常单位为nC），即局部放电的等级。k_1、k_2 和 k_3 是不同的绝缘条件下的不同绕组，f_1、f_2 和 f_3 是不同的测量频率。当电压增加时，pd值也开始增加。pd值越低，绝缘越好。图c说明了使用Haefely Trench Tettex局部放电测量装置测量一台实际良好的电机的结果。测量时间为2min，测量电压为8kV、50Hz。图中表明局部放电的数量是单位为nC的视在电荷和正弦测试电压瞬时相位的函数。注意在电压相位为负时局部放电更多。还要注意垂直轴上的符号 $H_n(\varphi,q)$ 表示不同数量的电荷（q，单位为nC）和相角［φ，单位为度（°）］时局部放电的次数。转载得到了ABB公司的许可

8.7 变频器驱动下的电机绝缘

现在变频器驱动的广泛应用对电机的绝缘结构有了特殊的需求。变频器的电压含有大量的谐波分量，会在绕组中引起附加损耗和温升。由于温升，按原有电网供电运行而设计的电机将不能持续提供最高的额定功率，或者必然会加速电机的绝缘热老化。运行在较高开关频率时，变频器产生的电流还是正弦的，所以电机的效率仅仅会下降大约

1%，从这个意义上说，变频器驱动下电机的载荷能力没有显著下降。但当开关频率较低时（<1kHz），电机的额定功率通常会降低大约 5%。

变频器的电压是脉冲电压，它的峰值可能会显著地偏离正常正弦电压的幅值。进一步，脉冲电压上升率可以很高以至于在绕组中表现为浪涌波（脉冲波），并且在绕组中非线性分布，会导致电压由于反射而增加。

当频率显著地高于一般的工作频率时，电机的电源电缆就不能用集中参数而需要用分布参数来描述了。现在认为电缆的电阻、电感、漏感和电容都是沿整个电缆长度均匀分布的。单位长度的电感和电容确定了每个电缆的特征阻抗 Z_0

$$Z_0 = \sqrt{\frac{l}{c}} \tag{8.14}$$

式中，c 是单位长度的电容；l 是单位长度的电感。

电缆的结构和绝缘决定了特征阻抗 Z_0 的幅值，因此它与电缆的长度无关。电缆特征阻抗的值通常大约在 100Ω 这个数量级上。电缆中脉冲的传播速度取决于电缆的材料。术语“材料”这里指的是电缆周围的媒质，而不是导体本身。速度的最大值是真空中的光速。脉冲的速度 ν 可以通过电缆的特征值来定义：

$$\nu = \frac{C}{\sqrt{\mu_r \varepsilon_r}} = \frac{1}{\sqrt{lc}} \tag{8.15}$$

电机的特征阻抗总是与电缆的特征阻抗有着显著的不同，因此不可避免地会产生反射。脉冲波在电机电缆中的传播速度一般为 150m/μs。波的传播距离需要通过全反射，也就是电缆的临界长度 l_{cr} 为

$$l_{cr} = \frac{t_r \nu}{2} \tag{8.16}$$

式中，t_r 是脉冲电压的上升时间；ν 是脉冲电压的传播速度。

假设一个脉冲波 $\nu = 150\text{m}/\mu\text{s}$ 并且 $t_r = 100\text{ns}$（IGBT），电缆的临界长度变为 7.5m。

输入脉冲的反射比通过反射因子 ρ 来描述。这个因子取决于电机电缆的特征阻抗 Z_0 以及承受脉冲波的电机（绕组）的特征阻抗 Z_M。

$$\rho = \frac{Z_M - Z_0}{Z_M + Z_0} \tag{8.17}$$

如式中所示，当 $Z_M \geqslant Z_0$ 时，反射因子的值变化范围为 $0 \leqslant \rho \leqslant 1$。计算电机的特征阻抗十分困难。尽管如此，通过在电机的端子测量反射，使得估计电机特征阻抗的数值范围成为可能。因为 $Z_0 = \sqrt{l/c}$，加之电机的电感很高，所以可以推断电机的特征阻抗值很高。

IEC 60034 标准中有电机绝缘设计的基础，它是基于绝缘设计的长期经验积累。进一步，只有也考虑了电机运行时遭受到的例如热和工作条件等外应力影响，才可以合理设计电机的绝缘结构。通常，除了机械和无火花的需求之外，不需要对低压电机绝缘结构中的电气安全做任何特别的关注。但是在高压电机中，经常有必要设计一些防护措施来减少局部放电。

从电机应用的趋势看来，在低压电机运行中使用变频器越来越受欢迎。现在，当电源电缆足够长，例如额定电压为690V，因为电力电子设备中的开关速度不断变快，脉冲的上升时间变得越来越短。由于反射波，电机的电压可能会增加到很高以至于会在绕组同一线圈的匝间发生局部放电。因此，变频器、电缆和电机的兼容性与电缆的360°同心接地导体一样有着更加重要的意义。此外，电缆还必须尽可能短。各种各样低通滤波器的使用也变得越来越普遍，这不仅仅是单独由于绝缘限制的原因。

为了产生一个局部放电脉冲，必须有若干个快速电压脉冲，每个脉冲的上升时间都要低于200ns，因此在1s内要有数以万计的脉冲。通过合适的电机控制方法可以降低脉冲的数量，但这并非总是可行的。电机设计者还有一些方式来降低局部放电现象。选择抵抗局部放电的导体来作绕组是其中一种可能的方法。这些导体包含云母或者一些金属氧化物，它们可以承受局部放电。在不同的匝之间还可以使用附加绝缘。此外，使用VPI方法会大量减少槽内的气腔数量（见表8.2~表8.5）。

表8.5 纤维绝缘体的特性

特性	单位	棉纤维	聚酯纤维	玻璃纤维	聚芳酰胺纤维纸
抗拉强度	N/mm^2	250~500	500~600	1000~2000	1250
断裂延伸率	%	6~10	20~25	1.5	17
弹性模量	N/mm^2	5000		70000	—
剪切强度		中等	上等	上等	上等
连续运行温度	℃	105①	155	130~200②	210
瞬时热阻	℃	150	190	>600	300
软化温度	℃	—	210	670	不软化
熔点	℃	—	260	850	不融化
热导率	W/m K	0.07~0.14		0.99	0.1
燃烧		燃烧	缓慢燃烧	不燃烧	不燃烧
水分吸收率	重量的百分比（% by weight）	10	0.4	—	7~9
化学强度	等级0~4（Graded 0~4）				
酸		1	2	4	3
碱		2	1	3	3
有机溶剂		4	4	4	4
介电强度	kV/mm	—	—	—	20③

① 灌注。

② 取决于灌注。

③ 1min、50Hz测试。

来源：摘自Paloniemi和Keskinen（1996）。

参考文献

IEC 60034 (various dates) *Rotating Electrical Machines*. International Electrotechnical Commission, Geneva.

IEC 60034-1 (2004) *Rotating Electrical Machines. Part 1: Rating and Performance*. International Electrotechnical Commission, Geneva.

IEC 60085 (2007) *Electrical Insulation – Thermal Evaluation and Designation*. International Electrotechnical Commission, Geneva.

IEC 600112 (1979) Method for Determining the Comparative Tracking Index of Solid Insulating Materials Under Moist Conditions. International Electrotechnical Commission, Geneva.

Nousiainen, K. (1991) *Fundamentals of High-Voltage Engineering. (Suurjännitetekniikan perusteet)*, Study material 144. Tampere University of Technology, Tampere.

Paloniemi, P. and Keskinen, E. (1996) *Insulations of electrical machines. (Sähkökoneiden eristykset)*, Lecture notes. Helsinki University of Technology, Espoo.

Walker, J.H. (1981) *Large Synchronous Machines*. Clarendon Press, Oxford.

第9章　损耗和传热

若系统中存在温度差，就会发生热传递。根据热力学第二定律，热量从高温向低温传递，使得温度自然均衡。

在电机中，传热设计与电磁设计同样重要，电机的温升最终决定了允许电机持续加载的最大输出功率。事实上，相对于传统的电磁设计，电机内传热以及流体的精确管理是一件更加困难和复杂的工作。但是，如本书前面所述，与传热有关的问题可以在某种程度上通过利用与电机常数相关的经验知识来解决。当建立全新的传热结构时，经验知识是远远不够的，而是需要完备的传热模型。并且最终还需用样机的测试结果来验证设计的正确性。

温升问题是双重的：首先，在许多电机中，热量是通过空气的对流、穿过电机紧固面的热传导和向周围环境的辐射三种方式充分散出。在高功率密度电机中，还可以使用直接冷却的方法。有时候电机的绕组甚至用铜管制造，在电机运行时绕组里面通有冷却液。电机的传热可以通过简单的传热和流体方程来充分分析。但是，在热设计中最重要的因素是外界流体的温度，因为它决定了绝缘耐热能够承受的最高温升。

其次，除了热量排出的问题之外，还需要考虑热量在电机不同位置的分布。这是一个复杂的三维热扩散问题，包括大量的要素，例如热量从导体通过绝缘向定子机壳传递的问题。在分析该类问题时，需要注意的是大量经验公式应慎重使用。当电机不同位置的损耗分布情况和散热功率都已知时，电机的热分布能被计算。在暂态中，热量的分布与稳态完全不同。例如，电机短时过载时，热容可能会储存剩余热量。

绝缘的寿命只能通过统计方法来估计。但是，在较宽的温度范围，寿命随着电机的温升 Θ 以指数规律减少。10K 的温升就会减少几乎 50% 的绝缘寿命。电机是否可能抵抗暂时的、反复的高温取决于温度峰值的持续时间和峰值大小。类似的寿命缩短情况也会发生在电机的轴承上。电机的轴承可以使用耐热油脂。而在关键的驱动部件中，轴承会使用油雾润滑。油雾润滑的油在别处冷却，然后供应给轴承。如果能够确保冷却的效果，例如通过油润滑等手段，那么甚至是球轴承也可以用在高速场合。

电机绕组的温升会使绕组的电阻增加。高出环境温度（20℃）50K 的温升会使电阻增加 20%，而 135K 的温升会使电阻增加 53%。此时如果电机的电流保持不变，电阻的损耗也会相应增加。绕组的平均温度通常通过测量绕组的电阻来获得。在过热点，温度可能要比平均值高 10 ~ 20K。

9.1　损耗

电机的损耗由以下几部分组成：

- 定子和转子导体中的电阻损耗；
- 磁路中的铁心损耗；
- 附加损耗；
- 机械损耗。

导体中的电阻损耗有时候被称为焦耳损耗或者铜损，因此在以下的电阻损耗标量中使用下标 Cu。

一台典型的 4kW IE3 全封闭感应电机的功率平衡情况如图 9.1 所示。在电机输出额定功率时，有 12% 的电能转变成了热能。在这个例子中电阻损耗的比例比较高：为总损耗的 62.5%，是电机额定功率的 7.5%。尽管铁心磁路的尺寸通常要求很严格，但铁心损耗的比例仍然比较低，为输入功率的 1.5%。机械损耗也比较低，为输入功率的 1%。为了延长绝缘的寿命，图 9.1 中电机的温升是按照耐热等级 130（B）设计的，但是绝缘等级属于 155（F）（见表 8.1）。

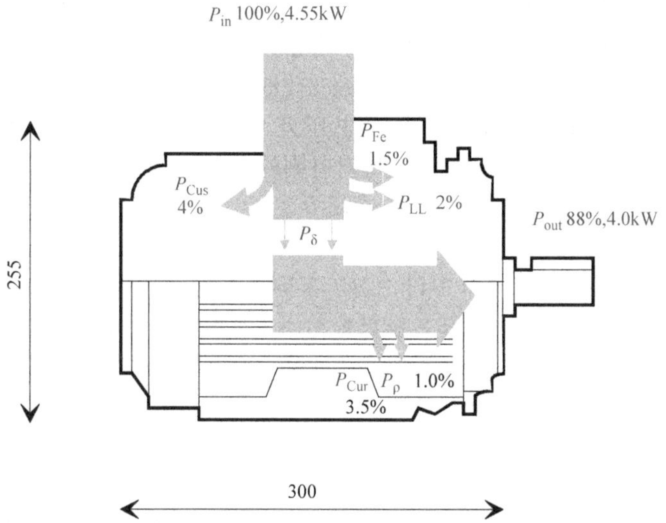

图 9.1　一台 4kW 两极感应电机的能量流通图。P_{Fe}—铁心损耗；P_{Cus}—定子电阻损耗；P_{ad}—附加损耗；P_{δ}—气隙功率；P_{Cur}—转子电阻损耗，P_{ρ}—摩擦损耗。这些损耗（共计 550W）需要在一个可接受的环境温差下从电机中移除

9.1.1　电阻损耗

m 相绕组中，电流为 I 时的电阻损耗为

$$P_{Cu} = mI^2 R_{AC} \tag{9.1}$$

式中，R_{AC}是一相绕组的交流电阻，交流电阻为

$$R_{AC} = k_R \frac{N l_{av}}{\sigma S_c} \tag{9.2}$$

式中，k_R是电阻系数［见式（5.34）］；N 是匝数；l_{av}是单匝平均长度；S_c是导体截面

积；σ 是导体电导率。

导体的质量为

$$m_{\mathrm{Cu}} = \rho N l_{\mathrm{av}} S_{\mathrm{c}} \tag{9.3}$$

式中，ρ 是导体的密度。

从式（9.3）中解出 Nl_{av}，带入式（9.2），再将式（9.2）带入式（9.1）得到电阻损耗

$$P_{\mathrm{Cu}} = mI^2 R_{\mathrm{AC}} = \frac{k_{\mathrm{R}}}{\rho\sigma}\frac{I^2}{S_{\mathrm{c}}^2} m_{\mathrm{Cu}} = \frac{k_{\mathrm{R}}}{\rho\sigma} J^2 m_{\mathrm{Cu}} \tag{9.4}$$

式中，$J = I/S_{\mathrm{c}}$ 是导体的电流密度。

在温升的计算中，如第5章中所述，电阻损耗［式（9.1）或式（9.4）］需要分成端部绕组损耗和槽内绕组损耗。在效率计算中，电阻损耗使用绕组的直流电阻来计算，而集肤效应在附加损耗中考虑（9.1.3节）。

在有换向器和集电环的电机中，电刷上会产生损耗。因为电刷中的电流密度非常低，大约为 $0.1\mathrm{A/mm^2}$，所以电刷中的电阻损耗非常小，但是电刷和换向器之间的接触电压可能会产生较大的损耗。接触电压差的变化取决于电刷的类型、电刷的压力和电刷的电流，通常对于碳和石墨电刷，接触电压差 $U_{\mathrm{contact}} = 0.5 \sim 1.5\mathrm{V}$；对于金属电刷，$U_{\mathrm{contact}} = 0.2 \sim 0.5\mathrm{V}$。电刷电流为 I_{B} 时，每对电刷的电刷损耗 P_{B} 为

$$P_{\mathrm{B}} = 2I_{\mathrm{B}} U_{\mathrm{contact}} \tag{9.5}$$

9.1.2 铁心损耗

铁心磁路的损耗已在第3章中讨论过。实际上，如果我们对于式（3.78）所用的校正系数有经验的话，则式（3.78）就已经给出了足够好的结果。校正系数在表3.2中给出，但是由于电机的结构、尺寸以及生产系统千差万别，这些系数可能会跟表3.2中的数值有差别。校正系数是根据统计规律得到的，即它们是通过分析大量同类型电机空载实验数据得到的。

9.1.3 附加损耗

附加损耗（也称为杂散损耗）定义为总损耗与定转子电阻损耗、定转子铁心损耗和机械损耗的差。该定义中所有的测量和计算结果根据 IEC 60034-2-1“损耗和效率的标准测试方法”获得。附加损耗是由多种不同的现象引起的。有一些现象比较容易建模和计算，但是有一些难以准确计算。根据 IEC 60034-2-1 标准，电阻损耗使用绕组的直流电阻进行计算，因此，附加损耗就包括了由于导体内集肤效应引起的损耗。集肤效应引起的损耗可以借助绕组系数 k_{R}［式（5.34）］来计算。铁心损耗来自于空载测试，因此它们包括了空载时的附加损耗，例如气隙谐波在转子、定子表面以及转子齿尖和绕组中产生的涡流损耗，铁心端部压板中的铁心损耗、机壳和端盖中的铁心损耗（如果绕组端部离机壳和端部较近）。因为空载电流较低，所以这些损耗大部分也较低。在计算中，这些损耗利用式（3.8）和表3.2中的校正系数 $k_{\mathrm{Fe},n}$ 来进行经验估计。

在本章开始定义的附加损耗，指的是负载电流及其空间谐波在绕组、叠片、机壳和其他结构部件中引起的，并且没有计入电阻和铁心损耗中的损耗，因此它们在 IEC

60034 - 2 - 1 标准中被称为附加负载损耗。但是，这些损耗并没有考虑电源中可能出现的时间谐波所引起的损耗。

IEC 60034 - 2 - 1 标准中给出了电源为正弦波时附加负载损耗的测试方法。当电机的效率间接地通过损耗测试来计算时，可以使用测试的附加负载损耗。如果没有进行附加损耗的测试，感应电机的附加负载损耗假定为（IEC 60034 - 2 - 1，2007）

$$P_{LL} = 0.025P_{in} \quad P_{out} \leqslant 1\text{kW}$$

$$P_{LL} = \left[0.025 - 0.005\log_{10}\left(\frac{P_{out}}{1\text{kW}}\right)\right]P_{in} \quad 1\text{kW} < P_{out} < 10000\text{kW}$$

$$P_{LL} = 0.005P_{in} \quad P_{out} \geqslant 10000\text{kW} \tag{9.6}$$

式中，P_{in}是电机的输入功率；P_{out}是电机的输出功率。

表 9.1 给出了不同电机类型中典型的附加损耗值（Lipo 2007；Schuisky 1960）。

表 9.1　电机中附加损耗占输入功率的百分比

电机类型	附加损耗占输入功率的百分比
笼型电机	0.3% ~2%（有时会达到 5%）
带集电环的异步电机	0.5%
凸极同步电机	0.1% ~0.2%
隐极同步电机	0.05% ~0.15%
不含补偿绕组的直流电机	1%
含补偿绕组的直流电机	0.5%

附加负载损耗与定子电流（I_s）的 2 次方减去空载电流（I_0）的 2 次方以及频率（f）的 1.5 次方成正比，也就是

$$P_{LL} \sim (I_s^2 - I_0^2)f^{1.5} \tag{9.7}$$

如果一组电流和频率所对应的附加损耗已知或者已被测得，那么，利用式（9.7）就可以得到另一组电流和频率对应的附加损耗。

9.1.4　机械损耗

机械损耗是由轴承摩擦损耗、转子风摩损耗和通风损耗造成的。轴承损耗取决于轴的转速、轴承型号、润滑剂的特性和轴承的载荷。轴承生产商提供了轴承损耗的计算方法。根据 SKF（2013）提供的数据，轴承摩擦损耗为

$$P_{p,bearing} = 0.5\Omega\mu F D_{bearing} \tag{9.8}$$

式中，Ω是轴承所支撑轴的旋转角频率；μ是摩擦系数（对于钢对钢滑动接触表面的组合，通常为 0.08 ~0.20）；F为轴承载荷；$D_{bearing}$为轴承的内径。

当电机的转速增加时，风摩损耗就会变得越来越明显。这种损耗是由旋转表面与其周围的气体（通常是空气）摩擦造成的。转子的风摩损耗可以分成两部分，即气隙处的损耗（$P_{\rho w1}$）和转子端部的损耗（$P_{\rho w2}$）。气隙部分的损耗可以用处于密封罩中的旋转圆柱体来等效建模。Saari（1995）给出了与旋转圆柱体阻力矩有关的损耗功率方程：

$$P_{\rho w1}=\frac{1}{32}kC_M\pi\rho\Omega^3D_r^4l_r \tag{9.9}$$

式中，k是粗糙系数（对于光滑表面$k=1$，通常$k=1\sim1.4$）；C_M是转矩系数；ρ是冷却剂的密度；Ω是角速度；D_r是转子直径（见图3.1）；l_r是转子长度。转矩系数C_M通过测试得到，它取决于库埃特雷诺数

$$Re_\delta=\frac{\rho\Omega D_r\delta}{2\mu} \tag{9.10}$$

式中，ρ是冷却剂的密度；δ是气隙长度；μ是冷却剂的动力黏度。转矩系数通过以下方程获得：

$$C_M=10\frac{(2\delta/D_r)^{0.3}}{Re_\delta},\quad Re_\delta<64 \tag{9.11}$$

$$C_M=2\frac{(2\delta/D_r)^{0.3}}{Re_\delta^{0.6}},64<Re_\delta<5\times10^2 \tag{9.12}$$

$$C_M=1.03\frac{(2\delta/D_r)^{0.3}}{Re_\delta^{0.5}},5\times10^2<Re_\delta<10^4 \tag{9.13}$$

$$C_M=0.065\frac{(2\delta/D_r)^{0.3}}{Re_\delta^{0.2}},10^4<Re_\delta \tag{9.14}$$

转子的端部表面可以用处于自由空间里的旋转圆盘来等效建模（假设在短路环内没有风扇叶片）。根据Saari（1995）提出的理论，转子端部的损耗功率为

$$P_{\rho w2}=\frac{1}{64}C_M\rho\Omega^3(D_r^5-D_{ri}^5) \tag{9.15}$$

式中，D_r是转子外径；D_{ri}是轴的直径；C_M是转矩系数。转矩系数按如下公式计算：

$$C_M=\frac{3.87}{Re_r^{0.5}},\quad Re_r<3\times10^5 \tag{9.16}$$

$$C_M=\frac{0.146}{Re_r^{0.2}},\quad Re_r>3\times10^5 \tag{9.17}$$

Re_r被认为是尖端雷诺数，有

$$Re_r=\frac{\rho\Omega D_r^2}{4\mu} \tag{9.18}$$

由电机旋转部件所引起的风摩损耗$P_{\rho w}$为式（9.9）和式（9.15）的和，即

$$P_{\rho w}=P_{\rho w1}+P_{\rho w2} \tag{9.19}$$

通风设备可以连接到电机的转轴上，或者可以用另一台电机驱动，这在速度控制器中比较常见。Schuisky（1960）给出了风摩和通风损耗的实验公式

$$P_\rho=k_\rho D_r(l_r+0.6\tau_p)v_r^2 \tag{9.20}$$

式中，k_ρ是实验系数（见表9.2）；D_r是转子直径；l_r是转子长度；τ_p是极距；v_r是转子表面速度。式（9.20）对于常规转速的电机都是适用的。对于高速电机，必须使用式（9.9）和式（9.15）。

表 9.2　式（9.20）中风摩和轴承损耗的实验系数

冷却方法	$k_{\rho}/(\mathrm{W\ s^2/m^4})$
全封闭风扇冷却电动机，中小型电机	15
开放式冷却，中小型电机	10
大电机	08
空冷涡轮式发电机	05

9.1.5　降低损耗的方法

在所有类型的电机中，永磁电机的效率最高，因为从原理上说，其空载磁场的建立是没有损耗的。同步磁阻电机效率也非常高，因为其转子上没有绕组，也就是说转子上没有电阻损耗。如果一个驱动系统需要速度控制（也就是用变频器供电），永磁电机或者同步磁阻电机是一个较好的选择。而如果电机要直接连接电网，最常用的是感应电机。

降低交流电机损耗所能采用的方法如图 9.2 所示。铁心中的涡流损耗可以通过使用较薄的硅钢片来降低；而磁滞损耗可以通过选用优质的硅钢片来降低。感应电机使用铸铜转子可以降低转子的电阻损耗。电机的体积增加，一方面可以降低铁心中的磁通密度和绕组中的电流密度，进而降低铁心损耗和电阻损耗；另一方面，还可以提高冷却能力。同样，优化定、转子槽形也有助于降低损耗。设计高效的冷却风扇会改善空气的流动并且降低通风损耗。

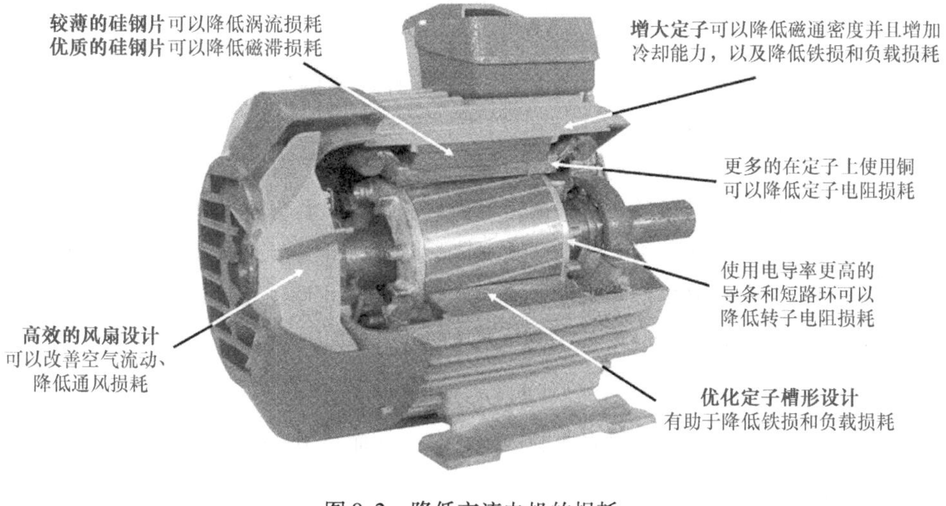

较薄的硅钢片可以降低涡流损耗
优质的硅钢片可以降低磁滞损耗
增大定子可以降低磁通密度并且增加冷却能力，以及降低铁损和负载损耗
更多的在定子上使用铜可以降低定子电阻损耗
使用电导率更高的导条和短路环可以降低转子电阻损耗
高效的风扇设计可以改善空气流动、降低通风损耗
优化定子槽形设计有助于降低铁损和负载损耗

图 9.2　降低交流电机的损耗

生产工艺会影响电机的损耗。冲孔工具必须要锋利以避免在硅钢片间形成短路。在生产过程中电机部件的运输要足够小心，以避免造成电机铁心或者绕组表面的缺损。对于铝制笼型转子，应使用转子离心铸造工艺替代常用的高压和低压压模铸造工艺，这样

会增加转子导条和端环的导电性从而降低转子的电阻损耗。

体积增大对损耗的影响是接下来要研究的内容。如果电机的尺寸通过乘以 λ 而增加，所有的长度、直径、宽度和高度都与 λ 成正比，面积与 λ^2 成正比，体积和质量与 λ^3 成正比。因为槽、齿和轭的截面积都增加了，所以绕组的电流密度和铁心的磁通密度与 λ^2 成反比地降低，从而电阻损耗（P_{Cu}）和铁心损耗（P_{Fe}）会变为

$$P_{Cu} \sim J^2 m_{Cu} \sim \left(\frac{1}{\lambda^2}\right)^2 \lambda^3 = \frac{1}{\lambda} \tag{9.21}$$

$$P_{Fe} \sim \hat{B}_{Fe}^2 V_{Fe} \sim \left(\frac{1}{\lambda^2}\right)^2 \lambda^3 = \frac{1}{\lambda} \tag{9.22}$$

另一方面，电机的制造成本（C）会增加。可以假设成本与质量成正比，也就是

$$C \sim \lambda^3 \tag{9.23}$$

空间谐波在铁心和绕组中产生附加损耗。为了降低空间谐波，定子的槽数在结构和经济因素允许的前提下要尽可能得多，并且应该使用磁性槽楔来降低磁导的谐波。采用合适的短距定子绕组也会降低气隙磁通密度的低次空间谐波。

在变频器驱动的电机中，定子电压和电流都会含有时间谐波。对于一台感应电机，正弦电压供电和变频器 PWM 电压供电对应的磁场分别如图 9.3a 和图 9.3b 所示。两张图的磁场分布非常接近，但是用图 9.3b 的磁场减去图 9.3a 的磁场后得到了时间谐波产生的磁场如图 9.3c 所示，从图中可以看到由电源时间谐波产生的磁场是如何从一个齿尖到另一个齿尖分布的（Arkkio 1992）。如果转子槽口处为导电材料（见图 9.3d），谐波磁场会在槽口处产生较高的电阻损耗。如果有足够的空间容纳高频磁通（见图 9.3e），可以避免这些损耗。在大中型电机中，齿尖高 h_{1r} 应为 3～5mm。准确的高度要通过有限元方法求解磁场和损耗来获得。可以通过增加定子齿尖高来代替增加转子齿尖高，这可以部分地把高频磁通从转子侧转移到定子侧。如果变频器的开关频率增加到几千赫兹，气隙磁通的时间谐波会降低，此时转子齿尖高可以接近正弦波供电电机的齿尖高。为了避免因为谐波磁场产生的附加损耗，Oberretl（1969）给出了正弦波供电电机的设计原则，即电机转子槽口宽 b_{1r} 与齿尖高 h_{1r} 之间的比值应为

$$b_{1r}/h_{1r} \leqslant 1 \tag{9.24}$$

在变频器供电的电机中，没必要利用深槽效应增加转子堵转转矩，并且在槽顶使用较大导体区域是有好处的（见图 9.3e）。

如果定子采用开口槽，并且使用较宽的矩形导体，气隙磁力线将会穿过部分顶部的导体（见图 9.4）。为了避免在最顶端的导线中产生较高的涡流损耗，定子槽口宽 b_{1s} 与齿尖高 h_{1s} 的比值应为（Oberretl 1969；Islam 2010）

$$b_{1s}/h_{1s} \leqslant 3 \tag{9.25}$$

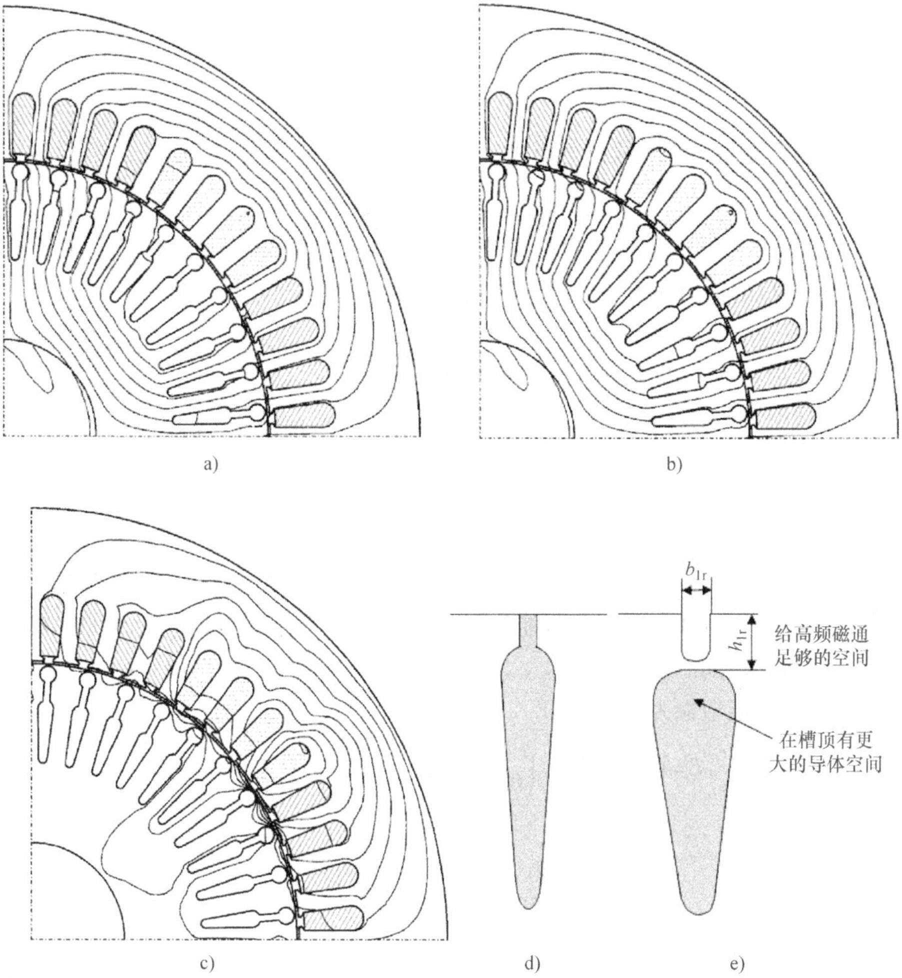

图 9.3　感应电机磁场 a）正弦波电压供电、b）变频器供电、c）时间谐波磁通，通过从变频器 PWM 电压产生的磁通减去正弦波电压产生的磁通而建立。如果转子槽口处有如图 d 所示的导体材料，那么转子导条中会产生额外的附加损耗。避免在导条顶部产生附加损耗以及降低导条电阻损耗的解决方法如图 e 所示。因为转子叠片本身形成了压铸模具，所以这个方法保持了转子绕组加工的简易性

多股绞线会使上述涡流问题变得简单。例如，利兹（litz）线现今有许多形状，并且可以在某些情况下替代传统的矩形导体。

9.1.6　节能的经济性

现在的问题是，节能的成本是否要比电机额外增加的质量成本和购买价格要高。也就是说，节能电机的投资回报期有多长？

如果电机减少的损耗为 P_{diff}，电机每年的运行时间为 T，能量价格为 c_{e}，每年节能金额 C_{s} 为

$$C_{\mathrm{s}} = c_{\mathrm{e}} P_{\mathrm{diff}} T \tag{9.26}$$

每年节能金额也可以写成以下形式：

$$C_{\mathrm{s}} = c_{\mathrm{e}} P_{\mathrm{out}} \left(\frac{1}{\eta_1} - \frac{1}{\eta_2} \right) T \tag{9.27}$$

式中，P_{out} 是电机的输出功率；η_1 和 η_2 分别是节能前、后电机的效率。

如果较低损耗的电机增加的购买成本为 C_{diff}，简单的投资回报期为

$$T_{\mathrm{pb}} = C_{\mathrm{diff}} / C_{\mathrm{s}} \tag{9.28}$$

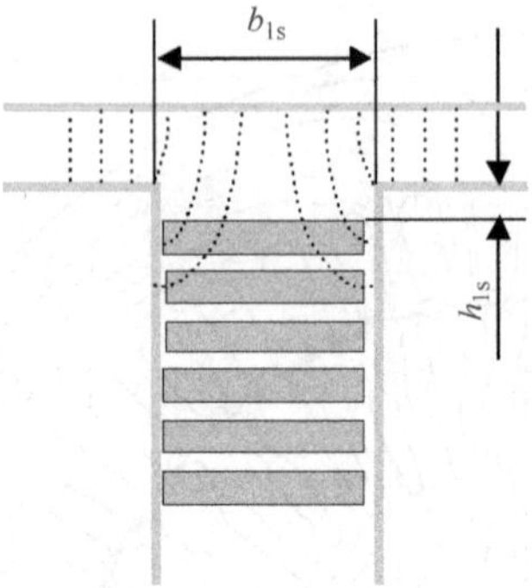

图9.4 为了避免由于气隙磁场穿过导体产生的附加损耗，最顶端的导体与气隙之间的距离必须足够远（$h_{1s} \geqslant b_{1s}/3$）

例9.1：ABB公司正在生产11kW低压感应电机，它属于高效等级IE2或者优质等级IE3。额定效率分别为90.4%（IE2）和92.3%（IE3），售价分别为500欧元（IE2）和600欧元（IE3）。如果电能价格为10欧分/kWh，运行时间为6000h/年，计算简单的投资回报期。

解：每年节能金额为

$$C_{\mathrm{s}} = c_{\mathrm{e}} P_{\mathrm{out}} \left(\frac{1}{\eta_1} - \frac{1}{\eta_2} \right) T = 0.10 \times 11 \times \left(\frac{1}{0.904} - \frac{1}{0.923} \right) \times 6000 \text{ 欧元/年} = 150.29 \text{ 欧元/年}$$

投资回报期为

$$T_{\mathrm{pb}} = \frac{C_{\mathrm{diff}}}{C_{\mathrm{s}}} = \frac{600 - 500}{150.29} \text{年} = 0.665 \text{ 年} = 8 \text{ 个月}$$

除了投资回报期的计算之外，可以分析采购后在寿命周期内可能的节能金额。计算时包括了电机寿命周期内的成本效应。后来获得的金额必须通过乘以"等支付级数的现值因子" k_{pw} 来折算。

$$k_{\mathrm{pw}} = \frac{(1+i)^n - 1}{i(1+i)^n} \tag{9.29}$$

式中，i 是年利率；n 是节能的年数（电机寿命的年数）。电机寿命期内每千瓦损耗金额的现在数值 c_{pw} 为

$$c_{\mathrm{pw}} = k_{\mathrm{pw}} c_{\mathrm{e}} T \tag{9.30}$$

例 9.2：假设电能价格为 10 欧分/kWh，利率为 7%，运行时间为 6000h/年，电机的寿命为 20 年，计算每千瓦损耗价格的现在数值。

解：

$$c_{pw}=\frac{(1+i)^n-1}{i(1+i)^n}c_e T=\frac{(1+0.07)^{20}-1}{0.07(1+0.07)^{20}}\times 0.10\times 6000\ 欧元/kW=6356\ 欧元/kW$$

如果有两台不同的电机可供选择，它们的损耗差为 2kW，如果它们的价格差小于 2 × 6356 欧元 = 12712 欧元，那么购买效率更高的电机更合算。

9.2 散热

热量通过对流、传导和辐射传递出去。通常，通过空气、液体和蒸汽进行对流是最有效的传热方法。如果不考虑采用直接水冷，强迫对流是最有效的冷却方法。强迫对流冷却的设计也比较简单：设计者需要确保有足够多的冷却剂流过电机，这意味着冷却通道必须足够大。如果开放式冷却电机的防护等级高于 IP20，且使用换热器来冷却冷却剂，冷却剂可以闭合循环。

如果电机采用法兰连接，那么大量的热会通过电机的法兰传递到电机的驱动设备中去。辐射传热比例非常有限，但也不是完全无关紧要，尤其是电机的黑色表面会促进辐射传热。

9.2.1 传导

热传导有两种方式：第一，热量可以通过分子间相互作用传递，位于较高能级（较高温度）的分子通过晶体振动，将能量传递给位于较低能级的邻近分子。这种方式的热传递可能在固体、液体和气体之间发生。

传导的第二种方式是自由电子之间的热传递。这尤其是在液体和纯金属中最为典型。合金中自由电子的数量差异较大，然而在金属之外的材料中，自由电子的数量很少。固体的导热系数直接取决于自由电子的数量。纯金属是最好的热导体。傅里叶导热定律给出了热传导时热流的计算公式

$$\boldsymbol{\Phi}_{th}=-\lambda S\nabla T \tag{9.31}$$

式中，$\boldsymbol{\Phi}_{th}$是热流量；λ 是导热系数；S 是传热面积；∇T 是温度梯度。

导热系数与温度有关：金属物质的典型特性是导热系数随着温度上升而下降。另一方面，绝缘体的导热能力随着温度上升而增加。

气体的导热系数随着温度上升和分子质量的增加而增加。

通常，非金属流体的导热系数随着温度上升而下降，但是，水的性质就不同。水的导热系数在大约 410K、330kPa（饱和液体）时最高（688W/Km）。在这个点的两侧，导热系数都随着温度的变化而下降。甘油和乙二醇更加特殊，因为它们的导热系数是关于温度的函数。

表 9.3 列出了室温下一些材料的导热特性。如果热量沿单一方向（如沿 x 轴方向）

流动，导热方程可以简化。对于截面积为 S、长度为 l 的物体，式（9.31）可变为

$$\Phi_{th} = -\lambda S\frac{dT}{dx} \approx -\lambda S\frac{\Theta}{l} \tag{9.32}$$

式中，Θ 是物体两端的温差；λ 是材料的导热系数，通常表示成关于温度的函数 $\lambda(T)$。材料通常不是各向同性的，导热系数在不同的方向不一样。但是，在计算中经常认为材料是各向同性的。一般高电导率的材料都是热的良导体。另一方面，很可惜电机中使用的绝缘材料通常都是热的不良导体。绝缘材料中也有例外，与塑料相比，金属氧化层是热的良导体，但它同时也是较好的电绝缘体。金刚石也是例外，它既是电绝缘体，又是热的良导体。

表9.3 一些材料的导热特性（如无另外说明，均为室温下）

材料	导热系数 λ/(W/K m)	比热容 c/(kJ/kg K)	密度 ρ/(kg/m^3)	电阻率 /(Ω m · 10^{-8})
静止空气	0.025	1		
纯铝	231	0.899	2700	2.7
电工用铝	209	0.896	2700	2.8
氧化铝，96%	29.4			
氧化铍，99.5% 300K	272	1.03	3000	
电工用铜	394	0.385	8960	1.75
乙二醇	0.25	2.38	1117	
电机绝缘材料，粘接树脂	0.64			
电机绝缘材料，玻璃纤维	0.8 ~ 1.2			
电机绝缘材料，Kapton（聚酰亚胺）	0.12			
电机绝缘材料，云母	0.5 ~ 0.6			
电机绝缘材料，人造云母树脂	0.2 ~ 0.3			
电机绝缘材料，Nomex（一种芳族聚酰胺纤维）	0.11			
电机绝缘材料，特氟龙（聚四氟乙烯）	0.2			
电机绝缘材料，处理清漆	0.26			
电机绝缘材料，典型的绝缘系统	0.2			
纯铁	74.7	0.452	7897	9.6
铸铁	40 ~ 46	0.5	7300	10
汞，300K	8540	0.1404	13.53	
铁氧体永磁材料	4.5			$>10^9$ Ω m
钕铁硼永磁材料	8 ~ 9	0.45	7500	120 ~ 160
钐钴永磁材料	10	0.37	8400	50 ~ 85
塑料	0.1 ~ 0.3			

（续）

材料	导热系数 $\lambda/(\mathrm{W/K\ m})$	比热容 $c/(\mathrm{kJ/kg\ K})$	密度 $\rho/(\mathrm{kg/m^3})$	电阻率 $/(\Omega\mathrm{m}\cdot 10^{-8})$
硅，300K	148	0.712	12300	
钢，0.5%碳钢	45	0.465	7800	14 ~ 18
钢，电工钢片，沿叠片方向	22 ~ 40		7700	25 ~ 50
钢，电工钢片，垂直于叠片方向	0.6			
钢，不锈钢 18/8	17		7900	
钢，结构钢	35 ~ 45			
变压器油 313K（40℃）	0.123	1.82	850	$10^8 \sim 10^{14}\,\Omega\ \mathrm{m}$
水蒸气，400K	24.6	2.06	0.552	
水，293K	0.6	4.18	997.4	$2 \sim 5\times10^3\,\Omega\ \mathrm{m}$

式（9.31）类似于电气工程中熟知的电流密度方程

$$\boldsymbol{J} = -\sigma\nabla V \tag{9.33}$$

在一维情况下

$$I = JA = -\sigma S\frac{\mathrm{d}V}{\mathrm{d}x} = -\sigma S\frac{\Delta V}{l} = -\sigma SE \tag{9.34}$$

式中，J 是电流密度；S 是导体的截面积；σ 是电导率；∇V 是电势差；E 是电场强度；I 是电流；l 是导体的长度。

与电阻定义为电势差和电流的比值类似，我们可以定义热阻 R_{th} 为温度差 Θ 和热流量 Φ_{th} 的比值

$$R_{\mathrm{th}} = \frac{\Theta}{\Phi_{\mathrm{th}}} = \frac{1}{\lambda S} \tag{9.35}$$

例 9.3：矩形条（见图 9.5）的长度 $l = 0.2\mathrm{m}$，高度 $h = 0.05\mathrm{m}$，宽度 $w = 0.03\mathrm{m}$，导热系数 $\lambda = 17\mathrm{W/K\ m}$（不锈钢），计算其热阻。

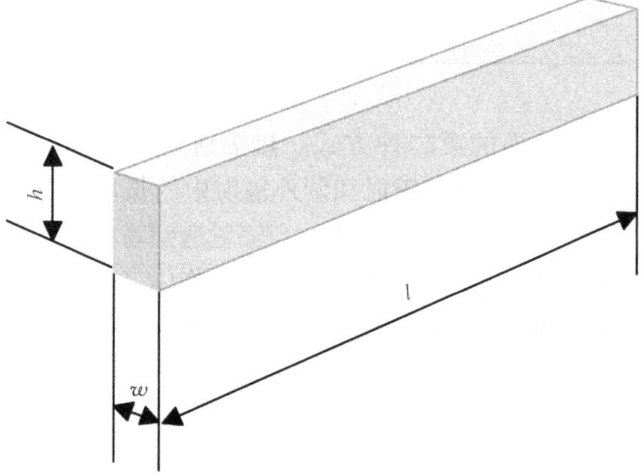

图 9.5 验证矩形条的热阻方程

解：根据式（9.35）

$$R_{\mathrm{th,bar}} = \frac{l}{\lambda h w} = \frac{0.2}{17 \times 0.05 \times 0.03}\ \mathrm{K/W} = 7.84\mathrm{K/W} \tag{9.36}$$

例9.4：计算空心管径向的热阻（见图9.6）。空心管的长度 $l=0.2\mathrm{m}$，内径 $r_1 = 0.02\mathrm{m}$，外径 $r_2 = 0.025\mathrm{m}$，导热系数 $\lambda = 0.2\mathrm{W/K\ m}$（塑料）。

解：式（9.35）中的导热面积 S 是随着半径变化的，热阻由以下积分得到：

$$R_{\mathrm{th,cyl}} = \int_{r_1}^{r_2} \frac{1}{\lambda l 2\pi r}\mathrm{d}r = \frac{\ln\left(\frac{r_2}{r_1}\right)}{\lambda l 2\pi} = \frac{\ln\left(\frac{0.025}{0.02}\right)}{0.2 \times 0.2 \times 2\pi}\ \mathrm{K/W} = 0.89\mathrm{K/W} \tag{9.37}$$

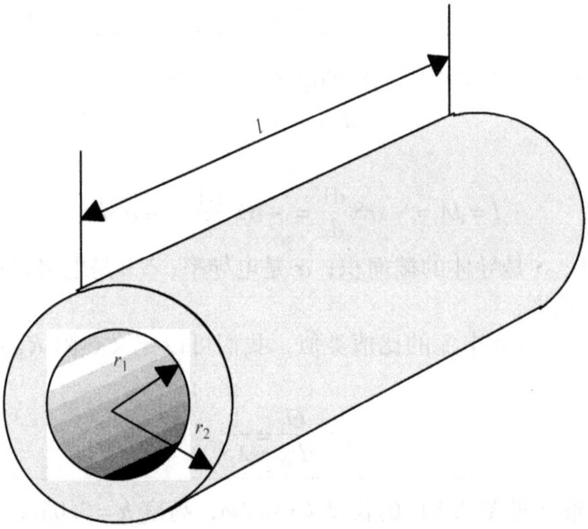

图9.6　验证空心管的热阻方程

9.2.2　辐射

下面讨论辐射，即热传递的第二种方式。热辐射是电磁辐射，波长范围为0.1～100μm。该范围包含了可见光、红外辐射和紫外辐射中的长波（0.1～0.4μm）。对比其他两种热交换现象，辐射不需要热交换媒质。当辐射遇到物体时，部分辐射能被物体吸收，另一些被物体表面反射，还有一些可能穿过这个物体。表面吸收辐射能量的比例表示为吸收率 β，反射的能量的比例为反射率 η，穿过的能量的比例为透射率 κ。这三者之和应该等于1。

$$\beta + \eta + \kappa = 1 \tag{9.38}$$

能反射的表面（$\eta > 0$）称为不透明面；如果辐射部分穿过表面（$\kappa > 0$），称为半透明面。图9.7举例说明了半透明和不透明的表面。电机中不使用具有半透明表面的材料，因此实际上 $\kappa = 0$，进而

$$\beta + \eta = 1 \tag{9.39}$$

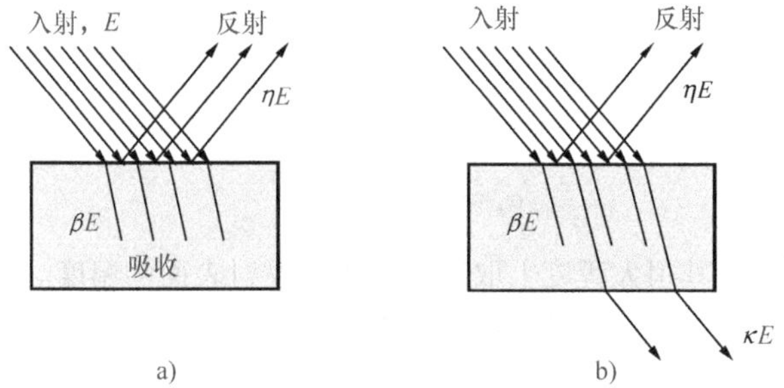

图 9.7　a）不透明面；b）半透明面。入射的辐射密度为 E，单位为 W/m^2

空气主要由氧气和氮气组成，它们既不吸收也不发出辐射。因此可以假设从电机到它周围环境和电机内部的辐射只在两个表面之间进行。

辐射的热流密度 q_{th} 通过 Stefan – Boltzmann 方程定义，即

$$q_{th} = \frac{\Phi_{th}}{S} = \varepsilon_{thr}\sigma_{SB}(T_1^4 - T_2^4) \tag{9.40}$$

式中，T_1 是辐射表面（1）的热力学温度；T_2 是吸收表面（2）的热力学温度；σ_{SB} 是 Stefan – Boltzmann（斯忒藩 – 玻尔兹曼）常数，为 $5.67 \times 10^{-8} W/m^2 K^4$；$\varepsilon_{thr}$ 是发射和吸收表面之间的相对辐射率，它取决于表面的特性以及表面的相互位置。如果表面 S_1 发出的辐射全部到达表面 S_2，ε_{thr} 变为

$$\frac{1}{\varepsilon_{thr}} = \frac{1}{\varepsilon_{th1}} + \frac{S_1}{S_2}\left(\frac{1}{\varepsilon_{th2}} - 1\right) \tag{9.41}$$

式中，ε_{th1} 和 ε_{th2} 为表面 1 和表面 2 的辐射率。

黑体的辐射率 $\varepsilon_{th} = 1$。实际上，黑体是不存在的，最好的情况物体的辐射率可以达到 $\varepsilon_{th} = 0.98$，黑色漆面的物体的辐射率大约为 $\varepsilon_{th} = 0.9$，灰色漆面的电机和它周围环境之间的相对辐射率为 $\varepsilon_{th} = 0.85$。

黑体的概念非常复杂。物体的“颜色”不能用视觉来定义，因为绝大多数热辐射并不在可见光的范围内。不考虑波长的前提下，理想的黑体定义为良好的吸收体或发射体；相反，理想的白体，是全反射体。物体的黑度由辐射率决定，辐射率与温度、辐射方向和辐射波长有关。辐射率为同等温度下自身辐射和黑体辐射的比值，它表示物体（材料）与黑体的接近程度。为了简化物体辐射率的评价方法，引入了总的半球辐射率，它是表面所有方向和波长的辐射率的平均值。

接下来，定义灰表面和漫反射面来简化辐射热交换的监测方法。灰表面指的是辐射率和吸收率与辐射波长无关的面。漫反射面指的是辐射特性与辐射方向无关的面。实际上，辐射特性完全与方向无关的表面是不存在的，但是如果辐射方向与导体表面法线的偏离角度在 40°以内，或者辐射方向与绝缘体表面法线的偏离角度在 70°以内时，辐射率可以假定为常数。实际上，辐射通常沿垂直于表面的方向。

类比于热传导，辐射的热阻可以定义为

$$R_{th} = \frac{T_1 - T_2}{\Phi_{th}} = \frac{T_1 - T_2}{\varepsilon_{thr}\sigma_{SB}(T_1^4 - T_2^4)S} = \frac{1}{\alpha_r S} \tag{9.42}$$

式中

$$\alpha_r = \varepsilon_{thr}\sigma_{SB}\frac{T_1^4 - T_2^4}{T_1 - T_2} \tag{9.43}$$

α_r是辐射的传热系数，其很大程度上取决于吸收和发射表面的温度。通常情况下电机外表面和周围环境之间的温度差约为40K，如果环境温度为20℃（293K），且在相对辐射率$\varepsilon_{thr}=0.85$的前提下，辐射的传热系数为

$$\alpha_r = 6\mathrm{W/m^2K} \tag{9.44}$$

辐射的热阻给出了辐射传热的线性关系，且类似于热传导。这使辐射和热传导的效率比较成为可能。

例9.5：如果（a）物体的温度为100℃，环境温度为50℃，（b）物体温度为50℃，环境温度为20℃；相对辐射率为0.85，那么物体辐射的热流密度和传热系数为多少？

解：热流密度为

（a）$q_{th} = \frac{\Phi_{th}}{S} = 0.85 \times 5.67 \times 10^{-8}\frac{\mathrm{W}}{\mathrm{m^2K^4}}(373^4\mathrm{K}^4 - 323^4\mathrm{K}^4) = 408\frac{\mathrm{W}}{\mathrm{m^2}}$

（b）$q_{th} = 0.85 \times 5.67 \times 10^{-8}\frac{\mathrm{W}}{\mathrm{m^2K^4}}(323^4\mathrm{K}^4 - 293^4\mathrm{K}^4) = 169\frac{\mathrm{W}}{\mathrm{m^2}}$

辐射的传热系数为（a）8.16W/m^2 K和（b）6.65W/m^2 K。

如果除了辐射之外，电机内只有自然对流，且系统中没有风扇，那么辐射传热在电机整个传热中有显著的意义。表9.4列出了典型电机中一些材料的辐射率。

表9.4 电机中一些材料的辐射率

材料	辐射率
抛光铝	0.04
抛光铜	0.025
低碳钢	0.2~0.3
铸铁	0.3
不锈钢	0.5~0.6
黑漆	0.9~0.95
铝漆	0.5

例 9.6：考虑处于真空中的两个同心球体。球体的半径分别为 R_i 和 R_o（$R_i < R_o$），球体表面的温度分别为 T_i 和 T_o。球体之间的距离与半径相比非常小（$R_o - R_i \ll R_i$）。（a）计算内部球体向外的辐射热流量。（b）在两个球之间插入第三个球面，因此现在有三个同心球体，那么最内部的球体表面向外的辐射热流量为多少？

解：根据式（9.40）有

（a）$\Phi_{th,a} = \varepsilon_{thr}\sigma_{SB}S(T_i^4 - T_o^4)$，式中 $S = \frac{4}{3}\pi R^3$，R 是平均半径。

（b）令中间球面的温度为 T_m，辐射功率为

$$\Phi_{th,b} = \varepsilon_{thr}\sigma_{SB}S(T_i^4 - T_m^4) = \varepsilon_{thr}\sigma_{SB}S(T_m^4 - T_o^4)$$

从中可以解得

$$T_m^4 = \frac{1}{2}(T_i^4 + T_o^4)$$

将 T_m^4 代入 $\Phi_{th,b}$ 的方程，得到

$$\Phi_{th,b} = \varepsilon_{thr}\sigma_{SB}S\left(\frac{1}{2}(T_o^4 + T_i^4) - T_o^4\right) = \frac{1}{2}\varepsilon_{thr}\sigma_{SB}S(T_i^4 - T_o^4) = \frac{1}{2}\Phi_{th,a}$$

可以看出第三个球体将内部球体向外辐射的热流量平分成两份，也就是说，例（b）中内外球体之间的热阻为例（a）中的 2 倍。

9.2.3　对流

热量总是通过传导和对流同时传递。高温区域（这里指的是固体表面）和低温区域（冷却剂）之间，由于冷却剂相对固体表面流动而发生的热交换现象被定义为对流（在分子层面，这意味着高温分子取代低温的流体分子）。

在分析固体表面和流经此表面的冷却剂之间的传热与传质现象中，边界层的知识必不可少。在对流传热中，有三种边界层，分别是速度、热和浓度边界层。

我们来考虑图 9.8 中的情况。气流经过一个平面。平面处的气流速度为 0，在边界层内，速度增加到自由空间内的速度。速度边界层的厚度 δ_v 定义为气流速度为自由空间

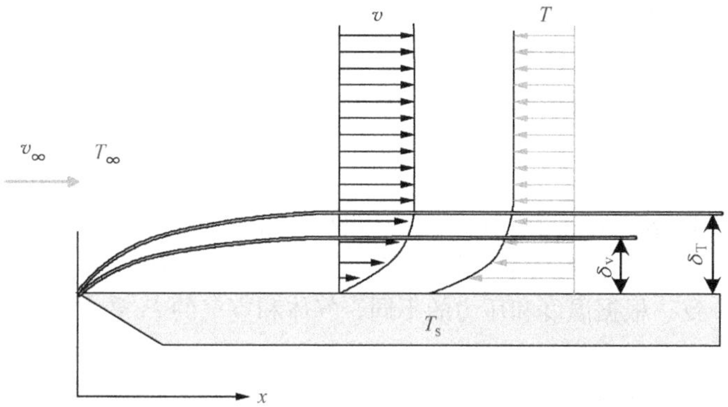

图 9.8　速度和热边界层的形成，$\delta_v(x)$ 和 $\delta_T(x)$ 为边界层的厚度

速度的0.99倍时所处表面的高度。在这个界限之外，剪切应力和速度梯度都可以忽略。

平面的温度 T_s 假定高于气流的温度，在表面附近，热量采用传导的方式通过热边界层。温度剖面类似于速度剖面。当平面温度 T_s 与边界层温度 T 之差和平面温度与环境温度 T_∞ 之差的比值为0.99时，满足此关系的边界层的厚度即被定义为热边界层厚度 δ_T。

当二元混合流体流经一个表面时（对流传质，例如气流中的水蒸气），会产生浓度边界层。当表面与边界层摩尔浓度之差和表面与环境摩尔浓度之差的比值为0.99时，满足此关系的边界层的厚度即被定义为浓度边界层厚度 δ_c。浓度边界层的形成与速度和热边界层的形成类似（分别为液体表面的蒸发以及固体表面的升华）。

边界层定理中三个重要因素分别为表面摩擦、对流换热和对流传质，具体地说就是三个重要的参数：摩擦系数 C_f、传热系数 α 和对流传质系数 α_m。

为了简化计算过程，并减少求解的参数数量，引入了一些无量纲参数。许多参数都可以在文献中查阅到，当计算从固体表面到冷却剂的传热时，用到的三个最重要的参数分别为努塞尔数 Nu、雷诺数 Re 和普朗特数 Pr。

对流换热系数 α 可以用无量纲的努塞尔数 Nu 表示

$$Nu = \frac{\alpha L}{\lambda} \tag{9.45}$$

式中，L 是表面特征长度；λ 是冷却剂的导热系数。努塞尔数描述了对流传热相对于传导传热的有效性。

惯性和粘滞力之间的比值称为雷诺数 Re，用下式表示：

$$Re = \frac{v L}{\nu} \tag{9.46}$$

式中，v 是冷却剂在此平面上的流速；L 是表面特征长度；ν 是冷却剂的运动黏度。流体变成湍流时的雷诺数的值称为临界雷诺数 Re_{crit}。对于平整表面，Re_{crit} 为 5×10^5；对于管内流体，Re_{crit} 为2300。管的特征长度由下式确定：

$$L = \frac{4S}{l_p} \tag{9.47}$$

式中，S 是管的截面积；l_p 是管的湿周。

第三个无量纲数是普朗特数，它描述了动量和热扩散率之间的关系。也就是说，它描述了速度边界层和热边界层的厚度比。普朗特数由下式确定：

$$Pr = \frac{c_p \mu}{\lambda} \tag{9.48}$$

式中，c_p 是比热容；μ 是动力黏度；λ 是冷却剂的导热系数。当 Pr 较低时（<1），相比于从流体流速中获得的热量，热扩散的传热量较大。当 Pr 为1时，这意味着热边界层和速度边界层一致。根据温度和压力的不同，气体和空气的 Pr 数在0.7～1之间，水的在1～13之间。

对于气体，速度和热边界层在同一个数量级上。在速度和热边界层之间，下述方程成立：

$$\delta_{\mathrm{T}}=\delta_{\mathrm{v}}Pr^{1/3} \tag{9.49}$$

因为对于气体 Pr 接近于 1，所以 $\delta_{\mathrm{T}}\approx\delta_{\mathrm{v}}$。

当确定水泵或风扇的功率需求时，范宁摩擦系数 C_{f} 在内部流体计算中十分有用，但是它只对充分发展层流有效。当计算充分发展湍流时（这种情况十分常见），使用表面摩擦的经验结果会更加好。大范围雷诺数下的摩擦系数可以在穆迪图（Moody 1994）中找到，该摩擦系数对圆管是有效的。

管内的压力损失 Δp 可以通过下式计算：

$$\Delta p=f\frac{\rho u_{\mathrm{m}}}{2D}L \tag{9.50}$$

式中，f 为穆迪摩擦系数；ρ 为流体密度；L 为圆管长；D 为圆管直径；u_{m} 为管内流体的平均流速，它可以根据所需质量流率来计算。

维持内流所需的功率 P 可根据压力损失获得，并表示为

$$P=\Delta p\frac{q_{\mathrm{m}}}{\rho} \tag{9.51}$$

式中，q_{m} 为管内的质量流率。

如前所述，对流换热总是朝着低温的方向进行。对流可以分成强迫对流和自然对流。在强迫对流中，外部的设备例如泵或者风机辅助冷却剂流动。自然对流是由密度差异造成的，而该密度差异又是由温度不同引起的：当冷却剂受热时，会使得它的密度发生变化，冷却剂 - 固体交界面的密度的局部变化会产生浮力，从而导致冷却剂流动。牛顿冷却定律定义了由对流产生的热流密度

$$q_{\mathrm{th}}=\frac{\Phi_{\mathrm{th}}}{S}=\alpha_{\mathrm{th}}\Theta \tag{9.52}$$

因此对流的热阻为

$$R_{\mathrm{th}}=\frac{\Theta}{\Phi_{\mathrm{th}}}=\frac{1}{\alpha_{\mathrm{th}}S} \tag{9.53}$$

式中，α_{th} 为换热系数。换热系数取决于冷却剂的黏度、导热系数、比热容以及介质的流速。习惯上，换热系数由许多经验公式来确定。在电机的计算中，当环境温度接近室温时，一台水平安装的直径为 D(m) 的无尾翼圆柱电机被空气包围，为自然对流散热，此时环境温度接近室温。对于该电机散热能力的计算，Miller（1993）采用了依赖圆柱体和周围温差 Θ(K) 的经验公式

$$\alpha_{\mathrm{th}}\approx 1.32\left(\frac{\Theta}{D}\right)^{0.25}\left(\frac{\mathrm{W}}{\mathrm{m^2K}}\right) \tag{9.54}$$

例 9.7：如果圆柱体的温度比周围环境高 50℃，其直径为 0.1m，那么它与周围环境之间的换热系数和热流密度为多少？

解：自然对流的换热系数可根据式（9.54）获得：

$$\alpha_{\mathrm{th}}\approx 1.32\left(\frac{\Theta}{D}\right)^{0.25}\left(\frac{\mathrm{W}}{\mathrm{m^2K}}\right)=1.32\left(\frac{50}{0.1}\right)^{0.25}\frac{\mathrm{W}}{\mathrm{m^2K}}=6.24\frac{\mathrm{W}}{\mathrm{m^2K}}$$

因此，自然对流与辐射在同一水平上。热流密度为

$$q_{th} = \alpha_{th}\Theta = 6.24 \times 50\mathrm{W/m^2} = 312\mathrm{W/m^2}$$

强迫对流会使对流换热系数增加，甚至为原来的5～6倍，具体取决于空气的速度。换热系数的增加近似正比于空气速度 v 的平方根（Miller 1993）

$$\alpha_{th} \approx 3.89\sqrt{\frac{v}{l}}\left(\frac{\mathrm{W}}{\mathrm{m^2K}}\right) \tag{9.55}$$

式中，l 为电机机壳的长度，单位为m；速度 v 的单位为m/s。

例9.8：如果冷却剂的速度为4m/s，那么长度为0.1m的圆柱体表面的换热系数为多少？

解：根据式（9.55）有

$$\alpha_{th} \approx 3.89\sqrt{\frac{v}{l}}\left(\frac{\mathrm{W}}{\mathrm{m^2K}}\right) = 3.89\sqrt{\frac{4}{0.1}}\frac{\mathrm{W}}{\mathrm{m^2K}} = 24.6\frac{\mathrm{W}}{\mathrm{m^2K}}$$

这个系数大约是之前自然对流的4倍。

对于典型的径向磁通的电机，有三种重要的对流换热系数，其分别与机壳、气隙和线圈端部有关。第一个可以利用Miller方程近似求得，但是另外两个情况要更加复杂，尤其是线圈端部。

环状区域的对流换热系数取决于气隙长度、转子转速、转子长度和气流的运动黏度。Taylor方程可以用来确定环状区域内流体的流动方式以及对流换热系数。但是，Taylor方程的有效性多少受到限制，并且切线方向的环流经常被称为泰勒－库埃特流或者泰勒涡流。它与两个平行板（一个移动）之间因切向力造成的环状漩涡所表现的流动状态不同。泰勒涡流影响了气隙的传热特性。泰勒涡流通过泰勒数 Ta 来描述，它描述了黏性力和离心力的比值：

$$Ta = \frac{\rho^2\Omega^2 r_m \delta^3}{\mu^2} \tag{9.56}$$

式中，Ω 是转子的角速度；ρ 是流体的质量密度；μ 是流体的动力黏度；r_m 是定、转子气隙的平均半径。改进的泰勒数中考虑了气隙的径向长度 δ 和转子半径：

$$Ta_m = \frac{Ta}{F_g} \tag{9.57}$$

式中，F_g 是几何因数，由下式确定：

$$F_g = \frac{\pi^4\left(\dfrac{2r_m - 2.304\delta}{2r_m - \delta}\right)}{1697\left[0.0056 + 0.0571\left(\dfrac{2r_m - 2.304\delta}{2r_m - \delta}\right)^2\right]\left(1 - \dfrac{\delta}{2r_m}\right)^2} \tag{9.58}$$

实际上，相比于转子半径，气隙长度非常小，因此 F_g 接近于1，并且 $Ta_m \approx Ta$。

根据Becker和Kaye（1962），努塞尔数为

$$Nu = 2 \qquad \text{对于 } Ta_m < 1700\ (\text{层流})$$
$$Nu = 0.128 Ta_m^{0.367} \qquad \text{对于 } 1700 < Ta_m < 10^4$$
$$Nu = 0.409 Ta_m^{0.241} \qquad \text{对于 } 10^4 < Ta_m < 10^7 \tag{9.59}$$

通过下式，努塞尔数可以用来确定从转子到气隙以及从定子到气隙（一个气隙表面）的换热系数：

$$\alpha_{th} = \frac{Nu\lambda}{\delta} \tag{9.60}$$

式中，λ 是空气的导热系数。

表面的粗糙度从两方面影响换热。它既扩大了冷却面积又提高了湍流。Gardiner 和 Sabersky（1978）与 Rao 和 Sastri（1984）研究了定子和转子气隙表面粗糙度的影响。根据这两项研究，粗糙转子表面的换热系数要比光滑表面高 40% ~70%。

线圈端部的对流换热系数是最难估计的，因为这里的流体场非常复杂，难以建模。电机的冷却方法以及绕组形式都会影响线圈端部的对流换热系数。笼型感应电机的绕组端部空间如图 9.9 所示。绕组端部空间可以分成两部分：端部绕组和转子之间的空间，以及端部绕组和机壳之间的空间。在端部绕组和转子之间的空间内，转子的转速决定了换热系数。气隙的几何尺寸和式（9.56）~式（9.60）可用来计算定子绕组表面的换热系数。

在端部绕组和机壳之间的空间内，气流的速度要远远低于转子和端部绕组之间的气隙。该部分气流可以假设为层流，这意味着在这个空间内发生的是自然对流，当然，也必须要考虑辐射。

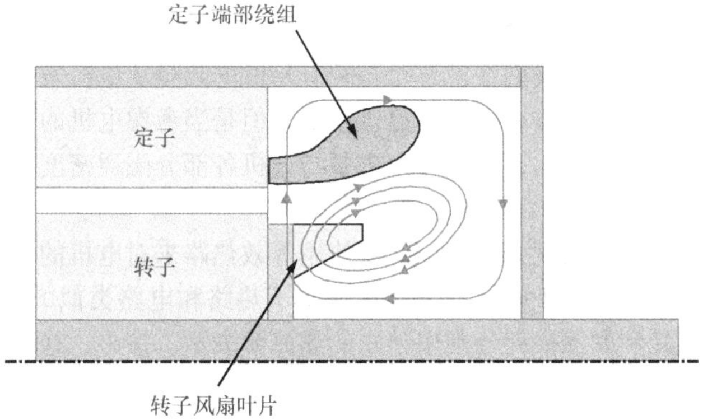

图 9.9　笼型感应电机绕组端部的空间和空间内的空气流动

通常，两个互相连接的物体之间的换热用连接热阻来描述。穿过结合面之间的缝隙的换热取决于表面的处理程度。粗糙度为 30μm 的两种金属材料间的换热系数 α_{th} 大约为 1100W/m^2 K，对应于 1cm^2 的面积的热阻值为 9.1K/W。在磨光面（粗糙度为 1μm）的情况下，传热系数会加倍，因此热阻会是原来的一半。在粗糙表面的连接处加入传热润滑油来填满空隙也可以达到同样的效果。

结合面的等效热阻也可以通过等效的气隙导热来建模。设想在表面之间因为表面粗糙度的原因会有一个很小的气隙。表面之间等效气隙的热阻可以通过式（9.35）来计算。等效的气隙长度和接触换热系数如表9.5所示。

表9.5 等效的结合气隙长度和接触换热系数

结合形式	等效结合气隙长度/mm	接触换热系数/(W/m^2 K)
定子绕组到定子铁心	0.10～0.30	80～250
机壳（铝）到定子铁心	0.03～0.04	650～870
机壳（铸铁）到定子铁心	0.05～0.08	350～550
转子导条到转子铁心	0.01～0.06	430～2600

在电机中，结合面的热阻是最突出的不安全因素。在这方面，最重要的结合面热阻是导体与槽绝缘之间、槽绝缘与定转子叠片之间以及定子叠片与机壳之间的热阻。不采取测试方法来确定这些热阻是比较困难的。但是，这些接触热阻对电机换热起决定作用，因此为了计算电机中的这些热阻，必须要知道一些接触热阻的经验值。

如果电机必须在较低转速下达到额定转矩，安装在轴上的风机（轴流风机）可能不能够给电机外表面提供足够的强迫对流气体来冷却电机。在直流电机和调速交流电机中，会使用附加的冷却风扇，因为这些电机经常长时间在高转矩、低转速的状态下运行。而在直流电机中，大部分的热量产生在转子中，所以需要良好的内部冷却气流。

9.3 等效热路

9.3.1 电路和热路变量的相似性

散热计算只是不仅告诉我们在稳态时是否有足够的热量从电机表面散发掉。除此之外，散热计算还可以为冷却方法的选择提供参考。但是当考虑电机的运行时，确定内部的温度分布是必要的。事实上，温度分布主要与电机各部分磁通密度、频率和电流密度有关。

为了确定电机内部的温度分布，设计者使用等效热路来对电机的换热进行建模。正如前面章节所述，热流类似于电流。表9.6给出了热路和电路类似的变量。电阻损耗、铁心损耗、风阻损耗和摩擦损耗分别用独立的热流源表示。铁心、绝缘、机壳等的热阻类似于电阻给出。

表9.6 热路和电路类似的变量

热路	符号	单位	电路	符号	单位
热量	Q_{th}	J	电荷	Q	C
热流	Φ_{th}	W	电流	I	A
热流密度	q_{th}	W/m^2	电流密度	J	A/m^2
温度	T	K	电势	V	V
温升	Θ	K	电压	U	V

（续）

热路	符号	单位	电路	符号	单位
导热系数	λ	W/m K	电导率	σ	S/m = A/V m
热阻	R_{th}	K/W	电阻	R	Ω = V/A
热导	G_{th}	W/K	电导	G	S = A/V
热容	C_{th}	J/K	电容	C	F = C/V

如下所示，热容类似于电容。

储存在电容器内的电荷 Q 为

$$Q = C\Delta V = CU \tag{9.61}$$

式中，C 是电容器的电容值；U 是电容器两端的电压。

物体内储存的热量为

$$Q_{th} = mc_p\Theta \tag{9.62}$$

式中，m 是物体的质量；c_p是比热容；Θ 是由热量 Q_{th}产生的温升。

比较式（9.61）和式（9.62），可以得到热容为

$$C_{th} = mc_p \tag{9.63}$$

它类似于电容 C。

9.3.2　绕组的平均导热系数

电气设备中绕组的热量分布是不均匀的：在绕组内，热流不仅要穿过导热特性良好的导体，也要穿过导热性能较差的绝缘体。通常，需要知道绕组的平均温度。在这种情况下，实际绕组可以用一种均质材料代替，但该均质材料的热阻应与实际不均匀绕组一致。以图 9.10a 中所示的绕组为例。假设热量只沿着 x 方向流动。因为铜的导热系数大约要比绝缘的导热系数高上千倍，所以可以假设铜的热阻为 0。我们的目的是确定两个并联的绝缘片 A 和 B 的热阻 r_{res}（见图 9.10b）。A 的单位长度热阻为

$$r_A = \frac{b'}{\lambda_i\delta_i} \tag{9.64}$$

式中，λ_i 是绝缘的导热系数。B 的单位长度热阻为

$$r_B = \frac{\delta_i}{\lambda_i h} \tag{9.65}$$

那么并联热阻为

$$r_{res} = \frac{r_A r_B}{r_A + r_B} = \frac{b'}{\lambda_i h\left(\dfrac{b'}{\delta_i} + \dfrac{\delta_i}{h}\right)} = \frac{b'}{\lambda_i\left(\dfrac{b'h}{\delta_i} + \delta_i\right)} \tag{9.66}$$

合成的热阻 r_{res}应该与图 9.10c 所示的均匀物体的热阻相等。该均匀物体的厚度为 b'、宽度为 h'、导热系数为 λ_{av}：

$$r_{res} = \frac{b'}{\lambda_{av}h'} = \frac{b'}{\lambda_i\left(\dfrac{b'h}{\delta_i} + \delta_i\right)} \tag{9.67}$$

由式（9.67）可以得到平均导热系数

$$\lambda_{av}=\lambda_i\left(\frac{b'h}{h'\delta_i}+\frac{\delta_i}{h'}\right) \tag{9.68}$$

按照相同的方法，可以确定图9.11a中所示绕组的平均导热系数，其中在绕组的层间有附加绝缘：

$$\lambda_{av}=\lambda_i\left(\frac{h(b'+\delta_a)}{h'(\delta_i+\delta_a)}+\frac{\delta_i}{h'}\right) \tag{9.69}$$

如果使用圆导线构成的绕组（见图9.11b），并且导线之间的空隙被浸渍的树脂填满，那么绕组的平均导热系数为

$$\lambda_{av}\approx\lambda_i\left(\frac{d}{\delta_i}+\frac{\delta_i}{d'}\right) \tag{9.70}$$

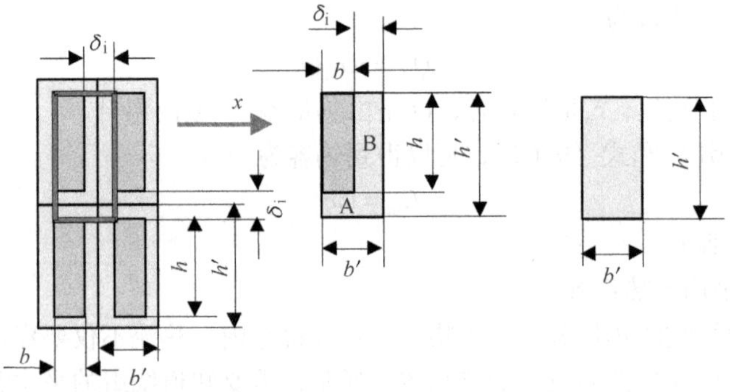

图9.10　实际矩形导线绕组（图a和b）被一种均质材料（图c）代替，该均质材料的外形尺寸（b'和h'）以及沿x方向的热阻与实际矩形导线绕组一致

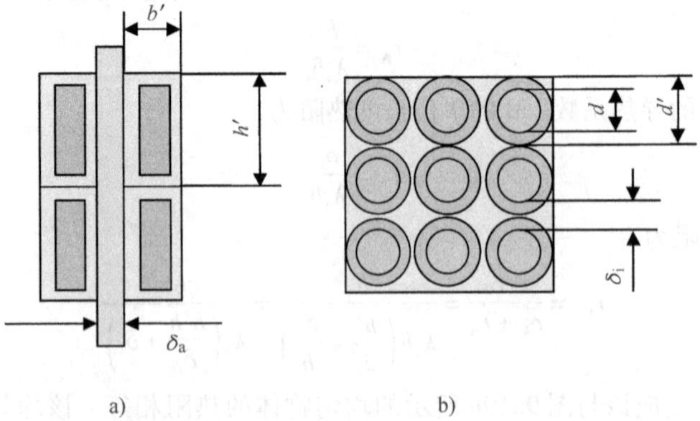

图9.11　a）矩形导线绕组，并且层间有附加绝缘；b）浸渍绝缘的圆导线绕组

9.3.3　电机的等效热路

典型电机的等效热路如图9.12所示。因为轴向的导热系数要明显低于径向，所以

为了简便，假设热量在叠片中只沿着径向流动。进一步，假设热量从槽流向齿部，但是不直接到轭部。该假设是合乎情理的，因为槽一般都是深窄型，从槽流向轭部的热量较少。等效热路中一共有 21 个节点。节点表示电机产生损耗的地方，在图中用圆圈表示，节点序号标注在圆圈内。热路通过 18 ~ 21 的节点连接到冷却流体。下面将对每个参数进行说明。

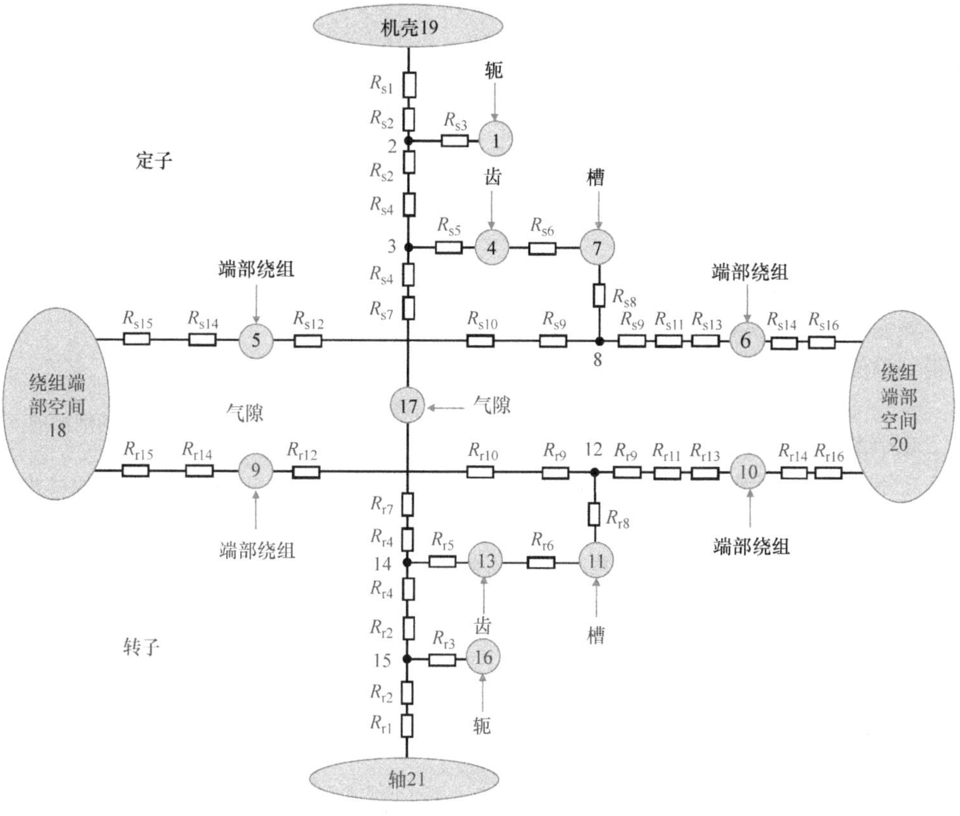

图 9.12　典型电机的等效热路

首先研究槽内矩形导体绕组模型（见图 9.13）。在铜导体和齿部之间，有主绝缘和导线绝缘。假定铜导体的温度在每个横截面内都不变，但是在轴向发生变化。而在齿部，假设温度在轴向不变。绕组内的电阻损耗分布均匀。

绕组和齿部的简化形式以及相应的分布参数等效热路模型分别如图 9.14a 和图 9.14b 所示。绕组被分成了许多长度为 dx 的小段。电阻损耗 P_{Cu} 除以铁心长度 l 为

$$p = P_{Cu}/l \tag{9.71}$$

a 节点和 b 节点之间的热阻除以铁心长度 l 为

$$r = R/l = 1/(\lambda_{Cu} S_{Cu}) \tag{9.72}$$

式中，λ_{Cu} 为导热系数；S_{Cu} 为槽内导体的横截面积。

从导体到齿部的热导为 G（热阻的倒数），单位铁心长度的热导为

$$g = G/l \tag{9.73}$$

热导 G 包括了绝缘和齿部之间的绝缘热阻和接触热阻。使用图 9.13 中的符号可将 G 的倒数表示为

$$\frac{1}{G} = \frac{\delta_i}{\lambda_i h_s l} + \frac{1}{\alpha_{th} h_s l} = \left(\frac{\delta_i}{\lambda_i} + \frac{1}{\alpha_{th}}\right)\frac{1}{h_s l} = \frac{1}{k_{th} h_s l} \tag{9.74}$$

式中，λ_i 为绝缘的导热系数；α_{th} 为绝缘和齿部之间的换热系数。变量 k_{th} 的表达式为

$$k_{th} = 1/(\delta_i/\lambda_i + 1/\alpha_{th}) \tag{9.75}$$

该变量称为总换热系数。此时，可以得到单位长度热导 g 的表达式

$$g = k_{th} h_s \tag{9.76}$$

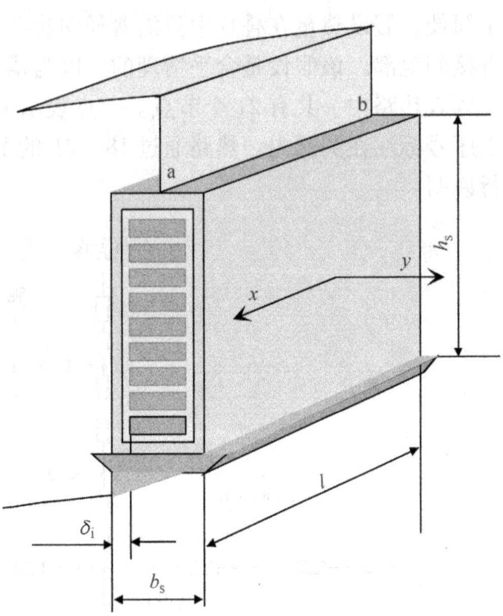

图 9.13　槽内由矩形导体组成的绕组的剖面图

集中参数的等效热路如图 9.14c 所示。这个热路不仅给出了 a、b 节点之间的温升，还给出了处于 a、b 节点之间的槽内导体的平均温升 Θ_{av}。槽内的总损耗 P_{Cu} 施加到节点上就反映出平均温度。

接下来，确定图 9.14c 所示等效热路的各部分。首先，需要求解图 9.14b 中分布参数等效热路中的温度分布，其中离 a 点（起始点）距离为 x 处的部分结构如图 9.15 所示。

图 9.15 中，在距起始点为 x 处的 A 点，温升为 Θ，铜导体内 x 方向的热流为 Φ_{th}。A 点产生的热为 $p\mathrm{d}x$，穿过绝缘的热流为 $\Theta g\mathrm{d}x$。在距 A 点为 $\mathrm{d}x$ 处的 B 点，温升和热流为

$$\Theta + \frac{\partial \Theta_{th}}{\partial x}\mathrm{d}x \text{ 和 } \Phi_{th} + \frac{\partial \Phi_{th}}{\partial x}\mathrm{d}x$$

如图 9.15 所示。将下述规则应用于节点 A：进入节点的热流总量等于离开节点的热流总量。这样，可以得到

$$\Phi_{th} + g\Theta\mathrm{d}x = p\mathrm{d}x + \Phi_{th} + \frac{\partial \Phi_{th}}{\partial x}\mathrm{d}x$$

简化后为

$$g\Theta = p + \frac{\partial \Phi_{th}}{\partial x} \tag{9.77}$$

节点 B 的温升为

$$\Theta + \frac{\partial \Theta_{th}}{\partial x}\mathrm{d}x$$

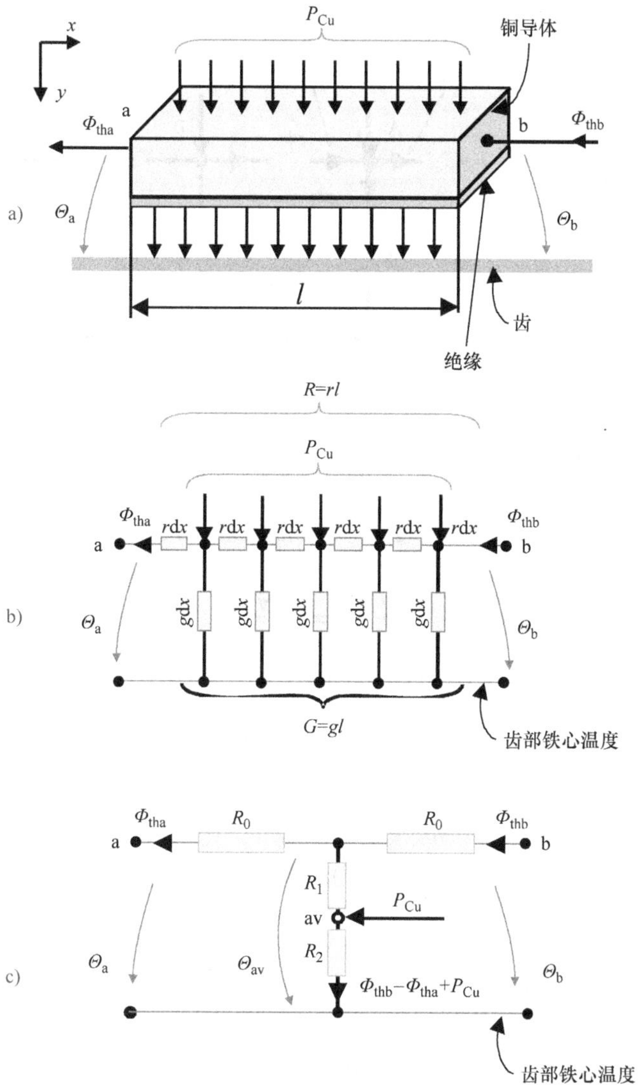

图 9.14　a）图 9.13 的简化形式；b）分布参数表示的等效热路；c）集中参数表示的热路

该值等于节点 B 和 A 之间的温差加上节点 A 的温升，也就是

$$\Theta + \frac{\partial \Theta}{\partial x}\mathrm{d}x = \Phi_{th} r \mathrm{d}x + \Theta$$

简化后有

$$\frac{\partial \Theta}{\partial x} = \Phi_{th} r \tag{9.78}$$

将式（9.77）对 x 进行微分处理，得到

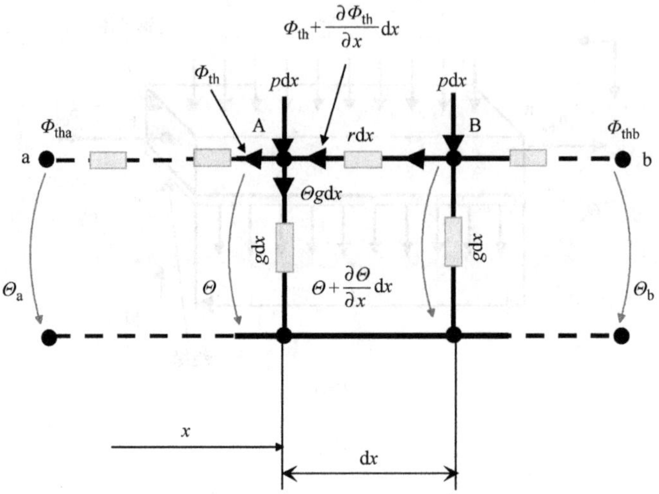

图9.15　获得绕组热流的差分方程

$$\frac{\partial^2 \Phi_{th}}{\partial x^2}=g\frac{\partial \Theta}{\partial x}$$

将式（9.78）带入上式，替换$\partial\Theta/\partial x$可得

$$\frac{\partial^2 \Phi_{th}}{\partial x^2}-rg\Phi_{th}=0 \tag{9.79}$$

式（9.79）有如下形式的解析解：

$$\Phi_{th}=C_1e^{\sqrt{rg}x}+C_2e^{-\sqrt{rg}x} \tag{9.80}$$

式中，C_1和C_2是积分常数。根据式（9.77），温升可表示为

$$\Theta=\frac{1}{g}(C_1\sqrt{rg}e^{\sqrt{rg}x}-C_2\sqrt{rg}e^{-\sqrt{rg}x}+p) \tag{9.81}$$

积分常数可根据如下两个边界条件确定：

$$x=0$$

$$\Theta=\Theta_a$$

和

$$x=0$$

$$\Phi_{th}=\Phi_{tha}$$

将边界条件带入式（9.80）和式（9.81），可得

$$C_1=\frac{1}{2}\left(\Phi_{tha}+\sqrt{\frac{g}{r}}\Theta_a-\frac{p}{\sqrt{rg}}\right) \tag{9.82}$$

$$C_2=\frac{1}{2}\left(\Phi_{tha}-\sqrt{\frac{g}{r}}\Theta_a+\frac{p}{\sqrt{rg}}\right) \tag{9.83}$$

将这些积分常数带回式（9.80）和式（9.81）替换C_1和C_2，化简后的结果为

$$\Phi_{th}=\Phi_{tha}\cosh(\sqrt{rg}x)+\Theta_a\sqrt{\frac{g}{r}}\sinh(\sqrt{rg}x)-\frac{p}{\sqrt{rg}}\sinh(\sqrt{rg}x) \tag{9.84}$$

$$\Theta=\Phi_{tha}\sqrt{\frac{r}{g}}\sinh(\sqrt{rg}x)+\Theta_a\cosh(\sqrt{rg}x)+\frac{p}{g}[1-\cosh(\sqrt{rg}x)] \tag{9.85}$$

平均温升为

$$\Theta_{av}=\frac{1}{l}\int_0^l\Theta \mathrm{d}x=\frac{1}{l}\left\{\frac{1}{g}[\cosh(\sqrt{rg}l)-1]\Phi_{tha}\frac{\sinh(\sqrt{rg}l)}{\sqrt{rg}}\Theta_a+\frac{p}{g}\left[1-\frac{\sinh(\sqrt{rg}l)}{\sqrt{rg}}\right]\right\} \tag{9.86}$$

考虑 p、r 和 g 的定义，也就是式（9.71）～式（9.73），得到

$$\Theta_{av}=\frac{1}{G}(\cosh\sqrt{RG}-1)\Phi_{tha}+\frac{\sinh\sqrt{RG}}{\sqrt{RG}}\Theta_a+\frac{P_{Cu}}{G}\left(1-\frac{\sinh\sqrt{RG}}{\sqrt{RG}}\right) \tag{9.87}$$

此时，结合式（9.84）和式（9.85）以及图9.14c的等效热路，通过计算b点的温升和热流，来确定集中参数等效热路的各个部分（见图9.14c）。两次求解的结果应该一致。当 $x=l$ 时，式（9.84）和式（9.85）变为

$$\Phi_{thb}=\Phi_{tha}\cosh(\sqrt{RG})+\Theta_a\sqrt{\frac{G}{R}}\sinh(\sqrt{RG})-\frac{P_{Cu}}{\sqrt{RG}}\sinh(\sqrt{RG}) \tag{9.88}$$

$$\Theta_b=\Phi_{tha}\sqrt{\frac{R}{G}}\sinh\sqrt{RG}+\Theta_a\cosh\sqrt{RG}+\frac{P_{Cu}}{G}[1-\cosh(\sqrt{RG})] \tag{9.89}$$

从图9.14c的等效热路可以得到

$$\Theta_a=-\Phi_{tha}R_0+(\Phi_{thb}-\Phi_{tha})(R_1+R_2)+P_{Cu}R_2 \tag{9.90}$$

$$\Theta_b=\Phi_{thb}R_0+(\Phi_{thb}-\Phi_{tha})(R_1+R_2)+P_{Cu}R_2 \tag{9.91}$$

由式（9.90）和式（9.91）可以解得

$$\Phi_{thb}=\Phi_{tha}\left(1+\frac{R_0}{R_1+R_2}\right)+\Theta_a\frac{1}{R_1+R_2}-P_{Cu}\frac{R_2}{R_1+R_2} \tag{9.92}$$

$$\Theta_b=\Phi_{tha}R_0\left(2+\frac{R_0}{R_1+R_2}\right)+\Theta_a\left(1+\frac{R_0}{R_1+R_2}\right)-P_{Cu}\frac{R_0R_2}{R_1+R_2} \tag{9.93}$$

对比式（9.88）和式（9.92），很明显，P_{Cu}的系数相等。如果 Φ_{tha}的系数以及 Θ_a的系数也相等，那么式（9.88）得出的 Φ_{thb}与式（9.92）一致。相同的情况也适用于式（9.89）和式（9.93）。根据这些条件可以得出

$$1+\frac{R_0}{R_1+R_2}=\cosh\sqrt{RG} \tag{9.94}$$

$$R_0\left(2+\frac{R_0}{R_1+R_2}\right)=\sqrt{\frac{R}{G}}\sinh\sqrt{RG} \tag{9.95}$$

$$\frac{1}{R_1+R_2}=\sqrt{\frac{G}{R}}\sinh\sqrt{RG} \tag{9.96}$$

$$\frac{R_2}{R_1+R_2}=\frac{1}{\sqrt{RG}}\sinh\sqrt{RG} \tag{9.97}$$

式（9.97）除以式（9.96）得到

$$R_2 = \frac{1}{G} \tag{9.98}$$

用式（9.98）替换式（9.97）中的R_2得到

$$R_1 = \frac{1}{G}\left(\frac{\sqrt{RG}}{\sinh\sqrt{RG}} - 1\right) \tag{9.99}$$

R_1的数值为负。现在，联立式（9.94）和式（9.95）得到

$$R_0 = \sqrt{\frac{R}{G}}\frac{\sinh\sqrt{RG}}{\cosh\sqrt{RG}+1} = \sqrt{\frac{R}{G}}\tanh\frac{\sqrt{RG}}{2} \tag{9.100}$$

最终，必须确保也从等效热路的热阻［式（9.98）~式（9.100）］中得到式（9.87）的平均温升

$$\Theta_{av} = R_2(\Phi_{thb} - \Phi_{tha}) + R_2 P_{Cu}$$

式（9.92）为含有$R_0 \sim R_2$的Φ_{thb}的表达式，将该式带入到上述表达式，化简后可得到

$$\begin{aligned}\Theta_{av} &= R_0\frac{R_2}{R_1+R_2}\Phi_{tha} + \frac{R_2}{R_1+R_2}\Theta_a + R_1\frac{R_2}{R_1+R_2}P_{Cu} \\ &= \frac{1}{G}(\cosh\sqrt{RG}-1)\Phi_{tha} + \frac{\sinh\sqrt{RG}}{\sqrt{RG}}\Theta_a + \frac{P_{Cu}}{G}\left(1-\frac{\sinh\sqrt{RG}}{\sqrt{RG}}\right)\end{aligned}$$

该结果与式（9.87）相同，即为解析解。

在图9.12的热路中，位于槽内的定子绕组部分用热阻R_{s6}、R_{s8}和R_{s9}以及节点7表示。节点表示了平均温升，槽内的电阻损耗施加在这个节点上。热阻R_{s6}、R_{s8}和R_{s9}分别通过式（9.98）~式（9.100）计算，式中R是槽内导体的热阻，G是导体和齿部之间的热导。

端部绕组也可以通过图9.14c的等效热路来表示。在端部绕组中，最高温度或者最低温度集中在线圈悬垂部分的中间位置，因此如果端点b连接到槽内导体，热流Φ_{tha}为0。现在可以在端点a处忽略掉热阻R_0。接下来，图9.12中左侧的端部绕组可以通过热阻R_{s10}、R_{s12}、R_{s14}和R_{s15}以及节点5来表示。热阻R_{s10}与式（9.100）中R_0的表达形式相同；R_{12}是一个小的负热阻，且与式（9.99）中R_1的表达形式相同，$R_{s14}+R_{s15}$的和与式（9.98）中R_2的表达形式相同，也就是$R_{s14}+R_{s15}$是从绕组端部导体到绕组端部空间的热阻。热阻R_{s14}是导体到绕组端部表面的热阻，R_{s15}是从绕组端部表面到绕组端部空间的对流热阻。在右侧，绕组端部通过热阻R_{s11}、R_{s13}、R_{s14}和R_{s16}以及节点6同样的方式来表示。节点5和6给出了绕组端部的平均温升，绕组端部的电阻损耗施加在节点5和6上。

齿部在图9.12中通过热阻R_{s4}、R_{s5}和R_{s6}以及节点4来表示，齿部的铁心损耗施加在节点4上。热阻R_{s4}与式（9.100）中R_0的表达形式相同，R_{s5}是一个小的负热阻，且与式（9.99）中R_1的表达形式相同，R_{s6}是与绕组共用的热阻。式（9.99）和式（9.100）中的热阻R此时为从齿尖到齿根的热阻。

由于对称性，热量在轭部只沿着径向流动。这意味着图9.14c等效热路中的热阻R_2

（见图 9.14b 中的热导 G）缺失，此时等效热路如图 9.16 所示。

热阻 R_0 和 R_1 可按类似于图 9.14 的一般情况来推导，结果为

$$R_0 = \frac{R}{2} \tag{9.101}$$

$$R_1 = -\frac{R}{6} \tag{9.102}$$

式中，R 是图 9.16 中 a 点和 b 点之间的热阻；P 是物体内产生的总损耗。

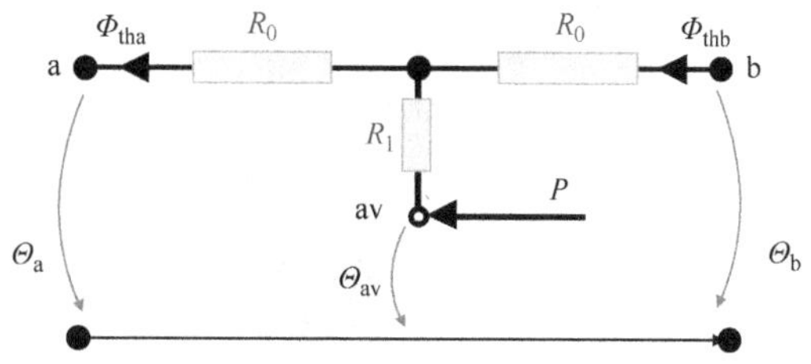

图 9.16　图 9.14 的热阻 R_2（热导 G 的倒数）缺失情况下（例如由于对称性，只有径向热流）的等效热路

轭部在图 9.12 中通过热阻 R_{s2}、R_{s3}和节点 1 表示。节点 1 给出了轭部的平均温升，轭部的铁心损耗施加在节点 1 上。热阻 R_{s2}通过式（9.101）计算，热阻 R_{s3}通过式（9.102）计算。热阻 R 是从槽底到轭部外表面的轭部热阻。

图 9.12 等效电路中的热阻 R_{s1}是从轭部外表面到周围环境或冷却介质的对流和辐射热阻。

节点 17 表示气隙，气隙内的损耗［式（9.9）］施加到这个节点上。定子铁心和气隙之间的对流热阻 R_{s7}通过式（9.53）计算。式（9.53）中的换热系数通过式（9.60）计算，之后还要考虑定子表面粗糙度的作用。式（9.53）中用到的表面为定子齿尖的表面，也就是 $S_s = (\pi D_s - Q_s b_{1s})l$，其中 D_s为定子气隙直径（见图 3.1），Q_s为定子槽数，b_{1s}为定子槽口宽，l 为定子铁心长度。

图 9.14c 中的等效电路是基于矩形导体模型建立的，并且假设绕组横截面内的温度恒定。如果使用圆导线（见图 9.17），横截面内的温度则不能假定为恒定。假设图 9.17 中的热量只从绕组流向齿部，那么等效热路可用图 9.16 所示的模型表示。对于损耗分布均匀的物体，该模型能有效分析其单向热流情况。由于对称性，最高温度出现在槽的中心线上，并且热量不流过中心线。因此可以取消图 9.17a 中的右侧热阻 R_0，此时等效热路如图 9.17b 所示。图 9.17b 中的热阻 R_i包括槽绝缘热阻以及绝缘与齿部之间的接触热阻。热阻 R_0和 R_1可以通过式（9.101）和式（9.102）计算，它们的总和 R_c（见图 9.17c）为

$$R_c = R_0 + R_1 = \frac{R}{2} - \frac{R}{6} = \frac{1}{3}R = \frac{1}{3}\frac{b}{2\lambda_{av}h_s l} = \frac{1}{6}\frac{b}{\lambda_{av}h_s l} \tag{9.103}$$

式中，R 是从槽中心线到槽绝缘的热阻；b 和 h_s是图 9.17 中槽的尺寸；l 是叠片长度；λ_{av}是绕组的平均导热系数［见式（9.70）］。

如果绕组是圆导线绕组，图 9.12 等效热路中的热阻 R_{s6}为

$$R_{s6} = R_i + R_c$$

热阻 R_{s14}按相应端部绕组进行计算。

图 9.12 中转子的等效热路是定子热路的镜像。转子热阻参照定子热阻的计算方法进行求解，但需使用转子参数。

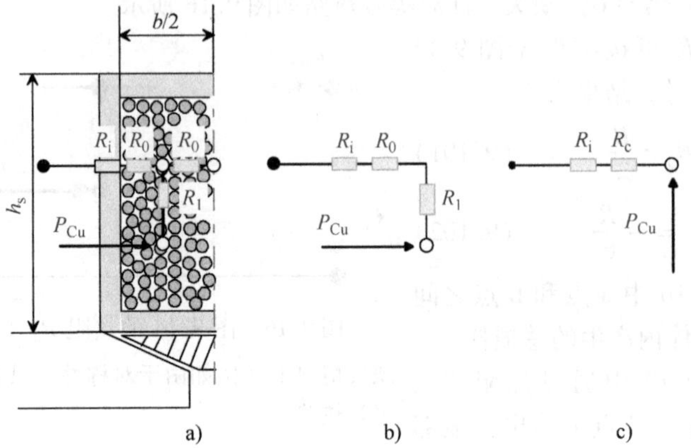

图9.17 圆导线绕组的等效热路

9.3.4 冷却剂流建模

对冷却剂流最简单的建模方法是假设冷却剂温度恒定并且等于它的平均值。如果冷却剂的温升较低，通常在全封闭自扇冷却（TEFC）电机中，这种方法能够给出准确的结果。如果冷却剂的温升较高，例如在开放式冷却的电机中，光靠恒温近似是不够的。可以先预估电机不同部件中冷却剂的温升。然后根据此预估值，求解热网络，获得热流分布和新的冷却剂温升。最后校验预估值，反复求解热网络直到得到更为准确的结果。

考虑冷却剂流动最准确的方法是同时处理热流方程和冷却剂流动方程。含有无源热组件的热网络，其系统方程是线性的，并且系统矩阵是对称的。这导致了相互作用的特性：任何部件A单位瓦特的温升对部件B的作用效果与部件B单位瓦特温升对部件A的作用效果一致。电机不同部件中，用于描述冷却剂温升的方程也是线性的，但是它们没有对称和相互作用的特性。这就是为什么冷却剂流动不能用无源热组件来建模的原因。

冷却剂流动可以通过热网络中的热流控制温度源来建模。一般的电路分析软件例如Spice、Saber或者Aplac也可以用来分析包含受控热流源的热网络。热流控制温度源在程序中用电流控制电压源来描述。如果热网络比较小，也可以手动求解。

9.3.4.1 分析方法

让我们来检查开放式电机定子的冷却（见图9.18）。冷却流 q 进入绕组端部区域。从端部绕组吸收的损耗 P_{ew1} 以及绕组端部区域内的摩擦损耗 $P_{\rho 1}$ 使得冷却剂变热。温升为

$$\Theta_{1\ \mathrm{end}} = \frac{P_{ew1} + P_{\rho 1}}{\rho c_p q} = 2R_q(P_{ew1} + P_{\rho 1}) \tag{9.104}$$

式中，ρ 是密度；c_p是冷却剂的比热容；q 是冷却剂的流量。变量 R_q 为

$$R_q = \frac{1}{2\rho c_p q} \tag{9.105}$$

R_q同热阻的单位相同，为 K/W。假设质量流速 ρq 不受冷却剂的温度影响。

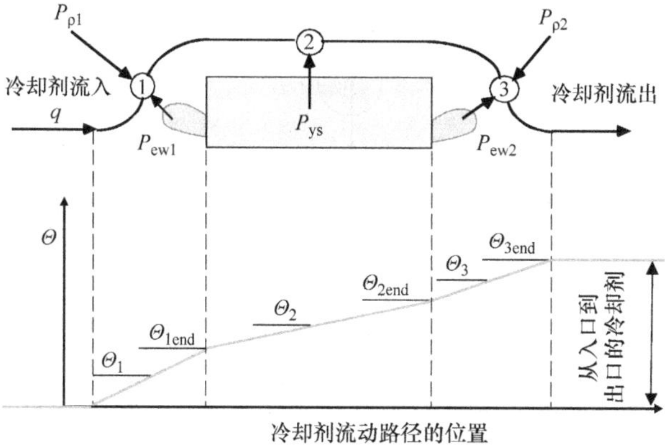

图 9.18　开放式电机内冷却剂的温升

图 9.18 中节点 1 的温升可以假设是绕组端部区域的平均温升。根据式（9.104），得到

$$\Theta_1 = \frac{\Theta_{1\text{ end}}}{2} = R_q(P_{ew1} + P_{\rho1}) \tag{9.106}$$

从定子轭部吸收的损耗 P_{ys} 使得冷却剂温度上升：

$$\Theta_{2\text{ end}} - \Theta_{1\text{ end}} = \frac{P_{ys}}{\rho c_p q} \tag{9.107}$$

将 $\Theta_{1\text{ end}}$的表达式（9.104）以及 R_q的表达式（9.105）带入，得到

$$\Theta_{2\text{ end}} = 2R_q(P_{ew1} + P_{\rho1}) + 2R_qP_{ys} \tag{9.108}$$

图 9.15 中节点 2 的温升是流过定子轭部冷却剂的平均温升，有

$$\Theta_2 = \frac{\Theta_{1\text{ end}} + \Theta_{2\text{ end}}}{2} = 2R_q(P_{ew1} + P_{\rho1}) + R_qP_{ys} \tag{9.109}$$

类似的，得到节点 3：

$$\Theta_3 = 2R_q(P_{ew1} + P_{\rho1}) + 2R_qP_{ys} + R_q(P_{ew2} + P_{\rho2}) \tag{9.110}$$

式（9.106）、式（9.103）和式（9.110）可以看作是热流控制温度源，例如温度源 Θ_2 有两个控制热流：$P_{ew1} + P_{\rho1}$ 和 P_{ys}。为此，用图 9.19 中的热网络重新匹配式（9.106）、式（9.109）和式（9.110）。

书写温度源方程的规则如下：

规则 1：连接在冷却流节点和地之间的温度源等于两部分之和。第一部分是 $2R_q$乘以冷却剂流过节点之前所吸收的损耗，第二部分是 R_q乘以被考虑的冷却剂流节点所吸收的损耗。

根据式图 9.18，温升 Θ_2 和 Θ_3 可以写成以下的形式：

$$\begin{aligned}\Theta_2 &= \Theta_1 + \frac{\Theta_{1\text{ end}}}{2} + \frac{\Theta_{2\text{ end}} - \Theta_{1\text{ end}}}{2} = \Theta_1 + \frac{\Theta_{2\text{ end}}}{2} \\ &= \Theta_1 + R_q(P_{ew1} + P_{\rho1}) + R_qP_{ys} = \Theta_1 + \Theta_{12}\end{aligned} \tag{9.111}$$

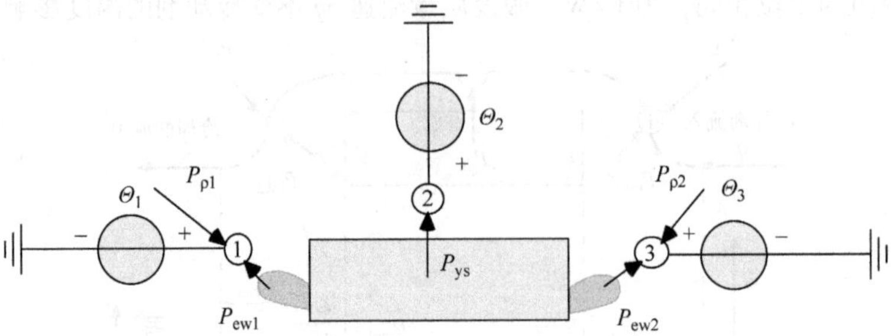

图 9.19 把冷却剂当作热流控制温度源 Θ_1、Θ_2和 Θ_3

$$\Theta_3 = \Theta_2 + \frac{\Theta_{2\ \text{end}} - \Theta_{1\ \text{end}}}{2} + \frac{\Theta_{3\ \text{end}} - \Theta_{2\ \text{end}}}{2} = \Theta_2 + \frac{\Theta_{3\ \text{end}} - \Theta_{1\ \text{end}}}{2}$$
$$= \Theta_2 + R_q P_{ys} + R_q(P_{ew2} + P_{\rho2}) = \Theta_2 + \Theta_{23} \tag{9.112}$$

式中，热流控制温度源为

$$\Theta_{12} = R_q(P_{ew1} + P_{\rho1} + P_{ys}) \tag{9.113}$$

$$\Theta_{23} = R_q(P_{ys} + P_{ew2} + P_{\rho2}) \tag{9.114}$$

满足式（9.106）、式（9.111）和式（9.112）的等效热网络如图9.20所示。此时书写温度源方程的规则为：

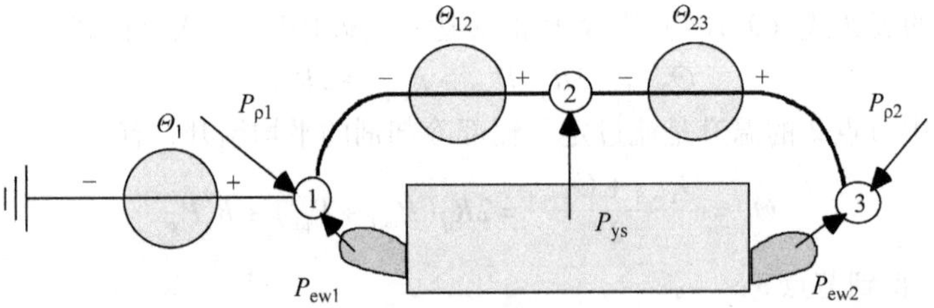

图 9.20 把冷却剂当作热流控制温度源 Θ_1、Θ_{12}和 Θ_{23}

规则2：两个冷却流节点 m 和 n 之间的温度源等于冷却剂在节点 m 和 n 吸收的损耗总和乘以 R_q。

例 9.9：建立全封闭自扇冷却感应电机冷却流部分的热网络，该电机中还有内部冷却流（见图9.21）。外部和内部的冷却流为 q_o和 q_i。绕组端部区域内和外部风扇内的摩擦损耗分别为 P_ρ、$P_{\rho2}$和 $P_{\rho3}$。从非传动侧绕组端部区域和从定子铁心传递到外部冷却流的损耗为 P_{62}和 P_{s3}。从驱动侧绕组端部区域传递到外界环境的损耗为 P_{40}。假设外部冷却流不冷却驱动侧的轴承防尘圈。从定子和转子铁心到内部冷却流的损耗为 P_{s5}和 P_{r7}。从定子和转子端部绕组到内部冷却流的损耗为 P_{ews6}、P_{ews4}、P_{ewr6}、P_{ewr4}。

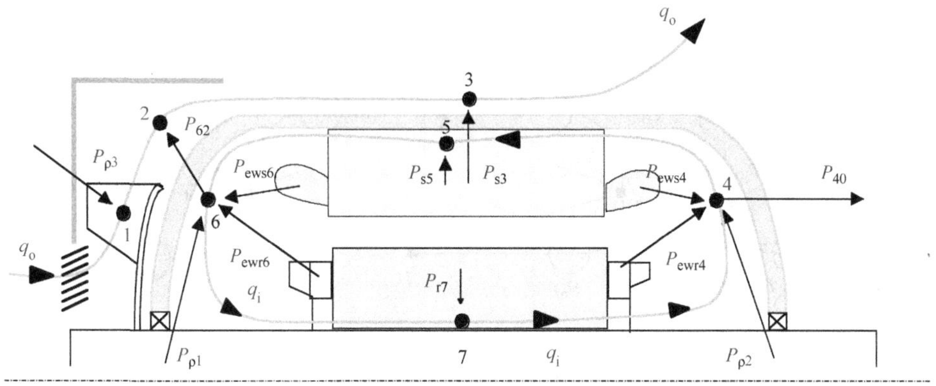

图9.21　具有内、外两套冷却循环系统的全封闭风冷电机

解： 冷却流的热网络如图9.22所示。热阻 R_{62} 和 R_{40} 为穿过轴承防尘圈的热阻。根据规则2和图9.20对冷却流进行建模。热流控制温度源为

$$\Theta_{01}=R_{qo}P_{\rho3}$$

$$\Theta_{12}=R_{qo}(P_{\rho3}+P_{62})$$

$$\Theta_{23}=R_{qo}(P_{62}+P_{s3})$$

$$\Theta_{45}=R_{qi}(P_{\rho2}+P_{ewr4}+P_{ews4}-P_{40}+P_{s5})$$

$$\Theta_{56}=R_{qi}(P_{s5}+P_{\rho1}+P_{ewr6}+P_{ews6}-P_{62})$$

$$\Theta_{67}=R_{qi}(P_{\rho1}+P_{ewr6}+P_{ews6}-P_{62}+P_{r7})$$

式中

$$R_{qo}=\frac{1}{2\rho c_p q_o}$$

$$R_{qi}=\frac{1}{2\rho c_p q_i}$$

注意正确书写 Θ_{45}、Θ_{56} 和 Θ_{67} 方程中热流的正、负号。热流 P_{62} 和 P_{40} 为负号，因为它们的流向与节点4和6中其他的热流相反（见图9.22）。

还要注意表示内部冷却流的等效热路不是闭合的而是开路的，因为节点7和4之间的电压源会使冷却流的回路短路，从而热流会变成无穷大。如果根据规则2书写节点7和4之间的热流控制温度源方程，则会发现它是温度源 Θ_{45}、Θ_{56} 和 Θ_{67} 的线性组合。我们可以使用任意冷却流的节点作为起始点，在图9.22中，选择了节点4作为起始点。终点是节点7，它是冷却剂循环在循环封闭之前的最后一个节点。

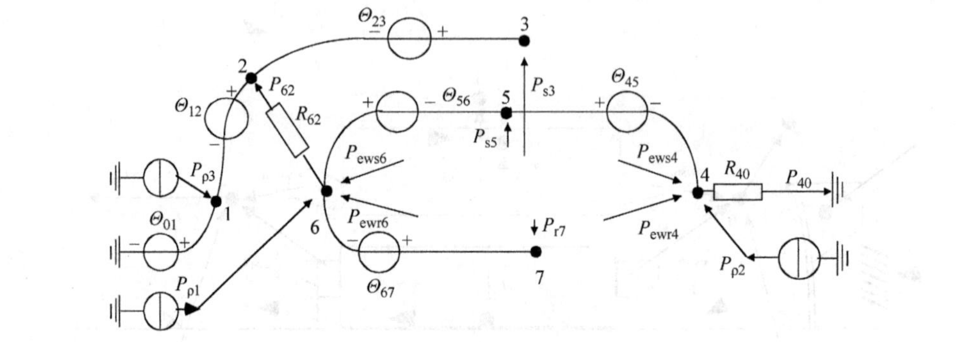

图 9.22　图 9.21 中的全封闭风冷电机的冷却流热网络

9.3.5 等效热路的求解

下面来求解等效热路。为了减少方程的数量，只考虑图 9.12 的定子热路。热路的示例如图 9.23 所示，热路中有 11 个节点。连接节点 9、10 和 11 的线表示冷却空气循环。

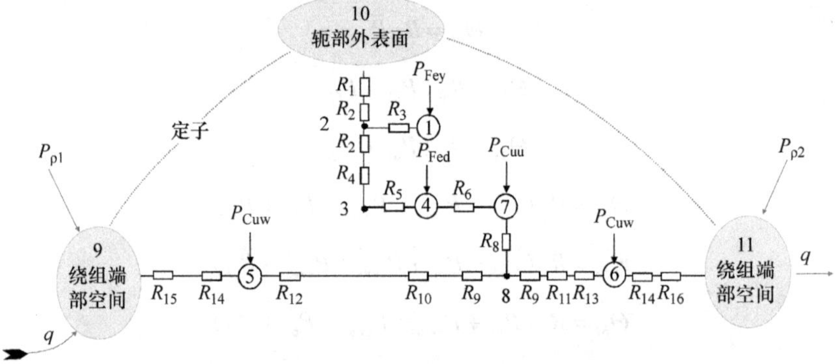

图 9.23　开放式冷却电机定子的热路

使用电路理论中的节点法来求解热路。矩阵形式的热路方程为

$$
\begin{bmatrix}
G_{1,2} & -G_{1,2} & 0 & 0 & 0 & 0 & 0 & 0 & 0 & 0 & 0 \\
-G_{1,2} & G_{1,2}+G_{2,3}+G_{2,10} & -G_{2,3} & 0 & 0 & 0 & 0 & 0 & 0 & -G_{2,10} & 0 \\
0 & -G_{2,3} & G_{2,3}+G_{3,4} & -G_{3,4} & 0 & 0 & 0 & 0 & 0 & 0 & 0 \\
0 & 0 & -G_{3,4} & G_{3,4}+G_{4,7} & 0 & 0 & -G_{4,7} & 0 & 0 & 0 & 0 \\
0 & 0 & 0 & 0 & G_{5,8}+G_{5,9} & 0 & 0 & -G_{5,8} & -G_{5,9} & 0 & 0 \\
0 & 0 & 0 & 0 & 0 & G_{6,8}+G_{6,11} & 0 & -G_{6,8} & 0 & 0 & -G_{6,11} \\
0 & 0 & 0 & -G_{4,7} & 0 & 0 & G_{4,7}+G_{7,8} & -G_{7,8} & 0 & 0 & 0 \\
0 & 0 & 0 & 0 & -G_{5,8} & -G_{6,8} & -G_{7,8} & G_{5,8}+G_{6,8}+G_{7,8} & 0 & 0 & 0 \\
0 & 0 & 0 & 0 & -G_{5,9} & 0 & 0 & 0 & G_{5,9} & 0 & 0 \\
0 & -G_{2,10} & 0 & 0 & 0 & 0 & 0 & 0 & 0 & G_{2,10} & 0 \\
0 & 0 & 0 & 0 & 0 & -G_{6,11} & 0 & 0 & 0 & 0 & G_{6,11}
\end{bmatrix}
\tag{9.115}
$$

$$\times\begin{bmatrix}\Theta_1\\\Theta_2\\\Theta_3\\\Theta_4\\\Theta_5\\\Theta_6\\\Theta_7\\\Theta_8\\\Theta_9\\\Theta_{10}\\\Theta_{11}\end{bmatrix}=\begin{bmatrix}P_{\text{Fey}}\\0\\0\\P_{\text{Fed}}\\P_{\text{Cuw}}\\P_{\text{Cuw}}\\P_{\text{Cuu}}\\0\\-\boldsymbol{\Phi}_{5,9}\\-\boldsymbol{\Phi}_{2,10}\\-\boldsymbol{\Phi}_{6,11}\end{bmatrix}$$

热导 $G_{n,m}$代表节点 n 和 m 之间的热导，例如

$$G_{1,2}=\frac{1}{R_3},\ G_{2,3}=\frac{1}{R_2+R_4},\ \cdots$$

在式（9.115）中矩阵的对角线上是热导的和，它们连接到被研究的节点上。除此之外，其他连接节点的热导都为负号。例如，连接到节点 2 的三个热导为 $G_{1,2}$、$G_{2,3}$和 $G_{2,10}$，它们的和 $G_{1,2}+G_{2,3}+G_{2,10}$在对角线上。在同一行，$-G_{1,2}$在第一列，$-G_{2,3}$在第三列，$-G_{2,10}$在第十列。在节点 2 与其他节点之间没有连接，因此矩阵中其他的元素都是0。

式（9.115）可以写成简化形式

$$[\boldsymbol{G}]\cdot[\boldsymbol{\Theta}]=\begin{bmatrix}P\\ [-\boldsymbol{\Phi}_{\text{e}}]\end{bmatrix}=\begin{bmatrix}P\\ [0]\end{bmatrix}-\begin{bmatrix}[0]\\ [\boldsymbol{\Phi}_{\text{e}}]\end{bmatrix} \tag{9.116}$$

式中

$$[\boldsymbol{P}]\begin{bmatrix}P_{\text{Fey}}\\0\\0\\P_{\text{Fed}}\\P_{\text{Cuw}}\\P_{\text{Cuw}}\\P_{\text{Cuu}}\\0\end{bmatrix} \tag{9.117}$$

$$[\boldsymbol{\Phi}_{\text{e}}]\begin{bmatrix}\boldsymbol{\Phi}_{5,9}\\\boldsymbol{\Phi}_{2,10}\\\boldsymbol{\Phi}_{6,11}\end{bmatrix} \tag{9.118}$$

在式（9.116）中有 11 个未知的温升和 3 个未知的热流 $\boldsymbol{\Phi}_{5,9}$、$\boldsymbol{\Phi}_{2,10}$ 和 $\boldsymbol{\Phi}_{6,11}$ 或

$[\boldsymbol{\Phi}_e]$，因此还需要三个方程。这些方程从冷却剂的温升中获得。根据式（9.106）、式（9.109）和式（9.110），节点9、10和11的温升为

$$\Theta_9 = R_q(\Phi_{5,9} + P_{\rho 1}) \tag{9.119}$$

$$\Theta_{10} = 2R_q(\Phi_{5,9} + P_{\rho 1}) + R_q\Phi_{2,10} \tag{9.120}$$

$$\Theta_{11} = 2R_q(\Phi_{5,9} + P_{\rho 1}) + 2R_q\Phi_{2,10} + R_q(\Phi_{6,11} + P_{\rho 2}) \tag{9.121}$$

式中，$P_{\rho 1}$和$P_{\rho 2}$是绕组端部空间的摩擦损耗，R_q是式（9.105）的热阻。矩阵形式为

$$\begin{bmatrix} \Theta_9 \\ \Theta_{10} \\ \Theta_{11} \end{bmatrix} = \begin{bmatrix} R_q & 0 & 0 \\ 2R_q & R_q & 0 \\ 2R_q & 2R_q & R_q \end{bmatrix} \cdot \begin{bmatrix} \Phi_{5,9} \\ \Phi_{2,10} \\ \Phi_{6,11} \end{bmatrix} + \begin{bmatrix} R_q P_{\rho 1} \\ 2R_q P_{\rho 1} \\ 2R_q P_{\rho 1} + R_q P_{\rho 2} \end{bmatrix} \tag{9.122}$$

或者简化为

$$[\boldsymbol{\Theta}_e] = [\boldsymbol{R}_e] \cdot [\boldsymbol{\Phi}_e] + [\boldsymbol{\Theta}_\rho] \tag{9.123}$$

未知的热流从式（9.123）中求解：

$$[\boldsymbol{\Phi}_e] = [\boldsymbol{R}_e]^{-1} \cdot [\boldsymbol{\Theta}_e] - [\boldsymbol{R}_e]^{-1} \cdot [\boldsymbol{\Theta}_\rho] \tag{9.124}$$

将式（9.116）中的$[\boldsymbol{\Phi}_e]$用式（9.124）代替，此时可得到

$$[\boldsymbol{G}] \cdot [\boldsymbol{\Theta}] = \begin{bmatrix} P \\ 0 \end{bmatrix} - \begin{bmatrix} 0 \\ [R_e]^{-1} \cdot [\Theta_e] - [R_e]^{-1} \cdot [\Theta_\rho] \end{bmatrix} \tag{9.125}$$

进一步

$$\left[[\boldsymbol{G}] + \begin{bmatrix} 0 & 0 \\ 0 & [\boldsymbol{R}_e]^{-1} \end{bmatrix} \right] \cdot [\boldsymbol{\Theta}] = \begin{bmatrix} [\boldsymbol{P}] \\ [0] \end{bmatrix} + \begin{bmatrix} [0] \\ [\boldsymbol{R}_e]^{-1} \cdot [\boldsymbol{\Theta}_\rho] \end{bmatrix} \tag{9.126}$$

从中可以得到11个节点温升的解

$$[\boldsymbol{\Theta}] = \left[[\boldsymbol{G}] + \begin{bmatrix} 0 & 0 \\ 0 & [\boldsymbol{R}_e]^{-1} \end{bmatrix} \right]^{-1} \cdot \begin{bmatrix} [\boldsymbol{P}] \\ [\boldsymbol{R}_e]^{-1} \cdot [\boldsymbol{\Theta}_\rho] \end{bmatrix} \tag{9.127}$$

9.3.6 冷却流率

冷却需要的流率可以从下面的方程求得：

$$P_{tot} = Pc_p q\Theta \tag{9.128}$$

式中，P_{tot}是电机的总损耗；ρ是密度；c_p是冷却流体的比热容；q是体积流率；Θ是冷却剂的允许温升。根据式（9.128），冷却剂需要的体积流率为

$$q = \frac{P_{tot}}{\rho c_p \Theta} \tag{9.129}$$

对于空气$\rho = 1.146\ \mathrm{kg/m^3}$（35℃），$c_p = 1.0\mathrm{kJ/kg\ K}$，那么

$$q = 0.865\frac{P_{tot}}{\Theta}\left(\frac{\mathrm{m^3}}{\mathrm{s}}\right) \tag{9.130}$$

式中，P_{tot}的单位是kW；Θ的单位是K。例如$\Theta \approx 15\mathrm{K}$，那么

$$q = 0.06P_{tot}\left(\frac{\mathrm{m^3}}{\mathrm{s}}\right) \tag{9.131}$$

参考文献

Arkkio, A. (1992) Rotor-slot design for inverter-fed cage induction motors. *Symposium on Power Electronics, Electrical Drives, Advanced Electrical Motors (Speedam), Positano, Italy, May 19–21, 1992*, pp. 37–42.

Becker, K.M. and Kaye, J. (1962) Measurements of diabatic flow in an annulus with an inner rotating cylinder. *Journal of Heat Transfer*, **84**: 97–105.

Flik, M.I., Choi, B.-I. and Goodson, K.E. (1992) Heat transfer regimes in microstructures. *Journal of Heat Transfer*, **114**, 666–74.

Gardiner, S. and Sabersky, R. (1978) Heat transfer in an annular gap. *International Journal of Heat and Mass Transfer*, **21**(12): 1459–66.

Gieras, F. and Wing, M. (1997) *Permanent Magnet Motor Technology – Design and Applications*. Marcel Dekker, New York.

Hendershot, J.R. Jr and Miller, T.J.E. (1994) *Design of Brushless Permanent-Magnet Motors*. Magna Physics Publishing and Clarendon Press, Hillsboro, OH and Oxford.

IEC 60034-2-1 (2007) *Rotating Electrical Machines – Part 2-1 Standard Methods for Determining Losses and Efficiency from Tests [Excluding Machines for Traction Vehicles]*.

Incropera, F.P., Dewitt, D.P., Bergman, T.L. and Lavine, A.S. (2007) *Fundamentals of Heat and Mass Transfer*, 6th edn, John Wiley & Sons, Inc., Hoboken, NJ.

Islam, M.J. (2010) *Finite-Element Analysis of Eddy Currents in the Form-Wound Multi-Conductor Windings of Electrical Machines*. TKK Dissertations 211, Helsinki University of Technology. Available at http://lib.tkk.fi/Diss/2010/isbn9789522482556/.

Jokinen, T. and Saari, J. (1997) Modelling of the coolant flow with heat flow controlled temperature sources in thermal networks. *IEE Proceedings*, **144** (5): 338–42.

Klemens, P.G. (1969) Theory of the thermal conductivity of solids, in *Thermal Conductivity*, Vol. **1** (ed. R.P. Tye), Academic Press, London.

Lawrenson, P.J. (1992) A brief status review of switched reluctance drives. *EPE Journal*, **2**(3): 133–44.

Lipo, T.A. (2007) *Introduction to AC Machine Design*, 3rd edn. Wisconsin Power Electronics Research Center, University of Wisconsin.

Matsch, L.D. and Morgan J.D. (1987) *Electromagnetic and Electromechanical Machines*, 3rd edn. John Wiley & Sons, Inc., New York.

Miller, T.J.E. (1993) *Switched Reluctance Motors and Their Controls*. Magna Physics Publishing and Clarendon Press, Hillsboro, OH and Oxford.

Moody, L.F. (1944) Friction factors for pipe flow. *ASME Transactions*, **66**: 671–84.

Oberretl, K. (1969) 13 rules to minimize stray load losses in induction motors. *Bulletin Oerlikon*, No 389/390, pp. 1–11.

Rao, K. and Sastri, V. (1984) Experimental studies on diabatic flow in an annulus with rough rotating inner cylinder. In D. Metzger and N. Afgan (eds), *Heat and Mass Transfer in Rotating Machinery*, Hemisphere, New York, pp. 166–78.

Saari, J. (1995) *Thermal Modelling of High-Speed Induction Machines*, Electrical Engineering Series No. 82. Acta Polytechnica Scandinavica, Helsinki University of Technology.

Saari, J. (1998) *Thermal Analysis of High-Speed Induction Machines*, Dissertation, Electrical Engineering Series No. 90. Acta Polytechnica Scandinavica, Helsinki University of Technology.

Schuisky, W. (1960) *Design of Electrical Machines (Berechnung elektrischer Maschinen)*. Springer Verlag, Vienna.

SKF (2013) *Friction*. [online]. Available from http://www.skf.com/group/products/bearings-units-housings/spherical-plain-bearings-bushings-rod-ends/general/friction/index.html?WT.oss=friction&WT.z_oss_boost=0&tabname=All&WT.z_oss_rank=3

附　　录

附录 A　电工钢片的特性

表 A.1　电工钢片：50Hz 典型磁场强度峰值（A/m），经 Surahammars Bruk AB 授权重制

等级 EN10106	厚度/mm	50Hz 时磁场强度峰值（A/m）及磁极化强度峰值 J（T）																	
		0.10	0.20	0.30	0.40	0.50	0.60	0.70	0.80	0.90	1.00	1.10	1.20	1.30	1.40	1.50	1.60	1.70	1.80
M235 – 35A	0.35	24.7	32.6	38.1	43.1	48.2	53.9	60.7	68.8	79.3	93.7	115	156	260	690	1950	4410	7630	12000
M250 – 35A	0.35	26.8	35.7	41.8	47.5	53.4	60.0	67.9	77.5	90.0	107	133	179	284	642	1810	4030	7290	11700
M270 – 35A	0.35	30.0	39.6	46.0	52.0	58.2	65.2	73.3	83.1	95.5	112	136	137	272	596	1700	3880	7160	11600
M300 – 35A	0.35	30.9	40.2	46.4	52.1	57.9	64.4	72.0	81.1	92.6	108	130	168	250	510	1440	3490	6700	11300
M330 – 35A	0.35	31.4	41.4	48.2	54.3	60.4	67.1	74.9	84.2	96.3	113	137	179	266	521	1380	3400	6610	11100
M700 – 35A①	0.35	70.2	89.1	98.8	106	113	120	127	135	144	155	169	192	237	342	681	1890	4570	8580
M250 – 50A	0.50	30.6	40.7	47.9	54.5	61.3	69.0	77.8	88.6	102	120	145	186	278	584	1600	3680	6890	11600
M270 – 50A	0.50	31.5	42.0	49.4	56.1	63.1	70.7	79.5	90.1	103	121	145	185	273	557	1520	3560	6730	11400
M290 – 50A	0.50	32.2	42.9	50.3	57.1	63.9	71.4	79.9	89.9	103	119	144	184	271	549	1500	3520	6700	11400
M310 – 50A	0.50	33.3	43.9	51.2	57.7	64.2	71.2	79.1	88.4	100	116	139	175	251	470	1230	3070	6150	10700
M330 – 50A	0.50	33.2	44.3	52.0	58.9	65.9	73.4	82.0	92.2	105	122	145	183	259	470	1190	3030	6120	10700
M350 – 50A	0.50	34.8	46.0	53.7	60.6	67.4	74.6	82.6	91.8	103	119	141	178	250	455	1180	3020	6100	10700
M400 – 50A	0.50	40.1	52.5	60.8	68.1	75.2	82.5	90.4	99.3	110	125	146	181	251	443	1110	2900	6020	10600

（续）

等级 EN10106	厚度/mm	50Hz 时磁场强度峰值（A/m）及磁极化强度峰值 J（T）																	
		0.10	0.20	0.30	0.40	0.50	0.60	0.70	0.80	0.90	1.00	1.10	1.20	1.30	1.40	1.50	1.60	1.70	1.80
M470 - 50A	0.50	48.8	64.8	74.3	82.4	90.2	98.2	107	117	129	146	170	209	284	475	1100	2850	5980	10500
M530 - 50A	0.50	51.5	68.1	77.6	85.6	93.3	101	110	120	132	147	170	208	282	470	1080	2790	5890	10400
M600 - 50A	0.50	65.6	83.8	94.1	103	110	118	127	136	147	159	177	205	255	370	718	1840	4370	8330
M700 - 50A	0.50	67.8	88.3	99.2	108	116	124	132	142	152	164	180	206	254	363	690	1760	4230	8130
M800 - 50A	0.50	84.5	107	121	133	145	156	168	180	194	209	228	254	304	402	660	1480	3710	7300
M940 - 50A	0.50	102	129	146	161	171	181	192	203	217	228	243	267	311	400	645	1440	3590	7090
M530 - 50HP①	0.50	57.7	74.9	85.2	93.7	102	109	118	127	137	148	164	189	232	326	594	1460	3620	7320
M310 - 65A	0.65	25.8	35.5	42.9	49.7	56.7	63.8	71.7	80.6	91.5	107	130	169	257	545	1490	3540	6800	11600
M330 - 65A	0.65	26.5	36.2	43.7	50.6	57.6	64.8	72.7	81.8	93.3	109	133	174	261	530	1410	3350	6500	11200
M350 - 65A	0.65	27.3	37.7	45.9	53.1	59.9	66.8	74.2	82.5	90.1	101	121	155	230	441	1210	3020	6040	10600
M400 - 65A	0.65	29.5	40.1	48.4	56.2	64.2	72.6	81.9	93.0	108	127	155	197	278	484	1140	2820	5830	10300
M470 - 65A	0.65	31.2	42.0	50.2	57.8	65.5	73.5	82.1	91.6	103	118	140	175	242	426	1060	2700	5670	10100
M530 - 65A	0.65	44.0	59.5	69.6	78.2	86.6	95.0	104	113	125	138	159	196	270	454	1040	2630	5620	10100
M600 - 65A	0.65	48.8	65.1	75.6	84.9	93.8	103	112	122	133	147	169	205	273	444	991	2550	5540	9980
M700 - 65A	0.65	57.4	75.8	87.6	98.0	108	118	129	140	153	167	185	211	265	379	688	1630	3920	7760
M800 - 65A	0.65	74.7	97.5	110	120	130	140	150	162	175	190	208	227	265	366	633	1490	3670	7420
M1000 - 65A	0.65	83.3	107	119	130	140	150	160	172	185	200	218	237	275	368	604	1360	3370	7010
M600 - 65HP①	0.65	63.6	82.6	93.9	103	113	122	131	142	153	167	182	202	244	337	587	1360	3370	7010
M600 - 100A	1.00	29.0	44.1	57.1	70.2	84.1	99.2	116	134	153	176	212	281	401	646	1250	2740	5560	9980
M700 - 100A	1.00	29.3	44.8	58.4	72.2	87.0	103	121	140	161	185	225	294	412	649	1220	2630	5370	9710
M800 - 100A	1.00	49.3	69.2	85.1	101	117	135	154	174	196	221	261	332	450	675	1190	2550	5360	9770
M1000 - 100A	1.00	56.0	80.8	100	119	139	161	183	208	233	257	291	348	444	576	847	1610	3760	7520

① 标准 EN10106 不包含该等级。

来源：http：//www. sura. se/Sura/hp_ main. nsf/startupFrameset？ReadForm。

附录B 漆包圆铜线的特性

表 B.1 技术数据：符合 IEC 60317－0－1 标准的 DAMID、DAMID PE 和 DASOL 系列。经 AB Dahréntråd 授权重制

线径额定值/mm	等级 1/mm		等级 2/mm		填充率/(导体数/cm^2)		单位质量长度/(m/kg)	
	最小漆厚	最大外径	最小漆厚	最大外径	等级 1	等级 2	等级 1	等级 2
0.200	0.014	0.226	0.027	0.239	2251	2012	3354	3247
0.212	0.015	0.240	0.029	0.254	1996	1784	2990	2900
0.224	0.015	0.252	0.029	0.266	1813	1623	2682	2600
0.236	0.017	0.267	0.032	0.283	1615	1434	2419	2354
0.250	0.017	0.281	0.032	0.297	1455	1303	2188	2137
0.265	0.018	0.297	0.033	0.314	1303	1165	1949	1906
0.280	0.018	0.312	0.033	0.329	1180	1060	1750	1713
0.300	0.019	0.334	0.035	0.352	1059	927	1524	1493
0.315	0.019	0.349	0.035	0.367	943	852	1385	1358
0.335	0.020	0.372	0.038	0.391	830	752	1224	1200
0.355	0.020	0.392	0.038	0.411	748	679	1093	1072
0.375	0.021	0.414	0.040	0.434	669	608	979	961
0.400	0.021	0.439	0.040	0.459	594	544	862	846
0.425	0.022	0.466	0.042	0.488	528	481	765	748
0.450	0.022	0.491	0.042	0.513	477	434	683	670
0.475	0.024	0.519	0.045	0.541	426	391	613	602
0.500	0.024	0.544	0.045	0.566	387	357	553	544
0.530	0.025	0.576	0.047	0.600	346	318	493	484

（续）

线径额定值/mm	等级 1/mm		等级 2/mm		填充率/（导体数/cm^2）		单位质量长度/（m/kg）	
	最小漆厚	最大外径	最小漆厚	最大外径	等级 1	等级 2	等级 1	等级 2
0. 560	0. 025	0. 606	0. 047	0. 630	312	289	442	435
0. 600	0. 027	0. 649	0. 050	0. 674	271	252	385	379
0. 630	0. 027	0. 679	0. 050	0. 704	247	230	350	345
0. 650	0. 028	0. 702	0. 053	0. 729	232	215	328	324
0. 670	0. 028	0. 722	0. 053	0. 749	219	204	309	305
0. 710	0. 028	0. 762	0. 053	0. 789	197	183	276	273
0. 750	0. 030	0. 805	0. 056	0. 834	176	164	247	244
0. 800	0. 030	0. 855	0. 065	0. 884	155	146	218	215
0. 850	0. 032	0. 909	0. 060	0. 939	137	128	193	191
0. 900	0. 032	0. 959	0. 060	0. 989	124	116	172	170
0. 950	0. 034	1. 012	0. 063	1. 044	110	104	154	153
1. 000	0. 034	1. 062	0. 063	1. 094	100	95	140	138
1. 060	0. 034	1. 124	0. 065	1. 157	89	84	124	123
1. 120	0. 034	1. 184	0. 065	1. 217	80	76	111	110
1. 180	0. 035	1. 246	0. 067	1. 279	73	69	100	100
1. 250	0. 035	1. 316	0. 067	1. 349	65	62	90	89
1. 320	0. 036	1. 388	0. 069	1. 422	59	56	80	80
1. 400	0. 036	1. 468	0. 069	1. 502	52	50	72	71
1. 500	0. 038	1. 570	0. 071	1. 606	45	43	62	62
1. 600	0. 038	1. 670	0. 071	1. 706	40	38		54

（续）

线径额定值/mm	等级 1/mm		等级 2/mm		填充率/(导体数/cm^2)		单位质量长度/(m/kg)	
	最小漆厚	最大外径	最小漆厚	最大外径	等级 1	等级 2	等级 1	等级 2
1.700	0.039	1.772	0.073	1.809	36	34		48
1.800	0.039	1.872	0.073	1.909	32	30		43
1.900	0.040	1.974	0.075	2.012	29	27		39
2.000	0.040	2.074	0.075	2.112	26	25		35
2.120	0.041	2.196	0.077	2.235	23	22		31
2.240	0.041	2.316	0.077	2.355	20	19		28
2.360	0.042	2.438	0.079	2.478	19	18		25
2.500	0.042	2.578	0.079	2.618	16	16		22
2.650	0.043	2.730	0.081	2.772	15	14		20
2.800	0.043	2.880	0.081	2.922	13	13		18
3.000	0.045	3.083	0.084	3.126	11	11		16
3.150	0.045	3.233	0.084	3.276	10	10		14
3.350	0.046	3.435	0.086	3.479	9	9		13
3.550	0.046	3.635	0.086	3.679	8	8		11.2
3.750	0.047	3.838	0.089	3.883	t	7		10.0
4.000	0.047	4.088	0.089	4.133	6	6		8.8
4.250	0.049	4.341	0.092	4.387	5	5		7.8
4.500	0.049	4.591	0.092	4.637	5	5		7.0
4.750	0.050	4.843	0.094	4.891	4	4		6.3
5.000	0.050	5.093	0.094	5.141	4	4		5.7

北京市版权局著作权合同登记　图字：01 – 2014 – 7072 号。

图书在版编目（CIP）数据

旋转电机设计：原书第 2 版/（芬）尤哈·皮罗内，（芬）塔帕尼·约基宁，（斯洛伐）瓦莱里雅·拉玻沃兹卡著；柴凤等译. —北京：机械工业出版社，2018.6（2025.2 重印）

书名原文：Design of Rotating Electrical Machines, Second Edition

ISBN 978-7-111-59700-1

Ⅰ.①旋…　Ⅱ.①尤…　②塔…　③瓦…　④柴…　Ⅲ.①电机 – 设计　Ⅳ. ①TM302

中国版本图书馆 CIP 数据核字（2018）第 077824 号

机械工业出版社（北京市百万庄大街 22 号　邮政编码 100037）

策划编辑：刘星宁　责任编辑：刘星宁

责任校对：樊钟英　封面设计：马精明

责任印制：张　博

北京建宏印刷有限公司印刷

2025 年 2 月第 1 版第 5 次印刷

169mm×239mm · 30.25 印张 · 629 千字

标准书号：ISBN 978-7-111-59700-1

定价：139.00元

凡购本书，如有缺页、倒页、脱页，由本社发行部调换

电话服务	网络服务
服务咨询热线：010 – 88361066	机 工 官 网：www.cmpbook.com
读者购书热线：010 – 68326294	机 工 官 博：weibo.com/cmp1952
010 – 88379203	金 书 网：www.golden-book.com
封面无防伪标均为盗版	教育服务网：www.cmpedu.com